TOXICOLOGIE

CHIMIQUE

TOXICOLOGIE CHIMIQUE

PAR

le Dr L. BARTHE

PROFESSEUR-ADJOINT DE TOXICOLOGIE
A LA FACULTÉ DE MÉDECINE ET DE PHARMACIE
PHARMACIEN EN CHEF
DES HOPITAUX ET HOSPICES CIVILS DE BORDEAUX

PARIS
VIGOT FRÈRES, ÉDITEURS
23, RUE DE L'ÉCOLE-DE-MÉDECINE

1918

PRÉFACE

Il est bien difficile de limiter exactement le cadre d'un pareil ouvrage. En effet, la plupart des médicaments ou produits chimiques ingérés à des doses supérieures aux doses thérapeutiques sont susceptibles de provoquer des désordres dans l'organisme ; il arrive même que l'absorption de doses normales de médicaments provoque chez certaines personnes, douées d'une idiosyncrasie particulière, des accidents qui feraient penser à l'ingestion de doses toxiques. Dans ces conditions, toutes les substances employées en thérapeutique pourraient être considérées comme des poisons et devraient faire l'objet d'une description particulière. Mais les médecins, pharmaciens et chimistes s'entendent très bien sur la définition à donner à la Toxicologie chimique : elle a pour but d'aider à la recherche et à la caractérisation des substances qui, absorbées à certaines doses sont susceptibles de provoquer des désordres organiques, aboutissant parfois à la mort. Ainsi comprise, l'étude de la Toxicologie chimique comprend des connaissances générales qui sont du domaine de la Pharmacie et de la Médecine. Aujourd'hui, par suite du développement croissant des méthodes scientifiques, il est très désirable que, dans une expertise toxicologique, le chimiste soit doublé d'un médecin ; et sans vouloir insister ici sur les devoirs du chimiste expert, on comprendra que ce dernier devra, dans un cas d'empoisonnement, pour sauvegarder sa responsabilité, solliciter de la Justice le concours d'un médecin.

Dans cet esprit, notre savant collègue, le professeur Sabrazès, a bien voulu écrire pour cet ouvrage quelques pages présentant un grand intérêt pour le médecin ou le chimiste appelés à faire sur le cadavre des prélèvements d'organes en vue de la microscopie clinique.

La bibliographie de cet ouvrage a été surtout puisée dans les Revues scientifiques et professionnelles qui se trouvent dans la plupart des bibliothèques de laboratoires. Étant donné le cadre qui nous était imparti, nous n'avons pu reproduire l'index bibliographique permettant au lecteur de consulter les mémoires originaux. Mais les dates qui accompagnent les citations l'aideront suffisamment dans ce but. A ce sujet, nous nous permettons d'émettre un vœu dont la réalisation assurerait les progrès de la Toxicologie chimique ; ce serait de pouvoir consulter les nombreux rapports d'expertise criminelle, œuvres de chimistes consciencieux et instruits, qui, après le jugement des affaires qui les ont motivées, viennent s'entasser dans les archives de la chancellerie, sortes de tombeau inviolable. Que d'idées originales, que de méthodes ingénieuses, que d'expériences inédites viendraient enrichir le domaine de la Toxicologie !

Actuellement, il faut bien l'avouer, le traité de Toxicologie le plus récent ne peut que remémorer judicieusement les méthodes préconisées par les auteurs antérieurs, rappeler les notions scientifiques d'acquisition récente, et exposer les travaux particuliers forcément limités de l'auteur du traité.

Pour l'exposé de cet ouvrage, nous avons adopté la classification générale des traités de chimie pharmaceutique ; et de ce fait quatre grands chapitres constituent l'étude des toxiques appartenant aux groupes des :

1° Métalloïdes ;

2° Métaux ;

3° Composés organiques ;

4° Alcaloïdes.

D'ailleurs une table suffisamment détaillée guidera le lecteur dans ses recherches.

Nous avons fait tous nos efforts pour être utile aux chimistes qui ont à s'occuper de recherches et d'expertises criminelles ; à eux de juger si nous avons réussi.

TOXICOLOGIE CHIMIQUE

GÉNÉRALITÉS SUR LES POISONS ET LES EMPOISONNEMENTS

Ce sont les Écoles Supérieures de Pharmacie et les Facultés mixtes de Médecine et de Pharmacie qui sont chargées de l'enseignement de la toxicologie, car ce sont les pharmaciens qui ont à connaître des poisons qui se trouvent surtout dans les officines ; et c'est au pharmacien doublé du chimiste que la Justice a recours pour rechercher le toxique après un empoisonnement. La toxicologie est un chapitre distinct de la Chimie ayant cependant avec elle un lien étroit. C'est ce que démontre un Maître de la chimie, M. R. de Forcrand, qui écrit dans son livre de chimie légale (1912), p. 9 « ...Passons à la toxicologie. « C'est encore une science bien voisine de la nôtre, à ce point que certains ouvrages même ont été publiés qui portent le titre de « Chimie « légale » et ne traitent cependant que de la toxicologie. Il y a là « confusion à notre avis. Étymologiquement le mot toxicologie signifie : la science des toxiques, la science des poisons. Or un poison est « une substance qui introduite dans l'économie y produit des troubles « graves. Mais en fait, on est toujours convenu de restreindre considérablement l'étendue de ce domaine beaucoup trop vaste, et on « admet que la toxicologie ne doit s'occuper que des toxiques qui sont « en réalité employés le plus souvent dans les cas d'empoisonnement « et qu'elle ne les étudie que dans leurs rapports avec l'organisme « vivant. Ainsi il existe une multitude de substances qui seraient « réellement toxiques si on les introduisait dans l'organisme, mais par « suite de leur rareté, de leur prix élevé, de la difficulté de se les procurer ou de les conserver, ou encore de les manier, on n'y a jamais « eu recours et elles restent en dehors du domaine toxicologique. De

« même, les poisons les plus employés, tels que l'acide arsénieux, les « sels de cuivre, ne dépendent de la toxicologie qu'autant qu'on les « étudie dans leurs rapports avec l'organisme, mais à tous autres « points de vue ce sont des composés chimiques qui, comme tous les « autres, sont du domaine du chimiste même s'il s'agit de leur « recherche analytique et de leur dosage.

« En cas d'empoisonnement criminel ou accidentel, l'expert en « toxicologie devra posséder des connaissances spéciales touchant « l'action de tel ou tel poison sur l'organisme, sa localisation dans « certaines parties du corps humain, les transformations qu'il a pu « subir dans cet organisme, les symptômes plus ou moins caractéris- « tiques ; il devra aussi, dans beaucoup de cas, procéder à une autop- « sie, ce qui lui suppose des connaissances médicales et anatomiques ; « puis, revenu dans son laboratoire où il aura emporté les fragments « d'organes à examiner, il entreprendra des opérations très particu- « lières ayant pour but de séparer, sans les altérer et sans en perdre les « substances toxiques présumées, souvent en très faible quantité, de « l'énorme masse de tissus et de matières organiques dans laquelle « elles peuvent se trouver dissimulées. Telles sont les opérations « spéciales à la toxicologie; elles nécessitent des études préalables que « les chimistes en général du moins n'ont pas faites. »

. . . .

« On voit que la toxicologie proprement dite est tout à fait dis- « tincte de la chimie et de l'analyse chimique. L'expertise toxicolo- « gique ne doit pas, en général du moins, être confiée aux mêmes per- « sonnes que l'expertise chimique. La chimie légale n'est point la « toxicologie et dans ce livre (*Chimie légale* de R. de Forcrand), il ne « sera nullement question des expertises toxicologiques. »

Sans insister plus qu'il ne convient, il est certain que la Toxicologie constitue une science à part, qui réclame souvent le concours simultané d'un chimiste spécial très documenté en chimie générale et d'un médecin ; ce qui revient à dire que l'expert en toxicologie, pour satisfaire à ces conditions, devra être le plus souvent un pharmacien doué d'une solide instruction chimique et possédant le diplôme de médecin. Ajoutons même que cette personnalité ne deviendra un expert consommé qu'en s'adonnant aux recherches toxicologiques, à moins qu'elle n'ait eu la bonne fortune de collaborer avec un maître requis fréquemment par la Justice pour l'aider dans la découverte du poison.

En remontant dans l'antiquité, la science des toxiques n'a fait que servir les passions et les vices de l'humanité : on peut dire qu'il en a été ainsi jusqu'au commencement du siècle dernier ; jusque-là, on n'a étudié les poisons que pour s'en servir afin de faire disparaître sans bruit et sans éveiller l'attention de l'entourage les gens qui pouvaient devenir gênants. Jusqu'à la connaissance des lois chimiques et à la caractérisation des espèces chimiques, la toxicologie a été une science odieuse. Mais les chimistes, en apportant le concours de leurs connaissances techniques à la Justice, ont orienté différemment cette science et l'ont rendue captivante pour ceux qui ne craignent pas de s'y adonner.

Les empoisonnements criminels ont été nombreux dans tous les temps, ce qui n'a pas lieu de surprendre, le crime, faute de preuve, demeurant sans expiation.

La période Néronienne, la Renaissance italienne, le règne de Louis XIV correspondent à de grandes périodes d'empoisonnements. Les criminels ne s'adressaient qu'à quelques drogues d'origine minérale. Cependant, les poisons organiques ont été connus de tout temps, au moins au point de vue de leurs propriétés physiologiques.

L'histoire des empoisonnements les plus célèbres a été rapportée par MM. Cabanès et L. Nass et nombre d'auteurs.

Rappelons seulement en quelques mots que, sous le règne de Louis XIV, il y a eu des empoisonnements célèbres ; c'est Madame, belle-sœur de Louis XIV, dont il nous reste surtout l'oraison funèbre par Bossuet, qui aurait, d'après le Dr Legué, été empoisonnée par du sublimé versé dans un verre d'eau de chicorée (juin 1670), puis Mlle du Parc, jolie comédienne, maîtresse de Racine, à la disparition de laquelle l'amant aurait bien pu n'être pas étranger. Le poison a joué un grand rôle dans la seconde moitié du XVIIe siècle. La moitié de la Cour empoisonnait l'autre. C'est ainsi qu'avant d'opérer sur son père et sur son frère, la jolie marquise de Brinvilliers expérimentait sur les malades des hôpitaux les toxiques que lui préparait son amant, l'officier Sainte-Croix, qui avait été l'élève du célèbre chimiste Glazer. Cette femme vicieuse et sans scrupules empoisonnait autour d'elle «pour l'honneur», disait-elle. Elle se servait probablement d'arsenic, comme Mme Poulaillon, qui fit disparaître son mari au moyen de ce toxique. Les empoisonneurs du XVIIe siècle prisaient fort le clystère qui ne permettait pas d'être trahi par la victime ou son entourage : on utilisa les clystères au vitriol qui amenaient d'abord des ulcères de l'intestin aboutissant à la péritonite. La Voisin, sous Louis XIV, s'adressa à l'orpiment, «le roi des poisons», déclarait-elle. Mme de Montespan ne craignit pas d'user du poison avec ses rivales. La Chambre ardente, sur l'ordre de Louis XIV, en 1680, mit fin à ces empoisonnements. Ceux-ci furent assez rares jusqu'au XIXe siècle où les poisons étant plus connus, les empoisonnements se montrèrent plus fréquents : affaire Lafarge (1840), affaire du duc de Praslin (1847), affaire Pastre-Beaussier (1886-1888). Enfin des empoisonnements assez nombreux se sont produits depuis le commencement du siècle.

Ainsi que nous l'avons signalé (1906), la diffusion des toxiques est aussi un danger social. Il y a quelques années encore les substances toxiques n'étaient connues que de rares personnes mises au courant de leurs effets par des lectures spéciales ou par une certaine instruction chimique antérieure. L'art de manipuler les poisons dans un but criminel est demeuré l'apanage des gens d'une condition sociale élevée. La masse du public n'a jamais connu de la toxicologie que les effets terrifiants de quelques poisons comme l'arsenic, la strychnine, la digitaline... que lui avaient fait connaître les débats judiciaires d'empoisonnements célèbres : il lui a toujours été difficile de se procurer des poisons, la vente de ces derniers étant soumise à une réglementation fort sévère.

Le législateur avait d'ailleurs pris d'excellentes mesures pour empêcher la diffusion des toxiques.

La circulaire ministérielle du 25 juin 1855 concernant les médicaments pour l'usage externe, la loi du 19 avril 1845 et l'ordonnance royale du 29 octobre 1846 sur la vente des substances vénéneuses n'empêchaient pas la confusion dans l'emploi des médicaments et la sortie inopportune des poisons de chez les détenteurs officiels.

Malheureusement aussi la diffusion des connaissances médicales, les réclames multiples de journaux, l'emploi thérapeutique des poisons minéraux et organiques, les débats et discussions publics, l'usage des révélateurs photographiques, l'utilisation industrielle des toxiques, l'applicationde la noix vomique, de la strychnine, du phosphore, de l'arsenic... à la destruction des animaux nuisibles ont pour résultat, malgré les règlements officiels, de faire sortir les poisons de l'officine et de la droguerie et de les mettre pour ainsi dire à la disposition de tout venant.

Les grands bazars principalement qui ont absorbé tous les commerces spéciaux procurent, sous le couvert de l'emploi photographique, beaucoup de substances médicamenteuses et même les poisons les plus terribles (sublimé, cyanure de potassium...), se substituant aux droguistes dont l'interposition entre le fabricant et le public était une sauvegarde au point de vue de l'utilisation de ces substances dangereuses. Les règlements professionnels ne visent pas la vente des poisons par les grands bazars, parce qu'au moment où ils ont été élaborés, personne n'avait prévu cette forme moderne de mercantilisme. Mais on reconnaîtra sans peine, sans qu'il soit besoin d'insister, qu'il y a là un danger social, digne de fixer l'attention de l'Administration supérieure.

Jusqu'à maintenant le poison qui a servi à des entreprises criminelles ne venait généralement pas de chez les droguistes, mais plutôt de chez le pharmacien, soit que ce dernier ne se conformât pas toujours suffisamment aux règlements de sa profession, soit qu'il fût la dupe de demandes astucieuses faites par son client : celui-ci a tout lieu de compter en effet sur la discrétion habituelle du pharmacien, alors que le droguiste ne délivre pas de toxique au poids médicinal.

Aussi, en présence du danger social que nous venons de signaler, le pharmacien tout le premier a le devoir, tout en luttant contre les empiétements dirigés contre sa profession, de fermer plus que jamais à double tour son armoire aux poisons. C'est précisément parce que l'un d'entre eux se prête, sans en avoir conscience sans doute, à cette diffusion du poison que je crois devoir m'élever contre la vente par ce diplômé d'un toxique « dissimulé » dont l'emploi doit avoir quelque jour des conséquences désastreuses.

Chacun peut, en effet, se procurer très facilement dans les officines et les bazards deux spécialités pharmaceutiques très bien présentées par leur inventeur (?) : ce sont deux petites boîtes renfermant des « bols » au centre desquels se trouve une pilule de strychnine du poids de 0gr,20 environ. Les bols de l'une de ces boîtes sont destinés à tuer tous les animaux nuisibles : ils renferment, comme je l'ai dit, de la strychnine ! Les bols de la seconde boîte n'ont pour but que la destruction des seuls renards : sous un enrobage différent, ils contiennent également la même pilule de 0gr,20 de strychnine ! Le mérite de l'inventeur consiste dans un enrobage particulier et différent des deux espèces de bols selon les animaux auxquels ils sont destinés. Ce dont on peut s'assurer par l'analyse chimique, c'est que chaque boulette renferme un peu moins de 0gr,20 de strychnine, en tenant compte de l'excipient pilulaire.

Or il y a des boîtes de vingt et douze bols, c'est-à-dire que l'acheteur a à sa disposition 3gr,50 ou 2 grammes de strychnine qu'il a pu se procurer sans se faire connaître du pharmacien qui a délivré ce toxique et qui en ignore lui-même la composition.

Une semblable spécialité ne devrait pas être mise en vente et dans tous les cas l'inventeur atténuerait considérablement les conséquences possibles de cette vente si, comme il en a le devoir, il prévenait l'acheteur de la nature de la marchandise vendue et du danger qu'il peut faire courir à son entourage ; or les prospectus qui accompagnent ces boîtes de pilules sont loin d'être suffisamment explicites.

Le fait que je viens de signaler constitue, à notre avis, en même temps qu'une contravention aux règlements qui régissent la vente des poisons, un nouveau danger.

Il montre également qu'il y a lieu encore d'attirer l'attention des pouvoirs publics sur la vente des poisons « spécialisés » : il importe de rajeunir les dispositions en vigueur et de les mettre en harmonie avec les besoins de l'industrie, tout en empêchant, autant que possible, l'emploi des toxiques dans un but criminel.

Les dispositions récentes de la loi du 12 juillet 1916, et celles du décret du 14 septembre 1916 sont bien de nature à atténuer les dangers que nous venons de signaler.

DU POISON

Le *terme poison* est difficile à définir ; cette difficulté s'est encore accrue depuis la connaissance des poisons organiques fabriqués de toutes pièces dans nos organes (leucomaïnes) ou par des bactéries qui ont envahi l'organisme (toxines). L'empoisonnement d'un individu évoque l'idée d'un poison venant du dehors et ingéré par cet individu en produisant chez lui des désordres susceptibles d'amener la mort. Nous excluons de l'idée d'empoisonnement les morts accidentelles provoquées par des corps solides absorbés (fourchettes, épingles, arêtes, verre...) et de même les excès d'aliments ou de liquides ingérés. Tenant compte de ces faits, la définition du poison d'une façon générale peut être la suivante : **le poison est une substance généralement de nature médicamenteuse qui, administrée au-dessus de la dose thérapeutique, est susceptible d'exercer sur l'organisme des troubles pouvant amener la mort.** Dans ces conditions, le médicament est un poison donné à dose raisonnable. La définition que nous donnons ne vise pas la spécificité d'action des poisons très variable avec les individus empoisonnés. La fixité des doses est également impossible à déterminer et la dose ingérée n'est souvent pas en proportion des symptômes produits. De là l'impossibilité de constituer une échelle de toxicité.

Absorption des poisons.

Certaines substances caustiques, comme les acides minéraux et les alcalis, peuvent exercer des actions locales énergiques, entraver le fonctionnement des organes et provoquer une mort plus ou moins prompte, sans qu'il soit nécessaire qu'elles aient été absorbées. Beaucoup d'autres substances (et ce sont les plus nombreuses), sans déterminer des lésions locales, doivent être introduites dans le courant circulatoire pour produire la mort.

Par absorption de poison on doit entendre la pénétration des toxiques de l'extérieur dans le torrent sanguin et leur passage ultérieur dans les autres éléments histologiques. Cette pénétration du toxique peut se faire par des voies différentes (par os, par injections hypodermiques, par voie rectale) ; elle a surtout lieu ensuite par les veines et à un degré moindre par les vaisseaux lymphatiques. Le poison pour être absorbé doit être à l'état de dissolution ou susceptible de se dissoudre au contact des liquides de l'organisme. L'absorption a lieu à la suite de phénomènes osmotiques ; ceux-ci ne peuvent se produire qu'avec deux liquides de concentration différente séparés par un diaphragme poreux : les deux liquides sont la solution de la substance toxique et le sang. Les parois des vaisseaux sanguins constituent le diaphragme. Les poudres, les substances très divisées, en s'introduisant dans les voies aériennes, peuvent devenir des poisons mécaniques. Enfin les gaz, pouvant être absorbés par la voie pulmonaire, deviennent toxiques.

Selon la quantité du toxique ingérée, selon ses propriétés chimiques et physiques, l'action manifestée est plus ou moins longue. Plus il y a de poison introduit, plus l'absorption est considérable en général ; plus est grande la densité du liquide toxique, plus rapide est l'absorption et le toxique apparaîtra dans l'urine plus rapidement.

Enfin, il faudra tenir compte de la pression sanguine, de la structure de l'épithélium qui tapisse la membrane osmotique, de la nature de la membrane osmotique elle-même. Ce sont là des questions qui relèvent de la physiologie et de la pharmacodynamie.

Différentes voies de l'absorption. — Elles sont nombreuses. D'abord la surface du corps est susceptible d'absorber dans des limites fort restreintes, il est vrai, surtout s'il n'y a pas solution de continuité.

La voie digestive est la plus habituelle dans les empoisonnements : c'est dans l'estomac que les toxiques sont le plus facilement absorbés, car sa surface est considérable et le réseau capillaire superficiel est très riche, conditions favorables à l'osmose. La composition du suc gastrique facilite l'absorption, en solubilisant beaucoup de substances minérales (chlorures, bromures, iodures).

Suivant que l'estomac est vide ou plein, l'absorption est plus ou moins rapide.

Cl. Bernard a montré que l'intestin grêle est une voie d'absorption importante par l'étendue de sa surface, ses villosités, ses glandes, sa richesse en vaisseaux, ses mouvements péristaltiques.

De même, le rectum est très favorable à l'absorption : on peut en effet par cette voie nourrir des personnes pendant un mois au moyen de lavements alimentaires. Il en résulte que les lavements formés d'infusions de plantes (tabac, belladone) sont bien absorbés. Les gaz eux-mêmes solubles dans l'eau sont aussi absorbés par l'intestin.

Les poumons sont suceptibles d'une facile absorption de gaz et de substances volatiles, et cela à cause de leur grande capacité, de la constitution simple de l'épithélium pulmonaire et de leur richesse capillaire. De là les empoisonnements rapides par H^2S, NH^3, CO...

La voie hypodermique est certainement l'une des plus actives par suite de la richesse des capillaires, de l'extrême perméabilité des parois cellulaires ; aussi est-elle très employée, en thérapeutique surtout, depuis quelques années.

Pour passer des veines dans les artères, le poison rencontre les poumons qui ont une tendance à se débarrasser des substances impropres à leur fonctionnement, et le foie ; beaucoup de substances traversant ce dernier organe s'éliminent avec la bile et par suite avec les matières fécales (poisons métalliques) ; d'autres rencontrant des substances albuminoïdes du sang forment des composés insolubles qui peuvent alors se localiser dans le foie ; à la longue, ils peuvent se redissoudre pour être de nouveau transportés dans la circulation, puis éliminés. Nous aurons l'occasion de parler de l'élimination et de la localisation des poisons à propos de l'historique de chacun d'eux.

Rabuteau a établi un lien entre les propriétés toxiques des corps et leur poids atomique : ceux à poids atomiques les plus élevés étant plus vénéneux. Il faut excepter de cette règle les composés organiques. Quoi qu'il en soit, les essais de Rabuteau souffrent beaucoup d'exceptions. On a montré qu'il existe un rapport entre l'action physiologique des corps et leur constitution chimique : cette étude a été surtout entreprise dans ces dernières années et avec plein succès ; la structure des composés chimiques indique leurs propriétés ; par des substitutions convenablement choisies, on arrive à les modifier. C'est une étude qui relève de la pharmacodynamie.

Élimination des toxiques.

L'organisme se débarrasse des poisons par diverses voies, avec les matières fécales surtout ; les reins éliminent de préférence les substances qui ne sont pas décomposées dans l'organisme ; les poumons éliminent les gaz et vapeurs. Les glandes sont aussi des voies de sortie. La plupart des substances ne subissent pas de décomposition dans l'organisme (chlorures, iodures, bromures, chlorates, phosphates, beaucoup d'alcaloïdes). Quelques toxiques sont oxydés d'une façon incomplète. D'autres sont réduits comme l'a montré Rabuteau : iodates et bromates fournissent iodures et bromures, sels ferriques transformés en sels ferreux ; quelques-uns s'éliminent après s'être combinés à une autre substance : l'acide sulfurique formera du sulfophényle de potassium, et le chloral se retrouvera dans l'urine sous la forme d'acide urochloralique. Enfin beaucoup de substances médicamenteuses sont transformées dans l'organisme au point qu'il devient impossible de les retrouver dans les excrétions ; on ne les reconnaît souvent qu'après la caractérisation de l'un des éléments de leur composition. Ces transformations sont de nature à augmenter les difficultés éprouvées dans la recherche des toxiques.

Traitement de l'empoisonnement.

Chaque poison n'a pas son antidote certain : si les acides sont neutralisés chimiquement et physiologiquement par les alcalis et réciproquement, il n'en est pas moins vrai qu'au point de vue général, il y a de nombreuses exceptions à cette règle en toxicologie. Ainsi on ne songera pas dans le cas d'un empoisonnement par l'acide arsénieux à donner de la potasse... D'autre part, à l'antidotisme, on ne substituera pas l'antagonisme physiologique : belladone et opium, atropine et ésérine, strychnine et curare, parce qu'il est difficile d'abord de connaître chez un individu la dose nécessaire de l'antagoniste, étant donné qu'on ignore le plus souvent la dose elle-même du toxique ingéré, et d'autre part on peut toujours craindre que l'antagoniste n'ajoute son action vénéneuse à celle du poison ingéré. C'est ce qui arrive pour le curare et la strychnine.

Dans tous les empoisonnements il y a lieu d'intervenir d'urgence de façon à neutraliser le poison, ou à en débarrasser l'organisme. Ensuite on s'occupe d'atténuer chacun des symptômes en particulier.

Ainsi que le conseille Mayet, on devra remplir trois indications principales :

1° *L'évacuation rapide et complète du poison, même s'il a commencé à produire des phénomènes toxiques ;*

2° *La neutralisation chimique du poison ;*

3° *Le traitement des symptômes observés.*

Pour l'évacuation de l'estomac, on se servira soit d'un tube Faucher, huilé avant son introduction, soit d'un appareil de fortune fait avec un tube de caoutchouc relié à un entonnoir en verre ou métallique. Il importe d'agir rapidement. L'eau employée au lavage de l'estomac et qui ne devra jamais être tiède pourra, suivant le toxique ingéré, contenir des substances neutralisantes comme :

L'eau albumineuse : sels de mercure (sauf le cyanure), d'argent, de plomb, de cuivre, etc. ;

Le sulfate de sodium (acide phénique) ;

L'eau de chaux (acide oxalique, sel d'oseille) ;

Le tanin (alcaloïdes) ;

L'eau de savon (acides minéraux) ;

L'hyposulfite de sodium (teinture d'iode).

Si l'état de l'estomac le permet, faire vomir, soit en chatouillant l'arrière-gorge avec le doigt, une plume..., soit en faisant absorber 10 à 15 grammes de farine de moutarde délayée dans de l'eau tiède ou 1 gramme à $1^{gr},50$ de poudre d'ipéca.

Ne pas recourir à l'émétique.

Si l'individu se trouve dans un état comateux, injecter $0^{gr},01$ de chlorhydrate d'apomorphine.

Le noir animal peut être considéré comme un désintoxiquant général des poisons minéraux et organiques avec lesquels il forme un complexe résultant d'un phénomène d'absorption qui peut d'ailleurs être utilisé à titre de méthode générale de traitement des empoisonnements.

Fontana, à la fin du XVIIe siècle, a le premier signalé l'absorption des gaz par le charbon, puis Figuier et Lowitz en 1790 ont étudié son action désinfectante ; en 1830, ses propriétés clarifiantes ont été utilisées par l'industrie sucrière ; à la même époque, le pharmacien Touéry, de Solomiac (Gers), révéla l'action absorbante du charbon pour « le principe amer » des substances organiques ; de 1829 à 1852, ce praticien fit une série de recherches sur ce sujet et mit en lumière sa valeur comme antidote des poisons. Il avait expérimenté sur des lapins et des chiens, mais il rencontra une incrédulité telle que, pour démontrer l'efficacité de son traitement, il n'hésita pas à avaler 1 gramme de strychnine et immédiatement après 15 grammes de charbon ; il ne fut nullement incommodé. Mais le silence se fit rapidement autour de cette découverte, et si son petit-fils, le professeur Secheyron, chirurgien des hôpitaux de Toulouse, n'avait pas repris ses travaux avec le professeur Daunic, en leur apportant une éclatante confirmation, le nom de Touéry serait peut-être ignoré à notre époque. Secheyron traita avec le charbon divers cas d'empoisonnement par les champignons et par l'arsenic : les résultats ont tous été heureux. D'après Secheyron et Daunic, le charbon animal et le charbon végétal ont des actions analogues ; à poids égal, le charbon animal est plus actif.

Le charbon fixe les alcaloïdes, les toxines et les poisons minéraux ; c'est l'antidote général le plus actif.

M. Arthault a cité (1915) 2 cas de botulisme guéris par le charbon : une intoxication par gâteaux à la crème, une autre par le jambon. Il a fait ingérer des doses de 10 à 20 grammes de charbon.

On doit donner le charbon à doses massives, en suspension dans l'eau ou l'introduire le plus tôt possible dans l'estomac à l'aide d'une sonde.

C'est ainsi que le noir animal réussit comme antidote du phénol, de la toxine diphtérique injectée sous la peau d'un lapin, du chlorhydrate de morphine, de la strychnine. Le noir animal délayé dans l'eau sera employé le plus tôt possible après l'accident et en quantité assez considérable. Headland (1856) le recommandait comme le meilleur antidote des intoxications par l'aconit, et Garrod comme contre-poison des Solanées vireuses. A. Chevalier (1857) le préconisait comme antidote des sels de cuivre. Adler (1912), à Prague, a obtenu d'excellents résultats avec le noir animal dans deux cas d'empoisonnement par le phosphore et dans des intoxications de sublimé, de vert-de-gris, de teinture d'opium et de phloroglucine.

Le mieux, après l'administration de 5 à 10 grammes de noir animal délayé dans de l'eau, est de pratiquer un lavage soigneux de la cavité stomacale.

On n'oubliera pas que le noir animal pourra être utilisé comme absorbant des toxines qui se forment dans l'intestin aux cours de maladies infectieuses.

Enfin le lait peut être aussi considéré comme un antidote général. Il sera employé après le lavage de l'estomac ou après l'administration d'un vomitif et même seul sans qu'on ait eu recours à ces médications. Le lait a d'ailleurs été utilisé dans ce but au XVIe siècle, qui était le siècle des empoisonnements. Le beurre et la caséine sont aptes à préserver les muqueuses de l'action brûlante des acides, des bases et des caustiques. La caséine surtout intervient ici avec la plus énergique efficacité, soit qu'elle se coagule avec les acides, soit qu'elle fournisse un précipité avec la plupart des bases minérales pour déterminer des caséinates insolubles. Il peut advenir que la caséine ne produise pas instantanément ce résultat. Il est un moyen certain de provoquer le précipité : on y ajoute 3 p. 100 de borate de sodium qui n'est pas toxique et qui donne avec les bases minérales des borates métalliques. Cette association du lait et du borate de sodium devient un antidote général facile à se procurer rapidement, sûr et possédant le double effet de neutraliser et de précipiter. Les poisons minéraux ne résistent pas à cet agent de médication ingéré sur-le-champ.

On se rappellera que les cyanures, ferrocyanures, chlorates, arséniates, arsénites, oxalates, azotates, réclament l'emploi d'antidotes spéciaux.

Quant aux symptômes et aux troubles physiologiques manifestés dans les différents empoisonnements, on aura recours à une thérapeutique appropriée.

En général, si le cœur faiblit, s'il existe de la parésie respiratoire, du coma, des convulsions, donner du thé, de l'alcool, du café, appliquer des compresses chaudes sur la région précordiale. On combattra le ralentissement de la respiration par des affusions froides sur la nuque, la respiration artificielle, les tractions de la langue (éviter de faire respirer de l'ammoniaque). La tendance au coma sera combattue par des excitations périphériques (flagellation, cataplasmes sinapisés, ambulation forcée). Contre les convulsions, employer les inhalations de chloroforme ou d'éther, des lavements de valériane : ne jamais employer de chloral à cause de son action déprimante sur le cœur. Il trouve bien son emploi dans l'empoisonnement par la strychnine.

Pour combattre les altérations du sang, le moyen souverain est la saignée suivie au besoin d'une transfusion intraveineuse. La saignée débarrasse l'organisme du sang altéré et des poisons passés dans la circulation générale ; elle élève très rapidement la tension du sang et favorise la désobstruction des reins des produits de décomposition.

Une injection de sérum physiologique donne parfois d'excellents résultats. D'ailleurs, dans un cas d'empoisonnement, un homme de l'art devra être appelé aussi promptement que possible.

Devoirs de l'expert chimiste.

Science et conscience sont les deux qualités primordiales que doit posséder un expert chimiste et à plus forte raison un expert toxicologue. Les conclusions du dernier peuvent avoir des conséquences redoutables, et si le moindre doute subsiste dans son esprit, après les opérations qu'il aura exécutées lui-même, il n'hésitera pas à être très réservé dans ses conclusions.

L'expert choisi par la justice en matière d'empoisonnement est chargé du plus délicat des mandats ; il devra donc s'entourer de tous les renseignements possibles afin d'expliquer les accidents qui ont pu amener la mort de la personne. Il devra connaître les symptômes de la maladie qui a provoqué la mort, rechercher les altérations anatomo-pathologiques rencontrées sur le cadavre. Enfin l'analyse chimique devra porter sur les viscères isolément, sur les vomissements, sur les résidus des substances médicamenteuses ou alimentaires qui ont pu être ingérées pendant la vie par la personne intoxiquée. L'expert devra donc avoir une conception très nette de sa responsabilité vis-à-vis de l'inculpé et de la société. Dans le cas d'incapacité ou d'ignorance relative à propos de la question qui lui est posée,il ne devra pas hésiter à se récuser. Qu'il n'oublie pas que ses conclusions ou l'opinion qu'il émettra aux Assises pèseront lourdement sur les décisions du jury. L'expert le plus souvent ne pourra affirmer l'empoisonnement que lorsque les symptômes cliniques qui ont précédé la mort, les altérations anatomo-pathologiques des viscères et l'analyse chimique auront fourni des résultats concordants.

Autant que possible et pour la bonne marche de l'affaire, le juge d'instruction fera sagement de convoquer l'expert chimiste à l'autopsie, parce que dans cette opération il pourra très souvent recueillir des renseignements qui le mettront sur la trace du poison. C'est au chimiste de choisir lui-même les organes à analyser et de les classer dans des bocaux parfaitement nettoyés, bouchés avec du liège neuf, recouverts de papier parchemin. La cire renfermant toujours des composés métalliques, devra être réservée pour poser des scellés sur la caisse renfermant les bocaux ; les taches ou matières vomies sur les draps et les vêtements seront recueillies.

L'estomac sera séparé de l'œsophage et de l'intestin grêle par deux ligatures, l'une au cardia, l'autre au pylore.

Les organes et viscères seront placés isolément dans des bocaux sans excepter l'urine qui aura été retirée de la vessie.

Les organes ne seront jamais mélangés à des antiseptiques destinés à empêcher la putréfaction. Dans ces derniers temps on a préconisé dans ce but l'air liquide qui aurait pour avantage de les durcir en permettant leur division ultérieure par la pulvérisation. Il y a, on le comprend, de sérieux obstacles à l'emploi d'air liquide dans les conditions où est appelé le chimiste expert.

Fleury, pour éviter la formation des dégagements gazeux ou de carbonate d'ammonium, et enfin de ptomaïnes dans les organes en voie de décomposition, propose d'introduire dans le récipient servant au transport quelques gouttes de chloroforme qui chasse l'air. M. G.-A. Le Roy a proposé la congélation des organes, comme il est indiqué plus loin.

Il demeure entendu que l'autopsie devra être exécutée le plus tôt possible à cause de la putréfaction qui peut déterminer l'élimination des principes volatils, ou des transformations que subissent beaucoup de toxiques. On sait depuis Selmi que la putréfaction provoque la formation de substances de nature basique qui possèdent les réactions générales des alcaloïdes végétaux vénéneux, et appelées ptomaïnes ; celles qui se forment dans la première période sont les plus vénéneuses.

On examinera avec soin les vêtements, le linceul, la bière et la terre qui entoure le cadavre, ainsi que les ornements du défunt. Dans certains terrains, les substances albuminoïdes en se putréfiant se transforment en une substance particulière dite adipocire ou gras des cadavres, et alors il devient difficile de distinguer les organes du cadavre ; dans ce cas l'autopsie est également rendue très difficile.

En général, les poisons minéraux laissent des traces de leur ingestion; les poisons organiques au contraire occasionnent des désordres peu appréciables à la vue. Ils pourront agir sur les centres nerveux pour amener des congestions cérébrales ou pulmonaires, des symptômes asphyxiques, mais ils ne détruisent pas les tissus directement.

La langue, le pharynx, l'estomac seront plus ou moins lésés par le passage du poison; ils seront plus ou moins congestionnés. On notera les hémorragies, les érosions stomacales, s'il y a lieu. En général, l'intestin subit des lésions moins graves que l'estomac, ce qui s'explique par ce fait que le poison se dilue au fur et à mesure de son cheminement dans le tube digestif.

On examinera avec soin le contenu du tube digestif.

Aujourd'hui les experts toxicologues sont tenus de recourir aux données les plus récentes de la Science pour démontrer la culpabilité ou l'innocence des prévenus ; il peut aussi arriver que le Chimiste, même s'il n'est pas médecin, soit chargé d'opérer des prélèvements particuliers sur le cadavre en vue de recherches ultérieures dans le laboratoire. Si le chimiste est lui-même médecin, il pourra mettre en œuvre ses connaissances d'anatomie pathologique pour rechercher et caractériser les altérations spéciales produites par le poison sur certains tissus, même après que ce poison aura été caractérisé chimiquement.

Il importe donc que les experts aient des connaissances bien nettes sur la façon d'opérer les prélèvements d'organes en vue de la *microscopie légale* de ces mêmes organes au laboratoire. Dans ce but, notre savant collègue, M. le professeur Sabrazès, a bien voulu, sur ma demande, rédiger les quelques pages suivantes dont nous ne saurions trop le remercier : sa longue expérience du laboratoire et son autorité scientifique sont de sûrs garants de la valeur de ses conseils.

Introduction à l'étude de la microscopie médico-légale. La récolte du matériel.

L'examen microscopique de liquides et de pièces est parfois indiqué à la suite d'une autopsie médico-légale.

Malgré les altérations rapides que subit le sang *post mortem*, il y a grand intérêt à en recueillir, non seulement pour le soumettre à des recherches biologiques, chimiques, spectroscopiques, quand les circonstances l'exigent, mais encore en vue de l'examen hématologique proprement dit au microscope.

Pour l'obtention des gouttes de sang, on piquera profondément la pulpe digitale, le lobule de l'oreille avec une grosse aiguille, un vaccino-style ou une lancette ; au besoin une veine du coude. On puisera directement dans les cavités du cœur si les gouttes ne se laissent pas facilement extraire des points piqués.

On procèdera, pour les frottis, comme d'habitude, par étalement sur porte-objet, en s'aidant du rebord d'une carte de visite, d'une lame rodée, d'une aiguille ou d'une effilure de pipette. Il faut glisser sans trop appuyer pour ménager les éléments cellulaires.

Après dessiccation rapide à l'air libre, on mettra ces frottis à l'abri des souillures extérieures, sous enveloppe, en empêchant leur contact par l'interposition de petits morceaux de papier.

Quant aux techniques de coloration, applicables plus ou moins longtemps après la récolte, nous n'y insisterons pas ici, renvoyant aux traités spéciaux. Disons simplement que ce sont celles du sang recueilli sur le vivant : bleu de méthylène à 1/500 entre lame et lamelle sur préparations récentes ; hématéine-éosine après fixation par l'alcool ; fixation et coloration combinées à l'éosine-bleu de méthylène et leurs dérivés (éosinate d'azur et de violet de méthylène) en solution dans l'alcool méthylique ou dans l'alcool éthylique et la glycérine.

Veut-on expédier par la poste ces frottis non colorés, on les séchera à l'air libre, si leur examen ne doit pas tarder ; les envoie-t-on à grande distance, on les fixera par l'alcool absolu (immersion de dix minutes). On peut aussi les réchauffer prudemment au-dessus d'une lampe à alcool sans dépasser 60° à 70° ; on apprécie facilement à la main le degré approximatif du réchauffement. On empêche ainsi le développement si fréquent de moisissures (penicillium) dans l'intimité des frottis, et le dessèchement prolongé complète la fixation. Une nappe d'alcool absolu que l'on enflamme au bout de quelques minutes réalise une fixation solide, mais vulnérable.

On récoltera également par piqûre, capillarité ou aspiration, avec une pipette, un peu de pulpe des divers organes. On l'examinera à l'état frais et aussi, sur des enduits venant d'être séchés, dans une gouttelette mise sous lamelle de bleu de méthylène en solution aqueuse à 1/500. De même pour les collections purulentes ; les exsudats pathologiques bronchiques, urétraux, vulvo-vaginaux et autres ; les diverses sérosités ; le contenu gastrique et intestinal (noyés, intoxiqués, empoisonnés) ; les matières fécales ; les liquides de kystes. L'examen direct, les modes de coloration et de fixation appropriés trouveront leur emploi.

On n'aura pas négligé de recueillir aussi vêtements, linceuls, instruments, etc., souillés de taches à déterminer, à la surface, autour ou à proximité du cadavre.

Le matériel d'ensemencement bactériologique sera pipé à travers une empreinte de cautérisation au fer rouge. On fermera à la lampe l'effilure sans en trop chauffer le contenu.

Tout cela sera bien étiqueté et soigneusement empaqueté.

On procédera sans retard aux ensemencements sur les milieux de culture que réclame telle ou telle recherche bactériologique.

On inoculera les animaux — chien, cobaye, lapin, souris — que paraîtra nécessiter le soupçon d'une maladie virulente ayant entraîné la mort (tuberculose, morve, charbon, tétanos, rage, etc.).

Un plan de recherches sera établi à chaque nouvelle expertise, suivant sa nature.

L'étude des taches corporelles et vestimentaires aux points de vue chimique, spectroscopique, cristallographique, biologique sera poussée dans le sens du genre de mort présumé ; mais, abstraction faite de l'examen des taches, dont l'importance est primordiale, l'hématologie du cadavre peut donner de précieuses indications. Elle permet le diagnostic rétrospectif des leucémies, de certains états infectieux dont les germes se retrouvent dans le sang ; elle aide à la détermination du degré de développement d'un fœtus ; elle comporte beaucoup d'autres enseignements encore à l'étude.

Quant à la cytologie cadavérique, elle se heurte aux mêmes difficultés que l'hématologie, inhérentes à la cytolyse, à la fonte progressive des éléments cellulaires, aux invasions microbiennes, aux phénomènes de coagulation. Rappelons, entre autres faits de cet ordre, que, 24 heures après la mort, l'urine bourrée de cellules desquamées donne des réactions marquées d'albumine ; de même le liquide céphalo-rachidien.

Tous ces liquides cadavériques très putrescibles continuent à s'altérer *in vitro*. L'adjonction de quelques gouttes de formol, si on en diffère l'examen immédiat, assurera leur conservation.

Le prélèvement des pièces pathologiques destinées à la microscopie s'opérera au plus tôt après la mort. L'histolyse précoce, le microbisme envahissant ne tardent pas à profondément modifier les tissus et à rendre de plus en plus difficile l'interprétation des altérations et des lésions.

D'ailleurs, le plus souvent, le médecin légiste est appelé à examiner des cadavres plus ou moins putréfiés soit que la mort remonte à plusieurs jours, soit que la multiplicité et le jeu troublé des rouages administratifs retardent fâcheusement l'ouverture du corps. Raison de plus pour accumuler les mesures grâce auxquelles on arrête ou on réduit les altérations de ce qui finit bientôt par n'avoir de « nom dans aucune langue ». La mise à nu du cadavre dans une chambre réfrigérante constitue un bon moyen de protection. Mais ces mesures de préservation ne seront pas perdues de vue après l'autopsie.

La distribution des pièces dans leurs flacons respectifs rigoureusement propres et secs ne suffisent nullement — bien loin de là — à arrêter les phénomènes de putréfaction. Or on ne saurait recourir aux injections fixatrices cadavériques. Ces injections, à base de formol, poussées peu de temps après la mort, dans les centres nerveux, dans la cavité péritonéale et pleurale, dans le tube digestif se recommandent à l'hôpital ; elles ne sont pas de mise en matière de médecine légale : le cadavre doit être examiné dans l'état où il se trouve au moment où il devient l'objet de l'investigation du médecin légiste. Rappelons qu'il faut, sans retard, établir les données relatives à l'identité du sujet, décrire son aspect extérieur, son bon état de conservation ou son degré de putréfaction, de saponification, de momification, d'altérations, quelconques — perforations, lividités, suffusions sanguines, etc.

On notera minutieusement, méthodiquement les transformations subies par les divers organes, leur identification possible, l'existence ou non de malformations, de tumeurs, de foyers pathologiques.

On ne négligera pas de faire les préparations par frottis et les mises en pipette dont il a été question plus haut.

On réservera pour le toxicologue une bonne part du matériel sans lavage à l'eau, sans adjonction de liquides conservateurs, en nature pour ainsi dire.

Mais on ne négligera pas de mettre en réserve, pour les soumettre à l'analyse microscopique, des segments d'organes et même, dans certains cas, des organes entiers, après description détaillée de leurs caractères macroscopiques. Les circonstances du décès, les éléments de la cause, les questions posées par le tribunal présideront au choix des morceaux.

Lorsque tout soupçon d'empoisonnement étant écarté il est indiqué de conserver aux pièces leur aspect morphologique, leur couleur, une bonne consistance, on les traitera conformément aux procédés classiques. Si on dispose d'une provision d'alcool à 95°, il servira de bain fixateur dans un bocal parfaitement clos et mastiqué ; le bain sera renouvelé jusqu'à ce que l'alcool reste limpide, sans souillures.

Si on désire une conservation meilleure de tranches d'organes *que l'on sait ne devoir jamais être l'objet de recherches toxicologiques*, on emploiera la solution suivante :

Eau bouillante	3.000	grammes
Alun	100	—
Chlorure de calcium	25	—
Nitrate de potassium	12	—
Potasse	60	—
Acide arsénieux	10	—

Laisser refroidir. Filtrer. Ce liquide doit être incolore, de réaction neutre et inodore. A 10 litres de cette solution, ajouter 4 litres de glycérine et 1 litre d'alcool méthylique. On y plonge les pièces simplement et on les y conserve en ayant soin, lorsqu'il s'agit d'un organe creux (intestin, poumons), de les remplir préalablement de ce liquide. La couleur des organes est sauvegardée. L'étude histologique en est possible.

Le formol est d'un usage courant. Passe-t-on outre aux désagréments et aux dangers de son emploi, on procède ainsi :

Bain préalable, sans lavage, et en se gardant de toute trace de métal durant les manipulations, de :

Formol du commerce	250 cc.
Nitrate de potassium	10 gr.
Acétate de potassium	30 —
Eau	1.000 —

ou encore et mieux de :

Phosphate de potassium	130 gr.
Phosphate de sodium	60 —
Chlorure de sodium	10 —
Azotate de potassium	50 —
Formol du commerce	400 cc.
Eau ... Q. S. pour	4 litres.

On y laisse les pièces 1 à 5 jours suivant le volume. On les met ensuite dans l'alcool à 80° pendant 1 à 5 jours en les bien imprégnant sans les déformer. On les conserve alors indéfiniment dans un bocal bien mastiqué rempli de :

Acétate de sodium cristallisé	225 gr.
Eau	1.000 —

Ajouter 1/3 de volume de glycérine.

Au moment de la nécropsie, on tiendra prêts les liquides fixateurs destinés à maintenir les éléments histologiques dans l'état même où ils se trouvaient à l'ouverture du cadavre.

La putréfaction se poursuit dans les bocaux avec une extraordinaire rapidité si on ne recourt pas d'emblée à de bons fixateurs pour les segments qui réclament un examen microscopique.

Le choix des liquides fixateurs n'est pas indifférent. Il sera chaque fois déterminé, après mûre réflexion, surtout si le cas litigieux exige des recherches histologiques spéciales.

Loin de nous la prétention de passer ici en revue la plupart de ces cas particuliers. Un volume n'y suffirait pas. Tenons-nous-en aux généralités, désireux avant tout de mettre en garde le médecin légiste éventuel ou professionnel contre des fautes de technique qu'il évitera facilement à la condition d'y penser et de les prévenir en temps opportun. Qu'il n'oublie pas que si l'autopsie comporte des examens microscopiques, une bonne fixation dans des liquides appropriés des pièces réservées, coupées en tranches minces ou en petits segments, est absolument indispensable. Ces segments d'organes doivent être en quelque sorte figés par les solutions indiquées, en l'état où ils se trouvaient à l'ouverture du cadavre. Trop souvent, en effet, dans l'ignorance ou la négligence des conditions requises par l'histologie pour la réalisation de fines coupes bien colorées et lisibles à de forts grossissements, les pièces cadavériques, alors même que la nécropsie précoce les a livrées en parfait état de conservation, arrivent complètement pourries dans leurs bocaux. L'analyse chimique peut s'en accommoder ou ne pas trop en souffrir ; mais quand on demande dans ces conditions à l'expert une étude histologique subtile des lésions qui ont pu entraîner la mort, quand on lui pose un chapelet de questions nettes dont la solution exigerait une claire vision des plus fins détails de structure, on le suppose ingénument doué d'un esprit de divination quasi surnaturel. On le met tout simplement en présence de problèmes insolubles quelque aiguisées que soient sa perspicacité et son expérience.

Que les magistrats, les commissaires de police et tous leurs intermédiaires qui font perdre du temps à l'expert et dont les atermoiements aboutissent à des récoltes de pièces médico-légales souvent inutilisables se pénètrent bien de la nécessité des autopsies précoces ! De son côté, le médecin-légiste ne perdra jamais de vue que le prélèvement de pièces destinées à l'examen microscopique ne va pas sans précautions. Voici l'énumération succincte des règles à suivre, des erreurs et des fautes à éviter. Ne craignons pas d'insister sur des recommandations en apparence futiles, indispensables en réalité.

Les pièces à mettre en réserve pour le laboratoire de microscopie seront coupées avec le plus grand soin.

On s'assurera que couteaux, scalpels, rasoirs ont un tranchant irréprochable. On fera des sections nettes des pièces sur une plaque de liège, un linge sacrifié, sur plusieurs doubles de papier, pour ne pas émousser les lames. Des couteaux plats, larges et minces serviront à découper sans bavures les organes mous — encéphale, rate, foie ; des ciseaux droits, à sectionner, d'un coup net, les viscères élastiques (poumons) ou friables (surrénales).

Les segments auront en moyenne 3 à 4 millimètres d'épaisseur et 1 à 2 centimètres de longueur et de largeur, si on se propose l'étude d'un détail de structure, d'une dégénérescence, d'une particularité microbiologique.

Pour répondre à des questions de topographie encéphalique, cardiaque, etc., on conservera des tranches plus volumineuses correspondant aux régions incriminées. On se gardera de les enfoncer sous pression dans des récipients à goulot étroit ; leur extraction ultérieure nécessiterait l'emploi de pinces qui les détérioreraient ; on serait obligé pour les extraire de casser les flacons. On choisira donc des cristallisoirs à couvercles rodés, des bocaux fermant bien, des flacons à large ouverture bouchés à l'émeri, admettant les pièces sans contrainte.

On détachera aussi des morceaux assez volumineux d'organes que le tranchant du scalpel endommage, quoi qu'on fasse, quitte à les retailler ultérieurement après fixation.

On évitera, nous le répétons, de comprimer, de presser, de triturer, de laver à l'eau, de taillader les pièces que l'on recueille et *a fortiori* de les envelopper simplement de gaze ou de ouate où elles se dessécheraient, devenant ainsi inutilisables.

Le liquide fixateur aura de 80 à 100 fois au moins le volume du morceau à fixer — 100 centimètres cubes pour la grosseur d'un pois.

On veillera au repérage, à l'orientation de l'objet.

On n'omettra pas de joindre à chaque pièce toutes les indications relatives au nom ou au signalement du sujet, à la date du prélèvement, à la nature de l'organe et du fixateur.

Si on ne dispose que d'un petit nombre de flacons, on enveloppera dans des nouets de tarlatane chaque morceau ; un petit carré de papier portant les renseignements nécessaires écrits au crayon Conté sera inclus dans chaque nouet. On superposera ces nouets dans un même bocal.

Manque-t-on de grands flacons, les pièces seront enveloppées de gaze ou de ouate hydrophile qui auront été préalablement bien imprégnées de liquide fixateur et empaquetées dans un imperméable — protective, gutta-percha, toile caoutchoutée.

L'alcool éthylique, non dénaturé, à 95°, est un fixateur couramment employé. L'alcool absolu lui est préférable. Les pièces baigneront dans une assez grande quantité d'alcool pendant au moins 24 heures. De la ouate ou de la laine de verre ou du papier blanc mis au fond des flacons éviteraient la déformation des pièces.

L'alcool absolu comme fixateur se prête bien à l'analyse microscopique des tissus mous. Il permet, mieux que tout autre, la recherche des microbes, du glycogène (tumeurs, viscères des diabétiques), des pigments dérivés de l'hémoglobine et autres. On trouve ce fixateur facilement chez les pharmaciens. Sa manipulation n'est ni irritante, ni toxique. Les pièces peuvent y séjourner longtemps sans grand dommage.

A défaut d'alcool éthylique, on emploiera, comme pis aller, l'alcool à brûler, qui contient surtout de l'alcool méthylique.

Les préparations fixées par l'alcool conviennent pour les recherches courantes de morphologie, de topographie ; pour l'examen des cellules nerveuses (substance chromatophile), souvent endommagées au cours des intoxications ; dans ce dernier cas, la durée de fixation optima par l'alcool à 95°-96° ne dépassera pas 5 à 10 jours.

En mélangeant :

Alcool absolu	6	volumes
Chloroforme	8	—
Acide acétique cristallisé	1	—

on a un excellent fixateur pour le rein, si fréquemment modifié par les poisons. Au bout de 3 heures de fixation, les pièces passent directement dans l'alcool absolu.

Pour révéler cylindres-axes, névroglie, neuro-fibrilles adultérés par les toxiques, l'alcool à 96°, additionné de 0,25 d'ammoniaque pour 100 centimètres cubes, est recommandé. Au bout de 48 heures on lave à l'eau distillée, on imprègne à l'argent et on vire et fixe au chlorure d'or. On peut aussi fixer ces pièces par l'alcool chloroformique et acétique ci-dessus.

Le formol du commerce — solution de formaldéhyde à 40 p. 100 dans l'eau — est, comme l'alcool, un fixateur usuel. Très volatil, il dégage des vapeurs irritantes pour les muqueuses et qui rendent son emploi désagréable et parfois dangereux.

Les formules courantes sont des dilutions à 5 et 10 p. 100 :

Formol	5 ou 10 volumes
Eau de fontaine	95 ou 90 —

Après fixation par le formol (quelques heures) et lavage immédiat à l'eau distillée durant une heure environ, on peut couper par congélation au chlorure de méthyle ou d'éthyle ou à l'acide carbonique sous pression et obtenir rapidement des coupes microscopiques, dans un cas urgent.

La fixation forte au formol à 20 p. 100, pendant 10 jours, suivie de lavage prolongé à l'eau distillée et de coupes par congélation se prête aussi à l'imprégnation argentique avec virage et fixage à l'or.

Le formol à 10 p. 100 (24 heures et plus), permet l'imprégnation argentique des spirochètes de la syphilis dans les tissus de fœtus hérédo-syphilitiques (foie, etc.) ; cette recherche est parfois demandée dans les avortements ou accouchements avant terme de fœtus suspects. Après l'action du formol, les segments très petits sont mis dans l'alcool à 95°, pendant 24 heures, puis lavés à l'eau distillée, imprégnés au nitrate d'argent, etc.

Le formol à 10 p. 100 est un fixateur commode des globes oculaires, de l'oreille interne et moyenne et surtout des centres nerveux si vulnérables dans les empoisonnements. Cellules nerveuses, myéline, névroglie se prêtent aux colorations électives après l'action du formol ; le temps d'immersion peut durer une quinzaine de jours et plus.

Pour la fixation des organes hématopoiétiques, du tissu osseux, de l'oreille moyenne et interne, des foyers de calcification, on associera formol et solution de bichromate de potassium.

A 90 centimètres cubes de la solution classique suivante [1] :

Bichromate de potassium	25 grammes
Sulfate de sodium	10 —
Eau	1 litre

on ajoute 10 centimètres cubes de formol du commerce et cela au moment de l'emploi. Les morceaux, d'assez petit volume, seront laissés dans le mélange pendant 12 heures et même beaucoup plus longtemps sans inconvénient, en renouvelant journellement le liquide (pendant 15 jours, par exemple, pour des segments plus gros, comme un rocher dont on se propose d'étudier l'oreille interne).

Les tissus mous ainsi fixés seront lavés à l'eau courante pendant une demi-journée et mis dans les alcools progressifs en vue de l'inclusion.

Les pièces dures contenant de l'os ou des dépôts calcaires seront baignées dans la solution suivante :

Acide azotique officinal	50 cc.
Alcool à 95°	700 —
Eau distillée	300 —
Sel marin	6 gr.

dans un flacon au fond duquel sera tassée de la laine de verre.

On s'assurera, tous les jours, du degré de décalcification en renouvelant le bain.

1. Cette solution est également employée pour fixer les centres nerveux en vue de la coloration des fibres à myéline.

Dès que l'aiguille pénètre aisément, sans grincer, dans les parties les plus dures, on lave les pièces à l'eau courante pendant 24 heures et on les déshydrate progressivement en les faisant passer dans l'alcool de concentration croissante (60°, 70°, 80°), 24 heures dans chacun d'eux. On détache alors les tranches à examiner, on les déshydrate à fond à l'alcool à 95° et à l'alcool absolu. Si l'inclusion à la celloïdine s'impose, on plonge les segments dans un mélange à parties égales d'alcool absolu et d'éther et de là dans les solutions de celloïdine.

On incorpore parfois le formol à l'alcool dans la technique des centres nerveux pour l'étude des cellules :

Alcool à 90°	90 volumes
Formol du commerce	10 —

Alcool, formol, réduits à leurs seules propriétés, sont des fixateurs cytologiques médiocres. Ils ne sont pas toutefois à dédaigner : on les a sous la main ; ils révèlent la plupart des altérations subies par les organes — scléroses, dégénérescences muqueuse, hyaline, colloïde, amyloïde, pigmentaire, calcaire ; infiltrations plombique, argentique, anthracosique, etc.

Voici des associations fixatrices bien connues et réputées meilleures que l'alcool et le formol seul, au point de vue cytologique :

Formol du commerce	1 volume
Eau	3 —
Acide picrique q.s. à saturation	

A 95 centimètres cubes de cette solution, on ajoute, au moment de l'emploi, 5 volumes d'acide acétique cristallisable.

Les pièces mises à fixer pendant 3 à 5 jours passent dans l'alcool à 90° qu'on renouvelle deux à trois fois.

Veut-on savoir si les fibres à myéline ont été détruites dans certains territoires des centres nerveux, on traite les pièces par la solution au bichromate de potasse-sulfate de sodium ordinaire (voir ci-dessus) en les y laissant longtemps, et cela après fixation préalable au formol à 10 p. 100 et lavage à l'eau.

Pour l'étude des fines dégénérescences de la myéline, on passe les pièces, durant plusieurs semaines, dans la solution classique bichromate-sulfate de sodium, à raison de 2 volumes pour 1 volume d'acide osmique à 1 p. 100. Cette technique convient pour les nerfs dont on dissocie les fibres (névrites de l'alcoolisme, du saturnisme, de l'intoxication mercurielle, arsenicale, phosphorée, etc.).

Pour colorer les graisses, dans les organes provenant de sujets intoxiqués, les mélanges fixateurs chromoacéto-osmiques, comme le suivant, ont fait leurs preuves :

Acide chromique à 1 p. 100..................	15 volumes
Acide osmique à 2 p. 100.....................	4 —
Acide acétique cristallisable	1 —

On mettra dans ce mélange de très minces fragments d'organes durant 24 heures ; on les lavera ensuite longuement à l'eau courante et on les passera par les alcools successifs pour les inclure à la paraffine.

Beaucoup d'infections et d'intoxications, spécialement l'empoisonnement par le phosphore et l'arsenic, entraînent des dégénérescences graisseuses massives, surtout du foie et des reins qu'il faudra ainsi dépister.

Des fixateurs précédemment indiqués — formol à 10 p. 100, ou encore formol-acétique-picrique.

Solution aqueuse saturée d'acide picrique	30	volumes
Formol du commerce	10	—
Acide acétique cristallisé	2	—

(Solution préparée au moment de l'emploi)

fixent convenablement les graisses sur des morceaux d'organes très minces ; 48 heures d'immersion ; lavage à l'eau courante pendant 3 à 4 heures ; après quoi, bain d'acide osmique en solution à 1 p. 100 ; on s'assurera de la pénétration de l'acide osmique jusque dans l'intimité des fragments qui doivent noircir uniformément (cela demande souvent plus de 24 heures et nécessite le renouvellement du bain). Puis on lave à l'eau courante pendant 24 heures ; on colore en masse, au carmin boraté, durant 2 à 3 jours ; on passe par l'alcool à 70° additionné de 1 p. 100 d'acide chlorhydrique pendant quelques heures ; finalement, par les alcools progressifs, le chloroforme, pour monter dans la paraffine. Viscères en dégénérescence graisseuse, au cours des empoisonnements aigus ou chroniques, nerfs périphériques dont la myéline a été plus ou moins désagrégée par des toxiques relèvent de cette technique. Nous faisons aussi sur les coupes ainsi obtenues des contre-colorations aux divers mélanges combinés d'éosinate de bleu de méthylène et de bleu azur dans l'alcool méthylique ou éthylique avec glycérine.

Est-on pressé de connaître, s'il existe, dans un cas donné, une dégénérescence graisseuse brutale, des modifications dans l'état des lipoïdes de certains organes (surrénales dont la dégénérescence aiguë peut entraîner la mort subite : pancréatites hémorragiques avec foyers de nécrose des graisses abdominales ; ictère grave) après fixation plus ou moins prolongée au formol à 10 p. 100 et lavage à l'eau, on fera des coupes par congélation et on les colorera soit au Soudan III, soit au rouge écarlate ou au bleu Nil.

Pour l'examen des organes qui souffrent le plus du fait d'intoxications ayant pu entraîner la mort — foie, reins, surrénales, muqueuse du tube digestif ; — pour l'étude des tumeurs, des foyers inflammatoires ou autres trouvés au cours des autopsies médico-légales, on recourra, si les organes recueillis sont relativement frais, à des fixateurs cytologiques plus réputés, fixateurs mettant en évidence mitoses, mitochondries, substance chromaffine, cellules sanguines avec leurs granulations.

A la solution que nous connaissons déjà

Bichromate de potassium	2	grammes
Sulfate de sodium	1	—
Eau	100	—

on ajoute, au moment de l'emploi :

Bichlorure de mercure..................	5	grammes
Acide acétique	3	volumes
	pour 100 de fixateur	

Lorsqu'on se propose l'examen des organes hématopoiétiques dans un cas de syndrome hémorragique pouvant en imposer pour un empoisonnement aigu, il y a avantage à remplacer l'acide acétique par 5 centimètres cubes de formol du commerce, au moment de l'emploi du fixateur.

Après 3 heures d'immersion, les pièces très minces sont mises dans une solution aqueuse saturée de bichlorure de mercure pendant 12 heures ; on lave ensuite à l'eau courante 5 à 6 heures ; on laisse alors les morceaux dans l'alcool à 70° additionné de quelques gouttes de teinture d'iode ; on ajoute de temps à autre des gouttes de teinture d'iode jusqu'à ce que la teinte jaune qui pâlissait au contact des pièces reste persistante. On peut conserver les pièces dans l'alcool à 95° jusqu'au moment de l'inclusion.

La variété des recherches que le médecin légiste est appelé à poursuivre dans le domaine de l'anatomie pathologique microscopique est infinie. La collaboration de compétences spéciales se fait impérieusement sentir.

Sans essayer de dresser une liste de ces recherches, bornons-nous à donner l'indication de quelques-unes : sur des coupes microscopiques de segments conservés dans l'alcool ou dans le formol, on sera amené parfois à dépister les dépôts d'albuminate de plomb, dans le saturnisme, par l'hydrogène sulfuré.

La nécrose avec calcification des tubes contournés du rein est une des caractéristiques à établir dans l'empoisonnement par le sublimé.

Dans un cas de rage présumée, on s'efforcera de mettre en lumière les corps de Negri au sein des cellules nerveuses de la corne d'Ammon où ils abondent ; la dissociation, à l'état frais, dans un peu d'eau acidulée à l'acide acétique ou encore après fixation, durant 3 heures, dans la solution de :

Bichromate de potassium	2 gr. 50
Bichlorure de mercure	5 grammes
Eau	100 —

additionnée au moment de l'emploi de 5 centimètres cubes d'acide acétique glacial, et lavage à l'eau de quelques minutes de durée montre des corps de Negri. Sur des coupes microscopiques de segments ainsi fixés et traités par l'alcool absolu, le chloroforme, l'inclusion à la paraffine, la coloration à l'éosine — bleu de méthylène avec différenciation à l'alcool sodique, ces corps de Negri ressortent fort bien. Naturellement, cette constatation se doublera d'inoculations, le bulbe suspect étant conservé dans de la glycérine si l'inoculation à l'animal ne peut être immédiate.

Incrimine-t-on le tétanos chez un accidenté du travail, mort inopinément, on essaiera de surprendre dans les cellules nerveuses de la moelle, du bulbe, de la protubérance des modifications dégénératives du noyau et du nucléole, qui deviennent amphophiles ou acidophiles au lieu de basophiles quand on les traite par le mode de coloration que nous avons rappelé à propos des corps de Negri. La fixation suivante convient :

Acide nitrique à 46° Baumé	78 cc.
Acide acétique cristallisable	22 —
Sublimé	95 à 100 gr.
Alcool à 60°	500 cc.
Eau distillée	4.400 —

formule que l'on peut simplifier ainsi :

Alcool absolu	1 volume
Acide acétique	1 —
Chloroforme	1 —
Sublimé à saturation	

Les pièces, récoltées le plus tôt possible après la mort, pourront séjourner assez longtemps dans ces fixateurs. Elles seront ensuite gardées en réserve dans l'alcool pour être ultérieurement incluses à la paraffine.

Sur ces préparations, on reconnaîtra d'ailleurs les lésions de maladies nerveuses, d'autre nature, qui ont pu occasionner la mort : méningite tuberculeuse, méningite cérébro-spinale épidémique, poliomyélite, polioencéphalite, paralysie bulbaire progressive, etc. La mort rapide et suspecte imputable à des affections de ce genre a pu légitimer, tant le diagnostic clinique prête à confusion, des actions en justice aboutissant à des expertises très délicates.

Nous n'allongerons pas démesurément la liste de ces exemples, pensant avoir atteint le but que nous nous étions proposé :

Indiquer au praticien les précautions à prendre pour récolter convenablement et conserver en vue de leur examen microscopique les liquides, exsudats et pièces prélevés au cours des autopsies médico-légales ; lui fournir les recettes des procédés usuels employés dans les laboratoires ; lui laisser entrevoir, dans l'état actuel de la science, la richesse des investigations spéciales que commandent tels ou tels cas, et la lumière qu'on est en droit d'attendre de ces recherches si on confie à des collaborateurs exercés un matériel recueilli dans des conditions irréprochables.

Il peut arriver que le chimiste soit requis pour la recherche d'un poison déterminé : dans ce cas, le problème est simplifié. Le plus souvent, il n'en est pas ainsi et, sans qu'il lui soit fourni aucun renseignement, il a à isoler et caractériser le poison qui a provoqué la mort. La difficulté se complique encore si le poison est de nature organique.

Chaque expert a une façon de rechercher le toxique qui lui est propre et qu'il a acquise par l'expérience. Il est donc difficile de réglementer absolument la recherche des toxiques d'une façon générale.

Quoi qu'il en soit, il devra se livrer à une inspection et une exploration minutieuse de chacun des organes soumis à son analyse. L'odeur dégagée, en dehors de celle de la putréfaction, pourra quelquefois le guider : celles d'amandes amères, d'acide cyanhydrique, de chloroforme, de phosphore, de laudanum, de phénol, de camphre... pourront être nettement perçues. On utilisera les papiers réactifs.

On examinera la couleur du contenu stomacal, de l'intestin ou des matières vomies ; la couleur *jaune* pourra être produite par l'acide picrique, les chromates, l'orpiment, le laudanum...

La couleur *verte* par le vert de Scheele.

La couleur *rouge* par le réalgar, le cinabre, le bi-iodure de mercure.

Mais le plus souvent l'estomac est vide, les vomissements l'ayant débarrassé de son contenu et il ne renferme plus qu'une pulpe noirâtre qui tapisse toute sa surface et au-dessous de laquelle on pourra voir des érosions ou des hémorragies de la paroi.

Une observation minutieuse de l'expert armé d'une loupe fera mettre de côté pour un examen complémentaire tous les fragments de plantes et d'aliments, les cristaux, les substances amorphes que l'on n'est pas habitué à rencontrer dans l'estomac.

On examinera la réaction du liquide stomacal et intestinal. S'il y avait acidité exagérée, on devrait penser à un empoisonnement par les acides, les halogènes ou par quelques sels acides (chlorure de zinc).

S'il y avait une réaction alcaline exagérée, on songerait à un empoisonnement par les alcalis.

On pourra chauffer une petite quantité de matières et les agiter dans l'obscurité (lueurs phosphorescentes) ; l'odeur sera ainsi exaltée. Avec le liquide obtenu par filtration d'une petite portion de matières, on exécutera quelques essais avec les lames métalliques et quelques réactifs spéciaux.

Les essais préliminaires ne seront jamais négligés toutes les fois que la recherche portera sur un poison non déterminé.

On se rappellera toutefois que la filtration au papier ou au coton est susceptible de faire perdre une partie des alcaloïdes qui pourraient se trouver dans les matières organiques. Aussi M. Mansier (1902) a déclaré qu'en « chimie légale, les faibles quantités de toxines ou d'alcaloïdes recherchés peuvent être presque totalement fixées par le filtre ».

Pour la commodité de l'étude de la toxicologie chimique, et pour faciliter les recherches aux étudiants, praticiens et experts, nous avons cru devoir adopter la classification chimique suivante.

Poisons appartenant :

1° *Aux métalloïdes ;*

2° *Aux métaux ;*

3° *Aux composés organiques ;*

4° *Aux alcaloïdes et principes voisins.*

PREMIÈRE PARTIE

MÉTALLOÏDES

CHLORE

Les intoxications par le gaz chlore peuvent se produire dans les laboratoires et les usines (fabriques d'hypochlorites, ateliers de blanchiment). Il est impossible d'en respirer des quantités un peu fortes : dans ce cas, le sujet tombe comme foudroyé, éprouvant des phénomènes de dyspnée intense, cyanose, sueurs froides, pouls petit, la mort peut survenir rapidement. Quand la proportion de chlore inhalé est de $0^{gr},002$ à $0^{gr},003$ p. 1.000, il se produit immédiatement de la toux, dyspnée et des spasmes de la glotte, la sécrétion des muqueuses augmente et devient sanguinolente. Les jeunes gens qui préparent le chlore dans les laboratoires, sans tenir compte des précautions qui leur sont recommandées et qui ont les bronches délicates éprouvent très rapidement des hémoptysies. Les ouvriers exposés constamment à l'action de petites quantités de chlore sont souvent gastralgiques et amaigris ; leur teint devient pâle, verdâtre : ils peuvent avoir de l'acné chlorique. Toutefois nous avons pu visiter des ouvriers dans des fabriques d'eau de Javel ou de chlorure de chaux installées sous de grands hangars aérés et dont la santé après quelques années n'avait nullement souffert. Dès que le taux de chlore atteint $0^{gr},004$ p. 1.000, la respiration devient impossible. Il suffit d'un litre de chlore pour rendre irrespirables au moins 200 mètres cubes d'air ; la sensation de cuisson aux yeux est intense, la toux ininterrompue, la dyspnée extrême, la douleur thoracique ardente, la cyanose s'établit rapidement.

Dans l'industrie, les accidents qui ont pu provoquer des laryngites, des bronchites et même des pneumonies n'arrivent que dans des établissements dépourvus de surveillance ou installés d'une façon défectueuse.

On rappellera que les Allemands, au mépris de la Convention de Genève, n'ont pas hésité à se servir de chlore et de brome ainsi que de gaz lacrymogènes contre nos troupes dans la guerre d'extermination qu'ils avaient entreprise.

A l'autopsie, chez l'homme, on a trouvé les poumons de couleur jaune clair et leur surface recouverte d'une eschare molle et diffluente ; ils étaient gorgés de sang noir.

L'acide hypochloreux et ses composés alcalins, comme l'eau de Javel (hypochlorite de potassium), la liqueur de Labarraque (hypochlorite de sodium) susceptibles de dégager du chlore sous l'influence des acides les plus faibles ont pu occasionner des accidents semblables à ceux provoqués par le chlore. L'ingestion d'hypochlorites alcalins a causé la mort.

Contre les inhalations de chlore on emploiera les alcalins et surtout l'hyposulfite de sodium qui en solution, par imprégnations de cotons placés au-devant de la bouche dans des « respirateurs », seront d'excellents antidotes.

$$Cl^2 + 2(Na^2S^2O^3 + 5H^2O) = Na^2S^4O^6 + 10H^2O + 2NaCl.$$

La filtration des gaz lourds, comme le chlore, le brome et même légers comme NH^3 se fait très bien à travers les vêtements : l'air aspiré traverse ces derniers après s'être complètement débarrassé des molécules gazeuses.

Contre les accidents déterminés par l'inhalation de chlore, de brome et des gaz en général, il est recommandé de porter le sujet au grand air, de lui mettre des compresses froides au cou et sur la poitrine.

Dans le cas d'ingestion d'hypochlorites : lavages de l'estomac, magnésie calcinée, boissons mucilagineuses, lait.

La recherche du chlore dans un empoisonnement de cette nature serait bien délicate.

Le chlore est un gaz verdâtre, à odeur caractéristique, soluble dans l'eau : 1 volume d'eau à 10° dissout $2^{vol},7$ de chlore ; le maximum de solubilité est de $3^{l},07$ à la température de 8°. Le chlore est un oxydant. Il déplace l'iode des iodures, à la condition que le chlore ne soit pas en excès. Il ne décolore pas le permanganate de potassium, ni le bichromate de potassium. Il est facilement absorbé par les métaux comme le mercure et l'argent.

Pour reconnaître des traces de chlore libre dans l'eau, on y versera une solution aqueuse de protosulfate de fer récente à laquelle on ajoute quelques gouttes d'une solution de sulfocyanure de potassium, il se fait immédiatement une belle coloration rouge.

En solution, le chlore n'est précipité qu'en partie par le nitrate d'argent. Il peut être caractérisé par les réactifs de coloration de Denigès et celui de Villiers et Fayolle.

En présence de l'acide chlorhydrique, on peut fixer le chlore en l'agitant avec du mercure ; si l'acide est en excès, il se fait du bichlorure de mercure.

L'acide hypochloreux (HOCl) entre dans la composition des chlorures décolorants. Tous les hypochlorites dissous sont décomposés par les acides, même par l'acide carbonique. En solution acide ou alcaline, les hypochlorites réagissent comme oxydants (différence avec l'acide chlorique et les chlorates).

Les hypochlorites agités avec du mercure fournissent de l'oxyde de mercure. Leurs solutions sont incomplètement précipitées par l'azotate d'argent qui ne précipite pas du tout les chlorates. Elles décolorent instantanément les solutions d'indigo et la teinture de tournesol.

BROME

Le brome est un liquide rouge brun de densité 2,97 émettant des vapeurs à la température ordinaire ; il est peu soluble dans l'eau, dans l'éther sa solution est rouge ou jaune ; dans la benzine, le chloroforme, le sulfure de carbone, la couleur est d'un rouge plus ou moins vif. Il colore l'amidon en jaune ; il déplace l'iode des iodures.

Les vapeurs de brome sont susceptibles de provoquer avec plus d'intensité peut-être des accidents semblables à ceux signalés pour le chlore. On ne connaît qu'un empoisonnement par le brome rapporté par Snell : c'était un suicide ; il y eut absorption de 32 grammes de brome ; la mort arriva plus de sept heures après l'ingestion. Elle fut précédée de phénomènes gastro-entériques très violents suivis bientôt d'un collapsus profond ; les muqueuses des voies respiratoires étaient fortement enflammées. Les endroits touchés par le brome étaient rouge jaunâtre, et les parois de l'estomac, couvertes d'une couche noirâtre, semblaient avoir été tannées. Le foie était hypérémié, le sang brun foncé.

Contre les brûlures, toujours très lentes à se cicatriser, produites par le brome, on emploie le liniment oléo-calcaire, la pulpe d'aloès.

Dans les cas d'ingestion, employer l'empois d'amidon ou la solution d'albumine.

Le *bromure de potassium* est très employé dans le traitement de l'épilepsie ; le *bromure de strontium*, moins actif que lui, est cependant mieux toléré par l'estomac à doses élevées. Les *bromures de sodium et d'ammonium* passent pour être beaucoup moins actifs dans cette maladie.

On doit toujours employer un bromure pur ; il doit ensuite être administré au commencement du repas ou pendant le repas pour éviter toute perturbation digestive. Le bromure de potassium a été accusé de provoquer la carie dentaire. A. Voisin fixait à 12 grammes la dose qu'on ne devait pas dépasser. Féré a montré qu'on pouvait tolérer plus de 30 grammes par jour. Les enfants de moins de un an en supportent très bien de 0gr,10 à 0gr,50 par jour, quand le sel est pur et administré en solution très diluée. Les enfants de trois à quatre ans supportent 2, 3 ou 4 grammes. De dix à quinze ans, ils supportent les doses des adultes.

Le bromure s'accumule dans l'organisme et dans tous les tissus, mais particulièrement dans le foie et le cerveau. Son élimination se fait par la peau, les muqueuses et les reins. En s'éliminant par la salive et la muqueuse bronchique, il donne à l'haleine une odeur répugnante. Dès que le brome provoque des accidents gastriques, se montrent de la somnolence, de l'apathie, de la confusion mentale et la diminution des aptitudes génésiques.

Les préparations bromées peuvent amener des accidents d'intoxication aiguë ou chronique. Le bromisme aigu se manifeste sous deux formes : l'ivresse et la stupeur. « L'ivresse bromique, dit Féré, est constituée par une sorte d'exaltation avec inappétence, rougeur de la langue, congestion des conjonctives, douleurs de tête, irritabilité extrême qui disparaît par cessation du médicament. Toutefois, après une période d'excitation passagère qui peut passer inaperçue, le malade s'alourdit, se plaint d'une céphalée gravative, de douleurs sacro-lombaires, éprouve de la répugnance à se mouvoir, a de l'inappétence, un état saburral très prononcé, de la constipation, ses jambes s'affaiblissent, tremblent sous le poids du corps, les mains sont mal habiles, la parole est embarrassée, le regard atone, la face bouffie et sans expression par suite de la flaccidité du système musculaire; puis le malade tombe dans un état d'apathie dont rien ne peut le tirer. La suppression pure et simple du bromure pourrait peut-être suffire, mais il est mieux d'administrer un drastique qui provoque une élimination rapide par l'intestin. »

Parfois les fonctions de nutrition sont affectées par l'intoxication ; il en résulte un état de cachexie avec amaigrissement qui prépare le terrain aux maladies infectieuses qui chez les bromurés ont une grande tendance à prendre la forme adynamique.

Dans le bromisme chronique, il y a des éruptions cutanées : acné, dartres, psoriasis, eczéma. Il se produit une toux particulière, sèche, fatigante, sans expectoration, simple irritation du larynx et de la trachée.

Sauf des cas exceptionnels, le bromisme n'entraîne pas d'affaiblissement marqué des fonctions intellectuelles.

Le lait en provoquant la diurèse est un des meilleurs moyens de combattre l'intoxication. La peau doit être tenue en excellent état de propreté. Il ne faut pas négliger l'antisepsie buccale, car dans le bromisme l'haleine est mauvaise.

La dose de bromure est très variable selon la fréquence des accès d'épilepsie.

Quand les pupilles se dilatent et ne réagissent plus, le médicament doit être suspendu (G. de la Tourette).

L'élimination du brome a lieu par les urines et les glandes à l'état de bromures alcalins.

Le brome existe dans l'économie en quantité extrêmement faible (Rabuteau, Labat).

Pour rechercher le brome dans un liquide, il faudrait l'évaporer après l'avoir alcalinisé avec de la potasse. De même, on pourra incinérer les tissus additionnés de potasse. C'est dans le produit résiduel qu'on pourra caractériser le brome de différentes façons :

1° Par distillation du résidu avec du bichromate de potassium et de l'acide sulfurique : il se dégage des vapeurs brunes rougeâtres de brome ;

2° Par production d'éosine (Labat) ;

3° Par la coloration violette du bromhydrate de bromure cuivreux (Sabatier, Denigès) ;

4° Par action du brome libre sur la fuschine bisulfitée (Denigès) ;

5° Par l'action de l'eau bromée sur les dérivés d'hydruration de la strychnine (Denigès).

L'*acide bromhydrique* présente les mêmes caractères que l'acide chlorhydrique, mais il est plus facilement décomposable.

Les bromures précipitent par le nitrate d'argent : le bromure d'argent est soluble dans l'ammoniaque et insoluble dans les acides.

L'eau chlorée libère le brome des bromures à la condition de se servir d'eau chlorée très étendue pour ne pas former de bromate.

La recherche du brome par l'eau chlorée ne doit jamais se faire dans les liquides alcalins ou contenant des matières organiques, car l'action du chlore se portera de préférence sur les composés étrangers.

Le chlorure d'or versé dans les solutions chaudes de bromures donne une coloration jaune paille intense.

Le bichromate de potassium additionné d'acide sulfurique concentré fournit un distillatum qui, reçu dans une dissolution de soude étendue, produit une solution incolore.

L'acide nitreux ne libère pas le brome des solutions froides et étendues des bromures (différence avec les iodures).

Dans les composés non électrolytes on recherche le brome comme le chlore.

IODE

L'iode est très employé en thérapeutique pour désinfecter certaines plaies cavitaires ; mais son action sur les bactéries pathogènes est encore indéterminée. Il est très rapidement absorbé par la peau, surtout si la couche d'iode est recouverte de ouate; dans ce cas, l'absorption est 12 fois plus forte. La proportion d'iode éliminé par l'urine peut atteindre jusqu'à 1 /3 de la quantité déposée sur la peau.

Il est absorbé par l'estomac à l'état de combinaison alcaline ou albuminoïdique. On ne sait pas s'il existe dans le sang à l'état d'iodure de sodium, ou s'il s'unit à l'albumine pour laquelle il a beaucoup plus d'affinité que pour l'amidon ; en effet, la coloration bleue de l'amidon, iodure d'amidon $(C^{24}H^{40}O^{20}I)^4$ HI disparaît par l'addition d'albumine; il se fait une combinaison albumino-iodurée, très peu stable elle-même, qui se dissocie par la coagulation de l'albumine et par la dialyse. Dans cette décomposition, l'alcali de l'albumine devenant libre forme des iodates avec l'iode.

L'élimination de l'iode est très rapide; on peut en retrouver dans l'urine au bout de trente secondes après une injection iodée dans une séreuse (Richardson). Cette élimination se fait par différents émonctoires (urines, lait, salive, sueur, larmes, mucus nasal).

Le chien peut supporter en injection dans les veines $0^{gr},02$ à $0^{gr},03$ d'iode par kilogramme ; $0^{gr},04$ le tuent. Dans ces conditions, un homme pourrait tolérer 2 grammes dans le sang.

L'iode agissant directement transforme l'hémoglobine en hématine.

Les affections rénales rendent plus facile l'intoxication iodée.

La facilité que l'on a de se procurer de la teinture d'iode fait que ce liquide est employé fréquemment par la femme comme moyen de suicide. Personnellement nous avons été souvent à même de constater de nombreuses tentatives de suicide chez les femmes le plus souvent enceintes qu'on amenait à la Maternité de l'hôpital Saint-André. Des observations relevées par le Dr P. Lemaire que nous reproduisons plus loin donneront la marche exacte des symptômes qui suivent l'ingestion de la teinture d'iode.

L'alcoolé d'iode irrite la peau, provoque des démangeaisons et une cuisson souvent intolérable ; parfois l'épiderme se soulève en phlyctènes et il se produit de la vésication et même des eschares assez étendues. Dans le cas d'ingestion de teinture d'iode, les accidents généraux consistent en une vive sensation de constriction et de brûlure à la gorge, sensation qui subsiste tant que le malade est sous l'influence du toxique ; il y a des douleurs gastriques violentes, nausées et vomissements, coliques, dyspnée, pouls faible, hyperthermie. Bien que les auteurs rapportent avoir souvent observé des cas de mort, nous n'en avons jamais été témoin et tous les malades observés sont sortis guéris de l'hôpital au bout de quelques jours. Voici les observations recueillies par le Dr Lemaire (1910).

Observation. — I. Alice X..., 40 ans, absorbe vers 12 heures, après son repas, 10 grammes de teinture d'iode. Après avoir pris un peu de sirop d'ipéca fourni par un pharmacien, on la conduit à l'hôpital Saint-André vers 15 heures. La malade est congestionnée ; phases d'excitation marquée, délire par instant ; elle parle avec volubilité et refuse de se laisser soigner. Constriction et brûlure violente à la gorge, salivation abondante, nausées.

Avec beaucoup de difficulté, on fait absorber à la malade par gorgées 30 à 40 grammes d'une solution d'hyposulfite de sodium à 10 p. 100 tiède. Peu de temps après, on pratique une injection de chlorhydrate d'apomorphine en solution récente. Après quelques instants, état nauséeux, bientôt suivi de vomissements, sans efforts et très abondants. La malade se calme aussitôt et s'endort bientôt. La nuit est tranquille, salivation abondante, rejet de quelques mucosités.

Le lendemain, au réveil, la malade se trouve bien; elle se souvient très incomplètement de ce qui s'est passé la veille. Traces de brûlures sur les lèvres, dans la bouche et l'arrière-pharynx; douleur à la déglutition; sensation de brûlure le long du tube digestif; oligurie et albuminurie (0gr,50 par litre d'urine). On doit noter que la malade aurait eu antérieurement une néphrite bien caractérisée.

Les jours suivants, la malade présente encore un peu de dysphagie douloureuse et d'inappétence. Elle quitte l'hôpital au bout de 10 jours complètement rétablie, mais conservant des traces d'albumine dans l'urine.

II. X..., ouvrière, 18 ans ; 1/2 heure après avoir mangé quelques gâteaux, ingère, vers 19 heures, 25 grammes du contenu d'un flacon renfermant de la teinture d'iode dans laquelle elle a mélangé auparavant un paquet de sel d'oseille acheté 0 fr. 20 dans une droguerie.

De la cendre de bois délayée dans de l'eau est d'abord administrée à la malade par les personnes présentes : cette ingestion est suivie du rejet par la bouche d'un peu de mucosités noirâtres. Un médecin mandé d'urgence prescrit de l'eau amidonnée et fait diriger la malade sur l'hôpital Saint-André.

Celle-ci est très pâle, anxieuse, déprimée : pouls petit et fréquent, extrémités refroidies. Les lèvres, la langue et la muqueuse buccale portent des traces d'un caustique ; quelques efforts pour vomir n'aboutissent qu'au rejet d'un liquide légèrement strié de sang et très chargé en mucus.

M. le Dr P. Lemaire fait avaler à la malade, lentement et par petites gorgées, 120 grammes environ d'un liquide tiède renfermant par litre 60 grammes de la solution d'hyposulfite (à 10 p. 100) et 10 grammes de chlorure de calcium ;

déglutition pénible et difficile ; douleurs le long de la partie supérieure du tube digestif, légères coliques.

On couche et on réchauffe la malade ; on lui fait une injection de chlorhydrate d'apomorphine. Quatre à cinq minutes après, vomissements peu abondants, puis la malade s'assoupit.

Trois quarts d'heure après, la malade s'éveille et vomit copieusement à diverses reprises un liquide très légèrement sanguinolent chargé en mucus et en déchets épithéliaux où l'on constate la présence de composés iodés et oxaliques.

Vers minuit, sur l'instance de la malade, une infirmière lui donne en cachette un peu de lait; une heure après, vomissements plus sanguinolents que les précédents. Dans la matinée, vers onze heures, malgré l'abstention de toute alimentation, la malade a un accès gastrique très violent, et elle vomit du lait caillé très légèrement teinté en rose, puis elle tombe dans un sommeil profond et prolongé.

A partir de ce moment, les douleurs s'atténuent, la langue et la muqueuse de la cavité buccale desquament. L'urine du troisième jour renferme 0gr,10 d'albumine par litre, de l'iode combiné, pas de cylindres, mais de nombreuses cellules épithéliales et quelques leucocytes. Les jours suivants, il ne reste qu'une légère dysphagie, de l'inappétence, du dégoût pour le lait qui ne peut être supporté, constipation opiniâtre, région lombaire un peu douloureuse, traces d'albumine dans l'urine.

III. *Entérorragies à la suite d'ingestion volontaire de teinture d'iode :* X..., ouvrier, 23 ans, absorbe à 18 heures, en une fois, dans l'intention de se suicider, 30 grammes de teinture d'iode ; il a presque immédiatement un vomissement : on lui fait prendre du lait, ce qui provoque deux vomissements consécutifs.

Le médecin appelé un peu tardivement prescrit de l'eau amidonnée tolérée par le malade malgré quelques nausées ; agitation la nuit suivante ; le lendemain, douleur à la déglutition, sensation de brûlure interne le long de l'œsophage et à la région stomacale, et surtout au niveau du pharynx ; ni selles, ni coliques, oligurie.

Le jour suivant, le malade entre à l'hôpital à 16 heures : il est calme, on ne remarque que des traces de brûlures dans la bouche et surtout à l'angle externe droit des lèvres ; arrière-gorge très enflammée. On lui fait prendre 60 grammes de solution tiède d'hyposulfite de sodium à 10 p. 100. Les 2 jours suivants, douleur persistante à la déglutition, légères coliques. Le troisième jour, le malade étant constipé, le médecin prescrit un lavement glycériné suivi d'une selle peu abondante. Deux jours plus tard, purgation avec 30 grammes d'huile de ricin mélangée à du café. Le malade a une selle copieuse, avec entérorragie abondante, suivie de coliques violentes. La température monte le soir à 37°,8. On prescrit le repos et la diète absolue, application de glace sur le ventre. Les 9 jours suivants se sont passés sans symptômes particuliers. Il y eut 13 jours plus tard, à la suite d'un lavement glycériné, une débâcle de scybales avec ténesme, douleur à la défécation et nouvelle entérorragie moins abondante que la première. Enfin, 30 jours plus tard, vomissements alimentaires, quelques coliques accompagnées d'une évacuation un peu sanguinolente. Puis, on ne note plus rien d'anormal et le malade sort guéri de l'hôpital.

L'intervention dans ce cas fut plus tardive et moins heureuse que dans les observations précédentes.

Une jeune fille de seize ans mourut après l'injection de 8 grammes de teinture d'iode dans un kyste ovarique ; la mort survint huit jours après l'injection (soif, éruptions cutanées, vomissements, oligurie).

En 1902, le Dr Duguet a signalé un cas de mort par injection de teinture d'iode dans l'épaisseur d'un goitre que portait une jeune fille. Celle-ci, âgée de vingt-deux ans, avait déjà subi à plusieurs reprises l'injection de teinture d'iode sans le moindre malaise et même le goitre avait beaucoup diminué. L'auteur attribue dans ce cas la mort à un réflexe médullaire.

En 1910, on a signalé un cas de mort survenu chez un militaire, à l'hôpital d'Amiens, après badigeonnage de teinture d'iode du champ opératoire, avant une opération d'une hernie inguinale. On nota de l'érythème, du coryza, de la diarrhée, de la cyanose et de la dyspnée.

Petges, en 1912, a relevé trois cas de mort à la suite d'application de teinture d'iode pré-opératoire.

En août 1913, nous avons eu l'occasion d'intervenir pour une femme de vingt et un ans enceinte de sept mois qui avait absorbé de la teinture d'iode pour se suicider. Un lavage au tube Faucher avec de l'hyposulfite de sodium eut raison de cette intoxication, et la malade sortit de l'hôpital après trois jours entièrement rétablie.

Il n'est pas douteux que l'hyposulfite de sodium réglementé par le Dr P. Lemaire comme antidote de la teinture d'iode et de l'iode est un remède très efficace. La solution à 10 p. 100 employée est susceptible de décolorer et de saturer la moitié de son poids de la teinture d'iode du nouveau Codex en vertu de l'équation :

$$2I + 2S^2O^3Na^2 = 2NaI + S^4O^6Na^2.$$

S'il s'agit d'accidents locaux, il suffira de lavages faits avec cette solution qui n'irritera pas les téguments.

Pour les empoisonnements par la voie digestive, on fait boire à petites gorgées la solution dans l'intervalle des vomissements provoqués par l'intoxication. L'emploi de cette solution tiède a l'avantage de rendre plus rapide la neutralisation et de provoquer les vomissements.

L'hyposulfite de sodium peut être également employé en lavages de l'estomac avec le tube de Faucher. Ce composé chimique a l'avantage de n'être pas toxique ; il possède enfin des propriétés antiseptiques et purgatives.

Cet antidote est de beaucoup préférable à l'eau amidonnée, à l'eau albumineuse, aux boissons émollientes.

M. le Dr P. Lemaire s'est servi du même antidote à l'occasion de tentatives de suicide chez de jeunes femmes enceintes et qui, pour atteindre plus sûrement le but désiré, avaient mélangé à la teinture d'iode du laudanum. Ces malheureuses ignoraient vraisemblablement que la teinture d'iode est recommandée comme contrepoison du laudanum. Entrées à la Maternité de l'hôpital Saint-André, elles sortirent indemnes de leurs tentatives.

Enfin l'hyposulfite de sodium a été un antidote souverain dans un autre cas : un étudiant en médecine, pour se débarrasser d'une phthiriase du pubis, eut la malencontreuse idée de lotionner la peau du scrotum et la région velue du pubis successivement avec du sublimé en solution au 1/1.000 et une application de teinture d'iode : il éprouva une cuisson et des douleurs intolérables dues à la présence d'iode en excès et à la formation de bi-iodure de mercure. L'application d'une pommade de cocaïne n'amena aucun résultat. Le Dr P. Lemaire consulté conseilla un lavage des parties congestionnées et tuméfiées par une solution d'hyposulfite de sodium à 15 p. 200 ; l'amélioration se produisit aussitôt.

M. P. Carles a également proposé pour atténuer les effets d'une application trop forte de teinture d'iode l'usage du monosulfure de sodium.

Les iodures alcalins sont très peu toxiques ; on a pu en ingérer de très fortes doses sans accident, à la condition que les reins fussent sains.

Ils peuvent déterminer des accidents d'iodisme aigu ou chronique ; dans les cas légers, c'est du larmoiement, une congestion de la muqueuse nasale avec coryza ; la gorge est douloureuse, la salive est augmentée et possède un goût amer, salé et métallique : il y a de l'acné et des hémorragies diverses.

On pourrait en partie éviter l'iodisme en employant de l'iodure de potassium chimiquement pur et en l'absorbant au milieu des repas et avec des eaux alcalines.

L'iodure de potassium s'éliminerait à l'état d'iodure de sodium ; d'autre part, l'élimination de l'iodure de sodium ingéré serait plus rapide que celle de l'iodure de potassium.

Suivant J. Roux, l'iodure de potassium paraît se localiser dans les reins, le sang et le cerveau.

Pour rechercher l'iode dans les substances organiques, il faudrait évaporer en présence de soude ou de potasse pures, incinérer et rechercher l'iode dans le résidu minéral en le libérant par les méthodes habituelles ou en le caractérisant par les réactifs.

L'iode a pour densité 4,94 à + 17°. Il émet des vapeurs violettes quand on le chauffe. Ses solutions dans l'eau, dans l'alcool, l'éther, et les iodures sont jaunes ou brun rougeâtre. Elles sont violacées dans le chloroforme et le sulfure de carbone. Il colore en bleu l'empois récent d'amidon, cette coloration disparaît à 80° pour réapparaître à froid. Une solution d'iodure d'amidon est plus sensible quand elle contient un iodure et la coloration est constante.

Le chlore et le brome déplacent l'iode de ses combinaisons avec les éléments électro-positifs (hydrogène et métaux). Par contre il déplace le chlore et le brome de leurs combinaisons oxygénées pour donner les combinaisons iodées correspondantes.

L'iode, additionné d'acétone et de soude, donne de l'iodoforme. Dans les iodures, l'azotate d'argent produit un précipité jaune insoluble dans NH^3 (le précipité devient blanc) et dans l'acide nitrique.

Le chlorure et l'azotate de palladium fournissent un précipité noir d'iodure de palladium (différence avec le chlore et le brome).

Le perchlorure de fer chauffé doucement avec les iodures libère de l'iode.

Les sels solubles de plomb précipitent de l'iodure de plomb jaune, soluble dans l'eau chaude.

L'acide nitreux fait dégager de l'iode.

Un sel soluble de mercure au maximum fournit un précipité rouge de HgI^2.

Les iodures, additionnés de 1/5 de leur volume de sulfate de magnésium au 1/10 et de quelques gouttes d'hypobromite de sodium, donnent un précipité rouge brun (Denigès).

En solution légèrement acide, le chlorure de thallium produit un précipité, un trouble ou une coloration jaune caractéristique. Ce réactif permet de précipiter l'iode à côté du chlore et du brome.

ACIDES MINÉRAUX

L'action toxique des acides minéraux mérite d'être considérée à un point de vue général. On est d'accord pour admettre tout d'abord que les acides concentrés pourvus d'une grande affinité chimique sont capables de produire une certaine altération au point même de leur application, altération qui consiste le plus souvent en une action caustique. En second lieu, on sait que certains acides libres exercent cette action caustique alors qu'ils ne la manifestent plus une fois saturés (exemples : acides chlorhydrique, sulfurique, azotique) ; enfin d'autres acides minéraux et organiques, même saturés, conservent encore une propriété toxique toute spéciale ; parmi ces derniers il y a les acides cyanhydrique, oxalique, arsénique.

Le sang à l'état normal est alcalin et cette alcalinité correspond à 1 ou 2 grammes de soude par litre : elle est due surtout à la présence de carbonate de sodium. Cette présence d'alcali dans le sang est d'ailleurs un moyen de défense contre l'intoxication par les acides. Ces derniers passant dans le sang sont en effet neutralisés par les alcalis des sels à acides faibles. Ainsi l'alcalinité du sang diminue chez les lapins intoxiqués par de l'acide chlorhydrique. La diminution de l'alcalinité ou de l'alcalescence du sang correspond à l'intoxication générale acide ou résorption acide ; parallèlement diminue la quantité d'acide carbonique contenue dans le sang ; la mort arrive d'ailleurs chez l'animal avant la décomposition complète du carbonate de sodium (Walter). Ainsi donc tout transport d'acide dans l'estomac, quelle que soit sa quantité, diminue toujours la proportion d'acide carbonique, l'alcalescence du sang ; cependant les acides organiques de la série grasse qui fournissent rapidement par leur combustion dans l'organisme de l'acide carbonique sont sans influence, et même aussi certains acides organiques aromatiques qui, sans enlever l'alcalinité à l'organisme, se transforment en acide hippurique. Au contraire, certains composés, comme l'anhydride benzoïque, l'alcool benzylique, la taurine, qui dans l'organisme deviennent acides, communiquent au sang une réaction acide.

La privation d'alcali dans le sang est la véritable cause de l'intoxication des animaux ; si l'on vient à leur restituer du carbonate de sodium, au moment où leur circulation et leur respiration deviennent difficiles, ces animaux se rétablissent complètement dans un court espace de temps.

La coagulation du sang acide est habituellement retardée ; après l'ingestion alcaline, l'aptitude à la coagulation est considérablement augmentée et il peut facilement se former de la thrombose dans le système vasculaire.

Les chiens supportent une assez forte dose d'acide sans en être incommodés ; chez eux également l'alcalescence du sang diminue et elle reste dans des limites au-dessous de la normale : cette tolérance est rendue possible par la formation d'ammoniaque dans le sang. C'est ainsi que dans le diabète sucré, à l'élimination dans l'urine d'acides organiques, comme l'acide oxybutyrique, correspond une production parallèle d'ammoniaque.

Les **acides minéraux** sont rangés par Tardieu dans les poisons corrosifs.

Les acides minéraux de même que la plupart des sels métalliques caustiques agissent en coagulant l'albumine.

Ces toxiques agissent depuis la partie supérieure du tube digestif jusqu'à l'intestin grêle et par suite devront toujours être recherchés de préférence dans l'estomac. Il en sera de même pour les bases alcalines et alcalino-terreuses et les acides organiques. Cependant, dans ce dernier cas, les lésions anatomiques profondes sont rares.

Les acides se divisent, au point de vue de leur action physiologique, en deux groupes bien distincts : les uns ne sont toxiques qu'à l'état concentré et agissent comme caustiques ; les sels qu'ils forment avec des bases non toxiques ne déterminent aucun accident après leur ingestion ; tels sont les acides minéraux forts : acides chlorhydrique, azotique, sulfurique, phosphorique, dont les solutions étendues sont d'ailleurs fréquemment employées dans un but thérapeutique. D'autres acides sont toujours toxiques, aussi bien en solution concentrée qu'en solution étendue, tels sont les acides arsénieux et oxalique. L'acide sulfurique est de beaucoup le plus caustique et le plus toxique. C'est l'acide chlorhydrique qui l'est le moins. L'acide azotique est intermédiaire.

ACIDE CHLORHYDRIQUE

L'acide chlorhydrique se dégage dans les émanations des ateliers où l'on traite les chiffons par le chlore, dans les fabriques de cet acide, de sulfate de sodium, de chlorure de soufre, de perchlorure de fer. Il y a émanation chlorée dans les ateliers de blanchiment des fils, de la pâte à papier et de fabrication du cyanure rouge de potassium.

Il a été souvent employé comme moyen de suicide ; il a causé, par suite de méprises, un grand nombre d'accidents. Sa causticité en rend l'usage bien difficile dans les tentatives criminelles et on ne s'en est guère servi que sur des enfants et des paralytiques.

L'action corrosive de cet acide même concentré est moins intense que celle de l'acide sulfurique. Dans les empoisonnements suivis de mort, la dose ingérée était au moins de 15 grammes.

Il produit sur les muqueuses et les tissus mous des eschares grisâtres qui passent au brun noirâtre. Ces taches grisâtres se remarquent autour de la bouche, sur les lèvres et l'intérieur de la cavité buccale. Il provoque une forte sensation de brûlure à la gorge, à l'œsophage, à l'épigastre.

Les vomissements arrivent rapidement ; ils renferment du sang et même des lambeaux de muqueuse détachés de l'estomac. Ils présentent une couleur brune. Il y a de la suffocation ; la voix devient rauque, la peau se refroidit ; l'intelligence reste intacte. Rarement l'acide chlorhydrique produit des perforations, ce qui arrive avec l'acide sulfurique et l'acide azotique.

La muqueuse stomacale est ramollie, colorée en rouge, non point carbonisée, bien qu'on y remarque quelques taches noirâtres.

PROPRIÉTÉS. — L'eau dissout 450 à 500 fois son volume de gaz chlorhydrique et renferme environ 34 p. 100 de ce gaz. La solution est souvent colorée en jaune par du fer.

Recherche toxicologique de l'acide chlorhydrique. — Il faut bien faire attention que l'on trouve normalement de l'acide chlorhydrique dans l'organisme, par exemple dans le suc gastrique. Il peut aussi prendre naissance quand on distille des matières organiques contenant des chlorures et des acides organiques. Un mélange de chlorure de sodium et d'acide lactique donne lieu à double décomposition à 100° et au delà, en fournissant de l'acide chlorhydrique libre et du lactate de soude. C'est dans cette dernière condition que se trouvera placé le chimiste qui recherchera l'acide chlorhydrique par la distillation des matières organiques, et c'est ainsi qu'Orfila en a constamment trouvé des quantités variables dans le produit de la distillation à 110° du vin, de la bière, du bouillon... la réaction sur le chlorure de sodium étant due aux divers acides organiques normalement contenus dans ces liquides. Il y a là deux causes d'erreurs qui exigent le plus souvent une détermination quantitative.

M. Bouis conseille de distiller dans un petit ballon avec de l'oxyde de plomb ou de manganèse purs la liqueur suspecte de contenir l'acide chlorhydrique. En présence de l'acide chlorhydrique libre, il se dégage du chlore que l'on caractérise.

M. Roussin réduit les viscères et organes en menus fragments, puis en bouillie claire. Il divise en deux parties égales : l'une de ces portions est saturée par un grand excès de carbonate de sodium et mise à évaporer jusqu'à dessiccation à peu près complète. L'autre portion est soumise à la même évaporation, sans neutralisation préalable. Les deux mélanges résultants sont calcinés séparément dans des creusets de porcelaine jusqu'à complète carbonisation. Chaque masse charbonneuse est épuisée par un égal volume d'eau distillée et les liqueurs résultant sont filtrées. Chacune de ces solutions acidulée par de l'acide azotique est traitée par de l'azotate d'argent. Il se forme dans l'une et l'autre liqueur un précipité de chlorure d'argent. Si la quantité de chlorure d'argent est la même dans les deux cas, on peut affirmer qu'il n'y avait pas d'acide chlorhydrique libre dans les organes. Si au contraire la portion saturée par le carbonate de sodium fournit une quantité de AgCl beaucoup plus considérable que celle qui n'avait pas été saturée, c'est que cet excédent de chlore ne peut être attribué qu'à de l'acide chlorhydrique libre.

Ce n'est que dans le cas où il y aurait plus de 3 p. 100 d'acide

(3 p. 100 étant l'acidité moyenne du suc gastrique) que l'on pourrait soupçonner un empoisonnement par cet agent corrosif. On sera d'ailleurs guidé par les lésions présentées par les organes.

Enfin, il faudra se rappeler que l'acide chlorhydrique peut être introduit dans l'estomac par les liquides et les aliments.

TACHES. — Les taches sur les vêtements et en particulier sur le drap noir sont d'un rouge vif ; l'addition de NH^3 les fait disparaître quand elles sont récentes. On reconnaît la présence de l'acide chlorhydrique dans un fragment d'étoffe tachée en le faisant macérer dans l'eau et précipitant la solution par $AgNO^3$.

ACIDE FLUORHYDRIQUE

Liquide anhydre, fumant. L'acide ordinaire du commerce a pour formule $HF,4H^2O$. L'acide gazeux attaque le verre en le dépolissant, aussi le conserve-t-on dans des vases de plomb, de gutta-percha, de platine ou de cérésine. C'est peut-être le poison le plus corrosif.

Si l'on plonge les mains dans les vapeurs de cet acide, on éprouve des sensations de brûlure au-dessous des ongles ; il corrode la peau. Les ouvriers appelés à le manipuler doivent porter des masques particuliers, des gants de caoutchouc et s'enduire la figure de lanoline. Il a provoqué des accidents chez les personnes qui l'avaient respiré sans précaution : l'irritation des muqueuses peut être assez forte pour entraîner la mort.

D'après le Dr Chevy (1885), cet acide que l'on pourrait respirer impunément à la dose de 1 /1500 quand il est mélangé avec de l'air, ne devient dangereux à cette dilution que s'il est souillé d'acide sulfureux et d'hydrogène sulfuré. M. Bergeron a fait les mêmes remarques sur les animaux. On a voulu l'utiliser comme remède curatif de la phtisie, car c'est un antiseptique puissant, mais les statistiques recueillies ont été peu encourageantes.

Louyet mourut intoxiqué par l'acide fluorhydrique ; Davy, les frères Knox, Moissan éprouvèrent des accidents dans sa manipulation.

On a rapporté un cas de mort à la suite de l'absorption de 15 grammes de cet acide en solution ; la mort survint en 35 minutes. A l'autopsie, on trouva l'estomac parsemé de taches noirâtres, les muqueuses de la bouche et de l'œsophage dépouillées de leur épithélium, les poumons et les méninges congestionnés ; le sang présentait une réaction acide.

Dans la fabrication industrielle des superphosphates, il se dégage de l'acide fluorhydrique, mais en quantité inoffensive pour les ouvriers.

Kessler a proposé comme antidote de l'acide fluorhydrique l'ammoniaque. On pourrait utiliser l'albumine, le lait, les boissons mucilagineuses, la glace, les opiacés.

Le fluorure de sodium est surtout utilisé comme antiseptique. Thomson, en 1887, signala cette propriété tout en le déclarant dépourvu de toxicité. D'après Arthus, à faibles doses il arrête les fermentations alcoolique, butyrique et lactique. J. Ogier (1901) fait observer que son absorption chez les animaux peut irriter le tube digestif. Dans le lait, les fluorures ne gênent pas l'action de la présure tant qu'il y a suffisamment de sels calciques pour précipiter le fluor. Ces sels précipités, l'action de la présure cesse de suite.

G. Pouchet considère ce composé comme possédant une certaine action toxique. D'après Tappeiner, il serait toxique à la dose de 0gr,25. MM. O. et C. Hehner ont étudié l'action physiologique des solutions de fluorure de sodium. Ils ont trouvé que 0gr,04 de fluorure de sodium annihilent l'action de la salive ; une proportion de moins de 0gr,02 exerce une action très défavorable sur la digestion pepsique.

D'après Herbert B. Baldwin (1899), le fluorure de sodium ingéré en petite quantité provoque des nausées, de la salivation, des vomissements et de la diarrhée.

Les composés organiques : fluorures d'éthyle et de méthyle, agiraient comme le fluorure de sodium.

Si l'on avait à rechercher l'acide fluorhydrique dans un cas d'empoisonnement, on pourrait faire digérer les matières avec de l'eau, filtrer et précipiter le filtratum par une solution de chlorure de calcium ; le précipité de fluorure de calcium se caractérise facilement : chauffé dans un vase de plomb ou de platine avec de l'acide sulfurique, il dégage de l'acide fluorhydrique qui attaque le verre. Chauffé avec de l'acide sulfurique et du sable, il fournit un gaz, le fluorure de silicium, que l'eau décompose avec production de silice et d'acide hydrofluosilicique. Si, ce qui est probable, le fluorure de calcium précipité était mélangé de sulfate, phosphate et carbonate de calcium, on devrait le purifier en le traitant successivement par l'eau bouillante qui dissoudrait le sulfate de calcium, par l'acide chlorhydrique étendu qui dissoudrait carbonate et phosphate de calcium sans dissoudre sensiblement de fluorure.

Dans une recherche spéciale, MM. A. Gautier et P. Clausman ont trouvé (1914), par leur méthode, du fluorure associé au phosphate dans tous les organes de l'animal en proportions variables suivant les tissus.

ANHYDRIDE SULFUREUX

L'anhydride sulfureux (SO^2) se forme par la combinaison avec O du soufre et des corps qui renferment du soufre, dans la fabrication de l'acide sulfurique, de la cellulose, le grillage des minerais sulfureux, la fabrication de la glace, la désinfection par la combustion du soufre. Les solutions d'acide sulfureux ou des sulfites servent à conserver les fruits crus, les gelées, marmelades, les liquides comme le vin, la bière, les viandes, les saucissons.

Les ouvriers employés au blanchiment de la paille ou à la fabrication des mèches soufrées ne paraissent aucunement souffrir des émanation d'acide sulfureux, d'après nos observations personnelles. Toutefois, sa présence est nuisible pour la végétation environnante.

Le gaz sulfureux est très soluble dans l'eau : la dissolution, de densité 1,046, saturée à la température ordinaire, renferme 9,5 p. 100 de SO^2 et, d'après d'autres auteurs, seulement 5 p. 100.

Ce gaz est incommode pour l'appareil respiratoire. Quand il existe dans l'atmosphère à la dose de 0,006 à 0,010 en volume p. 1.000, il y a de l'irritation nasale et trachéale.

A la dose de 0,015 p. 1.000, le séjour est déjà désagréable, sans qu'au bout d'une demi-heure on puisse toutefois éprouver de la fatigue à la respiration. A la dose de 0,020 p. 1.000, il est nettement gênant, et c'est la limite supérieure qui puisse être tolérée.

A la dose de 0,030 p. 1.000, il produit en quelques minutes une action irritante sur la muqueuse nasale avec éternuements et toux. Il devient difficile de supporter une pareille atmosphère. Mais, au bout de 10 minutes, la susceptibilité est déjà très émoussée : c'est ce qui explique que les ouvriers qui travaillent dans des atmosphères où il y a jusqu'à 0,040 p. 1.000 d'acide sulfureux supportent ce séjour sans fatigue particulière et jouissent généralement d'un bon état de santé. A plus forte dose, il y aurait lieu de redouter des catarrhes chroniques et des troubles de la respiration.

Des souris meurent au bout de 6 heures dans une atmosphère qui renferme 0,060 p. 1.000 de gaz acide sulfureux, et en 20 minutes dans un espace qui en contient 0,080 p. 1.000.

Pour l'homme, on considère que 0,050 d'acide sulfureux p. 1.000 constituent un air irrespirable : il survient de la toux, des étouffements, des sécrétions des muqueuses, des troubles de la cornée, de petites hémorragies des muqueuses...

L'acide sulfureux et les sulfites ont été vantés contre la phtisie, de même les hyposulfites que les Italiens ont employés également à la dose de plusieurs grammes contre la malaria.

L'ingestion de la solution aqueuse d'acide sulfureux paraît n'être suivie d'aucun inconvénient, malgré les opinions contraires de Rossler (1885). Les expériences de Leuch (1895) montrèrent que sont sans effet nocif 40 milligrammes d'acide sulfureux libre et 200 milligrammes d'acide sulfureux combiné, par litre de vin. Wiley (1907) proscrit l'acide sulfureux sous toutes ses formes, dans les vins aussi bien que dans les denrées alimentaires.

Les expériences de Wiley ont été critiquées très justement par J. Gautrelet (1910). En présence des incertitudes au sujet de la nocivité de l'acide sulfureux, la limitation de cet acide dans les vins blancs a fait l'objet de réglementations variées depuis 1899. C'est dans ces conditions que les syndicats de la propriété et du commerce de la Gironde, désireux d'éclairer leur religion, crurent devoir provoquer des expériences de la part d'une Commission scientifique composée de différents membres appartenant aux diverses sociétés scientifiques de Bordeaux. Elles furent exécutées sous la surveillance constante du professeur agrégé Gautrelet et la présidence du professeur Gayon ; la question posée était la suivante : « L'acide sulfureux contenu dans les vins a-t-il une action sur l'organisme humain et, dans ce cas, quelle est cette action ? »

Les recherches de la Commission (1900) portèrent d'abord sur l'animal comme témoin réactionnel.

Des expériences furent faites sur des chiens soumis à l'ingestion de vin additionné de 100 milligrammes par litre d'acide sulfureux libre, pendant 30 jours, à la ration de 10 centimètres cubes de vin par kilogramme d'animal. Ces chiens n'ont en rien souffert dans leurs habitudes, ni dans leur métabolisme pendant la durée des expériences.

D'autres expériences furent poursuivies sur des chiens soumis à l'ingestion de vin additionné de 400 milligrammes d'acide sulfureux total par litre. Un des chiens avait servi aux expériences précédentes. Le régime fut de 10 grammes de vin sulfité par kilogramme d'animal pendant trente jours. Au bout de ce temps, ces animaux étaient pleins d'appétit et de vie et se sont maintenus en état d'équilibre physiologique. On a noté dans l'urine la diminution des xantho-uriques, l'augmentation de l'urée et de l'ammoniaque, et l'absence d'éléments anormaux.

De nouveaux chiens furent soumis à l'ingestion d'une solution aqueuse d'acide sulfureux (100 milligrammes d'acide sulfureux par litre) pendant 52 jours : quotidiennement chaque animal recevait une ration d'entretien comportant par kilogramme 1 milligramme d'acide sulfureux, on éliminait de ce fait le facteur alcool. Les animaux accusèrent parfois une diminution d'appétit, fait qui relève plutôt d'un dégoût éprouvé vis-à-vis des aliments à odeur de soufre que d'un trouble pathologique : les chiens mangeaient en effet avec plus de plaisir la soupe qu'on leur présentait privée d'acide sulfureux. Ce dégoût entraîna en conséquence un amaigrissement des animaux et la diminution des échanges : il y eut de la diarrhée pendant quelques jours ; il n'y eut jamais de vomissements, jamais apparition dans l'urine d'éléments anormaux.

L'autopsie des animaux ayant ingéré le vin ou l'eau additionnée d'acide sulfureux ne montra aucune lésion viscérale ; les muqueuses gastrique et intestinale étaient normales. On ne releva pas de phénomènes de congestion. Le foie et la rate accusaient un poids normal étant donnée la taille des chiens.

Les résultats précédents autorisaient la Commission à expérimenter sur l'homme. Elle choisit huit individus mâles, sains, de constitution moyenne, de professions diverses, âgés de vingt-huit à trente-huit ans, d'un poids de 66 à 79 kilogrammes. Ces individus buvaient habituellement de 1 à 3 litres de vin par jour ; ils possédaient donc un certain entraînement à l'absorption du vin, ce qui était nécessaire dans le choix des sujets. Comme ils ne buvaient que du vin rouge, on ne pouvait donc objecter qu'ils pouvaient être accoutumés à l'absorption de l'acide sulfureux.

Durant 30 jours, ces individus furent enfermés dans une maison de santé (après consentement de leur part) et furent l'objet d'une surveillance constante. Ils étaient astreints à travailler le jardin pendant quelques heures de la journée. La ration alimentaire était calculée de façon que les individus absorbaient quotidiennement 3.500 calories environ, vin compris. Deux individus furent choisis comme témoins et ignoraient complètement leur rôle ; un préparateur de la Faculté les surveilla et partagea leur régime pendant cet internement : les six autres sujets, après avoir absorbé, ainsi que les témoins, pendant 6 jours, le même vin privé d'acide sulfureux, furent soumis pendant 24 jours à l'ingestion de vin sulfureux. Les vins soigneusement analysés avaient été mis en demi-bouteilles étiquetées et emmagasinées dans les caves de la maison de santé avant l'arrivée des sujets. Le vin était consommé aux repas de midi et du soir. Les rations de vins étaient mesurées par le préparateur qui, seul détenteur de la clef de la cave, faisait disparaître l'étiquette volante qualifiant le vin. Chaque homme ignorait ce que buvait son voisin, toute suggestion fut ainsi écartée. Les sujets se soumirent d'ailleurs de très bonne grâce au régime imposé.

Chaque jour ces hommes étaient examinés au point de vuè chimique et physiologique par M. J. Gautrelet qui, avec l'aide d'un autre préparateur, pratiqua les divers dosages, les différentes mesures physiologiques, les analyses d'urines.

Nous ne pouvons pas entrer dans le détail de ces opérations quotidiennes, qui furent conduites avec une conscience et une compétence toute particulière ; mais nous donnons les conclusions générales de ce travail important, fruit d'un labeur considérable exécuté par M. J. Gautrelet :

« Les recherches opérées sur l'homme aussi bien que sur l'animal « pendant un ou deux mois abondent dans le même sens. Si nous les « rapprochons, nous voyons que l'administration d'acide sulfureux « dans le vin à des doses quotidiennes variant de 8 milligrammes « chez les chiens à 650 milligrammes chez l'homme n'a produit « aucun des symptômes dont certains veulent incriminer l'acide sul- « fureux. »

On ne constata jamais de troubles gastriques, jamais de diarrhée, jamais de destruction des globules rouges du sang, jamais d'albuminurie.

En résumé, la Commission, ayant fait table rase des données de l'expérience des siècles et s'étant entourée de toutes les garanties nécessaires, a pu se convaincre de l'innocuité complète de l'acide sulfureux, dans les vins blancs, à la dose par litre de 400 milligrammes d'acide sulfureux, dont 100 milligrammes de libre environ.

L'expérimentation ne fait donc que justifier à cet égard la pratique fort ancienne du traitement des vins blancs par l'acide sulfureux. « Les chiffres, a dit Gœthe, gouvernent le monde et nous apprennent à « le connaître. »

Ces expériences ont sans doute été mises à profit par les pouvoirs publics, qui, conformément à l'avis du Conseil Supérieur d'Hygiène de France, a élevé à 450 milligrammes la limite d'anhydride sulfureux par litre de vin, dont 100 milligrammes au maximum à l'état libre, un écart de 10 p. 100 en plus de ces quantités étant toléré.

On pourrait rechercher l'anhydride sulfureux dans l'air au moyen de papier humide amidonné, imprégné d'une solution d'iodate de sodium (à 1 p. 100) : le papier bleuit en présence de l'acide sulfureux ; cette réaction est partagée par d'autres gaz.

Un papier imprégné d'azotate mercureux se colorera en noir par l'acide sulfureux ; le réactif ne sera spécifique que si l'air ne contient ni NH^3, ni H^2S.

On peut l'absorber facilement au moyen de potasse ; dans les solutions étendues d'iode il donne SO^4H^2 et HI, de sorte que la solution d'iode, après le passage de l'acide sulfureux, ne bleuira pas l'empois d'amidon.

Les acides dégagent de l'acide sulfureux des solutions des sulfites.

L'azotate d'argent dans les solutions neutres des sulfites et dans les solutions aqueuses de l'acide fournit un précipité blanc cristallin.

Le chlorure de baryum ne précipite que les solutions neutres des sulfites.

Une baguette de verre imprégnée d'azotate de cadmium et d'aniline portée dans une atmosphère d'acide sulfureux fournit un enduit blanc composé de lamelles hexagonales (Denigès).

La solution de SO^2, mise au contact du réactif de Bougault, donne rapidement à chaud, lentement à froid, un précipité blanc de soufre colloïdal (Denigès).

Un sulfite chauffé avec Na^2CO^3 sur du charbon fournit Na^2S ; la masse fondue placée sur une pièce d'argent polie humectée d'eau produit du sulfure noir d'argent.

ACIDE SULFURIQUE SO^4H^2

Liquide incolore, inodore, huileux, employé en grande quantité dans l'industrie. A la densité 1,82, il renferme 90 p. 100 d'acide sulfurique ; à la densité 1,4, il renferme 50 p. 100 ; à la densité 1,18, 25 p. 100 ; à la densité 1,114, 16 p. 100.

On le trouve chez les teinturiers, les limonadiers, les fabricants de cirage, de bleu d'indigo (solution d'indigo dans l'acide de Nordhausen) ; fabrications des superphosphates et des acides les plus employés, du sucre de fécule, de l'éther, des matières colorantes, production du froid (machine Carré). Il est aussi employé en thérapeutique (élixir acide de Haller).

Il a servi à des suicides, des empoisonnements criminels chez des vieillards ou des enfants. Des femmes l'ont utilisé pour attenter à leurs jours. Dans cet empoisonnement, on doit distinguer le cas du suicide dans lequel l'individu avale l'acide comme un liquide ordinaire et le cas où l'on force l'empoisonné à ingurgiter l'acide ; ici, l'acide coule dans la glotte, ce qui amène des spasmes et des lésions immédiatement mortelles. Il y a eu de nombreuses méprises avec ce liquide ; on a critiqué le fait par les droguistes de le délivrer à leur clientèle dans des récipients ordinaires, dans des bouteilles à vin. On l'a employé pour provoquer l'avortement en injection vaginale ou en lavements. S'il y a eu crime, et ingestion de vive force, l'acide aura produit des brûlures autour des lèvres, sur les vêtements, et s'il y a eu suicide, on devra en retrouver surtout dans l'estomac.

L'acide sulfurique est de beaucoup l'acide minéral le plus caustique. La dose mortelle dépend de la concentration ; en un cas elle fut de 4 grammes. Quand on projette une goutte d'acide sulfurique sur la peau, elle se combine avec l'eau du tissu épithélial qu'elle gonfle et elle ne pénètre que très lentement ; on ne perçoit donc au premier moment qu'une sensation d'humidité, et c'est seulement après un temps qui peut varier de une à deux minutes que la douleur survient. Cette douleur se produit même après un lavage soigneux des taches par suite de l'affinité de l'acide sulfurique pour les matières albuminoïdes des tissus organiques avec lesquelles il se combine pour former une substance insoluble. Il agit donc comme caustique coagulant en produisant une modification locale avec eschare. Cette eschare est brunâtre comme celle de l'acide chlorhydrique ; quand la coloration n'existe pas, il y a toujours un état parcheminé tout spécial de l'épithélium lésé, par suite de la perte d'eau de constitution que lui a enlevée l'acide corrosif.

Les taches faites sur les habits peuvent être enlevées par l'ammoniaque si l'on opère rapidement ; elles sont rouges. La tache peut rester longtemps humide.

Symptomes. — L'absorption de l'acide sulfurique produit aussitôt des douleurs atroces, des brûlures intenses qui arrachent des cris au patient qui se roule à terre. La douleur se propage très rapidement à tout l'abdomen. Moins de deux à trois minutes après surviennent les vomissements d'abord très acides, muqueux et blanchâtres, accompagnés de matières alimentaires s'il en existait dans l'estomac, puis de sang noir mélangé de mucus. Il y aura des lambeaux de muqueuses ou de tuniques musculaires de l'estomac et de l'œsophage. Les vomissements exaspèrent les douleurs et il en est de même des mouvements de déglutition (laquelle est aussi souvent gênée par la contracture de l'œsophage) ; il y a des hoquets. Sous l'influence des douleurs, le pouls d'abord augmente au commencement de l'intoxication, puis devient petit et irrégulier ; la peau est pâle, froide, recouverte de sueurs visqueuses, le patient se sent envahi par une extrême faiblesse ; il a une angoisse extrême et la conscience la plus nette de ce qui se passe. Quelquefois, chez les femmes surtout et les individus faibles, il y a de la défaillance et de la tendance à la syncope avec évanouissement. Il peut y avoir œdème de la glotte et mort immédiate par asphyxie.

Les vomissements se répètent par périodes et il y a une salivation épaisse et mucilagineuse. La parole est basse, pénible, sourde ; la face est boursouflée, le pouls est misérable, au point qu'il devient imperceptible : mais il reste toujours accéléré. Dans un moment de grande faiblesse peut survenir la mort.

Le malade peut succomber rapidement, soit à la suite d'une perforation stomacale, soit à la suite d'une hématémèse très abondante résultant de l'ouverture d'un gros vaisseau dans l'estomac. Dans les empoisonnements qui se terminent par la mort, celle-ci arrive le plus souvent vingt à trente heures après l'ingestion, au milieu du collapsus le plus profond. Le malade résiste-t-il aux premières atteintes, il se produit des phénomènes de réaction inflammatoire dont on peut suivre les progrès en observant les lésions de la bouche et du larynx. Les parties qui entourent les eschares se congestionnent, se tuméfient et cette tuméfaction est encore une cause d'asphyxie. Le même processus se produit dans l'œsophage, l'estomac, la partie initiale de l'intestin. A ce moment le malade présente de la fièvre.

L'urine ordinairement supprimée le premier jour renferme ensuite presque constamment de l'albumine. Souvent aussi dans l'urine noirâtre on trouve des cylindres constitués par l'hématine et de la fibrine.

La convalescence, quand elle survient, est très lente, et elle se fait avec des récidives de vomissements et de faiblesses qui peuvent survenir encore après une semaine. Il peut subsister des troubles fonctionnels du système nerveux comme la boule hystérique, des névralgies intercostales tenaces, de l'hyperanesthésie de la peau.

L'évacuation de l'intestin persiste en général, mais au début il y a de la diarrhée et des garde-robes noires et sanguinolentes suivies souvent de constipation opiniâtre.

Pendant les deux premiers jours de l'empoisonnement, l'urine contient habituellement une grande quantité de sulfates alcalins ; au bout de trois jours, il n'y en a pas plus qu'avant l'empoisonnement. Pendant tout le temps que durent les accidents aigus, l'urine est diminuée considérablement, on doit même quelquefois employer le cathétérisme. L'albumine est souvent constatée encore au bout de deux semaines.

Autopsie. — Lésions variables suivant le moment de la mort et celui de l'autopsie. L'estomac présente des lésions diverses, les parois sont épaisses et renferment un liquide noir marc de café ; l'épigastre tombe par lambeaux. Des lésions existent toujours sur la langue, la bouche, le pharynx et l'œsophage.

L'écorce du rein subit un épaississement ; l'épithélium des tubes contournés est gonflé. Le foie et le cœur subissent la dégénérescence graisseuse.

Dans l'empoisonnement par l'acide sulfurique et les acides en général, on devra se hâter de faire rejeter le poison par l'introduction du doigt dans le pharynx ou par l'administration d'eau chaude en abondance ou d'une prise d'ipéca de 1 gramme dans de l'eau tiède. En cas de collapsus, on pratiquera une injection hypodermique d'huile camphrée ou d'éther. Au besoin on neutralisera les acides par la magnésie calcinée et le saccharate de calcium. Le lavage de l'estomac ne sera fait que si l'on suppose l'organe indemne d'ulcération. Le malade sera soumis à la diète pendant les dix premiers jours.

S'il y avait des douleurs atroces, on essayerait de les calmer avec des injections de morphine, des badigeonnages de la bouche et du pharynx avec de la cocaïne ; on peut calmer la soif par de grands lavements d'eau.

Quel que soit le traitement employé, et en cas de survie, il y a toujours à craindre ultérieurement les rétrécissements de l'œsophage et du pylore, la dyspepsie, l'entéralgie.

Nous avons eu l'occasion de voir une femme de cinquante ans environ qui fut amenée à l'hôpital Saint-André vers 10 heures. Le même jour, à 4 heures, elle avait absorbé un breuvage composé de mi-partie infusion de café et mi-partie acide sulfurique commercial. Trouvant que la mort n'arrivait pas assez vite, elle ingéra même quantité d'un semblable breuvage à 8 heures. Elle eut des vomissements muqueux et sanguinolents. Apportée à l'hôpital, elle refusa tout secours, toute absorption d'antidote et il fut même impossible de lui faire avaler le tube Faucher. De la bouche sortait une abondante écume légèrement sanguinolente. La malheureuse mourut entre nos bras, sans proférer aucun cri, avec toute sa netteté d'esprit et dans les souffrances les plus atroces.

La recherche de l'acide sulfurique s'effectuerait le mieux dans les vomissements, mais la recherche de l'acide sulfurique en nature est assez délicate.

Le procédé basé sur la solubilité de l'acide sulfurique dans l'alcool n'est pas à recommander. On traite les matières par l'alcool, on filtre et on évapore l'excès l'alcool. Le résidu qui renferme l'acide sulfurique est précipité par $BaCl^2$ qui fournit $BaSO^4$. Mais il se présente une grave objection, c'est que l'alcool en présence de l'acide sulfurique fournit de l'acide sulfovinique $C^2H^5SO^4H$ que les sels de baryum ne précipitent pas.

Si les matières sont nettement acides, on fait une bouillie assez claire que l'on filtre. Le liquide acide est traité par CO^3Ba pur; le précipité de $BaSO^4$ est recueilli sur filtre et traité par l'acide chlorhydrique qui dissout l'excès de $BaCO^3$. Le résidu est pesé et caractérisé.

Le dosage alcalimétrique peut donner des indications, mais non une certitude absolue, surtout si la quantité d'acide est minime. Il faut tenir compte dans un pareil dosage de l'acidité naturelle du contenu stomacal.

M. Roussin a indiqué de faire digérer les matières avec de l'eau distillée pendant quelques heures, on filtre et on neutralise le liquide par de l'hydrate de quinine. On évapore au bain-marie jusqu'à consistance sirupeuse. Le résidu est traité par l'alcool absolu qui dissout le sulfate de quinine. On évapore la solution alcoolique de sulfate de quinine. L'extrait est redissous dans l'eau distillée bouillante et la solution est filtrée chaude. Le sulfate de quinine dissous cristallise rapidement.

Il convient dans tous les cas d'apprécier si les proportions d'acide sulfurique trouvées sont plus fortes que celles qui existent normalement dans les matières.

Dans tous les cas l'acide sera dosé à l'état de $BaSO^4$.

Dans un cas d'expertise ordonnée à la suite d'un empoisonnement d'un enfant par l'acide sulfurique, MM. Schlagdenhauffen et L. Garnier (1887) ne purent trouver l'acide sulfurique dans le tube digestif et cependant ils avaient pu caractériser cet acide sur la chemise et les couvertures du lit ; dans les organes, ils trouvèrent de l'arsenic qui était contenu dans cet acide du commerce. De plus, la réaction des organes atteints et complètement noirs était très acide ; mais il fut impossible aux experts de caractériser l'acide sulfurique. A la suite de recherches ultérieures, M. L. Garnier est arrivé à démontrer que, dans un cas général d'intoxication par un corrosif acide avec lésions profondes, on ne retrouve dans le tube digestif que de l'acide phosphorique libre, en employant le procédé d'extraction à l'alcool éthéré. La présence de cet acide en l'absence de toute ingestion antérieure s'ajoutera donc aux considérations tirées de l'autopsie, de l'examen des vêtements, etc., pour permettre d'affirmer l'ingestion d'acide sulfurique. En effet, cet acide met en liberté par voie de déplacement l'acide phosphorique qui n'existe pas à l'état libre dans l'économie animale.

HYDROGÈNE SULFURÉ H^2S

Gaz incolore, odeur d'œufs pourris, densité 1,171, soluble dans 3 ou 4 fois son volume d'eau, brûlant à l'air avec une flamme bleue en produisant de l'acide sulfureux avec dépôt de soufre.

Dans les laboratoires et dans beaucoup d'opérations industrielles, il y a des dégagements d'hydrogène sulfuré :

Action des acides sur les pyrites.

Nettoyage des hauts fourneaux.

Travail dans les égouts et dans les fosses d'aisance.

Traitement des eaux ammoniacales des usines à gaz.

Dégagement gazeux des moteurs à gaz pauvre.

L'hydrogène sulfuré est toxique. C'est un poison hématique, réducteur de l'hémoglobine, transformant le fer de celle-ci en sulfure.

Dans l'intoxication on observe la dilatation de la pupille, exophtalmie, la perte de la sensibilité, le ralentissement de la circulation, de la respiration avec phénomènes dyspnéiques intenses et convulsions, la mort arrivant rapidement.

Dilué dans l'air dans la proportion de 1/500, il le rend irrespirable pour les oiseaux, et il l'est pour les mammifères dans la proportion de 1/250. Dans la proportion de 1/140, il tue environ en cinq heures les animaux mis en expérience. Dans un mélange à 1 p. 100 d'hydrogène sulfuré et d'air, un cobaye tombe sur le flanc en 15 secondes et la respiration s'arrête au bout de 45 secondes. Dans des mélanges compris entre 1/400 et 1/700 d'hydrogène sulfuré et d'air, un cobaye meurt entre 3 et 9 minutes. L'hydrogène sulfuré ingéré en solution est supporté à doses assez élevées (usage des eaux sulfureuses). Il peut aussi s'absorber par la peau. Il s'élimine par les poumons.

Il produit une asphyxie foudroyante chez les vidangeurs ; et cependont les fosses d'aisance renfermeraient très peu d'hydrogène sulfuré ou de $(NH^4)^2S$; ces quantités seraient bien au-dessous de celles nécessaires, d'après Brouardel et Loye, pour tuer les animaux.

Dans une fosse non ventilée, Henriot a trouvé :

10 p. 100 de CO^2	
O tombé à 3,7 p. 100	
NH^3	?
H^2S	0,01 à 0,05 p. 100

Un exemple d'atmosphère irrespirable et dangereuse sans qu'on ait pu y constater la présence de gaz délétères connus a été signalé par R. Hayhurst et E. Scott (1915). Ces auteurs ont rapporté le cas de la mort subite de quatre ouvriers qui étaient descendus dans un silo dans lequel on avait entassé quelques jours auparavant une épaisseur de 2 mètres environ de grains de maïs vert broyés. En 5 minutes à peine, les ouvriers succombèrent ou furent atteints de cyanose incurable. L'analyse de l'air prélevé sur le fond du silo donna 38 p. 100 d'acide carbonique, 13,5 p. 100 d'oxygène et par différence 48 p. 100

d'azote. On ne put y reconnaître ni ammoniac, ni acide cyanhydrique, ni carbures d'hydrogène ; on constata seulement une odeur faiblement alcoolique.

Aucun désinfectant ne peut rendre l'air vicié respirable et les règlements de police en ordonnant de jeter dans les fosses du sulfate de fer avant la vidange sont surannés. Il vaut mieux ventiler la fosse.

On pourrait de préférence y jeter du bioxyde de sodium :

$$2NaO + H^2O = 2NaOH + O$$

Dans les fosses d'aisance la croûte épaisse de la surface retient le gaz qui s'échappe aussitôt, quand elle est crevée (plomb d'entrée). Quand la fosse est vidée et qu'un ouvrier descend pour le nettoyage, il peut y avoir stagnation de gaz par aérage insuffisant (plomb de sortie). Les ouvriers ne doivent descendre dans les fosses et les égouts que munis de bretelles et après ventilation.

Le coup de plomb est brusque : perte de connaissance, convulsions et mort rapide. On peut quelquefois rappeler à la vie, mais souvent la survie est courte.

M. Surre a signalé en 1899, à Toulouse, l'asphyxie, par l'hydrogène sulfuré dans un égout, de six égoutiers ; l'un d'eux mourut.

L'hydrogène sulfuré anesthésie la muqueuse olfactive.

Le Dr Burkhard (1903) a pu observer un jeune garçon de laboratoire intoxiqué par l'hydrogène sulfuré. Le malade gisait inanimé, le pouls étant très bas, le visage pâle et couvert de sueur; en même temps les mains se cramponnaient au bas-ventre comme si le malade avait été pris de douleurs violentes. A la suite d'absorption d'oxygène à faible pression, de massages, les symptômes disparurent en 24 heures. Le malade, revenu de son coma, dit avoir éprouvé comme le choc d'une masse lourde sur la tête ; puis il ne se souvint plus de rien. Il y a donc eu paralysie du centre nerveux ainsi qu'un ralentissement des fonctions respiratoires et de la sensibilité.

Il nous a été donné d'observer en 1904 des accidents à peu près semblables, mais non aussi intenses, chez notre garçon de laboratoire occupé seul à charger l'appareil à hydrogène sulfuré pour une manipulation des élèves. Nous arrivâmes au moment où il chancelait et allait tomber près de l'appareil : enlevé rapidement à cette atmosphère, il revint promptement à lui ; la figure très pâle se colora bientôt et le pouls qui avait faibli reprit son cours normal. Il subsistait chez lui une douleur gravative derrière la tête, douleur que l'on peut éprouver soi-même, très atténuée, quand on manipule pendant quelque temps l'hydrogène sulfuré.

En 1905, une jeune fille absorba pour se suicider une poudre épilatoire à base de sulfure alcalin ; cyanose, délire, agitation extrême, pouls petit, fréquent, brûlures légères dans la bouche. Urines brunâtres, albumine, hématies, cylindres. Cet état s'améliora rapidement et la malade guérit au bout de quelques jours.

Lésions. — En cas de mort, le sang est rouge foncé, organes gorgés de sang, muscles de couleur foncée, hématies déchiquetées ; transformation de l'hémoglobine en hématine. L'examen spectroscopique montre parfois une bande intermédiaire aux deux bandes du sang oxygéné et paraissant correspondre à la bande de Stokes (Eulemberg). Cette dernière pourra disparaître sous l'influence d'un courant d'oxygène. D'après Ogier, cette bande n'est plus guère visible quand le sang contient moins de 1/5.000 d'hydrogène sulfuré.

M. E. Meyer a signalé (1900) que l'hydrogène sulfuré forme avec le sang une combinaison instable et très oxydable. Il se fait de la sulfhémoglobine qui, sous l'influence de l'acide chlorhydrique, se décompose en hématine et hydrogène sulfuré, ce qui permettrait de reconnaître l'empoisonnement après la mort ; ce serait une réaction plus sensible que la réaction spectroscopique.

Antidotes. — Sous-nitrate de bismuth, inhalation d'oxygène, respiration artificielle.

Il y a un intérêt hygiénique à caractériser et à doser de petites quantités d'hydrogène sulfuré dans l'atmosphère des ateliers et des usines.

Pour le dépister : odeur, noircissement du papier d'acétate de plomb et d'une lame d'argent humide. Faire descendre dans un puits ou une fosse un cobaye que l'on maintient une demi-heure avant d'y envoyer un ouvrier.

Les réactions de coloration sont plus difficiles à mettre en œuvre.

On pourrait combiner de l'hydrogène sulfuré à un alcali et on aurait alors avec le nitroprussiate de sodium des colorations violettes avec reflets pourpres (Reichard, 1904). E. Fischer indique d'amener l'hydrogène sulfuré à l'état de solution aqueuse, on ajoute à celle-ci 1/50 de son volume d'acide chlorhydrique concentré, puis $0^{gr},005$ de sulfate de diméthylparaphénylène-diamine, $NH^2C^6H^4N(CH^3)^2 SO^4H^2$, et deux gouttes d'une solution étendue de perchlorure de fer ; la solution se colore en bleu pur, au bout d'une demi-heure, surtout si on la regarde sur un fond blanc ; cette réaction permet d'apprécier l'hydrogène sulfuré dans un mélange qui ne contient que 1/50 de milligramme par litre. Il se fait dans cette réaction du bleu de méthylène.

Les sels de plomb dissous dans un excès d'alcali fournissent un précipité noir avec des traces d'hydrogène sulfuré.

Dosage de l'hydrogène sulfuré dans une atmosphère. — S'il y a une notable proportion d'hydrogène sulfuré, on peut opérer sur la cuve à mercure. On absorbe alors le gaz à l'aide d'une boule composée de :

2 parties $(PO^4)^2 Pb^3$ } préalablement desséchée à 100°, puis trempée
3 parties $CaSO^4$ }
dans de l'acide phosphorique concentré.

Pour doser de très petites quantités d'hydrogène sulfuré dans l'air, faire arriver ce dernier, par petites bulles, dans un volume connu d'une dissolution titrée d'iode dans KI, contenue dans un tube absorbant.

Titrer par $S^2O^3Na^2$ la quantité d'iode non entré dans la combinaison : 34 parties d'hydrogène sulfuré correspondent à 254 parties d'iode.

Frésenius préconise de faire passer l'hydrogène sulfuré, l'air étant préalablement desséché, dans des tubes absorbants imprégnés de $CuSO^4$, qu'on pèse avant et après l'expérience.

Le même auteur préconise encore de faire passer le mélange gazeux incriminé dans de l'eau bromée qui transforme l'hydrogène sulfuré en acide sulfurique avec lequel on fait $BaSO^4$.

SULFURE DE CARBONE CS^2

Le sulfure de carbone a de grandes applications industrielles : caoutchouc vulcanisé, extraction des corps gras, des résidus d'huiles, des essences, fabrication des sulfocarbonates.

Il est assez peu toxique ; on a vu des individus ingérer jusqu'à 60 grammes sans que mort s'ensuive. L'inhalation des vapeurs est plus dangereuse.

C'est un antiseptique puissant vanté dans la diphtérie. Les empoisonnements aigus sont rares. Davidson en mentionne un. Il agit comme anesthésique et asphyxiant ; en outre, il a une action locale irritante. Dans l'industrie, on signale des empoisonnements chroniques. D'après Cloez, quand la proportion de vapeur sulfocarbonée dans l'air atteint un vingtième, le mélange est rapidement toxique. Delpech, puis Schwab et Stadelmann (1896) ont rapporté dans l'intoxication sulfocarbonée deux périodes successives : la première, caractérisée par une période d'excitation, de la céphalalgie, des vertiges, de la loquacité, des vomissements, de l'excitation génésique, des palpitations ; la deuxième est caractérisée par l'affaiblissement des fonctions intellectuelles, la tristesse, les troubles de la vue, la frigidité, la faiblesse musculaire, la démarche chancelante, l'amaigrissement, l'anémie, la cachexie, la perte de la mémoire (Mendel).

Kester (1899) a publié une étude expérimentale sur l'action du sulfure de carbone sur le système nerveux des animaux.

M. E. Marandon de Montyel avait signalé en 1895 les désordres mentaux des ouvriers qui manipulent le sulfure de carbone ; il avait signalé les symptômes aigus ou ivresse simple, et les symptômes chroniques ou démence. L'action du sulfure de carbone sur le cerveau varie suivant que cet organe est sain ou non, prédisposé à la vésanie ; il y a d'abord une action commune, puis une action spéciale sur les individus qui ont le cerveau taré. En 1897, Landenheimer a publié un mémoire sur cette question. En 1901, le même auteur est revenu sur ce sujet. L'ivresse simple sulfocarbonée ne diffère pas des autres ivresses toxiques ; il y a une seule particularité : l'érotisme, qui semble constant dans l'ivresse sulfocarbonée et qui est rare dans l'ébriété alcoolique ; cette action génitale est de peu de durée et elle est bientôt suivie d'un état inverse. La démence succède à des ivresses répétées et prolongées. Dans les fabriques mal installées, chez les cerveaux bien constitués, il n'y a jamais de délire, ni d'hallucinations; il n'y a donc pas de folie sulfocarbonée; le sulfure de carbone est un agent provocateur, rien de plus. En somme, il y aura toujours ivresse simple si les sujets ne sont pas des prédisposés vésaniques. Les vieux manieurs de sulfure de carbone, sans tare cérébrale, ne sont jamais atteints de démence, c'est-à-dire d'un affaiblissement intellectuel progressif sans hallucination. Ce n'est pas la longue durée de l'intoxication qui crée la folie, c'est la prédisposition de l'intoxiqué.

F. Cenci (1907) a observé dans l'industrie deux cas de mort subite et douze cas d'intoxication par le sulfure de carbone. Il a observé de la dégénérescence graisseuse du cœur et du foie ; les cadavres exhalaient l'odeur du sulfure de carbone. Dans les cas d'intoxication non suivis de mort, il y avait de la cachexie, de l'anémie et des troubles intestinaux qui cessèrent avec le travail.

Le véritable traitement de cette intoxication est le traitement prophylactique ; l'ouvrier doit s'abstenir de tout excès alcoolique ; il doit avoir des vêtements de travail spéciaux et ne doit pas prendre ses repas à l'atelier ou y coucher. Le lavage des mains sera fréquent ; dès les premiers symptômes de l'empoisonnement, les ouvriers cesseront immédiatement le travail.

Les ateliers doivent être aérés et très ventilés ; les vapeurs de sulfure de carbone étant plus denses que l'air, on disposera les planchers de l'atelier à claire-voie. Les manipulations se feront au grand air.

Le sulfure de carbone exercerait encore une action spéciale sur les organes de la vision ; toutefois la projection de sulfure de carbone sur les parties découvertes du globe de l'œil et dans les culs-de-sac conjonctivaux ne détermine qu'une conjonctivite sans gravité.

L'inhalation prolongée industrielle de sulfure de carbone constitue une fatigue pour l'œil, pour la lecture et pour tout travail rapproché. Il peut y avoir une névrite qui commande la suppression absolue du toxique. Les alcooliques surtout sont sujets à ce dernier accident.

En 1914, Louge a expérimenté le sulfure de carbone dans le traitement du cancer. En injection hypodermique, à la dose de 1 à 2 centimètres cubes, il détermine une vive douleur locale qui va graduellement en s'atténuant. Il ne signale pas d'accident à la suite de cette médication.

Recherche. — S'il y a eu ingestion ou absorption d'une forte proportion de sulfure de carbone, on suivra pour le caractériser la méthode suivante : on neutralise les viscères avec de l'acide tartrique, s'ils ont une réaction alcaline ; on distille ensuite dans un ballon muni d'un réfrigérant Liebig ; le sulfure de carbone distille dans le récipient qui termine l'appareil. On le reconnaîtra :

1° A son odeur caractéristique, à son inflammabilité ;

2° A sa flamme bleuâtre, avec odeur d'acide sulfureux ; et à ce qu'en introduisant près de cette flamme un papier imprégné d'une solution d'acide iodique et d'eau amidonnée, on obtiendra une couleur bleue;

3° En faisant tomber dans le liquide distillé une trace d'iode qui s'y dissout avec une couleur violette.

Par les réactions chimiques du sulfure de carbone (transformation en mercaptan et formation de sulfocyanure de potassium). On s'adressera aussi, pour déceler quelques milligrammes de sulfure de carbone, à la microréaction de ce composé, exposée récemment par Denigès (1915) et basée sur la forme cristalline spéciale du sulfate dithio-trimercurique en lequel est transformé le sulfure de carbone.

Mais s'il n'existe que des traces de sulfure de carbone, ou si l'empoisonnement a eu lieu par inhalation, on aura recours à la méthode et à l'appareil de Vitali et Tornani pour la recherche du chloroforme.

On fait passer un courant d'hydrogène dans le produit de la distillation où l'on veut rechercher le sulfure de carbone. S'il en existe, la flamme du gaz aura une couleur azurée qui sera rendue plus manifeste en interceptant la flamme avec une plaque de porcelaine. En outre, en faisant barboter le produit de la combustion de la flamme dans une solution étendue d'acide iodique additionnée d'eau amidonnée, on obtient une couleur bleue. On pourra également faire les réactions indiquées plus haut.

On pourrait le rechercher dans l'air en faisant passer les vapeurs de sulfure de carbone à travers un tube chauffé au rouge et contenant

KCN. Pour cela, on se sert d'acide carbonique qui, traversant la solution dans laquelle a barboté l'air, entraîne le sulfure de carbone; il traverse ensuite un tube en U renfermant de l'acétate de plomb pour retenir, si besoin est, l'acide sulfhydrique. De là le gaz se dessèche après avoir traversé un tube à $CaCl^2$; puis il passe dans un tube à combustion de 1 mètre de long et de $0^m,01$ de diamètre, contenant quelques grammes de cyanure de potassium pulvérisé, étalé en couches minces, et porté au rouge. On fait passer le gaz un quart d'heure ou une demi-heure. On laisse refroidir et on dissout dans l'eau le contenu du tube à combustion. Cette solution neutralisée par l'acide chlorhydrique donne, dans le cas de présence de sulfure de carbone, la coloration rouge avec F^2Cl^6. La sensibilité correspond à environ $0^{gr},005$ de sulfure de carbone. Cette méthode n'est applicable qu'autant qu'il n'y a pas dans l'air d'autres composés sulfurés volatils qui ne sont pas fixés par la solution d'acétate de plomb.

SÉLÉNIUM

Sur les animaux supérieurs, MM. C. Chabrié et L. Lapicque (1890) ont trouvé que l'acide sélénieux possédait un pouvoir toxique considérable. Les expériences ont été faites avec une solution aqueuse d'acide sélénieux neutralisé par la soude. Les chiens meurent, quand ils ont reçu 3 milligrammes par kilogramme de poids corporel.

Les lésions observées à l'autopsie consistent dans une congestion intense de tous les viscères ; les poumons violacés surnagent à peine si on les met dans l'eau ; l'intestin est couvert de taches ecchymotiques. Pendant l'intoxication, on observe des vomissements et des défécations. Il se produit une sécrétion bronchique très abondante.

Le sélénite de sodium présente une action très irritante déjà signalée, d'ailleurs, par Rabuteau.

M. B.-G. Duhamel a observé (1912) la faible toxicité du sélénium colloïdal électrique correspondant à un pouvoir bactéricide à peu près nul.

L'*hydrogène sélénié*, SeH^3, serait un gaz très toxique qui aurait causé quelques accidents de laboratoire, à l'étranger surtout. Son inhalation produit immédiatement une sensation douloureuse de picotement sur les muqueuses nasales, puis des éternuements répétés qui sont très fatigants. L'odorat disparaît pendant plusieurs jours. L'odeur de ce gaz est analogue à celle de l'hydrogène sulfuré.

D'après Rabuteau, il réduit l'hémoglobine du sang qui prend une couleur foncée : au spectroscope, il y aurait une large bande d'absorption caractéristique. Le gaz serait chassé du sang, quand on y fait passer de l'oxygène ; les bandes de l'oxyhémoglobine réapparaissent.

PROTOXYDE D'AZOTE N^2O

Ce gaz entretient la combustion vive des corps aptes à le décomposer ; mais il n'entretient pas la respiration : au contraire il plonge les animaux dans une sorte d'ivresse gaie ou triste (gaz hilariant de Davy) ; puis il produit l'insensibilité et le sommeil anesthésique, lequel disparaît presque aussitôt qu'on cesse de faire agir le gaz. A été très employé dans l'art dentaire et il a occasionné un certain nombre d'accidents.

C'est un gaz incolore, de saveur un peu douceâtre, liquéfiable à 0° sous la pression de 30 atmosphères. L'eau en dissout un peu plus que son volume ; plus soluble dans l'alcool.

Liquéfié et enfermé dans des récipients métalliques très résistants, il a été employé par les dentistes.

Physiologie. — D'après P. Bert, ce gaz n'influence que les centres nerveux généraux sans agir sur le cœur ou les centres respiratoires. En le mélangeant à de l'oxygène, de façon à ce que ce dernier conserve la pression qu'il possède dans l'air, N^2O devient inoffensif (P. Bert). Pour cela il suffit de faire respirer un mélange de $\begin{cases} N^2O \ldots 84 \\ O \ldots\ldots 16 \end{cases}$. Ambard et Morel ont heureusement modifié cette méthode. Pour Jolyet et Blanche (1873), c'est un gaz irrespirable, qui ne produit pas les effets anesthésiques qu'on lui a attribués. L'anesthésie n'est obtenue que par une asphyxie simultanée. M. Laffont (1885) a déterminé nettement que l'anesthésie par N^2O n'est peut-être jamais inoffensive et qu'on doit la prohiber formellement dans les cas suivants :

1° Chez les femmes à l'état de grossesse ;
2° Chez les jeunes filles en formation ;
3° Chez les personnes atteintes de névrose grave ;
4° Chez les cardiaques ;
5° Chez les diabétiques.

La dose nécessaire pour produire l'anesthésie varie avec chaque individu : 8, 15, 20 litres en moyenne. Dans quelques cas exceptionnels, il en a fallu 120 litres. On trouve enfin des personnes qui sont absolument réfractaires à cet anesthésique. Son action est prompte ; quelquefois il suffit de quelques inspirations pour produire l'anesthésie. L'action est en général de brève durée : environ une demi-minute. Quand l'inhalation du gaz est portée plus loin, il y a des accidents : la respiration est gênée, la face se cyanose, et il peut y avoir asphyxie et mort. Étant donné le nombre considérable d'anesthésies qui ont été ainsi pratiquées, on ne cite que 8 cas suivis de mort.

Contrepoisons. — Dans un cas d'intoxication par N^2O, il faut provoquer les phénomènes respiratoires : courant électrique, aspersion d'eau froide, respiration de gaz oxygène, traction rythmée de la langue.

Le protoxyde d'azote, comme l'oxygène, entretient les phénomènes de vive combustion. Mais il peut se distinguer de l'oxygène en ce que, au contact de NO, il ne produit pas de vapeurs rutilantes d'hyponitride, comme le fait l'oxygène. De plus, chauffé sous cloche avec du sodium métallique, il est absorbé comme l'oxygène ; mais alors qu'avec le protoxyde d'azote il se fait également Na^2O, il reste avec N^2O un volume d'azote égal au volume initial de N^2O.

Quand N^2O contient des impuretés comme du chlore ou autres composés oxygénés de l'azote, il devient très dangereux dans la pratique chirurgicale. Pour l'obtenir, on doit le préparer avec du nitrate d'ammonium pur, en chauffant avec précaution ; autrement il peut se faire N, O, NO, si l'on opère à une trop haute température. On le fait passer dans une solution de NaOH et de sulfate ferreux avant de le recueillir.

On fabrique des eaux gazeuses avec N^2O et on les prescrit dans la goutte et le rhumatisme.

Pour la recherche de N^2O, on devra s'adresser de préférence aux poumons et au sang. On hache les poumons avec le sang ; on acidule légèrement le tout avec de l'acide sulfurique dilué. On distille dans une cornue tubulée, en faisant barboter le gaz et les vapeurs qui se dégagent dans des flacons contenant une solution de potasse, puis d'acide pyrogallique de façon à retenir CO^2 et O. Le gaz qui reste, après avoir traversé un tube à $CaCl^2$, se rendra sous une cloche graduée pleine de mercure placée sur un bain de mercure. Le gaz contenu sous la cloche sera de l'azote et du protoxyde d'azote. On peut séparer les gaz mélangés en agitant avec de l'alcool absolu qui à 0° dissout $4^{gr},178$ de N^2O et seulement $0^{gr},1263$ d'azote. La solution alcoolique mise à bouillir dans une petite cornue laissera dégager N^2O, comme il a été dit, sous la cloche à mercure (Vitali).

G. Pouchet, en pratiquant l'extraction des gaz du sang, a trouvé dans un cas d'empoisonnement par N^2O le gaz lui-même en assez grande quantité.

BIOXYDE D'AZOTE (NO) et HYPOAZOTIDE ou VAPEURS NITREUSES (NO^2)

L'empoisonnement par NO n'est pas possible, ou plutôt c'est, quand il a lieu, un empoisonnement par NO^2 en lequel il se transforme au contact de l'oxygène de l'air. Ces gaz se produisent dans un grand nombre d'industries : gravure sur verre, préparation de $(NO^3)^2Cu$, teintureries, fabriques de SO^2H^4, fabrication de la nitrobenzine, de l'acide picrique, de l'acide oxalique, affinage de l'or et de l'argent par les acides, fabrication de l'arséniate de potassium au moyen de salpêtre, de celluloïde et produits nitrés analogues ; production de As^2O^5 par oxydation de As^2O^3 au moyen de NO^3H ; bains et boues provenant du dérochage des métaux, baryte caustique par décomposition du nitrate...

On a observé plusieurs cas d'empoisonnements mortels.

Le bioxyde d'azote, NO, est en général impur et renferme presque toujours N^2O. C'est un gaz incolore, très soluble dans la solution de $FeSO^4$ qu'il colore en rouge brun ; la combinaison formée laisse facilement dégager par la chaleur le gaz qu'elle renferme.

Au contact de l'air il donne des vapeurs nitreuses.

Les vapeurs nitreuses inhalées se transforment au contact des liquides de l'économie en acide nitrique et nitreux

$$2NO^2 + H^2O = NO^3H + NO^2H$$

qui exercent leur action corrosive sur les tissus. Aussi, quand la mort survient, trouve-t-on, à l'autopsie des poumons, les lésions anatomiques que produit l'acide azotique.

Physiologie. — Le malade intoxiqué se remet souvent après de longues souffrances. Rabuteau (1884) rapproche cette intoxication de celle produite par le choléra. Il l'a éprouvée en préparant du nitrite d'amyle. Pour lui, les vapeurs nitreuses seraient un poison plus intense que le phosphore. Le sang devient peu à peu acide comme il arrive dans le choléra, et la mort a lieu souvent plusieurs heures après l'intoxication nitreuse, alors qu'on aurait pu croire à une amélioration. Le sang devient foncé. Les vapeurs attaquent fortement les organes respiratoires en produisant une forte toux, une dyspnée intense, des crachats sanguinolents et la mort. En 1901, on a signalé l'asphyxie d'un individu employé chez un horloger qui laissa tomber sur le parquet du magasin une bonbonne d'acide nitrique de 5 litres ;

c'était au 3e étage d'une maison ; on jeta du son de bois sur le liquide : des torrents de vapeurs nitreuses se dégagèrent ; le garçon du bijoutier fut asphyxié ; l'horloger et deux autres personnes furent gravement malades.

En 1915, on a signalé aux environs de Berne un cas d'empoisonnement mortel à peu près identique dans une fabrique d'horlogerie : 3 ouvriers descendaient dans la cave pour prendre de l'acide nitrique ; la bonbonne qui contenait 25 litres d'acide s'étant brisée, le liquide se répandit dans la cave ; les ouvriers voulant sauver une provision de métal déposé dans ce local inhalèrent des vapeurs nitreuses. L'un d'eux succomba, un autre demeura dans un état grave.

Recherche.— On recherchera NO^3H et NO^2H dans les crachats sanguins, à la surface interne de la trachée, sur les bronches et les poumons en suivant la méthode de Vitali. Les viscères réunis aux liquides qui les accompagnent sont hachés, puis additionnés de strychnine en poudre très fine ; on porte le mélange à l'ébullition et on filtre. On lave à plusieurs reprises le résidu insoluble et les liquides aqueux sont évaporés à siccité. On reprend le résidu avec de l'alcool absolu bouillant, et la solution alcoolique est évaporée à siccité. Le nouveau résidu est mis à bouillir avec très peu d'eau et on filtre une dernière fois. Le liquide en se refroidissant laisse déposer de très belles aiguilles de nitrate de strychnine. Il sera facile de caractériser l'acide nitrique.

Pour la recherche de l'acide nitreux seul, on traitera avec une solution très étendue de soude caustique pure jusqu'à réaction alcaline. Après évaporation à siccité, le résidu sera repris avec de l'alcool concentré ; après filtration et nouvelle évaporation de l'alcool, on dissoudra le résidu dans un peu d'eau. Dans la solution, on recherchera l'acide nitreux (Vitali).

ACIDE AZOTIQUE

Soit à l'état fumant ou monohydraté, soit à l'état ordinaire, cet acide est très employé dans l'industrie à la fabrication de la nitrobenzine, de la nitroglycérine, de l'acide picrique.

Il est incolore quand il est tout à fait pur ; il répand à l'air des fumées abondantes.

L'acide de densité 1,384 à 15°, renferme 61 p. 100 de NO^3H.

L'acide de densité 1,334 à 15°, renferme 53 p. 100 de NO^3H.

L'eau-forte des graveurs est de l'acide azotique de densité voisine de 1,3.

Les empoisonnements par NO^3H sont moins fréquents que par l'acide sulfurique. Ils peuvent être assimilés à ceux que produisent les vapeurs d'acide hypoazotique; seulement, dans l'ingestion de NO^3H, les poumons ne sont pas altérés.

Un autre corps, le nitrate acide de mercure, produit les lésions de l'acide nitrique ; il est employé dans la chapellerie.

Pour le caractériser, on aurait à déterminer le mercure et l'acide nitrique.

Il est à remarquer que le corps humain ne contient que des traces infinitésimales de nitrates et, si l'on trouvait de fortes proportions de NO^3H, on serait en droit de soupçonner une intoxication. Il faudrait aussi se rappeler qu'on aurait pu ingérer un diurétique (NO^3K, chiendent).

De même que pour les autres acides corrosifs, la dose mortelle dépend beaucoup de la concentration des liquides ingérés et de la proportion éliminée par les vomissements. Taylor cite un cas de mort après l'ingestion de $3^{gr},50$.

En 1863, Stewart, d'Édimbourg, laissa tomber un flacon de NO^3H fumant ; son aide et lui-même essayèrent de recueillir sur le parquet le plus d'acide possible ; ils ne furent pas incommodés sur le moment. Dix heures après, le professeur était mort, après avoir senti la respiration lui manquer peu à peu. L'aide tomba également malade et mourut le lendemain.

Symptomes de l'intoxication. — La mort survient après un temps très variable; quelquefois après plusieurs mois, à la suite d'une gastrite chronique ou d'un rétrécissement des organes digestifs.

Cet empoisonnement se reconnaît facilement ; les tissus touchés par l'acide sont colorés en jaune : doigts, lèvres, langue, œsophage et estomac. Les taches ne disparaissent que par l'action de KOH ou de AzH^3 qui les fait virer à l'oranger (distinction d'avec les taches d'acide picrique). Dans certains cas, l'œsophage peut s'enlever comme un étui. L'estomac se contracte, se réduit sous un petit volume : alors les personnes meurent d'inanition. De plus, on sent une odeur d'essence d'amande amère qui s'échappe des intestins et de l'estomac : elle est due à la formation de HCy par l'action de NO^3H sur les tissus graisseux.

L'élimination de NO^3H se fait par les reins rapidement.

Dans cet empoisonnement, la région gastrique est manifestement plus chaude qu'à l'état normal de 2°, par suite de la gastrite aiguë qui se manifeste (Richardière).

MM. Galtier, P. Lemaire et P. Lande (1908) ont relaté une intoxication mortelle par l'acide nitrique chez un mélancolique.

Observation. — X..., horloger, à la suite d'un accès de mélancolie, frappa à coups de marteau sa fille âgée de 13 ans. Puis, entendant venir quelqu'un, il absorba précipitamment 30 grammes de NO^3H du commerce. Il enjamba ensuite la fenêtre au 2e étage et se laissa tomber dans la rue. On l'amène à l'hôpital Saint-André de Bordeaux, 25 minutes après l'absorption du poison.

Malade pâle, assez calme, blessures extérieures sans gravité, pouls accéléré, aucune douleur témoignée, salivation assez abondante, liquide rejeté par la bouche, légèrement strié de sang renfermant des produits nitrés reconnus à l'analyse chimique ; pas de vomissements. A l'examen de la bouche, on remarque que le liquide a atteint la partie postérieure de la langue, la face interne des joues, la luette, le voile du palais, l'arrière-gorge; la partie antérieure de la cavité buccale n'est pas touchée ; la déglutition est facile et sans douleurs.

Absorption immédiate de lait et de magnésie.

Les premiers jours, des eschares de la bouche se congestionnent et se tuméfient, la stomatite augmente, salivation très abondante, déglutition gênée et même pénible, les aliments déglutis ne sont pas tolérés par l'estomac.

Urine peu abondante renfermant urates et acide urique, déchets épithéliaux, glucose (17 gr. par litre), des traces d'albumine. Huit jours après l'entrée à l'hôpital, complications pulmonaires et broncho-pulmonaires. Le dixième jour, malade très abattu, dyspnée ; en toute connaissance le malade meurt presque subitement.

A l'autopsie, localisation des lésions à la partie postéro-supérieure de la langue, à la luette, pharynx, amygdales ; la moitié supérieure du tube digestif assez peu atteinte ; des traînées le long de l'œsophage indiquent le passage du caustique ; dans la partie inférieure du tube digestif, les lésions sont plus marquées ; il y a des ulcérations. Putrilage noirâtre dans l'estomac, parois épaissies, suffusions sanguines ; la muqueuse épaisse et noirâtre est détachée en un grand feuillet ; elle n'est plus adhérente qu'au niveau de la région pylorique de la grande courbure, elle s'est engagée à travers le pylore dans le duodénum dont les premières portions sont très endommagées, épaissies et nécrosées. Intestin normal. Foie graisseux, reins augmentés de volume et congestionnés.

Poumons congestionnés, noyaux de broncho-pneumonie. A noter le peu de douleurs éprouvées par le malade pendant la vie. Les premières parties de la bouche ne sont pas atteintes parce qu'il y a eu comme aspiration de l'acide. Les lésions du poumon provenaient peut-être, par propagation, des lésions de la partie supérieure de la trachée.

L'examen des taches de NO^3H est important à faire. Suivant les étoffes, on obtient des taches rougeâtres ou jaunes. L'eau, l'alcool, l'éther et la benzine ne modifient pas la couleur jaune. Humectées avec NH^3 ou KOH, elles ne disparaissent pas, mais présentent une teinte orangée.

M. G. Fleury a fait ressortir (1900) la difficulté de la recherche de NO^3H dans un empoisonnement. L'action de cet acide sur les tissus fournit une substance jaune appelée par Mulder acide xanthoprotéique. Après avoir ajouté NO^3H à du foie, il n'a retrouvé qu'un cinquième de NO^3H. Cet auteur a procédé de la façon suivante : les substances hachées sont mélangées à de l'alcool très concentré, trois fois leur poids. On filtre, on presse après quelques heures et, à mesure que la liqueur s'écoule du filtre, on y mélange un excès de chaux hydratée ; le liquide alcoolique reste en présence de la chaux pendant 12 heures, pour qu'il y ait décomposition des éthers qui auraient pu se former ; on filtre, on évapore à siccité, le résidu est repris par de l'alcool à 95° et la solution d'azotate de chaux est débarrassée complètement de l'alcool ; un dosage peut être opéré sur la solution aqueuse.

Les réactions chimiques destinées à caractériser les composés oxygénés de l'azote sont très nombreuses. On les trouvera condensées dans les traités spéciaux de chimie analytique.

AMMONIAC

L'ammoniac gazeux NH^3 possède une odeur forte et suffocante qui irrite violemment les muqueuses des yeux, de la bouche, du nez et des voies respiratoires. Il provoque le larmoiement, la salivation, la toux, de la dyspnée par spasme de la glotte et une vive douleur rétro-sternale. Après une grande inhalation de NH^3, l'inflammation se manifeste par de l'enrouement, de l'aphonie, l'expectoration de mucosités qui deviennent bientôt sanguinolentes, puis purulentes ; il peut même se former des pseudo-membranes croupales. La mort peut survenir au bout de quelques heures ou de quelques jours par œdème de la glotte, congestion pulmonaire ou pneumonie lobulaire. Les reins sont très altérés, les urines sont rares, nulles ou albumineuses.

Le gaz NH^3 en se dissolvant dans l'eau fournit de l'ammoniaque ou alcali volatil, caustique comme la potasse ou la soude, d'autant plus caustique que la solution est plus concentrée. A 0° l'eau dissout environ 1.000 fois son volume de gaz NH^3 ; à 20°, 600 fois plus. A 0°, la densité étant 0,960, la solution renferme 46 à 47 p. 100 d'ammoniac. L'ammoniaque des pharmacies a comme densité à 15° : 0,925 et renferme 20 p. 100 de NH^3.

Les animaux et l'homme commencent à être incommodés par le gaz quand celui-ci dépasse 2 à 3 p. 100 dans l'air.

L'ingestion d'ammoniaque occasionne des symptômes et des lésions semblables à ceux que produisent la potasse et la soude. La cautérisation est cependant moins profonde. L'action locale s'étend souvent aux voies aériennes, en raison de la grande volatilité de l'ammoniac. On devra l'employer avec prudence quand on l'administrera à des ivrognes.

Deux à quatre grammes d'ammoniaque en ingestion peuvent amener des accidents graves. Elle a souvent servi comme moyen de suicide ; il en est de même de l'eau sédative. Dans l'intoxication lente par NH^3, on a observé de l'ictère et diverses manifestations cutanées : érythème, purpura.

Le carbonate d'ammonium est presque aussi toxique que NH^3.

En cas d'inhalation de NH^3, porter les personnes au grand air et, en cas d'ingestion d'ammoniaque, donner des boissons acidulées et albumineuses.

L'ammoniac ne s'élimine pas en nature par les reins.

Si l'empoisonnement est récent, on pourra constater à l'autopsie l'odeur du gaz; mais si les matières étaient putréfiées, on devra se souvenir que NH^3 est un produit de la putréfaction qui donne aux matières une réaction alcaline.

Pour la recherche de NH^3, les viscères hachés et spécialement le tube gastrique et les vomissements sont mélangés avec de l'alcool : on distille au bain de chlorure de calcium. Le distillatum est neutralisé avec de l'acide sulfurique dilué ; et on évapore au bain-marie à siccité la solution du sulfate ; on lave le résidu avec de l'alcool absolu, on le dissout ensuite dans un peu d'eau et dans cette solution on caractérise la présence de l'ammoniac.

Mais cette méthode, comme toute autre méthode d'ailleurs, est loin de présenter toute sécurité ; il peut se trouver dans l'organisme des sels ammoniacaux et enfin l'ammoniac peut avoir été produit par la putréfaction.

PHOSPHORE

Les empoisonnements par le phosphore ont été fréquents ; ils ont été produits le plus souvent par les allumettes chimiques au phosphore ordinaire, par les pâtes phosphorées qu'on peut se procurer facilement et aussi par l'ingestion de médicaments à base de phosphore.

Le premier empoisonnement eut lieu en 1843 avec le phosphore ordinaire. En 1851, Bussy démontra que le phosphore amorphe n'est pas vénéneux. Le phosphore ordinaire, blanc, est au contraire très toxique, surtout à l'état de vapeur. C'est aussi un aphrodisiaque employé sous forme d'huile ou de glycérine phosphorée enfermées dans des capsules de gélatine.

Le phosphore blanc est solide, mou et fusible à 44° ; il possède une odeur alliacée et une saveur nauséabonde ; il peut s'enflammer à l'air vers 60°. Il émet des vapeurs à toute température ; de couleur jaunâtre clair, translucide quand il a été récemment fondu. Au bout de quelque temps il se produit une modification cristalline à la surface. Les vapeurs sont entraînées par la vapeur d'eau. Il est peu soluble dans l'alcool, mais il l'est bien dans l'éther, la benzine, le pétrole, les huiles fixes et essentielles et le sulfure de carbone ; ne peut se conserver que sous l'eau. La phosphorescence est le produit d'une oxydation lente avec dégagement de fumées blanches et production d'ozone. Elle n'a pas lieu dans l'oxygène pur, à la pression ordinaire, bien que la présence de l'oxygène soit nécessaire à sa production : elle se produit quand on diminue la pression de cet oxygène pur ou en la ramenant soit par introduction d'un gaz inerte, soit par le vide, aux environs de la pression qu'a l'oxygène dans l'air atmosphérique. Dans le vide barométrique et mélangé à des gaz inertes tels que l'azote et l'hydrogène, le phosphore ne luit pas, certains corps empêchent la phosphorescence, comme l'éthylène, l'acide sulfureux, l'hydrogène sulfuré, le gaz d'éclairage, l'alcool, l'éther, le pétrole, l'essence de térébenthine, la créosote, l'ammoniac...

Le phosphore *amorphe* ou *rouge* est une modification allotropique du phosphore blanc : il n'est pas vénéneux. C'est une poudre rouge brun, fusible à 250°, s'enflammant à 260°. Il n'est pas soluble dans le sulfure de carbone ; il n'a pas d'odeur, il n'est pas phosphorescent.

Pour la recherche du phosphore blanc dans le phosphore rouge, M. A. Siemens conseille d'épuiser 5 grammes de phosphore rouge avec 150 grammes de benzol dans un ballon d'Erlenmayer à reflux, à 100°. On filtre après refroidissement. A 1 centimètre cube de filtratum on ajoute 1 centimètre cube d'une solution ammoniacale de $AgNO^3$ (1gr,70 de ce sel dans 100 centimètres cubes de NH^3); il se produit ordinairement une coloration jaune. Si cette coloration est rougeâtre ou brune, ou bien s'il se forme un précipité, on peut conclure à la présence du phosphore blanc. La coloration jaune normale s'accentuant avec le temps, on ne doit tenir compte que de la coloration qui se produit pendant la première demi-heure.

Les allumettes au phosphore blanc ont été la cause de nombreux empoisonnements, suicides et accidents. Ceux-ci ont été rendus moins nombreux par l'adoption du phosphore rouge indiqué en 1848 par R. Boettger. Les allumettes au phosphore rouge prirent le nom d'allumettes suédoises : elles ne s'enflamment que sur un frottoir spécial qui renferme du phosphore rouge, du sulfure d'antimoine et de la colle forte, l'allumette elle-même ne portant à son extrémité que du chlorate de potassium, du sulfure d'antimoine et de la colle forte.

Vers le milieu de l'année 1898, l'Administration des manufactures de l'État livra des allumettes sous la marque S.C. (des noms des deux ingénieurs français, Sévène et Cahen, qui les ont inventées) dont la fabrication en grand n'a donné lieu à aucun accident et qui sont à peu près inoffensives : le phosphore y est remplacé par le sesquisulfure de phosphore, qui pur n'est pas toxique et qui n'émet pas de vapeurs à la température ordinaire. Les pâtes obtenues avec ce composé ne présentent pas non plus la phosphorescence caractéristique des pâtes à base de phosphore blanc. Elles n'émettent pas dans leur fabrication d'odeur et de fumée. Le sesquisulfure est très stable et facile à conserver.

M. Froin (1899) essaya la toxicité du sesquisulfure de phosphore sur des souris : les vapeurs d'hydrogène sulfuré produites par le sesquisulfure de phosphore ainsi que d'autres composés volatils phosphorés sont très toxiques pour les souris. D'après cet auteur, la manipulation et l'utilisation industrielle de ce produit doivent jusqu'ici être considérées comme insalubres.

D'après les expériences de Santesson et Malmgren (1904), 0gr,20 à 0gr,60 de sesquisulfure de phosphore détermineraient chez des animaux la mort au bout de deux à trois jours. Les lésions constatées à l'autopsie présentent de l'analogie avec celles qu'on observe dans l'intoxication aiguë par le phosphore.

MM. Sévène et Cahen prétendent qu'un homme peut absorber 3gr,50 de sesquisulfure de phosphore sans être incommodé. Cette quantité correspond au sesquisulfure contenu dans 6.000 allumettes.

La composition de la pâte des allumettes varie suivant que celle-ci est destinée à garnir des allumettes soufrées, paraffinées ou des allumettes bougie.

Depuis l'adoption du sesquisulfure de phosphore à la place du phosphore blanc pour la fabrication des allumettes ordinaires, la nécrose phosphorée semble avoir disparu des manufactures de l'État. Mais, pour obtenir ce résultat, il ne faut pas que le sulfure renferme de phosphore libre.

Le sulfure de phosphore industriel a pour formule P^4S^3 : il est jaune pâle, cristallin, fond à 166°-167°. On l'obtient en faisant réagir directement le soufre sur le phosphore rouge. D'après Vignon, sa composition est :

P^4S^3 pur	92,35	pour 100
Soufre en excès	1,13	
Phosphore rouge en excès	1,06	
PO^4H^3	2,81	
SO^4H^2	1,02	
Eau, sable, non dosé	1,63	

Le sulfure industriel, agité et frotté, ne donne pas de phosphorescence dans la chambre noire ; il n'a pas l'odeur du phosphore. Chauffé à 30°-40°, il émet des vapeurs qui noircissent le papier au nitrate d'argent et à l'acétate de plomb. F = 165°-167°. D'après certains auteurs, le sulfure pur et le sulfure industriel donneraient des lueurs à l'appareil Mitscherlich, alors même qu'ils sont exempts de phosphore blanc. Cette méthode ne permettrait pas de reconnaître le phosphore blanc libre dans le P^4S^3.

Les sulfures de phosphore industriels donneraient des réactions positives à l'appareil Blondlot ; cette réaction serait due à l'action réductrice de l'hydrogène ou à la présence du phosphore libre.

Action physiologique. — Le phosphore blanc peut déterminer la mort à la dose de 0gr,15 à 0gr,30. Des cas exceptionnels ont été signalés où le phosphore a pu amener la mort à la dose de 0gr,05. Les effets de l'ingestion du phosphore varient selon la manière et les circonstances dans lesquelles l'empoisonnement a lieu. Les symptômes ne se montrent que quelques heures après son absorption. Alors les produits de la respiration, les matières vomies, les excréments et même l'urine présentent une odeur et une lueur phosphorées. Si la mort est rapide, les mêmes phénomènes s'observent à l'autopsie dans le contenu stomacal. Il y a de l'irritation stomacale et intestinale, de la dégénérescence graisseuse et caractéristique du cœur, de la langue et du foie (Feltz).

Les sels biliaires passent dans le sang, dissolvent les hématies et mettent en liberté l'hémoglobine. De là une teinte ictérique très prononcée. Dans les intoxications lentes, cette destruction partielle des globules diminue les phénomènes d'oxydation et amène un amaigrissement rapide (Ritter). On observe des nausées, des vomissements et d'abondantes déjections alvines. Pouls petit, hypothermie ; on a aussi observé des crampes aux extrémités des muscles et au visage.

Il y a souvent une période de calme qui peut durer deux à trois jours et fait espérer la guérison ; puis les symptômes graves reparaissent : céphalalgie, paralysie, ténesme vésical, urines rares, albumineuses, augmentation des phosphates, peptonurie et élimination d'acide lactique dans l'urine.

La mort peut n'arriver que plusieurs jours et même plusieurs mois après l'ingestion.

Dans l'empoisonnement chronique, « phosphorisme », le phosphore exerce une action spéciale qui a été bien étudiée par Magitot (1888). Il avait indiqué à ce moment la thérapeutique et l'hygiène préventive des ouvriers qui fabriquaient des allumettes au phosphore blanc et qui étaient souvent atteints de nécrose phosphorée dentaire ou de « carie pénétrante ».

M. Courtois-Suffit (1899) a traité aussi avec une grande compétence le « phosphorisme professionnel ». Cet auteur ne croit pas qu'il y ait lieu de faire du « phosphorisme » de Magitot une entité morbide, comparable par exemple au saturnisme, à l'hydrargyrisme... M. Vallin a étudié les accidents dus au phosphore pendant 9 ans à l'usine de Pantin. Il rapporte 29 cas de nécrose. M. Magitot, de 1875 à 1888, en observa 65 cas. M. Courtois-Suffit n'en a pas observé un seul pendant 2 ans depuis le jour (1er décembre 1896) où il fut chargé du service médical des usines de Pantin-Aubervilliers ; mais il eut soin, conformément aux prescriptions édictées par le Conseil d'hygiène de Paris, de défendre l'entrée aux ouvriers atteints de dents cariées, ou d'une mauvaise dentition. Donc, l'hygiène seule, dit l'auteur, peut faire disparaître la nécrose. Magitot, lui-même, en avait convenu en 1897 dans ses derniers travaux sur le phosphorisme.

Il n'est pas démontré pour M. Courtois-Suffit qu'il y ait chez les ouvriers travaillant à la fabrication des allumettes un abaissement de la moyenne du coefficient de déminéralisation, ni également de l'albumine dans les urines ou du mal de Bright. Ils ne sont pas exposés à plus de maladies que les autres et les femmes ne sont nullement prédisposées à l'avortement. D'après l'auteur, il reste à l'actif du phosphorisme : la lésion locale, la nécrose facile à combattre et à faire disparaître, l'odeur alliacée particulière de l'haleine et des urines, l'anémie peu grave et assez fréquente surtout chez les femmes, l'albuminurie, peut-être, jamais accompagnée des symptômes du mal de Bright. D'ailleurs, le Dr Courtois-Suffit a été le premier à applaudir à l'emploi du sesquisulfure de phosphore, qui est pour lui un composé inoffensif.

Traitement de l'intoxication aiguë par le phosphore.

Plavec conseille : lavages de l'estomac à l'eau chaude jusqu'à ce que l'eau sorte claire ; continuer ensuite avec plusieurs litres d'une solution à 0gr,2 p. 1.000 de $KMnO^4$, et de nouveau avec de l'eau chaude jusqu'à ce qu'elle s'écoule sans coloration.

Quelquefois, si l'estomac est plein d'aliments, administrer du sulfate de cuivre.

Après les lavages de l'estomac, administrer rapidement des purgatifs (infusions de séné 10 à 15 grammes), grands lavements de $KMnO^4$ à 0gr,1 p. 1.000.

Ensuite administrer $NaHCO^3$; alimentation riche en albumine. Excitants en cas de collapsus du cœur.

Dans les cas d'intoxications anciennes, on donnera après 4 à 5 jours des purgatifs et des clystères.

Les partisans de l'oxydation du phosphore dans l'économie ont préconisé l'essence de térébenthine (Rondot, 1886) et aussi l'alcool qui empêcherait l'oxydation du phosphore : ce qui n'est pas prouvé pour ce dernier corps. C'est Adrian, en 1860, qui remarqua le premier que le phosphore ne subissait aucune transformation, aucune oxydation, en présence de vapeurs d'essence de térébenthine. Personne a démontré l'efficacité de l'essence de térébenthine chez des chiens empoisonnés avec du phosphore. On donne 10 à 12 grammes d'essence le plus tôt possible. Il y a quelques années, un terrassier avala les têtes de trois boîtes d'allumettes et il prit de l'essence de térébenthine dans le but d'amorcer le poison. Il n'éprouva aucun effet nuisible. L'essence fournirait avec le phosphore un composé cristallin, l'acide térébenthino-phosphoreux, soluble dans l'alcool et la benzine est sans action sur l'économie.

Un médecin de Budapest, Thornton, a recommandé (1894) le permanganate de potassium en solution à 0gr,50 p. 100. Ce sel transformerait le phosphore en acide orthophosphorique. Des expériences effectuées sur des chiens ont pleinement réussi.

On a aussi indiqué le charbon pulvérisé ou le charbon animal qui retient le phosphore de l'huile phosphorée avec laquelle on l'agite. Administré de suite, c'est un excellent contrepoison.

On a enfin proposé les sels de cuivre : il se fait du phosphure de cuivre ; le phosphore est entouré d'une gaine, et comme les sels de cuivre sont vomitifs, le poison peut être éliminé.

Les brûlures occasionnées par le phosphore sont très douloureuses et produisent de profondes eschares. On les traitera par un lait de magnésie ou le liniment oléo-calcaire.

Dans l'urine, après intoxication phosphorée, J. Wohlgemuth a trouvé (1905) des amino-acides, tels que la tyrosine, la leucine, le glycocolle, la phénylalanine. L'auteur a découvert dans les mêmes urines l'alanine et l'arginine.

D'après Welsch, il se produit une destruction intense des albuminoïdes (augmentation de N urinaire, des phosphates, du soufre) ; les chlorures sont diminués (ce qui est dû à l'inanition). Le foie perd sa propriété de fixer les ferments ou de les détruire. Les ferments passent dans la circulation générale : les fonctions antifermentatives, glycogénique et lypolytique sont anéanties. Les ferments non fixés par le foie déterminent la fonte des matières albuminoïdes ; cette fonte aboutit à la dégénérescence graisseuse. L'intoxication par les ferments au point de vue anatomique et physiologique, telle est l'intoxication phosphorée.

D'après M. L. Sansoni et C. Serono (Turin), dans l'empoisonnement aigu, la graisse du foie qui est augmentée est constituée par des acides gras supérieurs (oléique, stéarique, palmitique) ; il y a augmentation de la lécithine, alors que les graisses neutres sont éliminées. Dans l'empoisonnement subaigu, il y a diminution de lécithine et de graisses neutres.

Recherche du phosphore. — Il y a souvent des circonstances qui rendent la recherche du phosphore illusoire. Si l'autopsie n'a lieu qu'au bout de quelques jours, tout le phosphore ingéré peut être transformé en acides phosphoreux et phosphorique. Une longue exposition des vomissements à l'air facilite l'oxydation du phosphore.

Si l'empoisonnement a eu lieu avec de la pâte phosphorée ou avec des allumettes chimiques, on se rappellera que les pâtes phosphorées ont pour base le phosphore très divisé avec du suif, du beurre, du sucre, de la farine et de l'axonge, que les allumettes contiennent de la gomme, des matières colorantes, PbO^2, MnO^2, du soufre, et on examinera attentivement les débris contenus dans l'estomac et l'intestin.

Dans tous les cas on devra toujours se hâter de procéder à l'expertise, car la putréfaction produit de l'hydrogène sulfuré et des sels ammoniacaux susceptibles d'empêcher la phosphorescence dans la mise en œuvre du procédé Mitscherlich.

M. Pouchet prétend qu'on peut retrouver le phosphore dans les viscères longtemps après l'ingestion, s'il était enrobé dans l'estomac de substances alimentaires telles que la graisse.

Essais préliminaires. — Quand on suspend dans l'atmosphère d'un bocal renfermant les matières suspectes un papier imprégné de nitrate d'argent, ce papier noircit rapidement, s'il existe des traces de phosphore. Si cet essai est négatif, on peut être à peu près certain qu'il n'y a pas de phosphore libre. S'il réussit, il faut aussi penser qu'il peut exister de l'hydrogène sulfuré dans les matières en putréfaction. On donne à l'expérience plus de valeur en suspendant en même temps un papier imprégné d'une solution d'émétique. Si ce papier ne devient pas orangé, c'est qu'il n'y a pas d'hydrogène sulfuré et le noircissement du papier de nitrate d'argent devient plus concluant.

On peut d'ailleurs s'assurer que le noircissement est dû au phosphore en oxydant le papier par l'eau régale et en recherchant PO^4H^3 par le réactif nitromolybdique.

On s'est demandé si la putréfaction des matières albuminoïdes ne pouvait pas engendrer des hydrures de phosphore. Cette hypothèse est très peu probable, et si elle était réelle, les procédés de recherche du phosphore seraient inapplicables.

Procédé Mitscherlich. — Cette méthode repose sur la production de lueurs phosphorescentes et sur l'isolement du métalloïde par distillation. Plusieurs formes peuvent être données à l'appareil (*fig.* 1). Les liquides suspects (contenu stomacal, vomissements, restes d'aliments) sont délayés dans l'eau et introduits dans un ballon B qu'ils doivent remplir aux 3/4. On ajoute un peu d'acide sulfurique qui fluidifie les matières amylacées. Ce ballon est fermé par un bouchon traversé par un tube de verre deux fois recourbé en siphon dont la dernière branche aboutit dans un réfrigérant Z placé dans l'obscurité complète et dont l'extrémité libre plonge dans de l'eau contenue dans un petit récipient. On distille au bain de sable et on évite soigneusement les projections. Dès que le liquide est en ébullition on voit apparaître des vapeurs dans le récipient ; ces lueurs remontent peu à peu dans le tube et se fixent dans la partie horizontale ou mieux dans la partie du tube descendant qui pénètre dans le réfrigérant.

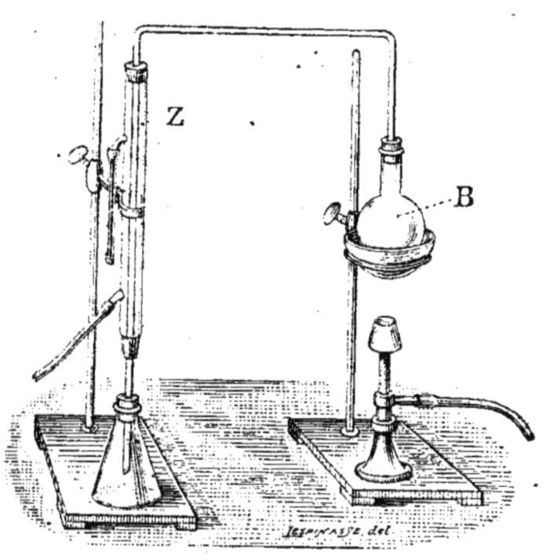

Fig. 1.

Le liquide distillé peut contenir des grains microscopiques de phosphore. On trouve de l'acide phosphorique en solution.

Schérer, dans le cas où la quantité de phosphore serait très petite et susceptible de s'oxyder entièrement dans l'atmosphère du ballon, recommande de distiller dans un courant d'acide carbonique. Ce gaz empêcherait, il est vrai, la phosphorescence ; il faudrait alors analyser le produit distillé.

A propos d'un empoisonnement par le phosphore, Ogier (1888) a retrouvé dans le distillatum les produits d'oxydation du phosphore.

Le liquide distillé présente les caractères suivants :

1° Il luit dans l'obscurité ; il a une odeur de phosphore et il peut contenir quelques particules de cet élément qui isolées brûleront sur une lame de platine avec une flamme verte ;

2° Le liquide donne avec l'azotate d'argent un précipité noir ou seulement une coloration noir brunâtre. Cette réaction à elle seule n'est pas caractéristique, car il peut y avoir de l'hydrogène sulfuré.

On doit donc compléter ce caractère en mettant ce phosphure d'argent dans un appareil Dusart et Blondlot décrit plus loin ;

3° Le liquide oxydé par NO^3H fournit un précipité jaune avec nitromolybdate d'ammonium.

Le procédé de Mitscherlisch, d'après J. Gadamer, ne serait à employer que dans le cas où il n'y aurait pas de P^4S^3. Quoi qu'il en soit, on ne peut conclure au phosphore que si l'on retrouve celui-ci dans le distillatum.

E.-G. Clayton a fait connaître (1902) que le sesquisulfure de phosphore pur ne fournit pas la réaction de Mitscherlisch (20 grammes de P^4S^3 distillés avec 100 centimètres cubes de SO^4H^2 au 1 /10), mais que les produits bruts commerciaux donnent au contraire très bien la phosphorescence.

D'après C. Van Eijks, l'acétate de plomb précipiterait P^4S^3, et la caractérisation du phosphore qui y serait mélangé pourrait alors se faire par l'appareil de Mitscherlisch. Cette assertion mérite confirmation.

Enfin, dans le cas où l'on soupçonnerait la présence éventuelle de petites quantités de phosphore mélangé à P^4S^3, on pourrait employer la méthode de R. Schenck et E. Scharff, basée sur ce que la vapeur de phosphore oxydé ionise l'air en le rendant conducteur, et charge un électroscope. Au contraire, P^4S^3 chauffé au-dessous de 50° ne produit aucun effet sur l'électroscope. De 50 à 57°, il n'a pas d'effet appréciable. Ce procédé peut servir à déterminer du phosphore mélangé à des matières organiques diverses dans lesquelles on a lieu de supposer la présence du P^4S^3.

M. Valéri a fait connaître (1910) :

1° Que les préparations photographiques au BrAg montrent une très grande sensibilité à la phosphorescence du phosphore jaune ;

2° Que le phosphore libre non dissous dans des substances impressionne la plaque ;

3° Que la phosphorescence obtenue peut impressionner une plaque appuyée contre le tube où elle se produit ;

4° Que la phosphorescence de l'appareil Mitscherlisch peut impressionner la plaque.

Méthode Dusart et Blondlot. — Lorsque le phosphore a subi un commencement d'oxydation qui a pu le transformer en acide phosphoreux PO^3H^3, ou hypophosphoreux PO^2H^3, il est encore facile de caractériser ces acides par la méthode imaginée par Dusart et Blondlot, qui est basée sur le principe suivant :

Si, dans un appareil produisant de l'hydrogène pur, on introduit, soit du phosphore, soit des composés d'oxydation inférieurs du phosphore, soit encore du phosphure d'argent, la flamme de l'hydrogène dégagé acquiert une coloration verte particulière que l'on peut examiner au spectroscope. Il faut éviter qu'il y ait en même temps dans l'appareil de l'hydrogène sulfuré ou de l'acide sulfureux. L'extrémité de l'appareil où l'on enflamme le gaz doit être enveloppée de platine enroulé, pour éviter la coloration jaune fournie par le sodium du verre. Il est bien de mettre un flacon laveur renfermant de la soude. Les équations suivantes rendent compte de la production de l'hydrogène phosphoré avec différents composés du phosphore :

$$PO^2H^3 + 4H = PH^3 + 2H^2O$$
$$PO^3H^3 + 6H = PH^3 + 3H^2O$$
$$PAg^3 + 3H = PH^3 + 3Ag$$

Si au lieu d'enflammer PH^3 on le fait traverser $AgNO^3$ neutre, il précipite Ag à l'état de PAg^3 :

$$3AgNO^3 + PH^3 = PAg^3 + 3NO^3H.$$

S'il existe du fait des organes à analyser une masse volumineuse et à demi solide, il devient difficile de faire fonctionner l'appareil à hydrogène. On peut tourner la difficulté.

Les matières sont introduites dans un grand récipient à trois tubulures et additionnées d'un peu de zinc et d'acide sulfurique étendu ; on détermine ainsi pendant plusieurs heures un dégagement lent d'hydrogène. Les gaz seront conduits à travers une solution de nitrate d'argent qui sera réduit. Alors on recueillera le précipité noir de PAg^3 qui sera mis dans l'appareil Dusart et Blondlot et on examinera la couleur de la flamme verte. Celle-ci vue au spectroscope montrera trois bandes dans le vert : la première dont la longueur d'onde est de 560,5 est assez pâle ; la seconde de longueur d'onde 526,3 est très brillante, la troisième enfin, plus faible, de longueur d'onde de 510,6 (Beilstein).

La méthode de Dusart et Blondlot, quoique fournissant de bons résultats, laisse perdre du phosphore. D'après Frésénius et Neubauer, les 2 /3 seulement du phosphore sont précipités à l'état de phosphure d'argent. Il n'y a pas de causes d'erreur à craindre, sauf la présence possible d'hypophosphites dans le tube digestif qui seraient susceptibles de fournir PH^3 dans ces conditions.

Quant à PO^4H^3 et aux phosphates, ils ne sont nullement décomposés.

En général, si l'on trouve de l'acide phosphoreux, on peut affirmer qu'il y a eu du phosphore ingéré ; mais il ne saurait en être ainsi si l'on trouvait seulement PO^4H^3.

Il faut savoir que le phosphore ingéré ne donne pas d'acide hypophosphoreux ; il se fait plutôt PH^3 susceptible de s'oxyder pour donner les acides phosphoreux et phosphorique.

Il resterait donc à envisager le cas où la victime aurait ingéré des hypophosphites à titre médicamenteux.

M. Dalmon a rendu plus sensible la méthode Dusart et Blondlot en conseillant d'opérer ainsi : si après avoir enflammé le jet gazeux dans l'obscurité, on entoure la flamme au moyen d'un tube assez long semblable à celui qu'on emploie dans l'harmonica chimique, mais d'un diamètre plus étroit, la flamme se rétrécit et prend partout la même couleur verte. De la série de petites détonations qui mettent en vibration la colonne d'air dans le tube, résultent de vagues lueurs phosphorescentes. En enfonçant davantage le tube, la flamme s'écrase de plus en plus et devient d'un beau bleu saphir. A ce moment, on relève légèrement le tube et on le retire avec précaution en ayant soin de couper la flamme lorsque l'extrémité des deux tubes vient en contact. Il se détache alors un anneau brillant de PH^3 d'une magnifique teinte vert émeraude qui parcourt plus ou moins lentement le tube, suivant l'inclinaison que l'on donne à celui-ci, et vient sortir par son extrémité supérieure.

On passe un peu d'eau distillée dans le tube et on essaye la solution par $AgAzO^3$; on obtient un précipité brun passant rapidement au noir.

P. Muckerji a fait observer (1901) que si, dans un appareil où se dégage de l'hydrogène, l'on introduit une matière qui contient du phosphore libre, on observe dans l'obscurité que le gaz qui se dégage est phosphorescent. Avec cette méthode l'on peut constater facilement et avec toute sûreté la présence de $1^{mgr},5$ de phosphore. La méthode proposée se différencie de celle de Blondlot-Dusart en ce que l'hydrogène qui se dégage n'est pas enflammé. Elle serait plus exacte et moins générale que celle-ci, puisque dans l'appareil Dusart, la flamme verte peut aussi être observée en présence de phosphures, phosphites et hypophosphites. De plus il n'y a pas de dangers d'explosions. On peut également introduire les gaz qui se développent dans une solution de $AgAzO^3$, si l'on voulait déterminer quantitativement la quantité de phosphore. Pour le dégagement de l'hydrogène, on peut prendre du zinc ordinaire contenant du phosphore combiné et de l'arsenic, ce que l'on ne pourrait faire si la constatation du phosphore était basée sur la couleur de la flamme. Le gaz hydrogène doit se dégager vivement et la température doit s'élever à 60-70°.

Cette méthode, d'après son auteur, donne aussi de bons résultats en présence d'une série de substances comme PH^3, vapeurs nitreuses, nitrates et chlorures, H^2S, iode.

La méthode serait aussi sensible que celle de Mitscherlisch.

M. le Dr H.-J. Lemkes a étudié (1917) plus spécialement la méthode de Dusart et Blondlot, et la réduction des composés inférieurs d'oxydation du phosphore par l'hydrogène naissant. Il insiste sur l'emploi de zinc et d'acide sulfurique purs ; pour la purification du zinc, il conseille l'emploi du sodium ajouté à plusieurs reprises dans le zinc fondu.

H.-J. Lemkes a constaté que les acides phosphoreux et hypophosphoreux étaient réduits lentement, cette réduction étant accélérée par la chaleur : l'acide hypophosphoreux est réduit plus facilement que l'acide phosphoreux. Dans les conditions ordinaires des expertises toxicologiques, ces deux acides ne sont réduits que dans les proportions de 34 et de 87 p. 100. Quelles que soient les modifications apportées à la méthode, les résultats ont toujours été identiques.

La quantité de phosphore la plus petite qui soit décelable à l'œil nu par cette méthode correspond à une dose d'hypophosphite de calcium de 0gr,001. Si l'appareil où s'opère la réduction est placé dans un bain à 40°, on peut découvrir 0gr,00036 après un temps très long. Sous forme de phosphite de calcium la quantité de phosphore la plus petite que l'on peut caractériser est de 0gr,025 à la température ordinaire et de 0gr,005 à 40° C.

Pour ces petites doses la coloration verte n'apparaît que par refroidissement de la flamme, ce qui est obtenu au moyen d'un tesson de porcelaine, bien lavé à l'alcool, puis séché. Toute trace d'air doit avoir été chassée de l'appareil, avant l'observation de la flamme : autrement la flamme très pointue accuse, au refroidissement, des colorations indécises : elle doit n'avoir qu'un demi-centimètre de hauteur.

H.-J. Lemkes a vérifié que la méthode de Dusart et Blondlot, modifiée par la formation préalable de Ag^3P, peut être employée pour la recherche de petites quantités de PH^3 sans courir le risque de perte de P. Pour des quantités plus élevées, une portion de P reste en solution, mais dans une proportion assez faible, de sorte que l'analyse qualitative par la flamme peut être obtenue avec succès.

La présence de dérivés sulfurés organiques peut donner à la partie centrale de la flamme une coloration violette, puis bleue intense par le refroidissement, et gêner beaucoup l'examen direct de la flamme ainsi que son étude au spectroscope.

Chez un enfant mort 3 jours après l'administration de 66 milligrammes de P ingéré sous forme d'huile de foie de morue phosphorée, H.-J. Lemkes a pu trouver des composés inférieurs d'oxydation du P dans le foie, l'urine, le contenu de l'intestin et le sang ; il n'y en avait pas dans le cerveau. D'après les expériences de cet auteur, le P peut dans un cadavre résister assez longtemps (un ou deux mois) dans les organes et être encore caractérisé ; mais les circonstances peuvent être plus défavorables.

Les organes d'animaux en voie de décomposition ne seraient pas capables de fournir des composés volatils susceptibles d'accuser, ainsi qu'on l'a prétendu, une réaction positive par l'épreuve de Dusart et Blondlot dont les expériences de H.-J. Lemkes démontrent la réelle valeur.

La recherche microchimique du phosphore en médecine légale a été décrite par G. Denigès (*Bull. Soc. Pharm.*, Bordeaux, 1912, p. 57) et nous reproduisons intégralement cette méthode :

« Dans un travail publié en 1908, j'ai indiqué de nouveaux procédés pour identifier au microscope l'arsenic préalablement amené sous forme d'acide arsénique.

« Je me suis servi, dans ces recherches comme réactifs, soit de nitrate d'argent à 3 p. 100 rendu légèrement ammoniacal par addition du cinquième de son volume d'ammoniaque sept à huit fois normale, ou acétique par addition du dixième de son volume d'acide acétique cristallisable ; soit d'une mixture magnésienne préparée avec 166 grammes de chlorure de magnésium ; 260 centimètres cubes d'ammoniaque à 22° Baumé et suffisamment d'eau pour obtenir 1 litre de liquide ; soit enfin d'une solution d'azotate mercureux obtenue en triturant jusqu'à dissolution 10 grammes de ce sel pur du commerce dans un mélange de 10 centimètres cubes d'acide azotique pur (D = 1,39) et de 100 centimètres cubes d'eau distillée.

« Le phosphore amené sous forme d'acide phosphorique libre ou salifié peut également être mis en évidence à des doses extrêmement faibles à l'aide des mêmes réactifs et en employant un mode opératoire à peu près identique à celui que j'ai préconisé pour l'arsenic.

« Le procédé consiste essentiellement à opérer sur le résidu desséché d'une gouttelette de solution phosphorique sur une lame porte-objet.

« Cette gouttelette ne devra pas s'étaler sur un diamètre supérieur à 5 millimètres et contenir plus de $0^{mgr},015$ de phosphore compté à l'état métalloïdique.

« On l'évaporera doucement en passant la lame de verre par un mouvement circulaire lent, à 1 centimètre environ au-dessus d'une toute petite flamme telle que celle d'une veilleuse de brûleur de Bunsen ou d'une lampe à essence à mèche suffisamment baissée. On procède ainsi de façon à ne chauffer que la zone annulaire extérieure concentrique à la goutte.

« Quand celle-ci est réduite à moitié ou mieux au tiers de son volume primitif, on cesse de chauffer : l'évaporation s'achève alors seule et on laisse complètement refroidir.

« Ce point atteint, on dépose au centre du résidu et par contact direct une gouttelette de réactif prélevé avec un agitateur ordinaire de verre de 2 à 5 millimètres de diamètre, à extrémité arrondie et plongée de quelques millimètres à 1 centimètre dans le réactif, de façon à ce que la gouttelette d'un volume très réduit, que cet agitateur abandonnera au résidu et après s'être étalée sur lui, n'en atteigne pas tout à fait les bords et présente un ménisque aplati et non surélevé.

« Après un contact d'au moins trois minutes (temps nécessaire pour que cesse la sursaturation) et sans couvrir d'une lamelle, on examine la préparation au microscope à un grossissement d'abord de 30 à 50 diamètres, puis de 100 à 150 diamètres, ou même plus, en explorant en premier lieu la zone de contact des bords du réactif et du résidu desséché.

« Avec l'azotate d'argent ammoniacal on obtient des cristaux jaunes du système rhombique avec toutes les variétés de forme dérivées ou hémiédriques et de groupements que présente ce système : hexaèdres ou lamelles hexagonales, rhomboèdres, dodécaèdres, tétraèdres. Ces cristaux se conservent remarquablement après dessiccation spontanée et complète de la préparation et peuvent encore fort bien être examinés ainsi ou après addition d'une gouttelette d'eau distillée.

« Avec la mixture magnésienne (bien plus vite qu'avec les autres réactifs) on voit les cristallites arborescents dits « en feuilles de fougère », caractéristiques ; parfois aussi des pyramides quadrangulaires tronquées.

« Enfin avec le nitrate mercureux on observe, mais presque exclusivement sur les bords, des prismes incolores groupés habituellement soit parallèlement à leur grand axe, soit autour d'un centre, en rosaces, gerbes ou pinceaux.

« En toxicologie, ces caractères peuvent être utilisés pour la recherche de traces de phosphore, soit qu'on oxyde d'abord par le brome, puis par l'acide azotique, le produit de distillation d'un essai Mitscherlisch de façon à réduire finalement à un très petit volume et à amener sous forme d'acide phosphorique les traces de phosphore ayant pu distiller, soit qu'on se serve de l'appareil de Blondlot et Dusart.

« Dans un travail déjà ancien (1892), j'ai montré qu'on pouvait compléter la recherche toxicologique du phosphore par la méthode de Blondlot et Dusart en recherchant par le nitro molybdate d'ammonium l'acide phosphorique dans l'eau de condensation de la flamme d'hydrogène de l'appareil dirigée sur la pointe d'un V formé par un tube de verre mince et étroit dans lequel circule un courant continu d'eau froide. Cette eau de condensation, qui peut être réduite à quelques gouttes, à une seule même par évaporation ultérieure, peut être utilisée avec les réactions que j'ai signalées plus haut et permet de déceler à coup sûr, très facilement et à froid, moins d'un millième de milligramme de phosphore.

« J'ajouterai que la technique que je viens de préconiser (addition du réactif sur le produit phosphorique desséché et non liquide) est aussi très avantageuse pour l'emploi du réactif nitromolybdique avec lequel on obtient ainsi, à dose égale d'acide phosphorique, des cristaux de phosphomolybdate d'ammoniaque plus gros, plus réguliers et d'une apparition beaucoup plus rapide que par son mélange avec une solution phosphorique de même titre. »

HYDROGÈNE PHOSPHORÉ PH^3

D'après Liebig et Orfila, les effets toxiques produits par ce gaz seraient analogues à ceux provoqués par le phosphore. Il agit sur le sang en réduisant l'hémoglobine qui serait même détruite (Popoff).

En 1906, quatre morts ont eu lieu en Suède sur un bateau qui transportait du siliciure de fer ; il s'agissait de quatre passagers dont les cabines se trouvaient au-dessus de ce produit. C'est que le siliciure de fer obtenu par les procédés électriques contient du phosphure de calcium qui, sous l'influence de l'humidité, dégage PH^3, gaz toxique et dans certains cas explosif. La même année, dans le port de Duisburg, deux jeunes enfants furent asphyxiés dans les mêmes conditions dans leur cabine. On cite plusieurs autres cas de morts semblables survenues sur des bateaux transportant du siliciure de fer.

D'après W.-R. Smith (1909), le siliciure de fer contient Fe, Si, C, As, et dégage même à l'état sec AsH^3, PH^3, C^2H^2, H^2S et H. Sous l'influence de l'humidité, la proportion de gaz dégagés peut être triplée. D'après la composition du siliciure de fer, dans les cas de morts rapportés ci-dessus, on ne peut pas seulement incriminer PH^3.

ACIDE PHOSPHORIQUE PO^4H^3

Liquide sirupeux, incolore, inodore, susceptible de cristalliser, saveur très acide, soluble dans l'eau.

Sur le tube digestif, à doses concentrées dans l'estomac des animaux à sang chaud, il peut provoquer une gastro-entérite violente : à petites doses, il se comporte comme les autres acides en général ; il pénètre dans le sang en donnant PO^4Na^2H très probablement.

Sur le système nerveux, à la dose de 4 à 16 grammes, il produit des excitations au point de simuler l'ivresse alcoolique, et si la dose est élevée, il y a assoupissement et dépression intellectuelle.

Il excite, puis ralentit le pouls. Il rend les urines acides.

Kobert, en un quart d'heure, a pris 10 grammes d'acide phosphorique dans 200 grammes d'eau et 90 grammes de sirop : il n'éprouva aucun inconvénient.

D'après Schultz, les acides oxygénés dérivés du phosphore ne sont pas toxiques, s'ils renferment un nombre pair d'atomes d'oxygène.

Joulie a pu absorber des doses élevées de cet acide sans en avoir été incommodé.

Cautru a supporté (1904) pendant un mois sans inconvénient des doses quotidiennes de 4 à 5 grammes d'acide phosphorique.

ARSENIC

Généralités.—Depuis les temps les plus éloignés, les préparations arsenicales ont été les poisons les plus employés. Nombreuses sont les morts dues à l'ingestion de ce toxique. Sans relater toutes les causes célèbres auxquelles a donné lieu l'intoxication arsenicale, contentons-nous de rappeler dans ces derniers temps les intoxications de la ville d'Hyères (1887) à la suite d'ingestion de vin arsenical, de Manchester (1900) où 300 personnes périrent pour avoir bu de la bière préparée avec du glucose arsenical, et les affaires récentes et célèbres de Fayolle à Bordeaux (1900), de Rachel Galtié (1904), de Jeanne Gilbert à Saint-Amand (1909), de Lauris en Vaucluse (1909).

Le criminel s'adresse de préférence à l'anhydride arsénieux qu'il sait se procurer facilement : les droguistes le délivrent pour les besoins de la thérapeutique vétérinaire, et enfin les viticulteurs, encouragés d'ailleurs par les conseils des professeurs d'agriculture, peuvent s'en procurer aisément. Les empoisonneurs n'ignorent pas que les symptômes de l'empoisonnement arsenical ressemblent à ceux des entérites violentes qu'on est habitué à voir se manifester à certaines saisons de l'année, à la saison des fruits principalement. Comme ces décès ne sont pas vérifiés dans les campagnes et fort peu dans les villes, il s'ensuit que le crime reste impuni. Ce n'est que grâce à la rumeur publique toujours en éveil, à l'inconséquence même des empoisonneurs trop pressés de voir le crime s'accomplir ou d'en profiter, que la justice a l'occasion d'intervenir.

Les substances arsenicales qui peuvent servir à des tentatives d'empoisonnement sont l'anhydride arsénieux As^2O^3 de beaucoup le plus employé, renfermant 75-76 p.100 d'arsenic; il y a deux variétés: l'une amorphe, vitreuse, de densité 3,74, trois fois plus soluble que l'autre (1 /108), l'autre porcelainée ou cristallisable qui est l'officinale, la seule stable à la température ordinaire, de densité 3,69, soluble dans 355 parties d'eau à 15°.

L'orpiment du commerce (jaune royal) renferme du sulfure d'arsenic As^2S^3 et de l'anhydride arsénieux ; il est toxique. Les sulfures d'arsenic sont employés en tannerie.

Le réalgar As^2S^2, sulfure naturel employé comme fébrifuge en Afrique, est toxique.

Les sulfoarsénites AsS^3M^3 et sulfoarséniates, AsS^4M^3, employés dans la cure de la phtisie.

Les arsénites, dont les plus usités sont: l'arsénite de potassium qui forme la base de la liqueur de Fowler, l'arsénite de cuivre (vert de Scheele), le vert de Schweinfurt (mélange d'arsénite et d'acétate de cuivre). Ce dernier composé est usité en peinture. Il a pu provoquer des accidents par suite de la suspension dans l'air de particules détachées par frottement des papiers, tentures ou étoffes colorées au vert arsenical. Appliqué intimement sur les tissus ou étoffes par un vernis ou de la gélatine, il n'offre plus les mêmes inconvénients. Si en même temps les murs sont humides, on perçoit souvent une odeur alliacée, désagréable, qui serait due à une décomposition de la couleur sous l'influence de champignons, en donnant de l'hydrogène arsénié.

L'arséniate de sodium, $AsO^4Na^2H, 7H^2O$, qui fournit en dissolution dans l'eau au 1 /1.000 la liqueur de Pearson, l'arséniate de potassium AsO^4K^2H ou sel de Macquer, l'arséniate de fer $(AsO^4)^2Fe^33H^2O$, vert grisâtre et amorphe, l'arséniate de fer et d'ammonium (sel de Biett).

L'arséniate de cuivre (verts : de Vienne, de Mitis, cendres vertes).

L'arséniate et l'arsénite de quinine.

L'arséniate d'antimoine.

Et enfin beaucoup de sels organiques arsenicaux comme :

Le méthylarsinate de sodium ou arrhénal.

Le cacodylate de sodium.

L'atoxyl, l'énésol, le salvarsan, le néo-salvarsan, le gallyl.

Les méthylarsinates : de strychnine, de quinine.

Quant à l'arsenic métalloïdique, connu sous le nom de cobalt gris, il se présente en cristaux brillants, gris d'acier, se sublimant sans fondre sous l'action de la chaleur ; il n'est pas attaqué par l'acide chlorhydrique. Il se conserve intact sous l'eau bouillie. A l'air humide, il se recouvrirait d'une couche de sous-oxyde As^2O (?). Bayen et Malagutti ont montré que l'arsenic n'était pas toxique ; et quand il n'est pas oxydé, il peut traverser tout le tube digestif sans provoquer d'accidents. M. Lecoq, par des expériences sur des lapins et des cobayes, a confirmé (1910) les résultats de Bayen et de Malagutti.

Enfin, des empoisonnements ont eu lieu à la suite d'ingestion de mort-aux-rats, de savon de Bécœur.

Disons en passant que les papiers tue-mouches à base d'arsenic sont sans danger dans la pratique : ainsi M. Brunaud (1905) a rapporté que le corps d'une mouche tuée par un papier arsénifère renfermait $0^{mgr},002$ d'acide arsénieux en moyenne. Il n'y a donc pas lieu de s'inquiéter de la nocivité possible d'un ou de quelques-uns de ces insectes tombés par hasard dans les aliments.

L'arsenic et ses sels sont très répandus et se trouvent à la portée de tout le monde ; on peut se les procurer facilement.

Si le Ministère de l'Agriculture favorise la diffusion des sels arsenicaux en viticulture, il faut reconnaître que celui de la Marine a pris des mesures contraires et, par une circulaire, il dit « qu'il ne sera plus passé à l'avenir de marché pour la fourniture de vert arsenical en poudre ».

C'est qu'en effet les accidents dus au vert arsenical sont groupés sous le nom « d'arsenicisme ».

On utilise aussi l'arsenic dans nombre d'industries : fabrication des papiers peints, de fleurs artificielles, dans l'apprêt et l'impression des étoffes. Or, il est possible de mettre les ouvriers à l'abri de l'arsenicisme par l'emploi de verts non toxiques fournis par l'industrie ; les uns, comme le mélange mécanique de jaune de zinc et de bleu de Prusse, les autres obtenus par combinaison par voie sèche des oxydes de zinc et de cobalt.

De toutes les préparations arsenicales c'est évidemment l'anhydride arsénieux qui est la plus employée et qui sert de base à de nombreuses préparations pharmaceutiques dont les plus usitées sont :

les granules de Dioscoride dosées à 0gr,001 de As^2O^3
la liqueur de Fowler au 1/100
la liqueur de Boudin à 1 /1 000
les pilules asiatiques à 0gr,005 de As^2O^3
la solution de Devergie
le savon de Bécœur ;

c'est aussi l'anhydride arsénieux qui est choisi de préférence par les empoisonneurs.

Dans certaines contrées du Tyrol et de la Styrie, les montagnards, dans leurs courses, se mettent dans la bouche de l'acide arsénieux, variété cristallisée ; c'est la variété la moins soluble et qui se mouille difficilement : la faible absorption d'arsenic facilite la respiration pendant la marche ascendante et les fait paraître en belle santé ; il est à remarquer que cette pratique ne devient jamais chez eux une habitude et que s'ils arrivent à tolérer d'assez fortes doses d'arsenic, il leur arrive parfois d'en être victimes.

D'après le Dr Rouyer, qui a expérimenté sur des chiens, la dose toxique a lieu quand se trouvent dans le sang par kilogramme de poids de l'animal :

0gr,003 pour l'acide arsénieux
0gr,004 pour les arsénites alcalins
0gr,005 pour les arséniates

On s'accorde généralement à reconnaître qu'une dose de 0gr,10 à 0gr,20 d'anhydride arsénieux peut amener la mort chez l'homme (Lachèze, Orfila, Tardieu). Les animaux paraissent moins susceptibles que l'homme (Doyon et Morel).

On comprend que ces doses n'ont rien d'absolu.

L'anhydride arsénieux même à petites doses réfractées est un poison lent et on doit être très sceptique vis-à-vis de l'accoutumance de l'organisme pour les préparations arsenicales. Il est à noter que les malades porteurs d'épithélioma, de cancer soignés avec As^2O^3 peuvent absorber des doses considérables de ce médicament.

S'il est douteux que le règne animal puisse s'accoutumer à l'absorption continue d'arsenic, il est certain qu'il y a une race de ferments lactiques arsénicophiles (Ch. Richet, 1913), race distincte de la race normale et qui puise dans la présence de l'arsenic de la vigueur et de l'activité. Des moisissures viennent dans la liqueur de Fowler (*hygrococcus arsenicalis*).

On ignore la transformation subie par les composés arsénicaux absorbés ; or il y a certainement une différence à ce sujet entre les composés métalloïdiques et les composés organiques. Si l'acide arsénieux introduit en solution dans l'intestin pénètre rapidement dans le sang pour s'éliminer par les urines au bout de peu de temps, on sait que l'acide cacodylique est absorbé de même avec bien plus grande facilité et se retrouve à ce même état dans l'urine. Les différents composés arsenicaux semblent agir de façon différente : d'une manière générale, l'arsenic organique (cacodylate, méthylarsinate...) est moins toxique et plus rapidement éliminé que l'arsenic métalloïdique.

Différentes intoxications arsenicales.— Elles peuvent être de nature professionnelle, survenir chez les ouvriers employés à la fabrication des composés arsenicaux ou chez les ouvriers viticoles employés au traitement de la vigne au moyen des sels arsénicaux ou de l'arséniate de plomb dans le but de combattre certains parasites de la vigne.

On a noté des accidents à propos de poussières et de vapeurs arsénicales pénétrant par les voies respiratoires et la peau (papiers peints, fleurs artificielles, tentures, étoffes teintes au vert arsenical).

On a signalé à Stockholm, en 1911, une intoxication qui présenta l'allure d'une véritable épidémie et qui eut lieu dans un pâté de maisons converties en bureaux divers de l'État. Dans ces bureaux séjournaient chaque jour 200 employés dont 143 tombèrent malades. Tous ceux qui passaient six heures par jour dans les bureaux étaient pris, au bout d'un temps variant de quinze jours à deux mois, de maux de tête d'abord intermittents, puis continus. Les symptômes se dissipaient rapidement dès que les employés étaient en vacances, mais ils revenaient de la même façon à la reprise du travail. En réalité, le mal était complexe ; on observa de la conjonctivite, des nausées, de la diarrhée, de la faiblesse musculaire, des troubles cutanés. La peinture à l'arsenic qui recouvrait les murs était la cause de ces symptômes.

Enfin Kuttner a rapporté (1912) l'observation de cinq malades qui présentaient des troubles assez analogues et caractérisés par des vomissements incoercibles, des signes d'anémie pernicieuse, de gastrite hyperchlorhydrique ; tous ces troubles disparaissaient quand on éloignait les malades de leur habitation et réapparaissaient dès qu'ils revenaient chez eux. L'attention de l'auteur fut attirée du côté des tapis et l'examen chimique montra qu'ils contenaient de l'arsenic. Dans deux cas, les urines des malades renfermaient des traces d'arsenic.

L'intoxication arsenicale peut être de nature médicamenteuse. D'après M. A. Gautier (1889), les préparations cacodyliques administrées par la bouche ou données en injections rectales provoquent après quelques jours des phénomènes d'intolérance. Ces accidents ne s'observent plus quand on les donne en injections hypodermiques.

Suivant que l'estomac est vide ou plein, l'action du médicament arsenical est plus ou moins prononcée et suivant qu'il renferme ou non des matières grasses (Chapuis). D'après Wertheimer, l'arsénite de potassium plus soluble que l'acide arsénieux est plus toxique que lui.

On a trouvé du phosphate de sodium renfermant de l'arséniate de sodium. Schlagdenhauffen a rencontré de l'arsenic dans des phosphates de potassium et d'ammonium, des phosphates de calcium, cet arsenic provenant de l'acide qui avait servi à les préparer. Il y a plusieurs années les sels de bismuth, et en particulier le sous-nitrate, en renfermaient.

M. J. Bougault a signalé la présence dans la glycérine de l'arsenic provenant de l'acide sulfurique employé dans sa fabrication. Une réaction chimique qui peut induire en erreur pour cette recherche et sur laquelle nous avons appelé l'attention (*Journ. Pharm. et Chimie*, 6e série, t. XV, p. 527), parce qu'elle est consignée dans un dictionnaire de chimie pharmaceutique très répandu, est la suivante: elle consiste à jeter « un fragment de zinc pur dans un mélange de 2 centimètres cubes de glycérine et de 3 centimètres cubes d'acide chlorhydrique. Le gaz qui se dégage forme sur un papier imprégné d'une solution d'azotate d'argent à 5 p. 100 une tache jaune qui noircit au contact de l'air ». Cette réaction qui se produit en effet avec la glycérine arsenicale est encore positive avec la glycérine privée d'As. C'est qu'on peut trouver dans les glycérines du commerce, outre des produits sulfurés apportés par les alcalis qui ont servi à la saponification, des impuretés organiques nombreuses et variées et en particulier de l'acide formique et de l'acroléine. En substituant au papier d'azotate d'argent le papier au bichlorure de mercure, les causes d'erreur sont atténuées.

Un traitement arsenical mal dirigé pourra donner lieu à un empoisonnement chronique. Dans certains cas, l'arsenic favorise à faibles doses l'assimilation ; chez les personnes maigres, il paraît au contraire augmenter encore l'amaigrissement ; à longue échéance, il peut même amener une teinte subictérique du visage.

L'intoxication arsenicale peut être d'origine alimentaire et se produire quand les aliments contiennent accidentellement des composés arsenicaux ; c'est ce qui eut lieu dans les empoisonnements très nombreux de Manchester et de Salford qui étaient produits par l'usage de bières faites avec du glucose, ce glucose ayant été fabriqué avec de l'acide sulfurique arsenical.

En 1880, un garçon boulanger de Saint-Denis, qui voulait se venger de son patron, mélangea à la pâte du pain de l'acide arsénieux : il y eut 270 victimes. Rappelons enfin les empoisonnements d'Hyères provenant de l'ingestion de vins additionnés par erreur d'As^2O^3 au lieu de plâtre ; on trouva jusqu'à $0^{gr},16$ d'arsenic par litre de vin. On évalua à 400 le nombre des personnes intoxiquées à des degrés divers par ce vin.

M. A. Bonn a signalé (1896) la présence de quantités considérables ($0^{gr},05$ d'acide arsénieux par kilogramme) de ce toxique dans le foie de chevaux emphysémateux traités avec l'arsenic.

Enfin, on a rapporté des empoisonnements accidentels chez des enfants qui avaient manipulé des jouets coloriés avec des substances nocives renfermant de l'arsenic ; l'emploi de celles-ci a été interdit par une circulaire de la Préfecture de police en 1889.

Récemment (1913), on a signalé l'empoisonnement du Dr S... par l'ingestion de pommes d'Amérique où les cultivateurs badigeonnent les arbres fruitiers avec de la bouillie arsenicale. Pour la destruction des phytophages en agriculture (puceron lanigère, chématobie, altise, hyponomeute, galéruque de l'orme, sylphe de la betterave...) on a été amené à préconiser l'arsenic et ses sels de beaucoup supérieurs aux antiseptiques employés antérieurement. Mais l'administration a commis une imprudence extrême en mettant des produits aussi toxiques à la disposition de personnes ignorantes. Des discussions assez vives ont eu lieu à ce sujet à l'Académie de médecine. On a, pour diminuer les chances d'empoisonnement, fait choix de composés insolubles arsenicaux (arseniates de fer, de plomb, de calcium...). Mais on a signalé, quand même, des cas d'intoxication ou d'empoisonnement.

Le 21 juin 1913, était plaidée aux Assises de l'Isère une affaire d'empoisonnement : M. E. G..., propriétaire, fut empoisonné avec de l'arséniate de sodium livré gratuitement aux agriculteurs par l'État pour combattre la cochylis ; la victime avait contracté une assurance sur la vie (Affaire Lauris en Vaucluse, expert professeur Denigès, voir le tableau des dosages de l'arsenic dans les empoisonnements).

Au sujet de la présence de l'arsenic et du plomb dans des vins, des lies et des pépins provenant de vignes traitées à l'arséniate de plomb, M. P. Carles et nous-même avons exécuté des recherches qui ont été publiées par le *Bulletin de la Société chimique* (8 mars 1912). Les résultats obtenus, rapprochés de ceux de MM. Breteau (1908), L. Moreau et E. Vinet (1910), Porchet (1910), F. Muttelet et F. Touplain (1912), apporteront de nouveaux arguments aux Pouvoirs publics, qui sortiront peut-être un jour de leur réserve pour solutionner cette question si intéressante d'hygiène générale.

Un grand propriétaire viticulteur du Sud-Ouest français, dont les vignes étaient progressivement envahies et dévastées par les insectes ampélophages, a employé en 1911, comme insecticide, l'arséniate de plomb seul et relativement pur. On l'a délayé dans l'eau à la dose de 4 kilogrammes pour 250 litres d'eau, dose minime pour produire un effet bien net. Dans ces conditions, l'adhérence et la toxicité sont telles que, lorsqu'au bout de huit à dix jours les altises reviennent de chez les voisins, elles sont encore empoisonnées.

Les traitements ont précédé de quelques jours la date des pontes ; c'est pourquoi on les a faits du 6 au 10 mai et ensuite du 28 mai au 4 juin.

On a analysé séparément : 1° le vin limpide ; 2° les lies rendues sirupeuses par décantation ; 3° les pépins.

Pour rechercher l'arsenic, chacun de ces produits a subi la méthode azoto-sulfurique, jusqu'à réduction à un liquide final incolore. Les dosages d'arsenic ont été faits à l'aide de l'appareil de Marsh, monté en tenant compte des perfectionnements récents : ils ont été contrôlés par la méthode de Bougault.

Pour isoler le plomb, nous avons mis en œuvre le procédé indiqué récemment par l'un de nous (1911) et qui offre l'avantage de caractériser et de doser ce métal. Les produits à analyser ont été détruits par la méthode azoto-sulfurique en ayant soin d'employer des acides purs et exempts de fer autant que possible. La liqueur sulfurique obtenue en fin de destruction a été diluée avec de l'eau distillée et additionnée du tiers de son volume d'alcool concentré. Le précipité blanc qui se forme après quelques heures de repos renferme normalement du sulfate de calcium et aussi du sulfate de plomb dans le cas de présence de ce métal. Le précipité recueilli sur le filtre sans pli est lavé à l'eau alcoolisée faiblement sulfurique. Le filtre est ensuite lavé à nouveau avec une solution d'acétate d'ammonium additionnée d'ammoniaque. La liqueur obtenue est soumise à l'action d'un courant d'hydrogène sulfuré lavé. Le précipité noir formé est recueilli sur filtre, lavé avec de l'eau chargée d'hydrogène sulfuré : le sulfure de plomb est dissous sur le filtre même avec de l'acide nitrique tiède. La solution nitrique est évaporée au bain-marie à siccité : le résidu dissous dans de l'eau distillée fournit une liqueur dans laquelle le plomb est précipité de nouveau à l'état de sulfate et pesé sous cette forme avec les précautions d'usage.

Les résultats obtenus ont été les suivants :

A. — Pour l'arsenic

I. Vins de vignes volontairement surchargées d'arséniate de plomb. Pour 750 centimètres cubes de vin traité	Traces absolument négligeables et dans tous les cas inférieures à 1/50 de milligramme.
II. Lies provenant de ce vin	0gr,0028 d'arsenic par litre.
III. Vins de vignes traitées sans exagération.....................	Arsenic : Néant.
IV. Lies provenant de ce vin	0gr,0004 par litre.
V. Pépins provenant de raisins ayant fourni ce dernier vin (on a opéré sur 200 grammes de pépin)	Absence d'arsenic.

B. — Pour le plomb

I. Vins de vignes surchargées d'arséniate de plomb	Traces négligeables au point de vue chimique.
II. Lies de ce vin	Traces nettes.
III. Vins de vignes traitées sans exagération	Absence de plomb.
IV. Lies provenant de ce vin	Traces.
V. Pépins provenant de raisins ayant fourni ce dernier vin	Absence de plomb.

Conclusions. — Ces résultats démontrent :

1° Que les vins provenant de vignes traitées par un excès d'arséniate de plomb renferment des traces négligeables d'arsenic et de plomb au point de vue chimique ;

2° Que les vins provenant de vignes normalement traitées par le même composé ne renferment ni arsenic, ni plomb ;

3° Que les lies provenant de raisins soumis aux traitements précédents renferment de l'arsenic et du plomb en quantités non négligeables.

Ces résultats se rapprochent très sensiblement de ceux de MM. Moreau et E. Vinet et Porchet, qui ont analysé des vins provenant de vignes traitées par l'arséniate de plomb et qui admettent que ces vins peuvent être consommés sans danger.

Ils sont différents en partie de ceux de MM. Muttelet et F. Touplain, qui n'ont pas trouvé de plomb et d'arsenic dans les vins provenant de vignes soumises au même traitement ; ces auteurs n'indiquent pas, il est vrai, les doses d'arséniate de plomb employées, et nos résultats cependant montrent l'importance de cette remarque.

Il est incontestable que si le vin se trouvait accidentellement surchargé de lies, il pourrait renfermer des traces de toxiques.

Un récent travail de M. E. Garino (1914) sur la détermination de l'arsenic des vins provenant de raisins soumis à un traitement cupro-arsenical démontre également que la quantité d'arsenic trouvée dans l'analyse de ces vins est très faible et ne saurait causer d'effets nuisibles.

Symptômes de l'empoisonnement arsenical. — D'après Balthazard, les symptômes de l'intoxication arsenicale, qu'elle soit aiguë ou chronique, sont toujours les mêmes et se succèdent dans le même ordre. On constate des troubles gastro-intestinaux, des catarrhes laryngés et bronchiques, des éruptions cutanées et des troubles nerveux. Mais, alors que, dans les cas aigus, ce sont les troubles gastro-intestinaux qui dominent, dans les cas chroniques, on remarque des éruptions cutanées et des troubles nerveux.

Après absorption de l'arsenic, on observe des nausées, des vomissements, de l'âcreté, de la chaleur à la gorge, soif très vive, diarrhée abondante, séreuse à grains riziformes, simulant celle du choléra. Les éruptions cutanées sont localisées aux aines, aux plis articulaires, aux pieds, aux mains. Les vomissements ne sont pas douloureux ; ils sont de plus assez fréquents. Quelquefois les garde-robes sont sanguinolentes. Bouche mauvaise, vives douleurs à l'épigastre, hypothermie.

Dans les cas chroniques, on voit apparaître, avec les éruptions cutanées, de la bouffissure des paupières, du scrotum. La céphalalgie est assez fréquente. Engourdissement dans les membres inférieurs coexistant avec des crampes pénibles. Douleurs, élancements dans les articulations tibio-tarsiennes et tarso-métatarsiennes. Il n'y a pas de modification des sensibilités spéciales (vue, ouïe, olfaction, goût). L'anaphrodisie est à peu près constante. Plus tard surviennent les troubles moteurs si l'intoxication est profonde seulement. Dans le cas contraire, il y a un certain degré d'affaiblissement musculaire, puis la parésie augmente. Le malade jette les jambes droit devant lui. Plus tard, la marche devient impossible. La paralysie semble débuter par l'extenseur commun des orteils ; et quand le malade est assis, le pied pend, flasque, en continuant presque directement la ligne droite qui passe par le bord antérieur du tibia. Tous les muscles de la face et les sphincters se sont toujours montrés indemnes.

Quand la paralysie est bien constituée, la guérison est très lente. La mort survient le plus souvent par le cœur, laissant des modifications anatomiques inaltérables dans les cellules hépatiques, rénales et dans les fibres musculaires.

En dehors des symptômes de cet empoisonnement spécialement étudié aussi par Brouardel et Pouchet, on a noté que les effets physiologiques consécutifs à l'empoisonnement apparaissent à des intervalles fort variables, de quelques minutes à dix-huit heures suivant que le poison a été administré sous une forme soluble, suivant que l'estomac est vide ou plein. M. Laborde a signalé des patients qui ont succombé en quelques heures, sans présenter d'autres phénomènes que quelques syncopes et des vomissements ou une somnolence que terminait une agonie sans douleur manifeste.

Dans les intoxications signalées plus haut à propos des bières arsenicales, on a noté parmi les phénomènes principaux, comme des piqûres d'épingles et d'aiguilles dans les doigts et les orteils, des brûlures dans les pieds, des douleurs dans les membres, de la faiblesse dans les bras et les jambes, des éruptions et des démangeaisons dans tout le corps. Face bouffie des malades, yeux larmoyants. Le nez coulait et la peau du visage était pigmentée de noir. Dans des cas bénins, les muscles préhenseurs des mains et les muscles tibiaux antérieurs étaient simplement affaiblis. Dans des cas plus marqués, le poignet était relaché, le pied traînait. Dans les intoxications tout à fait graves et chroniques, les muscles des bras et des jambes étaient complètement paralysés et cette paralysie gagnant les muscles du thorax et du diaphragme, tuait les malades. La démarche était celle des ataxiques. Les muscles étaient très sensibles ; langue saburrale avec quelquefois un peu d'embarras gastrique.

Une médication arsenicale prolongée peut provoquer aussi de la « mélanodermie arsenicale généralisée » ; sur un fond pigmenté se détachent des taches plus foncées, analogues à des grains de tabac et surtout des taches plus claires du volume d'une lentille, très nombreuses, donnant à la peau un aspect moucheté. Ces taches prédominent au tronc, à l'abdomen et à la racine des membres. A la face la pigmentation est uniforme et moins accentuée ; aux avant-bras et aux jambes, elle est plus accusée ; nulle aux pieds et aux mains. Cette pigmentation se fait surtout remarquer chez les sujets bruns soumis à la médication arsenicale.

Quelle que soit la forme de l'intoxication, aiguë ou chronique, la durée de la maladie est variable. Des doses massives peuvent entraîner la mort au bout de dix heures comme elles peuvent provoquer des vomissements répétés et des évacuations alvines qui sauveront le malade. La durée de la maladie en général n'excède guère six à sept jours. Il est bon de rappeler que l'empoisonnement arsenical peut également se produire par la voie vaginale, et on cite en Styrie notamment, dans le pays des arsénicophages, des cas de suicide chez des jeunes filles et des femmes chez lesquelles la résorption du poison s'est faite lentement par le vagin.

Lésions. — Les lésions trouvées à l'autopsie ne sont précisément pas caractéristiques. Sur la muqueuse de l'estomac, on trouve des zones de congestion, parfois des ruptures vasculaires et de petites eschares. Dans quelques cas, on peut rencontrer au milieu des débris alimentaires de petites parcelles d'acide arsénieux en nature, qui sont d'un blanc jaunâtre ; on peut avec elles faire directement les réactions de l'arsenic. Dans l'intestin, on trouve des zones de congestion de la muqueuse, du catarrhe, des grains riziformes.

Le foie est en dégénérescence graisseuse, la vésicule biliaire est pleine. Le sang est plus riche en graisse et en cholestérine. Le rein présente aussi de la dégénérescence granulo-graisseuse de son épithélium et c'est ce qui explique les phénomènes d'anurie et d'urémie. Le cœur a parfois de la myocardite. Le poumon est souvent parsemé de foyers apoplectiformes.

Dans l'urine d'un individu qui mourut intoxiqué par une dose d'acide arsénieux, P. Lemaire signala de l'oxalurie sédimentaire ; E. Simonot a vérifié le même fait dans l'urine des animaux intoxiqués par le même poison.

Un fait hors de doute, bien qu'on ait affirmé le contraire, c'est que les cadavres qui renferment de l'arsenic offrent une grande résistance à la putréfaction et qu'ils peuvent même se momifier extérieurement au bout d'un certain temps (L. Lande, Blarez, Denigès, Barthe).

Contrepoisons des composés arsenicaux. — Le contrepoison général est l'hydrate ferrique gélatineux (Bunsen et Berthold, 1834) ; mais ce dernier corps ne se combine qu'à As^2O^3 pour former un composé insoluble. De plus, il s'altère facilement et se transforme en colcothar, de grande densité et complètement inactif : c'est donc un contrepoison infidèle, sans valeur (L. de Busscker, 1903). On le prépare en précipitant le perchlorure de fer par AzH^3 et non par KOH qui serait retenue par le précipité gélatineux, malgré les lavages, et qui serait suffisante pour transformer l'acide arsénieux en arsénite de potassium soluble. Ce fait ne se produit pas avec AzH^3 pour lequel l'affinité de As^2O^3 est très faible. Dans tous les cas, ce contrepoison devra être préparé sur-le-champ ou conservé sous l'eau.

La magnésie calcinée avait été recommandée par Bussy (1846). D'après Rouyn, un mélange de perchlorure de fer et de magnésie hydratée serait préférable : car les différents composés solubles de l'arsenic sont ainsi transformés en produits insolubles. Ces deux composés mélangés réagissent en formant de l'hydrate ferrique, contrepoison de As^2O^3 ; d'autre part, le perchlorure de fer et l'arsénite ou l'arséniate alcalin donnent un arsénite ou un arséniate de fer insoluble dans le suc gastrique, dont l'acidité normale est neutralisée par l'excès de magnésie. Ce mélange est donc un contrepoison général de toutes les préparations arsenicales solubles. On peut même substituer au perchlorure de fer du sulfate ferrique qui donnerait dans les mêmes conditions du sulfate de magnésie purgatif (Fuschs). Le même mélange additionné de charbon animal constitue l'antidote de Jeannel.

M. P. Carles recommande de ne jamais mélanger du sucre à l'hydrate de magnésie, car, d'après ses expériences, l'eau sucrée dissout facilement l'arséniate de magnésium.

Le charbon ne produit que de bons effets.

L'emploi des sulfures alcalins est plutôt dangereux ; il se fait dans l'intestin alcalin de l'arsénio-sulfure alcalin soluble. MM. Bouchardat et Sandras ont proposé le sulfure de fer artificiel hydraté.

En présence d'une intoxication arsenicale aiguë, il faudrait de suite provoquer l'expulsion du poison par de l'ipéca.

Une fois que l'arsenic est passé dans la circulation, tous les antidotes sont inutiles, il ne resterait plus dans ce cas qu'à donner des boissons diurétiques pour essayer d'éliminer le toxique.

Elimination de l'arsenic. — Elle se fait par l'urine, par l'intestin, par différentes sécrétions. Il est certain que la peau, les cheveux, les ongles et d'une façon générale toutes les productions épidermiques sont également des lieux de localisation et plus exactement des voies d'élimination de l'arsenic. L'élimination de l'arsenic est plus ou moins lente ; elle se fait aussi par les différentes muqueuses (en provoquant particulièrement du larmoiement et de la conjonctivite), par la muqueuse buccale (salivation arsenicale), par l'intestin, par le poumon (en faible quantité, d'après L. Garnier), par le foie et les reins.

L'élimination de l'arsenic par l'urine peut être intermittente (Roussin) ; elle a lieu aussi par la glande mammaire (Brouardel et Pouchet) ; un jeune enfant de deux mois a failli être intoxiqué par sa mère à laquelle on avait fait prendre de l'arsenic pour l'empoisonner.

Nous verrons plus loin dans quels organes se fait la localisation de l'arsenic.

Arsenic normal. — L'arsenic et ses composés sont très répandus dans la nature; il existe dans beaucoup d'eaux minérales, accompagnant toujours le fer. C'est Tripier, pharmacien militaire, qui le constata le premier dans les eaux d'Hammam Meskoutine.

Orfila fut le premier à prétendre que l'arsenic existe normalement dans les viscères humains. A. Gautier (1901), guidé par des idées théoriques, le chercha d'abord dans la glande thyroïde où il le trouva constamment. Les nucléo-protéides spécifiques élaborées dans la thyroïde sont versées à petites doses dans les lymphatiques et dans le sang et leur excédent passe chaque mois chez la femme dans les menstrues. Chez l'homme, la pousse des ongles, des cheveux, de la barbe et la desquamation épidermique continue, correspondent, au point de vue de l'absorption et de l'élimination des nucléines arsenicales, à la perte menstruelle de la femme. Cet arsenic nous vient de l'alimentation. Le sang menstruel renferme en moyenne par kilogramme $0^{mgr},28$ d'arsenic, alors que la glande thyroïde en renferme par kilogramme $7^{mgr},5$.

Les expériences de Gautier ont été confirmées par G. Bertrand qui décela de l'arsenic dans les testicules et les muscles. Ce dernier en a trouvé dans le monde marin vivant et aussi dans la cellule-œuf (1903) ; c'est le jaune qui en renferme le plus (1 /200 millième de milligramme dans l'œuf de poule). L'arsenic est donc un élément fondamental du protoplasma.

Mais les quantités d'arsenic existant normalement dans l'organisme humain ne sont jamais susceptibles d'influencer les conclusions de l'expert dans un empoisonnement.

L'arsenic normal se retrouve également dans tout le règne végétal (Jadin et Astruc, 1912).

Enfin, d'après G. Zuccari (1913), l'arsenic serait un élément normal dans les terres qui en renfermeraient, d'après les résultats analytiques fournis par l'examen de 20 échantillons de terres, de $6^{mgr},0$ à $0^{mgr},187$ d'arsenic pour 100 grammes de terre. Ce sont les terres les plus ferrugineuses qui sont les plus riches en arsenic, soit parce que les minerais de fer renferment souvent ce métalloïde, soit à cause de l'absorption énergique de l'acide arsénieux par les oxydes de fer hydratés.

Organes qui doivent être soumis à l'analyse. — On doit soumettre à l'analyse, pour asseoir les conclusions de l'expertise, tous les organes envoyés par le juge d'instruction ; car l'arsenic se répand dans tout le corps, en se localisant principalement dans certains viscères : le foie et les reins sont les organes qui renferment le plus d'arsenic. Ce poison, très facile à retrouver, peut être caractérisé dans des cadavres inhumés depuis vingt ans.

Causes d'erreur. — On devra toujours supposer, si la bière n'est pas intacte et si le cadavre est immergé ou entouré de terre, que l'eau ou la terre peuvent contenir de l'arsenic, ou même que la peinture et les métaux du cercueil en renferment également. Aussi l'eau et la terre seront-elles analysées. Cependant L. Garnier et P. Schlagdenhauffen (1887) ont trouvé qu'un composé arsenical, même très soluble, introduit dans un sol argileux et ferrugineux soumis à l'action des infiltrations pluviales à la température des diverses saisons, se comporte de la même façon qu'au laboratoire au contact d'une terre de même nature et d'un excès d'eau ; s'il est insoluble, il le reste ; s'il est soluble, au contraire, il devient peu à peu insoluble et assez rapidement pour qu'à des profondeurs de 0m,60 et 0m,90 au-dessous de l'endroit où il a été déposé, on n'en puisse déceler la moindre trace, même au bout de 14 mois. D'après ces auteurs, l'arsenic contenu dans le sol à l'état naturel s'y trouve probablement combiné à la chaux plutôt qu'au fer. Ces deux composés ne sont jamais entraînés par les eaux de pluie, par suite ils ne peuvent venir au contact des cadavres inhumés et s'y introduire par un phénomène d'imbibition ; il en est d'ailleurs de même de l'arsenic introduit dans le sol sous une forme soluble ; il se transforme rapidement et à courte distance en dérivé insoluble.

Dans la putréfaction, l'arsenic peut-il disparaître sous forme de composé gazeux ou volatil ? Il résulte des expériences faites par Tanegutti que, pendant la putréfaction des substances protéiques qui contiennent de l'arsenic, il ne se développe pas de gaz arsenicaux. Il y a formation de produits arsénicaux basiques (ptomaïnes) volatils lorsque la température monte à 50°-60°.

La disparition de l'arsenic des cadavres sous forme de composés gazeux n'est pas vraisemblable.

Pureté des réactifs employés. — Il est bien évident que l'expert devra se procurer des réactifs absolument exempts d'arsenic, soit pour opérer la destruction des matières organiques, soit pour effectuer les réactions caractéristiques de l'arsenic. Nous ne parlerons que des acides et du zinc.

L. Thorne et E.-H. Jeffers ont d'abord indiqué (1902) de purifier l'acide chlorhydrique par modification du procédé de Reinsch employé à la recherche de l'arsenic ; dilution de l'acide avec de l'eau distillée jusqu'à ce qu'il ait acquis une densité 1,10 ; immersion dans le liquide de toile métallique de cuivre enroulée autour d'un agitateur. On chauffe le mélange presque jusqu'au point d'ébullition pendant une heure environ; on remplace la toile de cuivre tant qu'elle devient noire et jusqu'à ce qu'elle demeure brillante après une heure de digestion. L'acide est ensuite introduit dans une cornue et on distille sur de la toile de cuivre. Il est bon de rejeter les 20 premiers centimètres cubes du distillatum. On ne distille pas également les100 à 200 centimètres cubes restant dans la cornue à la fin de l'opération.

En 1906, les mêmes auteurs ont proposé de traiter l'acide chlorhydrique dilué de son volume d'eau par 2 et 3 grammes du couple cuivre-étain. On chauffe à l'ébullition pendant 15 minutes sur ce couple et on distille ensuite. Ce couple Cu-Sn est gris noir, spongieux. On l'obtient en dissolvant du chlorure cuivreux dans l'acide chlorhydrique en excès et on ajoute un peu d'étain. Le mélange est additionné de zinc pulvérisé qui réduit le reste du sel de cuivre et le couple Sn-Cu se dépose.

Engel conseille l'addition d'un hypophosphite alcalin ; après repos, on décante et on distille. Ce réactif a été utilisé plus tard par Bougault pour la recherche de faibles quantités d'arsenic.

L'acide sulfurique peut renfermer parmi les impuretés des produits nitreux et de l'arsenic provenant des pyrites. L'acide sulfurique arsenical bleuit le sulfomolybdate d'ammonium.

On peut étendre l'acide de son poids d'eau ; après refroidissement, on introduit par petites fractions et en agitant 3 p. 100 de monosulfure de sodium cristallisé qui précipitera l'arsenic. De même, d'après Ducher (1890), diluer l'acide et faire passer à 70° un courant d'hydrogène sulfuré. Décanter, évaporer jusqu'à fumées blanches; après refroidissement, projeter du permanganate de potassium cristallisé jusqu'à coloration violette, puis distiller.

D'après Schlagdenhauffen et Pagel, il y aurait du Se dans beaucoup d'échantillons d'acide sulfurique où il se trouve à l'état d'acide sélénieux (SeO^3H^2) et d'acide sélénique (SeO^4H^2).

Le Codex prescrit, dans le but d'obtenir l'acide sulfurique officinal, de l'additionner de trois fois son volume d'eau au moins, de porter à l'ébullition pour chasser les traces de HF. On se débarrasse de l'arsenic par l'hydrogène sulfuré concentré. Dans le liquide décanté et clair, on ajoute 2 à 3 millièmes de sulfate d'ammonium qui réagit sur les produits nitreux en donnant de l'azote et du bioxyde d'azote. On concentre et on distille en prenant les précautions habituelles. Le Codex fait rejeter le premier dixième et on recueille ensuite les 2/3.

D'après Gasparini, on doit le diluer à 40-70 p. 100. On soumet le mélange à un courant continu de 50-100 ampères à l'anode et de 0,5 à 2 ampères à la cathode. L'arsenic se dépose à la cathode sur une large lame de platine. L'anode est un fil de platine. On opère à une température de 40 à 60° et l'on agite légèrement l'acide pendant le passage du courant. De temps en temps on débarrasse la cathode du dépôt d'arsenic.

G. Bertrand conseille de diluer l'acide sulfurique avec 4 p. 100 d'une solution de sulfate d'argent à 1 ou 2 p. 100 ; on ajoute un peu d'acide sulfureux et l'on fait bouillir jusqu'à disparition d'odeur. On sature ensuite de H^2S et on laisse reposer en flacons bouchés pendant vingt-quatre heures. On filtre le précipité de sulfure d'argent qui entraîne tout l'arsenic. On porte à l'ébullition le liquide filtré pour chasser H^2S; on filtre de nouveau et l'on concentre dans la porcelaine ou le platine.

Le réactif de Bougault, l'appareil de Marsh indiqueront si les acides chlorhydrique et sulfurique renferment encore de l'arsenic. MM. E. Seybel et Wikander ont indiqué (1902) une méthode qui repose sur l'insolubilité du tri-iodure d'arsenic dans les acides en question, tri-iodure qui prend naissance, d'après les équations suivantes :

$$As^2O^3 + 6HCl + 6KI = 2AsI^3 + 6KCl + 3H^2O$$
$$As^2O^5 + 10HCl + 10KI = 2AsI^5 + 10KCl + 5H^2O$$
$$AsI^5 = AsI^3 + I^2$$

On opère de la façon suivante : on additionne l'acide de quelques centimètres cubes d'acide chlorhydrique, de quelques gouttes de solution d'iodure de potassium concentré, ce qui fournit avec une teneur de 0gr,05 de As^2O^3 par litre un précipité franchement jaune de AsI^3 ; avec 0gr,01 de As^2O^3 par litre, il y a production de couleur jaune. Les mêmes phénomènes se manifestent avec l'acide sulfurique que l'on devra diluer jusqu'à ce qu'il indique 46° à 47° B. (G. Bressanin). Ce dernier fait ajouter HI au lieu de KI. Au contraire, l'acide chlorhydrique doit être aussi concentré que possible ; la prise d'essai étant de 5 centimètres cubes, on peut déceler par cette méthode 0gr,00005 d'arsenic. Cette réaction a été plus tard appliquée par G. Bressanin à la caractérisation de l'arsenic dans les composés organiques arsenicaux ; elle est aussi sensible que le réactif de Bougault.

Le Codex est muet sur la purification de l'acide nitrique. Il prescrit de rechercher l'arsenic sur le résidu de l'évaporation de 10 centimètres cubes de cet acide et de caractériser le métalloïde à l'état d'arséniate d'argent ; cet essai est insuffisant. Il est préférable d'évaporer 300 grammes de cet acide préalablement additionné de 20 grammes d'acide sulfurique concentré ; on essaye ensuite à l'appareil de Marsh ou au réactif de Bougault.

D'après Schaeffer, la purification de l'acide nitrique par distillation est insuffisante parce que la tension de vapeur du composé arsenical existant dans NO^3H est à peu près $\frac{1}{3.000.000^e}$ de celle de cet acide ; si on distille un acide contenant plus de $\frac{1}{3.000.000^e}$ d'arsenic, cette quantité passe dans la distillation. Par des distillations successives, on ne parvient pas à obtenir un acide plus pur, puisque le distillatum est un mélange de composition variable, et l'acide distillé contient toujours $\frac{1}{3.000.000^e}$ de As.

Mais si l'on soumet l'acide nitrique à la distillation, après l'avoir additionné de 1/10 de son poids d'acide sulfurique pur, on retient dans chaque distillation les 5/6 de l'arsenic existant et par des distillations successives on obtient un acide pur.

Le zinc du commerce renferme de l'arsenic. On le fond et on y projette de 1 à 1,5 p. 100 de chlorure de magnésium anhydre (Lhôte). On projette dans l'eau froide et on a de la grenaille très attaquable par l'acide sulfurique au 1/10.

Pour rendre encore mieux attaquable le zinc, quand ce dernier est fondu, on agite avec une tige de fer avant de grenailler.

Lescœur propose de purifier en projetant du chlorure de zinc dans le métal en fusion ; il se dégage du chlorure d'arsenic volatil.

G. Meillère conseille l'emploi de disques de zinc laminé plus facilement attaquables.

Le Codex fait préparer l'hydrogène sulfuré par l'action de l'acide chlorhydrique sur le sulfure d'antimoine (Sb^2S^3) : ce gaz traverse un flacon de Woolf pour retenir l'acide chlorhydrique.

Il est mieux, pour être sûr de la pureté du gaz, de se servir de sulfure de baryum qui ne renferme pas d'arsenic, et d'acide sulfurique dilué (Selmi).

Pour la recherche de l'arsenic et des poisons minéraux dans diverses matières organiques, cadavériques ou alimentaires, il est essentiel de détruire d'abord la matière organique et de solubiliser les substances minérales. A l'incinération, suffisante dans certains cas, bien que ce soit un procédé brutal pouvant donner lieu le plus souvent à des pertes de toxique, on préfère des méthodes différentes entre elles par la nature des agents oxydants employés et par des applications plus ou moins pratiques. Les méthodes proposées jusqu'à 1900 environ ont été l'objet de critiques justifiées sur lesquelles nous aurons à revenir à propos de la recherche particulière de certains métaux. Aujourd'hui, les experts toxicologistes semblent accorder la préférence à celles qui utilisent simultanément ou successivement les acides nitrique et sulfurique de façon à obtenir une destruction intégrale de la matière organique. M. E. Simonot a étudié et critiqué d'une façon complète et fort judicieuse ces derniers procédés (*Bulletin de la Société de Pharmacie*. Bordeaux, 1904, 101), et nous ferons à son travail de larges emprunts :

« La méthode nitro-sulfurique envisagée dans ses diverses modalités comprend en réalité deux catégories de procédés : les uns bornent leur action à une carbonisation partielle de la substance à détruire et par des lixiviations successives entraînent plus ou moins complètement le toxique (Orfila, 1852; Filhol, 1848, A. Gautier, 1899, G. Bertrand, 1903) ; les autres, qui pratiquent la destruction intégrale, poussent la transformation jusqu'au point où la matière organique ayant tout à fait disparu sous forme de principes volatils, on obtient en dernière analyse une dissolution simple, dans une liqueur acide incolore, des substances minérales primitivement incluses dans le fragment d'organe mis en expérience.

« Nous nous bornerons à examiner ici, parmi ces différents procédés, ceux qui ont seulement trait à la destruction complète.

« C'est à Millon (1864) que nous sommes redevables de la première méthode de destruction intégrale des matières organiques en milieu liquide. »

Mais il y avait lieu de modifier les conditions dans lesquelles opérait cet auteur pour obtenir des résultats précis. C'est à quoi s'est employé M. G. Denigès dès 1898-1899 en faisant subir à la méthode de destruction intégrale une série de modifications qui réduisent au minimum les chances de pertes quand la matière à détruire contient des métaux dont les sels sont plus ou moins volatils. Voici d'ailleurs comment M. Denigès conseille d'opérer d'après Simonot :

« Deux cents grammes de substance, en fragments grossiers, sont introduits dans une capsule de porcelaine de deux litres avec 160 centimètres cubes d'acide azotique à 40° B. environ (D = 1,39 à 1,40) et 2 centimètres cubes de permanganate de potasse à 1 p. 100 ; on chauffe au brûleur Bunsen, la capsule étant posée sur un disque de tôle de 2 à 3 millimètres d'épaisseur, 11 à 12 centimètres de diamètre et perforé au centre d'un orifice de 4 à 5 centimètres de diamètre.

« Après un temps qui varie de un quart d'heure à une demi-heure, suivant l'état de division de la masse et la nature des organes (plus rapidement pour les muscles, moins pour les organes viscéraux, tels que les reins, le foie), la désagrégation est complète, et la mousse du début fait place à une ébullition tranquille.

« Si la mousse particulièrement abondante avec les organes parenchymateux (foie, reins) à cause de l'urée, ou des produits ammoniacaux qu'ils peuvent contenir et surtout avec les poils et les cheveux riches en carbonate de chaux, menaçait de déborder le récipient, on la briserait avec un agitateur ou bien on ralentirait ou enlèverait même le feu, ce qui est souvent nécessaire pour les organes épithéliaux, notamment les cheveux et les poils. Dans ce dernier cas, évidemment, la durée de la désagrégation dépasse un peu les limites que nous lui avons assignées plus haut.

« Cette partie de l'opération étant terminée, et tout vestige de la pièce traitée ayant disparu, ajouter 160 centimètres cubes d'eau distillée et ramener le mélange à une douce ébullition qu'on maintiendra pendant une dizaine de minutes. Enlever alors le feu et faire flotter la capsule sur l'eau froide qui remplira une grande terrine.

« Quand les graisses seront solidifiées, décanter le liquide dans un entonnoir sur un petit tampon de laine de verre en recevant le produit qui s'écoule dans une capsule de deux litres.

Verser le résidu graisseux de la capsule sur 80 centimètres cubes d'eau bouillante, agiter jusqu'à fusion et division complète de la graisse dans le liquide. Faire refroidir comme précédemment, puis décanter sur la même laine de verre qui aura déjà servi. Laver à deux reprises à l'eau froide chaque fois avec 40 centimètres cubes.

« Tous les liquides de décantation et de lavage étant recueillis dans la même capsule, on ajoute 8 centimètres cubes d'acide sulfurique pur, on couvre avec un entonnoir à col coupé près de l'évasement, puis on porte à l'ébullition jusqu'à concentration à 200 centimètres cubes. Pour cela, on dépasse un peu cette concentration, on laisse refroidir, puis on décante dans un récipient jaugé et on complète à 200 centimètres cubes avec les eaux du lavage de la capsule. Dans ces conditions, chaque centimètre cube du liquide finalement obtenu équivaut à 1 gramme de substance à détruire.

« Pour la destruction définitive (cas des organes viscéraux, des muscles, de la moelle et du cerveau), on prend une quantité du liquide de première destruction représentant, par exemple, 100 grammes de matières, soit 100 centimètres cubes qu'on met dans une capsule de un litre ; on ajoute 16 centimètres cubes d'acide sulfurique pur, et couvrant de l'entonnoir décrit, on fait doucement bouillir, en ralentissant le feu quand l'effervescence devient trop grande. A un moment donné, les vapeurs nitreuses cessent d'apparaître, la masse noircit, puis se boursoufle, pendant que les fumées blanches commencent à se montrer. On enlève alors aussitôt le feu, on soulève l'entonnoir avec une forte pince à ressort et on fait déverser par un mince filet, tout au pourtour des parois de la capsule, 10 centimètres cubes d'acide azotique ; un torrent de vapeurs nitreuses se dégage. On attend que l'effervescence ait cessé, puis, on chauffe de nouveau jusqu'à boursouflement et émission de fumées blanches. On ajoute encore, dans les mêmes conditions que précédemment, 10 centimètres cubes d'acide azotique. On réitère une dernière fois cette partie d'opération, mais seulement avec 5 centimètres cubes d'acide azotique.

« Cela fait, on couvre de l'entonnoir, puis on chauffe le mélange jusqu'à ce que la masse brune, ayant cessé d'émettre des gaz et de boursoufler, diminue de volume et soit bien liquide.

« A ce moment, on introduit un entonnoir de Joulie à longue tige capillaire, par la partie rétrécie du grand entonnoir, et avec un flacon siphon, qu'on penche plus ou moins avec un petit plan incliné en bois placé sous son fond, on fait tomber d'une manière continue et goutte à goutte de l'acide azotique dans le liquide brun ou noir de la capsule maintenue au voisinage de l'ébullition. La vitesse des affusions sera, au début, de XL à LX gouttes par minute, puis moitié moins rapide, quand la teinte du liquide se sera fortement affaiblie. On continuera ainsi l'attaque du contenu de la capsule jusqu'à ce qu'il soit complètement décoloré ; le volume du résidu sera généralement alors de 12 à 15 centimètres cubes.

« Après refroidissement, il sera additionné de 60 à 70 centimètres cubes d'eau, porté à l'ébullition, refroidi et amené à un volume de 100 centimètres cubes ; chaque centimètre cube de nouveau liquide représentera encore 1 gramme de matières.

« *Destruction des productions épidermoïdes et des os.*—Avec les cheveux et les poils traités comme dans le cas général, il se produit, au bout de peu d'instants, à froid, une vive effervescence ; l'attaque se continue seule, sans chauffer, et la matière est sensiblement dissoute au bout d'un quart d'heure à vingt minutes. On chauffe ensuite : la quantité d'acide azotique employée doit être, pour le même poids de substance, double des proportions ordinaires. La liquéfaction obtenue, on achève comme plus haut.

« Pour les os, une fois l'attaque azotique terminée et la réduction du volume à 70-80 centimètres cubes obtenue, on laisse refroidir, on filtre à l'ouate ou au fulmicoton, lavés à l'acide azotique étendu, afin de retenir les graisses qu'on lave avec soin. Les filtrats sont étendus de beaucoup d'eau, précipités par un léger excès d'acide sulfurique et filtrés à l'ouate, au fulmicoton ou à la laine de verre. On lave le précipité de sulfate de chaux jusqu'à ce qu'il soit absolument blanc et que les eaux de lavage s'écoulent incolores ; on concentre les nouveaux filtrats à 70-80 centimètres cubes, on ajoute les graisses filtrées, 100 centimètres cubes d'acide sulfurique (pour 200 grammes d'os), on chauffe et on termine comme dans le cas général en ayant soin, toutefois, de ne pas pousser l'évaporation aussi loin et de laisser, outre l'acide phosphorique, 10 à 15 centimètres cubes d'acide sulfurique dans le résidu qu'on diluera proportionnellement.

« *Destruction de l'urine.*— On porte à l'ébullition, dans une capsule de 1 litre, 500 centimètres cubes d'urine, 100 centimètres cubes d'acide azotique à 40°, et 5 centimètres cubes de permanganate de potasse à 1 p. 100. Le tout est recouvert d'un entonnoir lorsque la mousse du début, d'ailleurs peu abondante, est tombée.

« Quand le volume est réduit à 100-150 centimètres cubes, on ajoute à nouveau 100 centimètres cubes d'acide azotique et on chauffe encore jusqu'à réduction à 60-80 centimètres cubes. On ajoute, à chaud, 25 centimètres cubes d'acide sulfurique pur (50 centimètres cubes dans le cas des urines fortement diabétiques) ; on chauffe jusqu'à fort noircissement et émission de vapeurs blanches et on achève la destruction et la décoloration de la masse, par oxydation azotique, comme dans le cas général. Nous avons constaté que la présence dans l'urine d'une forte dose de chlorures (jusqu'à 12 grammes par litre, soit jusqu'à 6 grammes dans la prise ordinaire d'essai de 500 centimètres cubes) n'entraînait pas, dans ces conditions, de pertes en arsenic.

« Si l'on examine en détail la méthode de M. Denigès, on voit qu'elle est constituée d'une façon bien tranchée par deux opérations nettement différentes ; dans un premier temps, de préparation pour ainsi dire à la destruction intégrale et qui correspond à la dissolution de la matière suspecte, l'acide nitrique, aidé par l'action catalytique d'un composé manganique, amène les organes sous forme d'une solution limpide, tandis que les graisses, qui ne sont aucunement touchées dans ces conditions, viennent par le refroidissement flotter en un gâteau cohérent à la surface du liquide. Il est possible alors de les séparer du milieu ambiant, car elles ne renferment pas d'arsenic et nécessiteraient en pure perte, si on ne les enlevait, l'emploi d'une masse très forte de réactifs.

« Une fois cette séparation effectuée, elles peuvent être dosées, ainsi que l'a indiqué M. Denigès, par un procédé qui a d'ailleurs été réglementé et publié par son élève M. Castets (1902), ce qui permet d'apprécier plus rigoureusement qu'on ne l'a fait jusqu'à ce jour le degré de dégénérescence graisseuse des organes examinés.

« Quant au liquide concentré à un volume convenu, qui contient par conséquent, par centimètre cube, une quantité connue de substance dissoute, il peut ainsi se conserver indéfiniment en flacons bouchés à l'émeri et permet de posséder, aux fins d'analyses ultérieures, une provision de matière suspecte, en milieu acide, à l'aide duquel il devient possible, au bout d'un temps même fort long, de pratiquer une destruction intégrale dans les mêmes conditions que si les organes venaient d'être prélevés.

« Cette phase de l'opération, selon la méthode de Denigès, est donc toute d'économie : économie de temps puisque, par l'élimination des graisses, elle supprime la destruction de substances longues à désorganiser ; économie d'acide nitrique pour les mêmes raisons ; économie de travail, puisqu'une seule dissolution peut permettre plusieurs destructions intégrales ; en outre, cette dernière qualité se double d'un avantage inappréciable en toxicologie, puisque le chimiste expert réserve l'avenir en n'utilisant qu'une partie de l'organe en expérience.

« Enfin, la dissolution primitive permet d'effectuer une sorte d'échantillonnage moyen des organes examinés. Prenons le foie, par exemple. On sait que la répartition de l'arsenic dans cet organe est variable suivant les lobes (G. Denigès, 1905). Or, si, pour des déterminations quantitatives de contrôle, on prend, pour en effectuer directement la destruction intégrale, diverses portions de cet organe, on risquera d'avoir des chiffres fort divergents. Si, au contraire, une masse suffisamment considérable du viscère a été préalablement dissoute dans l'acide nitrique, des portions déterminées de ce premier liquide devront donner toujours, après destruction intégrale, un même pourcentage en arsenic. Les vérifications quantitatives sont ainsi rendues possibles, en même temps qu'elles autorisent des conclusions fermes sur la teneur en toxique du viscère lui-même.

« Une certaine portion du liquide azotique obtenu dans le premier temps de l'opération est introduite dans une capsule de porcelaine munie de son entonnoir renversé, avec de l'acide sulfurique, et l'on chauffe. La solution se concentre peu à peu ; à un certain moment l'acide sulfurique, quoique en quantité minime, devient assez puissant pour provoquer la carbonisation de la masse et celle-ci se produirait si, par deux ou trois affusions d'acide azotique, on n'en empêchait l'apparition. Celle-ci, ayant été évitée avec une quantité d'acide juste suffisante, reste néanmoins imminente ; il est toutefois possible de l'enrayer, tout en continuant la destruction de la substance en faisant tomber goutte à goutte de l'acide azotique dans le milieu ; on choisit donc ce moment pour faire usage dans ce but du flacon-siphon de Denigès, qui achève alors avec le minimum d'acide azotique la destruction intégrale des matières organiques.

« On obtient ainsi, en dernière analyse, une dissolution limpide et incolore, dans une quantité très faible d'acide sulfurique, du produit arsenical à l'état d'acide arsénique et des autres matières minérales que contenait la substance détruite. Il devient alors très facile de doser l'arsenic contenu dans cette solution, soit par l'appareil de Marsh, soit par les méthodes indiquées par M. Denigès (1905), et qui utilise ou le réactif à l'acide hypophosphoreux-chlorhydrique, selon la formule de M. Bougault, ou la méthode argentimétrique. »

Il est à remarquer que les pièces anatomiques qui ont été immergées dans l'alcool, et que l'on soumet ensuite à l'oxydation par le mélange nitro-sulfurique sont plus rapidement détruites. Il importe de les priver d'alcool par évaporation au bain-marie bouillant. Si l'on vient à ce moment à les recouvrir du mélange des deux acides, il se produit aussitôt et à froid une vive réaction en même temps qu'un dégagement tumultueux de vapeurs rutilantes : la destruction s'opère seule en quelques heures ; si les organes sont graisseux, il surnage un gâteau de graisse facile à isoler. La fin de la destruction ne réclame plus qu'une heure à une heure et demie, en la poursuivant comme il a été indiqué (L. Barthe).

M. P. Breteau a proposé (1911) d'arriver à la destruction intégrale d'une façon fort originale : la matière mise dans un ballon en quartz ou en verre d'Iéna est dissoute dans l'acide sulfurique additionné, comme l'ont proposé Villiers et Denigès, de traces de catalyseurs (sulfate de cuivre, de manganèse...). Dans le ballon chauffé, il fait arriver des vapeurs nitreuses obtenues par le passage dans l'acide azotique d'un courant de gaz sulfureux provenant de la détente de l'anhydride liquide dans de l'acide nitrique contenu dans un flacon Durand.

Nous ne voyons à critiquer dans cette méthode que l'emploi d'un matériel un peu compliqué et d'une grande quantité d'acide sulfurique qui réclame en fin d'opération une surchauffe prolongée.

Kerbosch (1908) a cru apporter une méthode nouvelle alors qu'elle ressemble beaucoup à celle de Meillère (1902), qui avait lui-même modifié les procédés de A. Gautier et de G. Pouchet.

Il est bien difficile de donner une préférence à telle ou telle méthode, à telle ou telle modification. La méthode vaut surtout en général par le chimiste qui en fait usage ; un procédé qui en principe paraît inférieur à un autre donnera cependant de meilleurs résultats que ce dernier s'il est pratiqué par un toxicologiste expérimenté. Dans nos expertises, ainsi que nos collègues Blarez, Dupouy, nous nous servons couramment et avantageusement du procédé de destruction intégrale de G. Denigès, séduisant par la simplicité de son dispositif et la quantité relativement minime des réactifs nécessaires. Il a aussi été adopté à notre connaissance par plusieurs chimistes.

J. Vintilesco (1915) a essayé de comparer la valeur des différents procédés que nous venons de citer en tant que durée. Ainsi qu'il le fait remarquer avec juste raison, « la durée de la destruction, ainsi que les quantités des acides employés dépendent surtout de la manière dont on utilise ces substances et des moments où on les fait intervenir au cours de l'opération ». On est d'accord pour reconnaître que les divers organes ne se détruisent pas avec la même rapidité ; la graisse est certainement la plus facile à détruire.

On diminue très sensiblement le temps de la destruction en ayant soin de faire macérer pendant 24 heures à 48 heures les organes dans le mélange d'acide azotique et sulfurique avant de chauffer (L. Barthe).

On ne devra pas ajouter trop d'acide sulfurique au début de la destruction pour éviter une carbonisation qui paralyserait l'opération.

De toute façon, on a toujours intérêt à ne pas prolonger le temps de chauffe et à chauffer à la température la plus basse possible tout en assurant la destruction intégrale de la matière organique. On peut arriver à ce résultat pour du lait par exemple, en 6 heures, de la façon suivante : 50 centimètres cubes de lait sont évaporés au bain-marie. L'extrait est introduit, ainsi qu'il a été décrit, dans un ballon Kjeldahl incassable avec 50 centimètres cubes d'acide sulfurique et 50 centimètres cubes d'acide nitrique. On abandonne le tout pendant 12 à 24 heures. On commence alors à chauffer au-dessus d'un bec de Bunsen, avec une toute petite flamme, le ballon étant soutenu par une

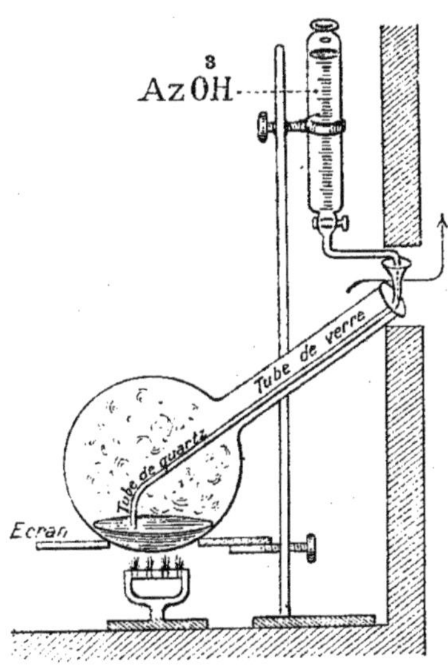

FIG. 2.

toile métallique. L'attaque se fait avec une certaine intensité. Quand elle paraît terminée, on ajoute à plusieurs reprises 5 centimètres cubes d'acide nitrique, chaque addition se faisant quand il n'y a plus de vapeurs rougeâtres dans le ballon. Au bout de 5 heures, le liquide étant entièrement décoloré, on augmente la flamme jusqu'à apparition de vapeurs d'anhydride sulfurique. L'opération se termine comme d'ordinaire.

M. W. Ottow, au XIe Congrès international de Pharmacie, a rapporté que, pour la destruction des matières organiques en toxicologie, la méthode Kjeldahl lui avait donné plein succès. Le ballon, disposé obliquement, est relié à un flacon où viendront se condenser les sels volatils des métaux, tels que Sn, Sb et As. Au bout d'une heure, on peut simplement adapter au ballon un tube d'environ 0m,50 de longueur, qui suffira à condenser l'acide sulfurique. Il emploie pour la destruction environ 20 grammes de matière sèche (représentant 300 grammes de substances viscérales). Avant d'évaporer à sec, il neutralise en ajoutant un excès d'ammoniaque. Il utilise pour les matières végétales sèches 4 fois leur poids d'acide sulfurique ; pour les matières riches en amidon, 5 fois leur poids ; pour les produits organiques animaux, 6 fois leur poids. On commence par ajouter le quart de l'acide, puis le deuxième quart et enfin le reste. Après 2 ou 3 heures, on obtient un liquide brunâtre, auquel on ajoute du sulfate d'ammonium, à raison de 1 gramme par 2 centimètres cubes d'acide sulfurique. Quatre à 5 heures suffisent pour terminer l'opération. On recherche Sn et As dans le produit de condensation du début et on applique la méthode d'analyse générale au contenu du ballon dans lequel on a opéré la destruction. D'après l'auteur, les avantages suivants sont obtenus : 1° on utilise un seul produit, l'acide sulfurique, qu'on peut obtenir très pur ; 2° les composés organiques de l'arsenic (cacodylates, atoxyl, salvarsan...) sont facilement et totalement détruits ; 3° la méthode est simple et facile à employer.

M. E. Carpiaux (1914) se sert du ballon Kjeldahl pour l'oxydation des matières organiques (paille ou foin) ; on verse de l'acide sulfurique en quantité égale en poids à celle des grammes de matière sèche à attaquer ; on agite fortement pour agglutiner le tout et on abandonne pendant une heure environ. La masse s'échauffe, se boursoufle et forme un bloc de charbon spongieux ; on peut hâter la carbonisation de la matière en chauffant modérément et avec précaution. Quand la masse paraît bien sèche, on ajoute le mercure et ensuite d'emblée la quantité d'acide sulfurique nécessaire pour l'oxydation ; il ne se produit presque plus de mousse. L'auteur, en fin d'oxydation, élimine l'excès d'acide en projetant dans l'acide bouillant des morceaux de sucre pur juqu'à réduction convenable du volume.

Le procédé de destruction par le chlore a été le plus recommandé autrefois dans les recherches toxicologiques. Malgré les modifications apportées par Ogier au *modus operandi* de Frésénius et Babo, nous n'avons pas hésité à adopter le procédé de destruction intégrale dès sa publication. Tout récemment, J. Vintilesco (1915) a donné la préférence à cette méthode qu'il conseille d'utiliser de la façon suivante :

« Les matières organiques finement divisées sont additionnées de chlorate de potasse en proportion de 10 p. 100. On maintient la capsule au bain-marie bouillant sous une hotte vitrée et à fort tirage jusqu'à ce qu'il ne se dégage plus d'ammoniac, surtout dans le cas où les matières organiques se trouvent dans un état de putréfaction avancée. Les organes cadavériques cèdent ainsi une certaine quantité d'eau, suffisante pour obtenir une masse fluide. La température ne dépasse pas ainsi dans la capsule 80° à 85°. On ajoute alors en agitant de l'acide chlorhydrique pur et concentré (D = 1,19) par petites quantités (5 centimètres cubes environ) toutes les 5 à 10 minutes, de façon à ajouter en tout 30 à 40 centimètres cubes et jusqu'à ce qu'on n'observe plus de dégagement de chlore.

« Pendant la réaction, la température du mélange s'élève et ne dépasse pas 90 à 95°, et s'abaisse vers 85°, quand le dégagement cesse. Ce point est atteint au bout de 30 à 45 minutes, quand la matière est en grande partie détruite. On ajoute alors 10 à 20 centimètres cubes d'acide azotique pur et concentré (40° Baumé) et on abandonne la capsule au bain-marie pendant quelque temps pour chasser la plupart des vapeurs acides. Il ne reste plus qu'environ 10 p. 100 de matière non détruite, constituée en plus grande partie par de la graisse.

« On a finalement un liquide jaunâtre qui peut être soumis aux recherches ultérieures. On utilise ainsi, pour la destruction de 200 grammes de foie, 20 grammes de chlorate de potasse, 35 centimètres cubes d'acide chlorhydrique et 15 centimètres cubes d'acide azotique, et la durée de la destruction est de une heure à une heure et demie. La simplicité et la rapidité des opérations font que ce procédé est le plus pratique pour la recherche des poisons minéraux.

« Appliqué d'une façon comparative, avec les procédés de destruction intégrale et pour la recherche et le dosage de quelques métaux toxiques, notamment de l'arsenic et du mercure, il fournit les mêmes résultats. D'autre part, des quantités d'arsenic et de mercure ajoutées expérimentalement aux organes ont été retrouvées totalement après destruction. Il n'y a pas de pertes d'arsenic ou de mercure pendant la destruction, et la matière organique non détruite ne retient pas de ces substances. »

Sans aucun doute, cette méthode est séduisante ; mais il reste à démontrer, par différents toxicologistes, qu'il n'est pas besoin d'arriver à la destruction intégrale de la matière organique pour retrouver la totalité du toxique minéral ; et cependant c'est bien cette nécessité qui a conduit à la modification des procédés de A. Gautier et de G. Bertrand.

Pour rechercher l'arsenic dans la bière, où le Dr Bordas l'a signalé (1901) dans l'affaire de Manchester, M. L. Vuaflart propose (1916) de rassembler le toxique dans un précipité de phosphate ammoniaco-magnésien et d'utiliser le réactif de Bougault. Il conseille d'opérer de la façon suivante : « On prend un litre de bière, on ajoute IV ou « V gouttes de brome, on agite jusqu'à dissolution, et on laisse reposer « 6 heures au moins en vase clos. On verse alors 20 centimètres cubes « de chlorhydrate d'ammoniaque à 20 p. 100, 3 centimètres cubes de « phosphate de soude saturé, un excès d'un sel de magnésie (15 centi- « mètres cubes de la solution de chlorure de magnésium ammoniacal en « usage dans tous les laboratoires agricoles), 200 centimètres cubes « d'ammoniaque, et on agite fortement. Le lendemain, pour abréger « la filtration, on décante le plus possible du liquide clair ou trouble « qui surnage le volumineux précipité et on fait passer ce dernier sur « un filtre sans s'attacher à détacher les parcelles adhérentes au « verre et sans laver. Le filtre étant bien égoutté, on fait passer le « précipité dans le vase de précipitation à l'aide de 20 centimètres « cubes d'acide azotique au quart et de 6 centimètres cubes de nitrate « de magnésie à 40 p. 100. On évapore à sec dans une capsule de pla- « tine, on porte au rouge avec précaution, et on calcine assez forte- « ment pour bien chasser tout l'acide azotique. On reprend par 20 cen- « timètres cubes de réactif de Bougault, on filtre sur coton de verre s'il « reste quelques parcelles charbonneuses (ce qu'il vaut mieux éviter). « On introduit dans un tube à essais, et on chauffe 10 minutes au bain- « marie bouillant.

« Dans ces conditions, 14 centièmes de milligramme d'arsenic « donnent une coloration noirâtre ou des flocons bruns bien visibles. »

Cette proportion d'arsenic est celle que l'auteur propose de tolérer dans 1 litre de bière. D'autre part, la Direction du Service de la Répression des Fraudes a fixé à 4 milligrammes par kilogramme la dose maximum d'arsenic qui peut être tolérée.

L'expert chimiste appelé par la Justice à propos d'un empoisonnement arsenical doit *isoler*, *caractériser* et *doser* l'arsenic.

On doit procéder tout d'abord à la destruction intégrale de la matière organique. Pour un essai qualitatif, on pourra recourir au procédé de destruction rapide indiqué par Denigès (1909) sur une quantité réduite des matières à expertiser : « Un gramme de substance « suspecte, si elle est solide, 2 grammes quand elle est liquide, « suffisent pour l'essai. On la met dans une capsule de porcelaine « avec 5 centimètres cubes d'acide nitrique pur et une goutte d'une « solution à 1 p. 100 de permanganate de potassium ; puis, couvrant « d'un entonnoir renversé, dont les bords seront engagés dans ceux « de la capsule, on chauffe légèrement jusqu'à désagrégation totale. « On laisse refroidir, on ajoute 5 centimètres cubes d'acide sulfurique « pur et on chauffe toujours en présence de l'entonnoir et en plein air, « ou sous une hotte à fort tirage, jusqu'à noircissement de la masse.

« On introduit alors un entonnoir capillaire dans la tige de l'entonnoir « qui sert de couverture, et, continuant à chauffer, on fait tomber « goutte à goutte de l'acide nitrique sur le contenu de la capsule jus- « qu'à ce que le résidu soit complètement incolore, ou d'un jaune « extrêmement faible, même lorsque, poussant le feu et ayant chassé « toute trace de produit nitrique, il se dégage abondamment des « fumées blanches d'acide sulfurique. En général, il reste 2 à 3 centi- « mètres cubes de résidu. On le laisse refroidir, on l'étend de 10 à « 15 centimètres cubes d'eau distillée et on porte de nouveau à « l'ébullition. C'est avec 2 à 3 centimètres cubes de la solution ainsi « obtenue, renfermant l'arsenic, s'il s'en trouve, à l'état d'acide arsé- « nique, qu'on procédera à la recherche du toxique. Il suffira de les « additionner de leur volume de réactif (formule Bougault) et de « chauffer au bain d'eau bouillante. Si, au bout du temps voulu, il « s'est manifesté dans le tube où se fera l'essai un trouble, *a fortiori* « une teinte brune ou un précipité de même nuance, on pourra « conclure à la présence de l'arsenic dans les produits examinés. La « totalité de l'opération peut s'effectuer en moins d'une heure. »

Le résidu sulfurique de la destruction organique pourrait aussi bien être introduit dans un appareil de Marsh.

On pourrait de même employer pour la destruction des tissus, dans un essai qualitatif, le procédé suivant très rapide : 2 grammes de tissu rénal ou hépatique seraient additionnés dans une petite capsule de porcelaine de 1 gramme d'acide nitrique et de 5 grammes d'eau distillée. Le mélange est chauffé au bain-marie jusqu'à dessiccation. Le résidu additionné de 1 gramme de magnésie calcinée est inciméré ; les cendres blanches sont dissoutes dans l'acide chlorhydrique pur étendu, et la solution est soumise après filtration au réactif de Bougault. On peut aussi remplacer l'acide chlorhydrique par l'acide sulfurique et la solution est versée dans l'appareil de Marsh.

Les organes à analyser seront donc détruits isolément par la méthode nitro-sulfurique et le résidu sulfurique sera versé par petites portions dans l'appareil de Marsh.

Appareil de Marsh. — Découvert par l'auteur, en 1835, cet appareil a subi des modifications si nombreuses qu'il est impossible de les relater toutes. Cependant, c'est à A. Gautier et G. Bertrand qu'on est redevable de l'appareil employé aujourd'hui et qui répond aux critiques judicieuses faites aux premiers appareils. Astruc et Jadin, puis G. Meillère ont apporté des perfectionnements qui rendent la méthode des plus sensibles pour la découverte de traces infinitésimales d'arsenic.

Principes de la méthode. — Les dérivés oxygénés et chlorés de l'arsenic sont réduits par H naissant qui les transforme en AsH^3 gazeux et combustible

$$AsO^4H^3 + 8H = AsH^3 + 4H^2O$$
$$As^2O^3 + 12H = 2AsH^3 + 3H^2O$$
$$AsCl^3 + 6H = AsH^3 + 3HCl$$
$$As^2S^3 + 6H^2 = 3H^2S + 2AsH^3$$

La réduction du sulfure est lente, celle des composés oxygénés est rapide.

Le gaz est desséché en traversant du coton hydrophile qui doit être changé après chaque opération. Il ne faut pas se servir dans ce but de $CaCl^2$ ou de carbonate de potasse.

Dans l'appareil de Meillère, les gouttelettes acides entraînées sont retenues dans une allonge remplie de fragments de zinc pur laminé sur lesquels elles se condensent ; à cette allonge verticale fait suite un tube en U rempli d'un mélange de bicarbonate de potassium et sulfate de soude sec, ou simplement de phosphate de sodium sec pour dessécher le gaz et retenir les dernières traces d'acide entraîné. Meillère n'emploie pas des tubes capillaires, mais un tube de verre peu fusible de 3-4 millimètres de diamètre intérieur au-dessus de la partie chauffée et rétréci à un calibre de 1 millimètre à ses extrémités pour faciliter son raccordement. La vitesse du gaz est réglée de façon qu'il se dégage une petite bulle de gaz par seconde. Enfin, le récipient producteur d'hydrogène a une large base qui le rend stable.

Pour produire l'hydrogène dans l'appareil de Marsh, M. E. Kohn-Abrest (1912) a proposé d'opérer avec 4 grammes de lames d'aluminium, activées par un séjour de 3 minutes dans 25 centimètres cubes de solution de sublimé à 1 p. 100 ; on obtiendrait ainsi de l'hydrogène pur avec 220 centimètres cubes d'eau. L'acide sulfurique, paralysant plus ou moins le dégagement d'hydrogène, devrait être neutralisé avant son introduction dans l'appareil de Marsh. La solution arsenicale ainsi neutralisée sera toute introduite dans le délai de 2 heures environ.

MM. F. Jadin et A. Astruc (1912) ont surtout visé à employer un appareil de Marsh bien purgé d'oxygène, ainsi que l'avait recommandé A. Gautier ; or, dans l'appareil de G. Bertrand, le système est purgé d'air au moyen de gaz carbonique et dans celui de A. Gautier c'est l'hydrogène lui-même qui se substitue complètement à l'air. Les auteurs ont fait remarquer qu'il était difficile d'avoir du gaz carbonique privé complètement d'oxygène et, de plus, qu'il était difficile de chasser le gaz CO^2 lourd par l'hydrogène très léger. Aussi donnent-ils la préférence à l'appareil de A. Gautier ; mais ils remplacent le flacon de Wolf à 3 tubulures par un flacon en verre d'un modèle spécial, modification du flacon Durand (*fig.* 3) ; l'air est évacué en remplissant le récipient avec de l'eau chaude. Cette eau est elle-même évacuée par production de gaz hydrogène produit par l'attaque du zinc par l'acide sulfurique au 1/5 additionné de II gouttes de chlorure de platine à 1/30. Les bouchons sont aussi supprimés dans ce récipient; les auteurs, avec des réactifs purs, obtiennent des anneaux très nets

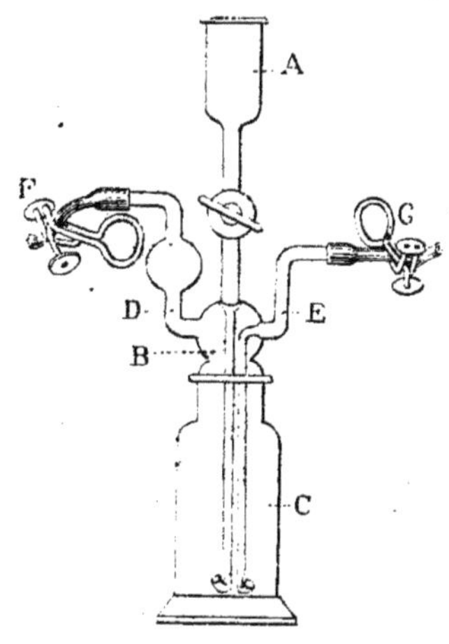

Fig. 3.

avec un millième de milligramme d'arsenic; ils l'ont employé pour leurs belles recherches d'arsenic normal dans le règne végétal (*fig.* 3).

L'absence d'oxygène ou d'air dans l'appareil producteur d'hydrogène a surtout pour but d'empêcher la formation de l'hydrogène arsénié solide aux dépens de l'hydrogène arsénié gazeux

$$2AsH^3 + O^2 = As^2H^2 + 2H^2O.$$

ce qui arriverait également si de l'acide nitrique se trouvait dans le flacon.

Nombreux sont les auteurs qui ont proposé des modifications à l'appareil de Marsh.

Nous donnons ci-dessous le schéma de l'appareil de M. G. Denigès (*fig.* 3).

Notre préparateur, M. M. Bobier, a décrit (1910) deux dispositifs d'appareil de Marsh ; le premier réclame pour sa construction un peu d'habitude de travail du verre : il a pour but de supprimer les joints en caoutchouc, substance qui, industriellement, renferme presque toujours de l'arsenic, et d'éviter l'ouverture de l'appareil, et par suite la rentrée d'air, au commencement et à la fin de l'opération, lorsqu'on

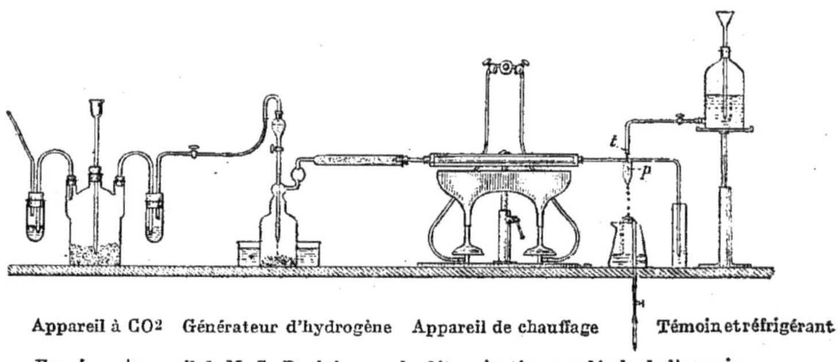

Fig. 4. — Appareil de M. G. Denigès pour la détermination pondérale de l'arsenic.

veut faire passer le courant de gaz anhydride carbonique, ce que l'on obtient par la simple manœuvre des robinets (r_1) et (r_2).

Le schéma ci-joint (*fig.* 5) montre les détails de l'appareil : comme joints (*a*), (*b*), deux tubes de verre un peu larges, munis de bons bou-

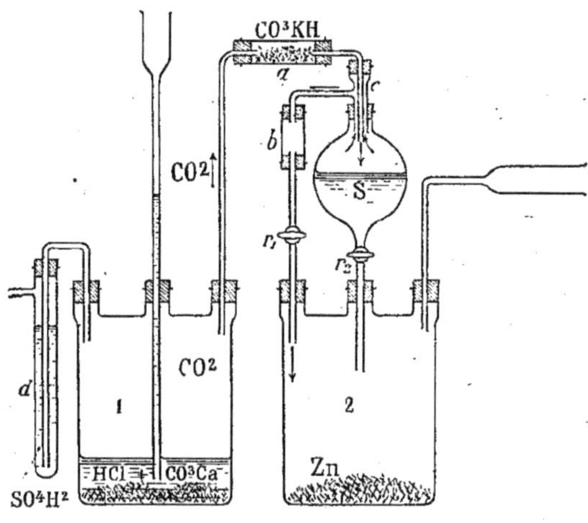

Fig. 5.

chons en liège laissant passer les tubes à réunir ; un système (*c*) de tubes à double courant, partie délicate de l'appareil dont les fermetures pourraient être à l'émeri en faisant établir l'appareil en fabrique, fait circuler CO^2 au-dessus de la solution (S) en expérience, avant de passer par le robinet (r_1) dans le flacon (2). Le reste de l'appareil est identique à ceux qui existent ; toutefois le tube manomètre (*d*) renferme non plus du mercure, qui semble contre-indiqué dans la formation d'anneaux d'arsenic, mais de l'acide sulfurique pur sous une hauteur de 8 à 10 centimètres, très suffisante pour donner la pression nécessaire à un bon fonctionnement. Enfin, pour éviter l'entraînement mécanique de l'acide chlorhydrique employé pour fabriquer CO^2, le tube (*a*) est garni de cristaux de bicarbonate de potasse placés entre deux tampons de coton de verre.

En cherchant à perfectionner l'appareil de Marsh, M. Bobier a imaginé un second appareil, plus simple que le précédent, qui élimine les

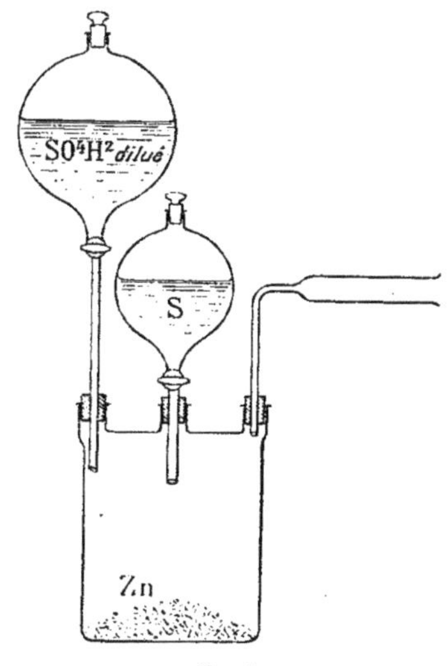

FIG. 6.

chances d'erreur dues au marbre et à l'acide chlorhydrique, puisqu'il n'utilise pas le gaz anhydride carbonique ; mais il a l'avantage de permettre d'essayer les réactifs employés au cours de l'opération elle-même.

Cet appareil (*fig.* 6) consiste simplement en un flacon à trois tubulures, surmonté de deux entonnoirs à boule et à robinet ; l'un d'eux, de 60 centimètres cubes environ de capacité, contient la solution (S) en expérience ; le deuxième, un peu plus grand (100 centimètres cubes environ), contient une solution au 1/10e de l'acide sulfurique pur qui a servi à acidifier la solution (S). En ayant la précaution de doubler la dose habituelle de zinc pur, on utilise au lieu et place de CO^2, comme gaz inerte, de l'hydrogène pur, que l'on peut vérifier au début de l'expérience et qui se trouve produit au sein même de l'appareil.

Pour favoriser le dégagement d'hydrogène, certains auteurs préconisent l'addition de quelques gouttes d'une solution de chlorure de platine. Bernstein et Mayrhofer ont prétendu que l'addition de chlorure de platine pouvait faire perdre jusqu'à 50 p. 100 de l'arsenic qui s'insolubilise sous la forme de platine arsénié. Bernstein conseille plutôt de platiner ou d'argenter le zinc, ce qui éviterait toute perte d'arsenic. Pour cela, on arrose le zinc avec de l'acide sulfurique au 1/5 additionné de quelques gouttes de solution de chlorure de platine ou d'azotate d'argent ; quand le dégagement du gaz devient tumultueux, on enlève l'acide et on lave le zinc avec de l'eau.

Quand l'hydrogène arsénié commence à se dégager, il ne faut jamais ajouter de chlorure de platine, car les pertes d'arsenic sont de l'ordre de grandeur indiqué plus haut par Bernstein.

L'appareil doit fonctionner à blanc pendant au moins une demi-heure sans donner d'anneau à la partie chauffée. Alors seulement on ajoute la liqueur suspecte, par petites portions, à assez longs intervalles. S'il y a de l'arsenic, on obtient un anneau après l'extrémité de la partie chauffée, du côté opposé au flacon producteur de gaz.

$$2AsH^3 = As^2 + H^6.$$

Si l'on enflamme, au contraire, le jet de gaz au contact de l'air, la flamme est bleuâtre livide ; il se forme de l'eau et de l'arsenic qui s'oxyde bientôt pour donner de l'anhydride arsénieux. Cette dernière oxydation peut être évitée, lorsqu'on écrase la flamme à l'aide d'un corps froid qui abaisse la température et empêche l'accès de l'air : pour cela, on écrase la flamme avec une soucoupe en porcelaine qui se recouvre de taches métalliques.

$$2AsH^3 + 3O = 2As + 3H^2O.$$

Mais l'expert n'a pas intérêt à former des taches ; il doit s'attacher à produire un anneau, aussi démonstratif que la tache, et qui lui permettra de peser l'arsenic réduit. De plus, il pourra obtenir avec de très faibles quantités d'arsenic des anneaux, alors qu'il ne se formerait pas de taches.

Le récipient producteur d'hydrogène devra toujours être refroidi, car à la température de 30° il pourrait déjà se former de l'hydrogène sulfuré. En effet, l'acide sulfurique est réduit par l'hydrogène

(1) $SO^4H^2 + H^2 = SO^2 + 2H^2O$
(2) $SO^2 + 2H^2 = 2H^2O + S$
(3) $S + H^2 = H^2S$

En présence de dérivés nitrés, il se produirait de l'hydrure d'arsenic solide et brun.

De même, le récipient ne devra pas contenir de chlore ou d'acides oxygénés du chlore, des sulfures ou des matières organiques. Celles-ci aideraient à la production d'hydrure d'arsenic. L'addition de sucre empêcherait, dit-on, la formation de l'hydrure.

M. Jean Meunier a montré (1916) que l'acide sulfurique dont il est fait usage pour le fonctionnement de l'appareil de Marsh doit être privé de sélénium, car l'acide sélénieux et les sélénites en dissolution sont réduits par l'hydrogène en H^2Se, gaz qui se décompose facilement par la chaleur avec dépôt de sélénium; cet élément apparaît de la même façon que l'arsenic dans les essais à l'appareil de Marsh. Quand il n'y a que de faibles traces, la confusion est possible. M. Jean Meunier a établi comme suit la recherche du sélénium dans l'appareil de Marsh:

L'appareil étant monté dans les conditions usuelles, l'hydrogène est produit par le zinc redistillé attaqué par l'acide sulfurique pur étendu et additionné de quelques gouttes de chlorure de platine. Pour que la pureté des réactifs soit démontrée, l'hydrogène doit passer pendant 1 heure dans le tube de verre chauffé, sans y laisser de dépôt à la suite de la flamme. Après cette épreuve, on ajoute dans le flacon à l'hydrogène 1 centimètre cube d'une solution contenant 1 centigramme d'acide sélénieux ; au bout de quelques minutes, il apparaît dans le tube de verre un dépôt qui s'accroît. L'opération est continuée jusqu'à ce qu'il n'augmente plus, ce qui peut exiger 2 heures. En de pareilles conditions, le dépôt est considérable ; il occupe plus de 1 centimètre de longueur dans le tube et possède, spécialement dans sa partie la plus épaisse, la coloration rouge du sélénium. Il ne saurait être ainsi confondu avec l'arsenic, bien que par sublimation il puisse passer au gris d'acier.

Il ne se présente pas ainsi quand la proportion est cent ou mille fois moindre que ci-dessus. On remarque alors dans le tube un faible anneau à reflet brillant, analogue à celui de l'arsenic. Par sublimation dans le tube ouvert, il s'oxyde et se transforme en acide sélénieux blanc ; de même l'arsenic passe à l'état d'acide arsénieux également blanc. En pareil cas la très faible quantité de substance rend délicate la distinction au moyen des dissolvants.

Le gaz hydrogène arsénié ne saurait être desséché au moyen de l'acide sulfurique qui le décomposerait.

Dragendorff conseille d'étendre l'acide sulfurique au 1 /8.

A. Gautier prétend que, quelle que soit la méthode de destruction, il faut toujours soumettre le liquide à l'action de l'hydrogène sulfuré pour précipiter d'abord l'arsenic à l'état de sulfure. Ce dernier est ensuite oxydé par un mélange d'acide nitrique et sulfurique. On évapore jusqu'à émission de fumées blanches de façon à être sûr d'avoir chassé tout l'acide nitrique. Le résidu sulfurique convenablement étendu d'eau distillée tiède est ensuite refroidi et versé dans l'appareil de Marsh par petites portions. En employant la méthode de destruction intégrale de la matière organique, nous ne pensons pas qu'il soit nécessaire d'employer le gaz hydrogène sulfuré pour faire passer l'arsenic à l'état de sulfure.

On se rappellera que H^2S précipite la solution acidulée d'acide arsénique lentement à froid, et plus rapidement à 60°-70°. W. Foster (1916) a montré que les solutions de AsO^4H^3 traitées par un courant rapide de H^2S ne sont pas réduites, même en présence d'un acide minéral.

Le précipité jaune de sulfure d'arsenic se produit dans les solutions chlorhydriques renfermant de minimes proportions d'arsenic. Une solution qui ne renferme que 0gr,00031 de As^2O^3 laisse déposer après 24 heures un précipité très visible (Scheerer). L'acide chlorhydrique de moyenne concentration ne dissout pas le sulfure d'arsenic.

Une opération de dosage de l'arsenic doit toujours durer au moins 4 heures.

Grâce aux diverses modifications apportées à l'appareil primitif de Marsh, et dont nous avons déjà parlé, au refroidissement de la partie où viennent se condenser les vapeurs arsenicales très diluées et privées d'humidité, on obtient des anneaux très visibles avec 1 /500 et même 1 /1.000 de milligramme d'arsenic.

L'appareil de Marsh doit être terminé par un tube plongeant dans une solution diluée d'azotate d'argent qui noircit sous l'influence de AsH^3. Dans un but de dosage on peut aussi faire passer AsH^3 à travers un tube à boules renfermant par exemple 25 centimètres cubes de $AgNO^3N/10$ additionnés de 5 centimètres cubes de NO^3H dilué au quart (en volume). Il est bien de faire suivre ce tube à boules d'un témoin contenant une semblable liqueur argentique. Dans ces conditions, avec une solution diluée et acide d'azotate d'argent, il n'y a pas à craindre, d'après Denigès, la réduction que peut produire l'hydrogène pur dans les solutions d'azotate d'argent

(Senderens). Cette réduction peut s'expliquer par l'équation suivante :

$$3H^2O + 6AgNO^3 + AsH^3 = AsO^3H^3 + 6NO^3H + 6Ag$$

qui peut servir à un dosage même de l'arsenic, puisque 1 molécule AsH^3 précipite tout l'argent de 6 molécules de $AgNO^3$; on en déduit qu'une molécule de $AgNO^3$ correspond à 1/6 d'atome d'arsenic, c'est-à-dire que 1 centimètre cube de solution N/10 de NO^3Ag est entièrement précipité par 0gr,00125 d'arsenic à l'état d'hydrogène arsénié.

Denigès (*Précis de chimie analytique*, 1913, p. 787) effectue ainsi le dosage : « L'appareil ayant fonctionné à blanc pendant vingt minutes « ou une demi-heure, sans qu'il se soit formé aucune coloration dans « la liqueur d'argent, on introduit peu à peu le produit arsenical; et « lorsque tout l'arsenic a été transformé en AsH^3 qui a traversé « $AgNO^3$, on verse le contenu du tube à boules et du témoin, ainsi que « leurs eaux de lavage, dans un matras jaugé de 150 centimètres « cubes, on complète le volume avec de l'eau ; et à 100 centimètres « cubes de filtratum, on ajoute 15 centimètres cubes d'ammoniaque, « 20 centimètres cubes de CyK équivalent à NO^3Ag N/10 et 1 centi- « mètre cube de IK à 10 p. 100 ; puis on verse NO^3Ag jusqu'à trouble « persistant ; soit n centimètres cubes la proportion de liqueur argen- « tique ainsi dépensée. Il est aisé de montrer que la dose x d'arsenic « contenue dans la prise d'essai est :

$$x = n \times 0^{gr},00125 \times \frac{3}{2} = n \times 0^{gr},001875.$$

« Les résultats donnés par ce procédé sont très satisfaisants. »

MM. Moreau et E. Vinet (1914) ont basé sur l'équation :

$$12AgNO^3 + 2AsH^3 + H^2O = 12HNO^3 + N^2O^3 + 12Ag$$

une méthode de dosage consistant à produire le dépôt d'argent sous forme d'anneau sur un tube, et à apprécier la valeur de l'anneau par comparaison avec des anneaux types obtenus en introduisant dans l'appareil à l'état d'arséniate de sodium des quantités d'arsenic de 0,5, 1, 2, 3 millièmes de milligrammes d'arsenic, et en se plaçant toujours dans des conditions identiques. L'hydrogène arsenié est entraîné par un courant d'hydrogène purifié avec une solution de $AgNO^3$. L'appareil est très simple et rappelle l'appareil de Marsh.

Quand la quantité d'arsenic obtenue est jugée supérieure aux dixièmes de milligrammes, les anneaux peuvent être pesés en prenant des précautions.

Examen des anneaux. — Les anneaux qui se sont formés un peu au delà de la partie chauffée ont un aspect brun et brillant. Il ne faut pas attacher trop d'importance à leur aspect, variable d'ailleurs avec la quantité d'arsenic réduit, leur longueur, la vitesse du courant d'hydrogène arsénié.

En chauffant doucement l'anneau formé, il se volatilise et se reforme un peu plus loin, tant qu'on fait passer le courant d'hydrogène.

Si, détachant le tube par un trait de lime, on vient à le chauffer en l'inclinant pour faire appel d'air, l'anneau disparaît pour se reformer un peu plus haut sous forme d'un anneau blanc formé de petits cristaux octaédriques d'anhydride arsénieux, visibles à la loupe. Cette transformation opérée, on introduit alors ce petit tube légèrement chauffé dans un bouchon qui ferme un tube à essai dans lequel on produit H^2S (au moyen de sulfure de fer et d'acide chlorhydrique). On voit se former une teinte jaune (sulfure d'arsenic). Ce procédé est très sensible et utile pour la caractérisation de très faibles anneaux (Ritter).

Un anneau peut encore être détaché par deux traits de lime et l'arsenic peut être dissous dans quelques gouttes d'acide nitrique fumant. La solution est évaporée dans une petite capsule ; le résidu est mouillé avec une goutte d'ammoniaque : on chauffe légèrement pour vaporiser l'ammoniaque en excès et on ajoute sur le nouveau résidu une goutte de solution de nitrate d'argent. Il y a apparition d'une tache rouge brique d'arséniate d'argent.

MM. L.-J. Curtman et P. Doschavsky (1916) ont étudié la sensibilité de la réaction de NO^3Ag sur un arséniate alcalin. Avec des solutions pures d'arséniate, la précipitation est encore sensible à $0^{mgr},02$ de As dans 3 centimètres cubes, ce qui correspond à une concentration de 1 /150.000. Dans le cas où As est d'abord précipité par H^2S, puis redissous dans NO^3H, on peut encore facilement déceler $0^{mgr},5$ de As.

Les anneaux d'arsenic se dissolvent facilement dans la solution d'hypochlorite de sodium ; et c'est ce réactif que M. G. Bertrand conseille d'employer pour dissoudre les anneaux, l'acide nitrique enlevant du poids aux tubes de verre.

Avec la solution nitrique des anneaux, on peut faire de l'arséniomolybdate d'ammonium, qui se présente sous forme de cristaux en étoiles à branches triangulaires au nombre de six, et disposées dans des plans rectangulaires selon les axes d'un cube (Denigès).

En volatilisant une trace d'arsenic, on percevra une odeur alliacée caractéristique.

M. Denigès (1913) a attiré l'attention sur la recherche par voie microchimique des arséniates en présence de grandes quantités de chlorures. Or, il est toujours facile de transformer les composés arsenicaux en arséniates par voie d'oxydation. On fait de l'arséniate ammoniaco-magnésien qui se présente en prismes isolés, offrant le plus souvent la forme tumulaire typique, alors que le phosphate ammoniaco-magnésien se présente presque exclusivement en groupements par quatre de ces pyramides. La solution d'arséniate de sodium renfermera une quantité 20 fois plus considérable de chlorure de sodium, soit 100 centimètres cubes d'eau, 20 grammes de NaCl et 0gr,60 à 0gr,80 d'arséniate alcalin ; on dépose sur une lame de verre une goutte de la solution précédente n'excédant pas 5 à 6 millimètres de diamètre ; au centre de la goutte on dépose une gouttelette de mixture magnésienne. Sans mélanger les deux gouttes, on laisse la diffusion s'opérer seule, et sans recouvrir d'une lamelle, on examine la préparation au bout d'une minute au moins, à un grossissement d'environ 60 diamètres, et on observe la forme décrite ci-dessus.

En 1908, Denigès a indiqué de nouveaux procédés microchimiques pour la caractérisation de l'arsenic en chimie légale. Il a obtenu des cristaux particuliers en utilisant séparément les réactifs nitrate d'argent, mixture magnésienne et azotate mercureux.

La méthode de destruction intégrale de la matière organique a permis à Denigès (1910) de procéder *au dosage des corps gras* dans les viscères soumis à l'expertise toxicologique ; c'est là un sérieux apport aux données de l'anatomie pathologique concernant la dégénérescence graisseuse de certains organes, comme il arrive dans l'empoisonnement arsenical. Son élève, Castets (1902), a réglementé le procédé de dosage des graisses indiqué par Denigès.

Pour la recherche de l'arsenic dans les molécules minérales ou organiques qui le contiennent et aussi dans les composés difficilement oxydables, on pourra encore se servir de la méthode de Monthulé (1903) que tous les chimistes modifient à leur gré, selon les substances à oxyder. Ce procédé très commode et très rapide a été réglementé par M. E. Geneuil (1904) ; cet auteur recommande de « prélever « 50 grammes de matières (chair musculaire et viscères), les additionner, après les avoir broyées, du dixième de leur poids de magnésie. « Pour les cheveux, la barbe et les poils, etc., employer le tiers du « poids de magnésie. On mélange le tout intimement dans un mortier ; on porte à l'étuve à 120° et, la dessiccation terminée, on calcine « à petit feu.

« Pour les urines, le lait, le vin, etc., employer les mêmes proportions que celles indiquées plus haut pour ces mêmes produits... Le « résidu de l'incinération magnésienne est dissous dans le moins « possible d'acide chlorhydrique ; dans cette liqueur, on recherche « l'arsenic. »

Cette méthode peut même servir, d'après son auteur, à caractériser l'arsenic dans les cacodylates et méthylarsinates ; elle peut être employée pour la recherche et, dans certaines conditions, le dosage des chlorures, bromures, iodures, phosphates, sulfates, de l'antimoine, du plomb, de l'étain, du cuivre, du nickel, du manganèse et du zinc dans les liquides ou les substances organiques.

M. Duyk a proposé (1904) l'emploi de la pierre ponce pour faciliter l'incinération des matières organiques.

Pour l'essai particulier de granules d'acide arsénieux et d'arséniate de sodium, on utilisera avec avantage les méthodes préconisées récemment par MM. François et G. Lasausse (1915).

En même temps que l'expert fera usage de l'appareil de Marsh, il contrôlera les résultats obtenus avec le réactif de Bougault.

Réactif de Bougault. — Le réactif de Bougault s'obtient en dissolvant 20 grammes d'hypophosphite de sodium pur dans 20 centimètres cubes d'eau, ajoutant 200 centimètres cubes d'acide chlorhydrique pur (D = 1,17), et filtrant après quelques heures de repos sur un tampon d'ouate qui sépare le chlorure de sodium formé dans la réaction.

L'acide hypophosphoreux avait déjà été proposé par Engel et Bernard (1896) comme réactif sensible de l'arsenic.

Bougault, en modifiant le réactif précédent (1902), le préconisa pour déceler l'arsenic dans les glycérines. En s'en tenant, dit-il, à la proportion de 1/50 de milligramme = 000^{mgr},02, facile à déceler, on peut ainsi retrouver 0^{gr},004 de As^2O^3 par litre. Quelques mois plus tard, nous attirions nous-même l'attention des chimistes sur la sensibilité extrême de ce réactif susceptible d'être employé en analyse qualitative et quantitative. Un toxicologiste serait cependant tenu de caractériser le précipité donné par l'acide hypophosphoreux (cristaux d'arsénio-molybdate, arséniate d'argent, appareil Marsh).

Pour l'application, on met dans un tube à essai 5 centimètres cubes de la solution suspecte et 10 centimètres cubes du réactif Bougault ; on mélange et on chauffe au bain-marie bouillant : avec 1/10 de milligramme de As^2O^3 on a une coloration brune suivie rapidement d'un précipité floconneux brunâtre ; avec 1/50 de milligramme on a une coloration nettement appréciable, surtout par comparaison avec un tube témoin.

M. Denigès (1905) a réglementé cette réaction pour l'appliquer à la détermination de petites quantités d'arsenic.

Il a d'abord observé que 20 p. 100 d'acide sulfurique introduit dans une solution arsénicale ne trouble pas la réduction par l'acide hypophosphoreux.

On peut procéder directement en mettant dans des tubes à essais aussi identiques que possible 1 centimètre cube de réactif de Bougault et 1 centimètre cube de solution arsenicale titrée renfermant par litre 200 centimètres cubes d'acide sulfurique et 2, 5, 10, 20, 40 milligrammes d'acide arsénieux. Dans un autre tube, on verse 1 centimètre cube de réactif de Bougault et 1 centimètre cube de produit de destruction représentant 1 gramme de substance par centimètre cube. Tous ces tubes sont portés dans un bain d'eau bouillante pendant 20 minutes. On compare ensuite les résultats obtenus. On obtient une opalescence manifeste avec $0^{mgr},002$ de As par centimètre cube, soit 2 milligrammes par litre. En concentrant le liquide de destruction jusqu'à ce qu'il corresponde à 4 grammes de substance par centimètre cube, on peut apprécier directement jusqu'à $0^{mgr},5$ d'arsenic par kilogramme d'organe. La comparaison du tube d'épreuve avec les divers étalons permettra très vite de voir celui de ces derniers dont il se rapproche le plus, et de déduire par ce simple examen la dose du toxique.

D'après Simonot, les organes riches en fer (rate, sang...), bien qu'en solution absolument incolore après la destruction nitro-sulfurique, renferment $(SO^4)^2Fe^3$ ou $FeCl^3$, qui fournissent un mélange jaune par addition du réactif de Bougault. La teinte disparaît au bout de quelques instants d'ébullition par suite de la réduction du sel ferrique. Si elle persistait, c'est que la destruction de la matière organique serait incomplète.

M. Denigès recommande encore d'agir indirectement quand il s'agit d'anneaux arsenicaux trop faibles pour être pesés et dont on détermine ordinairement la proportion par comparaison avec des anneaux étalons. Dans la pratique, on dissout ces anneaux dans quelques gouttes de NO^3H. A la solution on ajoute $0^{cc},2$ de SO^4H^2, et on évapore dans une petite capsule de porcelaine. Le mélange est évaporé jusqu'à émission de vapeurs sulfuriques blanches. Après refroidissement, on ajoute I goutte de SO^4H^2, $0^{cc},8$ d'eau et 1 centimètre cube de réactif de Bougault. Le mélange est mis dans un tube à essai qui est traité comme plus haut. On peut de cette manière doser l'arsenic dans des anneaux dont le poids n'excède pas 2 millièmes de milligramme.

La sensibilité de la méthode serait augmentée par l'addition au réactif de Bougault de II gouttes d'iode N /10 qui n'entre pas dans la composition du précipité (Bougault, 1907).

Cette modification à la formule primitive a l'avantage d'abord d'opérer à froid ; en second lieu, d'obtenir une coloration appréciable au bout d'un quart d'heure avec 1 /200 de milligramme d'anhydride arsénieux, soit 0gr,000005 (Bougault).

Le réactif de Bougault ne devra en général être employé qu'avec des liquides dépourvus de matière organique. D'après nos expériences (1912), il est réduit par l'urine des personnes en bonne santé en donnant immédiatement une couleur rouge brunâtre bientôt accompagnée d'un précipité abondant de même aspect. Avec les laits de femme, d'ânesse, de vache, il fournit très rapidement une coloration noire intense. Enfin, on devra se rappeler qu'il réduit également certains composés minéraux (sels de mercure, de cuivre...).

M. R. Guyot (1913) a montré que le sucre interverti, le glucose, le lévulose, le galactose et beaucoup d'autres molécules organiques réduiraient également le réactif de Bougault.

Avec le méthylarsinate de sodium ou arrhénal, on aurait avec le réactif de Bougault un précipité noir de méthylarsenic $(CH^3As)^n$, avec l'atoxyl un précipité de $(C^6H^4NH^2As)^n$; avec les cacodylates il n'y a pas de précipité, mais production d'une odeur cacodylique plus ou moins forte.

Pour la recherche et l'estimation quantitative de l'arsenic dans certains tissus ou liquides de l'organisme, de même que dans différents milieux, on a encore proposé des méthodes qui aboutissent à des résultats bien inférieurs à ceux donnés par l'appareil de Marsh ou le réactif de Bougault.

Pour rechercher l'arsenic dans les boissons, M. L. Vuaflart (1915) préconise d'entraîner l'arsenic, préalablement amené à l'état d'acide arsénique, dans un précipité de phosphate ammoniaco-magnésien.

On prendra par exemple 250 centimètres cubes de bière qu'on agitera pour la débarrasser de CO^2 ; après filtration, on ajoute III gouttes de brome. On filtre à nouveau le lendemain et on ajoute successivement : 1 centimètre cube de phosphate de sodium saturé, 5 centimètres cubes de solution ammoniacale de chlorure de magnésium, renfermant un excès de magnésie, et 80 centimètres cubes d'ammoniaque ; on agite énergiquement, et on laisse reposer 24 heures. On jette sur filtre après avoir détaché le précipité adhérent au verre. Le précipité est dissous sur le filtre dans 20 centimètres cubes de NO^3H au 1 /4. On ajoute 2 centimètres cubes de nitrate de magnésium à 20 p. 100 ; on évapore à sec, on incinère avec précaution ; on calcine assez fortement pour chasser NO^3H ; on reprend par 10 centimètres cubes de réactif de Bougault ; on introduit la solution dans un tube à essais et on chauffe 10 minutes au bain-marie bouillant. S'il y a de l'arsenic on observe, suivant la proportion du toxique, un précipité ou une coloration brune.

Ce procédé s'applique aux vins blancs et rouges, même sucrés et sulfureux.

Schneider, Fyfe et Beckurts avaient proposé de transformer l'arsenic en chlorure et de titrer à l'iode le trichlorure obtenu par distillation. Cette méthode, de l'avis de Rupp et F. Lehmann, a fait faillite. Ces derniers ont entrepris (1912) de la modifier en poussant aussi loin que possible la destruction de la matière organique au moyen de $KMnO^4$ ou de persulfates additionnés d'acide sulfurique, et en distillant le chlorure d'arsenic dans un courant d'acide chlorhydrique engendré dans la solution même. Ces essais ont été faits, non pas sur des pièces de toxicologie, mais sur des mélanges synthétiques ; ils ne sont pas suffisants pour démontrer la supériorité de cette méthode.

Frésénius et Babo avaient conseillé d'isoler l'arsenic de son sulfure en le chauffant à l'abri de l'air avec un mélange de carbonate de sodium et de cyanure de potassium. Ils opéraient dans un courant de CO^2 sec ; le dispositif expérimental peut varier :

$$As^2S^3 + 3KCN = 2As + 3KCNS.$$

L'arsenic sublime dans la partie froide du tube.

Dans ces conditions, les composés antimoniques ne donnent pas de dépôt d'antimoine. Il en est de même des composés d'étain qui n'abandonnent pas d'étain.

Le procédé de Reinsch est une méthode très sensible qui pourrait s'appliquer en présence des organes eux-mêmes. Le principe de la méthode est qu'une solution chlorhydrique d'acide arsénieux laisse déposer sur une lame de laiton ou sur un fil de cuivre (Taylor) un enduit gris que l'on peut caractériser microchimiquement en le transformant en As^2O^3. On a fait observer que le mercure, l'argent, le cadmium, l'acide sulfureux, l'acide sélénieux pouvaient fournir un enduit semblable sur le cuivre. Dinkler, puis plus tard Lewis Howe et Mertins ont apporté des modifications à cette méthode. D'après ces auteurs, on ajoute aux matières 16 p. 100 d'acide chlorhydrique et quelques morceaux de cuivre de faible épaisseur. On chauffe le mélange jusqu'à l'ébullition. Après 15 minutes, le cuivre est enlevé, lavé à l'eau, l'alcool et l'éther, séché, mis sous forme de rouleaux, et placé dans un tube de verre long. On incline en chauffant au-dessus d'un bec Bunsen, et on obtient dans la partie froide du tube des cristaux octaédriques de As^2O^3. Les sels d'antimoine donneraient également, mais à une température plus élevée, un sublimé qui ne saurait être confondu avec celui de As^2O^3.

Les arséniates précipitent leur arsenic sur le cuivre avant le moment de l'ébullition.

S'il y a beaucoup d'arsenic, il faut réduire la quantité des organes mis en expérience.

La présence des matières organiques n'aurait aucune influence sur les résultats.

Si la formation de sublimé n'a pas lieu, on est en droit de conclure à l'absence de l'arsenic.

Sensibilité de la réaction : 1 /250.000.

Réaction de Gutzeit. — Gutzeit et Fluckiger proposent de caractériser l'arsenic de la façon suivante : dans un tube à essai, on provoque le dégagement de AsH^3 ; on bouche d'une façon incomplète à l'aide d'un tampon d'ouate le tube dans lequel se fait la réaction, de façon à retenir les gouttelettes d'eau qui pourraient être entraînées ; on ferme l'orifice du tube avec un papier à filtrer imprégné d'une solution de $AgNO^3$ très concentrée. Le papier se teinte en jaune par suite de la formation d'un précipité complexe qui prend naissance d'après l'équation :

$$6AgNO^3 + AsH^3 = \overbrace{AsAg^3, 3AgNO^3}^{\text{JAUNE}} + 3NO^3H.$$

Sensibilité de la réaction : 1 /1.000.000.

Avec de la glycérine non arsenicale, qui avait un goût d'ail prononcé, nous avons obtenu une réduction jaunâtre avec le papier au NO^3Ag. Cette réduction paraît être due à la présence de composés aldéhydiques ou allyliques sulfurés (L. Barthe, 1902).

Cette réaction implique qu'il n'y ait pas dans la liqueur de combinaisons sulfurées, telles que H^2S qui donnerait du sulfure noir. Si l'on soupçonnait la présence de cet acide, il suffirait d'ajouter au mélange quelques gouttes d'une solution d'iodure de potassium iodée.

$$H^2S + 2I = 2HI + S.$$

Si la solution d'azotate d'argent n'était pas suffisamment concentrée, il se produirait la réaction suivante :

$$AsAg^3, 3AgNO^3 + 3H^2O = 6Ag + AsO^3H^3 + 3NO^3H,$$

et il se produirait une coloration *noire* et non plus jaune. On peut aussi bien mettre sur le papier mouillé un cristal de $AgNO^3$.

L'hydrogène phosphoré PH^3 se comporterait comme AsH^3.

SbH^3 fournirait une coloration qui irait du brun au noir (Mayençon et Bergeret).

MM. J.-A. Goode et F.-M. Perkin ont cherché (1906) à améliorer la méthode de Gutzeit pour la recherche et la détermination de l'arsenic. Pour obtenir l'hydrogène, ils font agir le magnésium sur le chlorure d'ammonium, le magnésium étant toujours dépourvu d'arsenic :

$$2NH^4Cl + Mg = MgCl^2 + 2NH^3 + H^2.$$

Nous-même, en 1902, à propos de la recherche de l'arsenic dans la glycérine officinale, avions fait la critique du procédé de Gutzeit et avions pensé qu'il y avait lieu de modifier le procédé, en substituant au papier d'azotate d'argent le papier au bichlorure de mercure, plus caractéristique de la présence de AsH^3 ; ce qui ne nous empêchait pas d'ajouter que cet essai n'était pas spécifique de l'arsenic, et que nous lui préférions le réactif de Bougault.

M. Edwin Dowzard (1902) a reconnu qu'une solution d'acétate de plomb absorbe seulement l'hydrogène sulfuré à l'exclusion de l'hydrogène arsénié, qu'une solution à 15 p. 100 de chlorure cuivreux dans l'acide chlorhydrique absorbe les hydrogènes sulfuré, phosphoré et antimonié, mais non l'hydrogène arsénié qui leur serait mélangé. Après séparation des premiers composés par ces réactifs, l'hydrogène arsénié peut alors être décelé par un papier imprégné de solution de chlorure mercurique préparée par immersion dans une solution de ce sel à 5 p. 100 : il se produit une couleur jaune en présence de AsH^3 en petite quantité, et rouge brune en présence de beaucoup d'arsenic :

$$AsH^3 + 2HgCl^2 = 2HCl + AsH(HgCl)^2 \text{ Jaune}$$
$$AsH^3 + 3HgCl^2 = 3HCl + As(HgCl)^3 \text{ Rouge brunâtre}$$

Charles F. Sanger et O. Fisher Black (1909), pour rendre le procédé plus sensible, ont indiqué de se servir de bandelettes de papier à dessin Whatman pressé à froid : les bandelettes sont plongées dans une solution à 5 p. 100 de $HgCl^2$ recristallisé ; on coupe les extrémités et on conserve dans l'obscurité dans un flacon au-dessus de $CaCl^2$. Ils emploient du zinc et de l'acide chlorhydrique purs ; ce dernier doit être à une dilution de 1/6 ; on sait que la méthode ne décèle pas plus de $1,10^{-5}$ milligramme d'acide arsénieux. On se sert du récipient suivant :

Un petit flacon de 30 centimètres cubes fermé par un bouchon de caoutchouc percé de deux trous; dans l'un passe un tube à entonnoir *t* à faible diamètre intérieur, un tube à boule *o* rempli d'ouate sèche suivi d'un tube dans lequel on met la bandelette *b*. On fait un essai à blanc avant de verser le liquide suspect. La teinte, s'il y a de l'arsenic, atteint son maximum en 30 minutes. On compare la teinte de la bande avec des bandes étalons. Le papier ne doit pas être humide.

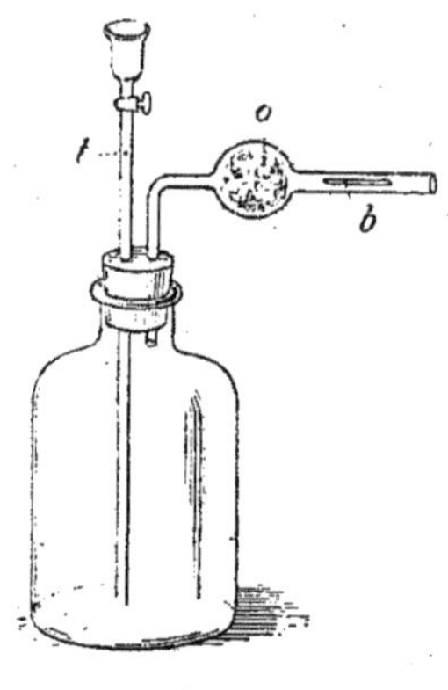

Fig. 7.

Pour rechercher l'arsenic dans le sulfate de sodium et la crème de tartre, P. Carles préconise (1916) l'action de AsH^3 sur le papier au bichlorure de mercure.

Les précautions étant en somme les mêmes qu'avec l'appareil de Marsh, on ne voit pas qu'il y ait avantage à adopter la réaction de Gutzeit pour la recherche de l'arsenic.

Bettendorf propose de réduire l'anhydride arsénieux par une solution chlorhydrique de chlorure stanneux :

$$As^2O^3 + 3SnCl^2 + 6HCl = 2As + 3SnCl^4 + 3H^2O.$$

As^2O^3 se réduit à froid, mais pour la réduction de As^2O^5 il faut opérer à chaud. Il se fait rapidement une coloration brune, puis noire, selon la quantité d'arsenic précipité.

D'après R. Cerrutti, cette réaction est capable de révéler 1/100 de milligramme de As^2O^3 par centimètre cube de substance soumise à l'essai.

Une solution aqueuse d'acide arsénieux ne donne pas la réaction : c'est que l'arsenic doit se trouver à l'état de chlorure, en effet :

$$2AsCl^3 + 3SnCl^2 = 3SnCl^4 + 2As.$$

Il suffit de mettre dans un tube à essai un peu d'acide chlorhydrique concentré, quelques gouttes d'une solution arsenicale, et audessus, 1/2 centimètre cube d'acide chlorhydrique saturé de chlorure stanneux ; la chaleur accélère la réaction.

Le réactif de Bettendorf se prépare en dissolvant 10 grammes de $SnCl^2$ cristallisé, $SnCl^2, 2H^2O$ non altéré, dans l'acide chlorhydrique à 36-38 p. 100 de façon à avoir un volume de 1 litre. Si HCl contient As, la solution devient brun clair au bout de 24 heures ; plus tard la solution devient limpide, et As se dépose en flocons bruns au fond du récipient. On conserve alors le réactif en petits flacons.

Pour la recherche de As, on ajoute, à 1 volume de la solution chlorhydrique de la substance, 5 volumes du réactif. On chauffe jusqu'à l'ébullition et on laisse au repos une demi-heure. Si l'on a un essai d'acide sulfurique à effectuer, on dilue 1 centimètre cube avec un égal volume d'eau et on ajoute 10 centimètres cubes du réactif. Ne pas craindre d'employer trop de réactif.

Avec HCl contenant 0,01 de As^2O^3 par litre, on obtient après une demi-heure une réaction très nette. La limite de sensibilité est de $0^{gr},001$ de As^2O^3 par litre de HCl.

Méthode de G. Bressanin.—Cette méthode, dont le principe est dû à Seybel et Wikander, permettrait, d'après J. Favrel (1913), de caractériser avec la plus grande facilité l'arsenic dans tous les composés arsenicaux utilisés jusqu'à ce jour en médecine.

15 cent. cubes d'acide sulfurique à 50° B., densité 1,53, sont additionnés de 1 centimètre cube de la substance arsenicale et de 1 centimètre cube de solution d'iodure de potassium à 10 p. 100. On obtient immédiatement, même avec des doses très faibles de As^2O^3, un précipité jaune d'iodure d'arsenic, ou un louche jaune si la prise d'essai renferme moins de 1/50 de milligramme de As^2O^3 : l'iodure d'arsenic est insoluble dans l'acide chlorhydrique ; de sorte qu'on peut rechercher As dans cet acide au moyen de cette réaction. Pour cela, à 50 centimètres cubes d'acide chlorhydrique on ajoute un égal volume d'acide sulfurique à 50° B. et 2 centimètres cubes de solution de KI, il se fait un précipité jaune dans le cas de présence de l'arsenic.

Si l'acide sulfurique a une concentration supérieure à 50° B., il y a libération de l'iode: dans ce cas, pour mettre en évidence l'iodure d'arsenic formé, il suffirait d'ajouter au liquide rougeâtre obtenu IV ou V gouttes d'une solution de bisulfite de sodium qui laisserait apparaître avec sa couleur l'iodure d'arsenic.

Observer qu'avec les sels d'antimoine, d'étain ou de plomb, on obtiendrait des précipités d'une couleur voisine de celle de l'iodure d'arsenic ; mais les iodures de ces métaux sont solubles dans l'acide chlorhydrique.

G. Bressanin fait observer qu'avec le salvarsan pulvérisé d'Ehrlich, en opérant à l'aide d'acide sulfurique à 45° B., on n'obtient pas de précipité par son réactif. Mais le salvarsan traité par l'acide sulfurique concentré réagit vivement, et fournit alors un précipité jaune (communication particulière de l'auteur).

Cette méthode a l'avantage de permettre la séparation de l'arsenic et de l'antimoine, l'iodure d'arsenic étant presque insoluble dans l'acide chlorhydrique concentré, tandis que l'iodure d'antimoine s'y dissout.

Méthode biochimique de Gosio. — Certaines moisissures appelées par Gosio « arsénio-moisissures » se développent dans un milieu renfermant un peu d'arsenic, et produisent un gaz arsenical, d'odeur forte et alliacée. *Mucor mucedo*, *Aspergillus glaucus*, *Aspergillus virens*, *Penicillium brevicaule* (ce dernier appelé par Gosio « réactif vivant de l'arsenic »), sont susceptibles, dans certaines conditions, d'opérer cette action. Le gaz produit est très toxique. Gosio (1900) déclare avoir été sérieusement incommodé par ce gaz, qui pour Biginelli serait une diéthylarsine, $AsH(C^2H^5)^2$: ce gaz prenant naissance sous l'influence de la moisissure dans les milieux renfermant des hydrates de carbone, on conçoit qu'il puisse se former aux dépens des tapisseries arsenicales fixées aux murs par de la colle à pâte. Gosio a basé une méthode de recherche de l'arsenic sur cette propriété : elle serait plus sensible que la méthode de Marsh. O. Rosenhein a également insisté (1902) sur cette méthode.

Ségale (1904) a confirmé les recherches de A. Gautier et G. Bertrand sur l'arsenic normal par la méthode de Gosio. Dans ce but, M. Ségale divise les organes et les abandonne avec de l'eau additionnée de quelques gouttes de chloroforme à la température de 37°. Après 20 à 60 jours, la matière s'est résolue en bouillie que l'on verse dans un vase d'Erlenmayer contenant une culture de *Penicillium brevicaule* obtenue sur du pain ou de la pomme de terre. On met le mélange à l'étuve à 37°. Après 2 ou 3 jours, ou 8 à 10 jours au plus, on peut percevoir l'odeur caractéristique.

Pour l'identification de l'arsenic *normal*, démonstration assez délicate, Denigès préconise le nitrate d'argent (Procès-verbaux de la Société des Sciences physiques et naturelles de Bordeaux, 25 février 1915, p. 30).

« Le réactif employé est constitué par une solution aqueuse à « 3 p. 100 d'azotate d'argent additionnée de 1/5 de son volume « d'ammoniaque 7 à 8 fois normale.

« La technique de sa mise en œuvre consiste essentiellement à « opérer non point sur une goutte plus ou moins concentrée de la « solution arsenicale, ce qui fournit toujours des produits amorphes « sans valeur pour le but poursuivi, mais sur le résidu sec d'une ou de « plusieurs gouttelettes de cette solution sur une lame de verre porte-« objet. Cette ou ces gouttelettes ne devront pas s'étaler sur un dia-« mètre supérieur à 5 millimètres, et, pour la réussite certaine de « l'opération, contiendront, au plus, en tout, $0^{mgr},025$ d'arsenic « compté à l'état métalloïdique.

« On évaporera lentement sur une plaque chauffante et sans sur-« chauffe ; dans le cas de plusieurs gouttelettes, on les évaporera suc-« cessivement une à une sur la même zone. On laissera ensuite refroi-« dir, puis on déposera au centre du résidu et par contact direct une « faible goutte du réactif argentique prélevée avec un agitateur de « verre de même diamètre. On aura soin que la gouttelette qui aban-« donnera cet agitateur au résidu et après s'être étalée sur lui soit de « volume assez faible pour ne le point déborder et présenter un « ménisque aplati et non surélevé. Les enduits très minimes seront « simplement humectés par une trace de réactif.

« Après un contact d'au moins 3 minutes, temps nécessaire pour « que cesse la sursaturation, et sans couvrir d'une lamelle, on exa-« mine directement la préparation au microscope à un grossissement « d'abord de 30 à 50, puis de 100 à 200 diamètres en explorant en « premier lieu la zone limitante externe où se trouvent, d'habitude, « les cristaux les plus volumineux.

« Dans le cas où le résidu est réellement arsenical, on doit observer « des cristaux hexaédriques ou rhombiques de couleur grenat extrê-« mement nets et caractéristiques. Ces cristaux se voient encore fort « nettement lorsque la préparation a été desséchée soit, ce qui réclame « 15 minutes au plus, en la plaçant dans un dessiccateur à acide sulfu-« rique, soit en l'abandonnant à l'air libre, mais dans les deux cas à « l'abri de la lumière. Ils se conservent ainsi fort longtemps. Une fois « desséchés, ils peuvent aussi être montés dans de la glycérine où ils « ne s'altèrent pas non plus tout en s'éclaircissant par dissolution de « l'excès de réactif qui les recouvre.

« Enfin, pour la transformation même des enduits arsenicaux qu'on « se propose d'identifier en acide arsénique destiné à former « le résidu qu'on mettra en contact avec le réactif argentique, on « dissoudra ces enduits dans quelques gouttes d'acide nitrique con-« centré et chaud. Cette solution sera évaporée à sec, avec précaution, « sur plaque chauffante dans une petite capsule de porcelaine. On « ajoutera encore quelques gouttes d'acide azotique, on évaporera de « nouveau et on reprendra par $0^{cc},1$ d'acide nitrique étendu au « dixième environ.

« Des gouttelettes de cette solution, prélevées avec un tube capil-« laire à parois très minces et évaporées sur lame de verre, comme il a « été indiqué précédemment, serviront à pratiquer la réaction micro-« chimique plus haut décrite.

« Dans le cas de doses très minimes d'arsenic, il est nécessaire « d'évaporer sur la lame même et par portions successives, sur la « même zone, la totalité de la solution nitrique arsenicale.

« On arrive ainsi à déceler moins d'un millième de milligramme d'ar-« senic. Les enduits arsenicaux obtenus avec 10 et même 5 grammes « de cheveux sont, de la sorte, parfaitement caractérisés.

« Si l'on veut se faire la main avec cette réaction microchimique, on « préparera une solution arsenicale en faisant bouillir dans un tube à « essais $0^{gr},60$ d'acide arsénieux avec 3 centimètres cubes d'acide « azotique pur (D = 1,39) jusqu'à disparition de vapeurs rouges de « peroxyde d'azote et diluant le résidu avec 100 centimètres cubes « d'eau distillée. Une gouttelette de cette solution évaporée sur lame « donnera avec l'azotate d'argent ammoniacal de très beaux cristaux « du système hexagonal. »

Localisation de l'arsenic. — Sans tenir compte, bien entendu, de l'estomac et de l'intestin :

D'après Schutzemberger, As se localise dans tous les organes, notamment dans le foie et les centres nerveux.

Pour Ludwig, As se localise dans le foie.

Pour Scolosuboff, As se localise dans le cerveau et le tissu nerveux de préférence.

D'après Ritter, le foie et le cerveau sont les organes de localisation.

Chapuis et Garnier ont obtenu des résultats inverses de Scolosuboff : pour eux, As se localise dans le foie.

D'après Vibert, « dans l'empoisonnement aigu ou subaigu chez « l'homme, c'est dans le foie qu'on trouve ordinairement le plus d'ar-« senic pourvu que la mort n'ait pas trop tardé », et il ajoute : « dans un « cadavre inhumé depuis longtemps, il se peut que As se dissolve, « abandonne peu à peu les organes abdominaux pour se fixer de nou-« veau dans les os des parties déclives : bassin, vertèbres, où il serait « retenu par affinité chimique ». Ceci était probablement écrit pour corroborer l'opinion déjà ancienne d'Orfila, puis de Roussin, et enfin de Pouchet qui prétendent que As se localise surtout dans le tissu osseux où il prend la place de Ph. A propos de l'affaire Pastié-Beaussier, en 1888-1889, il écrivait : « Cependant, chez les animaux empoi-« sonnés par des doses massives, on observe une sorte de diffusion « générale de l'arsenic, et le tissu osseux n'offre alors rien de particu-« lier au point de vue de la localisation. On trouve de l'arsenic dans « tous les organes ».

Dans cette même affaire Pastié-Beaussier, M. G. Pouchet en trouvait par ordre de décroissance dans les cheveux, les os, la peau et les ongles.

D'ailleurs d'après Chapuis, la localisation varie suivant la dose et la répétition du médicament.

Tels sont les principaux documents qui jusqu'à ces dernières années faisaient connaître la localisation de As.

A propos de l'élimination de l'arsenic par les poils, Dupouy et nous-même, dans un procès retentissant (affaire C...) en 1906, avons eu l'occasion de rechercher l'arsenic dans les cheveux d'une personne soumise à une ingestion intense et prolongée de liqueur de Fowler. Les cheveux ont donné une dose de 40 milligrammes d'arsenic au kilogramme de substance détruite.

Les poils de la barbe ont fourni une dose de 25 milligrammes.

Dans l'affaire Galtié, les experts Blarez et Denigès trouvèrent, pour les cheveux :

chez M. G. Dupont	40 milligrammes
chez Mme Dupont	20 à 24 milligrammes

Les extrémités libres des ongles de M. C... ne contenaient que des traces insignifiantes d'arsenic, alors que les ongles entiers des personnes empoisonnées dans l'affaire Galtié en renfermaient des quantités relativement considérables. Dans d'autres affaires on a trouvé pour les cheveux les quantités suivantes :

Arsenic contenu dans 1 kilogramme de cheveux :

Affaire Pastié-Beaussier, intoxication lente (Brouardel et Pouchet).	M. Ducamp .	37 milligr.
	Mme Ducamp .	10 —
Cas de Delens, Lhote et Bergeron (intoxication aiguë).	Mme X	11 —
Affaire Fayolle (Denigès).	Mme Fayolle...	12 —
Affaire Galtié (Blarez, Denigès).	M. G. D.	40 —
	M. G. G.....	85 —
	Mme D	22 —

A propos de l'expertise C..., Dupouy et nous avons examiné les cheveux de personnes ayant suivi pendant un temps plus ou moins long et à des doses plus ou moins fortes un traitement par la liqueur de Fowler, traitement surveillé dans un service d'hôpital (1-2-3) :

1. Mlle MM., avant traitement	2 mmgr.	3. Mme D	6 mmgr.
après traitement de 30 jours......	10 mmgr.	4. Mme L.F ...	5 —
2. Mlle W. L., traitement de 3 semaines	7 mmgr.		

Dans ce dernier cas, la malade suivait un traitement arsenical depuis 3 ans, traitement surveillé par son médecin.

M. Meillère (1916), dans le but de rechercher si les dermatites aiguës observées chez des ouvriers occupés dans des fabriques de produits chimiques étaient dues à des vapeurs arsenicales, s'est adressé avec succès à l'examen des phanères (cheveux, poils) qui fixent, comme on le sait, certains toxiques comme Pb, Cu, Hg, As. 1 à 2 grammes de poils détruits par la méthode nitro-sulfurique en vase clos suffisent pour caractériser l'arsenic par l'un des procédés habituels. La recherche de l'arsenic chez ces mêmes ouvriers exécutée avec les produits d'excrétion (fèces et urines) ne lui a pas donné des indications suffisamment nettes.

Jusqu'à ces dernières années on ne connaissait pas la localisation précise de l'arsenic, et la thèse de Brouardel, cependant très documentée, en fait foi. Si l'on veut bien se rapporter au tableau des cas d'intoxication arsenicale que nous avons rassemblés, on verra, comme l'a montré Denigès (1905), que les documents de Scolosuboff sur la localisation de l'arsenic doivent être infirmés. Dans l'empoisonnement aigu, comme dans l'intoxication lente, chez les animaux comme chez l'homme, le foie est le lieu d'élection de l'arsenic, alors que le cerveau et la moelle épinière n'en renferment jamais que de faibles quantités.

Le tableau ci-après est de nature à apporter une contribution importante à la localisation de l'arsenic.

ARSENIC ORGANIQUE

Au point de vue toxicologique, l'étude de l'arsenic organique très limitée est des plus intéressante et ne saurait être séparée de celle de l'arsenic minéral.

L'arsenic, en combinaison organique, est beaucoup mieux supporté, même à doses élevées ; si les composés métalloïdiques ne peuvent être donnés en injections sous-cutanées parce qu'ils possèdent une action toxique beaucoup trop forte, jointe à une action corrosive manifeste, au contraire, les préparations arsenicales organiques : méthylarsinate de sodium, cacodylate de sodium... beaucoup moins toxiques, sont très employées en injections hypodermiques. Les molécules organiques arsenicales, plus compliquées, sont aussi très stables, puisqu'elles résistent en partie aux phénomènes d'oxydation intraorganiques pour être éliminées le plus souvent sans aucun changement notable. Dans tous les cas, le chimiste, qui voudra juger de l'élimination de l'arsenic organique ingéré, devra au préalable détruire les matières ou tissus organiques qui l'auront fixé, et rechercher l'arsenic dans la solution acide.

En conséquence, il demeure entendu que les dosages d'arsenic

EMPOISONNEMENTS PAR L'ARSENIC

NOTA : *L'arsenic dosé est exprimé en prenant le milligramme pour unité, et ramené au kilogramme d'organe analysé.*

ORGANES	Cas RITTER et SCHLAGDENHAUFFEN. Intoxication aiguë chez enfant de 9 ans	Cas RITTER et SCHLAGDENHAUFFEN. Intoxication aiguë chez femme enceinte	Cas LUDWIG. Homme de 27 ans. Intoxication aiguë	Cas LUDWIG. Homme de 47 ans. Intoxication aiguë	Cas BROUARDEL, OGIER et SOCQUET	Cas DELENS, L'HOTE et BERGERON. Suicide d'une jeune fille avec 50 grammes vert de métis. Mort au bout de 5 jours.	Cas de BISCHOFF. Suicide d'une jeune fille enceinte. Intoxication aiguë. Mort en 18 h. 1/2.	Affaire FAYOLLE, DENIGÈS et POUCHET 1900. Cadavre bien conservé. Intoxication aiguë. — DENIGÈS	Affaire FAYOLLE — G. POUCHET	Affaire GALTIÉ 1904. BLAREZ et DENIGÈS. Triple empoisonnement par As^2O^3. Intoxication aiguë. — M. G. D.	M. G. G.	Mme D.	Cas de JOHNSON et CHITTENDEN. Intoxication lente.	BROUARDEL et POUCHET. Affaire PASTIÉ-BEAUSSIER. Intoxication lente. — M. DECAMP	Mme DECAMP	L. BARTHE. Affaire VERGNIAUD 1907. Intoxication aiguë par As^2O^3. Mort après 10 heures environ.	Ch. BLAREZ et L. BARTHE. Affaire GILBERT 1908. Intoxication aiguë. Exhumations 13 et 14 avril 1908. — Femme G.P. 76 ans. Décédée 15 décembre 1905. Muscles rosés.	Homme R. 61 ans. Décédé 9 septembre 1906. Cadavre immergé. Muscles bien conservés.	Femme R. 53 ans. Décédée 29 octobre 1906	Femme P. 59 ans. Décédée 29 mars 1908. Cadavre très bien conservé malgré une 1re exhumation.	BONN, LESCŒUR et VALLÉE, 1909. Intoxication aiguë. Cadavre inhumé depuis 3 mois environ. Très bien conservé.	L. BARTHE. Affaire L. à Tarbes. Juin 1910. Intoxication aiguë. Mort après 10 heures.	DENIGÈS. Février 1910. Affaire LAURIS, en Vaucluse. Victime morte en février 1906, exhumée le 12 septembre 1907. Cadavre très bien conservé.	BONN, LESCŒUR et VALLÉE. Janvier 1912. Intoxication aiguë. Mort après 4 jours.	BLAREZ et BARTHE. Affaire D. St-Amand-Montrond. Mars 1912. Exhumation après un an environ. Cadavre très bien conservé.	A. GASCARD. Empoisonnement aigu. 1901	A. GASCARD. Empoisonnement subaigu. 1912.	BONN 1913. Sieur D.	BONN 1913. Femme G.	BONN, LESCŒUR et VALLÉE. 1913
Estomac							500.0									2003.0	220.0	700.0	2500.0	8.0	295.0	As^2O^3 trouvé en nature	42.0	95.0	321.0	224.0	2.0	162	40	95
Contenu stomacal							1652.0			950.0	900.0	890.0																		
Intestins							61.0									750.0	220.0	700.0	800.0	10.0	242.0	520.0	82.0	95.0		223.0	6.0	99	40	95
Contenu intestinal							289.0																							
Foie	7.3	3.8	33.8	14.0	35.0	14.0	41.0			217.0	255.0	330.0	81.1	38.0	15.0	213.0	210.0	1040.0	2060.0	100.0	192.0	230.0	360.0	111.0	8.0	44.0	8.0	230	162	111
Reins			71.2	4.0		4.0	124.0			310.0	160.0	365.0	82.5			27.0	35.0	1300.0	1100.0	12.0	127.0	60.0	28.0		64.0	13.0	7.0	149	59	
Muscles			12.0	2.5		2.5	12.0	8.0	6.5	8.0	4.0	8.5				16.0	6.0	2.0	60.0	10.0			11.0	26.0						24
Cœur							71.0			4.0	14.5	42.5						4.0			23.0	6.0	14.0				3.0	59	24	
Rate							125.0														17.0	150.0			19.0		6.0	149	59	
Sang																142.0						8.0		55.0			4.0	18	6	55
Moelle								Traces très faibles																						
Cerveau	0.6	1.7	0.4	2.0	Traces	2.0	Traces minimes			2.0	4.0	2.0	Traces	Traces très faibles	Traces	?	0.2	0.4	10.0	9.0	68.0		2.0	Traces	?	0.1	4.0	Traces	Traces	Traces
Poumons						7.0										133.0					53.0	12.0	16.0	55.0				18	6	55
Peau										2.0	3.0	2.5																		
Cheveux						11.0		12.0		40.0	85.0	22.0		37.0	10.0		5.0	1.3	2.5	18.0		8.0	15.0	75.0						75
Ongles										61.0	40.0	14.0					11.0	5.0	50.0	200.0			23.0							
Dents																	7.0	13.0	4.0	0.1										
Utérus							43.0																							
Placenta							66.0																							
Liquide amniotique							néant																							
Sternum										3.0	2.0	2.0																		
Fémur										12.0	10.0	8.0	0.6																	
Os longs																	5.0	4.0												
Os plats																	0.8	44.0	20.0	28.0			50.0							

organique ne doivent jamais être effectués directement dans les liquides biologiques qui le contiennent : c'est d'ailleurs ce qui rend si pénible et si longue l'étude de l'élimination des nouveaux composés arsenicaux organiques employés depuis peu en thérapeutique.

Il y a quelques années, on ne connaissait que quelques composés arsenicaux organiques qui n'avaient pas reçu d'application dans la thérapeutique médicale. M. A. Gautier, après avoir constaté la présence normale de l'arsenic dans l'économie, fut amené à conseiller le cacodylate de sodium, moins toxique que les préparations arsenicales usitées jusque-là ; en présence des inconvénients reconnus au cacodylate de sodium, il s'adressa au méthylarsinate de sodium (1902). D'autre part, les progrès faits dans l'étude de la structure intime des composés organiques ont permis d'entrevoir toute une série de nouvelles propriétés de ces groupes de corps, de faire la synthèse de nouvelles combinaisons, qui enrichies de certains radicaux étaient susceptibles de constituer un apport sérieux à la thérapeutique. Des chimistes français et étrangers ont étudié la valeur de chaque groupement chimique, et certains d'entre eux, comme Ehrlich et Hata, Mouneyrat..., ont pu créer des combinaisons organiques arsenicales, spécifiques de certains microbes (spirilles...).

Parmi les dérivés des sels d'acides organoarséniques ou dérivés atoxyliques, dérivant de l'arséniate de sodium .... $O = As \left\langle \begin{array}{l} ONa \\ ONa \\ ONa \end{array} \right.$

nous étudierons au point de vue de la chimie toxicologique :

Le méthylarsinate de sodium, arrhénal......... $O = As \left\langle \begin{array}{l} CH^3 \\ ONa \\ ONa \end{array} \right.$

Le cacodylate de sodium ou diméthylarsinate de sodium .... $O = As \left\langle \begin{array}{l} CH^3 \\ CH^3 \\ ONa \end{array} \right.$

L'atoxyl ou aminophénylarsinate de sodium .. $O = As \left\langle \begin{array}{l} ONa \\ OH \\ C^6H^4NH^24Aq \end{array} \right.$

L'arsacétine, p. acétylaminophénylarsinate de sodium............................. $O = As \left\langle \begin{array}{l} ONa \\ OH \\ C^6H^4N \left\langle \begin{array}{l} H \\ C^2H^3O^4 \end{array} \right. \end{array} \right.$

L'hectine, benzonesulfoneparaminophénylarsinate de sodium, qui peut être stérilisé à 130°.. $O = As \left\langle \begin{array}{l} ONa \\ OH \\ C^6H^4N \left\langle \begin{array}{l} H \\ SO^2C^6H^5 \end{array} \right. \end{array} \right.$

Dans ces composés l'arsenic est pentavalent ; partant de ce fait que leur réduction se fait par leur transformation dans l'organisme, Ehrlich se proposa de réaliser cette réduction en dehors de l'organisme, c'est-à-dire de trouver des composés dans lesquels l'arsenic fût seulement trivalent et d'essayer l'action thérapeutique de ces corps. Ces vues se sont réalisées.

Dans le groupe de l'arsénobenzol : As$\leqq$, sont intéressants par leur emploi en thérapeutique :

Le salvarsan ou 606, dioxydiamidoarsénobenzol d'Ehrlich et Bertheim

$$\begin{matrix} HO \\ HClNH^2 \end{matrix}\rangle C^6H^3 - As = As - C^6H^3\langle\begin{matrix} OH \\ NH^2HCl \end{matrix}$$

Le néosalvarsan ou 914... $\begin{matrix} OH \\ NH^2 \end{matrix}\rangle C^6H^4As - AsC^6H^4\langle\begin{matrix} OH \\ NH - CH^2OSONa \end{matrix}$

L'hectine (Mouneyrat) est le sel de sodium de l'acide benzosulfone paraminophénylarsinique .... $C^{12}H^{12}NAsSO^5Na^2$

Le Galyl (Mouneyrat) tetraoxydiphosphaminodiarsénobenzène ..... $C^{24}H^{22}O^8N^4P^2As^4$

Mouneyrat a établi, en ce qui concerne les dérivés organiques arsenicaux, qu'il n'y a aucun rapport entre la toxicité de ces corps et leur teneur arsenicale. La toxicité tient plutôt à la présence des divers groupements fonctionnels.

Méthylarsinate de sodium, arrhénal. — Sel cristallisant avec 6 molécules d'eau dont 5 seulement disparaissent si l'on ne dépasse pas 100° (Soulard).

Il renferme 40,7 d'arsenic p. 100.

Il est très soluble dans l'eau.

Dans les solutions chlorhydriques chaudes de méthylarsinate, l'arsenic donne avec l'hydrogène sulfuré un précipité jaune qui est un mélange de soufre, de monosulfure et de bisulfure de méthylarsine, $CH^3 - As = S$ et $CH^3 - As \leqq S^2$; ce dernier composé possède l'odeur de l'assa fœtida.

Le méthylarsinate de sodium est employé à la dose de 0gr,05 par jour, sans qu'il soit prudent de dépasser 0gr,15 par jour. Son ingestion ne donne pas lieu à des renvois désagréables.

Il est 5 fois plus toxique que le cacodylate de sodium (Marc Laffont). Il est réduit même à chaud par le réactif de Bougault primitif ou modifié en fournissant $(CH^3As)^n$; sensibilité : 1/30 de milligramme. Mais si au lieu d'une solution chlorhydrique d'acide hypophosphoreux on emploie une solution d'acide hypophosphoreux dans l'acide sulfurique dilué, le produit de réduction de l'acide méthylarsinique est un liquide jaunâtre de même composition centésimale que le précipité noir obtenu en milieu chlorhydrique et auquel Auger a assigné la formule $(CH^3As)^4$ avec réserve quant à la valeur numérique de l'exposant. Le méthylarsenic liquide est susceptible de se transformer en méthylarsenic solide sous l'influence de traces d'acide chlorhydrique.

Le méthylarsinate de sodium s'éliminerait assez rapidement sans se localiser (Mouneyrat, 1902) et cela au bout du 30e jour qui suit l'ingestion.

M. Vaïas est arrivé à un résultat parallèle pour l'élimination urinaire de l'arrhénal.

En décembre 1904, en analysant les organes d'un individu soumis à la médication arrhénique 6 mois avant, et qui en avait absorbé une quantité de 7 grammes environ, sans en avoir ingéré depuis, nous n'avons pas retrouvé d'As dans le cœur, les reins, le cerveau, le cervelet, le foie, ce qui confirme les expériences des auteurs précédents : l'arrhénal ne se localise donc pas dans les organes, conclusion qui a une grande importance au point de vue toxicologique.

Cacodylate de sodium. — L'acide, connu depuis 1842, a été introduit en thérapeutique en France par Danlos et A. Gautier. Il renferme 54,3 p. 100 d'arsenic.

Le cacodylate de sodium $O{<}\begin{matrix}ONa\\CH^3\\CH^3\end{matrix}$ renferme de 1 à 3 molécules et demie d'eau.

Il est très déliquescent, soluble dans l'eau. Il fond vers 60°.

Par la bouche ou en injections rectales, il provoque à la longue la fatigue, le dégoût, l'intolérance, des crampes localisées à l'épigastre, des désordres intestinaux, une saveur et une odeur alliacées, de l'albuminurie.

En 1902, au moment de l'expédition de Chine, à l'hôpital Saint-Mandrier, un élève du service de santé de la marine, M. C..., fit 2.000 pilules de cacodylate de sodium à 0gr,01 : il les avait roulées à la main. Il éprouva le jour même, dans la soirée, des nausées alliacées, un dégoût des aliments ; il avait la gorge serrée et la tête comme pressée dans un étau : il était en proie à un malaise général. Un bain de mer amena un soulagement général et immédiat.

L'oxyde de cacodyle, provenant de sa décomposition, possède une odeur particulière et désagréable ; il est très toxique et volatil, s'élimine par la peau, les poumons et les reins en provoquant des désordres. Aussi est-il plus toxique par la voie gastrique que par la voie hypodermique (A. Gautier).

De même, M. A. Gautier a fait remarquer que, ingéré par la voie stomacale et non hypodermique, le cacodylate de sodium contrarie la sécrétion rénale et fatigue les reins.

Ce fait a été confirmé sur les animaux par mon élève M. Péry. Renaut, de Lyon, a préconisé la voie rectale la moins dangereuse.

D'après Rabuteau (1882), il amène à la longue la dégénérescence graisseuse.

MM. H. Imbert et E. Badel (1901), pour détruire la molécule cacodyle, ont indiqué une addition à la méthode classique de A. Gautier: après emploi de cette méthode, ces auteurs neutralisent la liqueur acide et calcinent le résidu desséché avec du nitrate de potassium et de la potasse. Chauffant ensuite avec de l'acide sulfurique, ils chassent tout l'acide nitrique et le reste de la liqueur additionnée d'eau est introduit dans l'appareil de Marsh. En appliquant cette méthode, ces chimistes ont trouvé que l'arsenic, après ingestion de cacodylate de sodium, apparaît dès la première émission d'urine et que son élimination par les reins s'est prolongée pendant près d'un mois. Ce composé absorbé en injections hypodermiques s'éliminerait plus rapidement que lorsqu'il est ingéré par la voie stomacale ; de fait, dans l'urine d'une femme qui ingérait des pilules de cacodylate de sodium, nous avons trouvé de l'arsenic 70 jours après la dernière ingestion de pilules.

Péry a montré que l'arsenic cacodylique s'élimine également par les poils. Dans le lait d'une nourrice soumise à la médication cacodylique par ingestion, il n'a trouvé d'arsenic qu'au bout de 8 jours de traitement ; il y a un « temps perdu d'élimination », comme pour le mercure, d'après Sigalas et Dupouy. L'arsenic cacodylique s'élimine aussi chez la femme par les menstrues.

Avec M. R. Péry, nous avons poursuivi des recherches en vue de la destruction complète de la molécule cacodylique. Nous avons observé que la méthode de A. Gautier est impuissante à en solubiliser complètement l'arsenic; il en est de même de l'emploi de cette méthode avec la modification supplémentaire apportée par MM. H. Imbert et E. Badel : ce qui le démontre suffisamment c'est que, en même temps que l'on obtient avec la liqueur sulfurique résiduelle un anneau arsenical, on a toujours senti une odeur infecte, cacodylique, à l'extrémité de l'appareil.

Si, dans le mélange en fusion habituellement utilisé dans les laboratoires pour les oxydations, composé d'azotate de potassium et de carbonates alcalins, on projette quelques centigrammes d'acide cacodylique, on sent aussitôt une odeur cacodylique : en même temps, il se produit sur les points en contact avec l'acide une coloration noire qui disparaît rapidement. Le liquide, traité comme il convient, fournit une solution qui, soumise à l'action de l'hydrogène sulfuré, fournit un précipité de sulfure jaune d'arsenic. La liqueur saturée de ce gaz, abandonnée dans un flacon bouché pendant 24 heures, donne à l'ouverture du flacon une odeur cacodylique. Il y a des pertes d'arsenic.

Les résultats sont les mêmes si l'on prend le soin de mélanger intimement au mortier l'acide cacodylique et l'agent oxydant, et même si, dans le but d'assurer un mélange plus intime, on dissout d'abord dans de l'eau distillée l'acide cacodylique et le mélange oxydant.

Avec de très petites quantités d'acide cacodylique traitées par la méthode de MM. H. Imbert et E. Badel, on pourra ne pas obtenir d'anneau, mais on percevra toujours l'odeur très manifeste de cacodyle.

On peut d'ailleurs mettre cette odeur en évidence en introduisant dans un appareil de Marsh fonctionnant à blanc depuis une demi-heure 1/100 de milligramme d'acide cacodylique non oxydé : on la sent au bout d'un quart d'heure. D'après Schutzenberger (1885), l'hydrogène est inactif sur l'acide cacodylique. Nous avons vérifié que l'hydrogène *naissant* de l'appareil de Marsh était probablement un réducteur plus énergique ; son action peut s'expliquer par l'équation suivante :

$$2\left(AsO\begin{matrix}\diagup CH^3\\ -CH^3\\ \diagdown OH\end{matrix}\right) + 4H = As^2(CH^3)^4O + 3H^2O,$$

et on comprend alors aisément la production de cette odeur si infecte d'oxyde de cacodyle.

De son côté, l'hydrogène sulfuré exerce une action connue sur la solution aqueuse de l'acide cacodylique et l'équation suivante (Beilstein) a été vérifiée :

$$2[OAs(CH^3)^2HO] + 3H^2S = As^2(CH^3)^4S + 4H^2O.$$

Il est fort probable que cette même action se passe en milieu acide. Le sulfure ainsi formé rappelle l'odeur de l'oxyde de cacodyle ; elle domine celle de l'hydrogène sulfuré et elle subsiste avec ténacité dans le local où l'on opère.

Ces expériences sont de nature à prouver l'impuissance des méthodes indiquées ci-dessus pour la recherche de l'arsenic total dans la molécule cacodylique. Elles sont trop brutales et font perdre de l'arsenic. Elles peuvent toutefois montrer si l'on a affaire à de l'arsenic d'origine cacodylique ou à de l'arsenic métalloïdique.

G. Bressanin (1912) — et nous-même plus tard avons vérifié ces résultats — conseille, pour la destruction de la matière organique dans les cacodylates, de chauffer ces composés pendant 2 heures avec de l'acide sulfurique concentré, de façon modérée pour éviter la formation d'oxyde de cacodyle : il obtient la minéralisation complète de l'arsenic. L'opération est favorisée par l'addition de quelques cristaux de $KMnO^4$, comme le conseille G. Zuccari. Pour les autres composés organiques d'arsenic, l'ébullition de l'acide sulfurique ne doit pas être modérée. La destruction s'opère dans des ballons d'Iéna à longs cols.

J. Bougault a montré (1903) que l'action de son réactif sur l'acide cacodylique et les cacodylates développait, au bout d'un temps variable suivant la proportion de ces composés, une odeur cacodylique très nette. Même avec un demi-milligramme de cacodylate, cette odeur devient parfaitement sensible après un contact de 12 heures : aucun dépôt d'arsenic ne se forme dans le liquide. Mais, avec de plus fortes quantités de cacodylate, on observe sur les parois supérieures du tube à essais, au-dessus du liquide, un dépôt d'arsenic qui se produit lentement et continue à augmenter pendant plusieurs jours.

Les méthylarsinates ne donnent pas lieu au dégagement d'odeur cacodylique et tout l'arsenic qu'ils contiennent est mis en liberté à l'état de méthylarsenic polymérisé $(CH^3As)^n$ (Auger, 1904).

La présence du méthylarsinate ne gêne pas les réactions propres au cacodylate. Mais l'inverse n'est pas exact ; la réduction du méthylarsinate est moins sensible en présence du cacodylate que lorsque le sel est pur.

Pour la recherche du cacodylate de sodium, le réactif de Bougault avec addition de II gouttes d'iode N/10 fournit en 5 minutes avec 1/20 de milligramme une odeur cacodylique très nette, en opérant à froid.

L'Atoxyl, $C^6H^4{<}^{NH^2}_{—AsO}{<}^{OH}_{ONa}, 4H^2O$

Découvert par Béchamp en 1863, introduit en 1902 dans la thérapeutique. Poudre blanche, cristalline, soluble dans 6 parties d'eau, très soluble dans l'eau bouillante. Sec, il se dissout aisément dans l'alcool méthylique (Fourneau).

Les acides minéraux ajoutés avec précaution à une solution d'atoxyl précipitent l'acide arsénique qui se dissout dans un excès de réactif.

M. Fourneau (1907), en collaboration avec M. Cornimbœuf, a essayé tous les procédés de destruction en vue de la recherche de l'arsenic dans l'atoxyl et les composés arsenicaux organiques : la méthode de Carius, traitement en tube scellé à 170° par l'acide nitrique fumant, lui a donné de bons résultats ; il a aussi essayé avec succès le traitement de calcination à la chaux.

Les premiers essais physiologiques de ce composé ont été faits par Blumenthal (1902) qui a montré qu'il avait une toxicité 47 fois plus faible que celle de la liqueur de Fowler. Schild (1902) en a fait les premières applications thérapeutiques et ensuite Mendel (1903), Salmon (1907). On l'a employé dans le traitement des trypanosomiases et en particulier de celle connue sous le nom de maladie du sommeil (Robert Koch).

La dose quotidienne susceptible d'être ingérée est de $0^{gr},15$ à $0^{gr},20$. En injection on donne jusqu'à $0^{gr},50$ par jour. De fortes doses ont produit des accidents, et en particulier de la cécité.

La solution doit être stérilisée par la méthode de Tyndall ; il se dédouble déjà à l'ébullition en aniline et arséniate monosodique (G. Bertrand).

Ses réactions ont été indiquées par P. Lemaire (1907).

Pour mettre en évidence l'arsenic dans l'atoxyl, M. B. Galli Valério (1909) s'est adressé au procédé Gosio.

Il triture l'atoxyl en poudre avec de la mie de pain qu'il introduit dans des vases d'Erlenmeyer. Après stérilisation, il les ensemence avec du Penicillium brevicaule, puis il porte à l'étuve à 20-25°.

Même avec des doses de $0^{gr},01$ à $0^{gr},00125$ d'atoxyl, il a pu constater nettement une odeur alliacée.

D'après L. Martin et Tendron (1911), l'atoxyl s'élimine très rapidement dans les six premières heures, puis la quantité éliminée s'abaisse considérablement.

E. Simonot a montré (1908) que la destruction azoto-mangano-sulfurique des molécules atoxyliques en présence de matières organiques solubilisait l'arsenic totalement sans aucune perte. Dans une première série d'expériences très consciencieuses, entreprises sur des chiens, M. E. Simonot a montré que, contrairement à ce qui arrive dans les cas d'intoxication par l'arsenic minéral, il ne paraît pas se produire de dégénérescence graisseuse dans les organes, s'il s'agit d'intoxication suraiguë par l'atoxyl. Complétant ses recherches et en s'entourant de toutes précautions, M. Simonot a montré que l'arsenic était excrété en quantité considérable par les urines dans le temps qui sépare le moment précis de l'intoxication et celui de la mort, que l'arsenic rencontré dans le cerveau était en quantité 10 fois plus grande que dans les intoxications arsenico-minérales aiguës et suraiguës et 5 fois plus grande que dans les intoxications foudroyantes, — qu'il y a 25 fois plus d'arsenic dans le sang des animaux ayant subi l'intoxication atoxylique suraiguë que dans le sang des animaux morts par intoxication suraiguë minérale, mais que la proportion d'arsenic trouvé est moitié moindre que celle qui existe chez les animaux foudroyés par l'arsenic minéral administré en injection, que la mort survient dans un temps 45 fois plus long dans l'intoxication atoxylique que dans l'intoxication minérale, ce qui est une confirmation des travaux de Blumenthal sur ce côté de la question, qu'il ne paraît pas y avoir de localisation à la suite d'injections d'atoxyl administrées dans un but thérapeutique, le toxique semblant s'éliminer complètement au bout de 3 jours.

E. Rupp et Lehman (1911) ont proposé de doser l'arsenic dans l'atoxyl, l'arsacétine et même dans le salvarsan de la manière suivante : mettre 0gr,20 de substance dans un ballon de 200 centimètres cubes et y verser 10 centimètres cubes de SO^4H^2 concentré, chauffer modérément à 70° environ. Retirer du feu, ajouter tout en remuant 1 gramme de $KMnO^4$ cristallisé, par petites portions, et après chaque addition attendre que le vif dégagement gazeux ait cessé. Ajouter ensuite goutte à goutte 5 à 10 centimètres cubes de solution d'eau oxygénée officinale jusqu'à ce que la coloration brune ait disparu et que la solution soit devenue claire. Diluer cette solution avec 20 centimètres cubes d'eau, faire bouillir 10 à 15 minutes et diluer encore une fois avec 50 centimètres cubes. Après refroidissement et dans le liquide résiduel, les auteurs dosent l'arsenic en ajoutant 2 grammes de KI, comme l'ont proposé Seybel et Wikander, puis Bressanin (1912) ; ils laissent le mélange une heure au repos, et ils titrent l'iode libre par l'hyposulfite de sodium N/10 de la façon suivante :

L'iodure d'arsenic retenu sur l'amiante et obtenu en milieu sulfurique à 45° B. est lavé avec un liquide formé de 2 parties SO^4H^2 à 45° B. et 1 partie HCl. Le précipité est ensuite dissous dans l'eau, on sursature avec $NaHCO^3$ et l'on titre avec la solution de I $^N/_{10}$. Il ne doit pas y avoir, pour une bonne conduite de l'analyse, plus de 0gr,2 p. 100 d'arsenic :

$$AsI^3 + 6NaHCO^3 = Na^3AsO^3 + 3NaI + 6O^2 + 3H^2O$$
$$Na^3AsO^3 + I^2 + H^2O = Na^3AsO^4 + 2HI$$

La formation de AsI^3 a lieu avec 0mgr,001 d'As par centimètre cube en donnant une opalescence jaunâtre en milieu sulfurique. Tandis qu'avec le réactif de Bettendorff il faut attendre pendant quelques heures, et chauffer au bain-marie avant d'observer une teinte brune à peine sensible.

Le **galyl** se présente sous la forme d'une poudre jaune ou jaune gris, sans saveur et sans odeur, insoluble dans l'eau, l'alcool, l'éther, la benzine et la plupart des dissolvants neutres, soluble dans les solutions étendues de carbonates alcalins. Les solutions alcalines de galyl seraient d'un tiers moins toxiques que les solutions neutres.

Le galyl, comme le ludyl, n'aurait aucune tendance à s'accumuler dans l'organisme, et son élimination serait complète, ou à peu près, au bout de 3 à 5 jours ; ces deux composés ne se fixent pas sur les centres nerveux, la rate et les reins ; au contraire par ordre de teneur décroissante, la peau, les poils, les ongles, les muscles, la paroi intestinale, le foie, le sang total renfermeraient des quantités appréciables d'arsenic (Mouneyrat).

Salvarsan. — Le salvarsan se décompose avec facilité ; par auto-oxydation se forment des oxydes arsénieux 10 fois plus toxiques que le salvarsan (Ehrlich).

La décomposition des solutions de salvarsan est encore plus rapide : il se forme des produits toxiques de constitution inconnue. Il s'agit de prévenir cette oxydation. Ehrlich découvrit que le salvarsan avec un corps réducteur comme le formaldéhyde sulfoxylate de sodium (hyraldite), $CH^2\Big\langle{}^{OH}_{OS}$ ONa, donne un produit plus stable que le salvarsan et ayant encore les propriétés parasiticides. Le nouveau produit est le *néo-salvarsan* qui serait du dioxydiamino-arsénobenzol-monométhanesulfinate de sodium :

```
        As════════════════════As
        |                     |
       / \                   / \
     H/   \H               H/   \H
     |     |               |     |
  H²N\     /H              H\     /NH.CH².O.SONa
      \   /                  \   /
       OH                     OH
```

L'introduction d'un groupe nouveau dans la molécule a réduit la proportion d'arsenic aux deux tiers de celle du salvarsan.

Ce produit est livré au commerce sous forme d'une poudre microcristalline de couleur jaune serin ; il se décompose à 175° sans fondre. Soluble dans l'eau à laquelle il communique une couleur jaune et une réaction fortement acide. En solution sulfurique à 45°, contrairement aux autres composés organiques d'arsenic, il ne précipite pas avec l'iodure de potassium. Avec l'acide sulfurique concentré de densité 1,84, il se passe une vive réaction, et il se dégage SO^2 ; ensuite, si on dilue à 45° B., la solution froide précipite en jaune par KI (G. Bressanin).

D'après Ehrlich, Fleïg, etc., le salvarsan ne serait pas toxique par lui-même, et cependant, chez certains individus, dans certains cas, il a pu provoquer des réactions très graves. Les causes de ces accidents seraient attribuables à une faute technique dans la préparation même de la solution injectable.

On doit commencer par l'emploi de doses moyennes, soit 0gr,30.

L'alcalinisation du liquide doit être exacte.

L'eau distillée employée doit être fraîche et pure.

Il doit y avoir une proportion suffisante d'excipient (100 centimètres cubes d'eau pour 0gr,30 de salvarsan).

L'injection doit être faite lentement, de 5 à 6 minutes.

Enfin on s'assurera au préalable de la perméabilité rénale.

M. G. Denigès et A. Labat ont indiqué (*Bull. Soc. Ph.* Bordeaux, 1911, p. 97) les réactions et le dosage du diamino-dioxyarséno-benzol (606). Ces auteurs ont exécuté le même travail (*loc. cit.*, p. 477) avec le néo-salvarsan (914).

Selon Burnaschoff (1912), après introduction du salvarsan dans l'organisme, il y a environ 9 p. 100 de l'arsenic qui circule dans le sang dans les premières 24 heures. On peut le caractériser en faibles quantités dans la rate, dans le rein et dans le poumon, en traces minimes également dans le cœur, le cerveau et le bulbe. Au bout de 3 semaines, on a pu caractériser jusqu'à 12 p. 100 de l'arsenic introduit. Au bout de 3 mois, on n'en trouve plus de traces. L'élimination se produit de préférence par l'appareil gastro-intestinal et par les reins et, en faibles quantités, également par la peau, les glandes mammaires et les poumons.

D'après L. Martin et Tendron (1911), le 606 a une élimination maxima constante pendant les 3 premiers jours, qui diminue ensuite rapidement pour se prolonger plus longtemps que lorsqu'il s'agit d'atoxyl. Des résultats un peu différents ont été trouvés par Abelin (1911).

MM. Sicard et Marcel Bloch ont recherché l'arsenic dans le liquide céphalo-rachidien après injection du 606. Lorsque l'injection est intramusculaire, on ne trouve pas d'arsenic dans le liquide céphalo-rachidien ; ce dernier en renferme au contraire lorsque l'injection a été faite dans la veine.

MM. J. Mc. Intosh et P. Fildes (1914) n'ont pas trouvé d'arsenic dans le cerveau de l'homme ou des animaux après injections intra-veineuses fréquemment répétées de salvarsan et de néo-salvarsan.

Son élimination est certainement très intéressante. Mais cette étude, par suite de la nécessité où se trouve le chimiste de détruire la molécule arsenicale avant de procéder au dosage de l'As, est particulièrement pénible. Chambrelent et Chevrier (1911) ont exécuté dans notre laboratoire des recherches sur l'élimination de l'arsenic dans le lait d'une chèvre « salvarsanisée ». Les résultats ont été négatifs. M. Bar (1911) a trouvé des traces de cet élément dans le lait d'une nourrice « salvarsanisée », 2 heures après l'injection et encore davantage 24 heures plus tard.

P. Usuelli (1912) a étudié l'élimination de l'arsenic chez les individus traités avec du 606. Il a examiné l'urine, les matières fécales et les vomissements ; il a pu établir qu'après administration intraveineuse, l'excrétion par les reins se produisait 2 ou 3 heures après le traitement, et durait jusqu'au dixième ou douzième jour. Après introduction intramusculaire d'une solution alcaline de salvarsan, l'excrétion a commencé 6 heures après le traitement et a duré 20 jours. Il a pu également constater l'élimination de la préparation, mais à un faible degré, par les matières fécales en dehors de celle qui se produit par les reins. Il a pu enfin caractériser l'arsenic dans le contenu stomacal vomi 4 jours après l'administration du médicament.

MM. A. Heiduschka et Th. Biéchy (1911) ont étudié les différentes méthodes de dosage de l'arsenic dans le cas d'élimination de ce corps après usage du salvarsan et ils proposent dans ce but le procédé suivant qui fournirait de bons résultats.

Après l'usage du salvarsan, l'arsenic passerait dans l'urine sous une forme telle qu'on peut le précipiter par l'hydrate d'alumine ; et dans ce précipité mixte d'alumine et d'arsenic ce dernier peut être séparé par distillation sous forme de chlorure d'arsenic après addition d'acide chlorhydrique et de sulfate ferreux. Mais ces auteurs n'ont opéré que sur des urines additionnées de salvarsan, ce qui nous paraît bien différent de la réalité. L'urine à examiner est additionnée d'une solution de sulfate d'alumine à 12 p. 100 (20 centimètres cubes de solution pour 500 centimètres cubes d'urine) ; après ébullition pendant une demi-heure, le précipité est recueilli et le liquide clair est précipité à nouveau. Le précipité mixte, humide, est introduit dans un appareil à distiller avec 5 grammes de $FeSO^4$ et 50 centimètres cubes de HCl concentré, puis on distille environ les 3/4 du liquide qui contient le chlorure d'arsenic : celui-ci est recueilli dans une solution aqueuse de potasse caustique.

Pour mettre le salvarsan en évidence dans l'urine, le Formulaire des Hôpitaux militaires (t. II, 1915) préconise la méthode suivante : à 10 centimètres cubes d'urine, acidulée par HCl à 1/10, ajouter IV à V gouttes d'une solution de nitrite de sodium à 10 p. 100, puis quelques gouttes de solution de résorcine alcaline à 10 p. 100, et enfin

II gouttes de lessive de soude. Une coloration rouge indique le salvarsan.

Cette réaction doit être effectuée à basse température en refroidissant dans l'eau glacée les divers réactifs et l'essai.

Nous terminerons ce chapitre des composés organiques de l'arsenic, en insistant sur la caractérisation et le dosage de cet élément dans ces molécules. C'est une question de la plus grande importance qui appelle encore de nouvelles recherches.

Pour caractériser l'arsenic dans les molécules organiques qui le renferment, l'emploi des réactifs de Engel-Bougault et de G. Bressanin est généralement suffisant ; mais, pour différencier ces mêmes molécules entre elles, le problème se complique et la chimie n'indique que de rares réactions.

Nous rappellerons que le réactif de Bougault est une solution chlorhydrique d'acide hypophosphoreux et que l'addition à ce même réactif de quelques gouttes de solution N/10 d'iode le rend encore plus sensible. C'est un réducteur. Quant au réactif Bressanin, dont nous avons déjà parlé, et sur lequel M. G. Favrel a appelé l'attention, il nous a paru aussi sensible que celui de Bougault pour caractériser l'arsenic dans les molécules organiques : toutefois, il ne permet peut-être pas de les différencier aussi bien, la couleur du précipité qui se produit étant presque toujours la même. Cette méthode est basée sur l'insolubilité du tri-iodure d'arsenic jaune en liqueur sulfurique ou chlorhydrique. On opère en milieu sulfurique de densité 1,53, tenant en dissolution la molécule arsenicale organique, et on ajoute au mélange quelques centimètres cubes d'une solution d'iodure de potassium à 10 p. 100. Si l'acide sulfurique possède une densité supérieure à 1,53, il y a mise en liberté d'iode dont on peut faire disparaître la couleur rougeâtre par addition de IV à V gouttes de bisulfite de sodium, l'iodure d'arsenic conservant alors sa couleur normale jaune. En faisant agir ce réactif sur les mêmes quantités de molécules organiques arsenicales que nous énumérons plus loin, nous avons obtenu des précipités de couleur semblable. La méthode de Bressanin est extrêmement sensible ; le savant italien lui assigne 0gr,00005 comme limite de sensibilité.

Le réactif de Bougault fournit des précipités avec les différentes molécules arsenicales ; mais la composition de tous ces précipités n'a pas encore été définie.

Nous donnons dans le tableau suivant les résultats que nous avons obtenus en faisant agir les deux réactifs précédents, dans des conditions particulières mais identiques, sur quelques molécules arsenicales actuellement employées en thérapeutique.

MOLÉCULES ORGANIQUES ARSENICALES	RÉACTIF ENGEL-BOUGAULT à froid après 10 minutes	RÉACTIF ENGEL-BOUGAULT à chaud après 20 minutes	RÉACTIF ENGEL-BOUGAULT iodé à froid après 10 minutes	RÉACTIF ENGEL-BOUGAULT iodé à chaud après 20 minutes	RÉACTIF G. BRESSANIN	OBSERVATIONS
Cacodylate de sodium	rien	rien (odeur de cacodyle)	rien (odeur de cacodyle)	rien (odeur de cacodyle)	ppé rouge vineux (odeur cacodyle)	Pour différencier le salvarsan du néo-salvarsan, on peut recourir aux réactions proposées par Denigès et Labat.
Methylarsinate de sodium...........	rien	ppé noir	ppé noir	ppé noir	ppé rouge vineux	
Atoxyl............	rien	ppé brun rou eâtre	louche jaune citrin	louche jaune citrin	ppé brun rougeâtre	
Arsacétine	rien	ppé brun rougeâtre	louche jaune citrin	jaune (comme sulfure d'arsenic)	ppé brun rougeâtre	
Hectine............	rien	ppé rouge brun	louche jaune	ppé jaune citrin	ppé brun rougeâtre	
Enésol............	rien	ppé jaune puis noir	rien	ppé jaune citrin	ppé jaune orangé, puis brun	
Salvarsan (Creil)....	rien	ppé brun rougeâtre	trouble (comme soufre en suspension)	jaune rougeâtre	ppé brun rougeâtre [1]	
Néo Salvarsan (Creil).	rien	ppé rougeâtre foncé	trouble (comme soufre en suspension)	jaune rougeâtre	ppé jaunâtre [1] puis brun rougeâtre	

1. Ce précipité se produit quand l'acide sulfurique employé est à 50° B. il n'a pas lieu quand on se sert d'acide à 45° B.

Mais les deux réactifs de Bougault et de Bressanin ne suffisent pas à caractériser l'arsenic : le premier, en particulier, est réducteur de nombreuses solutions métalliques, le mercure par exemple. Or, en toxicologie, le poison minéral ou organique doit être nettement caractérisé et évalué pondéralement. Pour l'arsenic, il est indispensable de recourir à l'appareil de Marsh, opération qui ne peut être effectuée que si l'arsenic est dépouillé de sa gangue organique.

La présence de la matière organique, quelle que soit sa constitution, gêne absolument la caractérisation et, à plus forte raison, le dosage de l'arsenic auquel elle se trouve combinée ou mélangée. Déjà, nous avons insisté (1912) sur ce fait que les auteurs qui auraient l'intention d'étudier l'élimination de l'arsenic dans les différents liquides sécrétés par l'organisme, après ingestion de molécule arsenicale organique, devraient au préalable détruire les matières ou tissus organisés, comme s'il s'agissait de la recherche et du dosage de l'arsenic métalloïdique ; et tous les résultats obtenus dans des conditions différentes, ainsi que nous l'avons indiqué et ainsi que l'a confirmé M. R. Guyot (1913), doivent être considérés comme entachés de causes d'erreurs et ne doivent pas être retenus dans la science. D'ailleurs, Bressanin lui-même a observé que les colorations obtenues avec son réactif ne permettaient pas le dosage direct de l'arsenic et il a indiqué de décomposer la molécule arsenicale par l'acide sulfurique concentré. Ces observations suffisent à montrer combien il est difficile d'étudier l'élimination de l'arsenic organique, puisqu'il faut arriver à la dégradation de la molécule qui le renferme avant de la caractériser et de l'évaluer en poids. D'autre part, nous sommes dans l'ignorance à peu près complète de la fonction chimique sous laquelle le composé arsenical organique d'abord ingéré est ensuite éliminé : le cacodylate de sodium, en particulier, semble s'éliminer partie en nature, partie sous une forme dégradée.

La méthode de destruction de la matière organique, telle que l'a décrite Denigès (1913), a permis à cet auteur de disloquer et d'oxyder l'arsenic dans les cacodylates en vue du dosage de ce métalloïde. E. Simonot (1908) a également montré que l'atoxyl s'oxyde complètement dans la destruction azoto-sulfurique. Les nombreuses recherches auxquelles nous nous sommes livré depuis longtemps pour le dosage de l'arsenic dans les méthylarsinates alcaloïdiques que nous avons préparés anciennement : méthylarsinate de quinine, méthylarsinate de strychnine, et plus récemment le méthylarsinate d'antipyrine, nous ont permis de faire des observations intéressantes sur le dosage de l'arsenic dans diverses molécules arsenicales organiques. Nous sommes convaincu que les procédés brutaux d'oxydation : calcination avec magnésie seule, azotate de potassium mélangé de carbonates alcalins, font perdre de l'arsenic. Déjà en 1901, H. Imbert et E. Badel, qui oxydaient l'acide cacodylique avec un mélange d'azotate de potassium et de potasse, n'arrivaient pas à retrouver tout l'arsenic cacodylique mis en expérience. R. Péry et nous-même (1911), qui avions employé pour l'oxydation de la même molécule la méthode des auteurs précédents, la méthode de A. Gautier et le mélange oxydant habituellement usité dans les laboratoires, avions fait la même remarque et nous avions attribué les pertes d'arsenic à une oxydation incomplète de la molécule. Il en est autrement : ces pertes sont dues à une volatilisation de l'arsenic brutalement oxydé. Les molécules organiques arsenicales ne sont pas toutes si difficiles à dégrader qu'on l'a supposé tout d'abord : en effet, pour l'acide cacodylique, le réactif de Bougault donne presque immédiatement de l'oxyde de cacodyle ; l'hydrogène naissant agit de même. Le réactif de Bressanin, qui n'est point réducteur, développe immédiatement semblable odeur ; avec les molécules organiques arsenicales, il se comporte à peu près comme avec les molécules minérales. Nous savons que l'atoxyl, d'après G. Bertrand, est déjà dédoublé à l'ébullition en aniline et arséniate monosodique.

On a pu remarquer d'ailleurs que les composés organiques arsenicaux : arsacétine, hectine, énésol, salvarsan, néo-salvarsan... se comportent à peu près de la même façon vis-à-vis des réactifs de Bougault et de Bressanin. Toutes ces réactions sont susceptibles de montrer que ces molécules sont fragiles et capables de subir assez facilement la dégradation et l'oxydation. Des essais ultérieurs ont confirmé cette manière de voir. Dans un ballon d'Iéna, nous avons appliqué la méthode Kjeldahl jusqu'à destruction intégrale de l'acide cacodylique : il a fallu 18 heures pour obtenir une liqueur incolore.

Le dosage de l'arsenic dans ce liquide nous a donné un résultat inférieur à la quantité théorique. Cette expérience a été renouvelée plusieurs fois ; les résultats ont toujours été identiques. Ceux-ci ont été les mêmes pour l'acide méthylarsénique oxydé dans de semblables conditions.

Mais si l'on vient à chauffer la molécule arsenicale organique ($0^{gr},4$ à $0^{gr},5$) avec 25 à 30 centimètres cubes d'acide sulfurique concentré, pendant 2 heures seulement dans un ballon d'Iéna, dont le col est surmonté d'un entonnoir de verre, et chauffé à l'aide d'une flamme venant lécher le fond du ballon, on obtient :

Avec l'acide cacodylique, un liquide noir, avec particules charbonneuses en suspension.

Avec l'atoxyl, un liquide légèrement madérisé, sans charbon.

Avec l'acide méthylarsénique, une liqueur incolore.

Avec le salvarsan, une liqueur noirâtre, sans charbon.

Avec le néo-salvarsan, un liquide moins coloré que le précédent.

Toutes ces liqueurs, résultant d'une destruction incomplète des éléments organiques, privées *d'acide sulfureux*, par passage d'air à l'aide d'une trompe, filtrées, puis soumises à l'action de *l'hydrogène sulfuré*, fournissent des précipités de *sulfure d'arsenic* qui pour la plupart ont besoin d'être purifiés. Mais dans ces conditions, les dosages d'arsenic sont absolument satisfaisants.

Les dosages ainsi que les nombreuses expériences que nous avons faites avec *les molécules arsenicales organiques* nous autorisent à conclure que *l'arsenic organique est assez facilement solubilisé*, et que cette solubilisation exige une oxydation effectuée avec ménagement, et non une oxydation brutale qui risque de volatiliser une partie de l'arsenic fixé dans les matières organiques (L. Barthe, 1904).

Toutes ces réactions sont susceptibles de montrer que ces molécules sont fragiles et capables de subir assez facilement, pour la plupart, la dégradation et l'oxydation. Des essais annoncés par Bressanin ont permis à cet auteur de conclure à la destruction de quelques molécules organiques arsenicales au moyen de la méthode de Kjeldahl : ces résultats sont exacts ; mais si, dans le ballon où a lieu l'opération, on fait tomber goutte à goutte de l'acide nitrique, la destruction est beaucoup plus rapide.

Avant de conclure, l'expert, après avoir caractérisé et dosé l'arsenic dans les organes à analyser, envisagera les considérations suivantes :

1° L'origine de l'arsenic, arsenic normal ou ingéré ;

2° L'arsenic trouvé provient-il d'un composé minéral ou organique ;

3° La forme sous laquelle le poison a été ingéré ;

4° La quantité d'arsenic ingéré était-elle suffisante pour donner la mort ;

5° Les médications auxquelles a pu être soumise la victime avant l'empoisonnement.

HYDROGÈNE ARSÉNIÉ AsH^3

Des chimistes ont éprouvé des symptômes d'intoxication, en manipulant de l'hydrogène renfermant comme impureté de l'hydrogène arsénié. Le chimiste Gehlen en est mort ; Storch (de Copenhague) a observé en 1892 un cas d'intoxication par AsH^3 chez un ouvrier chargé de la réparation d'un ballon captif dont l'imperméabilité était devenue défectueuse. En 1900, le Dr Maljean a fait une étude très intéressante sur l'intoxication par ce gaz survenue chez des aérostiers du 1er régiment du génie. Ils opéraient cependant le gonflement du ballon sous un hangar spacieux et largement ouvert sur l'un de ses côtés ; on sentait dans ce local l'odeur alliacée caractéristique du gaz ; les accidents furent à peu près uniformes chez tous les intoxiqués : céphalalgie, courbatures, nausées, vomissements et diarrhées débutant 6 heures après l'exposition au gaz. Puis ictère et hémoglobinurie, celle-ci précédant l'ictère qui ne devint manifeste que le lendemain. Ces deux symptômes durèrent 4 ou 5 jours et disparurent rapidement ; l'ictère en dernier lieu. Malgré la guérison, les malades restèrent pâles pendant quelque temps et furent très amaigris. Ce qui caractérise cette intoxication, c'est l'apparition brusque des accidents chez des hommes en bonne santé et indemnes de troubles digestifs. Enfin, l'urine est rare, colorée en noir et contient beaucoup d'albumine et les éléments caractéristiques de la néphrite aiguë. Brouardel a réuni 47 cas d'intoxication par ce gaz, dont 18 suivis de mort (1896) ; celle-ci survient habituellement le troisième jour.

L'urine est albumineuse. Les organes sont atteints de dégénérescence graisseuse (foie, reins...) comme dans l'ingestion des composés arsenicaux. L'hémoglobinurie serait un fait constant de l'empoisonnement subaigu (Jolyet et de Nabias, 1890). La dissolution de l'hémoglobine dans le plasma (l'hémoglobine dissoute étant impropre à l'hématose) se traduit par une gêne respiratoire, par une diminution progressive de l'oxygène absorbé et de l'acide carbonique exhalé. De plus, l'hémoglobine se transforme, d'après ces auteurs, partie en méthémoglobine. Sous cette double influence, le sang artériel prend une teinte plus ou moins foncée suivant le degré de l'intoxication et ne rougit plus quand on l'agite à l'air. On peut mettre ces faits en évidence par la réaction spectrale et par la diminution de la capacité respiratoire du sang.

La méthémoglobine, combinaison oxygénée de l'hémoglobine réduite, est très stable : elle ne peut plus perdre son oxygène dans le vide, ou par le barbotement de gaz inertes : elle est incapable de fixer l'oxygène quand on l'agite à l'air.

A. Hebert et F. Heim (1907) ont montré que 3,5 p. 1.000 de AsH^3 étaient une dose toxique pour les mammifères ; il en est de même d'une proportion de 0,09 p. 100 pour les oiseaux. Pour déceler AsH^3, souvent mélangé avec les hydrogènes antimonié, phosphoré, sulfuré, et susceptibles eux aussi de donner avec certains réactifs des réactions colorées semblables, ces auteurs ont dû s'arrêter à une propriété commune à ces autres gaz que ne partageait pas AsH^3. Ils ont mis à profit une réaction signalée par Dowzard (1901), qui a constaté qu'une solution à 15 p. 100 de chlorure cuivreux dans l'acide chlorhydrique absorbe les hydrogènes sulfuré, phosphoré, et antimonié à l'exclusion de l'hydrogène arsénié ; ce dernier, séparé de ses congénères, peut être décelé par le papier au chlorure mercurique, préparé par immersion dans une solution à 5 p. 100 et qui prend une couleur jaune en présence de AsH^3. Il suffit alors de faire passer l'air suspect aspiré, d'abord dans un tube absorbant renfermant la solution cuivreuse; puis dans un tube en U dont la première branche est garnie de coton de verre qui prévient les entraînements du réactif précédent, et dont l'autre branche renferme, suspendue par un fil de platine à un bouchon, une feuille de papier mercurique qui doit jaunir sous l'influence de AsH^3. Avec des atmosphères renfermant 1, 0,1, 0,086, 0,042, 0,021, 0,010 p. 1.000 de AsH^3 en volume, les auteurs ont obtenu le jaunissement du papier mercurique. On peut reconnaître des traces d'hydrogène arsénié s'élevant à moins de 1 /100.000 de l'atmosphère, proportion qui peut être admise comme dose minima nocive.

ANTIMOINE

A l'exception de l'émétique (tartrate double de potassium et d'antimoine), les autres sels d'antimoine n'ont guère déterminé d'accidents. Mais la toxicologie de ces composés est très intéressante parce que la présence simultanée de l'arsenic et de l'antimoine dans un empoisonnement pouvant coexister, la recherche de l'arsenic en est rendue plus délicate, et, d'autre part, il est difficile de séparer l'étude de ces deux toxiques dont les propriétés chimiques offrent beaucoup d'analogie.

L'antimoine métallique, régule d'antimoine, de couleur blanc bleuâtre, n'est pas toxique ; il le devient en s'oxydant.

Les oxydes d'antimoine, les sulfures, le kermès ne sont pas considérés comme toxiques, car ils sont peu solubles.

Les chlorures sont caustiques.

L'émétique, tartre stibié, même administré comme contrepoison, a provoqué des accidents.

En général, les sels antimoniaux provoquent à petites doses des effets nauséeux et purgatifs.

Les enfants sont sensibles à l'action de l'émétique d'une façon toute spéciale.

L'empoisonnement stibié peut être lent ou aigu. L'intoxication lente s'accuse par une dépression de l'énergie musculaire survenant à la suite de vomissements répétés accompagnés de diarrhées; les malades deviennent souvent aphones ; le pouls est petit ; il y a ralentissement de la circulation périphérique, la peau est visqueuse et froide et, symptôme caractéristique, il y a apparition sur le dos, les bras, les cuisses et surtout sur les parties génitales de pustules analogues à celles de la variole ; c'est l'ecthyma stibié. Les malades sont épuisés ; ladiurèse est de règle, alors que l'arsenic provoque l'oligurie. De l'antimoine se retrouve dans l'urine.

Dans la forme aiguë, les symptômes sont plus fréquents et plus intenses ; après ingestion d'une forte dose d'émétique : sensation de saveur métallique à la gorge et de chaleur douloureuse se propageant le long de l'œsophage, et s'irradiant dans la région de l'épigastre, nausées et vomissements fréquents, dépression circulatoire et respiratoire, cyanose et refroidissement des extrémités. Il y a une grande analogie entre les symptômes du choléra asiatique et ceux de cet empoisonnement. Puis prostration extrême et mort quelques heures après l'ingestion. Cependant celle-ci peut n'arriver qu'au bout d'une semaine.

Tardieu a rapporté le cas d'un empoisonnement suivi de mort chez une dame à la suite de l'application sur le sein d'une pommade stibiée.

Contrepoisons. — Administration de tanin ou de matières tanniques.

Élimination. — Les antimoniaux insolubles s'éliminent surtout par les matières fécales. La localisation de ce toxique dans l'organisme est à étudier. Il s'élimine peut-être plus facilement que l'arsenic, car il y a diurèse. On le rencontrerait surtout dans le foie et les reins et peut-être en moins grandes quantités que l'arsenic.

A l'autopsie des individus intoxiqués par l'émétique, on trouve des pustules de l'ecthyma stibié le long du tube digestif ; le foie est hypertrophié, friable et stéatosé ; il y a des noyaux de congestion dans les poumons.

Recherche de l'antimoine. — Le mieux serait de suivre pour la destruction des organes et la caractérisation de l'antimoine une marche analogue à celle de l'arsenic en employant l'appareil de Marsh avec les mêmes précautions.

Si l'on devait passer par le sulfure d'antimoine, il pourrait arriver que l'acide antimonique résultant du traitement nitro-sulfurique ne fût pas soluble dans la solution diluée ultérieurement, aussi serait-il bon d'ajouter à la solution de l'acide tartrique au 1 /10 avant de faire passer le courant d'hydrogène sulfuré.

Naquet avait proposé une méthode basée sur les réactions différentielles des hydrures d'arsenic et d'antimoine vis-à-vis d'une solution aqueuse d'azotate ou sulfate d'argent.

En présence de ces réactifs, s'il y avait mélange de AsH^3 et de SbH^3, As resterait dans la solution à l'état de AsO^4H^3, et SbH^3 serait transformé en antimoniure insoluble :

$$SbH^3 + 3AgNO^3 = \underbrace{Sb + 3Ag}_{Sb\,Ag^3} + 3NO^3H$$

$$2SbH^3 + 3Ag^2SO^4 = \underbrace{2Sb + 6Ag}_{2Ag^3Sb} + 3SO^4H^2$$

Les hydrogènes arsénié et antimonié sortant de l'appareil de Marsh et desséchés traversent un tube de Liebig renfermant la solution argentique ; la réaction terminée on jette le contenu du tube sur un filtre sur lequel il est lavé. Tout l'arsenic passe dans les eaux de lavage. L'antimoniure d'argent est lavé, puis séché et fondu dans un creuset avec un mélange de $K^2CO^3 + KNO^3$: il se fait de l'antimoniate; le résidu est repris par de l'eau acidulée par de l'acide chlorhydrique qui dissout le composé d'antimoine. Cette solution est divisée en deux parties : la première est introduite dans un appareil de Marsh afin de produire des anneaux; sur la seconde, on effectuera les réactions des sels d'antimoine.

Caractères de l'antimoine et sa différenciation d'avec l'arsenic.

L'antimoine ne donne pas de précipité jaune avec le nitromolybdate d'ammonium.

La couleur rouge orange du précipité de sulfure d'antimoine est un excellent caractère.

L'hydrogène antimonié se dégage à l'état de gaz SbH^3 inodore.

Ce gaz brûle avec une flamme bleue verdâtre qui donne des fumées d'oxyde d'antimoine. Il se décompose plus facilement à la chaleur que AsH^3 ; aussi SbH^3 forme souvent un double anneau avant et après le tube chauffé.

La tache ou les anneaux mixtes sont traités par de l'acide nitrique additionné de quelques gouttes d'acide chlorhydrique : As donnerait As^2O^5 ; Sb fournira un chlorure : le liquide obtenu, évaporé à siccité dans une capsule, puis dissous dans l'eau acidulée, additionnée d'acide tartrique pour éviter la précipitation d'oxychlorure d'antimoine, donne rapidement à chaud avec la mixture magnésienne un précipité cristallin dans le cas de présence d'As, d'arséniate ammoniaco-magnésien, facile à reconnaître au microscope. Le liquide filtré additionné d'acide chlorhydrique jusqu'à acidité fournira avec H^2S un précipité rouge orangé de Sb^2S^3 (Ritter et Garnier). Ce procédé n'est pas suffisant quand l'arsenic et l'antimoine sont mélangés en très faibles proportions (Ogier, 1890).

Dans une liqueur renfermant parties égales d'arsenic et d'antimoine dont le volume ne dépasse pas 3 centimètres cubes et qui ne contient pas un excès d'acide chlorhydrique, on ne remarque bien la couleur orangée du sulfure d'antimoine que s'il existe dans le mélange 0gr,001 d'antimoine ; au delà de cette dose, jusqu'à quelques milligrammes, la teinte orangée demeure sensiblement la même ; le sulfure d'antimoine imprime surtout sa couleur à la teinte des sulfures mélangés. En milieu tartrique, à cette même concentration et dans les premiers moments de la précipitation, la teinte orangée peut s'accuser à un demi-milligramme d'antimoine. Enfin, on devrait encore tenir compte, dans une recherche toxicologique où l'on aurait pour but la caractérisation de l'antimoine, de la présence dans les eaux mères de chlorhydrate d'ammoniaque et de sulfate de magnésium. Ce qui précède suffit amplement à montrer qu'il est impossible de réglementer cette méthode dans le but d'arriver à un dosage même approximatif de très faibles proportions d'antimoine mélangé à de l'arsenic (L. Barthe, 1902).

Il n'est pas facile d'arriver par l'ammoniaque à une séparation même approchée des deux sulfures d'arsenic et d'antimoine précipités (Garnier), surtout quand ces éléments sont mélangés en minimes quantités ; dans ces conditions, il est facile de s'assurer que le sulfure d'antimoine se dissout dans l'ammoniaque et surtout dans l'ammoniaque légèrement sulfurée, que l'acide antimonique se dissout dans l'eau tiède et que les faibles anneaux d'antimoine, surtout s'ils sont mélangés à de l'arsenic, fondent rapidement dans une solution d'hypochlorite de sodium. De même la couleur spéciale des faibles anneaux d'arsenic ou d'antimoine ne saurait être proposée pour la caractérisation de l'un ou de l'autre de ces éléments ; car elle est fonction de l'épaisseur de l'anneau, de sa longueur, de la vitesse du courant et aussi de la plus ou moins grande quantité de vapeur d'eau qui a pu être entraînée par le gaz (L. Barthe, 1902).

G. Bressanin, pour séparer l'arsenic de l'antimoine dans les substances inorganiques, se base (1912) sur ce que l'iodure d'arsenic est presque insoluble dans l'acide chlorhydrique concentré, tandis que l'iodure d'antimoine s'y dissout. Cette méthode ne saurait également s'appliquer à la séparation de faibles doses d'arsenic et d'antimoine mélangées.

Dans la solution chlorhydrique d'antimoine, une lamelle de zinc ou mieux d'étain touchant le fond de la capsule de platine qui contient cette solution provoque au contact une tache noire d'antimoine soluble dans l'acide nitrique. Cette même solution placée sur une lame d'étain ou d'argent produit aussi une tache noire. Enfin, la même solution est additionnée sur une lame de verre d'une goutte d'une solution ainsi faite : iodure de potassium 1 gramme, chlorure de cœsium 3 grammes, dans 10 centimètres cubes d'eau, et à laquelle on ajoute I goutte de NH^3 du commerce diluée à 1/10. On obtient immédiatement un précipité jaune orangé d'iodure double de cœsium et d'antimoine. Cette réaction permet de déceler $0^{mgr},1$ de Sb. Le précipité cristallin se présente en lames hexagonales jaunes ou grenat groupées en mâcles stellaires (G. Denigès). Dans une solution sulfurique au 1/10, la réaction est encore plus sensible.

La méthode de Reinsch peut être appliquée à la recherche de l'antimoine, même en présence des matières organiques. Celles-ci sont acidulées avec l'acide chlorhydrique et amenées à l'état de bouillie ; on ajoute dans le mélange une lame de cuivre et l'on chauffe 15 minutes. L'antimoine se précipite sur le cuivre en violet ; on lave et on sèche. On chauffe ensuite la lame de cuivre dans un tube : l'antimoine fournit un sublimé blanc amorphe qui ne saurait être confondu avec le sublimé cristallin et blanc de As^2O^3.

La recherche et la détermination de l'antimoine ne paraissent pas faciles, d'après ce que nous avons vu, pour de petites quantités d'arsenic et d'antimoine mélangées. G. Denigès a donné des procédés pour résoudre ce problème.

En présence de As et en milieu sulfurique au 1/10 en volume, on peut au moyen du réactif ioduro-cœsique déceler $0^{gr},001$ de Sb mélangé à 500 fois plus d'arsenic, à condition que la teneur de la solution en arsenic ne soit pas supérieure à $0^{gr},05$ par centimètre cube ; au delà de ce titre, il se formerait de gros cristaux rhombiques d'iode par l'action oxydante de AsO^4H^3 sur HI du mélange :

$$AsO^4H^3 + 2HI = AsO^3H^3 + H^2O + 2I.$$

Cet auteur recommande encore, au cas où l'expert aurait à résoudre ce délicat problème, les procédés au couple platine-étain, au couple argent-étain ; la combinaison antimoniée soluble acide est placée sur une lame de platine ou d'argent, et dans les liquides plonge une lame de Sn courbé à l'une de ses extrémités (Denigès, 1902).

HYDROGÈNE ANTIMONIÉ, SbH^3

Ce composé est moins stable que AsH^3 : il se décompose plus facilement par la chaleur. Quand il produit une intoxication, l'hémoglobine reste intacte et conserve toutes ses propriétés. Son action sur l'organisme peut être comparée à celle des autres composés antimoniés et du tartre stibié en particulier (Jolyet et de Nabias, 1891).

ACIDE CARBONIQUE — AIR CONFINÉ

Il se trouve dans l'air à la dose de 0,0004 à 0,0006 ; mais cette quantité peut augmenter considérablement ; il a pour densité 1,524. Cette grande densité fait qu'on peut le transvaser aisément, même au sein de l'air. Elle explique aussi que ce gaz s'accumule à la partie inférieure des caves, des grottes, des galeries de mines, etc.

Action physiologique. — C'est un gaz délétère. Un animal plongé dans une atmosphère de CO^2 pur ou contenant 60 à 70 p. 100 de ce gaz, tombe comme foudroyé et périt après 1 ou 2 minutes. Il se produit des convulsions quand l'animal est plongé brusquement dans le milieu ; elles manquent quand le gaz s'accumule peu à peu ; dans ce cas CO^2 agit comme un anesthésique ; en cette qualité il a été employé en chirurgie. Si le séjour dans CO^2 n'est pas trop prolongé, l'animal porté dans l'air atmosphérique se remet rapidement.

Le séjour habituel dans un air qui contient seulement 1 p. 100 de CO^2 peut, dit-on, engendrer un état maladif spécial dû à un véritable empoisonnement chronique ; l'expérience montre cependant qu'on peut vivre facilement dans un milieu contenant de 13 à 14 p. 100 de CO^2 (travaux dans les caissons à air comprimé). Le sang en contact avec un air moins riche en O accumulerait CO^2 que le poumon ne peut plus éliminer facilement. Dans ces conditions, il se produirait un effet narcotique qui se traduirait par de la somnolence et de l'hébétude consécutives à un trouble dans la nutrition et dans l'innervation dû au manque d'O dans l'économie.

M. Apéry a proposé l'emploi de CO^2 pour détruire dans les cales des navires les rats qui propagent la peste (1900) ; les rats sont paralysés et asphyxiés au bout de 7 à 8 minutes de même que les puces.

Les circonstances dans lesquelles se produisent les empoisonnements par CO^2 sont :

1° Aération insuffisante, encombrement, cours d'assises, prisons, vaisseaux ;

2° Production de CO^2 aux dépens de certaines fermentations (malteries, germinations de l'orge, du blé; puits de mines, puits abandonnés) ;

3° Combustion. Il se produit en outre des traces de CO et de CAz ;

4° Air méphitique naturel (grotte du Chien) ;

5° Eaux gazeuses surchargées de CO^2.

La quantité de CO^2 qui peut s'accumuler dans l'air dépend du renouvellement de l'atmosphère (théâtre 0,2 p. 100, salle de bal 0,3 p. 100, casernes 0,1 p. 100). La respiration dans un endroit clos peut produire jusqu'à 10 p. 100 de ce gaz et les accidents peuvent encore dans cet air confiné être aggravés par la présence dans l'air non seulement de CO^2, mais aussi de AzH^3, de H^2S et de produits sudorifiques provenant de notre économie. Quand CO^2 provient de la combustion, il ne s'en produit jamais plus de 1 à 10 p. 100. Aussi, tant qu'une bougie brûle dans un espace clos, l'homme ne court pas le risque immédiat d'être asphyxié.

M. Gréhant recommande (1886) aux ouvriers qui descendent dans des puits ou dans des fosses, ou qui entrent dans des celliers, et dont plusieurs peuvent être victimes d'asphyxie par privation d'O ou intoxiqués par CO^2 de se faire précéder d'un animal qui servira de témoin.

Pour aérer un puits, cet auteur donne un moyen simple : mettre un tuyau de poêle plus long que la profondeur du puits et, autour de l'orifice extérieur du tuyau maintenu dans l'axe du puits, on installe une grille cylindrique en fil de fer surmonté d'un tuyau de même diamètre que l'on remplit de charbons allumés. Il se produit dans le tuyau intérieur un tirage d'autant plus grand que l'air est chauffé à une température plus élevée et sur une plus grande longueur. Aujourd'hui on injecte ou on aspire de l'air avec des machines.

Pour supprimer CO^2 dans un puits ou une cave qui en contient, se servir de bioxyde de sodium $2NaO + CO^2 = CO^2Na^2 + O$.

Antidotes de CO^2. — C'est d'abord le grand air, la respiration artificielle d'air pur ou d'O, les lotions froides. On peut encore faire respirer, avec ménagement, AzH^3 qui irriterait un peu les poumons, mais qui neutraliserait en même temps CO^2. Si l'asphyxie se produit dans un endroit où le renouvellement de l'air est difficile, dans un puits par exemple, on agite l'air à l'aide de draps et l'on y projette de l'ammoniaque.

Le cadavre des sujets qui ont succombé à cette intoxication se conserve assez longtemps. Le sang est noir et les tissus sont de couleur sombre.

Dans l'empoisonnement par CO^2, le sang n'éprouve pas dans sa constitution de phénomènes caractéristiques.

Dans les cas d'intoxication par CO^2, le chimiste devra se borner à doser ce gaz dans l'atmosphère où l'accident a eu lieu. On emploie la méthode d'absorption successive des gaz mélangés ordinairement à CO^2.

Dosage de CO^2. — Dans une cloche graduée pleine de mercure, on introduit un volume d'air. On y fait passer une solution de KOH qui absorbe CO^2, puis une solution de pyrogallol qui au contact de KOH absorbe O. Ce résidu gazeux transvasé dans une autre éprouvette à l'aide d'un entonnoir renversé est mis en contact avec Cu^2Cl^2 ammoniacal qui absorbe CO. On absorbe AzH^3 par une balle de coke mouillée de SO^4H^2 et il reste finalement un volume d'azote. On a ainsi la composition totale de l'air en expérience.

Au lieu de ce procédé volumétrique, on peut se servir plus avantageusement de méthodes dans lesquelles on recueille CO^2 contenu dans un volume d'air considérable, comme on le fait pour CO.

Dosage pondéral de CO^2. — Au moyen d'un aspirateur, on fait passer un courant d'air très lent à travers des tubes contenant une solution titrée de $Ba(OH)^2$; il se forme CO^3Ba insoluble et on détermine l'excès de $Ba(OH)^2$ qui n'a pas été utilisé. De la quantité de $Ba(CO)^3$ précipité, on déduit par le calcul la quantité de CO^2 contenu dans le volume d'air entré dans l'aspirateur (Boussaingault).

Air confiné. — Provient de la respiration de plusieurs personnes assemblées dans un local exigu. En effet, un homme adulte fait pénétrer en moyenne 417 litres par heure dans ses poumons ; il absorbe 20-25 litres d'O et exhale 15-20 litres de CO^2. Si l'on admet qu'une chambre reste fermée pendant le sommeil (soit 8 heures) et que l'air ne s'y renouvelle pas, il faudrait qu'elle ait au moins 30 mètres cubes.

C'est aussi l'inconvénient de l'air des théâtres, des cafés, etc.

Dans l'air confiné l'O s'abaisse parfois à 15-16 p. 100 et CO^2 monte à 10 p. 100 dans les théâtres. Il faut ajouter à cette atmosphère la présence de l'eau, de l'ammoniac, des acides gras, de H^2S. Aussi, éprouve-t-on dans ces milieux un malaise général, de la céphalalgie, des vertiges, de la dyspnée, des nausées et des syncopes. Il se fait une certaine accoutumance. Ainsi un homme arrivant de l'extérieur et entrant brusquement dans un air confiné éprouve plus vite des phénomènes d'asphyxie.

L'air plus ou moins confiné amène chez les personnes jeunes un développement anormal, la chlorose, la phtisie...

L'air expiré par l'homme ou l'animal présente une toxicité que ne justifie pas sa teneur en CO^2. Ce fait a été mis en lumière en 1887-1888 par MM. Brown-Séquard et A. d'Arsonval. Le liquide obtenu par condensation de la vapeur exhalée par les personnes constitue un poison et tue plus ou moins vite les animaux auxquels il est injecté. On peut donc conclure que le poumon exhale un poison volatil, de toxicité variable selon les individus. Ce poison serait une kenotoxine, ou toxine de la fatigue...

OXYDE DE CARBONE

L'oxyde de carbone est un gaz très toxique. Rarement il a été utilisé dans les empoisonnements criminels, mais il a été l'origine d'un grand nombre d'accidents mortels et il a servi à de nombreux suicides, particulièrement dans le département de la Seine. C'est un genre de mort pratiqué surtout par les femmes et jeunes filles, peut-être parce qu'il est peu coûteux et facile à mettre en œuvre.

L'empoisonnement par l'oxyde de carbone pur est rare ; cependant on a observé des accidents mortels dans des laboratoires, provoqués par les vapeurs délétères résultant de la combustion incomplète du charbon de bois, de la houille, de la tourbe et du bois dans les endroits clos. Comme on a presque toujours affaire à des mélanges de gaz, on peut ainsi s'expliquer la variété des phénomènes observés dans ce genre d'intoxication.

L'oxyde de carbone, même à l'état de traces, quand le séjour dans une atmosphère oxycarbonée est un peu prolongé, provoque dans l'économie des troubles graves qui anémient progressivement, et par conséquent diminuent chez le sujet atteint sa résistance aux contagions microbiennes (Albert Lévy).

On peut encore rapporter la production accidentelle de ce gaz à l'emploi de certains appareils de chauffage, comme les poêles à combustion lente et les poêles mobiles. Souvent leur tirage est insuffisant : il a lieu dans une cheminée froide, de sorte que les gaz toxiques se déverseront dans la pièce. On peut ajouter que souvent les cheminées présentent des fissures qui permettent le passage des produits de la combustion d'une pièce ou d'un étage à un autre, ou de maison voisine à maison voisine.

M. H. Zangger, de Zurich, a cité (1914) un cas rare d'intoxication oxycarbonée par chauffage central à eau chaude, par suite de la construction défectueuse du chauffage.

Dans les incendies et explosions, il y a toujours dégagement de gaz oxyde de carbone : à la suite de l'incendie de l'Opéra-Comique, en 1887, Ogier constata nettement la présence de ce gaz dans le sang des cadavres. Souvent aussi, après les explosions de grisou, les mineurs sont asphyxiés par CO (Gréhant). Haldane (1896), après une explosion de grisou survenue à Tylerstown, trouva que sur 57 ouvriers tués, 52 l'avaient été exclusivement par l'action de CO.

Beaucoup d'explosifs, comme la fulgurite, la ballistite, la cordite, dégagent dans leur combustion beaucoup d'oxyde de carbone pouvant aller, d'après Sarrau et Vielle, jusqu'à 43 p. 100 du mélange gazeux.

Certaines industries constituent une source de dégagement abondant d'oxyde de carbone ; dans le voisinage des fours à plâtre on a observé beaucoup d'accidents : 4 cas de mort se sont produits en 1900 à Neuilly chez des individus qui avaient passé la nuit sur l'un de ces fours.

On le rencontre dans le gaz des hauts fourneaux, de différentes opérations métallurgiques et surtout dans le gaz d'éclairage.

Enfin, il est produit par la combustion des briquettes dans les chaufferettes portatives ou placées dans les voitures fermées où elles ont occasionné des accidents (Brouardel).

MM. J. Courmont, Morel et Mouriquand ont signalé (1911) la possibilité des intoxications lentes par l'oxyde de carbone dans les locaux chauffés par des calorifères à air chaud. L'air d'un de ces locaux contenait des doses d'oxyde de carbone variant de 1/1000 à 10/1000.

En collaboration avec Soulard, nous avons signalé à l'Académie de Médecine (1896) les inconvénients et dangers de certains calorifères dans les salles d'opérations chirurgicales. A cette époque un des amphithéâtres de chirurgie de l'hôpital Saint-André de Bordeaux était chauffé par un calorifère à air chaud dont le foyer était placé dans un local voisin, la prise d'air destiné à être chauffé se trouvait dans l'amphithéâtre même, à $0^{m},15$ du sol ; cet air circulait dans une enceinte où il était porté à une très haute température au contact de la brique et de la fonte le plus souvent rougie ; il revenait dans l'amphithéâtre par une bouche de chaleur située à $1^{m},50$ du sol.

A différentes reprises, les chirurgiens et leurs aides se plaignaient d'une odeur désagréable et incommode, d'irritation des yeux, de larmoiement, de suffocations et quelquefois de migraines ; ces accidents coïncidaient avec l'emploi de l'éther sulfurique comme anesthésique et aussi celui du chloroforme. Or, ces agents chimiques, rectifiés sous nos yeux, ne pouvaient être incriminés. Après des recherches multiples, nous avons pu démontrer nettement, au moyen de dispositifs ingénieux et de réactifs appropriés, qu'il y avait formation d'aldéhyde dans le cas où l'anesthésie est pratiquée avec l'éther, formation de chlore, d'acide chlorhydrique et d'oxychlorure de carbone quand on emploie le chloroforme. La conclusion de ces recherches est que l'on doit exclure des salles d'opérations les calorifères à air chaud ayant, dans la salle même, leur prise d'air destiné à être chauffé. Ces conclusions ont été renouvelées par M. G. Patein à la Société de thérapeutique (1904) à propos des causes qui peuvent provoquer l'altération du chloroforme.

MM. L. Garnier, P. Parisot et Lalanne ont rapporté (1910) une quadruple intoxication, dont trois morts, produite par les gaz de combustion de la houille ayant reflué d'un poêle dans la pièce d'habitation.

Doses toxiques. — Ce gaz incolore, peu soluble dans l'eau, 10 fois plus soluble dans l'alcool, qui brûle à l'air avec une flamme bleue peu éclairante, est doué d'un pouvoir toxique qu'il est difficile de fixer. Il varie avec l'âge, le sexe, les causes individuelles : les enfants qui ont une respiration plus active sont plus sensibles à son action ; l'homme est plus susceptible que la femme à ce point de vue. La dose toxique pour l'homme serait égale à 1/233 ; elle serait la même pour le chien (Mosso, 1900). Souvent, il se produit au commencement de l'intoxication une syncope pendant laquelle l'acte respiratoire est presque annihilé, ce qui retarde l'absorption du poison. D'après Leblanc, une atmosphère à 1 p. 100 de gaz toxique est très rapidement mortelle pour l'homme ; avec des doses plus faibles, 1 p. 1.000, la mort survient plus lentement. Des doses encore plus faibles, 0,2 à 0,5 p. 1.000, peuvent encore être mortelles. D'après Gréhant, la dose toxique pour un moineau est comprise entre 1/450 et 1/500, et pour les chiens de 1/250 à 1/300. Dans ces dernières recherches les animaux respiraient un mélange gazeux sans cesse renouvelé, circonstance qui ne se rencontre pas d'habitude dans les accidents ou les asphyxies. En général, on peut dire que la mort survient quand la capacité respiratoire du sang, c'est-à-dire son pouvoir absorbant pour l'oxygène, est tombé à 30 p. 100 de sa valeur initiale.

Un excellent témoin de la présence dans une atmosphère de l'oxyde de carbone est la souris blanche, très sensible à l'action de ce gaz.

C'est à Claude Bernard que l'on doit l'interprétation de l'empoisonnement par CO, qui détermine une forme d'asphyxie particulière. L'oxyde de carbone se fixe sur l'hémoglobine du sang formant un composé plus stable (carboxyhémoglobine) que celui que donne l'hémoglobine avec l'oxygène (oxyhémoglobine). Dès lors, l'action du globule rouge est annihilée, il n'y a plus d'oxygénation, par suite plus d'hématose, d'où l'asphyxie. Si peu que l'on respire ce gaz, on s'asphyxie lentement, on crée des lésions d'anémie générale, des troubles nerveux, caractéristiques de certaines intoxications lentes. Par contre, si l'on pénètre brusquement dans une atmosphère très riche en CO, le sang, en quelques inspirations, se charge d'une quantité telle de gaz toxique que l'hématose est impossible : l'animal en effet tombe foudroyé ; l'oxyde de carbone, en dehors de son action spéciale sur l'hémoglobine, exerce encore une action propre; en effet, les symptômes de l'intoxication par CO diffèrent de ceux de l'asphyxie simple, et des symptômes graves apparaissent déjà, alors que le sang ne renferme pas encore assez de CO pour qu'on puisse les rattacher à l'asphyxie. L'empoisonnement par CO laisse à sa suite des troubles profonds du côté du système nerveux, ainsi que des troubles trophiques du côté de la peau et de l'intestin, que l'on ne peut rattacher à l'asphyxie simple.

MM. V. Balthazard et M. Nicloux ont proposé (1911), avec juste raison, dans l'intoxication mortelle oxycarbonique chez l'homme, de préciser l'intensité de cette intoxication, non plus par la considération de la quantité du gaz existant dans le sang, mais bien par l'évaluation du rapport de la quantité de CO fixé par le sang à la quantité *maxima* que ce *même sang* eût été capable de fixer : ce rapport est appelé par les auteurs *coefficient d'empoisonnement*. Ce rapport est évidemment inférieur à l'unité, mais il s'en rapproche d'autant plus que l'intoxication est plus profonde ; il s'en éloigne dans le cas contraire. Multiplié par 100, il représente le pourcentage de l'hémoglobine engagée dans les globules à l'état de combinaison oxycarbonée.

De l'ensemble de leurs recherches et des résultats obtenus dans des intoxications par CO et le gaz de l'éclairage, ces auteurs ont conclu « que le coefficient d'empoisonnement chez l'homme varie entre 0,60 et 0,70, soit une moyenne de 0,65 ; la mort survient dès que ces 65 p. 100, les 2/3 par conséquent, sont devenus incapables de véhiculer l'oxygène ». Le tiers restant est insuffisant pour assurer l'hématose et la vie.

Il résulte d'expériences exécutées par Nicloux en 1914 sur le chien que les quantités d'oxyde de carbone fixées *in vitro* sont plus considérables que celles fixées, *in vivo*, surtout dans le cas de mélange de CO et de O.

Pour un mélange donné, et non mortel, d'oxyde de carbone et d'air respiré par un animal (et ceci serait vrai pour l'homme), l'oxyde de carbone est fixé par le sang jusqu'à une certaine limite qui ne saurait être dépassée.

Enfin, l'oxygène peut déplacer l'oxyde de carbone du sang et ce gaz constitue le traitement de choix dans l'intervention oxycarbonique pourvu, que ce gaz soit introduit au moyen d'appareils spéciaux jusque dans les alvéoles pulmonaires.

Les symptômes d'intoxication sont les suivants : pesanteurs de tête, somnolence, céphalalgie avec compression des tempes, vertiges, tremblements, faiblesse musculaire, mouvements rapides de la respiration, battements du cœur tumultueux, insensibilité, coma, respiration stertoreuse, enfin mort précédée ou non de convulsions (A. Gautier). La mort dans les convulsions est la plus fréquente. Aussi, quand l'individu est trouvé asphyxié sur son lit, voit-on le lit complètement défait et les tentures ou rideaux voisins arrachés. Ce serait donc un poison convulsif. D'après Tourdes, il y aurait dans cette intoxication une période d'excitation et une autre de dépression, ce qui s'accorde avec les phénomènes décrits par A. Gautier. Si l'empoisonnement est rapide, la première phase peut faire défaut.

On admet une forme d'empoisonnement chronique mal établie. On l'observerait chez les chimistes métallurgistes, les mineurs, les cuisinières, les repasseuses et les femmes qui se servent continuellement de chaufferettes. On observe chez eux de l'anémie, des troubles nerveux et nutritifs.

On prétend que les personnes qui s'adonnent à la boisson et qui sont soumises à l'action de CO deviennent rapidement très irascibles.

Dans le cas où le malade a pu être rappelé à la vie, on peut observer toute une série d'accidents consécutifs : troubles de la vue, faiblesse générale, état d'hébétude, d'accablement simulant l'ivresse; on a observé également des pneumonies consécutives, des paralysies, de l'amnésie.

Nous rapportons un cas d'empoisonnement caractéristique par CO dont nous avons été témoin :

Observation : Émile B....., 54 ans, employé à la Compagnie du Midi, est porté à 6 heures dans le service de M. le Professeur Arnozan, dans un état comateux complet. La veille au soir, il a pris son poste de surveillant dans une guérite où on l'a trouvé, porte et fenêtres closes, le poêle chauffé au charbon éteint. Un chien qui se trouvait là était inanimé sur le sol : 3 ou 4 heures plus tard l'animal vomissait et revenait à la vie.

Conduit à l'hôpital, cet homme est dans le coma, inerte, ne réagissant à aucune excitation ; les réflexes testiculaires et abdominaux ont totalement disparu, les autres sont atténués; visage congestionné, rouge mais non violacé ; respiration pénible, gros râles trachéaux ; on a recours à certains moments à la respiration artificielle.

Pouls bon, bien frappé, rapide. Température 37°,6. Pas d'urine, pas de vomissements. État très grave.

Saignée de 400 grammes, sang vermeil, présente les raies normales et par les réducteurs absence de bande de Stokes (carboxyhémoglobine). Injection de sérum de Hayem, 300 centimètres cubes. L'état est toujours inquiétant. Respiration artificielle. Dans l'après-midi, respiration plus calme, mais bruyante. Réflexes plus accusés. A l'inertie succède de la contracture ; les quatre membres, la nuque, mais surtout les deux membres supérieurs sont complètement tétanisés ; toujours perte de connaissance et déglutition impossible. Les urines recueillies à la sonde ne renferment pas de sucre ; trace d'albumine, 30 grammes d'urée.

Le 9, la contracture douloureuse des muscles diminue : toujours incontinence des urines ; dans le sang il n'y a plus d'oxyde de carbone.

Le 10, le malade va mieux, la contracture a presque totalement disparu ; le souvenir de ce qui s'est passé lui est revenu.

Le 12, très bon état, bon facies, plus de contracture. Dans les urines un peu d'albumine, pas de sucre, 1 litre d'urine par 24 heures (2gr,24 P^2O^5, et 5gr,60 NaCl).

Le 24, guérison complète.

L'élimination de l'oxyde de carbone du sang se fait naturellement sous l'influence de l'acte respiratoire (Gréhant). La durée de cette élimination a donné lieu à des avis différents. Haldane admet 6 heures, Koch 10 heures, Pouchet a pu caractériser le gaz 60 heures après l'intoxication, Ogier 70 heures après. Comme ces observations reposent sur des examens spectroscopiques, leur valeur dépend essentiellement de l'instrument et de l'œil de l'observateur.

Kreis (1881), qui critique les expériences de Gréhant, pensait qu'une très petite quantité seulement de CO était expulsée sous cet état et que la majeure partie se transformait en CO^2. De Saint-Martin, en 1893, a montré qu'il y avait une part de vérité dans chacune des opinions.

Antidotes, traitement. — On devra se hâter de soustraire le patient à l'influence du gaz délétère en exposant le malade à l'air libre. On pratiquera la respiration artificielle, provoquera des vomissements, s'ils tardent à se produire. Leyden a préconisé (1889) la transfusion du sang. Des injections de sérum artificiel seront utiles ; on pourra recourir à des courants électriques (pôle positif dans l'anus, pôle négatif dans la bouche). Les inhalations d'oxygène rendraient de grands services : Haldane (1900), puis Mosso (1900) ont vu que de petits animaux placés dans l'air ou dans l'oxygène comprimés résistaient à l'intoxication oxycarbonique dans des conditions où la mort aurait été rapide à la pression habituelle. Ces données pourraient être appliquées à l'homme, c'est-à-dire qu'on pourrait établir des chambres permettant de soumettre les victimes à l'action de l'oxygène comprimé à 2 atmosphères (Kassner, 1901).

On a aussi pratiqué des injections d'oxygène qui peuvent produire de l'emphysème sous-cutané formant d'ailleurs une réserve d'oxygène utilisable pour la régénération globulaire (Labadens et Bourrut-Lacouture, 1913).

MM. Pic et Durand, à propos d'un essai de suicide chez une jeune femme à l'aide de CO, injectèrent dans la première heure sous la peau 50 litres d'oxygène; dans les 10 heures suivantes, ils firent passer en tout 180 litres d'O dans le tissu cellulaire de la malade; il y eut, sans suite fâcheuse, un énorme emphysème. Après 10 heures, l'intoxication restant menaçante, ils introduisirent 50 nouveaux litres d'O. La malade sortit complètement de sa torpeur et se mit à parler. Elle avait absorbé à ce moment 230 litres d'oxygène. Ces auteurs n'avaient pas fait de saignée.

Nicloux insiste (1914) sur l'emploi d'appareils spéciaux permettant l'introduction de l'O jusqu'à l'alvéole pulmonaire. Il n'est pas partisan de la saignée qui aboutit à une soustraction d'hémoglobine dont l'organisme, à ce moment, a le plus grand besoin. Dans la pratique, cette observation toute théorique ne paraît pas justifiée par les résultats remarquables que nous avons vu obtenir à l'hôpital Saint-André par la saignée.

En 1914, M. Nicloux a étudié le déplacement de l'oxyde de carbone de l'hémoglobine oxycarbonée par l'oxygène et l'air : il a observé que ce déplacement est réel à la suite d'expériences *in vivo* et *in vitro*. Il serait même très rapide *in vivo* par la respiration de l'O, ce qui constitue le traitement de choix de l'intoxication oxycarbonique.

Recherche toxicologique. — Elle est basée sur la caractérisation de ce gaz dans le sang : s'il s'y trouve en quantité suffisante, on pourra démontrer la présence de CO par un examen spectroscopique. S'il n'existe dans le sang qu'en faibles quantités, on devra pratiquer l'extraction du gaz et y rechercher la présence du toxique.

A l'autopsie, on constate la rutilance et la fluidité du sang. Le cadavre conserve longtemps sa souplesse et sa coloration rosée : il ne se putréfie que fort lentement. La rutilance du sang disparaît dès que la proportion de CO devient inférieure à 0,4 p. 100 (Ritter).

Sur le cadavre on peut voir de larges taches rosées aux cuisses et au ventre ; les lèvres conservent leur couleur rose ; on a noté des congestions, des hémorragies le long du tube digestif. Aux sommets des poumons, on peut trouver des lésions décrites par Lacassagne sous le nom d'œdème carminé. Dans le sang oxycarboné les hématies conservent leur forme normale.

L'urine est quelquefois teintée en rose par du sang.

Le diagnostic de l'empoisonnement par CO se base surtout sur l'examen chimique et spectroscopique du sang.

État des gaz dans le sang. — Les gaz du sang sont l'oxygène, l'acide carbonique, l'azote mélangés à une petite quantité d'argon et d'oxyde de carbone.

L'argon représente 1/50 environ de la quantité d'azote (P. Regnard et Th. Schlœsing fils), soit exactement $0^{cc},42$ par litre de sang.

L'hydrogène et le méthane ont été signalés par Gréhant (1894) dans la proportion de $0^{cc},2$ par 100 centimètres cubes de sang environ.

C'est à la même époque que de Saint-Martin, d'un côté, et Desgrez et Nicloux, d'un autre, ont signalé, et en même temps, la présence dans le sang de petites quantités d'oxyde de carbone : de $0^{cc},11$ à $1^{cc},2$ pour 100 centimètres cubes de sang.

Oxygène............	Dissous dans le plasma..	$0^{cc},2$	20 c. c.
	Fixé à l'hémoglobine ...	19 ,8	
Anhydride carbonique .	Dissous dans le plasma..	27 c. c.	41 c. c.
	Dans les globules	14 c. c.	
Azote	Dissous	2 c. c.	

M. Nicloux a démontré expérimentalement (1913) que le plasma est le vecteur de l'oxyde de carbone dans l'empoisonnement fœtal par le sang oxycarboné maternel, comme il l'est de l'oxygène dans les phénomènes respiratoires.

Recherche de CO dans le sang.

Examen spectroscopique. — Quand on ne peut examiner le sang aussitôt après l'avoir recueilli, il faut lui ajouter I volume de solution saturée à froid de borax : le sang oxycarboné conserve ainsi longtemps ses propriétés. Avant l'examen au spectroscope, on prendra par exemple V à VI gouttes de sang qu'on mettra dans un tube à essai aux 3/4 rempli d'eau. La dilution doit être de 1 p. 100 environ.

Au spectroscope, le sang dilué laisse apparaître nettement dans le spectre deux bandes sombres situées entre D et E, la première dans le jaune, la seconde, plus large à droite de la précédente. Si le liquide est trop concentré, la partie droite du spectre disparaît en grande partie, les deux bandes sont trop foncées ou réunies en une seule ; s'il est trop étendu, les bandes sont trop pâles et peu visibles. Avec le sang oxycarboné, on s'aperçoit que les bandes d'absorption sont très légèrement déviées vers la droite (superposer les deux spectres du sang normal et oxycarboné). Pour bien différencier les deux spectres, on les soumet à l'action d'un agent réducteur, comme le sulfure d'ammonium à 40°, le protochlorure d'étain, l'hydrosulfite de soude (ce réducteur se prépare très rapidement en agitant dans un flacon bouché de la tournure de zinc avec du bisulfite ordinaire, additionné de 2 ou

3 volumes d'eau). Stokes recommandait une solution à 5 p. 100 de protochlorure d'étain additionnée d'acide tartrique, puis neutralisée par AzH^3. On peut aussi bien employer I ou II gouttes de $(AzH^4)^2S$ par centimètre cube de solution sanguine diluée ; la réduction se fait dans le tube bouché au bout de une à cinq minutes (Ogier).

Après l'action du réducteur, les deux bandes noires font place à une bande unique, dite bande de Stokes, qui se trouve dans l'intervalle des deux précédentes, dans le cas de sang normal. S'il y a CO, les deux bandes ne disparaissent pas et même il s'en manifeste une troisième à droite des deux premières et dans le rouge : elle provient de la réduction partielle de l'hémoglobine.

D'après Vibert et Ogier, la réaction spectroscopique cesse d'être appréciable quand la quantité d'hémoglobine oxycarbonée est inférieure au 1/10 de l'hémoglobine oxygénée. Et d'après Ogier, la limite de sensibilité est en somme assez médiocre et on peut fort bien par ce procédé ne pas reconnaître de faibles proportions de CO. D'après M. Herman (1911), la méthode spectroscopique ne permettrait pas de déceler une dose inférieure à 5 p. 10.000. On peut, à l'exemple de Hempel, abaisser la limite de la réaction par ce procédé à 3 p. 10.000 en combinant la réaction spectroscopique à l'épreuve physiologique.

Le sang dilué dans l'eau distillée, ou l'émulsion d'hématies dans l'eau physiologique, ne fixe que très lentement CO et cette fixation n'est d'ailleurs que partielle.

La proportion d'hémoglobine qui doit être impressionnée avant que la réaction ne soit possible varie, suivant les auteurs, de la moitié au dixième (Ogier). Puis l'appréciation des phénomènes spectroscopiques dépend de l'habileté ou de la vue de l'opérateur.

L. Garnier (1903) a relaté 4 cas d'intoxication par l'oxyde de carbone. Le premier sujet a survécu et l'examen spectroscopique du sang obtenu au moyen d'une saignée ne permit pas de constater les bandes persistantes de l'hémoglobine oxycarbonique. Dans les trois autres cas, la mort fut la conséquence de l'intoxication, mais chez une seule des victimes le sang montra au spectroscope les deux bandes persistantes après réduction sans absorption intermédiaire correspondant à la bande de Stockes. Ces faits sont de nature à prouver qu'il est possible de ne plus trouver aucune preuve chimique d'une intoxication par CO, même quand la mort a suivi de près l'accident. Ils démontrent en outre que, conformément à l'opinion de plusieurs physiologistes, le CO peut tuer non seulement par suite de sa fixation sur les hématies et par l'anoxhémie qui en est la conséquence, mais encore en provoquant une paralysie réflexe du cœur et des poumons avec syncope mortelle.

Moitessier et Bertin-Sans ont essayé d'augmenter la sensibilité de la méthode spectroscopique. Ils conseillent de diluer le sang avec les 2/3 de son volume d'eau. On met le mélange dans une carafe à fond plat de capacité de 1 litre environ. On ajoute un excès de ferricyanure de potassium pulvérisé qui transforme l'hémoglobine oxycarbonée en méthémoglobine et CO qui reste dissous dans le liquide sanguin. La carafe A est placée sur un bain-marie chauffé à 40° qui communique avec un tube de Cloez C contenant quelques centimètres cubes d'une solution de sang très dilué. Ce tube Cloez est réuni par un second tube à robinet *r* avec une cloche tubulée sous laquelle on peut faire le vide à 0m,03 et d'une capacité de 4-5 litres. En ouvrant les robinets, on fait passer le

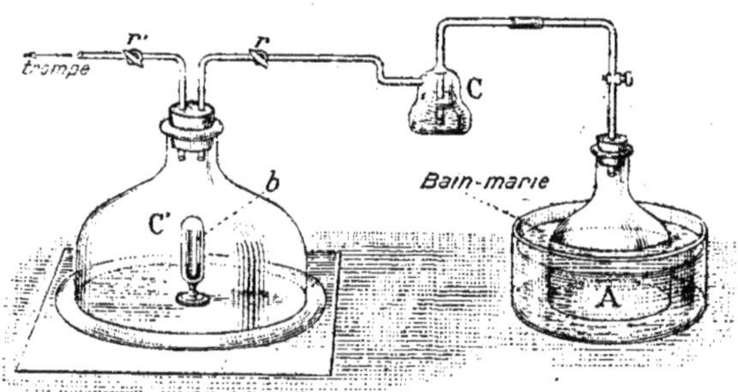

FIG. 8. — Appareil Moitessier et Bertin-Sans.

gaz contenu dans le sang de la carafe à travers le tube de Cloez. Quand l'équilibre de pression est uniformément réparti dans les diverses parties de l'appareil, on refait le vide à 0m,03 et on fait à nouveau passer le gaz de la carafe. En renouvelant cette manœuvre plusieurs fois, le liquide de la carafe ne tarde pas à bouillir. Au bout de 10 à 15 minutes, on arrête l'ébullition et on examine le liquide sanguin contenu dans le tube de Cloez. S'il contient de l'hémoglobine oxycarbonée en suffisante proportion, il présente une couleur rose plus vive que s'il y a de l'oxyhémoglobine seulement. On examine enfin ce sang au spectroscope.

D'après les auteurs, le procédé permet de reconnaître avec certitude la présence de CO dans du sang qui ne renferme que 1/15 de son hémoglobine transformée en hémoglobine oxycarbonée.

Gréhant préférait faire respirer à un animal l'air oxycarboné, sacrifier l'animal et examiner ensuite son sang.

Eulemberg propose de placer sur une soucoupe XV gouttes de sang suspect; on ajoute 2 centimètres cubes de soude (densité 1,32) et 2 centimètres cubes d'une solution de $CaCl^2$ au 1/3. On constate au bout de quelque temps des colorations qui varient suivant la nature du sang ou mieux suivant la combinaison de l'hémoglobine. Si c'est de l'O, la coloration est brunâtre ; avec CO^2, elle est plus foncée ; elle est couleur chair avec CO. On peut substituer avec avantage à $CaCl^2$ de l'acétate de plomb qui rend les différences de coloration plus tranchées.

D'après Preyer, le sang oxycarboné n'est pas réduit quand on y ajoute KCy (III ou IV gouttes de sang, 12 à 13 centimètres cubes d'eau, 5 centimètres cubes d'une solution de cyanure par moitié) et qu'on chauffe à 39° pendant 5 minutes. Dans les mêmes conditions, avec le sang normal, on voit disparaître les 2 bandes de l'oxyhémoglobine.

D'après Zaleski, si, à 2 centimètres cubes de sang oxycarboné, on ajoute 2 centimètres cubes d'eau, puis III gouttes d'une solution de $CuSO^4$ au 1/3, on obtient un précipité rouge brique. Le sang ordinaire fournit un précipité de teinte grise.

M. Knud Sand (1915) a proposé pour la constatation de l'oxyde de carbone dans le sang d'appliquer la méthode classique de réduction de l'oxyhémoglobine et de mettre à profit la transformation de celle-ci en méthémoglobine par les halogènes.

La carboxyhémoglobine exige pour sa réduction une plus grande quantité de réactif que l'oxyhémoglobine. Cette réduction s'effectue avec du sulfure d'ammonium récent, de l'hydrogène ou mieux encore avec l'hydrosulfite de sodium. Pour opérer rigoureusement, il faut mettre en œuvre le sang incriminé, le sang normal, et ce dernier traité par l'oxyde de carbone. Ce gaz peut être obtenu pur par le traitement de l'acide formique par l'acide sulfurique concentré à la température de 150°-170°, le gaz étant lavé dans une solution de soude au 1/5. On pourrait, à la rigueur, employer comme source de CO un courant de gaz d'éclairage. On sait que 1 gramme d'hémoglobine (d'après Bock) peut retenir $1^{cc},22$ de CO ; 100 centimètres cubes de sang retiendraient donc $1,22 \times 14 = 17$ centimètres cubes de CO à saturation complète.

Le changement de couleur du sang opéré par le réducteur se perçoit nettement à l'œil nu sur le sang normal, alors que la coloration primitive se maintient dans le sang oxycarboné. Dans le doute on s'adresserait au spectroscope.

L'auteur préfère même aux halogènes, comme réducteurs, l'iodure ioduré préparé avec : iode 1 gramme, iodure de potassium 2 grammes, eau distillée 300 grammes. Le sang à examiner étant dilué au voisinage de 2 à 3 p. 100, on ajoute à 10 centimètres cubes de cette dilution XV gouttes environ du réactif et on observe la couleur comparativement à celle fournie par le sang normal et, par le même sang oxycarboné, ces derniers pris à la même dilution. Au point de vue de la sensibilité, l'épreuve de réduction par l'iodure ioduré donnerait un résultat positif avec un sang oxycarboné à 5 p. 100 seulement de sa capacité d'absorption, alors que les autres méthodes ne permettent pas d'apprécier les proportions inférieures à 20 p. 100.

Extraction de CO du sang par le vide. — L'extraction des gaz du sang et leur analyse constitue le meilleur procédé pour constater et mesurer CO dans le sang. Pour cette opération, on peut employer la pompe à mercure d'Alvergniat, légèrement modifiée comme l'a indiqué Ogier (1889). Le ballon qui contient le sang est chauffé entre 50-60°.

Les gaz extraits du sang peuvent être $\begin{cases} H^2S \\ CO^2 \\ O \\ CO \\ Az \end{cases}$

Pour les isoler et les caractériser, on transporte l'éprouvette sur une cuve à mercure. Le volume total est mesuré.

On en prélève une fraction mesurée (10 à 20 centimètres cubes) qu'on traite par un petit fragment de $CuSO^4$ humecté d'eau, qui noircit s'il y a H^2S. On élimine $CuSO^4$ par transvasement dans une autre éprouvette et on introduit un peu de solution de KOH très concentrée à l'aide d'une pipette courbe ; la lecture du nouveau volume après agitation donne la proportion de CO^2.

On fait passer dans le tube de l'acide pyrogallique qui se combinant avec KOH absorbe l'O ; une nouvelle lecture donne la proportion de ce gaz.

On sépare le gaz du pyrogallate à l'aide d'une pipette à gaz.

On traite le résidu par une petite quantité de solution chlorhydrique de chlorure cuivreux qui absorbe immédiatement CO. On a par différence des deux lectures le volume de CO.

Gréhant a beaucoup étudié cet empoisonnement (1890). Il est parvenu à produire le dégagement total de CO contenu dans le sang en introduisant une dissolution de sel marin dans l'acide acétique cristallisable, en volume égal à peu près au volume du sang et en portant la température du bain d'eau de 40° à 100°. Ainsi l'hémoglobin est transformée en hématine et CO devient libre en totalité.

En opérant ainsi avec le sang normal, Gréhant n'a jamais trouvé de CO, bien que L. de Saint-Martin prétende que le sang normal en contienne 0^{cc},7 par litre de sang.

M. M. Nicloux a décrit (1913) un appareil très simple permettant une extraction rapide et complète de l'oxyde de carbone du sang et qui évite l'emploi de la pompe à mercure. L'analyse se pratique en général sur 25 centimètres cubes de sang que l'on traite par de l'acide phosphorique, l'appareil plongeant aux trois quarts dans un bain de chlorure de calcium à 100° ; le sang, dans ces conditions, abandonne son oxyde de carbone. Les gaz libérés sont recueillis dans une cloche appropriée pour en faire ensuite l'analyse. Au moyen de la potasse, on se débarrasse de l'acide carbonique et on effectue sur le résidu une analyse eudiométrique avec l'eudiomètre simplifié de Gréhant. On pourrait encore absorber l'oxyde de carbone avec du chlorure cuivreux, Cu^2Cl^2, ou faire agir ce gaz sur l'acide iodique.

L'appareil de Nicloux peut aussi trouver une application directe dans la détermination du coefficient d'empoisonnement oxycarbonique.

La recherche de CO dans l'air peut être demandée à l'expert dans le cas d'empoisonnement ou d'accidents imputables à l'oxyde de carbone.

Comme procédé qualitatif donnant des résultats très nets, Gréhant propose le moineau pour lequel la dose toxique de CO serait de 1/450 environ.

Méthode de Gruber Fodor. — Elle s'applique aussi à la recherche de CO dans le sang. Le sang est placé dans un flacon à deux tubulures ; on y fait barboter un courant d'air qui entraîne le gaz toxique ; ou on agite, en présence d'un peu de sang dilué, 10 à 20 litres de l'air à analyser. On chauffe la solution sanguine pendant 3 ou 4 heures dans un ballon traversé par un courant d'air purifié. On la débarrasse de NH^3 en lui faisant traverser SO^4H^2, de CO^2 par KOH, de H^2S par l'acétate de plomb. L'air entraînant CO traverse 2 ballons chauffés à 90° et renfermant une solution neutre et étendue à 1/500 de $PdCl^2$. On recueille le métal réduit sur filtre, on calcine et on pèse.

$$PdCl^2 + CO + H^2O = Pd + CO^2 + 2HCl$$

1 gramme de Pd correspond à 0^gr^,2644 de CO.

Potain et Drouin ont insisté sur cette méthode pour le dosage de l'oxyde de carbone dans l'air.

Il est bon de savoir que le chlorure de palladium est réduit également par certains carbures d'hydrogène non saturés, par le gaz d'éclairage et l'hydrogène, et l'élimination de ces carbures n'est pas toujours facile.

Brunck (1912), pour empêcher que en présence de HCl, Pd ne se dissolve, emploie une solution de chlorure de palladium et de sodium dont 1 centimètre cube correspond à 1 centimètre cube de CO à 0° et 760 millimètres. La solution doit renfermer 4gr,762 de palladium par litre.

La réduction de l'acide iodique par l'oxyde de carbone :

$$5CO + I^2O^5 = 5CO^2 + I^2,$$

avec mise en liberté d'iode, appliquée d'abord à la recherche qualitative de ce gaz dans l'air par Ditte (1870), de la Harpe et Reverdin (1889), a été utilisée pour la première fois dans un but quantitatii par A. Gautier.

M. A. Gautier a établi que CO, mélangé à 200.000 parties d'air et plus, peut être entièrement oxydé par I^2O^5 à la température de 30°-35°. La quantité d'iode mise en liberté est de 2mgr,27 par centimètre cube de CO calculé sec et à 760 millimètres. Le dosage de l'iode libéré et par conséquent de CO se fait donc avec une grande exactitude.

Ensuite, M. Nicloux (1898) a aussi proposé ce dosage de l'iode d'une très grande sensibilité, en vue de la recherche quantitative de traces d'oxyde de carbone dans l'air, et c'est ainsi qu'ont expérimenté A. Lévy et Pécoul. Ces derniers ont mis l'appareil sous une forme portative : l'iode libéré a été fixé par le chloroforme au lieu et place de la potasse indiquée par Nicloux. Mais il faut opérer avec IO^3H pur, non susceptible de libérer de l'iode même avec de l'air pur. Dans ce but, M. Nicloux le prépare avec la méthode de Stas : attaque de l'iode par l'acide nitrique, mais en apportant des modifications à la technique primitive :

$$10NO^3H + I^2 = 2IO^3H + 10NO^2 + 4H^2O.$$

D'après Nicloux, la réaction de CO sur IO^3H est complète quelle que soit la dilution de ce gaz dans l'air, et d'autre part, l'estimation de l'iode pouvant se faire au 1/10 de milligramme, on conçoit que cette méthode puisse fournir des résultats assez approchés ; 3 litres d'air renfermant CO dans la proportion de 1 p. 100.000 d'air sont suffisants pour un dosage.

Les gaz à analyser traversent au moyen d'un aspirateur trois tubes en U, le premier contenant de la potasse, le second de la ponce sulfurique, le troisième de l'anhydride iodique maintenu à 150° au moyen d'un bain d'huile. A la suite de ce dernier tube est un tube de Will légèrement modifié renfermant un excès de potasse qui retient l'iode.

Celui-ci est mis en liberté par NO^3H nitreux : on agite avec 5 centimètres cubes de CS^2, lequel se colore en rose. On compare cette teinte avec celle obtenue dans plusieurs essais successifs et jusqu'à égalité de teintes en mettant l'iode en liberté d'une solution titrée de KI à 1 p. 10.000. C'est un dosage colorimétrique.

On peut, d'après Nicloux, reconnaître par ce procédé 1/50.000 de CO.

Albert-Lévy indique de ne chauffer l'acide iodique qu'à 80° seulement, car à 150°, les gaz réducteurs de l'atmosphère peuvent mettre de l'iode en liberté, même quand il n'y a pas trace de CO. Avec M. Pécoul, il a cherché le moyen de déceler CO par un procédé automatique facile à mettre en œuvre.

L'air aspiré par le simple écoulement de l'eau d'un flacon se débarrasse de ses poussières à travers une colonne de coton de verre et traverse un tube en U rempli d'acide iodique anhydre. Le tube est chauffé par la petite flamme d'une lampe à alcool ; la température n'oscille qu'entre 70° et 80°. L'air vient ensuite barboter dans un tube contenant quelques centimètres cubes de $CHCl^3$. S'il y a seulement des traces de CO, le chloroforme se colore en rose plus ou moins foncé suivant la proportion du gaz toxique. La teinte obtenue dans le barboteur est comparée à une gamme de liquides colorés maintenus en tubes scellés et titrés par rapport à la teneur en CO correspondant.

A partir de 1/200.000 de CO, on obtient déjà une couleur rose bien nette. Avec cet appareil, on opère sur $3^l,5$ d'air.

Le Dr M. Herman (1914) indique d'opérer, en se mettant à l'abri de gaz réducteurs de l'air, de la façon suivante :

L'acide iodique placé dans un tube en U est chauffé vers 110° dans un bain de sulfate d'ammonium. Après barbotage dans une lessive de KOH et passage sur de la ponce sulfurique, le courant d'air à essayer est dirigé par aspiration sur l'acide iodique à une vitesse ne dépassant pas 1 litre à l'heure. L'iode mis en liberté est retenu dans un ou plusieurs tubes de Winkler contenant une liqueur titrée d'acide arsénieux. Le dosage de l'atténuation de ce réactif se fait à l'aide d'une solution N/100 d'iode. Un calcul très simple donne la quantité de CO qui a traversé l'appareil. C'est là le dispositif de Slosse pour la recherche de CO dans le sang pendant la glycolyse. En opérant sur des mélanges titrés d'air et de CO pur, MM. Herman et Ghysen ont pu doser ainsi facilement 1 de CO pour 10.000 d'air, en traitant 5 litres du mélange. Pour des doses faibles, on utiliserait un plus grand volume de gaz. C'est le procédé le plus recommandable et le plus précis pour doser CO dans le sang.

Pour recueillir l'échantillon d'air à analyser, le plus pratique est de vider dans le local un flacon de 20 litres préalablement rempli d'eau.

Berthelot a indiqué (1891) que CO réduit $AgAzO^3$ ammoniacal même à froid. A l'ébullition, elle donne lieu aussitôt à un très abondant précipité noir. La réaction se produit aussi avec une solution aqueuse d'oxyde de carbone. Elle est très sensible et s'effectue même en présence d'une grande quantité d'air. Il faut qu'avec CO il n'y ait pas d'autre substance réductrice. La réaction est d'autant plus exacte que les formiates alcalins ne réduisent pas l'azotate d'argent ammoniacal et que l'H pur ne le réduit pas davantage, du moins lorsqu'il a été lavé avec soin dans une solution de $KMnO^4$, afin de le débarrasser de toute trace de gaz réducteur.

S'il s'agit de doser CO dans l'air, on le fait passer (*fig.* 9) successi-

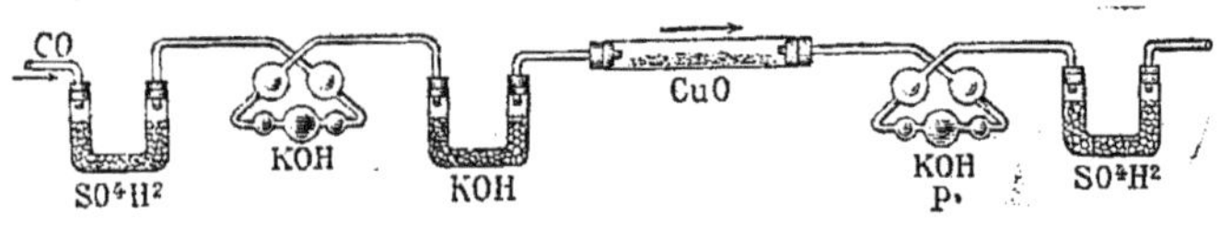

FIG. 9. — Appareil pour le dosage de CO dans l'air.

vement à travers un tube en U rempli de ponce sulfurique (qui absorbe la vapeur d'eau), à travers un tube à boules de Liebig contenant une solution de KOH et à travers un deuxième tube en U contenant des fragments de KOH solide pour absorber CO^2. L'air ainsi dépouillé d'eau et de CO^2 passe dans un tube en verre de Bohême contenant CuO porté au rouge. CO se transforme aux dépens de CuO en CO^2 qui est retenu dans un tube à KOH séparé de l'aspirateur par un tube à ponce sulfurique. La différence de poids du dernier tube à potasse (P) avant et après l'expérience représente le poids de CO^2 qui provient de CO de l'air qui a traversé l'appareil.

MM. Schlagdenhauffen et Pagel ont indiqué (1899) que les oxydes d'argent et de cuivre chauffés dans un courant de CO sont entièrement réduits l'un à 60°, le second à 300° et peuvent par conséquent servir à doser ce gaz; CO^2 formé correspond théoriquement à l'oxygène perdu :

$$CO + Ag^2O = CO^2 + Ag^2$$
$$CO + Cu^2O = CO^2 + Cu^2$$

La recherche et le dosage de CO peuvent être effectués par absorption au moyen de chlorure cuivreux.

La solution chlorhydrique de chlorure cuivreux absorbe, quand elle est préparée dans les conditions ordinaires (Ogier), 20 fois son volume de CO. Chauffée légèrement, elle laisse dégager CO. Si le réactif cuivreux est légèrement coloré par son contact avec l'oxygène de l'air, il se décolore en général en présence de CO.

CO est aussi absorbé par les solutions ammoniacales de Cu^2Cl^2. La solution chlorhydrique de chlorure cuivreux absorbe également PhH^3, AsH^3 et en général tous les gaz absorbables par la potasse. Ces derniers étant éliminés, il convient avant de procéder au dosage de CO de séparer, s'il y a lieu, PH^3 par $CuSO^4$ et ensuite O par le pyrogallate de potasse. Cette séparation de l'O doit être faite rapidement, le pyrogallate produisant lentement au contact de l'O une faible dose de CO qui augmenterait les résultats de dosage ultérieur de ce gaz.

M. Gréhant prépare ainsi le réactif cuivreux : on introduit dans un flacon de 1 à 2 litres 500 grammes de bichlorure de cuivre en petits cristaux, de la tournure de cuivre en grand excès, puis on remplit le flacon d'acide chlorhydrique ordinaire. Après quelques jours, à la température ordinaire, le chlorure est ramené à l'état de protochlorure qui se dissout dans HCl. Ce réactif versé dans l'eau donne aussitôt un précipité blanc de protochlorure de cuivre insoluble dans l'eau. On le conserve dans un flacon bien bouché.

Pour rechercher CO dans l'air, on procède de la façon suivante : on renferme l'air suspect dans des flacons de 2 litres environ où on a fait le vide. Ils sont fermés par un bouchon en verre rodé portant deux tubes à robinets : l'un sert à l'entrée ou à la sortie du gaz, l'autre muni d'un entonnoir permet d'introduire des réactifs dans le flacon. On élimine l'O du flacon en y introduisant une solution concentrée de pyrogallate de potassium. Quand l'absorption est terminée, on fait passer le gaz bulle à bulle dans un flacon contenant du chlorure cuivreux en solution concentrée ; on le met ensuite en liberté en traitant le réactif cuivreux par de la potasse ; on caractérise l'oxyde de carbone en le faisant brûler ou par les réactifs chimiques appropriés. On pourra même, s'il est en proportion suffisante, en faire l'analyse eudiométrique.

On peut encore doser CO dans l'air au moyen du grisoumètre inventé par Coquillion et modifié par Gréhant à la condition toutefois qu'il y ait 1 partie de CO dans 300 parties d'air. Quand on fait passer une série d'étincelles dans un mélange gazeux contenant un gaz combustible en présence d'un excès d'oxygène, le gaz combustible est brûlé et il en résulte, après refroidissement des gaz, une diminution de volume du mélange gazeux. Dans le cas de CO, on a :

$$\frac{CO}{2\text{ vol.}} + \frac{O}{1\text{ vol.}} = \frac{CO^2}{2\text{ vol.}}.$$

La diminution du volume est proportionnelle à la teneur en CO, en admettant qu'il n'y ait pas d'autres gaz combustibles.

C'est la méthode recommandée par J. Ogier et E. Kohn-Abrest (1909).

Enfin, M. Guasco a construit un toximètre, petit appareil avertisseur sensible à la présence du gaz d'éclairage ou de l'oxyde de carbone dans une pièce ; c'est une sorte de thermomètre différentiel de Leslie; une sonnerie retentit dès qu'il y a danger pour le propriétaire. Le principe dérive des propriétés de la mousse de platine qui s'échauffe en présence des gaz combustibles, qu'elle absorbe à froid; cet échauffement peut déplacer dans un tube de thermomètre une petite masse de mercure qui vient établir un contact et fermer un courant. La proportion de gaz toxique nécessaire pour ce résultat est inférieure à celle qui tue l'oiseau, réactif si sensible.

L'oxychlorure de **carbone** ou **phosgène,** gaz carbonyle, $COCl^2$, est un gaz très toxique, incolore: à faibles doses, il provoque la toux, le larmoiement et une dyspnée intense. Il se dissout dans l'eau en se dissociant :

$$COCl^2 + H^2O = CO^2 + 2HCl.$$

Il est absorbé rapidement par les solutions alcalines et la chaux sodée.

La recherche dans le sang ou les viscères conduit à des résultats négatifs (Kohn-Abrest) 1915.

GAZ D'ÉCLAIRAGE

C'est un gaz très toxique. A volume égal, il est plus nocif que l'oxyde de carbone. Mme Ferchland et E. Wahlen (1902) ont en effet constaté que le gaz d'éclairage avait une toxicité plus considérable que celle correspondant à la proportion d'oxyde de carbone qu'il renferme. L'oxyde de carbone ne serait donc pas le seul élément toxique du gaz d'éclairage. Ces expériences ont été effectuées sur le chien et la grenouille.

Un mélange d'air avec 5 p. 100 de gaz d'éclairage tue les chiens en quelques minutes par asphyxie et sans cris (procédé de la fourrière de Paris indiqué par P. Bert).

Dans le gaz d'éclairage, il y a de 6 à 20 p. 100 de CO.

D'après les analyses de P. Lebeau et A. Damiens (1913), la composition du gaz de Paris est la suivante :

Oxygène	0,04
CO	5,66
Hydrogène	54,08
Azote	3,47
Absorbable par la potasse (CO^2), etc	1,81
Méthane	28,59
Éthane	0,75
Propane	0,12
Butane	0,014
Carbures acétyléniques	0,096
Propylène et homologues	0,096
Éthylène	2,12
Vapeurs (eau, benzol), par différence	2,77
	100,00

L'hydrogène sulfuré n'y existe pas en quantité appréciable.

A. Layet, à juste raison, dans une série d'expériences très démonstratives, mit en relief le rôle principal de l'oxyde de carbone dans l'empoisonnement par le gaz d'éclairage.

Quand le gaz d'éclairage est inhalé subitement, les victimes tombent comme foudroyées (Sédillot).

Un individu soumis à l'action du gaz d'éclairage présente deux sortes de symptômes différents : d'abord, maux de tête, lourdeurs, vertiges, bruissements d'oreilles, hallucinations auditives, visuelles et psychiques, puis tremblement des muscles, accélération de la respiration et des battements du cœur. A ce moment, le malade très oppressé se défend et cherche à se procurer de l'air ; mais ses jambes flageolent et il ne peut se soutenir. Puis, survient un état de somnolence accompagné quelquefois de nausées et de vomissements qui fait suite à cette première phase d'excitation. Ensuite, les deux derniers phénomènes éprouvés s'exagèrent et le malade tombe dans une torpeur profonde suivie d'un état comateux plus ou moins marqué. C'est la phase de dépression.

Si le gaz n'a été respiré ni longtemps, ni en grande quantité, l'empoisonnement peut être incomplet et la guérison survenir. En revanche, il est rare de voir revenir le retour à la santé, quand la période comateuse a commencé. Si après 24 heures la résolution n'est pas faite, la mort est à redouter, la dyspnée, la cyanose, le délire en étant les signes précurseurs.

Dans les cas heureux, le malade sort peu à peu de sa torpeur ; il lui reste du mal de tête, des sifflements d'oreilles, des vertiges et parfois du délire : peuvent survenir de l'amnésie, une diminution de la mémoire, des paralysies partielles plus ou moins généralisées, liées à des névrites périphériques qui durent peu, des œdèmes locaux, palpébraux, des troubles vaso-moteurs et trophiques avec de l'anémie plus ou moins profonde. Il apparaît quelquefois des névralgies intercostales très douloureuses justiciables de la morphine.

Il y a souvent de la glycosurie légère disparaissant avec l'intoxication : elle constitue un symptôme grave ; parfois aussi, mais moins souvent, on constate de l'albuminurie (A. Robin).

L'examen cadavérique révèle que les téguments sont teintés de rouge, la face est vultueuse et cette coloration se retrouve au niveau des plis des membres. Le sang pour certains est rutilant dans les veines et noir dans les artères, tandis que pour d'autres l'inverse se produirait. Les uns et les autres ont raison, car cela dépend du moment où la mort est survenue. Si celle-ci a été prompte, le sang veineux demeure rutilant, mais il est noir si le décès a été tardif.

En 1912, MM. L. Garnier, P. Parisot et Lalanne ont rapporté quatre intoxications, dont deux mortelles, par le gaz d'éclairage.

En 1914, nous avons pu observer deux ouvriers qui furent apportés sans connaissance par la police à l'hôpital Saint-André. On les avait trouvés à moitié asphyxiés dans deux chambres contiguës séparées par des planches disjointes. Ils s'étaient couchés vers minuit, laissant un bec de gaz à moitié ouvert et allumé ; pendant la nuit la lumière s'était éteinte et le gaz s'était répandu dans les deux pièces. On les trouva inanimés à 6 heures. Ces deux ouvriers avaient le visage vultueux, ne répondaient à aucune question et paraissaient se trouver dans un état d'asphyxie très avancée. L'un et l'autre furent saignés largement ; l'un d'eux, vers la fin de la saignée, eut une syncope. Cependant, presque aussitôt après l'émission de sang, un mieux manifeste apparut, surtout après une injection de sérum artificiel. La mémoire lui revint peu à peu. La journée se passa en sommeils successifs : les deux malades étaient très altérés ; dès le lendemain, tout symptôme paraissait avoir disparu et, le surlendemain, ils sortaient de l'hôpital entièrement guéris. Le sang provenant de l'émission présentait les deux raies irréductibles de l'hémoglobine oxycarbonée, mais, dès le lendemain de l'accident, le phénomène fut impossible à reproduire.

Certains organes sont rouges ou noirs suivant la lenteur ou la rapidité avec laquelle sera survenu le dénouement fatal. Toutefois, on trouve toujours des ecchymoses ou des suffusions sanguines.

On peut aussi constater des névrites périphériques, des pneumonies lobulaires et parfois même des foyers de ramollissement cérébral.

Le plus souvent les empoisonnements par le gaz de l'éclairage sont accidentels. Aujourd'hui, ce gaz paraît devenir un moyen adopté pour le suicide. En effet, l'asphyxie se produit rapidement en ouvrant un bec de gaz et aspirant ce dernier (Affaire S...) ; des ouvriers en aspirant dans les conduites de gaz pour amorcer le débit (Sédillot), ou des ouvriers tout à coup plongés dans une atmosphère de ce gaz faisant irruption dans une tranchée ont été très rapidement intoxiqués. Dans une affaire étudiée par Tourdes, et dans une autre observée à Breslau par Kobert, il y eut mort de plusieurs personnes ; et dans ce dernier cas la fuite de la canalisation était située à 35 mètres de la maison. C'est que, dans les fuites de canalisation urbaine, le gaz épanché dans la terre se désodorise avant d'envahir l'habitation, en filtrant à travers les murailles et le sol. M. Brouardel a rapporté, en 1893, le cas d'un empoisonnement à distance : la canalisation du gaz d'éclairage passait sous deux habitations, enfouie dans une tranchée de $0^{m},80$ de profondeur ; le gaz désodoré s'infiltra dans les habitations : 5 personnes furent gravement malades et l'une d'elles mourut.

Dans une intoxication mortelle par le gaz de l'éclairage, l'expert devra s'efforcer de doser CO dans le sang. C'est ainsi que dans l'affaire S... Ogier trouva à l'autopsie les lésions de l'asphyxie et il retira $17^{cc},4$ de CO p. 100 centimètres cubes de sang.

Le traitement dans cette intoxication est celui que nous avons indiqué à propos de l'empoisonnement par l'oxyde de carbone.

Pour l'éclairage, le chauffage et comme gaz combustibles, on emploie d'autres gaz que celui provenant de la distillation de la houille. Nous citerons : *le gaz à l'eau.*

Le gaz à l'eau. — L'eau en vapeur passant sur du charbon au rouge fournit d'après l'équation :

$$H^2O + C = CO + 2H.$$

L'eau se dissocie en ses éléments et l'O se porte sur C pour donner CO.

C'est là le **gaz à l'eau** ou **gaz pauvre** ou encore **gaz bleu :** son pouvoir calorique est inférieur à celui d'autres gaz, notamment du gaz de l'éclairage.

En réalité, le gaz à l'eau renferme toujours un peu d'acide carbonique, de l'azote et différentes impuretés.

Le gaz à l'eau est peu éclairant ; on lui communique son pouvoir éclairant en lui faisant traverser des hydrocarbures.

Au point de vue de ses applications domestiques, il présente le grave inconvénient d'être très toxique, renfermant au moins 40 p. 100 de CO ; il est d'autant plus dangereux qu'il ne possède pas d'odeur prononcée, de sorte qu'en cas de fuite, rien ne fait pressentir le danger. Si le gaz à l'eau est préparé à température élevée, il peut renfermer jusqu'à 50 p. 100 de CO (Gréhant). Son emploi a d'ailleurs été interdit en France dans certaines conditions.

En 1910, M. L. Vignon a montré que CO passant sur de la chaux, en présence d'une quantité d'eau convenable, était transformé à partir de 400° en un mélange d'H et de méthane.

A 1000°, CO humide passant sur de la chaux fournit (CO et CO^2 déduits) :

Hydrogène	88 p. 100	
Méthane............	12 p. 100	formés en vertu des équations:

$$CO + H^2O + CaO = CO^2 + H^2 + CaO$$

$$4CO + 2H^2O + CaO = 3CO^2 + CH^4 + CaO$$

Dans cette manipulation la chaux n'est nullement modifiée.

On peut d'ailleurs substituer à la chaux d'autres catalyseurs comme Fe, Ni, Cu, SiO^2, $Al^2(OH)^6$, MgO.

C'est le nickel qui à 400° produit dans ces conditions le plus de CH^4 (L. Vignon, 1913).

Tous les combustibles pourraient être utilisés pour produire le gaz à l'eau ; en Europe, on emploie le coke ; en Amérique, on fait usage d'anthracite.

Ce gaz brûle avec une flamme bleue pâle qui lui a fait donner le nom de « gaz bleu » : elle n'est pas éclairante, mais elle est très chaude.

Un volume de gaz à l'eau brûle et détone dans $2^{vol},3$ d'air environ. Ce mélange explosif a été utilisé aux États-Unis pour actionner des moteurs à gaz.

Il est presque exclusivement employé aujourd'hui au chauffage et à l'éclairage. Pour l'éclairage, on lui donne un pouvoir éclairant en le carburant à l'aide d'huiles minérales et de benzol. L'éclairage par incandescence a amené une révolution dans l'industrie du gaz ; ce dernier n'a plus besoin d'être éclairant. On comprend toute l'importance que peut acquérir le gaz à l'eau actuellement.

Sa nocivité est due uniquement à l'oxyde de carbone qu'il contient, et il est inodore.

Son emploi seul serait dangereux. Mais il pourrait être mélangé au gaz d'éclairage ; c'est ainsi que M. E. Yungfleisch avait proposé (1906) au Conseil d'hygiène de la Seine de limiter à 15 volumes dans 100 volumes la quantité d'oxyde de carbone pouvant être contenue dans le gaz distribué. Le Conseil n'adopta pas ce rapport.

ACIDE BORIQUE

Les auteurs diffèrent d'opinion sur la toxicité de l'acide borique. Pour les uns, cet acide est totalement inoffensif, de même le borate de sodium ; pour les autres, l'acide borique est doué de propriétés toxiques et demande à être manié avec prudence, surtout dans quelques cas.

Les intoxications causées par l'acide borique ne paraissent cependant pas douteuses. Quand il est absorbé en quantité un peu considérable et que son élimination est gênée par quelque cause, il produit des accidents toxiques et même mortels.

La toxicité expérimentale de l'acide borique est mal définie ; un certain nombre d'expérimentateurs parmi lesquels Pouchet, G. Gaucher, Catrin ont pu réaliser des intoxications chroniques avec des doses faibles mais continues d'acide borique.

D'après Chevalier, les accidents surviennent d'ordinaire au bout du troisième ou quatrième jour, quand l'organisme est saturé par absorption répétée ou non élimination.

Les intoxications peuvent survenir soit à la suite de l'emploi d'acide borique pulvérisé comme pansement, soit à la suite de lavements ou de lavages de la plèvre, de l'estomac, de la vessie avec des solutions boriquées.

M. Ch. Féré, médecin de l'hôpital de Bicêtre, a décrit (1894) « le borisme » ou les accidents de la médication par le borax.

Gowers avait déjà signalé la diarrhée, les nausées et les vomissements ainsi que les éruptions de psoriasis, accidents provoqués par l'ingestion du borax à petites doses.

Les troubles intestinaux sont les plus fréquents. Le borax détermine une sécheresse des téguments qui s'étend non seulement à la peau, mais aussi aux muqueuses. Les muqueuses des lèvres et de la langue sont rouges, dépouillées ; les lèvres présentent souvent des fissures, leur muqueuse se fendille aux commissures ; la conjonctive est injectée. Cette sécheresse de la peau coïncide souvent, même en l'absence de toute éruption cutanée, avec une sécheresse remarquable des cheveux et des poils qui tombent en laissant la peau parfaitement saine en apparence. L'alopécie s'étend non seulement au cuir chevelu, mais à la face, aux sourcils, aux aisselles, au pubis; les ongles présentent souvent une striation ou des courbures longitudinales. Quand l'intoxication a cessé, les cheveux et les poils repoussent. Le borisme est souvent accompagné d'eczéma de forme séborrhéique débutant sur la région sous-ombilicale, sur les régions latérales du tronc et de l'abdomen, sur les membres antérieurs ; il peut quelquefois se généraliser. La cachexie borique peut d'ailleurs se manifester en dehors de toute éruption cutanée, elle s'accompagne alors d'une teinte cireuse du tégument avec décoloration des muqueuses. Chez les sujets saturés de borax, on observe encore des éruptions furonculeuses. Enfin, il peut y avoir de l'œdème des paupières, de la face et des extrémités; on trouve alors l'urine chargée d'albumine.

M. Catrin a communiqué (1896) l'observation d'un malade qui a succombé à l'administration d'un lavement contenant 40 grammes d'acide borique.

Mme Dr Sophie Grumpelt a signalé (1899) à Barkly West (colonie du Cap) des accidents survenus chez une femme atteinte d'entérite chronique qui faisait deux irrigations rectales par jour d'un demi-litre d'eau tiède renfermant une cuillerée à café d'acide borique ; ils survinrent après le quatrième lavement : ils consistaient en éruption érythémateuse, papuleuse ou bulbeuse avec fièvre et céphalalgie ; ils se dissipaient quand on suspendait l'emploi des irrigations rectales pour se montrer de nouveau dès qu'on y revenait.

Branthomme a signalé (1896) deux cas d'intoxication par l'acide borique : l'un chez une femme de 55 ans, non diabétique, atteinte d'un anthrax du dos ; le traitement consistait à appliquer sur la tumeur incisée un mélange à parties égales de farine de lin et d'acide borique pulvérisé ; de plus, la malade prenait 2 grammes d'acide borique à l'intérieur. Le quatrième jour de traitement, il y eut insomnie, une sorte de cuisson de la peau, des placards rouges sur la face; le corps était d'apparence érysipélateux ; face et cuir chevelu tuméfiés, soif très vive. Le traitement ayant été suspendu, ces accidents disparurent rapidement.

L'autre cas concernait un malade de 65 ans non diabétique, atteint d'un anthrax de la nuque. La plaie fut saupoudrée avec de l'acide borique. Elle prit un bel aspect, mais le troisième jour, on constata une poussée d'eczéma généralisé ; il y eut en même temps perte d'appétit, somnolence et plus tard vomissements, sueurs profuses, prostration; le malade succomba, bien que les applications d'acide borique eussent été supprimées.

Le Dr L. Herviault a consigné (1902), dans sa thèse inaugurale, les intoxications survenues à la suite d'irrigations rectales au moyen d'eau boriquée, dans le traitement de la dothiénentérie. Elles provoquent des éruptions qui disparaissent dès qu'on suspend leur emploi : cet exanthème presque toujours polymorphe se présente sous forme de papules, de larges plaques irrégulières ou de vastes nappes diffuses recouvrant tout le corps sans ménager la face, faisant saillie au-dessus des parties saines dont elles ne se distinguent que par le changement de teinte. A chaque poussée nouvelle, correspond une élévation thermique qui la précède parfois de quelques jours. La desquamation se fait par petites écailles furfuracées sur le dos, l'abdomen et le thorax, tandis qu'au niveau des extrémités elle se produit sous forme de larges plaques. Le plus souvent, l'intoxication est bénigne, mais dans deux cas, d'après le Dr Herviault, elle a pu compromettre la vie du malade.

Rinehart (1902) rapporte deux cas d'empoisonnement par l'acide borique : le premier cas, homme de 28 ans, atteint d'entérite, qui prenait 0gr,30 d'acide borique toutes les 4 heures. Deux jours après, faiblesse, éruptions papuleuses, pouls faible. Il s'arrêta à temps.

Le second concernait un homme de 50 ans, qui après ingestion d'acide borique éprouva les mêmes accidents.

M. Ch.-L. Bert a décrit (1904) un empoisonnement mortel par l'acide borique. Il s'agissait d'un homme de 36 ans, ayant toujours joui d'une bonne santé et qui fut atteint d'une adénite inguinale suppurée. On excisa les ganglions malades et la plaie fut bourrée d'acide borique pulvérisé ; on sutura les lèvres, sans drainage ; puis, on appliqua un pansement de collodion. Le soir du troisième jour, on vit apparaître sur le cou, la poitrine et les épaules un érythème s'étendant au dos et aux cuisses, en même temps que l'on constatait une cyanose marquée, avec sueurs visqueuses, refroidissement des extrémités, prostration générale et vomissements incoercibles. Le patient commença à délirer et ne tarda pas à succomber.

A l'autopsie, dégénérescence graisseuse du foie et des reins, ainsi que des ecchymoses sous-péricardiques. Les ensemencements pratiqués avec le sang du cœur et avec celui de divers viscères restèrent stériles. On était donc bien en présence d'une intoxication par l'acide borique, caractérisée par les symptômes de cet empoisonnement.

Chevalier (1904) a donné une excellente revue des accidents provoqués par l'acide borique. « L'acide borique, dit-il, est capable de causer « des accidents toxiques graves lorsqu'il est absorbé dans certaines « conditions encore mal connues et ne doit pas être considéré comme

« un corps dépourvu de toxicité. Pour moi, j'estime que l'acide bo-
« rique est d'ordinaire d'une absorption difficile ; c'est en raison de ce
« fait qu'il possède un faible pouvoir toxique. D'autre part, il s'éli-
« mine assez facilement par l'urine et les autres sécrétions ; mais,
« lorsque les reins sont touchés, cette élimination devient difficile et
« il se produit de l'accumulation dans l'économie. »

Savariaud, en 1913, a signalé un cas d'intoxication par pansement boriqué survenu chez un enfant de 8 ans soigné depuis plusieurs mois pour des brûlures profondes de la paroi abdominale et de la racine des cuisses. La surface cruentée fut recouverte de poudre d'acide borique. Dès le soir même, il y eut des signes d'intoxication grave : céphalée, vomissements, abattement, augmentation du pouls. Le malade ne mourut cependant pas. L'intoxication dura 3 jours ; les urines renfermaient une forte proportion d'acide borique.

L'emploi de l'acide borique à la conservation des aliments a fait l'objet de nombreuses recherches. Mais les résultats ne sont pas concordants. Neumann absorba jusqu'à 5 grammes de borax par jour, sans constater de modifications, sauf une légère diminution de poids. Weitzel signale l'arrêt de la coagulation du lait légèrement boriqué sous l'influence du lab ferment. En Angleterre, dans des expériences sur des enfants de 2 à 5 ans, on a trouvé qu'à des doses ne dépassant pas $1^{gr},50$, l'acide borique ou le borax exerçait une influence plutôt favorable...

Il paraît cependant indiscutable que l'acide borique doit être considéré comme toxique quand il est appliqué sur les plaies ou ingéré d'une façon continue.

Pour rechercher l'acide borique dans des substances alimentaires, on épuiserait les cendres provenant de l'incinération de ces matières au moyen de l'eau chaude ; le liquide serait ensuite agité avec de l'éther pour en séparer la matière grasse ; l'éther est décanté ; le liquide aqueux est évaporé, le résidu est calciné ; les cendres mélangées à du méthylsulfate de potassium sont placées dans un tube à essais dont on chauffe le fond ; on enflamme les vapeurs qui se dégagent ; la flamme examinée devant un fond noir est très nettement colorée en vert pour une quantité de 1 /10 de milligramme d'acide borique.

DEUXIÈME PARTIE

MÉTAUX

Pour un expert chimiste, la recherche des métaux toxiques constitue la partie de la toxicologie la moins difficile : elle réclame de sa part une grande habitude de l'emploi des méthodes de destruction de la matière organique dont il est parlé à propos de l'arsenic. Dans la solution acide ultérieure, renfermant le poison minéral, il lui restera à appliquer la recherche systématique des métaux, s'il ne possède aucune indication sur le toxique pouvant exister. Il mettra en œuvre les réactions analytiques les plus délicates et les plus précises pour la caractérisation du métal toujours en faible proportion dans les tissus qui l'ont fixé ; il s'attachera à doser la proportion du métal, ce qui est indispensable pour les conclusions du rapport. Il veillera lui-même à ce que les opérations chimiques soient effectuées dans des conditions à l'abri de toute critique ; il s'assurera de la qualité et de la propreté du matériel mis en œuvre, de la pureté des réactifs employés. Pendant toute la durée de l'expertise, son attention sera toujours tenue en éveil : rien ne sera livré au hasard, et il devra s'expliquer toutes les phases des divers changements qui pourront se produire dans les manipulations. Dans ces conditions seulement un expert consciencieux pourra accepter, sans arrière-pensée, le poids écrasant de la responsabilité qui lui incombe.

ÉTAIN

L'étain pur n'est pas vénéneux (Bouis). Ses sels peuvent être toxiques par leur acide, mais le métal lui-même ne peut occasionner des accidents que par les impuretés qu'il renferme souvent (plomb, cuivre, arsenic).

Le chlorure d'étain, sel le plus usité, est très acide et doué d'une saveur insupportable : il possède l'odeur du poisson pourri. Ingéré, il provoque de violents vomissements ; suivant Orfila, des doses même faibles de ce sel provoqueraient dans les tissus des modifications ayant beaucoup d'analogie avec celles dues à l'action du sublimé corrosif ; d'autres préparations solubles et même les oxydes (comme la potée d'étain), mais ces derniers à haute dose seulement, posséderaient les mêmes propriétés.

Le protochlorure d'étain est un agent réducteur très employé en teinture dans l'industrie. On l'a utilisé dans la boulangerie et la patisserie pour faciliter l'emploi de farines médiocres, dans la fabrication du pain d'épices, dans lequel il permet la substitution de la mélasse au miel en donnant une plus belle apparence au produit.

Dans l'industrie, on emploie l'étain en feuilles minces pour envelopper différents aliments ou objets : chocolat, cacao, tabac... Il sert à l'étamage des boîtes de conserves et des ustensiles culinaires. A plusieurs reprises cette industrie a fait l'objet de nombreuses circulaires administratives dont l'application n'a jamais été suffisamment surveillée. Dans les hôpitaux militaires l'étamage des ustensiles des pharmacies et des cuisines doit être fait avec de l'étain fin, contenant au moins 90 p. 100 d'étain dosé à l'état d'acide métastannique, et pas plus de 0,50 p. 100 de plomb, et de 0,01 p. 100 d'arsenic (arrêté du 28 juin 1912).

Il est regrettable que les Pouvoirs publics se désintéressent des conditions dans lesquelles s'opère l'étamage en général, car beaucoup de désordres organiques dont on ne soupçonne pas l'origine peuvent provenir de la présence de métaux toxiques (Pb, As) dans l'étain employé à l'étamage des ustensiles culinaires ; le danger est d'autant plus grand que le consommateur, sans s'en douter, est l'objet d'une intoxication chronique.

Si, comme le fait judicieusement remarquer P. Carles (1915), les toxicologistes voient dans la forme minérale soluble de l'étain un élément toxique, nul ne s'est prononcé au sujet de la forme organique. Or l'étain se rencontre fréquemment dans nos aliments et dans les conserves ; nous en avons trouvé dans des asperges et des champignons blanchis ; de même Ch. Blarez et G. Pouchet, dans du pain d'épices, dans des purées de tomates concentrées (P. Carles). On ne peut qu'être très réservé sur les conséquences de l'introduction fréquente des composés d'étain dans l'alimentation publique.

Dans les cas de recherches de l'étain en toxicologie il faut se rappeler que le métal se combine aisément aux matières organiques en donnant des composés insolubles. On détruirait la matière organique par un des procédés indiqués, en se rappelant que NO^3H fournit SnO^2 insoluble, que le chlorure stannique se volatilise en petites quantités même au bain-marie, que le charbon dans l'incinération peut provoquer une réduction métallique.

Caractères des sels d'étain.

Sels stanneux. — Sont le plus souvent incolores : toutefois l'oxyde est blanc et le sulfure est foncé.

La potasse et la soude fournissent des précipités blancs : $Sn(OH)^2$, soluble dans un excès des réactifs ; ces solutions alcalines précipitent en noir à l'ébullition par l'addition de quelques gouttes de liqueur d'azotate de bismuth. L'ammoniaque et le carbonate de sodium donnent lieu à la précipitation d'hydroxyde blanc, insoluble dans un excès.

L'hydrogène sulfuré, en solution pas trop acide, fournit un précipité brun de sulfure stanneux, soluble dans l'acide chlorhydrique concentré, dans le sulfure jaune d'ammonium. Si on acidule la solution du sulfure avec un acide quelconque, on obtient du sulfure stannique jaune.

Le chlorure stanneux réduit le bichlorure de mercure à l'état de calomel ; s'il y a excès de chlorure stanneux, il se forme du chlorure stannique et du mercure.

Le chlorure stanneux réduit le chlorure d'or en fournissant du chlorure stannique et de l'or qui paraît brun en lumière réfléchie et brun verdâtre en lumière réfractée.

Le zinc précipite l'étain de ses solutions en le fixant sur lui.

Les sels stanneux réduisent les sels ferriques, cupriques, et colorent en beau bleu la solution incolore sulfomolybdique (G. Denigès).

Ils colorent en rouge violacé la solution de cacothéline préalablement portée au voisinage de l'ébullition. C'est la réaction de l'amethystine : on l'obtient en ajoutant à la dissolution de 0gr,5 de brucine dans 5 centimètres cubes de NO^3H, 250 centimètres cubes d'eau distillée. On porte le mélange à l'ébullition. La liqueur refroidie présente une couleur jaune d'or qui laisse déposer des cristaux de cacothéline. La liqueur qui est saturée de cacothéline permet d'obtenir la réaction.

Sur le charbon à la flamme oxydante du chalumeau les sels stanneux et stanniques donnent un enduit jaune à chaud, blanc jaunâtre à froid.

Sels stanniques. — Ils sont incolores, sauf le sulfure qui est jaune SnS^2.

Les sels stanniques sont tous plus ou moins dissociés par l'eau.

La potasse et la soude fournissent un précipité d'hydroxyde stannique $Sn(OH)^4$, soluble dans un excès.

L'hydrogène sulfuré dans les solutions pas trop acides donne du sulfure d'étain jaune, soluble dans l'acide chlorhydrique concentré et dans le sulfure jaune, mais insoluble dans l'ammoniaque et le carbonate d'ammonium, ainsi que dans les acides étendus.

ARGENT

L'argent métal n'est pas toxique, mais les sels solubles sont regardés comme nocifs, surtout $AgNO^3$ qui est le plus répandu ; mais sa saveur métallique si désagréable ne l'a jamais fait employer seul dans un but criminel. Il est usité en photographie, dans l'argenture galvanique, à l'état d'azotate d'argent ammoniacal pour la teinture des cheveux : il est surtout employé comme caustique. On connaît des accidents causés par des méprises et des suicides par absorption de liqueurs photographiques.

Action physiologique. — L'ingestion d'une solution de $AgNO^3$ provoque rapidement de très vives douleurs et une sensation de brûlure ; les muqueuses de la bouche sont blanchâtres ; vomissements mélangés de sang et de flocons blancs ou gris de AgCl ; il y a souvent des accidents convulsifs et perte de l'intelligence. S'il reste dans l'estomac de l'$AgNO^3$ non transformé, il passera dans l'organisme. Il est éliminé par les intestins sous forme de sulfure d'argent. Les lésions sont très marquées dans le tube digestif ; sur la muqueuse il y a des eschares grises ou noires.

Les préparations insolubles d'argent, l'argent, le sulfure d'argent, ne sont pas absorbées dans le tube digestif. Les chlorure et iodure d'argent pourront au contraire se dissoudre partiellement dans les albuminates et chlorures alcalins de l'économie.

Les solutions d'azotate d'argent donnent avec l'albumine un chloroalbuminate insoluble. Ce composé ne pénètre pas moins dans le sang pour aller se localiser dans le foie, le cerveau, les reins, les capsules surrénales, où on a pu retrouver Ag cinq ans après la cessation du traitement argentifère (Liouville, 1862). L'usage continu des préparations argentiques peut déterminer un empoisonnement chronique (argyrisme), en communiquant à la peau une teinte ardoisée due au dépôt d'un composé organo-métallique. Cette coloration ne disparaît qu'au bout de plusieurs années. De plus Liouville a noté dans ce cas des palpitations, de l'ascite, de l'œdème des membres inférieurs, de la dyspnée, de l'albuminurie.

Rarement l'azotate d'argent pourra déterminer la mort, car il produit des vomissements énergiques. L'argent est éliminé à la longue par la bile, la sueur, et les urines qui sont souvent albumineuses.

Le cyanure d'argent a une action toxique dans laquelle prédomine celle du cyanure : il en est de même du cyanure d'argent et de potassium très employé pour l'argenture galvanique.

Antidotes. — Faire vomir et absorber de l'eau albumineuse à plusieurs reprises.

Recherche toxicologique. — On peut très bien détruire les matières organiques par l'incinération au moufle sans craindre de pertes : on pourra ajouter un peu de K^2CO^3 ou de Na^2CO^3 qui aideront à la réduction du sel d'argent ; dans le résidu on trouvera le métal plus ou moins mélangé d'oxyde.

Les taches produites par les sels d'argent sont noires, formées par l'argent réduit ; elles sont insolubles dans les acides étendus, solubles dans les solutions de cyanure de potassium, surtout après lavage préalable avec de l'acide chlorhydrique étendu.

Il peut arriver que l'on ait besoin de rechercher l'argent dans des cheveux, des tissus, du papier, etc. ; dans ce cas l'argent est fixé à l'état d'oxyde ou à l'état métallique. Les cendres provenant de l'incinération de ces substances seront traitées par de l'eau régale ; on chauffera jusqu'à évaporation des acides au bain-marie. Le chlorure d'argent formé sera dissous par de l'ammoniaque étendue, et cette dissolution sera additionnée d'acide nitrique qui précipitera le chlorure d'argent.

On se rappellera que l'azotate d'argent forme la base de plusieurs teintures pour les cheveux : par exemple l'*Eau mystérieuse*, l'*Eau Figaro*, etc.

Pour rechercher l'argent dans le sang et les tissus après injection d'argent colloïdal, Gampel et V. Henry conseillent (1906) de dessécher le tissu à 110°, de le broyer et d'en placer une petite quantité sur le charbon inférieur d'un arc électrique qu'on fait éclater pendant 3 ou 4 secondes. Les rayons éclairent la fente d'un spectrographe, et on obtient ainsi un cliché du spectre ultra-violet de la lumière émise par l'arc, spectre dans lequel on retrouvera les raies caractéristiques de l'argent. Cette méthode permettrait également de eonstater l'absorption du nitrate d'argent dans un traitement thérapeutique.

Caractères des sels d'argent.— Dans les solutions des sels d'argent :

La potasse et la soude précipitent de l'oxyde brun Ag^2O, insoluble dans un excès, soluble dans l'acide nitrique et l'ammoniaque.

L'ammoniaque ajoutée goutte à goutte fournit d'abord un précipité blanchâtre qui devient brun et qui se dissout dans un excès, en formant le sel $2[Ag(NH^3)^2OH]$.

Le carbonate de sodium provoque la formation d'un précipité blanc jaunâtre de carbonate, se dissociant à l'ébullition.

Le carbonate d'ammonium donne lieu au même précipité qui se dissout dans un excès de réactif.

Le phosphate di-sodique dans les solutions neutres précipite du phosphate d'argent PO^4Ag^3 de couleur jaune, soluble dans l'acide nitrique et l'ammoniaque.

L'acide chlorhydrique et les chlorures solubles dans les solutions neutres et acides fournissent du chlorure d'argent blanc, caillebotté, se colorant à l'air en violet, soluble dans l'ammoniaque, les cyanures alcalins, l'hyposulfite de sodium. Cette dernière solution, portée à l'ébullition, détermine la formation de sulfure noir d'argent.

L'iodure de potassium et les iodures solubles donnent un précipité jaunâtre caillebotté, presque insoluble dans l'ammoniaque, très soluble dans les cyanures de potassium et l'hyposulfite de sodium.

Le zinc, le cuivre, le fer, le cadmium, précipitent l'argent de ses solutions neutres.

L'hydrogène sulfuré et le sulfure d'ammonium dans toutes les dis. solutions des sels d'argent fournissent un précipité noir (Ag^2S) insoluble dans l'acide chlorhydrique dilué, soluble dans l'acide nitrique à chaud.

Le chromate de potassium neutre précipite du chromate d'argent Ag^2CrO^4, rouge, soluble dans l'ammoniaque et l'acide nitrique.

Le bichromate de potassium précipite du bichromate d'argent $Ag^2Cr^2O^7$, rouge, soluble dans l'ammoniaque et l'acide nitrique.

CADMIUM

Ce métal accompagne le plus souvent le zinc du commerce dans ses minerais, comme dans la calamine de Silésie où il existe à la dose de 5 p. 100. Il est plus volatil que le zinc. C'est un métal peu employé ; on s'en sert pour les clichés, soudures, etc. L'alliage de Wood renferme : $15Bi + 4Sn + 8Pb + 3Cd$, et fond à 70°. Le sulfure de cadmium jaune est employé comme couleur et pour la coloration des savons.

Le sulfate de cadmium a été utilisé en médecine comme collyre.

On considère que l'oxyde de cadmium aussi bien que tous les sels solubles de cadmium sont toxiques : le sulfure de cadmium, grâce à son insolubilité peut être considéré comme peu toxique.

On connaît des empoisonnements chez l'homme par du bromure de cadmium administré à la place de bromure d'ammonium.

D'après Marmet les sels solubles de cadmium exercent une action locale inflammatoire : ils sont caustiques pour la bouche, et ils provoquent de forts vomissements et d'abondantes diarrhées : en simple application ils peuvent produire à la longue des vertiges, de la faiblesse, de l'évanouissement, des crampes. L'action sur le cœur est plus manifeste que sur la respiration. En injection sous-cutanée ils occasionnent une inflammation de l'estomac et de l'intestin.

L'empoisonnement chronique se fait remarquer chez les animaux par des digestions pénibles et de l'amaigrissement : il se produit de la gastro-entérite, des hémorragies sous-pleurales ; le foie et les reins sont lésés ; le cadmium après avoir imprégné les tissus se rencontrerait surtout dans le sang, le foie, le cœur, les reins. En injections intraveineuses les doses mortelles seraient : de $0^{gr},03$ par kilogramme pour les chiens, de $0^{gr},015$ pour les chats.

Le lavage de l'estomac serait très opportun dans un cas d'intoxication par un sel de cadmium.

Caractères des sels de cadmium. — Dans les solutions de sels de cadmium :

La potasse et la soude donnent un précipité d'hydroxyde blanc, $Cd(OH)^2$, amorphe, insoluble dans un excès ; en chauffant le mélange, le précipité devient brun.

L'ammoniaque fournit un précipité blanc soluble dans un excès. Les sels d'ammonium empêchent cette précipitation.

Le carbonate de sodium donne lieu à formation de carbonate blanc, insoluble dans un excès.

Le cyanure de potassium précipite du cyanure de cadmium blanc, soluble dans un excès. De cette solution H^2S précipite CdS jaune (distinction d'avec le cuivre).

L'hydrogène sulfuré dans les solutions neutres ou faiblement acides fournit à froid aussi bien qu'à chaud du sulfure jaune clair insoluble dans KCy ; dans les solutions froides, très acides, il produit un sulfure jaune orange ; les sulfures obtenus dans ces dernières conditions avec les solutions chlorhydriques sont toujours mélangés de sulfochlorures.

Le Zn précipite le cadmium de ses dissolutions à l'état cristallin.

BISMUTH

Il reste beaucoup à faire pour compléter nos connaissances sur la toxicologie du bismuth.

Au point de vue toxicité, il est très probable que l'on doit rapporter aux impuretés des sels de bismuth (arsenic, plomb) les accidents relatés, tant à l'intérieur qu'à l'extérieur de l'organisme, par l'usage de ce médicament ; peut-être n'y a-t-il pas lieu d'accorder une confiance absolue aux observations rapportées par les différents auteurs, pour fixer la toxicité particulière du bismuth ou de ses sels.

Le sous-nitrate de bismuth est très employé en médecine depuis longtemps ; c'est le seul qui nous intéresse au point de vue toxicologique. Il peut renfermer du plomb susceptible de donner lieu à des accidents.

Dans ces dernières années on a signalé des accidents mortels dus à l'ingestion ou à l'application externe de sels de bismuth. En 1881, Koscher, de Vienne, rapporte plusieurs cas d'empoisonnements par application du sous-nitrate de bismuth sur des plaies. En 1888, Dalché et Villejean présentent des observations semblables ; Gaucher (1895) rapporte quatre cas d'empoisonnements. En novembre 1899, Balzer, à la Société de Dermatologie, assure qu'il est imprudent de faire des applications de sous-nitrate de bismuth sur des surfaces étendues, largement excoriées, car on peut produire des gingivites gangréneuses. En 1901, Mahlig signale deux cas d'intoxication dus à cette dernière cause. En 1905, M. W. Manhe cite un empoisonnement mortel consécutif à l'usage d'une pommade au sous-nitrate de bismuth à 10 p. 100, appliquée sur des brûlures très étendues ; l'analyse démontra que le sel de bismuth était pur.

En 1908, à la clinique chirurgicale de l'Université de Marbourg, on a signalé les décès de deux nourrissons auxquels on avait fait absorber du sous-nitrate de bismuth en vue d'un examen radiographique. D'après les recherches auxquelles il fut procédé sur le sang et les viscères, l'empoisonnement serait dû à l'absorption de l'acide nitreux mis en liberté par des actions microbiennes. La même année, M. E. Meyer a relaté un cas mortel chez un adulte, qui, ayant l'intestin irrité, avait absorbé 50 grammes de sous-nitrate de bismuth en vue d'un examen radiographique ; l'urine et le sang renfermaient des nitrites ; puis, M. Eggenberger a rapporté un autre décès d'un enfant de 7 ans auquel on avait injecté dans une fistule 30 grammes de sous-nitrate de bismuth mélangé à de la vaseline.

En 1909, à la Société médicale des Hôpitaux, furent signalés plusieurs cas d'intoxication par l'emploi de sels de bismuth ; le 22 janvier, MM. Bensaude et Agasse-Lafont ont publié l'observation d'une femme de 20 ans qui, après ingestion de doses de 30 à 45 grammes de sous-nitrate de bismuth absorbées en 3 jours pour radiographie, éprouva des phénomènes toxiques qui furent mis sur le compte des nitrites ; le 12 mars, MM. Ch. Lesieur (de Lyon) et R. Rome ont cité le cas d'une femme de 42 ans, qui, après absorption de 50 grammes de sous-nitrate de bismuth, fut sérieusement incommodée ; les accidents furent encore attribués aux nitrites ; enfin, le 18 mars, c'est M. Léon, qui, en collaboration avec M. Tulasne, communique les résultats des recherches entreprises par eux sur la toxicité des carbonate et sous-nitrate de bismuth pris à haute dose. D'après ces auteurs, les malades qui ingèrent du carbonate à haute dose pendant un temps plus ou moins long sont exposés aux accidents déterminés par le métal. Ils attribuent moins de danger aux sous-nitrates, et l'intoxication par les nitrites n'est guère à redouter, au moins quand il est donné dans un but thérapeutique. On éviterait, d'après ces auteurs, d'une façon absolue l'intoxication par l'acide nitreux en donnant un azotate polybasique à 7 p. 100 d'acide nitrique qu'il serait avantageux de substituer au sous-nitrate officinal. M. W. Ely (1912), à la suite d'une injection de 600 grammes de vaseline bismuthée, a relaté le décès d'une fillette de 3 ans à laquelle on avait injecté cette mixture dans un trajet fistuleux de la région lombaire droite.

Dans toutes les observations que nous venons de relater, nous n'avons jamais lu de discussion sur la part à accorder dans les causes des accidents ou des décès, soit à la maladie elle-même, soit à l'ingestion du sel de bismuth. Rarement le sel de bismuth, cause possible d'accidents, a été examiné au point de vue de sa pureté. Quant aux accidents dus à l'acide nitreux, les recherches n'ont peut-être pas été assez complètes pour se faire une opinion précise à ce sujet. Enfin quelques observations elles-mêmes ne paraissent pas avoir une grande valeur tant elles sont incomplètes.

Il nous a paru intéressant de faire une enquête dans notre grand établissement hospitalier de Bordeaux, l'hôpital Saint-André, sur les accidents qui auraient pu être causés par l'ingestion ou l'application externe des sels de bismuth. Depuis quelques années, dans différents services de chirurgie, on a employé à différentes reprises des injections de pâte de Beck dans des trajets fistuleux. Cette pâte était composée de :

Sous-nitrate ou carbonate de bismuth	30
Cire blanche	5
Vaseline	60
Paraffine	5

Elle n'a jamais produit d'accidents ; ces résultats nous ont été confirmés par M. le Dr Coiquaud, chef de clinique chirurgicale, qui a fait usage de cette médication. Chez de nombreux brûlés, à plaies multiples et étendues, l'application de sous-nitrate de bismuth n'a donné lieu à aucune observation particulière. Enfin dans le service de radiographie du même hôpital, placé sous la haute direction du Professeur Bergonié, on a effectué jusqu'à ce jour de très nombreuses radiographies; jamais, ainsi que M. Bergonié a bien voulu nous le confirmer, il n'a été constaté d'accident à la suite d'ingestions de doses massives de sous-nitrate ou de carbonate de bismuth. A l'hôpital des Enfants, où les sels de bismuth sont employés aux mêmes usages, on n'a jamais eu l'occasion de les incriminer.

Tels sont les documents que nous avons pu réunir sur la question. De leur examen, nous pouvons conclure que, chez un homme sain, l'ingestion de doses massives de sels de bismuth purs (sous-nitrate, carbonate et probablement oxyde) ne produit pas d'accidents ; que dans les cas d'application externe de ces mêmes sels sur des surfaces dénudées ou à la suite de leur injection dans des trajets fistuleux, on devra, s'il y a des accidents, faire la part de la maladie elle-même susceptible de provoquer des désordres dans l'organisme (brûlures, tuberculose, etc.); cette réserve étant faite, on reconnaîtra peut-être que les sels de bismuth purifiés, et tels que la droguerie les fournit aujourd'hui, ne sont pas aussi nocifs qu'on l'a écrit.

Quant à l'absorption et à la localisation de ce métal dans l'organisme, nos connaissances sont peu précises. D'après Dragendorff (1886), « nous ignorons complètement quelle est la transformation que « subit le sel bismuthique dans l'économie, et quelle est la nature du « composé qui est absorbé. Orfila paraît avoir démontré que le bis« muth administré sous forme d'azotate basique est partiellement « absorbé, car il a retiré ce métal du foie, de la rate et de l'urine ; « Federmayer, à la suite de préparations bismuthiques (même en « injections sous-cutanées), a également trouvé du bismuth dans la « cendre du foie, de l'estomac, des os, des fèces, de l'urine et de « quelques glandes. Après l'administration de faibles doses par la « bouche, Steinfeld n'a pas pu découvrir de bismuth dans l'urine (la « muqueuse intestinale étant intacte), mais il en a trouvé après l'em« ploi de fortes doses. Lubinsky a constaté chimiquement la présence « du bismuth dans la salive et dans l'épithélium de la muqueuse buc-

« cale. Mais il est certain que la majeure partie de l'azotate basique de « bismuth, pris comme médicament, est éliminé avec les fèces, sous « forme de sulfure noir... »

D'après J. Ogier (1889) « ... On peut aussi retrouver le bismuth dans « les divers organes ou produits de sécrétion. On en a constaté la pré- « sence dans la salive, l'urine, le foie, et les os... »

A.-J. Kunckel (1899) prétend « que le foie ne renferme que rare- « ment d'assez grandes quantités de bismuth, ainsi qu'il apparaît « quand tout l'intestin est rempli de sulfure ; la bile n'en contient « jamais ». Il est juste de reconnaître, ainsi qu'il a été démontré, que la coloration noire de l'intestin est en rapport avec la quantité de bismuth trouvée.

Dans Lewin (1903), on lit que « le bismuth passe aussi dans le lait « des nourrices... ; l'absorption, malgré l'acidité de l'estomac, est à « peine marquée. La plus grande partie s'élimine par l'intestin où le « bismuth prend la forme sulfurée, et s'élimine par les fèces, sans « absorption marquée... ; sur les lésions il forme des albuminates « solubles qui peuvent être absorbés ».

On peut observer que presque tous les auteurs que nous venons de citer successivement ne font sans doute que répéter ce qui a déjà été dit avant eux sur la même question, et qu'ils n'apportent aucun document précis, aucun résultat analytique sur la localisation du bismuth dans les différents organes.

Dans une expertise qui nous fut confiée en juillet 1912 par le tribunal de Dax (affaire D...) on supposait qu'un individu avait pu être empoisonné ; il avait absorbé dans un hôtel les restes d'un repas de noce, et plusieurs autres clients avaient été malades à la suite des mêmes repas. D... décéda assez rapidement à des accidents de botulisme ; il n'y avait pas lieu d'incriminer la crème, les laitages ou les gâteaux qui furent servis. Quoi qu'il en soit, nous trouvâmes seulement du bismuth dans différents organes ; effectivement il nous fut confirmé dans la suite par le juge d'instruction que ce médicament avait été ingéré par le défunt dans les heures qui précédèrent sa mort, sous la forme de sous-nitrate de bismuth. Nous avons eu la curiosité de doser le bismuth, et la méthode employée a été la suivante :

Les viscères ont été détruits par la méthode nitro-sulfurique, le résidu sulfurique a été dilué, neutralisé, puis additionné d'acide acétique. Dans la liqueur on a fait passer un courant d'hydrogène sulfuré jusqu'à refus, le sulfure de bismuth a été recueilli sur filtre et lavé avec de l'eau chargée d'acide sulfhydrique. On a fait tomber le sulfure par entraînement avec un jet de pissette après avoir percé le fond du filtre. On a ajouté de l'acide nitrique pur ; on a chauffé doucement jusqu'à dissolution complète du sulfure ; on a lavé le filtre avec de l'eau acidulée ; dans les liqueurs filtrées on a ajouté un faible excès de carbonate d'ammonium ; on a chauffé au bain-marie ; le précipité a été jeté sur le filtre, lavé, puis séché. Le filtre a été incinéré à part ; les cendres ont été imbibées avec quelques gouttes d'acide nitrique, et calcinées à nouveau. On a ajouté le précipité, et le tout a été chauffé jusqu'à fusion.

Les résultats obtenus n'ont pas été rapportés au kilogramme d'organe, parce que ces derniers nous ont été remis dans un état de putréfaction très avancée. Nous avons cru logique de les rapporter aux organes eux-mêmes.

La moitié de l'estomac a fourni $0^{gr},67$ de Bi^2O^3, soit $0^{gr},6013$ de bismuth correspondant à $0^{gr},878$ de sous-nitrate de bismuth officinal.

Par suite l'estomac entier pouvait contenir $1^{gr},756$ de ce sel.

Les moitiés du rein droit et du rein gauche renfermaient ensemble $0^{gr},0583$ de bismuth correspondant à $0^{gr},085$ de sous-nitrate de bismuth.

La liqueur sulfurique provenant du traitement de 120 grammes de foie nous a donné un précipité noir de sulfure de bismuth, mais en si petite proportion que le dosage du métal n'a pu être effectué.

Les résultats ont été négatifs avec le cerveau, le cœur et le sang.

Dans le cas où les sous-nitrates de bismuth renfermeraient du plomb, il y aurait lieu de recourir à la méthode de M. G. Guérin (1913) ; il utilise des solutions à 5 p. 100 de nitrate d'ammonium qui, mises à bouillir avec le sous-nitrate de bismuth, enlèvent les sels insolubles de plomb (carbonate, sulfate, arséniate) : la liqueur filtrée traitée par le chromate de potassium peut donner un précipité jaune, entièrement soluble dans un excès de lessive de soude, et se reproduisant quand on acidifie ensuite avec l'acide acétique (chromate de plomb). Mais il peut arriver que la liqueur filtrée renferme à la fois du plomb et du bismuth ; dans ce cas, sous l'action de la lessive de soude, le précipité mixte de chromates de bismuth et de plomb se dissout partiellement ; si l'on filtre et que l'on verse dans la liqueur filtrée un excès d'acide acétique, le chromate de plomb seul se reprécipite immédiatement.

Réactions des sels de bismuth. — Les solutions acides des sels de bismuth (azotate, chlorure) s'hydrolysent facilement en présence d'une grande quantité d'eau avec formation de sels basiques blancs insolubles.

Dans les dissolutions des sels de bismuth :

La potasse et la soude fournissent un précipité blanc d'hydroxyde devenant jaune par l'ébullition ; il est soluble dans les acides, et dans la potasse et la soude seulement à chaud.

L'ammoniaque donne un sel basique blanc de composition variable avec la concentration et la température.

Les carbonates alcalins fournissent un précipité blanc de carbonate.

Le phosphate disodique donne du phosphate de bismuth $BiPO^4$, insoluble dans l'acide nitrique étendu, difficilement soluble dans l'acide chlorhydrique.

L'hydrogène sulfuré fournit un précipité de sulfure noir.

Si l'on chauffe un peu la solution acide du sulfure pour la priver d'hydrogène sulfuré, et si l'on ajoute la moitié de son volume d'eau oxygénée, puis quelques gouttes de solution alcaline en léger excès, il se produit un précipité jaune clair (P. Lemaire).

L'iodure de potassium donne un précipité brun chocolat (BiI^3) soluble dans un excès de réactif, avec coloration jaune.

Les stannites alcalins additionnés d'un sel de bismuth fournissent à froid un précipité noir de bismuth.

Le cyanure de potassium précipite de l'hydroxyde blanc.

Le chromate et le bichromate de potassium fournissent un précipité jaune, $Bi^2 (CrO^4)^3$, soluble dans les acides minéraux et insoluble dans la potasse.

Le réactif de Léger détermine un précipité jaune orange soluble dans l'alcool.

Le zinc et le fer précipitent le bismuth de ses solutions sous forme de masse noire spongieuse.

Les composés de bismuth chauffés sur le charbon avec de la soude dans la flamme de réduction donnent des grains de bismuth cassants sous le choc du marteau et qui ne laissent pas de trace en noir sur le papier blanc (différence d'avec le plomb) ; en même temps le charbon se couvre d'un enduit d'oxyde, orangé à chaud, jaune à froid.

PLOMB

Les empoisonnements aigus par les sels de plomb sont rares, car leur saveur est extrêmement désagréable ; l'intoxication chronique est plus fréquente : c'est aussi celle qui fait le plus de victimes (Brouardel). Les sels de plomb peuvent être absorbés thérapeutiquement à la dose de 0gr,02 à 0gr,05 pendant quelques jours : ils ralentissent les sécrétions glandulaires. L'imprégnation continue du plomb paraît modifier lentement la minéralisation biologique du sujet : en général les tissus et les parois vasculaires se sclérosent ; il y a élimination du fer et du phosphore de l'organisme, d'où anémie saturnine. L'ensemble des troubles de la nutrition provoque une sénilité précoce, et un état de moindre résistance ne se traduisant par aucune manifestation bruyante.

Par la persistance de ses localisations électives, et la lenteur de ses éliminations, le plomb prépare une déchéance irrémédiable de l'organisme, si ce dernier n'est pas soustrait d'une façon radicale aux causes habituelles de sa contamination.

Les nègres seraient réfractaires au saturnisme.

Les empoisonnements par le plomb peuvent survenir à la suite :

1° D'intoxications alimentaires ;

2° D'intoxications médicamenteuses ;

3° D'intoxications professionnelles et autres.

1° **Intoxications alimentaires.** — Quand la mouture du blé se faisait avec des meules, dont, par suite de l'usure, on bouchait les trous en y versant du plomb fondu, il se mêlait des poussières plombifères à la farine. A Saint-Georges, il y eut ainsi 375 malades et 15 morts ; des épidémies semblables se produisirent à Laval, Alby et Clermont où il y eut 400 malades et 20 morts (Brouardel). Lemaistre (de Limoges) a signalé (1889) que de la farine renfermait 0gr,003 de plomb par kilogramme : le plomb avait même provenance.

Des fours de boulangers peuvent être chauffés avec de vieux bois de démolition, recouverts de peinture ; il peut y avoir du plomb mis en contact avec le pain.

Du lait ayant séjourné dans des gobelets en étain et donné à boire à des nourrissons a provoqué des accidents saturnins (Variot), 1889.

L'étamage pratiqué avec un étain souvent plombifère est la cause de multiples intoxications presque toujours ignorées. Cette industrie devrait être réglementée d'une façon très sévère, alors qu'elle n'est nullement surveillée.

Des conserves renfermées dans des boîtes à soudures intérieures plombifères ont été souvent la cause d'accidents, qui ne se présentent plus guère aujourd'hui, car cette industrie a subi de notables améliorations.

Les papiers plombifères qui enveloppent le chocolat, les fruits, les bonbons, le thé, le fromage, denrées souvent acides, peuvent communiquer à celles-ci des propriétés toxiques.

Des bonbons ont été colorés au minium, au chromate de plomb.

Des aliments cuits dans de la poterie vernissée, ou dans de la fonte émaillée recouverte de silicate de plomb ont provoqué des accidents saturnins (L. Garnier et Simon, 1901).

Les eaux alimentaires renferment souvent du plomb qui s'y dissout à la suite d'une oxydation par l'oxygène dissous, par une réaction acide éventuelle de cette eau, par la présence de nitrates et de chlorures, par des phénomènes électrolytiques en présence d'étain, de cuivre, de zinc, par l'anhydride carbonique. On écrit couramment : plus l'eau est pure, c'est-à-dire pauvrement minéralisée, plus elle attaque le plomb vif et même usagé ; l'eau distillée, en particulier, conservée autrefois dans des réservoirs en plomb dans la marine de l'État, a causé de nombreux accidents qui cessèrent aussitôt la substitution de caisses en tôle de fer. L'eau de pluie se comporte de la même façon, mais à un moindre degré peut-être, et en général les eaux qui ne contiennent que des traces de chaux, surtout après une nuit passée dans des tuyaux où s'exerce toujours une pression qui favorise encore l'attaque du métal.

Bisserié en 1900 a fait une étude très consciencieuse et très intéressante de l'action des eaux sur le plomb.

II. **Intoxications médicamenteuses.** — Chevrotin a signalé (1897) un cas d'empoisonnement occasionné par un sérum artificiel à 7 p. 1.000 de chlorure de sodium stérilisé à l'autoclave à 120° ; c'est que certains verres à base de plomb, le cristal surtout, sont facilement attaqués dans ces conditions par le chlorure de sodium ; il se fait du silicate de sodium et du chlorure de plomb, cause de l'intoxication ; le choix du verre destiné à renfermer les sérums artificiels et aussi les solutions médicamenteuses stérilisées a donc son importance.

L'emploi de poudre de riz, souvent mélangée de blanc de céruse, pour recouvrir le visage, ou saupoudrer les gerçures des petits enfants, a occasionné des accidents.

III. **Intoxications professionnelles.** — En 1908, en Angleterre, on a officiellement enregistré 646 cas d'empoisonnement par le plomb, dont 236 constatés chez les peintres et les enduiseurs. Chez ces derniers les cas mortels ont été de 44.

Les autres cas ont été constatés dans l'industrie céramique (117), les fabriques de céruse (79), les fonderies de plomb ou d'alliages (70). Le plomb occupe la première place parmi les poisons industriels, en Angleterre, comme ailleurs. En France, toutefois, où une campagne active a été menée contre la céruse et où des règlements administratifs ont été élaborés et appliqués depuis quelques années, les intoxications par le plomb ont beaucoup diminué, et il devient très rare de rencontrer dans les hôpitaux des ouvriers atteints de coliques de plomb.

Le saturnisme dans l'industrie polygraphique. — Le travail de l'imprimeur diffère suivant que l'on fait la composition par la disposition des caractères choisis, à la maiu, ou par des machines dites linotypes.

Dans la composition à la main, les caractères sont pris dans des compartiments ou « cassetins » contenus dans une « casse » en bois. Le composteur métallique étant tenu de la main gauche, l'ouvrier prend les caractères avec la main droite. Le saturnisme chez les ouvriers typographes peut provenir :

1° Du maniement prolongé des caractères ou garnitures qui font adhérer aux mains des quantités variables et parfois considérables de plomb métallique ;

2° De la mauvaise habitude qu'ont quelques typographes de mettre parfois les caractères à la bouche pour avoir les mains libres ;

3° Du fait de manger, boire ou fumer dans le voisinage du travail ;

4° Du nettoyage des casses ;

5° De la présence de poussières plombiques dans l'atmosphère ou sur les objets qui environnent l'ouvrier.

Faber aurait démontré, par des lavages à l'eau chaude des mains de quatre typographes, et par l'analyse ultérieure, que chaque lavage enlevait une moyenne de $0^{gr},032$ de plomb.

Hébert et Heim ont trouvé qu'un ouvrier au travail depuis 4 heures voit ses mains abandonner par lavage, au savon minéral, $0^{gr},02$ de plomb. Il est cependant douteux que l'absorption puisse se faire par la voie cutanée quand l'épiderme est intact. Il est plus probable que les ouvriers qui ne se lavent pas les mains avant les repas sont plutôt exposés à l'absorption du métal par la voie gastrique.

Le fait aussi de fumer la cigarette et de déposer celle-ci plus ou moins fréquemment sur la casse pour la reprendre ensuite est une cause d'absorption de plomb.

La poussière des casses peut renfermer jusqu'à 16 p. 100 de plomb, et celle recueillie sur les objets déposés à une hauteur de 2 à 5 mètres contiennent $0^{gr},24$ à $0^{gr},35$ de plomb p. 100.

Le nettoyage des casses par le soufflet est très dangereux au point de vue du saturnisme.

Les fondeurs typographes sont très exposés aux accidents saturnins, de même que les ouvriers employés aux machines linotypes quand les creusets ne sont pas au-dessous des hottes par lesquelles peuvent s'échapper les émanations plombifères. Des poussières prises par nous dans un atelier de Bordeaux où fonctionnaient plusieurs linotypes, au début de leur introduction et avant qu'on ait pris les précautions actuelles, renfermaient pour 100 grammes de poussières,

18 p. 100 de plomb dosé à l'état de sulfate. Ces mêmes poussières contenaient des traces d'arsenic.

La fabrication de la braise chimique est très dangereuse pour les ouvriers : elle entraîne la manipulation d'acétate ou d'azotate de plomb.

M. J. Henriot a rapporté (1889) un cas d'intoxication saturnine par grattage d'obus, recouverts d'une couche d'enduit à base de minium.

Les moyens préventifs efficaces contre le saturnisme sont :

1° Interdiction absolue aux ouvriers de fumer, priser, manger et boire dans les salles de travail ;

2° Obligation de prendre des soins de propreté ;

3° Suppression autant que possible des poussières dans les ateliers.

Dans ce but on a employé des casses à double fond à treillis métalliques à fines mailles. On se sert d'aspirateurs ou de typosouffleurs (M. Delmas). Les aspirateurs ne peuvent guère être employés, car ils aspirent aussi les petits caractères.

Le typosouffleur agit par refoulement des poussières.

On peut se laver les mains avec une solution aqueuse renfermant 5 grammes d'acide sulfurique et 5 grammes de tartrate d'ammoniaque par litre. On peut se rincer la bouche avec cette solution.

Aujourd'hui on utilise des machines linotypes, monotypes, « typograph » qui permettent de composer au moyen d'un clavier analogue à celui des machines à écrire. Ces machines permettent de composer, de fondre et de décomposer. Le creuset de ces machines, qui est chauffé presque toujours au gaz, contient un alliage de :

Pb	85 p. 100
Sb	13 —
Sn	2 —

Donc souillure des mains par suite de l'introduction dans le creuset de la machine des anciennes lignes hors de service, maniement et assemblage à la main des lignes formées par la machine, formation de poussières plombiques. Quand le plomb impur est chauffé à plus de 500°, soit de près 600°, il y a élimination des vapeurs plombifères. Dans tous les cas, bien que ce dernier fait ne soit pas corroboré par beaucoup d'auteurs, M. Hébert a trouvé du plomb en vapeur ou poussières dans l'air d'un atelier contenant une linotype. Il est donc indispensable de placer des hottes avec ventilateurs au-dessus de cet appareil.

La diminution du taux de l'hémoglobine du sang est constante dans l'intoxication saturnine expérimentale chronique.

Industries diverses.

Marcel Labbé et Ferrand ont communiqué (1901) les observations de quatre ouvriers employés à la fabrication d'accumulateurs, et qui avaient été profondément intoxiqués par le plomb.

Rendu a signalé (1901) le cas d'un ingénieur qui fut atteint de cachexie saturnique quelques mois après avoir été chargé de la surveillance d'une usine d'accumulateurs.

En 1911, nous avons observé un cas de mort chez un individu qui fut occupé pendant quelques semaines à la réparation d'accumulateurs. Nous reviendrons plus loin sur ce cas à propos de la recherche du plomb dans l'empoisonnement.

Hâtons-nous d'ajouter que cette industrie a été depuis quelques années l'objet d'amélioration et de surveillance spéciale qui rendent très rares aujourd'hui les accidents saturnins chez les ouvriers.

La liste est longue des professions qui exposent encore les ouvriers aux intoxications saturnines. Y sont exposés :

Les broyeurs de couleurs, les polisseurs de glaces, de camées et de cristaux, les ouvriers des cristalleries, les cardeurs de crins colorés au sulfure de plomb, les apprêteurs de poils, les lustreurs de peaux, les doreurs, les cérusiers, les peintres, les fabricants de toiles cirées, les ouvriers qui préparent le minium, opération plus dangereuse, d'après Layet, que celle qui permet d'obtenir la céruse, les ouvrières poudreuses employées à la préparation des feuilles de dessins en chromolithographie destinées à la décoration de la porcelaine (Peyrusson, 1895), les viticulteurs qui emploient l'arséniate de plomb destiné à la destruction des insectes parasites de la vigne, etc.

L'industrie de la parfumerie a été la cause d'un grand nombre d'accidents saturnins. Beaucoup d'eaux, de lotions, de teintures ou de mixtures, annoncées à grand renfort de réclames, et par suite très employées, au contact des matières organiques de la mixture, précipitent un dépôt noir de métal. On les applique sur le cuir chevelu toujours gras, et partant très propre à l'absorption, quand il est éraillé ou dépouillé par places de son épiderme.

Ces mixtures s'appellent : Eaux Lemoine, de Castille, des Fées, Magique, de Bérénice, Nuancine, Royal Windsor, Allen, de la Floride, etc.

La vente de ces produits est bien interdite par la loi et les règlements qui régissent la vente des substances vénéneuses ; mais cette prohibition n'est imposée qu'aux pharmaciens sans qu'on puisse expliquer cette anomalie.

Intoxication aiguë. — Ne peut guère survenir qu'à la suite de l'ingestion d'un composé plombique soluble. Or on ne manipule guère que l'acétate de plomb toxique à la dose de 1 à 2 grammes : son ingestion provoque des vomissements et de violentes coliques accompagnées d'un sentiment très pénible de rétraction des parois abdominales : la mort peut survenir après 24 à 30 heures. A l'autopsie, on constate une inflammation des muqueuses gastro-intestinales. Dans le cas d'absorption d'un composé insoluble, les accidents sont toujours tardifs et dépendent de la solubilité du sel de plomb dans les sucs digestifs : on se rappellera que le sulfate de plomb peut se dissoudre dans les sels organiques et dans les matières albuminoïdes qui se trouvent dans l'intestin.

Dans l'**intoxication chronique** les accidents débutent par des troubles digestifs ; les muqueuses se dessèchent, d'où constipation opiniâtre : l'haleine prend une odeur métallique nauséabonde ; gencives enflammées présentant un liserai noir (de Burton) que blanchit l'eau oxygénée ; plaques ardoisées à la surface interne des joues, réaction acide de la salive, langue sale, inappétence complète ; la dyspepsie précède les coliques de plomb, si fréquentes (70 p. 100) ; douleurs continues, s'irradiant à tout l'abdomen, jusqu'aux cuisses, abdomen dur et rétracté ; après la première colique, il y a quelquefois beaucoup de diarrhée à laquelle fait suite une constipation définitive ; de l'hypoglobulie se produit ; l'hémoglobine diminue de quantité ; une certaine quantité de fer s'élimine par les urines et par la peau ; pouls petit, irrégulier, lent, bruit de souffle à l'auscultation ; peau sèche, jaunâtre, face émaciée.

Urine rose, peu acide, couleur de vieux vin du Rhin tachant le linge en rose saumoné ; fréquents dépôts uratiques ; anaphrodisie et impuissance chez l'homme, prédisposition à l'avortement chez la femme.

Dans un quart des cas environ on observe de l'encéphalopathie, des troubles de la vue et du système nerveux, des crampes, des contractures, des paralysies motrices, surtout dans les extenseurs des membres supérieurs (main en griffe et chute du poignet); l'annulaire et le médium sont les premiers paralysés.

Les lésions observées sont : la dégénérescence des glandes, de la tunique musculeuse de l'intestin et des fibres musculaires du cœur ; il peut y avoir de la néphrite interstitielle par suite de la destruction partielle de la substance corticale du rein, les muscles sont amincis, atrophiés, jaunâtres, offrant un aspect de jambon fumé.

Antidotes. — Le traitement doit surtout être symptômatique ; on calmera les douleurs occasionnées par les coliques par des injections sous-cutanées de morphine; des révulsifs pourront combattre l'encéphalopathie ; en présence des accidents nerveux : ingestion de phosphure de zinc (de 0gr,01 à 0gr,02) et faradisation. Les ferrugineux employés au début paraissent enrayer l'intoxication, de même que l'anémie saturnine (3 à 5 pilules d'iodure de fer). Recourir surtout à l'administration intermittente d'iodure de potassium (0gr,5 à 1 gramme) pendant 5 à 6 jours avec un repos de 2 semaines entre chaque médication ; emploi de drastiques comme l'eau-de-vie allemande (30 à 40 grammes) associée à 30-40 grammes de sirop de nerprun, ou d'huile de croton (II gouttes) pour lutter contre la constipation.

M. Dumoulins (de Gand) s'est servi le premier de monosulfure de sodium dans le traitement du saturnisme aigu ou chronique.

M. Deléarde (de Lille) a employé avec succès en 1898, chez des malades atteints de coliques de plomb, des injections hypodermiques de sérum artificiel ; chez tous, la disparition des douleurs a cédé au bout de 24 heures, faisant place à une diarrhée salutaire guérissant d'elle-même au bout de 2 ou 3 jours.

Dans les coliques de plomb, M. Mattirollo (de Turin) a préconisé (1901) des cachets de tétranitrite d'érythrol de 0gr,03 qui exercerait une action vaso-dilatatrice lente, mais durable, et serait un excellent succédané de la trinitrine et du nitrite d'amyle. Le médecin anglais Stephens a indiqué le permanganate de calcium, pris en cachet de 0gr,015, 3 fois par jour pendant 2 à 5 semaines ; avec les accidents, le liserai disparaîtrait aussi. Weill (de Lyon), en 1892, puis Combemale (de Lille), en 1893, ont préconisé l'huile d'olive à la dose de 50 grammes pendant 15 jours dans les cas où l'iodure de potassium et les bains sulfureux auraient échoué. Dans un cas d'intoxication aiguë il est évident qu'on devrait s'efforcer d'expulser le poison le plus vite possible par des vomitifs ; ensuite on pourrait donner de l'eau albumineuse et du sulfate de sodium.

Localisation. — G. Meillère a observé (1892) dans les intoxications professionnelles par le plomb et aussi par le cuivre que ces métaux se localisent peu à peu dans tous les organes kératiniques, mais plus spécialement dans les cheveux, la barbe et les ongles, qui constituent de la sorte une voie d'élimination.

Dans l'intoxication aiguë, on aura toute chance de retrouver le plomb dans l'intestin et le foie.

Dans l'intoxication chronique, on le retrouvera surtout dans le foie et les reins. Une affinité spéciale l'attirerait aussi vers la substance grise du cerveau où il s'accumulerait de préférence.

La localisation de ce toxique appelle de nouvelles recherches.

Recherche du plomb dans un empoisonnement. — Pour la recherche et le dosage du plomb dans un empoisonnement, l'expert ne s'adressera qu'aux méthodes précises permettant en même temps sa caractérisation. Il devra négliger les colorations et les précipités qui peuvent être communs à d'autres métaux.

La marche analytique à suivre est dominée par le choix de la méthode de destruction des matières organiques. On ne s'arrêtera pas, au procédé de Fresenius et Babo, aujourd'hui à peu près abandonné. On devra s'efforcer d'aboutir à une destruction intégrale des viscères, et à l'obtention d'un liquide incolore au fond duquel se trouvera le toxique à l'état de sulfate. La méthode de G. Pouchet pourra donner de bons résultats en des mains expérimentées. M. Menière, dans une excellente étude sur l'empoisonnement saturnin, a préconisé (1908) le procédé azoto-sulfurique effectué dans un ballon en présence de cuivre qui favorise la destruction des matières organiques et dont le sulfure doit entraîner ultérieurement la totalité du sulfure de plomb. Après avoir précipité les métaux plomb et cuivre par l'hydrogène sulfuré, l'auteur dissout le dépôt mixte préalablement lavé dans l'acide nitrique, et sépare le plomb à l'électrolyse sous forme d'oxyde puce.

Dans une expertise chimique, il nous paraît que le toxique doit être mieux caractérisé encore; dans ce but, et dans le cas auquel nous faisons allusion plus haut, l'exhumation ayant eu lieu après 18 mois, nous avons détruit les matières organiques par le procédé azoto-sulfurique de Denigès, sans addition de permanganate de potassium. La liqueur sulfurique obtenue a été diluée avec de l'eau distillée et additionnée d'alcool fort ; après plusieurs heures de repos, on observait toujours un précipité blanc qui pouvait être composé de sulfate de chaux et de sulfate de plomb. Après décantation de la plus grande quantité possible du liquide surnageant, on jetait le précipité sur un petit filtre sans plis et mouillé : il était lavé avec un peu d'eau distillée. Puis le filtre était lavé à nouveau avec une solution renfermant du tartrate d'ammonium additionné d'ammoniaque. La dernière liqueur était soumise à l'action du gaz hydrogène sulfuré ; le précipité noir de sulfure de plomb était recueilli sur le filtre, lavé avec de l'eau chargée d'hydrogène sulfuré, puis dissous dans de l'acide nitrique. La solution nitrique était évaporée au bain-marie bouillant ; le résidu, dissous dans de l'eau distillée, fournissait une liqueur dans laquelle le plomb était encore précipité à l'état de sulfate.

Dans ces conditions, le plomb était caractérisé deux fois d'une façon indiscutable.

Il nous reste à comparer nos résultats avec ceux obtenus antérieurement par des chimistes. Selon les organes examinés, les doses de métal sont très différentes : elles varient même avec les experts, probablement parce que l'élimination du toxique est lente, irrégulière et intermittente, et peut-être aussi parce que les méthodes utilisées pour la recherche du plomb conduisent à des résultats différents. Il faut tenir compte également du fait que l'organisme renferme du plomb normal qui provient des aliments. D'après Legrip, il y a 0gr,0054 de plomb dans 1.000 grammes de foie ; Oidtmann en a dosé 0gr,003 dans 1.000 grammes de rate. Or, les travaux de Legrip et Oidtmann ont été confirmés par Orfila et Millon. Selon Vibert, Blyth aurait caractérisé 0gr,117 de sulfate de plomb dans l'encéphale d'un sujet mort d'épilepsie saturnine. Chez les animaux, les centres nerveux n'en contiendraient pas. D'après les recherches de Prévost et Binet, ce sont les reins qui en contiennent le plus ; Heubel qui a expérimenté sur des chiens a trouvé dans les os de 0gr,18 à 0gr,27 ; dans les reins, de 0gr17 à 0gr,20 ; dans le foie, de 0gr,10 à 0gr,33. D'autre part, dans la moelle épinière, ce dernier auteur en aurait dosé de 0gr,006 à 0gr,001 ; dans l'encéphale, de 0gr,04 à 0gr,05 ; dans les muscles, de 0gr,02 à 0gr,04 ; dans l'intestin, de 0gr,01 et 0gr,02. A.-J. Kunckel rapporte que dans un cas d'empoisonnement il y avait dans le foie 0gr,0416. Enfin L. Hugounencq décrit, en les complétant, les deux cas de Blyth qui aurait dosé dans les foies de deux saturnins 0gr,024 et 0gr,120 de $PbSO^4$, et dans les reins 0gr,005 et 0gr,078 de $PbSO^4$.

Plus tard, L. Hugounencq lui-même a fait connaître les résultats obtenus dans une expertise à la suite d'un empoisonnement suraigu.

Le foie renfermait	0gr,005 p. 100.
Le cerveau renfermait	0gr,0008 p. 100.
Les reins renfermaient	Des traces seulement.

Les résultats obtenus par nous dans une expertise en 1911, en suivant le procédé que nous avons décrit, ont été les suivants :

Cerveau	Aucune trace.
Intestins et cerveau	Traces appréciables par la couleur du liquide après le passage de l'hydrogène sulfuré.
Foie	0gr,0102 de plomb pour 1.000 grammes
Reins	0gr,3004 —

En rapprochant tous les dosages de toxiques effectués jusqu'à ce jour, on conçoit qu'il est encore difficile de préciser la localisation du plomb dans l'organisme. Les experts, pour résoudre cet important problème, devront faire connaître les résultats obtenus par eux dans semblable expertise, après s'être mis le plus possible à l'abri des critiques dans l'emploi de la méthode analytique. La détermination de la forme sous laquelle le plomb a été administré est impossible, et aussi l'intention criminelle, si des circonstances particulières concomitantes ne mettent pas sur la voie de l'empoisonnement. Comme l'expert ne trouvera que de faibles quantités du toxique, il lui sera bien difficile à lui seul d'affirmer qu'il y a eu empoisonnement. On se rappellera que le plomb normal existe bien à l'état de traces, ainsi que Fauconnier (de Limoges, 1914) l'a confirmé par de nombreuses expériences.

Enfin le chimiste ne devra pas oublier que des matières colorantes plombifères peuvent avoir été employées pour la peinture des ornements du cercueil, que la bière peut renfermer des fleurs artificielles, chapelets, médailles, etc.

Dans la recherche du plomb en général, on se rappellera que le charbon animal et tous les filtres organiques ou minéraux retiennent de petites quantités de plomb.

Recherche de l'oxyde de plomb dans les poteries vernissées. — On sait que sont interdites la fabrication et la vente des poteries vernissées dans le vernis desquelles entre de l'oxyde de plomb fondu ou imparfaitement vitrifié. Pour rechercher le plomb, on fait bouillir dans le récipient suspect une solution d'acide acétique à 3 p. 100 à raison de 50 grammes environ par demi-litre de capacité de vase ; cette ébullition doit être prolongée pendant une demi-heure en ayant soin de remplacer les pertes par évaporation. Dans la liqueur refroidie et filtrée, on fait passer un courant d'hydrogène sulfuré ; tout précipité noirâtre ou une coloration brunâtre du liquide ainsi traité est l'indice de la présence du plomb. On contrôle du reste cette réaction en faisant avec une autre portion de la liqueur la réaction à l'iodure de potassium, qui en présence du plomb, donne de l'iodure jaune de ce métal.

Recherche rapide du plomb dans un étamage. — Sur l'étamage bien décapé à l'éther et bien essuyé, mettre II gouttes d'acide acétique dilué au 1/10 et après dessiccation ajouter au résidu I goutte de solution d'iodure de potassium au 1/10, ou mieux une solution de chromate neutre de potassium au 1/10 ; dans les deux réactions, s'il y a du plomb, on obtient deux traces jaunâtres. D'après A. Gautier, les soudures qui donnent ces réactions doivent faire rejeter les récipients destinés aux conserves.

Détermination rapide du plomb dans les couleurs. — D'après

Spath on chauffe une petite quantité de la matière colorante avec de l'acide chlorhydrique étendu et l'on filtre. On refroidit le filtrat et on laisse se déposer le chlorure de plomb. On décante le liquide acide ; les cristaux sont dissous dans l'eau distillée tiède. La solution est divisée dans quatre verres à réaction. On essaye successivement les réactions avec l'acide sulfurique, l'iodure de potassium, l'hydrogène sulfuré et le chromate de potassium. On peut aussi se servir du liquide acide tenant en dissolution du chlorure de plomb. On en fera évaporer quelques gouttes sur des couvre-objets, et on touchera les résidus obtenus séparément par la solution des quatre réactifs désignés ci-dessus. L'un de ces résidus pourra montrer en particulier de belles aiguilles de chlorure de plomb.

On effectue aussi la reconnaissance du chrome dans les couleurs de jaune de chrome en même temps que celle du plomb, en ajoutant quelques gouttes d'alcool pendant l'ébullition de la matière colorante avec l'acide chlorhydrique, et dans le filtrat, on détermine le chrome de la manière connue. On peut employer ce procédé pour la détermination des couleurs de plomb sur les jouets.

M. G. Meillère (1914) se sert du sulfure de cuivre ou de mercure comme « collecteur quantitatif » des traces de plomb quand l'isolement de ce dernier est particulièrement difficile. Après la destruction des matières organiques en vase clos, par sa méthode qui prévoit l'addition d'une petite quantité de sel de cuivre pour favoriser l'opération, on précipite la liqueur contenant de 1 à 2 p. 100 d'acide libre par un courant d'hydrogène sulfuré : le sulfure de cuivre colloïdal entraîne le sulfure de plomb ; on élimine de cette façon l'influence perturbatrice des phosphates dont la présence gêne ultérieurement pour la caractérisation du plomb par la voie électrolytique.

Pour rechercher les traces de plomb dans l'urine d'un saturnin, celle-ci est additionnée de 1 gramme de sulfate de cuivre, on ajoute 1 p. 100 d'acide chlorhydrique, et on traite à froid par H^2S. Les sulfures sont transformés en azotates ; la solution de ces derniers est soumise à l'électrolyse. En observant les précautions recommandées par l'auteur, on obtiendrait des résultats très précis.

M. P. Fauconnier (1914), en comparant les résultats obtenus par les chimistes qui ont recherché et dosé le plomb dans l'organisme, a été frappé de voir pour les mêmes tissus des différences parfois considérables ; les quantités de plomb qui sont localisées dans les divers organes étant parfois extrêmement petites, les procédés pondéraux habituellement employés ne permettent pas, d'après cet auteur, d'évaluer le métal d'une façon absolument exacte.

Dans les recherches spéciales que M. P. Fauconnier a entreprises, sur nos conseils, au sujet de la confirmation de l'existence du plomb normal dans l'organisme, il a été amené à appliquer une méthode colorimétrique pour la recherche et le dosage du plomb dans l'eau, méthode qui permet de déceler dans 10 centimètres cubes d'eau la présence de 1/100 de milligramme de plomb. Deux tubes à essais sont remplis avec de l'eau suspecte : à l'un d'eux on ajoute quelques gouttes de KCN à 10 p. 100, et quelques gouttes de Na^2S au même titre, l'autre tube servant de témoin ; la moindre trace de plomb se traduit par une coloration jaune brunâtre plus ou moins intense, suivant la quantité de plomb renfermée dans l'eau.

La solution de KCN a pour but d'empêcher la précipitation du cuivre provenant du robinet, et le Na^2S transforme le plomb en sulfure colloïdal. Il faut avoir soin d'examiner les tubes dans leur axe, sur fond blanc.

Le dosage se fait en comparant l'intensité de la coloration obtenue avec l'eau suspecte et celle que l'on obtient avec une solution renfermant $0^{gr},0183$ d'acétate de plomb pur ou bien $0^{gr},016$ de nitrate de plomb sec par litre. Ces solutions correspondent à une teneur de $0^{gr},01$ de plomb par litre.

L'auteur s'est rendu compte que lorsque l'eau examinée renferme une dose de plomb supérieure à $0^{gr},01$ par litre, le dosage cesse d'être exact.

On fait donc un premier dosage approximatif en mettant dans trois tubes à essais de même calibre :

α. 20 centimètres cubes solution Pb + $0^{cc},5$ solution KCN + $0^{cc},5$ solution Na^2S.

β. 10 centimètres cubes solution Pb + 10 centimètres cubes eau distillée + $0^{cc},5$ solution KCN + $0^{cc},5$ solution Na^2S.

γ. 20 centimètres cubes eau à examiner + $0^{cc},5$ solution KCN + $0^{cc},5$ solution Na^2S.

Si la coloration obtenue dans le tube γ est plus foncée que dans le tube α, l'eau renferme plus de $0^{gr},01$ Pb par litre.

Si elle est moins foncée que dans α, mais l'est plus que dans β, l'eau renferme plus de $0^{gr},005$ et moins de $0^{gr},01$ Pb par litre.

Si, enfin, elle est moins foncée que dans β, elle en renferme moins de $0^{gr},005$.

Dans le premier cas, on dilue l'eau à examiner.

Le dosage à un demi-milligramme près se fait de la façon suivante :

a) Si la teneur est inférieure à $0^{gr},005$ Pb par litre, on met dans les tubes :

						Teneur en Pb par litre
N° 1	2^{cc} sol. Pb	+ 18^{cc} eau distillée	+ $0^{cc},5$ KCN	+ $0^{cc},5$ Na^2S	=	$0^{gr},001$
N° 2	4^{cc} —	+ 16 —	+	—	=	$0^{gr},002$
N° 3	6^{cc} —	+ 14 —	+	—	=	$0^{gr},003$
N° 4	8^{cc} —	+ 12 —	+	—	=	$0^{gr},004$
N° 5	10^{cc} —	+ 10 —	+	—	=	$0^{gr},005$

b) Si la teneur est supérieure à $0^{gr},005$ Pb par litre :

N° 1	12^{cc} sol. Pb	+ 8^{cc} eau distillée	+ $0^{cc},5$ KCN	+ $0,^{cc}5$ Na^2S	=	$0^{gr},006$
N° 2	14^{cc} —	+ 6 —	+	—	=	$0^{gr},007$
N° 3	16^{cc} —	+ 4 —	+	—	=	$0^{gr},008$
N° 4	18^{cc} —	+ 2 —	+	—	=	$0^{gr},009$
N° 5	20^{cc} —		+	—	=	$0^{gr},010$

On compare alors la coloration du tube renfermant l'eau à examiner avec les colorations obtenues ci-dessus, et si elle est comprise, par exemple, entre le n° 3 et le n° 4 du premier tableau, on met dans un autre tube 7 centimètres cubes solution Pb + 13 centimètres cubes eau distillée + $0^{cc},5$ KCN + $0^{cc},5$ Na^2S, ce qui correspond à $0^{gr},0035$ Pb par litre.

Si l'eau renferme du fer, il y a intérêt à se servir d'une solution d'hydrogène sulfuré récente, dont on verse 2 centimètres cubes dans chacun des tubes renfermant la solution plombique.

En appliquant cette méthode à l'action des eaux fortement ou faiblement minéralisées par les tuyaux de plomb, M. P. Fauconnier a vu que si la présence des sels de chaux entrave l'attaque du plomb, l'action électrolytique du couple cuivre-plomb du robinet diminue cette action protectrice.

Pour la recherche des petites quantités de plomb dans les tissus, M. P. Fauconnier conseille d'opérer de la manière suivante :

On détruit de 20 à 200 grammes de la substance (20 grammes au minimum) par la méthode de destruction intégrale modifiée par M. Denigès, en ayant soin de laisser en contact, pendant 24 heures, les matières à détruire avec l'acide azotique additionné de 1/10 environ d'acide sulfurique ; on évite ainsi la formation d'une quantité considérable de mousse, qui se produit principalemen tlorsqu'on attaque le cerveau ou les phanères et qui rend très longue et très difficile la division complète de ces matières.

On opère la destruction totale sur 100 centimètres cubes de liqueur correspondant à 100 grammes de matières, et on la poursuit jusqu'à décoloration complète et jusqu'à ce que, laissant bouillir sans addition d'acide azotique, il n'y ait pas de nouvelle coloration. Il importe en effet, pour avoir des résultats précis, que la destruction des matières organiques auxquelles le plomb se trouve associé soit complète.

Il reste finalement dans la capsule 20 centimètres cubes de liquide constitué par de l'acide sulfurique, phosphorique, des sels de chaux, de fer, de cuivre, de plomb. On laisse refroidir, et on ajoute 50 centimètres cubes d'eau environ, puis on sature les acides par de l'ammoniaque pure. Il se forme un précipité rougeâtre ; on ajoute alors la quantité d'acide chlorhydrique pur strictement nécessaire pour redissoudre ce précipité, et on fait passer pendant 2 heures un courant d'hydrogène sulfuré lavé ; on laisse en contact pendant 24 heures pour que la précipitation des sulfures de cuivre et de plomb soit totale et que le sulfure colloïdal qui aurait pu se former précipite lui-même. On filtre, on lave les sulfures restés sur le filtre jusqu'à ce que le filtratum ne donne plus de coloration avec le sulfocyanure de potassium. On traite le filtre et le sulfure par l'acide azotique dilué pour éviter la transformation en sulfate, on évapore à siccité, reprend avec un peu d'eau et on passe sur du coton de verre, en ayant soin de bien laver les débris du filtre qui peuvent retenir des traces de plomb ; on obtient ainsi 90 centimètres cubes de liqueur. On ajoute 3 centimètres cubes de solution saturée de sulfocyanure de potassium qui transforme en sulfocyanure de fer les traces de fer qui sont forcément entraînées avec les sulfures ou qui sont apportées par l'acide azotique qui en renferme toujours. On agite la liqueur rouge dans une ampoule à décantation avec de l'éther éthylique qui s'empare du sulfocyanure de fer. On décante et on renouvelle l'opération avec une nouvelle quantité d'éther : cinq traitements suffisent en général pour obtenir un liquide incolore, exempt de trace de fer ainsi que le montre l'addition de quelques gouttes de la solution de sulfocyanure de potassium qui ne donne plus de coloration. On porte au bain-marie la liqueur pour en chasser l'éther qui s'est dissous et on complète avec de l'eau distillée à 100 centimètres cubes après refroidissement. On a ainsi une solution dont 1 centimètre cube correspond à 1 gramme de matière, et qui renferme le plomb et le cuivre à l'état d'azotates.

On fait alors le dosage colorimétrique avec les solutions de Na^2S et de KCN, suivant le mode opératoire indiqué précédemment.

Le cyanure de potassium dissout le sulfure de cuivre qui se forme et la coloration qui persiste est due au sulfure de plomb colloïdal.

En comparant dans l'axe des tubes la coloration obtenue avec 20 centimètres cubes de liqueur à examiner et celle que donnent 20 centimètres cubes de solution correspondant respectivement à une teneur variant de 0^{gr},001 à 0^{gr},01 Pb par litre, on a directement la teneur en plomb pour 1.000 grammes de matière examinée.

L'auteur a expérimenté l'exactitude de cette méthode en traitant comme précédemment 100 centimètres cubes d'une solution renfermant de la gélatine exempte de plomb, de fer, de cuivre, et 0gr,0001 Pb. La coloration obtenue avec la solution de Na^2S en présence de KCN, après traitement par le sulfocyanure et l'éther, lui a permis de retrouver très exactement la présence du dixième de milligramme qu'il avait mis dans le mélange.

Les causes d'erreur sont réduites au minimum si l'on a soin de ne pas filtrer sur papier la solution des sulfures et de s'assurer que tout le fer a été séparé par les traitements à l'éther. Au point de vue de l'appréciation de la coloration obtenue avec la solution de monosulfure, l'erreur ne peut guère dépasser 0gr,0002 Pb pour 1.000 grammes de matières traitées, quantité qu'il est impossible d'apprécier avec la balance. Cette méthode présente donc le triple avantage d'être très sensible, très rapide et très exacte.

P. Fauconnier a appliqué cette méthode dans ses recherches et dosages du plomb dans l'organisme de l'homme et de différents animaux, et dans le règne végétal.

C'est ainsi qu'il a trouvé les résultats suivants :

A. Chez des hommes ou des femmes non suspects de saturnisme.

1° Foie pesant 1.250 grammes ;

0gr,005 de plomb p. 1.000;

soit pour 1.250 grammes de foie : 0gr,0062 de plomb.

2° Cerveau pesant 1.160 grammes :

0gr,0021 de plomb p. 1.000,

soit pour 1.160 grammes de cerveau : 0gr,0024 de plomb.

3° Foie pesant 1.100 grammes :

0gr,0055 de plomb p. 1.000,

soit pour 1.100 grammes de foie : 0gr,0061 de plomb.

4° Rein pesant 115 grammes :

0gr,0023 de plomb p. 1.000,

soit pour 115 grammes de rein : 0gr,00026 de plomb.

5° Placenta pesant 420 grammes :

0gr,000925 de plomb p. 1.000,

soit 0gr,000388 de plomb pour les 420 grammes de placenta.

6° Placenta pesant 450 grammes :

0gr,00225 de plomb p. 1.000,

soit pour 450 grammes : 0gr,00101 de plomb.

B. Chez un fœtus de 4 mois provenant d'un avortement chez une poudreuse (le placenta ayant été malheureusement jeté par la sage-femme) :

Sur 80 grammes de matières (foie et cerveau), on a trouvé 0^{gr},015 de plomb p. 1.000, soit pour 80 grammes (foie et cerveau) 0^{gr},0012 de plomb.

Dans un artichaut pesant 215 grammes, on a trouvé 0^{gr},00135 de plomb par kilogramme, soit 0^{gr},0029 de plomb pour l'artichaut.

Dans les asperges (l'expérience a été faite sur 200 grammes des parties comestibles), on a trouvé 0^{gr},0006 de plomb p. 1.000.

MM. Breteau et Fleury (1914) ont indiqué pour le dosage de petites quantités de plomb dans les étamages et les soudures que la méthode colorimétrique, basée sur la formation du sulfure de plomb, convient très bien pour les quantités de l'ordre du centième ou du dixième de milligramme.

Caractères des sels de plomb. — Le plomb se dissout en proportion notable dans les acides sulfurique et chlorhydrique concentrés.

Dans les solutions des sels de plomb :

La potasse et la soude donnent un précipité blanc, soluble dans un grand excès.

L'ammoniaque fournit le même précipité blanc, insoluble dans un excès.

Le phosphate disodique précipite du phosphate blanc, $Pb^3(PO^4)^2$, insoluble dans l'acide acétique, soluble dans les acides.

L'acide chlorhydrique et les chlorures solubles dans les solutions modérément concentrées donnent un précipité blanc, floconneux de chlorure $PbCl^2$, très soluble dans l'eau bouillante, dans l'acide chlorhydrique concentré et les chlorures alcalins.

L'iodure de potassium précipite de l'iodure jaune, soluble dans l'eau bouillante et dans un grand excès de réactif.

Le chromate de potassium précipite du chromate jaune de plomb, soluble dans les alcalis, insoluble dans les acides acétique, azotique et chlorhydrique.

L'hydrogène sulfuré dans les solutions acides ou alcalines détermine un précipité noir de sulfure de plomb ; dans les solutions chlorhydriques, il se forme d'abord un précipité rouge orangé de chlorosulfure, Pb^2Cl^2S, qui devient noir en présence d'un excès de gaz sulfuré. Le sulfure PbS est soluble dans l'acide nitrique étendu et bouillant avec séparation de soufre.

La solution acide de sulfure privée de H^2S par ébullition, additionnée de la moitié de son volume d'eau oxygénée officinale et de lessive de soude pour alcaliniser, fournit un précipité brun rouge brique (P. Lemaire).

L'acide sulfurique et les sulfates solubles fournissent un précipité blanc de sulfate de plomb, se dissolvant sensiblement dans l'acide nitrique, et complètement dans l'acide chlorhydrique concentré à chaud. Il est facilement soluble dans les alcalis caustiques et les sels ammoniacaux à acides organiques surtout.

Le fer, le cadmium, le zinc, le magnésium, mais non l'étain, précipitent le plomb de ses dissolutions : sur le zinc il se fait un dépôt brillant (arbre de Saturne).

Les sels de plomb sont facilement réduits au chalumeau sur le charbon en fournissant un enduit jaune et rougeâtre, et un culot métallique, qui se laisse couper au couteau, en laissant une trace noire sur le papier blanc (distinction d'avec le bismuth).

M. Ivanov a proposé (1914) comme réactif très sensible du plomb une solution récente à 2 p. 100 de bisulfite de sodium, SO^3NaH. En mélangeant, par exemple, un volume d'eau plombifère avec son volume de ce réactif, on obtient presque aussitôt un trouble laiteux. La sensibilité de ce réactif est de 1 /1 000 000. La présence de Cu, Ag, Ni, Fe, Al et Ca ne gêne pas la réaction, qui perd au contraire toute sa valeur en présence des sels d'étain et de baryum.

CUIVRE

« Le cuivre est plus connu par la discussion dont il a été l'objet « comme toxique que par son emploi thérapeutique. Quoi qu'en dise « Galippe, les sels de cuivre sont parfaitement capables de provoquer « des accidents d'empoisonnements mortels (Bonnet, Cabannes) ; le « plus souvent, il est vrai, après l'ingestion, le vomissement expulse « le poison et empêche l'absorption. Si celle-ci a lieu, les phénomènes « provoqués se rapprochent de ceux que déterminent le phosphore et « le chlorate de potasse. » (Arnozan, 1902.)

D'après A.-J. Kunkel (1899), toutes les combinaisons cupriques peuvent devenir toxiques.

Le cuivre métal n'est pas toxique ; l'oxyde de cuivre serait toxique à doses assez élevées.

Le sulfate de cuivre est de tous les sels de ce métal celui qui a été surtout la cause d'empoisonnements. De plus l'acétate, le verdet cristallisé, le vert-de-gris, le chlorure ont des propriétés toxiques démontrées expérimentalement. Mais le goût désagréable de ces composés et leurs propriétés émétiques atténuent singulièrement la fréquence de ces empoisonnements. On peut cependant habituer les individus à prendre une quantité assez considérable de sels de cuivre. Galippe a pu en faire absorber à des chiens 72 grammes en 124 jours. Bourneville l'a employé dans les maladies nerveuses à des doses quotidiennes pouvant atteindre 0gr,30. Cinq malades ont absorbé de 43 à 124 grammes de sulfate de cuivre ammoniacal durant des périodes de 122 à 365 jours. Les effets ont été très bénins ; quelques coliques, un peu de diarrhée, quelques vomissements muqueux ou alimentaires chez certains sujets. Galippe a expérimenté sur l'homme, sur lui-même et sa famille ces différents sels cupriques : il s'est nourri d'aliments cuits dans des vases en cuivre ; et si ce n'est le dégoût inspiré par les aliments colorés en bleu, il n'a jamais éprouvé de phénomène toxique. Les expériences de Toussaint (1885), Burcq (1869), les données plus récentes de Müller, Charcot, A. Gautier, sont concordantes.

Toutefois on ne saurait nier la toxicité des sels de cuivre en général. On peut dire que les sels de cuivre solubles sont de puissants émétiques ; mais ils peuvent devenir toxiques. Le carbonate de cuivre est à peu près inoffensif. Quand les sels de cuivre sont combinés à une matière organique, et surtout à une matière albuminoïde, ils passent dans l'organisme sans aucun inconvénient.

Nous pouvons citer le cas d'empoisonnement suivant dont nous avons été témoin.

En juin 1900, on amène à l'hôpital Saint-André de Bordeaux, dans le service du professeur Sabrazès, une jeune fille qui avait absorbé un verre à boire d'une solution de sulfate de cuivre contenant par litre 100 grammes environ de sulfate de cuivre cristallisé. L'urine renfermait de l'albumine, de l'urobiline, des leucocytes, des cylindres granuleux et épithéliaux. La malade mourut rapidement après avoir présenté des symptômes gastro-intestinaux : l'intestin était tapissé d'une pulpe noirâtre, formée de composé sulfuré cuprique. Nous retrouvâmes également du cuivre dans le foie, les reins, et la rate, analysés séparément. Les docteurs Sabrazès et Cabannes observèrent une hypertrophie du foie et la présence d'une néphrite qu'ils attribuèrent à une maladie antérieure : aussi semblent-ils penser que le toxique n'avait fait qu'empirer les symptômes précédents. Après cette observation un peu controversée, nous pouvons citer les cas suivants :

Le Dr Bonnet (de Romans) a signalé en 1898 un cas d'intoxication suivi de mort par le sulfate de cuivre : une femme de 31 ans se suicida en absorbant une cuillerée à soupe de $CuSO^4$ (soit 29 grammes environ) délayé dans de l'eau aromatisée avec un petit verre à liqueur d'absinthe. La malade est prostrée, intelligence intacte, pouls misérable, ventre très douloureux, facies grippé, *langue nettement colorée* en bleu. Dans la nuit qui a suivi l'empoisonnement, les selles et les vomissements ont été très nombreux : on a compté plus de 30 selles. Malgré l'emploi de la caféine, du lait, de l'eau albumineuse, la malade a succombé sans convulsions 3 jours et demi après le début de l'intoxication.

Le Dr Spannbauer a rapporté (1904) un empoisonnement consécutif à l'emploi externe de sulfate de cuivre par un soldat de 23 ans qui soignait un eczéma de la tête à l'aide de lotions obtenues par la dissolution de 4 à 5 grammes de ce sel dissous dans du lait. Il éprouva les symptômes du choléra asiatique, de la dyspepsie, de la cyanose des extrémités, des vomissements colorés en bleu, des crampes, de la diarrhée.

A notre connaissance, un chien de montagne adulte s'empoisonna après avoir bu une solution de sulfate de cuivre mise par hasard à la portée de la niche à laquelle il était attaché ; l'animal gardait une maison dont les maîtres étaient absents, et il avait été exposé pendant plusieurs heures à un soleil ardent. Nous avons retrouvé du cuivre dans l'estomac et l'intestin de l'animal (1906).

Dans une campagne des Hautes-Pyrénées, un gardien de troupeaux, alcoolique et faible d'esprit, fut empoisonné (1910) par un liquide « antipiétin » renfermant de l'acétate et du sulfate de cuivre qui lui fut administré avec du bœuf bouilli et des haricots. Il est probable que le mélange avait été absorbé par la victime en état d'ébriété : le reste du liquide « antipiétin » fut retrouvé après le crime dans la cabane du malheureux avec une étiquette portant un numéro qui permit de retrouver la formule chez le pharmacien qui avait préparé ce médicament vétérinaire. Nous avons trouvé du cuivre dans l'estomac, les intestins, le foie et les reins.

Les accidents généraux qui caractérisent les sels de cuivre sont : une gastro-entérite avec vomissement, douleurs abdominales, diarrhée, quelquefois hémorragie, crachotement continu, œsophage et région épigastrique douloureux, face pâle, grippée, pouls lent et misérable, circulation difficile, respiration lente. La mort peut arriver en quelques heures, après une paralysie de tout le système musculaire. La plupart du temps la santé revient rapidement ; dans la suite il y a souvent de l'ictère, le poison se localisant dans le foie.

La question des empoisonnements professionnels par le cuivre a été rapportée par M. J. de Pulligny au Xe Congrès International d'Hygiène et de démographie (1900). Chez les ouvriers qui travaillent ce métal, on peut démontrer la présence du Cu dans toutes les excrétions. Du reste, la couleur du squelette des chaudronniers est une preuve de l'imprégnation cuprique.

L'absorption du cuivre se fait surtout par les poussières et par les voies respiratoires, ou par les voies digestives quand les poussières de cuivre sont assez abondantes, et que les ouvriers ne prennent pas de soins de propreté au moment des repas, sans quitter leurs vêtements de travail.

Le cuivre ingéré s'élimine en partie par les différentes excrétions : ce qui se voit pour l'urine qui peut donner une couleur verte sur le mur ou le sol où elle est répandue ; le reste du cuivre s'immobilise dans l'économie où il est bien supporté.

Les cheveux des ouvriers qui travaillent le cuivre prennent à la longue une teinte verdâtre, caractéristique, et qui est due non seulement à un dépôt de poussières cuivriques, mais à une combinaison directe de ce métal avec le liquide onctueux sécrété par les glandes du cuir chevelu (Galippe, Layet).

Les dents de ces mêmes ouvriers présentent une teinte variant du vert au bleu, prononcée surtout sur les incisives et les canines, les plus exposées au contact de poussières. Au niveau des gencives se trouve aussi un dépôt cuprique, mélangé de tartre, ne formant pas de liserai spécial, mais pouvant donner lieu à une sanie repoussante (Bailly). M. Layet a donc préconisé le lavage des dents à la brosse, et la bonne tenue de la bouche des ouvriers en cuivre, qui par la déglutition peuvent absorber ces dépôts cuivreux, et être sujets à des dysenteries.

Le travail du cuivre peut comporter des dangers, mais il n'existe pas d'intoxication cuprique chronique.

Dans le midi de la France, les ouvriers employés à la fabrique du vert-de-gris sont exposés toute la journée à ces poussières : leurs cheveux, leurs mains, leur peau prennent une teinte verdâtre, sans qu'il apparaisse de troubles visibles. Les vignerons qui manipulent les bouillies cupriques ne paraissent pas souffrir de leur travail. Les seuls accidents signalés seraient des ophtalmies et des angines sans gravité.

Le cuivre est absorbé par l'organisme en maintes circonstances et en particulier par les aliments qui en contiennent souvent normalement (cacao, blé) ; les ustensiles culinaires en cuivre, l'usage des conserves alimentaires sont des occasions d'absorption de cuivre. On sait que pour conserver aux légumes verts leur belle apparence donnée par la chlorophylle, on a l'habitude d'additionner l'eau de cuisson de $0^{gr},5$ à 1 gramme de sulfate de cuivre par litre : tous les autres procédés employés en vue de substituer des substances chimiques au sel cuprique pour arriver au même but n'ont donné que des résultats négatifs : $0^{gr},018$ à $0^{gr},020$ de cuivre par kilogramme de produit sont suffisants pour le verdissage qui serait alors inoffensif. D'après A. Gautier, 1gr,70 de cuivre seraient introduits annuellement dans l'économie par les aliments.

Cuivre normal. — Le cuivre serait d'ailleurs un élément normal de notre organisme. C'est une opinion émise par Duvergier et Orfila en 1838 ; puis Deschamps et Millon trouvèrent du cuivre dans les hématies (1847). Commaille, Béchamp, A. Gautier, Duclaux, Galippe, ont confirmé cette opinion.

Contrepoisons. — Albumine ou savon, et contrepoisons généraux des composés métalliques : magnésie, lait. Diurétiques, cure de raisins.

Lésions. — Elles sont banales sur le cadavre : il n'y a qu'une rougeur des parois intestinales tapissées par une pulpe noirâtre.

Recherche du cuivre. — Dans la recherche du cuivre dans les aliments ou dans l'organisme, de même que dans les recherches toxicologiques en général, on devra proscrire les supports et les becs de gaz de ce métal, car ces objets portés à haute température en présence des vapeurs acides sous la hotte laissent volatiliser du métal qu'on retrouve dans les résidus de la destruction des substances organiques (L. Barthe).

L'incinération des matières pourra être effectuée avec de la magnésie préalablement calcinée.

La solution acide provenant de l'incinération des matières pourra être soumise à l'électrolyse.

Pour le dosage de faibles proportions de cuivre dans les aliments par exemple, on pourra recourir au spectrophotomètre (E. Tassilly, 1913).

Discussion des résultats. — Dans un cas d'empoisonnement il faudra être très circonspect dans les conclusions. Se rappeler que dans l'affaire de l'herboriste Moreau, les experts ont retiré du cadavre de la première femme 0gr,03 de sulfate de cuivre, et 0gr,027 de celui de la seconde, quantités qui leur ont paru à tort suffisantes pour conclure à un empoisonnement. Peu de temps après Galippe retirait du foie d'une femme morte dans le service des épileptiques de M. de Bourneville, un mois après la cessation du traitement au sulfate de cuivre ammoniacal, la quantité de 0gr,295 de cuivre.

Caractères des sels de cuivre. — Dans les solutions des sels *cuivreux :*

Les alcalis caustiques précipitent de l'hydroxyde cuivreux jaune, $Cu^2 (OH)^2$, qui à l'ébullition devient rouge orangé.

L'hydrogène sulfuré détermine un précipité noir.

Le cyanure de potassium donne un précipité blanc de cyanure cuivreux, $Cu^2 (CN)^2$ soluble dans un excès avec formation de cuprocyanure de potassium incolore $[Cu^2 (CN)^8] K^6$.

Dans les solutions des sels *cupriques :*

Les alcalis caustiques donnent un précipité bleu verdâtre à froid, $Cu (OH)^2$, qui ne se forme pas en présence de beaucoup d'acides et de composés organiques.

L'ammoniaque fournit un précipité pulvérulent, vert clair, soluble dans un excès avec couleur bleue d'azur (eau Céleste). En ajoutant de l'alcool absolu à cette dernière solution, on reprécipite le composé ci-dessus. L'addition de KCy décolore la solution bleue ; et de cette solution H^2S ne sépare pas de CuS.

L'hydrogène sulfuré dans les solutions neutres ou peu acides précipite du sulfure de cuivre noir colloïdal (hydrosol) que l'addition d'acide transforme en hydrogel susceptible d'être retenu sur filtre ; ce sulfure est insoluble dans les acides étendus, un peu soluble dans $(NH^4)^2S$, soluble dans KCy et dans NO^3H concentré.

Le cyanure de potassium précipite du cyanure cuivrique jaune qui passe immédiatement à l'état de cyanure cuivreux, blanc, soluble dans un excès de cyanure.

Le ferrocyanure de potassium fournit un précipité rouge brun, amorphe, soluble dans les alcalis, insoluble dans HCl.

L'iodure de potassium dans les solutions cupriques, additionnées de SO^2, donne de l'iodure cuivreux blanc Cu^2I^2 et de l'iode.

Le glucose dans les solutions alcalines de cuivre, à l'ébullition surtout, fournit un précipité rouge brun de Cu^2O.

Avec le réactif bromhydrique de Denigès, des traces de sels de cuivre donnent, par agitation, une belle coloration carmin s'avivant par la chaleur.

Avec des traces de sels de cuivre et de CyH, l'addition de teinture de gaïac fournit une coloration bleue (Schœnbein).

Le zinc, le fer, le cadmium précipitent le cuivre de ses dissolutions.

Le borax fournit avec les sels de cuivre, dans la flamme oxydante, une perle verte à chaud, bleue à froid.

MERCURE

C'est après l'arsenic le toxique le plus souvent utilisé dans les empoisonnements. Ses composés, dont les propriétés sont connues du public, sont très répandus dans les usages pharmaceutiques et industriels.

Le mercure métal ne peut pas être considéré comme toxique, car autrefois on l'administrait à dose considérable (200 grammes) et même plus dans les cas de volvulus, et on ne rapporte pas qu'il ait causé des accidents. Il n'en est plus de même quand un sujet est soumis aux vapeurs de ce métal, lequel d'ailleurs émet des vapeurs à toute température ainsi que l'ont d'abord démontré Boussingault, puis Merget. Ce fait explique les empoisonnements chroniques à la suite d'un séjour prolongé dans un local où l'on manipule le mercure, ou bien dans une pièce où ce métal s'est répandu sur le sol, s'infiltrant dans les fentes du parquet. Ces accidents se produisent chez les ouvriers employés à la fabrication des baromètres, thermomètres, etc. Le même danger existe dans les industries où l'on volatilise du mercure (métallurgie de l'or et de l'argent, fabriques de glaces, dorure et argenture). Il faut reconnaître que ces industries ont été heureusement modifiées au point de vue de l'hygiène, par suite de l'application de l'électricité. D'après Merget, le mercure se diffuse jusqu'à 1.700 mètres alors même qu'il est combiné à l'état d'amalgame. En sortant d'un atelier où l'on travaille le mercure, si l'on vient à poser la main sur un papier sensibilisé à l'aide d'un sel d'iridium, on obtient une trace noire. Merget a effectué ses expériences entre — 44° et + 25°. Il a, de plus, montré la diffusion des vapeurs de mercure à travers les corps poreux, le bois, les feuilles de végétaux. Berthelot plus récemment a mis hors de doute cette diffusibilité du mercure. M. A. Gautier a constaté l'empoisonnement d'un ouvrier qui avait volatilisé 200 grammes de mercure dans une pièce close.

Les circonstances dans lesquelles on peut constater des accidents provenant de l'ingestion ou de l'injection de composés mercuriels sont diverses. Le mercure très divisé et ingéré à l'état de pilules mercurielles peut provoquer des accidents ; il en est de même des frictions mercurielles sur la peau.

Les sels mercuriels solubles déterminent les accidents le plus rapidement : les sels insolubles peuvent devenir également toxiques dans des conditions déterminées.

Il est difficile de limiter les doses maxima des divers sels de mercure en thérapeutique. L'absorption de 110 pilules de protoiodure de mercure à 0gr,025 par pilule, en une seule fois, faillit coûter la vie à un marin qui fut hospitalisé à l'hôpital Saint-André de Bordeaux (1900) ; une tuméfaction de la langue, une stomatite prononcée, une diarrhée abondante, de l'insomnie, des douleurs rénales avec oligurie, furent les seuls accidents éprouvés par le malade qui se rétablit peu à peu.

L'ingestion de calomel a provoqué des empoisonnements. D'après Orfila, l'absorption de 16 grammes de calomel a amené la mort d'un individu. Mialhe avait annoncé que l'ingestion simultanée de chlorure de sodium et de calomel donnait lieu à production de bichlorure de mercure ; par suite on admettait que le chlorure mercureux donné comme purgatif était susceptible de provoquer des accidents quand on faisait ingérer en même temps des aliments salés. M. Patein en 1898 et plus tard en 1913 a reconnu que les chlorures et l'acétate de sodium et d'ammonium n'attaquent pas le calomel, tant que le milieu reste neutre ; ce n'est que lorsque le milieu devient alcalin que la décomposition se produit. D'ailleurs MM. L. Gaucher et R. Abry en 1913 sont arrivés aux mêmes conclusions, et ont affirmé l'innocuité du calomel ingéré en même temps que des aliments salés. D'autre part, en 1913, Spinler a signalé une intoxication par le calomel chez une petite fille de 2 ans et demi après l'administration de 0gr,30 de calomel à 14 heures, et l'absorption d'un quart de verre d'eau de Vichy vers 19 heures. Immédiatement après l'absorption de l'eau de Vichy se produisirent des accidents convulsifs.

Tous les sels solubles de mercure sont toxiques quand ils sont absorbés par la bouche ou le rectum. Quelques sels insolubles ou considérés comme tels le sont dans les mêmes conditions : ainsi le sulfocyanure de mercure, considéré comme peu dangereux par quelques chimistes, a causé cependant plusieurs morts. Michel Peter en avait signalé un cas (1865) mortel ; Dragendorff en cite un autre cas mortel. Brouardel le considère comme aussi toxique que le bichlorure de mercure ; en 1888, il rapporte le cas d'un jeune homme qui absorba par méprise du sulfocyanure de mercure pulvérisé à la place de sous-nitrate de bismuth. Il mourut au bout de 3 jours avec tous les symptômes de l'empoisonnement mercuriel aigu. A l'occasion de cet accident, Schlagdenhauffen (de Nancy) expérimenta les deux composés mercuriels, bichlorure et sulfocyanure, sur des chiens et nous fûmes témoin des expériences : les accidents et les lésions étaient identiques chez ces animaux. La combustion du sulfocyanure de mercure, utilisé sous le nom de serpent de Pharaon, donne, d'après Lextrait, des vapeurs de sulfure de mercure, de mercure, de l'anhydride sulfureux, de l'anhydride carbonique, et une petite quantité de cyanogène ou d'acide cyanhydrique, ce qui rend cet amusement très dangereux au point de vue de l'hygiène.

Le sulfocyanure est toxique par le mercure, car une dissolution d'acide sulfocyanique renfermant 13 p. 100 d'acide anhydre n'agit comme poison ni sur les chiens, ni sur les lapins. Il en est de même du cyanure de mercure, qui n'est pas considéré comme plus toxique que le bichlorure de mercure auquel il est substitué en chirurgie générale. Il est préférable pour le lavage des mains et des instruments, et il donnerait lieu à moins d'accidents généraux hydrargyriques par absorption. Comme pansement humide, il serait inférieur au bichlorure de mercure ; outre qu'il serait un peu douloureux, il donnerait souvent lieu à des érythèmes et des papules qui vont souvent jusqu'à la purulence (Verdelet et Codet-Boisse).

On a signalé des intoxications hydrargyriques par obturation dentaire, par injection d'huile grise, Le Noir (1906), 1 cas ; et Barthsch à Breslau (1909), 4 cas ; les injections de sels insolubles de mercure, salicylate de mercure, de calomel en particulier ont occasionné plusieurs cas de mort. Gaucher en a rapporté un cas (1899). Beaucoup de praticiens ont été témoins d'accidents sérieux.

En 1902 vint mourir à la Clinique d'accouchement de la Faculté de Médecine de Bordeaux une jeune femme qui s'était fait avorter par injection intra-utérine de sublimé. Elle mourut au bout de 3 jours avec les symptômes habituels de cette intoxication. A l'autopsie, on constata les lésions de la néphrite épithéliale aiguë, le cœur était pâle et les poumons étaient congestionnés.

Les injections intra-vaginales de cyanure ou de bichlorure de mercure ont amené fréquemment des accidents suivis de mort. C'est en effet par absorption par l'utérus que se produisent le tiers ou la moitié des cas d'empoisonnements mercuriels.

Michel et Barthélemy ont signalé (1908) un cas d'intoxication suivie de mort chez une femme de 30 ans qui, pour faire venir ses règles, s'était introduite dans le vagin une pastille de bichlorure de mercure.

Dans les industries qui se servent de sels de mercure et que nous avons signalées plus haut, il s'est souvent produit des intoxications : les ouvriers qui travaillent au secrétage des poils dans le but de leur donner la propriété du feutrage, les personnes qui se servent de poudre blanche dite argentifère, à base de sels de mercure pour « réargenter » les couverts, ont quelquefois éprouvé des accidents.

On doit observer que les combinaisons de mercure dans lesquelles le métal se trouve sous une forme ionisable sont très toxiques : c'est le cas des sels minéraux. Les combinaisons aromatiques de mercure, préparées et préconisées dans ces dernières années, se comportent très différemment suivant leur constitution. MM. F. Blumenthal et C. Oppenheim (1913) ont montré que la répartition du mercure dans l'organisme à la suite de l'administration de composés mercuriels aromatiques est variable suivant la nature des substitutions sur le noyau ; NH^2 diminuerait l'affinité de Hg pour le foie, alors que NO^2 ou OH augmenteraient l'électivité de Hg pour cet organe. Les composés à mercure entièrement masqué (dinitrodiamino et dioxymercuridiphényldicarbonate de sodium) sont moins toxiques d'abord que les sels à Hg ionisables, et ensuite que les composés à mercure demi-masqué : salicylarsinate de mercure (énésol), salicylate de mercure sulfonique (embarine).

Au cours de ces dernières années, nous avons eu l'occasion avec Ch. Mongour d'observer un certain nombre de malades qui absorbèrent intentionnellement une dose toxique de sublimé ou de cyanure de mercure. On peut considérer que le sublimé et le cyanure possèdent une toxicité égale : la substitution du cyanure au sublimé n'a pas amené plus d'accidents dans les Maternités et dans les salles de chirurgie de l'hôpital Saint-André. Les accidents ont évolué suivant une formule clinique régulièrement constante. Toutes les observations sont en quelque sorte calquées sur le même plan. Elles sont presque superposables aux observations des auteurs qui avant nous ont rapporté des accidents occasionnés par le mercure.

Observation I. — Une jeune fille de 18 ans absorbe 5 grammes de sublimé dissous dans un verre d'eau tiède. Aussitôt après, apparaissent des vomissements glaireux d'abord alimentaires, puis sanguinolents. Sensation d'une brûlure intense rétro-sternale et épigastrique. Dès les premières heures, ptyalisme, saveur métallique, diarrhée sanguinolente.

Ces accidents persistent pendant 5 jours, puis disparaissent complètement pendant 24 heures, à tel point que la malade pouvait être considérée comme guérie.

Le septième jour, retour offensif des symptômes gastro-intestinaux, mort le dixième jour, en état de collapsus cardiaque et d'anurie.

Observation II. — Jeune fille de 24 ans absorbe 7 grammes de sublimé mélangé à une quantité minime, mais inconnue de phosphore obtenu par râclage d'allumettes. Les premiers accidents toxiques, limités au tube digestif, durent 4 jours. Sédation complète de 3 jours. Mort au quinzième jour, en état d'anurie et de collapsus cardiaque.

Observation III. — Jeune fille de 17 ans absorbe une quantité inconnue de sublimé. Durée de la première phase, 3 jours. Sédation de 24 heures ; retour des accidents et mort le huitième jour.

Dans ces observations et les suivantes il apparaît que la mort n'est pas la conséquence fatale de ces intoxications à dose massive ; nous avons observé 2 cas dans lesquels la guérison survint dans le délai de 8 à 10 jours, et chez l'une de ces malades (observation V), les accidents ont cependant évolué suivant le type des cas mortels.

Observation IV. — Il s'agit d'une jeune fille de 20 ans, qui le 23 octobre 1905 absorba 5 grammes de cyanure de mercure. Les accidents gastro-intestinaux durèrent sans rémission jusqu'au 25 au soir, puis ils disparurent brusquement. La malade quitta l'hôpital le 1er novembre. Le même jour vers 17 heures, elle fut prise de vomissements et de diarrhée sanguinolente.

Retour du ptyalisme avec saveur métallique.

Le 2 novembre, tous les accidents disparaissen tdéfinitivement. La malade a été revue le 7 décembre très bien portante.

OBSERVATION V. — Nous reproduisons cette observation en entier, car la malade a été suivie par nous chaque jour. C'est le tableau clinique complet de l'empoisonnement par le sublimé corrosif à la suite d'ingestion stomacale. Une artiste lyrique, 29 ans, absorba pour se suicider 5 grammes de bichlorure de mercure dissous dans un verre d'eau ; elle fut placée à son entrée à l'hôpital, le 18 mars 1904, dans le service du professeur Denucé.

Dix minutes après l'absorption du toxique, la malade eut des vomissements qui ne tardèrent pas à devenir sanguinolents ; ils durèrent 48 heures presque sans interruption ; en même temps il y avait de la diarrhée fétide accompagnée d'une quantité assez considérable de sang. La malade accusait une vive souffrance dans l'estomac et dans le ventre, et en particulier au creux épigastrique. Salivation abondante. Anurie les premières heures. Téguments décolorés. La bouche est le siège d'une stomatite intense ; la langue est un peu volumineuse ; le voile du palais, la luette sont rouges et légèrement œdématiés. L'haleine est fétide. Le creux épigastrique est douloureux à la pression, de même que l'abdomen un peu ballonné, tympanisme dans les fosses iliaques. Absence d'urine dans la vessie. Le 20 mars seulement la malade urine 10 centimètres cubes environ d'urine renfermant 5 grammes d'urée par litre et de l'albumine. Absence de mercure dans cette urine (procédé Merget), cellules épithéliales nombreuses, hématies, leucocytes, absence de cylindres. Injection de 500 centimètres cubes de sérum artificiel. Le 20 mars dans la soirée, soubresauts, secousses dans les jambes, léger rythme de Cheyne-Stokes dans les mouvements respiratoires. La malade paraît plus fatiguée. Injection de 500 centimètres cubes de sérum.

Le 21 mars, anurie, diminution de la salive, persistance de la diarrhée et vomissements. Abcès de fixation à la cuisse droite.

Le 22 mars. — Dans les rares moments d'assoupissement, la malade est immédiatement réveillée par des secousses musculaires, rythme de Cheyne-Stokes plus accusé. L'abcès de fixation n'a pas sensiblement réagi.

Ventouses scarifiées dans la région lombaire, tisane vineuse, glace.

23 mars. — La malade urine 250 centimètres cubes. Stomatite toujours intense, persistance de la salivation, des vomissements et de la diarrhée fétide.

La malade souffre beaucoup plus de la région abdominale : hoquet permanent, ventre très ballonné.

Traces de mercure dans l'urine de ce jour : elle présente la même composition que la précédente.

24 mars. — La malade urine 375 centimètres cubes. Pas de vomissements, selles fréquentes, liquides et fétides ne renfermant pas de sang. La stomatite semble diminuer de même que la salivation, haleine horriblement fétide. Ventre toujours très ballonné et très douloureux, hoquet persistant. L'abcès de fixation réagit. L'état général est un peu moins mauvais ; plus de soubresauts, plus de Cheyne-Stokes.

25 mars. — La malade urine 550 centimètres cubes. Pas de salivation. Selles abondantes, ventre toujours douloureux, un peu moins ballonné, état général meilleur.

26 mars. — Urine : 2.500 centimètres cubes, renferme des traces de mercure très appréciables. Urée = 8,60 par litre, albumine = 0,10 ; dans le sédiment : leucocytes, hématies, cellules épithéliales nombreuses, leucine et tyrosine, cristaux de phosphate ammoniaco-magnésien.

27 mars. — Urine abondante. Le soir vers 17 heures la malade est prise de

vomissements de sang assez abondants. Les vomissements persistent une partie de la nuit.

28 mars. — Diarrhée, urine : 1.500 centimètres cubes. Langue rôtie ; diarrhée intense et sanguinolente. Très fortes douleurs épigastriques et abdominales. La malade a par moments des sensations d'étouffement.

Pas de tirage.

Rien d'anormal à l'auscultation des poumons et du cœur.

30 mars. — Anurie. Affaiblissement et amaigrissement considérable. Diarrhée persistante.

31 mars. — Anurie ; diarrhée.

Décès à 14 heures.

A l'autopsie, femme très amaigrie, poumons décolorés, presque blancs. Intestin noirâtre. Foie présentant l'aspect de la dégénérescence graisseuse, volumineux, poids = 1.650 grammes. Cœur flasque pesant 350 grammes. Rate dure pesant 270 grammes. Estomac noirâtre ; la muqueuse, sans ulcération, est un peu boursouflée ; il persiste quelques petites hémorragies sous-muqueuses. Le rein gauche du poids de 220 grammes semble être granulo-graisseux dans sa portion corticale ; le rein droit du poids de 250 grammes paraît moins altéré ; il existe de gros ganglions dans l'épaisseur du rein entier.

L'analyse des viscères figure dans le tableau plus loin, page 237 (colonne 5).

Stenon, qui a rapporté (1913) un cas d'empoisonnement par le sublimé, a constaté à l'autopsie les symptômes suivants : l'estomac offrait les lésions de la gastrite toxique avec une plaque gangréneuse de l'étendue d'une pièce de 2 francs à la portion pylorique du côté de la grande courbure. Les reins étaient atteints de néphrite aiguë tubulaire, limitée aux canaux contournés, aux anses de Henlé, aux canaux de communication ; les glomérules paraissaient intacts.

Cette évolution des accidents a trois phases nettement distinctes : la période de début et la période terminale, séparées par une sédation parfois absolue des symptômes, qui a été observée par plusieurs auteurs : par Simon, Vibert, Brouardel, Spillmann et Blum. Comme le fait remarquer Simon, la sédation peut s'observer à différents moments du cycle toxique, à une période plus ou moins rapprochée du deuxième au cinquième jour.

Les différentes observations recueillies par les auteurs et par nous-même avec Ch. Mongour suffisent pour esquisser la symptomatologie de l'intoxication mercurielle aiguë.

La première période commence aussitôt après l'ingestion du produit toxique ; elle est caractérisée par des vomissements bilieux, puis hémorragiques, par une sensation très douloureuse de brûlure rétrosternale et épigastrique; dans les premières heures qui suivent, apparaît une salivation abondante avec une saveur métallique et lésions de stomatite mercurielle. Survient en même temps une diarrhée fétide, glaireuse et sanguinolente. Nous reviendrons sur ces différents symptômes.

Cette première période se caractérise uniquement par des accidents localisés au tube digestif ; elle mériterait d'être désignée sous le nom de *période d'expulsion digestive.* Cette appellation se justifie amplement par l'existence de la salivation et de la diarrhée, par la coloration noirâtre des fèces due à la présence du sulfure de mercure.

Ces premiers accidents persistent de 2 à 3 jours en général, puis ils s'atténuent et peuvent même disparaître complètement. Nous entrons alors dans la deuxième période que nous proposons de désigner sous le nom de *période d'accalmie*, pour bien spécifier qu'il s'agit le plus ordinairement d'une rémission temporaire et pour tenir en éveil l'attention du médecin traitant. Caractérisée par un état d'euphorie et un retour apparent à la santé, cette période coïncide parfois avec une polyurie considérable. Elle dépasse rarement 48 heures. Tout à coup, *période de diffusion toxique*, les symptômes du début font un retour offensif ; si l'empoisonnement doit se terminer par la guérison, ils sont atténués et durent seulement quelques heures. Mais si la mort doit survenir, les accidents digestifs se reproduisent avec leur intensité première, aggravés par le cortège des symptômes généraux : facies pâle et grippé, irrégularité et rapidité du pouls dont on ne peut plus compter les pulsations ; disparition de la sensibilité, prostration, état syncopal au cours duquel survient la mort.

A chacune de ces trois périodes correspondent des modifications urinaires à peu près constantes.

Pendant toute la durée de la première période les urines, diminuées comme quantité, présentent quelquefois des traces d'albumine.

Au moment où apparaît l'euphorie de la deuxième période, on observe une polyurie relative, parfois absolue, et telle que le taux des urines peut dépasser 2.000 centimètres cubes. L'albuminurie persiste, et, dans la généralité des cas, on observe une élimination de cylindres hyalins et granulo-graisseux. Cette cylindrurie est évidemment l'indice d'une altération rénale plus avancée.

A la période de diffusion toxique, les urines, d'abord très rares, se suppriment dans les 48 heures qui précèdent la mort. Hautes en couleur, elles contiennent toujours de l'albumine, et présentent un dépôt abondant, constitué par des urates et des phosphates, mais surtout par des cylindres granulo-graisseux. Si la guérison survient, on observe une véritable décharge polyurique ; l'albuminurie et la cylindrurie sont alors minimes ou nulles.

Quant à la recherche du mercure que nous exposerons plus loin en détail, nos observations personnelles montrent que l'hydrargyrie fut constamment nulle chez l'une de nos malades (observation IV). Dans un autre cas, dont nous n'avons pas rapporté l'observation, mais dont la terminaison fut également heureuse, on trouva une seule fois

$0^{gr},0001$ de Hg dans les urines recueillies pendant les 36 premières heures qui suivirent la tentative d'empoisonnement.

Dans les urines de la malade qui fait le sujet de l'observation IV, on trouva seulement à deux reprises, et pendant la période d'accalmie, des traces de mercure dans l'urine. Mêmes résultats pour les malades qui figurent dans les observations I, II et III.

De nos observations avec Ch. Mongour, il résulte que l'hydrargyrie, parfois absente, est toujours minime, et qu'elle apparaît le plus ordinairement à la période d'accalmie. Cette constatation est importante : elle tend à démontrer, en effet, la part restreinte, que prend le rein dans l'élimination mercurielle. Comme cet organe est un de ceux qui contiennent la plus grande quantité de poison, il faut en conclure que le mercure est très difficilement éliminable par le rein, dont il détruit très vite les épithéliums.

Au cours de nos recherches nous avons mis en évidence un autre fait particulièrement intéressant. Dans le but de favoriser l'élimination du mercure en circulation dans le sang, nous avons provoqué chez 2 malades des abcès de fixation (observations I, II, IV). Dans les trois cas nous avons assisté à la formation d'une collection purulente et le pus des deux premiers contenait des traces évidentes de mercure, en quantité plus considérable que dans l'urine. De plus, en examinant à plusieurs reprises le sang des 2 malades, nous avons constaté, outre une hyperleucocytose, des altérations des globules blancs (boursouflement, état granuleux) évidentes à la phase d'accalmie, mais atteignant leur maximum à la période de diffusion toxique. Les noyaux sont alors confondus et transformés en granulation dans le protoplasma, plus ou moins vasculaire. Des constatations analogues ont été faites par M. J. Carles chez la malade de l'observation IV ; toutefois le pus de l'abcès ne contenait pas de mercure.

Tous ces faits cliniques et expérimentaux permettent peut-être de comprendre cette évolution en trois phases de l'intoxication mercurielle aiguë.

Les symptômes de la première période se rattachent évidemment aux lésions produites sur le tube digestif par le contact de l'agent toxique. A cette période une notable quantité de mercure ingéré est rejetée par les matières fécales sous forme de sulfure noir de mercure ; au même moment une autre portion, résorbée au niveau de la muqueuse gastrique et des villosités intestinales, passe dans la circulation générale. Comme cette seconde portion ne se retrouve pas dans les urines, il faut admettre qu'elle se fixe dans les tissus ; c'est ce que démontrent, en effet, les recherches histo-chimiques *post mortem ;* mais il est permis de supposer que la masse des globules blancs s'imbibe en quelque sorte de mercure en circulation dans le sang.

Pendant un temps plus ou moins long, suivant leur degré de résistance, les leucocytes tolèrent cette infiltration mercurielle ; quand les lésions du tube digestif commencent à se réparer, cette tolérance existe, et la malade paraît entrer en convalescence. Mais le mercure ne tarde pas à désorganiser le globule blanc qui laisse alors diffuser dans tout l'organisme, dans tous les viscères, le poison qu'il n'est plus capable de retenir. Éclatent à ce moment, avec une soudaineté foudroyante, les symptômes généraux de la troisième période, qui mérite bien d'être appelée *période de diffusion toxique*.

On a voulu décrire un empoisonnement mercuriel *subaigu* se produisant à la suite d'absorption de calomel, d'application d'onguent mercuriel, d'inhalation de vapeurs mercurielles ; les symptômes sont ceux de l'empoisonnement aigu.

L'empoisonnement *chronique* se produit après un très long temps sous l'influence de petites quantités de mercure ; il se montre, après l'absorption de vapeurs mercurielles, chez les étameurs de glaces par exemple : la maladie affecte des formes différentes selon les conditions et les susceptibilités particulières ; elle donne lieu à tout un ensemble de symptômes caractéristiques qui affectent surtout le tube digestif et le système nerveux (éréthisme mercuriel). La forme typique de mercurialisme constitutionnel dans l'industrie, d'après Kussmaul, affecte trois stades : l'éréthisme, le tremblement et enfin le stade terminal. Au début on observe les accidents habituels du tube digestif (stomatite, ptyalisme, diarrhée). Les gens atteints deviennent pâles, maigres, se sentent épuisés ; la tête est engourdie, violent mal de tête. Il y a des vertiges à l'origine, des bourdonnements d'oreilles, des douleurs fugaces dans les membres et les articulations. On note aussi un léger tressaillement dans les muscles de l'œil et de l'angle de la bouche ; les doigts tremblent quand on les écarte, et aussi la langue quand on la tire ; l'écriture devient tremblée. Tous ces troubles se produisent surtout quand les malades se sentent observés. Le sommeil est agité, sans soulagement, et interrompu par des hallucinations : il y a une irritabilité extraordinaire. L'appétit décroît ; il y a surtout une aversion marquée pour la viande. Goût métallique très désagréable dans la bouche, odeur fétide, salivation, renvois, nausées, sentiment d'oppression, anurie plus ou moins prononcée, diarrhées douloureuses ; les troubles accentués des reins sont toujours d'un fâcheux pronostic. Presque toujours aux approches de la mort la connaissance se perd peu à peu ; la température tomberait jusqu'à 33°,5. Si la fièvre se montre, elle est le résultat d'une complication (septicémie) ; respiration irrégulière, pouls petit, souvent irrégulier.

Un des symptômes les plus constants de l'empoisonnement mercuriel est la stomatite sur laquelle nous croyons devoir revenir.

La stomatite mercurielle est l'accident le plus fréquent après l'emploi du mercure. L'idiosyncrasie joue un grand rôle dans l'étiologie de l'affection : on observe aussi l'accoutumance après un traitement mercuriel. Toutes les fois que la mercurialisation est poussée assez loin, la stomatite apparaît. La femme y semble plus prédisposée que l'homme ; la grossesse serait également une cause prédisposante ; mais le facteur étiologique le plus important est le mauvais état de la dentition. Dans la stomatite mercurielle il y a deux formes principales : la forme commune inflammatoire et la forme grave sphacélo-ulcéreuse. Dans la première forme il y a d'abord un peu de rougeur et de gonflement de la muqueuse au niveau de la sertissure des dents à la mâchoire supérieure principalement : les dents sont agacées, goût métallique dans la bouche, salivation abondante, mauvaise odeur de l'haleine perçue par le malade lui-même. Les gencives deviennent molles, fongueuses, rouges ou violacées, recouvertes d'un amas pultacé qui les sépare des dents ; leurs bords sont déchiquetés et saignent facilement. Les dents paraissent allongées, ébranlées ; leur contact, pendant la mastication, est très douloureux. La muqueuse des joues est œdématiée et porte l'empreinte des dents. La langue est tuméfiée, recouverte d'une couche blanche, épaisse, constituée par une couche de cellules épithéliales. La salive, filante et visqueuse, s'écoule continuellement. La fétidité de l'haleine est caractéristique. Dans la seconde forme *grave ou sphacélo-ulcéreuse*, les accidents sont les mêmes avec tendance à la gangrène des parties atteintes, et les phénomènes d'inflammation sont plus accentués. La salivation est excessive : la fétidité de l'haleine est encore augmentée par l'odeur gangréneuse ; elle devient intolérable. Les ganglions lymphatiques, les glandes salivaires peuvent également se tuméfier et arriver à la suppuration (W. Dubreuilh, 1904).

Antidotes. — Contre l'absorption de mercure à la suite d'injections, l'intervention est à peu près inefficace ; et aussi dans les cas où l'ingestion du toxique remonte à quelques heures. Le praticien, appelé à temps, fera administrer de l'albumine sous forme d'eau albumineuse, ou bien du lait. Les sels de mercure fournissent en effet dans ces conditions un précipité insoluble d'albuminate de mercure : on favoriserait par un vomitif, ou par un lavage de l'estomac l'élimination de cet albuminate qui se dissoudrait facilement sous l'influence des chlorures de l'économie. L'albuminate de mercure se précipite en foisonnant : il est à peu près insoluble dans l'eau ; desséché à 30-40°, il noircit légèrement et devient absolument insoluble (L. Barthe). A défaut d'albumine ou de lait, on fait ingérer une solution de savon qui précipiterait le mercure et favoriserait les vomissements.

Il faut se rappeler que le cyanure de mercure ne coagulant pas l'albumine, on devrait recourir dans ce cas comme antidote au polysulfure de potassium qu'on pourrait solubiliser dans l'eau de lavage de l'estomac à la dose de 0gr,2 à 0gr,5. Ce contrepoison nous a permis à Soulard et à nous-même (1902) de sauvegarder, à l'hôpital Saint-André de Bordeaux, l'existence de deux malades du service du Dr Monod qui avaient l'un et l'autre absorbé par méprise un grand verre de solution de cyanure de mercure au 1/2.000. Notre intervention hâtive eut pour effet d'éloigner tout accident.

Comme contrepoisons des sels de mercure, on a préconisé la limaille de fer, le sulfure de fer récemment précipité qui transformerait, d'après Bouchardat, le composé mercuriel en sulfure insoluble.

En l'absence de ces antidotes, on pourrait songer à administrer de la farine délayée dans de l'eau, le gluten étant susceptible de précipiter la solution de sublimé.

Dans l'intoxication chronique mercurielle, on pourrait conseiller l'iodure de potassium, qui solubiliserait le mercure.

Enfin dans tous les cas, on aurait recours aux boissons et aux bains sulfureux.

Elimination et localisation du mercure. — On s'accorde à reconnaître qu'après l'ingestion d'un sel de mercure, ce métal s'élimine principalement par l'intestin, et un peu par les reins d'une façon intermittente et irrégulière. L'élimination du toxique est toujours lente. D'après Ogier (1899), les opinions les plus diverses ont été émises au sujet de la durée de cette élimination. D'après Mayençon et Bergeret, cités par Chapuis (1897), les sels mercuriels pris en une seule fois et à petites doses sont éliminés promptement et complètement de l'organisme (4 jours suffisent). Pris pendant un certain temps, même à petites doses, les sels mercuriels mettent plusieurs jours à s'éliminer complètement. Pour Chapuis lui-même la dose influe sur l'élimination. Nous avons pu observer (1904) que les matières fécales contenaient du mercure, alors que les urines émises le même jour n'en renfermaient pas.

Nous négligerons de citer les auteurs dont les opinions extrêmes nous paraissent reposer sur des expériences mal établies et nullement concluantes. Nous avons réuni dans un tableau ci-après tous les documents analytiques résultant à notre connaissance de dosages précis à la suite d'expertises criminelles ou d'expériences effectuées dans ces occasions par Ch. Blarez et nous-même. Les documents sont en effet très rares sur le point de savoir quelle est la quantité de mercure rencontrée dans les organes après la mort. On peut dire que quel que soit le mode d'absorption du mercure (empoisonnement aigu ou traitement spécifique), on ne retrouve jamais dans les organes, après la mort, que de faibles proportions de mercure, et que, dans le cas d'ingestion de mercure à faibles doses, le mercure s'élimine au fur et à mesure en demeurant toutefois localisé, pour un temps à déterminer, dans le foie et dans les reins. Il est donc très probable que le mercure ne se localise pas. Nous avons eu l'occasion d'analyser les reins, le foie, le cerveau d'un individu décédé dans le service du professeur Pitres en octobre 1905; cet individu, porteur d'une ulcération de la langue, avait été traité un an auparavant par des doses massives de sirop de Gibert. On ne trouva pas de mercure dans les organes analysés.

Les opinions les plus diverses ont été émises sur la localisation du mercure dans les organes. « C'est une question, dit Ogier, que des recherches modernes devront élucider avec des méthodes plus précises. » Le tableau que nous reproduisons ci-après pourra servir dans ce but.

Sigalas et Dupouy ont étudié (1900) l'élimination du mercure par la glande mammaire ; ils ont institué deux séries d'expériences : l'une sur des femmes syphilitiques ayant suivi pendant plusieurs mois le traitement spécifique; l'autre, sur une femme et sur une chèvre soumises expérimentalement à l'action du mercure. Ces recherches les ont conduits à admettre que, contrairement à l'opinion de certains auteurs, le mercure doit être compté au nombre des substances toxiques et médicamenteuses qui s'éliminent par la glande mammaire. On observe d'ailleurs, dans cette élimination, un retard qui doit varier nécessairement avec la nature et la dose de sel mercuriel administré, avec l'espèce animale, l'âge du sujet, etc. *Ce temps perdu* permet de se rendre compte des résultats négatifs obtenus par les expérimentateurs, qui n'ont pas trouvé de mercure dans le lait d'animaux qui en ont ingéré, même à des doses très élevées.

Après l'administration des composés mercuriels à mercure masqué, le mercure se localise dans le foie ; on ne le retrouve pas toujours dans le foie, poumons, cerveau, intestins, muscles, sang, urine (F. Blumenthal et Oppenheim, 1913).

MM. Raynaud et Sicard ont décelé la présence du mercure dans les liquides céphalo-rachidiens d'intoxiqués mercuriels atteints de tremblement.

Nous avons pu observer, dans les différentes expertises criminelles qui nous ont été confiées, que les cadavres et les tissus se conservaient pendant longtemps dans l'empoisonnement mercuriel ; les muscles en particulier, alors qu'ils ne renferment que des traces de mercure, présentent à l'autopsie une teinte rose très caractéristique.

Recherche toxicologique du mercure dans l'urine. — De nombreuses méthodes ont été préconisées pour la recherche du mercure dans l'urine. En général, la recherche du mercure dans les liquides organiques, et en particulier dans l'urine acidulée par l'acide chlorhydrique ou nitrique, et dépôt du métal sur du platine, de l'or ou du cuivre, sur de la limaille de fer après destruction de la matière organique par le permanganate de potassium et l'acide chlorhydrique (Witz), ou par entraînement du mercure contenu dans le liquide par de l'alumine formée au sein même de ce liquide (F. Glaser et A. Isembourg, 1909) est sujette à de nombreuses critiques. C. Boening signale d'ailleurs (1909) le cas d'une urine albumineuse et renfermant du mercure, qui, filtrée, ne renfermait plus de mercure, celui-ci se trouvant précipité à l'état de combinaison avec l'albumine.

H. Palme (1914) proposa d'ajouter à l'urine un peu de sulfate de cuivre et de précipiter avec l'hydrogène sulfuré. Le mélange des sulfures de cuivre et de mercure, préalablement lavé, est dissous dans l'acide sulfurique dilué, en ajoutant du brome, ou de l'eau bromée. Après avoir chassé l'excès de brome, on précipite le cuivre et le mercure sur une cathode de platine, et l'on pèse ; on chasse ensuite le mercure en chauffant dans un courant d'acide carbonique. La différence de poids donnerait la quantité de mercure.

Le procédé de Merget dépasse en sensibilité toutes les méthodes précédentes : l'auteur l'a utilisé pour caractériserle mercure en vapeur dans les usines et les appartements. Le principe repose sur l'action des vapeurs de mercure sur le papier récent d'azotate d'argent ammoniacal qui est noirci. C. Sigalas a indiqué (1898) la façon de procéder pour la recherche du mercure dans les vins provenant de vignes traitées avec de la bouillie mercurielle : le métal doit être solubilisé par l'acide nitrique, soit que le mercure soit contenu dans des milieux solides ou liquides. On précipite ensuite le mercure de sa dissolution sur de petites lamelles de cuivre qu'on immerge pendant 36 heures. Les lamelles sont lavées à l'eau distillée, puis séchées au papier de soie. On les place ensuite sur une feuille du même papier qui repose sur le papier d'azotate d'argent ammoniacal ; on replie les papiers, de façon à assurer le contact permanent de la lamelle de cuivre avec le papier réactif dont elle est séparée par le papier de soie. On met le tout sous presse. S'il y a du mercure, il se fait très rapidement une empreinte noirâtre : cette réaction est sensible à 0,01 de milligramme. L'intensité des teintes est proportionnelle aux quantités de mercure contenues dans les solutions essayées. Les temps pendant lesquels le métal se dépose sont proportionnels aux poids des vapeurs émises, et par conséquent aussi aux poids de mercure contenu dans les liqueurs analysées.

Avec une urine albumineuse, ce qui est souvent le cas d'individus intoxiqués par le mercure, il pourra arriver avec cette méthode que la lame de cuivre se recouvrira d'une couche glaireuse qui gêne le dépôt de mercure ; on pourra craindre également que le mercure ne soit précipité avec l'albumine. On devra se garder, après addition d'acide nitrique, de concentrer l'urine par ébullition prolongée, car elle noircit, filtre difficilement et la cathode se recouvre d'une gaine noirâtre qui nuit au dépôt du métal. Cette méthode ne saurait suffire en toxicologie où l'expert doit caractériser et aussi doser le mercure contenu dans les tissus et les liquides.

Si l'on avait à rechercher les vapeurs de mercure dans une atmosphère, on aurait recours aux procédés décrits dans le *Formulaire pharmaceutique des hôpitaux militaires* (t. II, 1915, p. 253).

« Suspendre dans le local une feuille d'or qui fixe les vapeurs de mercure. Recueillir de l'air suspect dans des ampoules de verre ; verser dans les récipients quelques centimètres cubes d'acide nitrique pur. Puis, après les avoir fermées à la lampe, maintenir les ampoules pendant une journée au bain-marie bouillant. Les laver intérieurement jusqu'à ce que l'eau de lavage soit rigoureusement neutre.

« Évaporer les liquides dans le vide à une température ne dépassant pas 50 à 60°.

« Reprendre le résidu par l'eau, puis traiter la solution obtenue par 5 centimètres cubes d'alcool à 40° saturé de phénylcarbazide. Agiter le mélange avec du chloroforme qui, dans le cas du mercure, prend une coloration bleu pensée avec 1/100.000 de mercure ; la coloration est rose violacé avec des proportions de mercure inférieures à 1/100.000. »

Quel que soit le liquide ou le tissu dans lequel l'expert doit caractériser et doser le mercure, il est indispensable de détruire la matière organique. On doit s'attacher à obtenir un liquide limpide, suffisamment concentré, dans lequel on effectuera l'électrolyse.

On s'accorde aujourd'hui à reconnaître que le procédé de destruction Frésénius et Babo appliqué à la recherche du mercure donne lieu à de justes critiques (Ogier, Vitali, Chapuis, etc.). A. Ogliarobo a démontré (1900) que cette méthode faisait perdre au moins un bon tiers du mercure. Cette perte se produirait au moment de la purification du sulfure de mercure. Nous pouvons corroborer en partie au moins cette observation ; il peut y avoir encore des pertes pendant l'opération de la destruction, par la volatilisation du bichlorure de mercure qui, d'après Pierpaoli, se volatilise à 170°. En 1911, L. Garnier avait appelé l'attention sur les précautions à prendre pour éviter les pertes de mercure quand on évapore au bain-marie des solutions aqueuses de bichlorure de mercure.

Il faut aussi tenir compte de la remarque du Dr Vitali (1902) qui laisse entrevoir que, par l'application de ce procédé, on risque de laisser inaperçu, avec les graisses devenues inattaquables, le mercure recherché. La méthode de Frésénius et Babo ne nous a donné que des déconvenues au professeur Blarez et à nous-même, dans l'affaire M... (colonne 4) ; alors qu'elle est délicate à réaliser, même en suivant les indications données par Ogier, elle n'arrive pas à une destruction intégrale des organes : le sulfure de mercure obtenu ultérieurement dans la liqueur très acide est accompagné de soufre et de matières organiques qui obligent à l'oxyder, ce qui expose à de nouvelles pertes de mercure. La destruction de la matière organique par le chlore fournit des résultats notablement inférieurs à ceux obtenus par la méthode nitro-sulfurique.

Ce dernier procédé tel qu'il a été décrit par G. Denigès, avec, ou même sans addition de permanganate de potassium, demeure le procédé de choix. On pourra réduire au 1 /10 la proportion d'acide sulfurique à employer, comme nous l'avons fait dans les affaires (4), (5), (6), (7) avec Blarez, pour éviter une trop longue chauffe dans l'évaporation ultérieure de l'excès acide. De même, quand les tissus seront graisseux, on pourra, comme l'a indiqué G. Denigès dans la recherche de l'arsenic, enlever les graisses dans le premier temps de la destruction, quand elles forment un gâteau solide à la surface du liquide ; nous nous sommes assurés qu'elles ne renfermaient pas de mercure. Malgré les modifications que nous venons d'indiquer, il est certain que l'emploi de la méthode nitro-sulfurique fait encore perdre environ 20 p. 100 du mercure contenu dans les liquides ou tissus soumis à la destruction. Elle fournit dans tous les cas un liquide très limpide que l'on peut amener par une dilution convenable au degré d'acidité voulu et avec lequel il est facile d'effectuer l'électrolyse. Or, tous les auteurs s'accordent aujourd'hui à reconnaître que, pour le dosage du mercure dans une liqueur, la méthode de choix est l'électrolyse. Les procédés plus ou moins modifiés de Mayençon et Bergeret, de James Smithson, de Flandin et Danger, de Mayer, etc., donnent le plus souvent des résultats peu précis. Leur application est loin d'être générale ; elle est limitée à quelques cas particuliers : les résultats sont détestables quand les liquides sont albumineux. Nous avons eu soin de démontrer en effet (1903) que l'électrolyse constituait la méthode de choix, à la condition expresse que la liqueur fût privée de matière organique et quelles que fussent d'ailleurs les modifications apportées à la méthode (addition de cyanure de potassium ou d'acide nitrique).

On utilisera l'appareil de Riche, l'énergie étant fournie par un accumulateur et devant être de 4 volts. Le mercure sera recueilli de préférence sur une lame d'or, le liquide à électrolyser d'un volume de 60 centimètres cubes environ étant contenu dans une capsule de platine d'une capacité de 80 centimètres cubes environ. L'acide sulfurique de l'électrolyte devra être le 1/10 en poids du volume du liquide électrolysé. L'opération sera exécutée à une température de 15°-20°, et pendant une durée de 24 heures. La densité du courant sera égale à 1 ampère par décimètre carré d'électrode ; celle-ci sera constituée par une lame d'or enroulée, ayant une surface d'à peu près 15 centimètres carrés.

Il n'est pas exact de compter comme mercure la différence de poids constatée entre le poids de l'électrolyte et celui de la lame d'or avant l'électrolyse. Outre que des métaux peuvent se trouver incidemment sur la lame d'or avec le mercure, nous avons observé que dans l'électrolyse effectuée dans la plupart des liquides tout à fait incolores provenant de la destruction des matières organiques, l'électrode renfermait du mercure et aussi des matières organiques faciles à reconnaître à l'odeur empyreumatique des vapeurs qui se forment en chauffant la lame. La pesée directe peut donc donner lieu à des erreurs, en augmentant le poids réel du mercure (L. Barthe). En outre du fait que l'expert a fixé le mercure sur la lame d'or, son rôle n'est pas terminé : il doit caractériser le métal. C'est pourquoi Blarez et nous-même, dans les expertises criminelles qui nous ont été confiées, après avoir effectué l'électrolyse du mercure comme il est indiqué ci-dessus, avons dosé le métal en le transformant ensuite en biiodure de mercure, comme l'a indiqué Personne. L'électrode d'or est déroulée avec précaution et introduite dans un tube de verre vert de $0^m,10$ de longueur environ et d'un diamètre intérieur de $0^m,01$, à l'extrémité duquel est soudé un second petit tube de verre de $0^m,15$ de longueur, et d'un calibre intérieur de $0^m,002$. On fait passer dans le tube bien desséché un courant lent et régulier d'acide carbonique et on chauffe le premier tube renfermant la lame d'or avec une lampe à alcool ou un bec Bunsen. Le mercure se volatilise à la soudure des deux tubes où il apparaît sous la forme de très fines gouttelettes grises, très visibles à la loupe, ou sous celle d'un anneau grisâtre terne. A l'aide de la flamme de la lampe à alcool, on le répartit facilement sur une longueur *ad libitum* de 2 à 3 centimètres après la soudure et dans le petit tube de verre. Il est même possible de le limiter aisément du côté de la sortie du gaz anhydride carbonique, au moyen d'un morceau de papier à filtrer, enroulé autour du verre, et constamment humecté d'eau froide. Le mercure étant ainsi localisé, on enlève la lame d'or, et on place à l'extrémité du plus gros tube de verre quelques petites parcelles d'iode que l'on sublime très lentement ; le courant de gaz entraîne les vapeurs sur le mercure condensé, il se fait du biiodure de mercure, rouge, dont l'intensité des teintes est proportionnelle aux quantités de mercure contenues dans les solutions. D'autre part on établit une échelle de teintes types, en ajoutant à un volume constant de 60 centimètres cubes d'eau distillée, additionné de 6 centimètres cubes d'acide sulfurique, des poids de bichlorure de mercure correspondant à des milligrammes ou des fractions de milligrammes de mercure. Après avoir soumis ces solutions à l'électrolyse dans les conditions précédemment indiquées, on obtient une échelle de teintes dont on rapproche les teintes obtenues avec le mercure provenant des liquides de destruction.

On peut ainsi évaluer nettement 1/20 de milligramme de mercure (L. Barthe).

Cette méthode permet la *recherche*, la *caractérisation* et le *dosage* de petites quantités de mercure dans une expertise criminelle, trois conditions que l'expert doit remplir. Elle met le chimiste à l'abri de tout scrupule ; puisqu'elle produit d'une façon indiscutable le mercure absorbé et rien que le mercure. Elle n'est pas plus longue que toutes les méthodes qui ont été préconisées, et elle les dépasse en sensibilité et en exactitude. D'ailleurs, pour éviter des recherches inutiles, on pourra au préalable s'assurer sur une portion du liquide de destruction de la présence du mercure, au moyen du procédé si sensible de Merget, réglementé par Sigalas.

Enfin on pourrait utiliser l'action des sels de mercure sur l'aluminium en lame, réaction rappelée récemment par MM. Minovici et Em. Grozea (1916). Quelques gouttes d'une solution de sublimé corrosif mises sur une lame d'aluminium laissent un résidu efflorescent, blanchâtre, qui arrive à former un manchon de fils blancs, exsudant du métal ; cette réaction, qui se produit rapidement, n'est entravée par la présence d'aucun sel étranger. Elle est sensible avec une solution de bichlorure au millionième. Elle permet de faire un essai préliminaire avec la solution obtenue après destruction des matières organiques, en vue de la présence possible du mercure. Quelques gouttes de cette solution partiellement neutralisée sont mises sur une lame d'aluminium ; on obtient, s'il y a du mercure, un dépôt caractéristique de fils d'alumine.

A titre de documents toxicologiques, nous donnons ci-après les

Quantités de mercure (exprimées en milligr. par kil. d'organes) **trouvées à la suite d'empoisonnements mercuriels**

ORGANES ANALYSÉS	1 BROUARDEL et OGIER — Suicide d'un homme au moyen de nitrate acide de mercure. Mort après 15 jours (*Traité toxicol.*, 1899, p. 396.)	2 A. BACOVESCO — Empoisonnement après absorption d'une pastille de sublimé de 1 gramme.	3 L. BARTHE — Janvier 1903. Affaire Marguerite L..... Empoisonnement après injection d'un lavement de 10 gr. cyanure de mercure. Mort en moins d'une heure.	4 BLAREZ, BARTHE et LANDE — Décembre 1903. Affaire Massot. Empoisonnement par le bichlorure de mercure.	5 BLAREZ, BARTHE et LANDE — Mars 1904. Suicide d'une femme de 29 ans par absorption de 5 gr. de bichlorure de mercure. Mort après 18 jours.	6 BLAREZ et BARTHE — Mars 1904. Empoisonnement subaigu d'un chien par le bichlorure de mercure.	7 BLAREZ et BARTHE — Mars 1904. Empoisonnement chronique d'un chien par le bichlorure de mercure.	8 BLAREZ — Février 1909. Affaire P..., à Guéret. Empoisonnement par le bichlorure de mercure.	9 BARTHE — Juin 1910. Affaire femme T..., à Marennes. Mort à la suite d'avortement obtenu au moyen d'injections vaginales de sublimé.
Reins.........	10,0	7,4	158,0	13,0	7 à 8	2 à 3	2 à 3	5,0	12,0
Foie..........	5,7	13,7	80,0	3,0	1 à 2	1 à 2	Traces	17,7	7,0
Rate..........	1,0	1,1	1,0	1 à 2	»	»	»	»	»
Estomac......	»	»	»	?	1,0	»	Néant	32,7	»
Intestins......	8,7	5,1	8,7	4 à 5	5,0	»	Néant	6,0	Néant
Barbe.........	»	»	»	40	»	»	»	»	»
Cheveux......	»	»	»	»	Néant	»	»	»	»
Ongles........	»	»	»	33	»	»	»	»	»
Poumons......	Traces	0,4	Traces	Néant	»	»	»	»	»
Cœur.........	»	0,5	»	»	»	»	Néant	2,0	Néant
Cerveau.......	1,3	1,2	1,3	Traces	»	»	Néant	»	»
Langue.......	»	0,4	»	Traces	»	»	»	»	»
Muscles.......	»	1,1	»	Néant	Néant	Néant	Néant	2,0	»
Dents.........	»	»	»	Néant	»	»	»	»	»
Utérus.........	»	»	»	»	»	»	»	»	Traces
Vessie.........	»	»	»	»	»	»	»	»	1,0

NOTA. — Dans l'empoisonnement (1) la méthode de dosage n'est pas indiquée. — Dans l'empoisonnement (2) le mercure a été dosé à l'état de sulfure. — Dans les affaires (3), (4), (5), (6), (7), (8), (9) le toxique a été dosé à l'état de HgI^2 (par comparaison avec des anneaux de titre connu). Toutefois, dans l'affaire (8), le mercure de l'estomac et du foie a été dosé après pesée de l'électrolyte, avant et après l'électrolyse.

quantités de ce toxique retrouvées dans les viscères par différents chimistes, qui, à notre connaissance, ont été chargés de semblables expertises.

Il n'existe pas de mercure « normal » dans l'organisme. Mais, indépendamment d'un empoisonnement, on pourra trouver dans les viscères du mercure provenant d'une cure mercurielle antérieure ou de l'absorption de ce métal à la suite de manipulations professionnelles. On songera aussi que, dans un cas d'exhumation, du mercure pourrait avoir pour origine les matières colorantes ou autres objets provenant du cercueil.

Dans les industries où l'on manipule le mercure ou ses composés, on peut éviter les maladies produites par l'absorption du métal par un ensemble de précautions et de moyens qui dépendent en grande partie de l'ouvrier.

Le mercure peut pénétrer dans l'organisme, soit à l'état métallique, soit sous forme de vapeurs, ou de poussières suspendues dans l'air ou recouvrant les vêtements, outils, les parties découvertes du corps, etc. ou de crasses adhérentes à la peau, soit à l'état de sels sous forme de poussières ou de solutions.

Cette pénétration se fait tantôt par la peau, souvent à la surface des plaies, tantôt, mais plus abondamment et beaucoup plus souvent, par la bouche et le nez. Son élimination spontanée est lente et peut durer longtemps.

Les premiers symptômes observés sont presque toujours des phénomènes nerveux : impressionnabilité excessive, irritabilité, activité exagérée, insomnie, hallucinations. Aux phénomènes nerveux s'associent bientôt un *tremblement* particulier et de la *stomatite*.

Le tremblement mercuriel débute à la face, aux lèvres, à la langue (parole hésitante et saccadée), au cou et au bras, il s'étend aux jambes plus tard. D'abord léger, il peut s'accentuer et donner lieu à une agitation étendue et continue, empêchant même la mise des vêtements, la prise des aliments, la marche et le travail. Il cesse en général pendant le sommeil, mais il est quelquefois persistant et rend celui-ci impossible.

Nous avons décrit la stomatite mercurielle. Elle peut causer l'inflammation, la nécrose des os des mâchoires. Généralement « sans mauvaises dents » pas de stomatite mercurielle.

Quand les précautions sont nulles et que le mal s'aggrave, des désordres plus sérieux peuvent apparaître : troubles digestifs, anémie, palpitations, migraines, contractures, surtout des muscles fléchisseurs des membres supérieurs, convulsions, paralysie surtout des muscles extenseurs des membres supérieurs, troubles de la sensibilité, névralgies, troubles de la vue et de l'ouïe, complications fréquentes (phtisie pulmonaire), troubles de la grossesse, faiblesse et mortalité des enfants.

L'action toxique du mercure est considérablement favorisée par la malpropreté du corps, le défaut de soins de la bouche et des dents, et l'usage du tabac, la prise des repas dans l'atelier, le port des mêmes vêtements en dedans et en dehors de l'atelier, un séjour très prolongé dans le milieu insalubre, par les différentes causes d'affaiblissement et l'alcoolisme.

Pour *prévenir* l'intoxication mercurielle, l'ouvrier doit prendre des précautions personnelles, à défaut desquelles les mesures générales ordonnées par l'industriel employeur resteraient insuffisantes. Il ne pénétrera dans les chambres de condensation qu'après leur refroidissement, et dans les étuves qu'après ventilation.

Il ne pratiquera jamais le brossage, le nettoyage ou le balayage à sec, mais toujours à l'humide. S'il subsiste des buées ou des poussières dans l'air, il se protégera le nez et la bouche par un respirateur, garni d'ouate qui sera saupoudrée de fleur de soufre sur sa face extérieure.

Ne pas employer dans l'atelier d'ouvriers trop jeunes, de femmes grosses ou allaitant des enfants. Autant que possible l'ouvrier aura une alimentation suffisante, et habitera un logement aéré ; il évitera les excès de toute nature et en particulier l'alcool : les dents seront bien entretenues. La durée du séjour dans l'atelier sera strictement celle exigée par le travail ; il n'y prendra pas ses repas. Il possédera des vêtements de dessus spéciaux pour le travail seulement. Les parties découvertes du corps seront tenues dans un excellent état de propreté. Il prendra alternativement un bain savonneux et un bain sulfureux ; les plaies seront mises à l'abri sous un pansement ou revêtues d'enduit protecteur.

Dans un but préventif, prendre à l'intérieur de petites doses de fleur de soufre lavé, ou de l'iodure de sodium (0gr,50 par jour), de la limonade sulfurique ou mieux du lait comme boisson, se rincer souvent la bouche avec une solution de chlorate de potassium.

Dans les ateliers, ainsi que l'a préconisé Merget, on placera de l'hypochlorite de calcium sur des assiettes ; le chlore qui se dégage forme avec les vapeurs mercurielles du bichlorure de mercure non volatil à la température de l'atelier.

Réactions des sels de mercure. — Le mercure émet des vapeurs à la température ordinaire. Il est insoluble dans les acides chlorhydrique et sulfurique étendus ; mais il se dissout dans l'acide sulfurique chaud, et très facilement dans l'acide nitrique.

Dans les solutions des sels mercureux :

La potasse et la soude fournissent un précipité noir, Hg^2O.

L'ammoniaque donne un précipité noir de mercure-ammonium et de mercure ; avec le chlorure mercureux, on obtient du mercure soluble de Haneman, $HgNH^2Cl$.

L'hydrogène sulfuré détermine un précipité noir de $HgS + Hg$, insoluble dans NO^3H et HCl, soluble dans l'eau régale.

L'acide chlorhydrique et les chlorures solubles précipitent du calomel, qui, par ébullition prolongée dans l'eau se dissocie en $HgCl^2 + Hg$: il noircit au contact de l'ammoniaque.

Le chromate de potassium neutre précipite à chaud du chromate mercureux rouge.

L'iodure de potassium fournit de l'iodure mercureux vert, soluble dans un excès.

Le chlorure d'étain réduit les sels mercureux à l'état métallique.

La plupart des sels mercuriels subliment par la chaleur. Ils sont réduits à chaud par les alcalis caustiques et les carbonates de potassium et de sodium.

Dans les dissolutions des sels *mercuriques :*

La potasse et la soude fournissent de l'oxyde jaune, HgO.

L'ammoniaque versée dans une solution de chlorure mercurique précipite du chloramidure de mercure blanc, $HgNH^2Cl$, soluble dans les acides et dans une solution tiède de NH^4Cl.

L'iodure de potassium détermine un précipité rouge vif, soluble dans un excès.

L'hydrogène sulfuré fournit un précipité d'abord blanc, puis jaune orangé, rouge brun, et enfin noir de HgS insoluble dans les acides étendus bouillants, soluble dans l'eau régale.

Les chromates alcalins neutres précipitent du chromate mercurique jaune passant au rouge rapidement à l'ébullition.

Le chlorure d'étain réduit les sels mercuriques à l'état de sels mercureux, puis de mercure.

En ajoutant à une solution mercurique la moitié de son volume d'ammoniaque, puis goutte à goutte de l'iodure de potassium à 20 p. 100, jusqu'à disparition du précipité formé, enfin autant de lessive de soude qu'on a ajouté d'ammoniaque, on obtient un précipité brun rouge d'iodure de mercure-ammonium (G. Denigès).

La solution alcoolique récente à 1 /100 de diphénylcarbazide symétrique ajoutée aux solutions neutralisées des sels mercuriques ou mercureux donne une coloration bleue pensée, soluble dans la benzine, le chloroforme, ou le sulfure de carbone.

L'acide hypophosphoreux, l'aldéhyde formique en présence de la soude, sont des réducteurs des sels de mercure.

L'hydrosulfite sodico-zincique dans les solutions neutres ou ammoniacales donne un trouble gris (A. Labat).

L'or, le platine, le cuivre, le zinc, le fer précipitent le mercure de ses dissolutions.

MANGANÈSE

On a signalé des accidents chez les ouvriers occupés dans les fabriques où sont manipulés les oxydes manganésifères. En 1837, Couper observa chez 5 broyeurs d'oxyde de manganèse une série de phénomènes nerveux tels que faiblesse musculaire, paraplégie, et tremblement des membres, tendance à l'inclinaison en avant pendant la marche, parole chuchotée, salivation, etc. De nouvelles observations ont été publiées en 1901 par H. Embden. D'après cet auteur les accidents débutent ordinairement par un œdème et une faiblesse de muscles inférieurs, auxquels s'ajoutent, après quelque temps, des troubles nerveux variés, des troubles de la parole et de la phonation. L'état général semble à première vue satisfaisant ; mais les malades sont incapables d'exécuter des travaux pénibles. Il y a de la parésie dans plusieurs groupes musculaires, mais sans atrophie ni réaction de dégénérescence. Le tonus des muscles est augmenté, et comme ce phénomène existe aussi au niveau des muscles de la face, celle-ci est immobile et a l'aspect d'un masque. Les malades sont incapables de siffler. La démarche est lourde, incertaine, et ces troubles sont particulièrement accentués quand les malades sont obligés de monter ou de descendre un escalier.

Les réflexes tendineux sont légèrement exagérés ; pas d'ataxie des membres inférieurs : il y a des troubles de la coordination des membres supérieurs, à l'occasion de certains mouvements compliqués : écrire, frotter une allumette.

La voix est faible, et l'articulation des paroles a un caractère bulbaire allant jusqu'au bégaiement. La physiologie de l'œil est normale : la sensibilité générale est intacte ; quelquefois on observe le rire involontaire.

Von Jaksch (de Prague) aurait fait des constatations identiques. Comme cause à ces accidents, on a assigné l'inhalation des poussières d'oxyde de manganèse, tandis que l'ingestion de ces mêmes poussières ne produirait rien de semblable. Les expériences sur les animaux n'ont rien donné de positif.

Comme prophylaxie, on indique la sélection des ouvriers, les conseils de propreté des mains et du visage et la ventilation des ateliers.

En chimie analytique, la séparation du manganèse et du fer est une opération des plus délicates : il est opportun d'ajouter dans les solutions un excès convenable de NH^4Cl, de chauffer à l'ébullition pour chasser l'air, de précipiter par addition d'ammoniaque ajoutée en faible excès, et de filtrer ensuite : le manganèse restera dans la dissolution.

Pour retrouver des traces de manganèse, on s'adressera à la réaction de Volhard, qui consiste à traiter la solution du métal par du bioxyde de plomb et de l'acide azotique concentré ; on fait bouillir et on dilue le mélange avec de l'eau distillée ; la liqueur qui surnage le bioxyde de plomb apparaît rouge violacé, dans le cas de présence du manganèse.

De même la substance manganésifère fondue à l'air avec un alcali ou un carbonate alcalin, ou mieux en présence de substances qui cèdent leur oxygène (NO^3K,$KClO^3$) fournit une masse fondue verte.

NICKEL

Le nickel de provenance européenne renferme souvent de l'arsenic et d'autres métaux. Le nickel de la Nouvelle-Calédonie est le plus pur.

Orfila le premier a signalé la toxicité du nickel. A ce sujet les opinions sont partagées. Riche et Laborde (1888), à la suite d'expériences effectuées sur des animaux, ont conclu que cé métal n'était pas nocif, sauf cependant si on vient à l'injecter par la voie hypodermique. Dans ce dernier cas on observe des convulsions et des raideurs tétaniformes, des vomissements et de la diarrhée, des lésions viscérales, une altération du sang ; ces auteurs ont noté également un collapsus paralytique consécutif, et une période asphyxique terminale. M. Riche a conclu que l'intoxication mortelle par les sels de nickel est irréalisable dans la pratique, et que le nickel peut et doit être considéré comme dépourvu de tout danger pour la santé. Il pourrait être employé, d'après cet auteur, pour l'outillage pharmaceutique et alimentaire.

Dans l'industrie, on se sert d'instruments formés d'un alliage nickel-étain qui ne donnerait lieu à aucun accident. On a aussi proposé des bronzes de nickel pour les ustensiles de cuisine. Mais il n'a jamais été fait, à notre connaissance, d'expériences précises avec des bronzes renfermant de faibles quantités de cuivre.

Quant au bronze de nickel formé de 75 p. 100 de cuivre et de 25 p. 100 de nickel, qui, une fois poli, a l'aspect de ce dernier métal,

M. L. Garnier a fait (1890) des restrictions au sujet de son emploi pour le même usage ; chaque fois que l'aliment est acide (acide oxalique des oignons, acide lactique du pain, de la choucroute, etc.), il contracte une saveur désagréable par la cuisson et le séjour des aliments. Les conclusions de M. L. Garnier sont que le bronze de nickel, s'il ne possède pas de propriétés vénéneuses actives, n'en est pas moins dangereux à cause des précautions multiples que nécessiterait son emploi dans l'économie domestique, sans préjudice d'ailleurs des troubles que causerait l'usage prolongé des aliments préparés à son contact.

Nous connaissons un ménage qui a éprouvé des accidents gastro-intestinaux à la suite d'ingestion d'aliments cuits dans de la vaisselle de nickel. Il est vrai que la composition de celle-ci n'a pas été recherchée.

Les recherches de Lehmann (1910), qui a injecté à des chiens et à des chats des sels de nickel, ne sont nullement démonstratives ; du fait que ces animaux n'ont pas souffert, il ne s'ensuit pas que l'homme n'ait rien à redouter de l'absorption de ce métal.

Le nickel monétaire serait moins attaquable que le bronze monétaire actuel.

Pour la précipitation du nickel de ses solutions salines, il faut se rappeler qu'elle est la plus complète en solution acétique, comme pour le zinc ; encore ne faut-il pas qu'il y ait un trop grand excès de cet acide.

Caractères des sels de nickel. — Dans les solutions des sels de nickel :

L'hydrogène sulfuré précipite du sulfure de nickel, noir, NiS dans les solutions neutres ou celles renfermant de l'acétate de sodium ; la précipitation est totale à chaud ; ce sulfure est un peu soluble dans un excès de sulfure d'ammonium.

Les alcalis, potasse et soude, donnent un précipité vert de $Ni(OH)^2$, insoluble dans un excès, et qui ne se forme pas en présence de l'acide tartrique.

L'ammoniaque fournit un même précipité vert dans les solutions neutres et privées de sel ammoniac, se dissolvant dans un excès en donnant un liquide bleu violet, reprécipité en vert par un excès de potasse.

Le cyanure de potassium provoque un précipité blanc verdâtre de $NiCy^2$, soluble dans un excès : de cette solution les acides précipitent le cyanure. Si l'on ajoute à cette même solution de la lessive de soude et suffisamment d'eau de brome, le nickel est précipité à l'ébullition à l'état d'hydroxyde noir $Ni(OH)^3$ (distinction d'avec le cobalt).

URANIUM

Les combinaisons de l'uranium sont très vénéneuses. Cependant l'industrie et l'emploi de l'uranium n'ont donné lieu jusque là à aucune intoxication. L'azotate d'uranium, jaune doré, $UO^2(NO^3)^2$ a été utilisé en thérapeutique dans le diabète sucré.

La toxicologie de l'uranium a été ébauchée par Woroschilsky et Cartier (Thèse de Paris, 1891).

Woroschilsky a utilisé pour l'action de l'uranium une solution tartrique d'oxyde d'urane, neutralisée par de la lessive de soude (10 d'oxyde d'urane + 300 centimètres cubes à 4 p. 100 d'acide tartrique, et ensuite neutralisation).

De l'azotate d'uranium que l'on a fait ingérer à un chien à la dose de 0gr,070 de UO^3 par kilogramme a provoqué sa mort, à peu près au bout de 10 jours. Après une forte dose il survient presque aussitôt des vomissements ; il y a d'abord polyurie pendant 2 jours, et peu à peu il y a de l'oligurie ; aux environs de la mort, on constate même de l'anurie. Après 2 jours, l'urine renferme du sucre qui subsiste jusqu'à la fin. A partir du 4e jour, il y a de l'albumine dans l'urine, qui n'en contient plus ensuite que des traces ; puis l'albuminurie se montre encore pour ne plus rester qu'à l'état de trace aux approches de la mort. A partir du 3e jour, survient une soif excessive qui disparaît vers la fin. Dans les 3 derniers jours du cours de la maladie, il y a de l'indolence, de l'apathie, de l'incoordination des mouvements ; la respiration devient pénible, bruyante, il y a des convulsions qui précèdent la mort. L'autopsie montre des troubles sérieux dans l'intestin : inflammation, ecchymoses, extravasion sanguine, dilatation, ulcération ; ecchymoses également dans le péricarde, l'endocarde, le muscle cardiaque ; dans les reins il y a une néphrite parenchymateuse, et on constate de la congestion et de la dégénérescence graisseuse du foie.

Avec des doses non mortelles de sels d'uranium, on remarque, après quelques jours, de la polyurie, de l'albuminurie, de la glycosurie (0gr,5 à 1 gramme de sucre p. 100), symptômes qui peuvent se prolonger au delà d'une semaine. Les animaux, enlevés à l'influence des sels d'uranium, se remettent complètement de ces accidents.

A la suite d'injections hypodermiques d'azotate d'uranium, il y a pareillement des manifestations tardives (après 5 à 6 jours). L'urine n'augmente pas dans ce cas ; elle renferme beaucoup d'albumine et seulement des traces de sucre : il suffit de 0gr,017 à 0gr,022 de UrO^3

par kilogramme de chien pour provoquer la mort. En présence du sel double de tartrate d'uranium et de sodium, les animaux se montrent plus résistants, et il en faut une bien plus grande quantité que de nitrate.

Pour ce qui est de la localisation de l'uranium, on en retrouve des traces dans la bile. Chittenden en a retrouvé dans l'urine (après absorption gastrique).

Les sels d'uranium sont remarquables par leur propriété très accentuée de précipiter l'albumine. Ils retardent encore l'action des ferments digestifs ou les entravent (Chittenden). Le poids du corps diminue jusqu'à 20 p. 100 au moment de la mort dans cet empoisonnement.

D'après Likudi, les sels d'uranium sont d'excellents agents de désinfection, ayant beaucoup de ressemblance avec les sels d'argent. Les sels d'uranium entraveraient l'absorption de l'oxygène, d'où diminution des échanges.

Dans cet empoisonnement, l'urée de l'urine augmenterait d'abord, pour diminuer au bout de 24 heures ; de même les phosphates seraient augmentés (Cartier).

Beckurts accorde un degré de toxicité élevé aux sels d'uranium.

Toutefois la toxicité des sels d'uranium appelle de nouvelles recherches.

Caractères des sels d'uranium. — Dans les solutions des sels d'uranium généralement jaunes :

Le sulfure d'ammonium donne un précipité brun foncé, légèrement jaunâtre de U^2O^2S, soluble dans les carbonates alcalins en excès.

La potasse et la soude fournissent un précipité jaune $UO^2(OH)^2$, insoluble dans un excès, soluble dans les carbonates alcalins.

Le phosphate disodique provoque un précipité jaune, floconneux, soluble dans les acides minéraux, insoluble dans l'acide acétique.

Le ferrocyanure de potassium donne un précipité brun rouge, soluble dans les acides minéraux, ou simplement une coloration.

Les perles de borax et de sel de phosphore sont colorées par les sels d'uranium en jaune dans FO et en vert dans FR.

ALUMINIUM

Ce métal, découvert par Sainte-Claire Deville, a été l'objet d'essais et d'études nombreuses dans ces dernières années. Jusqu'à l'emploi assez récent des vases culinaires en aluminium, il n'était pour ainsi dire pas question de la toxicité de ce métal et de ses sels. On a paru s'en inquiéter à ce moment, et des auteurs, Ditte, Balland, A. Gautier, Matignon, Minet, en particulier, ont étudié les propriétés de l'aluminium et de quelques-uns de ces alliages. Des industriels, comme M. Thiébaut, se sont appliqués à l'introduire dans le commerce, comme succédané de métaux plus lourds que lui, et à faire des ustensiles culinaires pouvant être utilisés par la troupe.

L'aluminium industriel renferme du fer, du silicium, du carbone, principalement comme impuretés.

Les ustensiles en aluminium en usage dans l'armée sont au titre de 99 à 99,5 p. 100 de métal pur, les impuretés étant constituées surtout par du cuivre ; on fait aussi des alliages à 2 et 3 p. 100 de cuivre.

L'aluminium est attaqué difficilement par les acides sulfurique et nitrique. Il y a dissolution du métal en présence du chlorure de sodium, des sels acides et des carbonates alcalins.

Le cognac se décolore dans les bidons d'aluminium (tannate d'aluminium).

Le vin attaque le métal.

L'eau laisse déposer des sels.

Les eaux ferrugineuses bouillies y forment un dépôt noir, mais surtout les eaux séléniteuses.

M. Ditte (1898) a étudié la résistance de l'aluminium aux acides et aux alcalis. Grâce à la facilité extrême avec laquelle il se recouvre de couches protectrices gazeuses ou solides, il n'y a entre lui et les liquides dans lesquels on le plonge qu'un contact extrêmement imparfait, si bien que dans les conditions habituelles ceux-ci ne réagissent qu'avec une lenteur excessive et ne paraissent pas avoir d'action. Cependant la dissolution de l'aluminium est très manifeste, toutes les fois que ce métal se trouve en présence d'une liqueur renfermant NaCl ou un sel analogue, en même temps qu'un acide libre ou un sel acide : l'alumine ne reste d'ailleurs pas insoluble ; elle se change dans les liquides organiques en acétate, et la dissolution du métal ne peut pas être considérée comme négligeable dans certaines liqueurs froides et surtout chaudes. Ainsi une solution aqueuse renfermant 5 p. 100 d'acide acétique et autant de sel marin ou d'un autre sel haloïde analogue dissout activement l'aluminium dès 50° avec dégagement d'hydrogène ; et il en est de même si l'on remplace l'acide acétique libre par un sel acide : crème de tartre, sel d'oseille, etc. Il n'y a cependant pas d'accidents toxiques à redouter, car les sels d'alumine n'ont pas d'influence appréciable sur l'économie ; mais l'usure des vases d'aluminium peut devenir très rapide quand ils contiennent à la fois des liquides acides et salés. Elle se manifeste tout particulièrement avec les carbonates alcalins très employés pour le nettoyage des ustensiles de cuisine qui ont contenu des matières grasses : une solution à 1/100 de carbonate de soude attaque ces vases lentement à froid, plus vivement vers 50° et plus rapidement encore à l'ébullition ; l'attaque est plus intense avec des solutions plus concentrées de carbonate. Dans l'application de l'aluminium à la fabrication des vases culinaires ou d'objets destinés au campement de nos soldats, il y a lieu de se préoccuper des altérations que ce métal est susceptible d'éprouver.

L'attaque de l'aluminium est encore facilitée par la présence du cuivre.

L'aluminium a été fabriqué principalement dans le Palatinat, en Suisse et en France à Froges (Isère). Les essais faits dans l'armée, et qui ont motivé un rapport de Moissan en 1896, n'ont pas été concluants. Les fabricants devaient utiliser de l'aluminium pur. Il y avait des avantages indéniables dans l'emploi de ce métal : légèreté, pas de soudure, pas de mauvais goût des liquides renfermés dans les vases en aluminium, pas de toxicité. Différents modèles d'ustensiles culinaires ont été proposés : on a fait la casserole emboutie la plus commode ; elle est constituée par une feuille de tôle de fer placée entre deux feuilles d'aluminium. On a essayé la fonte d'aluminium qui est d'un prix très élevé. Quoi qu'il en soit l'aluminium reste un métal de luxe, de fabrication réduite. Les maisons françaises qui ont essayé de le faire adopter n'ont pas vu leurs essais suffisamment encouragés.

Nous avons essayé nous-même pendant plusieurs mois des ustensiles culinaires en aluminium renfermant 2 p. 100 de cuivre destiné à donner de la résistance ; ils peuvent être impunément chauffés au gaz ou au charbon ; mais il se produit très rapidement dans le métal un picté régulier dans la partie en contact avec les aliments : ces minuscules cavités, très prononcées en certains endroits, s'élargissent par le simple lavage à l'eau par suite de l'attaque du métal, surtout lorsqu'il est mal essuyé ; elles renferment de la matière alimentaire qu'il devient impossible d'enlever, et le récipient prend à la longue une teinte sale ; si on vient à le laver au sable il s'use rapidement ; il en est de même avec l'emploi des cristaux de soude.

Au point de vue culinaire, on doit considérer que l'aluminium seul ou allié à quelques centièmes de cuivre est absolument inoffensif.

Balland (1892) a surtout essayé l'utilisation de ce métal dans la conservation des aliments ou des liquides : l'eau, le vin, la bière, le cidre, le café, l'huile, le beurre, la graisse ont moins d'action sur lui que sur les métaux ordinaires, comme le fer, le cuivre, le plomb, le zinc, l'étain.

La feuille d'aluminium tend à remplacer celle d'étain pour envelopper certaines denrées alimentaires.

Ce que nous venons de dire du métal lui-même suffit à nous faire comprendre que l'ingestion des sels d'aluminium ne peut guère entraîner d'accidents fâcheux. Dans l'industrie où l'on prépare en grande quantité le sulfate, l'alun, l'acétate, on n'a jamais signalé d'empoisonnements. D'ailleurs leur solution présente une saveur astringente, et elle est suivie d'effets vomitifs.

Avec les matières albuminoïdes, les sels d'aluminium forment des composés insolubles dans l'eau, mais solubles dans un excès d'albumine ou de sels d'aluminium.

L'alun est très employé, en Chine surtout, pour la précipitation des matières terreuses de l'eau. L'usage prolongé de faibles doses d'alun pourrait amener un catarrhe chronique de l'intestin ; aussi doit-on proscrire l'alun dans le vin, dans le but d'aviver sa couleur et de lui donner de l'astringence, et de même dans la panification des farines avariées pour obtenir un pain de belle apparence.

Antidote. — La magnésie est le contrepoison des sels d'aluminium : elle met l'alumine en liberté.

Recherche de l'aluminium. — Pour sa recherche dans les matières organiques, on pourra utiliser les différents procédés de destruction de la matière organique. Avec l'incinération, il ne doit pas y avoir de chlorure de sodium en excès, parce qu'il se produirait du chlorure d'aluminium volatil. La mise en liberté du métal dans la liqueur résiduelle provenant de la destruction organique serait obtenue par la méthode analytique générale.

Recherche de l'alun dans le pain et dans les farines. — M. Cloes utilise la propriété que possède l'alun de communiquer une coloration bleue ou bleue violacée à la solution alcoolique de campêche, pour déceler et même doser colorimétriquement, et d'une manière approximative, l'alun ajouté dans des farines.

M. Ch. Wavelet a reconnu que ce procédé permettait de reconnaître 1 /4.000 d'alun dans la farine et dans le pain.

Dans ce but on prépare : 1° une teinture de campêche obtenue par macération à froid, pendant une heure, dans 50 centimètres cubes d'alcool, de 3 grammes de bois de campêche découpé en menus fragments ; on filtre et on conserve à l'abri de l'air. Cette solution doit toujours être préparée au moment de l'essai ; 2° une solution saturée de sel marin.

Pour l'essai on prend 2 grammes de la farine à essayer que l'on introduit dans un tube à essai de 35 centimètres cubes environ avec 3 centimètres cubes d'eau ; on mélange, puis on ajoute 1 centimètre cube de la teinture de campêche ; on agite et on remplit ce tube avec la solution de sel marin. On laisse en repos une demi-heure : la réaction est alors complète. En comparant la teinte bleue violacée des liquides avec des échantillons de farines alunées à des doses connues et traitées dans les mêmes conditions, il est possible de déterminer approximativement et rapidement la teneur de la farine en alun.

M. Lenz (1912) a modifié ce procédé et a recommandé de mélanger 2 grammes de farine avec 3 centimètres cubes d'eau et 1 centimètre cube d'une solution d'hématoxyline à 1 p. 100 dans l'alcool à 50°, on agite avec 10 centimètres cubes d'une solution saturée de chlorure de sodium. La comparaison se fait comme plus haut avec des échantillons de farines alunées et à des doses connues.

Les cendres obtenues par l'incinération de la farine peuvent être traitées par l'acide nitrique étendu ; on filtre et on additionne le filtratum d'ammoniaque. Le précipité obtenu, humecté avec quelques gouttes de solution de chlorure de cobalt, est fondu dans du platine : s'il y a de l'alun, il se fait un verre bleu.

Réaction des sels d'aluminium. — Dans les dissolutions des sels d'aluminium :

L'ammoniaque donne un précipité gélatineux de $Al(OH)^3$, insoluble dans les sels d'ammonium.

La potasse et la soude fournissent des précipités gélatineux de $Al(OH)^3$, solubles dans un excès et qui ne reprécipitent pas par ébullition des solutions alcalines (différence avec Cr). Les aluminates alcalins sont précipités par NH^4Cl.

L'hydrate d'alumine $Al(OH)^3$ se dissout dans les tartrates neutres alcalins ; aussi les réactifs précédents ne donnent aucun précipité en présence d'acide tartrique.

Le sulfure d'ammonium fournit un précipité de $Al(OH)^3$; il en est de même des carbonates alcalins et du carbonate de baryum.

Les acétates alcalins ne provoquent aucun précipité dans les solutions neutres ; par contre, en faisant bouillir la solution, il se sépare un précipité volumineux d'acétate d'aluminium basique. Par refroidissement l'acétate se redissout.

Le phosphate disodique donne un précipité gélatineux de $AlPO^4$, soluble dans les acides minéraux et les lessives alcalines, insoluble dans l'acide acétique.

L'hyposulfite de sodium précipite complètement à l'ébullition les solutions des sels d'aluminium en fournissant $Al(OH)^3$.

Pour rechercher l'aluminium en présence de nombreux composés organiques, comme l'acide tartrique, non volatil, on devra détruire la substance par incinération en présence de carbonate et d'azotate de sodium : on obtiendra de l'aluminate alcalin, que l'addition d'acide nitrique transformera en azotate d'aluminium $(NO^3)^3Al$; dans la solution on pourra effectuer la réaction ci-dessus.

En calcinant les sels d'aluminium sur le charbon avec de l'azotate de cobalt, on obtient une fritte bleue (bleu Thénard).

ZINC

Ce métal ne peut pas être considéré comme toxique ; cependant la respiration des vapeurs provenant du zinc en fusion n'est pas inoffensive. Les ustensiles en zinc d'un emploi courant laissent quelquefois dissoudre du métal dans les liquides qu'ils contiennent.

Les sels de zinc très solubles (chlorure, sulfate, acétate) produisent une action inflammatoire, comme tous les sels solubles des métaux. Leur action paraît être en raison même de leur solubilité. Riche admet très bien que les sels solubles de zinc peuvent donner lieu à des accidents ; mais leur saveur est désagréable et ils sont émétiques.

Il faut aussi prendre en considération l'action toute spéciale du zinc dans les cas suivants : c'est quand un sel de zinc est employé en injections intra-veineuses ou en injections cutanées. D'après les expériences faites sur des animaux, on obtient en général les mêmes symptômes qu'avec le cuivre. Il y a de la faiblesse dans les mouvements (le tremblement est plus rare), puis impuissance à se tenir debout, faiblesse du cœur et de la respiration, parfois des crampes. A la suite de l'injection sous-cutanée, les chiens ont des nausées, de la salivation et des vomissements ; puis vient la paralysie et enfin la mort.

On a relaté un assez grand nombre de cas où, à la suite de confusions, du chlorure de zinc en solution concentrée a été ingéré et a provoqué de très graves accidents; les suites de ces méprises se sont produites très rapidement : douleur, gonflement de la bouche, de la langue, du gosier, vomissements énergiques, collapsus (mains et pieds refroidis), sueurs froides, pouls très petit : la mort arrive en 6 à 12 heures.

En 1901 eut lieu à Paris, dans un hôpital, une erreur regrettable qui coûta la vie à un malade : un lavement à l'acide borique fut remplacé par une solution concentrée de chlorure de zinc.

Si les symptômes toxiques se prolongent, on note le plus souvent de la diarrhée chol ériforme. La moitié de ces cas se termine par la mort. L'amélioration peut se produire au bout d'une journée, et la convalescence est très rapide ; mais il peut arriver aussi que le mieux soit suivi d'une rechute après quelques semaines.

Lescœur et Vermesch ont relaté (1901) des cas d'empoisonnements par l'usage d'ustensiles culinaires émaillés, l'émail renfermant des sels de zinc.

L'autopsie montre, dans les cas d'ingestion, une ulcération profonde de l'estomac, une soudure de l'estomac avec les organes voisins, de la sténose du pylore avec des cicatrices, et une altération de l'intestin.

Dans les cas de survie, l'estomac demeure longtemps fatigué ; de même l'emploi thérapeutique du sulfate et de l'acétate de zinc comme émétiques n'est pas sans présenter quelques inconvénients de ce côté.

Le zinc n'occasionne pas d'intoxication professionnelle, de « zincisme », et si le travail de ce métal ne doit pas être innocenté complètement, s'il entraîne parfois une certaine insalubrité, c'est que celle-ci est due aux circonstances même du travail ou aux impuretés toxiques (plomb, arsenic, etc.) renfermées dans le métal. On devra donc évacuer la poussière de l'atelier qui sera tenu en parfait état de propreté ; les ouvriers seront munis de vêtements de travail, ils prendront leurs repas en dehors de l'atelier.

Antidotes. — Dans un cas d'empoisonnement à la suite d'absorption d'un sel de zinc, donner de l'albumine à haute dose, car l'albuminate zincique est insoluble dans un excès d'albumine ; il se dissout au contraire dans un excès de sel de zinc. Les carbonates alcalins ou la magnésie, les purgatifs légers, le lavage de l'estomac rendent de très grands services.

Localisation. — Le zinc paraît se localiser dans le foie. Quinze jours après la cessation d'un traitement au valérianate de zinc, Ritter en trouva dans l'urine. Quelques auteurs admettent dans l'économie la présence de zinc « normal », ainsi que cela a lieu dans le règne végétal (viola calaminaria, etc.).

Dans la recherche toxicologique du zinc, la précipitation se fera en milieu acétique. Le sulfure blanc sera lavé à l'eau chargée d'hydrogène sulfuré ; on le dissoudra dans l'acide sulfurique ; on évaporera au bain de sable l'excès d'acide jusqu'à cessation de fumées blanches. Le résidu sera repris par l'eau distillée et le zinc sera caractérisé dans la solution par ses réactions.

Caractères des sels de zinc. — Dans les solutions des sels de zinc :

La potasse et la soude donnent un précipité blanc, gélatineux, $Zn(OH)^2$, soluble dans un excès.

L'ammoniaque, dans les solutions neutres, donne le même précipité soluble dans un excès, moins soluble dans les sels ammoniacaux, avec lesquels il forme un complexe de zinc-ammonium.

Les carbonates alcalins fournissent un carbonate basique blanc, de composition variable, insoluble dans un excès.

Le carbonate d'ammonium est sans action à froid; mais à l'ébullition tout le zinc est précipité à l'état de carbonate basique.

Le phosphate disodique précipite du phosphate trizincique, gélatineux, soluble dans les acides et l'ammoniaque.

L'hydrogène sulfuré précipite incomplètement à l'état de sulfure blanc le zinc de ses dissolutions neutres d'acides minéraux. La précipitation est d'autant plus complète que la solution est plus étendue ; mais si l'on additionne une solution d'un sel de zinc à acide minéral par un acétate alcalin, et si l'on y fait passer H^2S, tout le zinc est précipité à l'état de sulfure.

Le sulfure d'ammonium dans les solutions neutres ou alcalines précipite tout le zinc à l'état de sulfure blanc. Le sulfure traverse facilement le filtre ; on évite cet inconvénient en opérant la précipitation à chaud en présence d'une grande quantité de sel ammoniacal.

Le ferrocyanure de potassium précipite du ferrocyanure de zinc blanc, insoluble dans les acides étendus.

Le ferricyanure de potassium donne un précipité jaune rougeâtre, sale, soluble dans HCl et NH^3.

Les sels de zinc, chauffés avec l'azotate de cobalt à FO sur le charbon fournissent une fritte verte (vert de Rinmann).

Chauffés sur le charbon avec Na^2CO^3, ils donnent un enduit d'oxyde jaune à chaud, blanc à froid.

CHROME

Toutes les combinaisons solubles dont fait partie le chrome exercent une action vénéneuse : l'acide chromique et ses sels sont surtout intéressants au point de vue toxicologique. L'acide chromique dont les solutions, suivant leur concentration, varient du jaune orangé au rougeâtre, est un puissant caustique.

On emploie l'acide chromique comme oxydant dans la fabrication de l'alizarine. Les sels de potassium (K^2CrO^4) (jaune) et $K^2Cr^2O^7$ (rougeâtre) peuvent endommager la santé des ouvriers qui sont employés à leur production industrielle.

Le chromate jaune de plomb peu soluble, de couleur jaune, déterminerait, à côté d'un empoisonnement chronique plombique, des accidents spéciaux et typiques.

Bernstein (1910), en Belgique, signale la mort d'un homme qui avala $4^{gr},8$ de $K^2Cr^2O^7$ dans 50 centimètres cubes d'eau : le malade éprouva des douleurs du tube digestif, et mourut au bout de dix jours. Les reins étaient attaqués et les tissus avaient pris une teinte jaune.

Tous les chromates solubles exercent localement une action plus ou moins caustique qui se produit surtout avec l'acide chromique libre. L'épiderme intact absorbe peu à peu les solutions concentrées d'acide chromique : il se fait ensuite une tache brunâtre, et l'épiderme est détruit. La solution est employée comme siccative de l'épiderme, par exemple dans les transpirations de la plante du pied : c'est un remède qu'on n'emploiera qu'avec une extrême prudence. L'acide chromique attaque très énergiquement les muqueuses et les portions dénudées : il est rapidement résorbé ; on a mis à profit cette propriété en l'utilisant par exemple, en médecine, dans les carcinomes du sein et les épithéliomas du vagin, comme caustique.

Dans l'empoisonnement aigu par l'acide chromique, on observe une très violente inflammation de l'estomac et de l'intestin, de l'hyperhémie, de la dilatation; les parois sont injectées de sang ; il y a des ecchymoses, des ulcérations ; le foie, le muscle cardiaque subissent la dégénérescence graisseuse. Dans les reins surtout, les épithéliums des tubuli et des anses de Henlé sont atteints ; à la longue il se produit spécialement une forme typique d'accident dans le tissu intestinal : d'après les auteurs, l'empoisonnement chronique par l'acide chromique aboutit au racornissement du rein. La vessie est également le siège d'inflammation et d'ecchymoses, de même que l'endocarde et le péricarde (Priestley, 1877). L'urine renferme du sang et de la méthémoglobine ; ce fait est cependant très rare.

L'acide chromique s'élimine principalement par l'urine et aussi par l'intestin, où il serait amené par la bile (ce qui est douteux). Cette élimination a lieu très rapidement et l'organisme est vite débarrassé de ce poison. Viron a constaté que 60 p. 100 de ce poison s'éliminent dans les 8 premières heures; 4 jours après l'ingestion, on en retrouve seulement des traces dans l'urine et les fèces. Aug. Mayer (1877), après des injections sous-cutanées de sels de chrome, a retrouvé ce dernier dans le foie, les reins, le cœur, le sang, les mucosités de l'intestin grêle. Dans l'urine on retrouve de l'acide chromique et dans les excréments de l'oxyde de chrome. Il est très probable que dans l'intestin où se produit de l'hydrogène, il y a une réduction de tout ou partie de l'acide chromique ingéré. Cependant, après des injections sous-cutanées d'acide chromique, il est démontré que l'on retrouve de l'oxyde de chrome. La toxicité des combinaisons d'oxyde de chrome, d'après les auteurs qui s'en sont occupés, serait peu importante ; ils ont décrit comme inoffensifs habituellement : l'alun de chrome, le sulfate de chrome, l'hydrate d'oxyde de chrome (Pander). On doit cependant considérer (Kunkel) que l'oxyde de chrome est toxique, mais dans une moins grande proportion que l'acide chromique.

La pulvérisation, l'empaquetage, dans la fabrication des chromates alcalins, peuvent provoquer des accidents sérieux ; les ouvriers sont atteints d'ulcérations profondes très opiniâtres du nez avec perforation de la cloison nasale, d'ulcérations de la bouche et de l'arrière-gorge, assez semblables aux ulcérations syphilitiques dont elles ont la longue durée, des ulcérations du pénis, du rectum, des cuisses, des mains et des bras, présentant un caractère malin. Les conjonctives sont également le siège d'ulcérations. La peau est atteinte d'eczéma, à forme impétigineuse, de psoriasis, qui peuvent devenir chroniques.

Dans certaines tanneries on emploie le chrome : ceux qui manipulent cette substance peuvent avoir des eczémas. Cette maladie se déclare dès l'apprentissage, et alors il faut abandonner ce travail ; d'autres jouissent au contraire d'une immunité remarquable. Le travail au chrome est une pierre de touche qui révèle le tempérament eczémateux. Même remarque peut être faite chez les ouvriers qui travaillent dans les graisses fondues et chaudes.

M. L. Lewin (1907) conseille, pour éviter les inconvénients des sels de chrome ou des chromates, de recouvrir les mains de gants, d'une couche d'huile ou encore de collodion, et d'éviter la respiration des poussières chromées. Chaque ouvrier doit faire analyser son urine au moins une fois par semaine.

Empoisonnement aigu. — Les chromates alcalins ingérés peuvent déterminer un empoisonnement aigu : il y a un profond collapsus, et des symptômes nerveux qui en quelques heures peuvent se terminer par la mort, des nausées, des vomissements jaunâtres, quelquefois teintés de sang : il se produit de la diarrhée et même des selles sanguines ; surtout, ce qui est à noter, une *soif extrême*, une déchéance profonde, des sueurs froides profuses, des tranchées ; le pouls est petit, misérable, plus accéléré, comme dans le cas de choléra. Bientôt se produisent aussi des douleurs rénales ; dans l'urine on rencontre de l'albumine, des cylindres, des hématies, du sang. Peu à peu l'intoxiqué devient d'une apathie extrême, sans connaissance, la température baisse, la respiration devient très irrégulière et de temps en temps avant la mort on observe encore des crampes. Quand la mort doit s'ensuivre, elle a lieu au bout de 24 heures et on observe de l'ictère, signe de la dégénérescence graisseuse du foie. L'ictère se produit encore fréquemment dans les cas d'intoxication subaiguë. Au sujet de la proportion de chromate alcalin susceptible de déterminer un empoisonnement aigu, on s'accorde à admettre que quelques décigrammes, même $0^{gr},2$ sont susceptibles, selon les circonstances, de mettre la vie en danger.

Le *chromate de plomb*, que l'on emploie fréquemment comme couleur à la gouache, doit être l'objet d'une étude spéciale : il participe évidemment de la toxicité de chacun de ses composants. On cite le cas de 2 enfants qui moururent à la suite de l'absorption de $0^{gr},02$ de chromate de plomb, l'un après le deuxième, l'autre après le cinquième jour. Un empoisonnement chronique au chromate de plomb mélangé à de la pâte se produisit en Pensylvanie (Pander) : 13 personnes en moururent ; on releva chez elles les symptômes de l'empoisonnement par le chrome et par le plomb : nausées, vomissements, convulsions violentes, pendant lesquelles se produit quelquefois la mort comme dans l'empoisonnement saturnin chronique. Dans ces cas, à côté de l'empoisonnement saturnin, le chrome étant en plus faible quantité dans la combinaison (car $0^{gr},01$ $PbCrO^4$ renferme $1^{mgr},6$ de Cr et $3^{mgr},6$ de CrO^4), on observe des symptômes complexes typiques.

M. Cazeneuve a signalé (1894) que le chromate de plomb était employé dans l'industrie lyonnaise dans la teinture des cotons. On reconnaît aisément sa présence en faisant bouillir le coton dans de l'alcool à 95° acidifié par HCl. Le liquide, d'abord jaune, vire rapidement au vert, par suite de la réduction de l'acide chromique et formation de chlorure de chrome. L'alcool est chassé par évaporation ; on reprend par l'eau bouillante. Un courant de H^2S précipite PbS soluble dans NO^3H. Cette dernière solution donne soit avec KI, soit par addition de Na^2SO^4, les précipités caractéristiques du plomb. La matière colorante jaune du coton se dissout dans la soude et précipite par l'acide acétique ; c'est encore là un des caractères du chromate de plomb. L'intoxication par le chromate de plomb employé comme colorant dans ce cas est assez fréquente, comme l'a montré M. Carry, de Lyon. D'après MM. Roque et Linossier, les phénomènes d'intoxication sont mixtes : l'acide de l'estomac décompose le chromate dont l'acide détermine une gastrite aiguë d'où des troubles digestifs, une douleur vive à l'épigastre provoquée par la pression, de l'anorexie, des vomissements ; il n'y a pas de diarrhée ; la constipation est moindre que dans l'intoxication saturnine ordinaire ; les phénomènes de chloroanémie consécutifs sont dus à l'acide chromique : déjà Orfila avait classé les chromates parmi les poisons du sang.

M. Cazeneuve propose de remplacer le jaune de chrome par des colorants artificiels très stables, et de même teinte, par les chrysamines par exemple et les chrysophénines, qui sont sans inconvénient au point de vue de l'hygiène.

Des recherches récentes d'auteurs étrangers sur la toxicité du chromate de plomb ont démontré que le liseré gingival n'existe qu'à l'état de traces ; il n'y a pas de paralysies saturnines : il existe de l'inflammation de la langue, des amygdales et du pharynx et même de la bronchite. Le chromate de plomb peut être employé pour papiers colorés quand on le mélange à des vernis et qu'on enduit la couleur d'une solution de gomme laque qui la rend imperméable à l'eau. Néanmoins on doit le proscrire pour la coloration des tissus et on ne devra pas le pulvériser dans les locaux de travail des ouvriers.

En 1895 M. Denigès a signalé une adultération du lait produite par l'addition de poudre de chromate de potassium dans le but de le conserver : il en a trouvé jusqu'à 0gr,30 par litre. D'ailleurs le Suédois Allen, pour empêcher la coagulation du lait, breveta un procédé fondé sur l'emploi du bichromate de potassium. 0gr,04 de chromate devraient suffire à la conservation d'un litre de lait. M. Denigès se sert de $AgAzO^3$ pour reconnaître cette fraude: il a indiqué de prendre : 1 centimètre cube de lait + 1 centimètre cube d'une solution N/10 de $AgNO^3$ (ou à 2 p. 100), et on agite. S'il y a chromate ou bichromate, le mélange prend une teinte variant du jaune rougeâtre et même du rouge au jaune clair selon la dose. On décèlerait ainsi 0gr,02 de chromate par litre, surtout si on compare avec du lait normal additionné de $AgNO^3$ dans les mêmes conditions. Si le lait examiné avait subi un commencement de fermentation lactique, on additionnerait d'une pincée de $CaCO^3$ pur, en poudre, ou d'un cristal d'acétate de soude, ce qui favoriserait la réaction colorée.

Pour la recherche rapide du chromate de plomb dans les papiers enveloppant les denrées alimentaires, M. Wolff (1897) conseille le procédé suivant :

On découpe un carré d'environ 5 centimètres de côté du papier suspect, et on le place, sans le plier, dans une petite capsule de porcelaine à fond plat ; on l'arrose avec de l'alcool à 90° ; lorsque le papier a été bien imprégné à l'aide d'une baguette de verre, on rejette tout l'alcool qui n'a pas été absorbé, et on ajoute quelques gouttes de NO^3H que l'on promène à la surface du papier. Au bout de quelques instants, il se dégage de l'aldéhyde que l'on reconnaît à son odeur caractéristique, et le papier se colore en vert ; cette coloration est due au sesquioxyde de chrome formé par suite de l'action de l'acide chromique sur l'alcool. On caractérise ensuite le nitrate de plomb formé.

Faire attention que le papier pourrait être coloré en jaune par du chromate de zinc peu toxique.

Quand on se trouve en présence d'un papier vert coloré par un mélange de chromate de plomb et de bleu de Prusse, ce procédé réussit également bien. Quand on a enlevé l'azotate de plomb, la couleur bleue du papier apparaît nettement. On caractérise alors le bleu de Prusse par les réactifs ordinaires : KOH et NaOH le décolorent entièrement.

Caractères des sels de chrome. — Le Cr donne des sels verts (modification qui se produit surtout à chaud) et des sels violets (modification qui a lieu surtout à froid). Il se forme de l'acide chromique, des chromates (jaunes), et des bichromates (rouges).

Dans les solutions des chromates :

H^2S et les corps réducteurs, dans les solutions acidifiées, et surtout à chaud, fournissent un sel verdâtre de sesquioxyde de chrome qui reste en solution ; il y a dépôt de S dans le cas de H^2S.

$(NH^2)^4S$ donne un précipité gris verdâtre d'hydroxyde de chrome avec dépôt de S.

Le chlorure de baryum précipite $BaCrO^4$ jaune, soluble dans les acides étendus, insoluble dans l'acide acétique.

L'azotate d'argent donne un précipité brun rouge de Ag^2CrO^4, soluble dans NH^3 et les acides ; dans les bichromates, ce réactif fournit $Ag^2Cr^2O^7$, qui par ébullition avec l'eau se dédouble en acide bichromique et chromate d'argent.

L'acétate de plomb provoque un précipité jaune de $PbCrO^4$ insoluble dans NO^3H étendu.

L'azotate mercureux donne un précipité rouge de Hg^2CrO^4, soluble dans NO^3H.

La potasse et la soude fournissent un précipité vert bleuâtre de $Cr^2(OH)^6$, soluble dans un excès en formant un liquide vert. Par l'ébullition $Cr^2(OH)^6$ se précipite de cette solution. Ce précipité de $Cr^2(OH)^6$ fondu avec un peu de $Na^2CO^3 + KNO^3$ donne une masse jaune de chromate alcalin.

L'ammoniaque donne un précipité gris bleu ou vert de $Cr^2(OH)^6$, soluble partiellement dans un excès, la liqueur prenant une teinte rougeâtre.

Les carbonates alcalins, le carbonate de baryum, les hyposulfites alcalins précipitent de l'hydrate de chrome $Cr^2 (OH)^6$.

Le phosphate disodique donne un précipité vert de phosphate chromique, $CrPO^4$, soluble à froid dans les acides.

Si l'on traite une solution froide alcaline d'un *chromate alcalin* par de l'eau oxygénée neutre, la solution se colore en *rouge*. Peu à peu cette coloration rouge disparaît.

Si l'on traite une solution aqueuse froide de $K^2Cr^2O^7$ par de l'eau oxygénée, la solution se colore en *violet ;* peu à peu cette coloration disparaît aussi.

Si l'on agite la solution rouge ou violette avec de l'éther, celui-ci restera *incolore*. Tout autrement se comportent les solutions de chromates en présence d'un excès d'acide sulfurique étendu et d'un excès d'eau oxygénée : la solution se colore en *bleu intense ;* cette couleur disparaît bientôt et fait place à une teinte *verte*.

La réaction se fait le mieux de la façon suivante : on traite 1 à 2 centimètres cubes d'eau oxygénée par un peu d'acide sulfurique étendu et environ 2 centimètres cubes d'éther. On agite fortement, et on ajoute quelques gouttes d'acide chromique ou de la solution d'un chromate. On agite rapidement à nouveau. Sensibilité : 1/10 de milligramme d'acide chromique.

Les perles de borax et de sel de phosphore sont colorées en vert émeraude par le chrome dans FO et FR.

VANADIUM

Les dérivés du vanadium jouissent de propriétés oxydantes très énergiques et à ce point de vue ils devaient attirer l'attention des thérapeutes. Mais les composés du commerce sont rarement purs ; de là la diversité dans les opinions des auteurs qui ont étudié leur action physiologique. Hélouis fut un des premiers à rappeler (1896) les propriétés oxydantes des composés vanadiés et à proposer leur emploi dans les cas d'anémie et de chlorose. MM. Hallion et Laran, appuyant les vues d'Hélouis, conseillèrent les solutions titrées d'acide vanadique, facile à obtenir à l'état pur. MM. Lyonnet, Martz et Martin ont proposé le métavanadate de sodium Na^3VO^4, corps démontré très instable, et qui ne paraît pas avoir donné en thérapeutique des résultats appréciables. Quoi qu'il en soit, d'autres auteurs, Jardim, Couto, de

Coimbra (1905) et en même temps Gouin et Andouard, expérimentant le vanadate de sodium, arrivèrent à des conclusions différentes et trouvèrent que ce sel empêchait l'assimilation.

Quoi qu'il en soit, nous pensons qu'on doit accorder plus d'attention, au sujet de la toxicologie du vanadium, à la thèse de M. Quirin (1905) dont les expériences ont été contrôlées par MM. Guérin et Meyer (de Nancy). Elles ont été exécutées sur le lapin, le chien et le cobaye avec du métavanadate de sodium de composition définie, injecté par la voie sous-cutanée. D'après M. Quirin :

Le vanadium est toxique à la dose de 5 à 12 milligrammes par kilogramme de matière vivante. Il agit surtout sur la respiration qu'il modifie profondément, ainsi que sur les mouvements cardiaques, produisant de l'hypothermie et de la diarrhée.

A l'autopsie, les organes ne présentent généralement pas de lésions appréciables ; le sang n'est pas modifié. Le vanadium ne s'accumule pas dans l'organisme.

Il est éliminé complètement au bout de 48 heures, cette élimination se faisant surtout par les reins.

La recherche toxicologique et le dosage du vanadium ne peuvent être effectués utilement que sur des liquides complètement dépourvus de toute trace de matière organique ; il s'ensuit que la méthode de destruction intégrale contribuera à obtenir un bon résultat en fournissant une liqueur teintée bleue ou verte.

L'addition à cette même liqueur d'eau oxygénée donnerait à la solution une coloration rouge, dans le cas de présence de vanadium.

Pour précipiter le vanadium de la solution qui le renferme, on ajoute du sulfate ferreux, puis on neutralise jusqu'à légère alcalinité par du carbonate de sodium : le précipité d'oxyde de fer qui se forme entraîne tout le vanadium. On doit chauffer à 80°-90°. Le précipité est recueilli sur un filtre sans plis et desséché à l'étuve : le filtre séparé du précipité est brûlé à part, et les cendres sont ajoutées à ce dernier. On ajoute à celles-ci un poids égal de mélange de carbonate de sodium et d'azotate de potassium. On porte au rouge, et on maintient la fusion ignée pendant quelque temps. Après refroidissement, on reprend le résidu alcalin par de l'eau distillée bouillante, et on filtre. La solution filtrée retient en dissolution à l'état de vanadate alcalin tout le vanadium contenu dans le liquide primitif.

Cette méthode serait applicable aux expertises toxicologiques.

M. Quirin a expérimenté que la meilleure méthode de détermination du vanadium dans un liquide était celle qui était basée sur la réaction de Barreswill et qui a été proposée par L. Maillard (1900). Elle consiste à acidifier la solution vanadique neutre par de l'acide sulfurique ;

on ajoute ensuite de l'éther chargé d'eau oxygénée ; après agitation le liquide aqueux se colore en rouge et l'éther reste incolore. En opérant avec des solutions titrées de métavanadate de sodium on obtient, avec le titrage colorimétrique, des résultats suffisamment exacts. M. Quirin propose de se servir de peroxyde de zinc pour transformer l'acide vanadique en acide pervanadique.

BARYUM

Les empoisonnements par les sels de baryum sont assez fréquents, surtout depuis l'emploi du chlorure de baryum comme insecticide en agriculture ; ils se sont aussi produits à propos de la falsification des farines par du carbonate de baryum. Ces mêmes sels ont aussi trouvé de nouveaux débouchés dans l'industrie.

En Angleterre, on utilise fréquemment le carbonate de baryum pour détruire les rats et les animaux nuisibles.

Le sulfure de baryum est employé comme dépilatoire.

Le sulfate de baryum employé dans le glaçage des papiers et du carton n'est pas toxique à cause de son insolubilité. On le substitue aux sels de bismuth en radiographie : Guérin (1913) a décrit l'essai de ce sel quand il doit être utilisé dans ce cas.

Lisfranc avait employé le chlorure de baryum comme cardiotonique dans tous les cas où la digitale est indiquée. Schedel a repris en 1903 cette médication ; il a constaté sur lui-même que 0gr,02 de chlorure de baryum, pris deux fois par jour, augmentent la pression artérielle et régularisent le pouls, sans produire d'effets fâcheux ; il en va de même d'une dose de 0gr,10 prise en deux fois. Il a appliqué ensuite cette médication à 13 malades d'hôpital affectés de lésions cardiaques diverses et il a obtenu d'excellents résultats. Le chlorure de baruym a encore été utilisé dans le traitement de la scrofulose, de la tuberculose et du rhumatisme déformant.

L'hypophosphite de baryum a été préconisé dans la phtisie.

L'injection sous-cutanée d'une solution de chlorure de baryum, à raison de 0gr,01 de sel par kilogramme d'animal, amène la mort des chiens dans les 24 heures qui suivent l'injection ; les phénomènes d'intoxication se traduisent par des vomissements, de la diarrhée, de l'albuminurie; des convulsions et des contractions précèdent la période terminale.

On a signalé un cas de mort survenue à la suite d'ingestion de sulfovinate de baryum administré par erreur comme purgatif.

En 1910, dans un département voisin, nous avons eu connaissance d'un décès survenu après ingestion de chlorure de baryum acheté chez un épicier de campagne pour du sulfate de magnésium.

En 1911, on a signalé à Prague l'empoisonnement de deux femmes qui avaient succombé, après avoir absorbé, dans un but radiographique, du sulfure de baryum au lieu de sulfate. Des cas semblables se sont produits à Stuttgart en 1912.

L. Hugounenq a rapporté (1914) les cas d'intoxication survenus parmi les membres d'une famille du département de l'Isère à la suite de consommation de gaufres préparés avec de la farine renfermant du carbonate de baryum. Quelques jours après le cas signalé ci-dessus, dans une localité voisine, à la suite de la consommation de pain, une vingtaine de personnes éprouvèrent des accidents ; fourmillement, asthénie, faiblesse des jambes, nausées, crampes d'estomac, coliques, diarrhées. Le pain contenait de 2gr,02 à 7gr,48 de CO^3Ba pour 100 grammes de pain très sec. Quant à la farine, elle renfermait jusqu'à 20gr,82 de CO^3Ba p. 100.

Hugounenq rappelle à cette occasion qu'Orfila a publié des observations d'empoisonnement par CO^3Ba, que Seidel a fait connaître un cas de suicide par ce composé, que Reincke a rapporté (1878) le cas d'un empoisonnement familial multiple avec terminaison mortelle pour une des victimes, à la suite de l'ingestion d'une pâtisserie préparée avec de la farine barytée. La farine renfermait 10 p. 100 de $BaCO^3$.

La dose toxique de chlorure de baryum n'est pas définie. Elle peut être évaluée à 2 ou 4 grammes. Le carbonate de baryum ou withérite peut se dissoudre dans les liquides digestifs et devenir toxiques. Parker a signalé que 4 grammes de carbonate de baryum avaient empoisonné une femme et un enfant.

Symptômes divers. — Chez l'homme comme chez les animaux, il y a toujours des vomissements ; en quelques minutes se montrent les premiers accidents : brûlure dans la bouche et au creux de l'estomac, chaleur à la peau, nausées pénibles, vomissements et selles diarrhéiques. Faiblesse générale. Pouls accéléré dans quelques cas, normal dans d'autres, respiration dyspnéique. Il y a un catarrhe vésical très violent. L'intelligence n'est pas atteinte. La durée de l'empoisonnement varie de 1 à 12 heures. Il peut y avoir de l'albuminurie et de l'hémoglobinurie.

Antidotes. — On devra opérer le lavage de l'estomac au moyen du tube Faucher, et employer de l'eau tenant en dissolution des sulfates solubles (sodium, magnésium), de façon à favoriser un précipité de sulfate de baryum. En même temps on a préconisé une injection d'atropine, et aussi une injection intraveineuse de sulfate de sodium (Kunkel). Le reste de la médication est symptomatique.

Lésions. — L'autopsie montre de l'hyperémie et des ecchymoses dans l'estomac, l'intestin grêle et le gros intestin ; il peut y avoir épanchement sanguin dans les poumons ; reins hyperémiés dans leur substance. Foie augmenté, friable et graisseux. Ogier a constaté dans un cas un véritable boursouflement de la muqueuse stomacale.

Recherche du baryum. — D'après Linossier, après ingestion des sels solubles de baryum, on ne retrouve que des traces de baryum dans les muscles, les poumons et le cœur. Le foie, le cerveau, les reins et la moelle en renfermeraient davantage ; le tissu osseux aurait la plus grande affinité pour le baryum.

Ch. Blarez et nous-même n'avons pas trouvé (1910) ce toxique dans les viscères d'un individu empoisonné par mégarde par du chlorure de baryum.

En 1912, MM. Aloy et Saloz, dans deux cas semblables, n'ont pu déceler que de très faibles quantités de baryum dans le tube digestif, bien que la mort fût survenue dans les deux cas en quelques heures. Dans la vessie, les reins et le foie, les proportions trouvées ont varié de $0^{gr},018$ à $0^{gr},04$ de SO^4Ba pour 100 grammes de substance. La présence de ces faibles doses leur a permis de conclure à l'empoisonnement, car ils ont vérifié sur des cadavres d'enfants que le baryum n'existe pas à l'état normal dans les viscères.

A la suite d'un cas d'empoisonnement causé par l'absorption de 20 grammes environ de chlorure de baryum, J. Ogier a retrouvé également dans les viscères de la victime de très faibles proportions de baryum. Cet auteur fait suivre ces résultats d'observations fort judicieuses : il fait remarquer l'énorme disproportion qui existe entre la dose retrouvée et la dose réellement ingérée et aussi les difficultés qui se rencontrent dans la recherche spéciale du baryum ; le poison peut même passer inaperçu, «si l'attention n'est pas éveillée par l'analyse des produits saisis, indiquant la probabilité d'une intoxication barytique ».

Le sel de baryum ingéré peut être totalement ou partiellement transformé en sulfate, par réaction avec les sulfates solubles qui existent dans l'économie ou dans le contenu stomacal. Les vomissements énergiques qui se produisent éliminent la plus grande partie du toxique.

Dans une recherche générale, les différents procédés de destruction de la matière organique auront pour effet de transformer le baryum en sulfate, surtout si l'on emploie la méthode nitro-sulfurique. Le procédé de destruction au chlorate ne doit pas être suivi.

La calcination peut donner de bons résultats.

On peut essayer de chercher dans les viscères les sels de baryum solubles. Dans ce but, les organes finement broyés sont chauffés avec de l'eau distillée. Le liquide est filtré, puis évaporé à sec; le résidu est légèrement calciné et repris par de l'eau qui dissoudra le chlorure de baryum facile à caractériser.

La calcination ou la méthode nitro-sulfurique donneront la première un mélange de sel soluble et insoluble, la seconde un mélange de sulfate de baryum, de sulfate de calcium et de phosphate de calcium. Dans les deux cas, les résidus obtenus seront évaporés à siccité ; les cendres seront fondues avec un mélange de carbonate de potassium et de carbonate de sodium. Le résidu sera repris à plusieurs reprises par un peu d'eau bouillante ; le baryum sous forme de carbonate sera recueilli sur filtre, et lavé à l'eau distillée jusqu'à ce que les eaux de lavage n'accusent plus la présence de l'acide sulfurique. Le résidu de carbonate de baryum sera dissous dans de l'acide chlorhydrique, et dans la dissolution on caractérisera le baryum.

Quoiqu'il en soit, la recherche du baryum dans les viscères d'un individu intoxiqué est fort délicate et mérite de retenir l'attention du chimiste.

Caractères des sels de baryum. — Dans les solutions des sels de baryum :

Les carbonates alcalins fournissent un précipité blanc de $BaCO^3$, un peu soluble dans NH^4Cl.

L'acide sulfurique et les sulfates solubles donnent un précipité blanc, lourd, de $BaSO^4$ soluble à chaud dans l'acide sulfurique concentré.

L'oxalate d'ammonium, dans les solutions suffisamment concentrées, fournit de l'oxalate de baryum blanc soluble dans l'acide oxalique et l'acide acétique.

Le chromate et le bichromate de potassium donnent un précipité jaune de $BaCrO^4$, soluble dans les acides chlorhydrique et azotique.

Le phosphate disodique précipite du phosphate monobarytique. Il n'est pas vrai, comme on l'a écrit, qu'en présence de l'ammoniaque il se précipite $BaNH^4PO^4$ [L. Barthe (1900)].

Si l'on traite le phosphate monobarytique $BaHPO^4$ par un acide (HCl, par exemple) de façon à obtenir un phosphate acide, et si l'on ajoute de l'ammoniaque en excès à cette solution, il se fait un phosphate neutre insoluble, $Ba^3(PO^4)^2$.

Les sels solubles de baryum colorent la flamme en vert. Le spectre de cette flamme est caractéristique.

Par voie humide à l'ébullition, ou par la voie ignée, le sulfate de baryum en présence de Na^2CO^3 est solubilisé :

$$BaSO^4 + Na^2CO^3 \rightleftarrows Na^2SO^4 + BaCO^3.$$

Pour que cet échange soit quantitatif, l'ébullition de $BaSO^4$ avec la solution concentrée de Na^2CO^3 doit être poursuivie à plusieurs reprises jusqu'à ce que le filtratum ne donne plus la réaction de SO^4H^2. D'ailleurs plus la solution de Na^2CO^3 est concentrée, plus la dissociation est complète. Il en est d'ailleurs de même dans la fusion au creuset.

Dans ce dernier cas, pour solubiliser $BaSO^4$, mélanger ce dernier avec 4 fois plus de Na^2CO^3 ; calciner et fondre dans un creuset de platine. Traiter la masse fondue par une petite quantité d'eau, faire bouillir en recommençant l'opération jusqu'à dissolution complète de Na^2SO^4 formé ; jeter sur filtre, laver avec une dissolution de Na^2CO^3 jusqu'à ce que le filtrat ne donne plus la réaction de SO^4H^2. Laver ensuite à l'eau ; le carbonate de baryum ainsi obtenu, et demeuré sur filtre, se dissoudra complètement dans HCl. Si la masse fondue était reprise d'emblée par beaucoup d'eau, Na^2SO^4 formé agirait sur $BaCO^3$ pour former à nouveau $BaSO^4$.

Le chimiste ne perdra pas de vue ces observations, dans le cas de recherche du Ba dans une expertise criminelle.

MÉTAUX ALCALINO-TERREUX et ALCALINS

D'après les symptômes éprouvés par les animaux, les métaux alcalino-terreux et alcalins peuvent être classés dans l'ordre décroissant suivant, au point de vue de la toxicité :

1° Baryum, lithium et potassium, très toxiques. Des réserves doivent cependant être faites pour le lithium ;

2° Calcium et magnésium, beaucoup moins toxiques ;

3° Strontium, peu toxique ;

4° Sodium, toxicité presque nulle.

Il n'y a pas de rapport constant entre la toxicité d'un métal et son poids atomique.

Les oxydes de ces métaux sont très caustiques et sont de puissants toxiques. Leurs différents sels ont des propriétés diverses et ne peuvent en général être considérés comme des poisons.

Les *sels de chaux*, par exemple, ne sont pas toxiques par le métal qu'ils renferment, sauf la chaux vive, mais par leur élément acide (arséniate, hypochlorite, etc.).

Kœlsch (1915) a attiré l'attention sur des intoxications survenues chez des ouvriers manipulant le nitrate de calcium obtenu industriellement en fixant l'azote de l'air à l'aide du courant électrique. Les accidents proviennent de l'acétylène et de l'hydrogène phosphoré qui se dégagent du produit brut lorsqu'il devient humide. D'autres accidents ont été attribués au cyanure de calcium contenu dans le nitrate : ils ne se manifestent que si l'ouvrier, pendant le travail ou peu de temps après sa cessation, absorbe une boisson alcoolique quelconque. Alors le foie se congestionne, les membres se refroidissent, le pouls s'affaiblit et la respiration devient difficile ; une éruption apparaît sur les bras et la poitrine, la face et le cou se cyanosent et la température s'élève. Finalement surviennent des vomissements et de la diarrhée qui annoncent un complet rétablissement.

Les mêmes remarques peuvent s'appliquer aux sels de strontium.

Alcalis caustiques et leurs carbonates. — Ce sont des substances très employées dans certaines industries : savonneries, teintureries, blanchisseries, à l'état de solutions très concentrées. Elles ont pu être absorbées par erreur à la place de boissons, ou employées comme moyen de suicide.

La toxicité dépend de la concentration du liquide.

La cautérisation par les alcalis est différente de celle des acides ; dans le cas des alcalis les tissus sont transparents et gonflés, de consistance onctueuse et savonneuse ; l'eschare est transparente, grisâtre et blanche, il y a une déshydratation des tissus.

L'absorption d'une solution concentrée alcaline détermine un goût nauséeux, repoussant de lessive ; et aussitôt il survient des crachats spumeux abondants et des envies de vomir ; sensation de brûlure tout le long du tube digestif, douleurs violentes au creux de l'estomac et à l'arrière-gorge, vomissements d'abord alimentaires et ensuite sanguinolents, brunâtres ou noirs. Le plus souvent il survient de la diarrhée quelques heures après le commencement de l'intoxication, et elle est fréquemment sanguinolente. Le ventre est douloureux, l'urine est rare, présente une réaction alcaline et laisse précipiter des phosphates terreux. Les autres symptômes sont : la faiblesse, la chute de la température.

Dans la déglutition de l'alcali, le pylore se contracte ; le liquide s'accumule en amont du pylore et là se produisent des ulcérations, des perforations ou simplement des lésions de gastrite grave qui aboutissent à la rétraction cicatricielle de l'estomac, à la sténose du pylore.

Si la quantité de liquide absorbé est abondante, il en résulte des eschares, des perforations de l'œsophage ou de l'estomac avec péritonite, ou des accidents toxiques qui emportent le malade en quelques heures. Si la quantité de liquide n'est pas trop abondante, il en résulte des lésions purement locales et plus ou moins profondes qui peuvent ne survenir qu'au bout de quelques mois (Pouchet).

L'eschare produite par les alcalis ne reste pas longtemps transparente ; l'épithélium buccal forme des lambeaux opaques, d'un blanc grisâtre : c'est que l'albumine modifiée par l'alcali passe à l'état insoluble. De plus les caustiques alcalins transforment l'hémoglobine en hématine et dissolvent celle-ci : la dissolution alcaline a une couleur brune noirâtre qu'elle communique aux eschares profondes.

L'absorption de la potasse et de la soude donneront lieu, à concentration égale, aux mêmes phénomènes.

L'ammoniaque présente en outre par sa volatilité une action spéciale sur les voies respiratoires et peut amener des syncopes mortelles.

Quant aux carbonates alcalins, très solubles dans l'eau, et qui fournissent des solutions très caustiques, leur action est plus lente ; leur manipulation dans l'industrie provoque des ulcères aux mains, au cou.

Les bicarbonates alcalins (de potassium, de sodium) n'ont pas de propriétés corrosives.

Les sels de potassium, même ceux qui ne possèdent pas d'action toxique, ont une action particulière en tant que sels de potassium.

De fortes doses d'*azotate de potassium* peuvent produire la mort avec symptômes gastro-intestinaux : la portion absorbée passe dans le sang auquel elle donne une rutilance et une fluidité particulière, en diminuant la fibrine ; l'élimination paraît se faire par les urines qui sont quelquefois albumineuses, et aussi par la sueur (Ritter). Dans un cas d'empoisonnement qui ne s'est pas terminé par la mort, et dans lequel le malade ingéra en trois jours près de 250 grammes de nitre, on observa un enfoncement des yeux dans leur orbite, une bouffissure de la face avec œdème généralisé et du délire ; le sang était très rouge, l'anurie était complète. Le malade guérit par l'emploi de bains répétés.

Quelquefois le nitre provoque des accidents convulsifs, suivis de paralysie.

On admet que l'absorption quotidienne des sels de potassium et de sodium est inoffensive ; elle ne devient nuisible que si on les ingère en solutions concentrées qui provoquent une vive inflammation des muqueuses, de la diarrhée, des crampes et du collapsus.

Antidotes. — Après l'absorption des solutions alcalines caustiques, administrer de l'eau vinaigrée, du jus de citron, des limonades acides ; de l'oxyde de bismuth délayé dans de l'eau procure du bien-être. On luttera contre l'hypothermie par des frictions et l'application de linge chaud.

Recherche des alcalis caustiques. — Si la putréfaction est avancée, les matières prennent une réaction alcaline, et il se forme des sels ammoniacaux.

Pour rechercher les alcalis caustiques, on fera digérer les viscères dans de l'eau tiède à 40° pendant 12 heures. On séparera le liquide par filtration au papier Berzélius, et on exprimera le résidu. La liqueur filtrée sera évaporée au bain-marie, puis à 120° jusqu'à disparition de toute odeur ammoniacale. Le résidu refroidi est traité par une petite quantité d'eau distillée tiède. La liqueur ainsi obtenue est, après filtration, mélangée dans un flacon à l'émeri avec 3 fois son volume d'alcool à 90°. Il se dépose un magma qu'on lave par décantation, et à plusieurs reprises à l'aide de l'alcool. On dessèche ce dernier et on soumet finalement l'alcool qui tient en dissolution l'alcali à l'évaporation ; le résidu est ensuite calciné dans une capsule de porcelaine. Après refroidissement, on épuise le résidu avec un peu d'eau distillée bouillante (Roussin).

Il demeure entendu qu'on devra trouver une notable quantité d'alcali avant de conclure à un empoisonnement.

CHLORATE DE POTASSIUM

Le chlorate de potassium mérite une mention particulière.

Ce sel de saveur fraîche, un peu acidulé, est soluble dans l'eau (1 /16). Très employé en thérapeutique, il a déterminé d'assez nombreuses intoxications : 8 grammes sont considérés par quelques-uns comme une dose maxima chez l'adulte, et 2 à 3 grammes chez l'enfant. Certains auteurs (G. Sée, Allinghans, Soubeyran, Bouchardat, Nothnagel et Rossbach) indiquent des doses invraisemblables comme limite à sa toxicité. Or Van Melckebeke a rapporté (1901) les accidents mortels survenus chez 3 jeunes gens qui avaient absorbé 30 grammes de chlorate de potassium au lieu de 30 grammes de sel de Sedlitz.

Auparavant Jacobi a cité 11 cas mortels en 1879 et Wegschneider en a signalé 30 cas en 1880. Lacassagne a rapporté (1887) un empoisonnement survenu à la suite de l'ingestion d'une forte dose de chlorate de potassium absorbé dans le but d'avortement. Vibert en 1883 relate deux cas de mort dont l'un survenu chez un enfant de 6 mois auquel on fit prendre du chlorate de potassium au lieu de phosphate bicalcique. Brouardel et L'hôte ont décrit une expertise dans laquelle 4 enfants sont morts en très peu de temps après l'absorption de 8 grammes de chlorate de potassium.

Toutefois, quand on songe aux doses élevées prescrites par certains médecins, on peut se demander si beaucoup des accidents mortels qui se sont produits n'ont pas été causés par des impuretés contenues dans le chlorate de potassium, comme le perchlorate qui est un poison violent pour les végétaux.

Le chlorate de sodium produit des effets analogues à ceux du chlorate de potassium.

Nous avons assisté à l'hôpital Saint-André de Bordeaux à l'évolution complète d'un cas d'intoxication par le chlorate de potassium chez une femme de 39 ans. Pour se suicider, elle avait pris environ 25 grammes de chlorate de potassium. Admise à l'hôpital quelques heures après l'ingestion, elle présentait de la stupeur ; le visage était cendré, il y avait une cyanose intense des lèvres, de la langue, des oreilles et des doigts (au-dessous des ongles) ; des taches ecchymotiques existaient sur les tempes ; pouls filiforme, dyspnée extrême. Nous n'avons pas observé de vomissements, mais de la diarrhée, accidents déjà signalés par divers auteurs. La malade fut saignée deux fois et le sang était très noir. On pratiqua ensuite en deux fois à 3 heures d'intervalle deux injections sous-cutanées d'un demi-litre de sérum physiologique. Le lendemain on nota une amélioration considérable : la connaissance était parfaite ; la température normale de même que le pouls. La cyanose était moindre : la diarrhée avait cessé, mais il survint de l'anurie et de l'ictère. Les réflexes rotuliens étaient abolis. On a noté de jour en jour une grande diminution dans le nombre des hématies et des leucocytes ; l'ictère s'accentua et fut accompagné d'une anémie profonde. La quantité d'urine oscillait chaque jour entre 50 et 70 centimètres cubes : elle était rouge foncée et renfermait des hématies avec beaucoup de débris d'hématies. Le 5e jour nous avons compté 2.225.000 hématies, et 14.800 globules blancs. Le matin du 6e jour une mort brusque se produisit par collapsus.

Dans le sang il se fait de la méthémoglobine.

Le chlorate de potassium s'élimine en nature par l'urine et aussi par les autres humeurs de l'économie : il s'en élimine les 9/10 par l'urine, et cette élimination se fait rapidement.

Recherche. — Au spectroscope le sang dilué présente les 2 bandes de l'oxyhémoglobine et aussi une 3e bande dans le rouge à gauche de la raie D. Le sang normal additionné de chlorate de potassium fournit de même ce caractère, au bout de 4 heures de contact.

On se rappellera que l'élimination du chlorate de potassium est si prompte et si complète qu'il est parfois difficile de le retrouver dans le cadavre. Pour le rechercher dans les organes on pourra recourir à la dialyse ; on le retrouvera dans le liquide extérieur du dialyseur qui sera concentré par évaporation.

Dans la salive et l'urine, on peut le retrouver facilement en les colorant en bleu par du sulfate d'indigo ; on ajoute un peu d'acide sulfurique ; la coloration bleue de l'urine disparaît instantanément s'il y a du chlorate de potassium, et la salive se colorera en jaune ou en vert.

On peut encore, et mieux, déféquer 10 centimètres cubes d'urine avec 1 centimètre cube de sous-acétate de plomb, ajouter un léger excès de carbonate de sodium et filtrer ; prélever 1 centimètre cube du filtrat, l'additionner de I goutte d'aniline incolore et de 1 centimètre cube d'acide sulfurique pur : une coloration bleue indique la présence de chlorate.

TROISIÈME PARTIE

COMPOSÉS ORGANIQUES

POISONS ORGANIQUES

Les poisons organiques que nous allons passer en revue sont distincts de ceux que nous étudions plus loin sous le nom d'alcaloïdes, de glucosides ou de substances amères qui ont pu être ingérés à cet état, ou avec les plantes qui les renferment. Ils peuvent être isolés des matières ou tissus organiques sans faire subir à ceux-ci aucune transformation, par l'emploi de dissolvants appropriés : le plus souvent ils ne subissent aucun changement, aucune dissociation dans l'organisme où on les retrouve tels qu'ils ont été absorbés. Ils peuvent aussi être décelés par la distillation lorsqu'ils sont volatils. Quelquefois ils sont entièrement oxydés dans l'économie, où ils donnent naissance à des produits de dégradation dont la caractérisation permet de conclure à leur présence dans les organes ; le plus souvent aussi on ne peut pas identifier les produits dégradés, et on est conduit à des probabilités sur l'empoisonnement par le seul examen des symptômes cliniques et des accidents produits sur l'organisme.

Il en est enfin, comme les composés organiques de l'arsenic, de l'antimoine, etc., qui, pour la caractérisation du métalloïde, réclament l'emploi préalable des procédés de destruction de la matière organique.

Les poisons organiques sont souvent des médicaments de synthèse ; leur recherche constitue des difficultés réelles quand on ne possède aucune indication préalable ; en effet leur nombre est très considérable et dépasse de beaucoup celui des poisons inorganiques : il s'augmente tous les jours, surtout dans la classe des matières colorantes industrielles dont beaucoup sont toxiques et qui ne sauraient être isolées les unes des autres par des méthodes chimiques bien définies. Leur emploi dans un but criminel est heureusement rendu difficile par suite de leur grand pouvoir tinctorial.

Nous étudierons seulement les composés organiques employés comme médicaments, et qui, à doses élevées, sont toxiques, ou susceptibles d'être utilisés comme tels dans un empoisonnement criminel.

La résistance des toxiques organiques à la putréfaction, question sur laquelle nous reviendrons plus loin, à propos de l'étude des alcaloïdes toxiques, n'est pas de longue durée, et beaucoup sont complètement détruits dans leur passage à travers l'organisme.

D'autres s'éliminent, sans avoir subi de changement, par l'urine ou les matières fécales.

L'isolement des toxiques à l'état pur présente, on le conçoit, de grandes difficultés, même s'ils sont restés inaltérés dans l'organisme. La recherche des toxiques volatils seuls donne à ce point de vue de meilleurs résultats. Il appartient au chimiste de choisir la méthode susceptible de donner satisfaction.

Les essais chimiques effectués sur le composé organique isolé devront, autant que possible, dans une expertise, être corroborés par des essais physiologiques.

La distillation peut permettre de séparer d'assez nombreux poisons organiques liquides. Il peut se présenter trois cas suivant la nature chimique de ces composés :

1° *Composés à réaction acide*, qui ne peuvent être séparés par distillation que des solutions acides, les sels n'étant pas le plus souvent volatils à la température de l'ébullition de l'eau ;

2° *Composés indifférents*, non électrolytes, qui peuvent être retirés par distillation des solutions acides neutres ou alcalines ;

3° *Bases* dont la séparation avec la vapeur d'eau n'est possible qu'en milieu alcalin, leurs sels n'étant généralement pas volatils.

Cette division n'a de valeur que lorsque les acides ou les bases ont un caractère électrolytique fortement prononcé. Les acides et les bases faibles se volatilisent à la distillation, à cause de leur dissociation hydrolytique, qui se manifeste particulièrement sous l'influence de la chaleur.

Il s'ensuit qu'on peut :

A partir des solutions acides, obtenir : 1° des acides ; 2° des corps neutres ; 3° des bases faibles.

A partir des solutions alcalines, obtenir : 1° des bases ; 2° des composés neutres ; 3° des corps de caractère faiblement acide.

On pourrait procéder par une nouvelle distillation à une autre séparation, en distillant le distillat ; mais on a rarement recours à cette opération : il n'y a pas lieu la plupart du temps d'obtenir par ce procédé les bases volatiles d'une solution alcaline; car, sous l'influence de l'alcalinité, il se forme par destruction de la matière albuminoïde des bases volatiles qui gênent la détermination ou la rendent même impossible. On se borne, sauf exception, à distiller en solutions acides, et à obtenir de la sorte les acides, les composés neutres et les bases faibles. Les bases fortes volatiles seront obtenues de préférence par une extraction appropriée et on ne se sert de leur volatilité que pour leur purification.

On essayera de les isoler les uns des autres par leur volatilité relative, en les distillant dans un gaz inerte, ou sous pression réduite.

On pourra employer le dispositif suivant qui permet successivement l'emploi de la distillation à température ordinaire dans un courant inerte, au bain-marie ou dans un courant de vapeur.

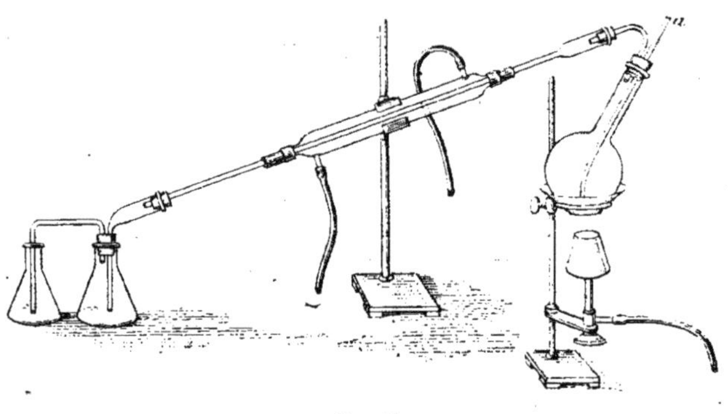

Fig. 10.

La matière aussi divisée que possible est additionnée d'eau, de façon à obtenir une bouillie claire que l'on acidifie avec de l'acide sulfurique dilué. S'il y a lieu de craindre la destruction du toxique par cet acide, on lui substituera un acide organique fixe, ou même de l'acide phosphorique. Le mélange ainsi préparé est placé dans un ballon rond, que l'on incline et que l'on ne remplit qu'au 1/3 ; le bouchon est percé de deux trous : l'un qui laisse passer un tube qui amène le gaz, descendant presque jusqu'au fond du ballon, l'autre qui sert de passage à un autre tube à dégagement du gaz, recourbé et relié à un réfrigérant Liebig qui se termine lui-même par une rallonge. Celle-ci est réunie hermétiquement à une deuxième rallonge qui plonge dans un verre à réaction lequel contient, d'après la nature du toxique présumé, soit de l'eau distillée, soit une solution diluée d'azotate d'argent (quand il s'agit d'acide cyanhydrique par exemple).

On distille alors à la température ordinaire en faisant passer un lent courant d'hydrogène ou d'acide carbonique par le tube d'adduction *a*. On chasserait ainsi, en premier lieu, le cyanogène.

On remplace ensuite l'allonge par une autre, et on distille dans les mêmes conditions au bain-marie. On obtient ainsi les composés moyennement volatils dont le point d'ébullition est voisin de 100°.

Après avoir de nouveau changé la rallonge, on fait passer dans le tube d'adduction un courant de vapeur d'eau et on chauffe le ballon, ou au bain-marie comme précédemment, ou dans une solution de chlorure de sodium ou de chlorure de calcium, ou même au bain d'air chaud.

On recueille le distillat par portion de quelques centimètres cubes chacun.

On peut ainsi obtenir :

L'acide cyanhydrique ;

Les composés halogénés.

Les alcools, aldéhydes, cétones, éthers, phénols, acides, hydrocarbures, aniline et sels analogues, la nitrobenzine, et les huiles éthérées, ces corps étant nommés dans l'ordre de leur volatilité décroissante.

L'expert pourra trouver des renseignements dans :

1° L'aspect du distillat, si l'on n'y a pas introduit d'alcool. Il peut être homogène ou non, contenir des corps solubles ou insolubles. Avec des corps insolubles il peut se former un agrégat solide (mais rarement) ou liquide. La substance peut flotter sur l'eau ou demeurer au fond ;

2° On envisagera l'odeur qui suffit quelquefois à caractériser le composé. N'ont pas d'odeur : l'acide salicylique, les acides benzéniques purs, l'acide cinnamique, etc. ;

3° La réaction au papier de tournesol. Un distillat provenant d'une solution acide est généralement acide, même s'il n'y existe pas antérieurement d'acides volatils. En présence d'une réaction neutre, les acides volatils sont éliminés. Une réaction faiblement alcaline fait présumer l'aniline ou des composés de la même famille ;

4° Un papier au sulfate de cuivre gaïacolé se teint en bleu en présence d'acide cyanhydrique ;

5° On met une goutte du distillat soigneusement neutralisé au besoin, en présence d'une trace de perchlorure de fer dilué : coloration *violette, bleue verdâtre* avec l'acide salicylique et les phénols, *rouge* avec les acides organiques, particulièrement avec les acides acétique et sulfocyanique ;

6° On additionne quelques gouttes du distillat avec le réactif de

Nestler, et on observe ce qui se passe ; on chauffe ensuite le mélange ; les aldéhydes donnent une coloration ou un précipité brun rougeâtre à froid, et par la chaleur un précipité de mercure métal. Le chloral et ses dérivés fournissent des précipités brunâtres, l'uréthane un précipité blanc, jaune clair ou orangé, et brun rouge par la chaleur.

Enfin le distillat sera traité par les différents réactifs que l'expert jugera à propos d'essayer.

COMPOSÉS DE LA SÉRIE GRASSE

Pétrole (Huile minérale, naphte). — Le pétrole brut (bitume liquide, naphte) inhalé ou absorbé par la peau peut provoquer des phénomènes d'intoxication générale. Les ouvriers qui respirent au-dessus des cuves à pétrole sont sujets à des pertes de connaissance et à l'asphyxie ; ils éprouvent de la toux, des nausées, des accidents pneumoniques. On cite le fait d'émigrants qui s'étaient cachés pendant un certain temps sur un vaisseau dans un réservoir à pétrole vide, ils furent tous intoxiqués : six d'entre eux en moururent.

Les ouvriers qui distillent le pétrole se plaignent d'engourdissement, d'irritation des fosses nasales, de syncopes, d'hallucination et de palpitations ; ceux d'entre eux qui sont employés aux pompes à pétrole sont sujets à de l'acné sur les mains, à des tubercules et à des tumeurs cutanées ayant une base indurée.

H. Legludic et C. Turlais, à la suite d'expériences, ont émis l'avis (1914) que le pétrole du commerce était toxique.

Dans les produits de rectification du pétrole brut, on trouve :

α. Le *pentane*, CH^3-CH^2-CH^2-CH^2-CH^3 qui est peu toxique.

β. L'*éther de pétrole* (mélange de pentane et d'hexane), dont les vapeurs produisent la perte de connaissance, la cyanose, du nystagmus, des évacuations involontaires de l'urine et des fèces.

γ. La *benzine de pétrole* (mélange d'hexane et d'heptane), 12 grammes ingérés par un homme ont amené sa mort après 17 heures.

δ. La *ligroïne* (mélange d'heptane et d'octane), qui agit comme la précédente.

ε. Le *pétrole à brûler*, ou huile minérale, lampante, qui distille à partir de 150°, et qui est un mélange de carbures en C^9H^{20} à $C^{15}H^{32}$; il n'a que très rarement produit la mort ; on cite un individu qui en ingéra impunément 750 grammes pour se suicider. Quelques petits enfants ont seuls succombé à l'ingestion de pétrole. Les animaux sont plus sensibles à l'action de ce composé : il suffit de 6 centimètres cubes par kilogramme de chien pour amener la mort.

Chez l'homme le pétrole détermine une forme gastrique : sensation de brûlure, soif, vomissements, coliques, diarrhées ; l'urine renferme de l'albumine, des cylindres, et, dit-on, du pétrole(?). Il faut savoir qu'on n'a jamais retrouvé ce dernier que dans les urines des femmes qui en avaient ingéré : il provenait très probablement de l'intestin.

Le pétrole détermine aussi une forme cérébrale : engourdissement, céphalée, vertige, collapsus.

ζ. La *vaseline* liquide.

η. La *vaseline* solide, de consistance molle.

θ. La *paraffine*, qui produit assez souvent sur la peau et les muqueuses des carcinomes (cancer des ramoneurs).

Elle est solide, incolore, d'aspect micro-cristallin, constituée par un mélange des plus hauts termes des carbures de la série C^nH^{2n+2} qui sont en plus petite quantité dans le pétrole américain.

C'est de Russie et de l'Amérique du Nord que nous vient surtout le pétrole. Sa composition varie suivant le pays de production.

Les pétroles américains sont composés de carbures acycliques du groupe forménique C^nH^{2n+2}. Les premiers termes CH^4, C^2H^6, C^3H^8 et C^4H^{10} (qui est liquide seulement à + 1°) sont gazeux ; les autres termes C^5H^{12}, C^6H^{14} sont liquides. Dans les pétroles américains on retrouve de petites quantités d'hydrocarbures aromatiques.

D'ailleurs les pétroles russes ou du Caucase auraient sensiblement la même composition. M. C.-W. Chlopin (*Deuts. chem. Ges.*, t. XXXIII, 2837) a trouvé dans ces derniers des bases brutes dans la proportion de 0gr,005 p. 100. Ces bases appartiennent à la série $C^nH^{2n-15}N$ et leur poids moléculaire varie de 104 à 308. Cet auteur aurait obtenu des chloroplatinates cristallisés de ces bases qui sont toxiques pour les poissons.

Il ne semble pas que le pétrole bien raffiné puisse être considéré comme toxique ; les impuretés alcaloïdiques que nous venons de signaler seraient seules la cause des accidents observés.

C'est ainsi que M. Reboud a signalé en 1893 une série d'accidents chez de nombreux soldats qui avaient fait usage d'huile d'armes dans une salade, cette huile étant constituée par des graisses minérales ou pétroles impurs.

Le pétrole a été utilisé contre la gale, la diphtérie. Toutes les fois qu'on l'a administré sous cette forme, en capsules de 0gr,25 et à une dose de 1 à 3 grammes par jour, il n'a jamais déterminé d'accidents.

En chauffant à une température plus ou moins élevée les huiles minérales brutes et les résidus de distillation des pétroles, on obtient un gaz qui renferme jusqu'à 85 et même 96 p. 100 d'hydrogène. Ce gaz est renfermé dans un appareil transportable par wagon et sert à gonfler les ballons. Ce gaz hydrogène aurait des chances d'être plus pur que celui obtenu par les procédés usités à ce jour : il serait par suite aussi moins nocif.

MM. Adrian et Bardet ont admis en 1893 que la dose maxima de pétrole qui peut être absorbée sans trop d'inconvénient est de 60 centimètres cubes.

Les observations de pétrolisme chronique témoignent d'une certaine accoutumance de l'organisme à l'action du pétrole.

Contre la gale et la diphtérie, on a employé des capsules de pétrole : on donnait jusqu'à 3 grammes de pétrole par jour.

M. Tanon a signalé (1917) des intoxications par les gaz du moteur dans quelques automobiles sanitaires. Il a attiré l'attention sur les inconvénients que présentent certains modes de chauffage des voitures par le tuyau d'échappement du moteur. Quand ce dernier fonctionne mal, et que les joints du tube ne sont pas hermétiques, il se produit dans l'intérieur de la voiture un dégagement de gaz qui a déterminé, dans certains cas, des accidents mortels. Le mécanisme de l'intoxication n'est pas simple, car la production de CO mélangé aux gaz est minime ; les symptômes observés paraissent relever d'une action toxique sur le bulbe.

TOXIQUES ORGANIQUES DE LA SÉRIE ACYCLIQUE

A. **Hydrocarbures saturés.** — Ces composés constituent une longue série homologue dont le plus simple est le méthane, et le plus compliqué l'hydrocarbure $C^{35}H^{72}$. La plupart ont été jusque-là étudiés d'une façon sommaire, surtout au point de vue toxicologique.

Méthane, CH^4 (Syn. : gaz des marais, hydrure de méthyle, formène, protane).—Se trouve dans les houillères et dans les eaux stagnantes ; dans les houillères il donne lieu à de terribles explosions (grisou) ; on le rencontre encore dans diverses eaux minérales, dans les gaz intestinaux, et en petite quantité dans l'air.

Gaz incolore et inodore, brûlant avec une flamme pâle et peu lumineuse, et formant avec l'air des mélanges explosifs. Il est assez stable : l'étincelle électrique le dissocie en ses éléments. Ce gaz posséderait une légère action hypnotique (Regnauld et Villejean) ; mais en thérapeutique on ne se sert que de ses dérivés chlorés.

D'après A. Fédeli, le formène serait toxique (1911) : il provoquerait chez l'animal de la torpeur, une diminution de la sensibilité, une altération du sang et de l'éclampsie.

G. Pouchet a fait observer que si dans le méthane ou l'éthane, il y a substitution symétrique, on a affaire à un dérivé toxique ; s'il y a au contraire substitution dissymétrique, on a affaire à une substance anesthésique médicamenteuse.

Nous verrons l'application de cette observation aux dérivés que nous allons décrire dans la suite.

CARBURES D'HYDROGÈNE NON SATURÉS, C^nH^{2n}

Pental. — Parmi eux, le pental, triméthyléthylène, méthyl-2-butène-2, $C^5H^{10} = {CH^3 \atop CH^3}\!\!>C{:}CH.CH^3$.

Tout d'abord obtenu par Balard ; c'est un liquide mobile et volatil, possédant une odeur aromatique spéciale, presque insoluble dans l'eau, soluble en toutes proportions dans l'alcool, l'éther et le chloroforme. Dissout l'iode en se colorant en rouge groseille. Se volatilise à 38°. Densité à 15° : 0,667.

A été proposé comme anesthésique dans les opérations courantes. Produit la narcose en quelques minutes sans provoquer d'accidents, et à la dose de 15-20 centimètres cubes. On n'a signalé aucun cas de mort à la suite de son emploi.

Son isomère, l'*isoamylène* ou isopropyléthylène ${CH^3 \atop CH^3}\!\!>CH.CH{:}CH^2$, est un liquide incolore, possédant une odeur éthérée caractéristique, de saveur douceâtre et très mobile. Bout de 30°-40°. Densité à 15° : 0,660-0,670. Combustible et produisant une flamme lumineuse. Il a été proposé comme anesthésique local et comme anesthésique général en inhalation. Il aurait produit des cas de mort que l'on a attribués d'ailleurs à l'impureté du produit.

Acétylène. — Parmi les hydrocarbures non saturés de formule générale C^nH^{2n-2}, l'*acétylène* C^2H^2 ou éthine $HC \equiv CH$ est un gaz incolore, qui possède une odeur alliacée. Densité : 0,92. Il se liquéfie à + 1° et à la pression de 48 atmosphères, ou à 18° à la pression de 83 atmosphères en fournissant un liquide incolore, réfringent, mobile. Le meilleur dissolvant de l'acétylène est l'acétone qui en dissout 24 litres. Cette solution est moins dangereuse que l'acétylène liquide :

elle se vend dans des bombes d'acier et sert pour les lanternes d'automobiles. Il est susceptible de former avec l'air des mélanges explosifs, surtout des mélanges de 1 volume de C^2H^2 et de 12 volumes d'air ou de 2 volumes et demi d'O. C'est que C^2H^2 est une combinaison fortement endothermique. L'acétylène comprimé et liquéfié est très explosif. Il brûle dans des becs spéciaux à ouverture fixe avec une flamme très éclairante et blanche, non fuligineuse. Pour le produire on emploie le carbure de calcium dont 1 kilogramme doit fournir théoriquement 341 litres. En réalité le produit commercial ne donne guère plus de 300 litres.

Ce gaz entre dans la composition du gaz d'éclairage. Il prend naissance dans la combustion incomplète d'un grand nombre de substances.

On peut déceler des traces de ce gaz dans des mélanges gazeux au moyen du chlorure cuivreux ammoniacal : il se fait dans ces conditions un précipité rouge d'acétylure cuivreux C^2Cu^2,H^2O composé explosif. Aussi le cuivre ne peut-il être employé à la fabrication des appareils à acétylène. C^2H^2 fournit avec le nitrate d'argent ammoniacal un précipité blanc. On peut le régénérer de cette combinaison par addition de HCl : $AgC \equiv CAg + 2HCl = 2AgCl + C^2H^2$.

Cet acétylure dissous dans NO^3H fournit une solution qui est évaporée à sec ; le résidu calciné laisse CuO qui fait connaître le poids du Cu et indirectement la quantité de C^2H^2 qui était combinée (Erdmann).

L'acétylène obtenu au moyen du carbure de calcium peut renfermer H^2S et PH^3 : on le purifie en le faisant passer dans une lessive alcaline, puis dans une solution chlorhydrique de sublimé. On doit surtout le priver de PH^3, susceptible de provoquer l'inflammation spontanée du gaz. Il renferme souvent aussi N, CO, NH^3, qui sont également des gaz vénéneux. Pour retenir et doser PH^3, on pourrait encore faire passer le gaz provenant de 50 grammes de CaC^2 dans une solution récente d'hypochlorite de sodium qui le transforme en PO^4H^3 dont la présence et aussi la proportion seront déterminées par la formation de PO^4MgNH^4 ; il est vrai que s'il renfermait AsH^3 on obtiendrait également AsO^4MgNH^4 ; mais on s'assurerait de la présence de l'As par l'un de ses réactifs spéciaux.

Beaucoup d'expériences ont été tentées par d'assez nombreux auteurs sur la toxicité de ce gaz (Gréhant, Moissan, Mosso et F. Ottolenghi, Berthelot et Cl. Bernard). Les résultats différents obtenus par ces savants proviennent sans doute de la plus ou moins grande pureté du gaz avec lequel ils expérimentaient. Des expériences de E. Neuberg (1900) ont montré que les animaux pouvaient vivre dans une atmosphère qui en contenait 9 p. 100 et une quantité même supérieure. Moissan, qui a beaucoup étudié ce gaz, n'a jamais été incommodé. Gréhant l'a retrouvé dans le sang à l'aide de son grisoumètre (1895). C^2H^2 ne se combine pas au sang comme CO, ni ne fournit avec lui de particularités spectrales (Berthelot et Brociner). Virginio Lucchini (1901), à la suite d'expériences faites sur des lapins et des pigeons placés sous une cloche d'une capacité de 40 litres environ, a pu conclure : qu'avec 10 p. 100 de C^2H^2 mélangé à l'air, un lapin résiste plus de 2 heures 1 /4. Tout d'abord il respire plus vite que dans l'air pur, puis le rythme respiratoire se ralentit, et la dyspnée apparaît avec la somnolence et quelques phénomènes asphyxiques. Remis à l'air, l'animal se rétablit complètement en 10 minutes environ.

Avec 20 p. 100 de C^2H^2, la dyspnée est immédiate ; au bout de 20 minutes environ le lapin ne peut se tenir dressé; placé à l'air libre, l'animal se remet peu à peu.

Avec 40 p. 100, on observe une paralysie des membres inférieurs. L'animal porté à l'air se remet peu à peu.

En soumettant un même animal à ces expériences tous les 2 jours, on voit qu'il acquiert une certaine adaptation aux milieux acétylés (fait déjà signalé par Mosso et Ottolenghi).

Plongé dans un mélange constamment renouvelé de 20 d'oxygène et de 80 d'acétylène, un lapin au bout de 40 minutes respire très faiblement ; ses yeux se ferment, et il ne réagit plus aux excitations. La mort arrive peu de temps après.

En résumé, l'acétylène n'est pas seulement un gaz inerte comme l'azote, mais il possède des propriétés toxiques. Toutefois ce n'est qu'à partir de 25 p. 100 qu'il provoque des troubles fonctionnels graves ; la dose mortelle serait de 40 p. 100 au bout d'un certain temps.

PRODUITS DE SUBSTITUTION DANS LES CARBURES PRÉCÉDENTS

Monochlorométhane, chlorure de méthyle, CH^3Cl. — C'est un gaz incolore, d'odeur éthérée, de saveur douceâtre, combustible, soluble dans l'eau, liquéfiable par refroidissement sous la pression de 6 atmosphères. Versé dans un vase ouvert, il bout aussitôt et il donne un refroidissement de —23°. Ses vapeurs sont combustibles. Il est surtout employé comme réfrigérant, et anesthésique local. Certains industriels l'ont proposé comme anesthésique mélangé au chlorure d'éthyle.

M. G. Pouchet, qui a étudié au point de vue physiologique la plupart des dérivés chlorés des carbures, n'est pas d'avis de les utiliser pour l'anesthésie générale : il en a indiqué les avantages et les inconvénients dans ses leçons de pharmacodynamie. Il considère comme dangereux les dérivés chlorés du formène.

Le chlorure de méthyle employé comme anesthésique local dans les névralgies douloureuses peut provoquer la formation de bulles ou d'eschares. Il n'est maintenu liquide qu'à la condition de le renfermer à haute pression dans des réservoirs métalliques. En activant son évaporation par un courant d'air, on peut abaisser la température à — 55°. On arrive aussi à une température beaucoup plus basse en le faisant évaporer dans le vide.

MM. Richet et Marcille (1902) ont reconnu la supériorité du chlorure de méthyle sur les autres anesthésiques. Il est absolument inoffensif pour la fonction cardiaque, quelle que soit la dose administrée. Le chloroforme paralyse le cœur presque en même temps que la respiration, et quelquefois même plus tôt. Avec le chlorure de méthyle la paralysie respiratoire due à l'intoxication du bulbe précède toujours de 7 à 8 minutes la syncope cardiaque. Aussi ne peut-on donner jamais assez de chlorure de méthyle à un animal pour le tuer par le cœur, la syncope respiratoire empêchant l'intoxication de s'étendre jusqu'au myocarde. Le seul inconvénient au point de vue de la pratique de l'anesthésie chirurgicale c'est que la résolution complète est difficile à obtenir.

Le chlorure de méthylène, $C^2H^2Cl^2$ (bichlorure de méthyle, formène bichloré, chlorométhyle), est un liquide mobile, très lourd. Densité à 18° : 1,34. Il est beaucoup plus volatil que $CHCl^3$. Point d'ébullition : 30°,5. J. Regnauld et Villejean (1884) ont soigneusement étudié ce composé qui provoque par son inhalation une excitation musculaire considérable. Il est plus anesthésique que $CHCl^3$; il est absolument inaltérable à l'air et à la lumière, ce qui permet de le conserver indéfiniment pur. Mais il a dû être abandonné, à cause de la phase d'excitation qu'il provoque avant l'anesthésie. D'ailleurs son mode de préparation et sa purification exigent un temps et des frais considérables.

CHLOROFORME $CHCl^3$

A été découvert par des méthodes différentes et en même temps par Soubeyran et Liebig. Son action anesthésique fut expérimentée en 1848 par Fleury en France et par Simpson et Bell en Angleterre.

Quel que soit le procédé employé pour l'obtenir à l'état de pureté parfaite, il est bon de le purifier par la méthode du Codex qui fournit un produit irréprochable et susceptible d'être employé sans danger en anesthésie générale. Le chloroforme anesthésique doit être purifié et distillé récemment avant son emploi ; il donne alors toute confiance aux chirurgiens, ainsi qu'a pu le prouver notre longue pratique dans la direction de la pharmacie générale des hospices de Bordeaux.

C'est un liquide très mobile, incolore, d'une odeur éthérée agréable, de saveur sucrée. Il bout à 61-62° à la pression normale. Densité à 15° : 1,502. A — 70° il forme une masse cristallisée. Il est peu soluble dans l'eau (1 p. 100) avec laquelle il n'est pas miscible. La solution obtenue (eau chloroformée) possède l'odeur et la saveur du chloroforme. Il se dissout en toutes proportions dans l'alcool, l'éther, le sulfure de carbone, les huiles grasses et les essences. C'est un dissolvant des résines, des alcaloïdes, du soufre, de l'iode qui lui communique en petite quantité une couleur rouge améthyste, du brome, qui en minime proportion fournit une couleur jaune. Ces colorations sont utilisées en analyse chimique.

Il brûle difficilement avec une flamme bordée de vert. Il s'altère sous l'action simultanée de l'air et de la lumière ; les produits de cette altération sont : Cl, HCl, $COCl^2$, CCl^4. Cette altération est empêchée ou retardée par l'addition d'une très petite quantité d'alcool, $0^{gr},5$ à 1 p. 100 (Regnauld, Marty et Villejean), et même par celle de beaucoup d'autres substances organiques comme le toluène ou le soufre (Allain), la glycérine (Durieu). Dott a supposé que le soufre agissait comme substance réductrice, et par suite que tout corps légèrement soluble dans $CHCl^3$, et facilement oxydable, pouvait préserver le chloroforme de toute décomposition. Des essais nombreux semblent avoir vérifié cette hypothèse. Dans la pratique chirurgicale, il nous paraît cependant préférable de n'employer que du chloroforme purifié et distillé récemment par la méthode de Masson (1900) modifiée par le Codex.

Réactions du chloroforme. — α. La réaction d'Hoffmann consiste dans la production de carbylamine ou isonitrile : on fait agir sur les amines primaires, comme l'aniline, l'action de la potasse et du chloroforme.

$$C^6H^5NH^2 + CHCl^3 + 3KHO = 3KCl + 3H^2O + C^6H^5NC.$$

Il se produit dans cette réaction une odeur extrêmement désagréable. Pour cela, on chauffe le liquide renfermant le chloroforme avec une solution alcoolique de KOH et on ajoute quelques gouttes d'aniline.

L'iodoforme donne cette réaction, ainsi que le méthane perchloré.

β. D'après Schwartz, on chauffe à l'ébullition une solution de 0gr,1 de résorcine dans 1 à 2 centimètres cubes d'eau, et on ajoute quelques gouttes du liquide renfermant $CHCl^3$, ainsi que quelques gouttes d'une solution de soude à 15 p. 100 : il se produit une couleur jaune rougeâtre avec une belle fluorescence verdâtre. Cette réaction est commune à tous les phénols ; les matières colorantes produites sont du groupe des aurines : avec crésylol et phénol ordinaire on a une couleur jaune, avec résorcine et phénol ordinaire une couleur groseille, avec naphtol et phénol ordinaire une couleur bleue violacée.

γ. D'après Lustgarten, on chauffe à 50° une solution de 0gr,1 de naphtol dans de la potasse concentrée avec le liquide chloroformé : il se développe une belle couleur bleue azurée ; si l'on ajoute un acide à cette solution colorée, elle laisse déposer un précipité de couleur marron.

δ. Réaction fondée sur la formation de cyanure. Le liquide à examiner est chauffé pendant une heure au bain-marie avec du chlorure d'ammonium et une solution alcoolique de potasse, le tout dans un tube de verre à parois résistantes : il se fait du cyanure d'ammonium que l'on met en évidence par la réaction du bleu de Prusse.

$$CHCl^3 + 2NH^3 + 3KHO = NH^4CN + 3KCl + 3H^2O.$$

ε. Réaction de Vitali. Au liquide chloroformique, on ajoute de la potasse solide et un peu de phénol, il se fait une couleur rouge par formation d'acide rosolique. Si à la place du phénol on met du thymol on obtient une coloration violette.

ζ. En chauffant un demi-centimètre cube d'une solution alcoolique à 5 p. 100 de thymol avec une goutte de $CHCl^3$ et un peu de KHO, en portant à l'ébullition pendant une demi-minute, il se développe par l'agitation une belle couleur jaune rougeâtre. Si l'on ajoute avec précaution 1 centimètre cube de SO^4H^2 concentré et que l'on porte de nouveau à l'ébullition, la couleur passe au violet.

La réaction de Dumas peut encore servir à caractériser $CHCl^3$:

$$CHCl^3 + 4NaOH = 3NaCl + HCOONa + 2H^2O.$$

Il suffit de chauffer légèrement avec une solution alcoolique de NaOH moyennement concentrée.

Une solution aqueuse de $CHCl^3$ réduit à chaud la liqueur de Barreswill, de même qu'une solution d'azotate d'argent ammoniacal.

Essai du chloroforme. — L'eau avec laquelle on l'agite ne doit pas présenter de réaction acide, ni précipiter par $AgNO^3$ (présence de HCl). Agité avec une solution diluée d'iodure de potassium, le chloroforme ne donne pas de coloration rouge améthyste (présence de chlore).

Quand le $CHCl^3$ renferme $COCl^2$ (gaz phosgène) et qu'on l'expose à l'air humide ou qu'on l'agite avec de l'eau, il se produit une réaction acide.

$$COCl^2 + H^2O = 2HCl + CO^2.$$

Il ne doit réduire ni à froid ni à chaud l'azotate d'argent, ni fournir de couleur jaune ou brune quand on vient à le chauffer avec KHO (composés aldéhydiques).

L'agitation avec un égal volume d'acide sulfurique concentré ne doit pas produire de couleur brune ou noire (autres produits chlorés différents du chloroforme, et spécialement du chlorure d'éthylidène et des dérivés chlorés du pentane).

La Pharmacopée germanique exige que le chloroforme anesthésique réponde à l'essai suivant : si on agite 20 centimètres cubes du $CHCl^3$ avec 15 centimètres cubes de SO^4H^2 pur, et qu'on additionne de IV gouttes de formol (réactif de Marquis), au bout d'une demi-heure, il ne doit pas se produire de coloration (alcool amylique, benzine, alcool butylique tertiaire, chlorure d'amyle) ; la coloration dans le cas de présence de ces composés est plus rapide et plus intense que par l'emploi de SO^4H^2 seul.

En agitant avec une solution très diluée d'acide chromique ou de bichromate de potassium, acidifiée avec SO^2H^2, il n'y a pas production de coloration verte après avoir chauffé légèrement (alcool).

Le binitrosulfure de fer, insoluble dans $CHCl^3$, se dissoudra s'il y a de l'alcool, en donnant une coloration jaune noirâtre (Roussin).

La bilirubine dissoute dans du $CHCl^3$ renfermant $COCl^2$ donne une couleur verte d'autant plus intense que la proportion de $COCl^2$ est plus forte ; avec le $CHCl^3$ pur, la bilirubine fournit une couleur jaune brunâtre (Pouchet).

Le $CHCl^3$ pur et évaporé dans la main ou sur une feuille de papier plié répand une odeur suave jusqu'à la fin de l'évaporation. S'il est impur, les dernières vapeurs sont irritantes et nauséeuses.

M. Seyda (1897) a utilisé la réaction de Schwartz basée sur la formation d'acide rosolique pour le dosage du chloroforme. Il prépare une liqueur de contrôle en dissolvant 1gr,4 d'hydrate de chloral (soit 1 gramme de $CHCl^3$) dans 1 litre d'eau, et diluant au 1/10, de sorte que 1 centimètre cube = 0gr,0001 de $CHCl^3$. D'autre part, il chauffe 10 centimètres cubes de cette liqueur à 80° dans un tube avec 2 centimètres cubes d'une solution renfermant 0gr,1 de résorcine et 1 centimètre cube de NaOH à 25 p. 100. Au bout de 10 minutes la coloration rose apparaît ; elle doit persister 12 heures.

On a une coloration rouge foncé avec 10 centimètres cubes de liquide chloroformique titré.

Rose avec	5 c. c.
Rose brun avec	1 c. c.

Titrage de l'alcool dans $CHCl^3$. — On peut avoir intérêt à doser l'alcool contenu dans $CHCl^3$.

Dans ce but, Yvon a utilisé le réactif de :

Mohr	$KMnO^4$........	1
	KHO à l'alcool.	10 p.
	H^2O...........	25 p.

On verse 5 centimètres cubes de $CHCl^3$ dans un tube et 1 centimètre cube de réactif ; on agite en retournant lentement jusqu'à verdissement. On compte le temps écoulé entre la première agitation et l'apparition de la couleur verte.

Le temps écoulé de 5 minutes..........	produit très pur.
— 2 m. 1/2	0,10 p. 1.000 d'alcool.
— 35 secondes........	1 p. 1.000.
— 5 secondes.........	5 p. 1.000 (tolérance maximum).

Après moins de 5 secondes, plus de 5 p. 1.000.
Après une seule agitation, plus de 10 p. 1.000.

Plusieurs méthodes ont été recommandées pour la détermination quantitative de l'alcool dans le chloroforme (Béhal et François).

Nous rappellerons qu'en collaboration avec Soulard nous avons signalé en 1896 les inconvénients et dangers de certains calorifères dans les salles d'opérations chirurgicales de l'hôpital Saint-André de Bordeaux où l'on utilise $CHCl^3$. Les vapeurs de ce composé au contact de briques et de fonte souvent portées au rouge fournissent en particulier du Cl, HCl et $COCl^2$ que nous avons pu caractériser. Les chirurgiens et leurs aides se plaignaient d'irritation des yeux, de larmoiement, de suffocations et de migraine. Le changement des calorifères a fait cesser ces inconvénients. En 1904, M. G. Patein a confirmé nos conclusions. D'autre part, G. Pouchet a trouvé que le gaz d'éclairage allumé décompose le chloroforme en oxychlorure de carbone, acide chlorhydrique gazeux et chlore. Le Dr Coste (1914) a confirmé cette observation en relatant une intoxication chloroformique grave survenue dans ces conditions.

Emploi du chloroforme. — Il a servi à des suicides et il a produit la mort par asphyxie ou par syncope à la suite d'inhalations volontaires. Marfan cite le cas d'un homme qui absorba 60 grammes de chloroforme : l'ingestion fut suivie de sommeil, de douleurs épigastriques, puis la nuit suivante, il y eut des vomissements de sang et un état typhique accusé; mais après 14 jours le malade, âgé de 49 ans, guérit sans trace d'accidents et sans qu'on ait fait de lavage d'estomac.

Le chloroforme est souvent inhalé par des gens qui en prennent l'habitude, ce qui peut les conduire à la chloroformanie (G. Pouchet, 1910), qui entraîne après elle des douleurs névralgiques et rhumatoïdes, ainsi que de la dépression physique et psychique.

En anesthésie G. Pouchet préconise l'administration de $CHCl^3$ par petites doses avec la compresse ; l'anesthésie obtenue, on donne une « ration d'entretien » de III gouttes par minute. Le procédé par sidération est considéré comme dangereux, car le sujet dans ce cas est sous le coup d'une agitation violente ; il peut aussi mourir de syncope.

Aujourd'hui on se sert fréquemment de masques inhalateurs, au moyen desquels le $CHCl^3$ est distribué au patient mélangé avec l'air.

On a prétendu que l'injection préalable d'une solution mixte de morphine et d'atropine diminuait les dangers de la chloroformisation (Dastre et Morat).

Il est difficile d'établir en principe la dose toxique de chloroforme par inhalation pour un sujet déterminé.

Taylor cite le cas d'un enfant qui fut empoisonné par l'ingestion de 4 grammes de $CHCl^3$.

L'ingestion de $CHCl^3$ détermine une sensation de brûlure sur les muqueuses avec production de vésicules ; forte douleur à l'épigastre, souvent suivie de vomissements qui ont pu amener la guérison.

La dose anesthésique mortelle oscille respectivement autour de 40 et de 60 milligrammes pour 100 grammes de sang. Tissot (1906) pense qu'elle varie suivant les individus, et que le sang peut même momentanément contenir des doses de $CHCl^3$ très supérieures à la dose mortelle sans amener la mort si les centres nerveux n'en sont pas saturés.

Le sang artériel est plus chargé de $CHCl^3$ que le sang veineux pendant l'anesthésie, et l'inverse a lieu pendant la période de retour. J. Pohl le premier a émis l'hypothèse qu'un tissu riche en lécithine, cholestérine ou graisse doit fixer le plus de $CHCl^3$. Les autres tissus se classent ensuite dans l'ordre décroissant suivant :

Tissu nerveux ;

Foie et reins ;

Rate ;

Muscle strié.

Le muscle cardiaque fixe davantage le $CHCl^3$ que le muscle ordinaire. Dans le tissu nerveux, le bulbe et la moelle fixent plus de $CHCl^3$ que l'encéphale. La substance blanche en retient environ deux fois plus que la substance grise (M. Nicloux).

Au bout de 5 minutes, après l'inhalation, la quantité de $CHCl^3$ a déjà diminué de moitié ; ce n'est qu'au bout de 7 heures qu'il n'est plus dosable dans le sang. Toutefois l'élimination de l'organisme n'est complète qu'après 36 heures.

Deux heures après l'anesthésie, les muscles en sont pratiquement débarrassés. L'élimination totale serait complète après 7 heures au plus s'il n'y avait pas de tissu adipeux qui contient encore du $CHCl^3$ dosable 12 heures après l'anesthésie et encore décelable au bout de la 15e heure.

La voie véritable de l'élimination est le poumon, l'urine n'en contenant jamais que des traces. L'urine des chloroformés réduit la liqueur de Barreswill, bien que ne renfermant pas de glucose. L'azote total de l'urine augmente et l'urée diminue ; il y a augmentation des matières extractives. Le S et les sels ammoniacaux augmentent ainsi que Ph, Ca, Mg, Cl. Il y a aussi augmentation de la toxicité urinaire.

Pour F. Legueu le chloroforme bien manié, bien donné, est très peu toxique pour les reins quand le foie n'est pas malade. Pour N. Fiessinger il déterminerait la dégénérescence du foie (1917).

Le $CHCl^3$ inhalé ne s'élimine pas entièrement en nature; il en disparaît une quantité notable, et on peut évaluer cette perte à 50 p. 100 du $CHCl^3$ fixé par l'ensemble des tissus, ce qui peut s'expliquer par ce fait que ce composé est facilement décomposable. Desgrez a montré (1897) que si, dans la réaction de Dumas, on substitue à la potasse alcoolique de la potasse aqueuse, et si on laisse la réaction s'effectuer à la température ordinaire, elle se passe de la façon suivante :

$$CHCl^3 + 3KHO = 3KCl + CO + 2H^2O ;$$

les deux derniers termes sont des générateurs de l'acide formique. Or le sang, milieux aqueux, alcalin, de température moyenne, devient le siège d'une semblable décomposition. L'augmentation des chlorures alcalins (Kast, Vidal, Nicloux) dans l'urine, la production réelle de CO dans le sang de l'animal anesthésié (Desgrez et Nicloux), la diminution *in vitro* du chloroforme du sang chloroformé, sont des arguments très sérieux en faveur de cette hypothèse.

Enfin M. Nicloux a vu que $CHCl^3$ passe de la mère au fœtus ; et la quantité de $CHCl^3$ dans le foie du fœtus est en général supérieure à la quantité contenue dans le foie de la mère.

$CHCl^3$ passe dans le lait en quantité notable, et aussi dans le liquide céphalo-rachidien (Sicard).

La composition de l'atmosphère alvéolaire des poumons règle évidemment la proportion de $CHCl^3$ contenu dans le sang. Pendant l'anesthésie, cette atmosphère s'enrichit avec les inhalations plus fréquentes.

Connaissant l'affinité des graisses et des lipoïdes pour le $CHCl^3$ qui les dissout, et la présence constante de ces corps dans les tissus, on doit penser *a priori* que cette affinité intervient dans l'anesthésie (Hans Meyer et Overton) ; c'est ce qu'ont démontré ultérieurement les expériences de Nicloux. La fixation de $CHCl^3$ dans les tissus s'effectue donc par sa dissolution dans les lipoïdes, et ce, pour chaque tissu, d'autant plus vite qu'il y a un réseau sanguin plus riche et avec d'autant plus d'intensité qu'il contient plus de lipoïdes.

La décomposition du $CHCl^3$ dans l'organisme évaluée à 50 p. 100 entraîne parallèlement une disparition importante des alcalis de l'organisme, la diminution de l'alcalinité générale de l'organisme et des accidents consécutifs à cette soustraction rapide d'éléments minéraux indispensables. L'étude de l'acidose organique, poursuivie actuellement avec succès, apportera peut-être un jour complet sur cette question des accidents post-chloroformiques.

En cas d'accidents chloroformiques immédiats, pratiquer la respiration artificielle, les tractions rythmées de la langue, la faradisation des phréniques, faire respirer du nitrite d'amyle contre la syncope cardiaque, et injecter du sérum artificiel de Hayem.

Recherche toxicologique du chloroforme. — A l'autopsie, les divers organes dégagent l'odeur de chloroforme, les poumons sont hyperémiés.

Les organes très vasculaires seront surtout employés à la recherche du $CHCl^3$ après inhalation. Mais, à la suite d'ingestion du $CHCl^3$, on utilisera surtout l'estomac, l'intestin et leur contenu, et dans ce cas l'odeur est manifeste dans ces organes.

La masse des organes pulpés sera traitée par l'acide phosphorique ou l'acide tartrique jusqu'à réaction acide, et on distillera dans un courant de vapeur d'eau : $CHCl^3$ passe généralement dans les 20 premiers centimètres cubes. Si la quantité de $CHCl^3$ qui a distillé est suffisante, ce composé se reconnaîtra déjà à son odeur, et à sa densité qui le fait tomber au fond du récipient.

Avant de conclure à un empoisonnement par $CHCl^3$, on devra vérifier l'absence de chloral. Pour cela, après s'être assuré que les organes ne fournissent plus de $CHCl^3$ dans la distillation précédente, on ajoutera 10 centimètres cubes de NaOH binormale, et on distillera de nouveau. La présence de chloral donnerait lieu à un nouveau dégagement de $CHCl^3$.

Dans le cas d'empoisonnement à la suite d'anesthésie, la quantité de

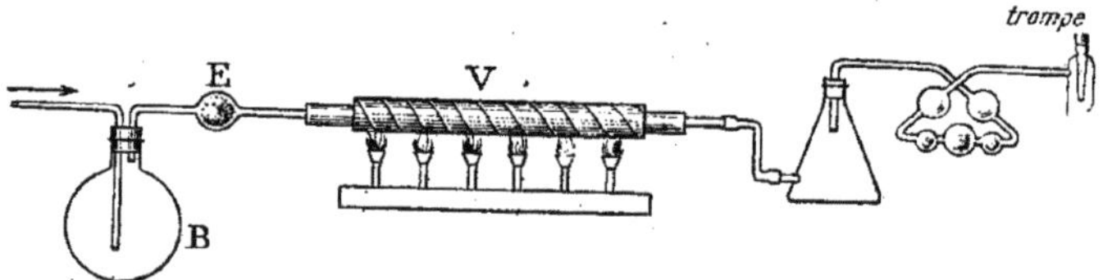

FIG. 11. — Appareil pour la recherche du chloroforme (Méthode de Perrin).

$CHCl^3$ fixé par les organes est minime. On pourra s'adresser à la *méthode de Perrin* basée sur la décomposition des vapeurs de $CHCl^3$ à la chaleur rouge, décomposition qui donne lieu à la production de Cl, de HCl et accessoirement de sesquichlorure de carbone, de tétrachlorure d'éthylène. Le Cl et HCl produits sont utilisés pour la recherche du $CHCl^3$ par les précipités qu'ils fournissent avec $AgNO^3$.

$$CHCl^3 = C + HCl + 2Cl.$$

On pulpera les organes avec 10 p. 100 de $CaCO^3$.

On les introduira rapidement dans un grand ballon B communiquant avec un tube de verre vert contenant des fragments de pierre ponce, et placé sur une grille V à analyses organiques. L'autre extrémité du tube est reliée à un système de flacons et de tubes laveurs contenant une solution de $AgNO^3$. Une boule E est garnie d'ouate filtrante. Un titrage de AgCl indique la teneur en HCl.

36,5 de HCl correspondent à 119gr,5 de $CHCl^3$.

On devra remarquer que d'autres composés chlorés peuvent fournir cette réaction.

Méthode de Vitali. — Cette méthode peut servir à rechercher des traces minimes de $CHCl^3$ ou d'autres produits organiques chlorés. On pourra se servir de l'eau chloroformée obtenue par distillation préalable des organes pulpés et acidifiés par l'acide phosphorique. Elle sera placée dans un vase A où on l'introduira au moyen d'un entonnoir à robinet.

Un appareil de Kipp produit de l'hydrogène au moyen de Zn et d'acide sulfurique dilué ; le gaz traverse un vase C renfermant de l'eau distillée, et un deuxième récipient A dans lequel on versera l'eau chloroformée. L'extrémité du tube de verre *h* est enrobée d'une lame de platine ; à l'orifice aboutit un fil de cuivre. On peut s'assurer que, tant qu'il brûlera de l'hydrogène en *h*, la flamme demeurera incolore ; mais s'il y a $CHCl^3$, l'H transformera le $CHCl^3$ en HCl qui, ren-

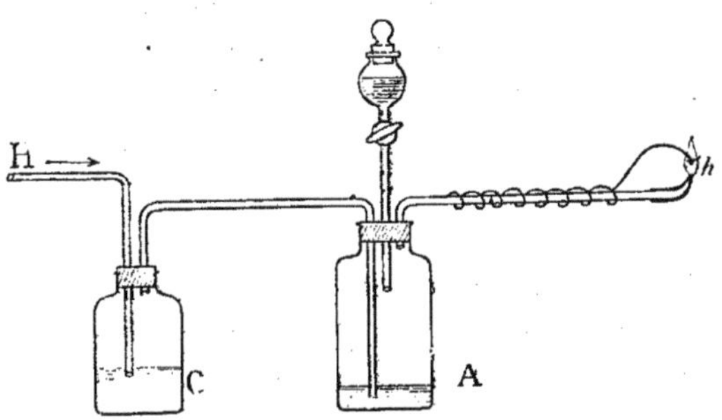

Fig. 12. — Appareil de Vitali pour la recherche du chloroforme.

contrant dans la flamme le fil de cuivre, formera avec lui du chlorure de cuivre qui communiquera à la flamme une belle couleur bleue verdâtre.

Au lieu d'eau distillée dans le flacon C, il sera mieux de mettre une solution de $KMnO^4$ acidifiée avec SO^4H^2. On pourrait encore aspirer les gaz de la combustion en *h* et leur faire traverser une solution de NO^3Ag.

Kippenberger croit plus démonstrative la *méthode de Ludwig*, qui consiste à faire passer un courant d'air sur les matériaux de recherche ; cet air se charge de vapeurs de $CHCl^3$ que l'on fait passer dans un tube de verre peu fusible, chauffé au rouge ; $CHCl^3$ se décompose en produits divers parmi lesquels le perchlorobenzène qui cristallise en cristaux blancs aiguillés et qui permettrait de caractériser le corps du délit. Le tube à combustion peut enfin être relié avec deux récipients renfermant l'un KI (pour Cl) et l'autre $AgNO^3$.

Dosage du chloroforme pur. — M. Nicloux a montré (1906) que la réaction classique de Dumas :

$$CHCl^3 + 4KOH = 3KCl + HCOOK + 2H^2O$$

était totale quand on l'effectuait au réfrigérant à reflux, à la condition que la quantité de $CHCl^3$ en dissolution alcoolique ne dépassât pas 100 milligrammes. La saponification est complète au bout d'une demi-heure. Pour terminer le dosage, il suffit d'évaluer la quantité de KCl par la méthode de Mohr : neutralisation exacte par SO^4H ou NO^3H, puis addition de $CaCO^3$ et emploi de NO^3Ag titré avec K^2CrO^4 comme indicateur.

Si la solution titrée de $AgNO^3$ est à 8gr,535 par litre, chaque centimètre cube représente 0gr,002 de $CHCl^3$.

L'auteur a constaté une erreur en moins de 2 à 3 p. 100.

On pourra *doser le chloroforme dans l'air* en le faisant barboter dans deux récipients renfermant de l'alcool ; on opérera comme précédemment après s'être assuré de la quantité d'air qui aura traversé les barboteurs.

Pour *doser le chloroforme dans le sang ou dans un liquide aqueux* quelconque, on additionne le liquide suspect de 5 fois son volume d'alcool, légèrement acidifié par l'acide tartrique ; on place le tout dans un ballon qui est réuni à l'appareil de Schlœsing-Aubin. On recueille le liquide distillé (1/3 du volume total) dans une éprouvette graduée contenant avant toute distillation 10 centimètres cubes d'alcool à 95°, dans lequel plonge la partie effilée du tube de verre de l'appareil. Le distillat contiendra tout le $CHCl^3$ dissous dans l'alcool fort. On terminera le dosage par l'un des procédés indiqués ci-dessus.

S'il s'agissait de doser le $CHCl^3$ dans les tissus, ceux-ci seraient coupés en morceaux avec des ciseaux au sein de l'alcool et traités ensuite comme le sang.

M. Nicloux (1890) a encore apporté des modifications à l'appareil pour rendre le dosage plus sensible.

Bromoforme, $CHBr^3$, PM = 253 (Syn. : tribromométhane, bromure de méthyle). Liquide incolore, d'une odeur semblable à celle du chloroforme, de saveur douceâtre.

Point d'ébullition : 149°-150°. Densité à 14°,5 : 2,775.

A — 4° ou — 5° il se transforme en une masse cristalline, fusible à 7°,6. Presque insoluble dans l'eau, très soluble dans l'alcool et l'éther.

Il s'altère à l'air et à la lumière, comme $CHCl^3$, en donnant des produits de décomposition analogues. Il se comporte comme lui vis-à-vis de la chaleur et des alcalis. La présence de Br s'y démontre de la même façon que pour le Cl.

On l'a employé comme anesthésique ; il produit la narcose à un degré moindre que le $CHCl^3$, mais sans provoquer de vomissements.

M. A. Jaquet a communiqué (1901) deux observations d'intoxication par le bromoforme chez des ouvriers occupés à remplir de ce liquide des flacons destinés à la vente. Ces ouvriers ont éprouvé des vertiges avec céphalalgie, de l'abattement, de la perte d'appétit et des accès de dyspnée. Ces symptômes n'ont complètement disparu qu'au bout d'une dizaine de jours.

La densité élevée du bromoforme a encore été la cause d'accidents : prescrit dans des mélanges ou mieux dans une émulsion, il finit toujours par se séparer et tomber au fond du flacon, de sorte qu'on risque d'administrer au malade, en dernier lieu, une dose beaucoup plus considérable de ce médicament, susceptible de déterminer des phénomènes d'intoxication. Cet accident arriva à une fillette de 9 ans, atteinte de coqueluche, qui absorba ainsi, en une seule fois 4 grammes de $CHBr^3$: elle fut prise de collapsus extrêmement grave.

Le Dr Reincke a signalé un accident semblable chez un enfant de 3 ans qui avait absorbé 2 grammes de bromoforme.

On peut fixer à 5 grammes environ la quantité de bromoforme susceptible de tuer un enfant de 4 à 5 ans.

On connaît au moins quatre intoxications mortelles par le bromoforme, et nombreux sont les cas d'intoxications non suivies de mort. A l'autopsie d'un petit garçon de 5 ans qui succomba après l'ingestion de 5 grammes de bromoforme, Roth constata une odeur manifeste de bromoforme dans l'estomac, l'intestin grêle, le cerveau, le foie, les reins, le péricarde et les poumons, une forte hyperhémie des reins, de l'estomac et de l'intestin grêle, une tuméfaction de la muqueuse gastro-duodénale avec ecchymoses, une fluidité extrême du sang noir ; la présence du bromoforme dans les organes énumérés ci-dessus fut constatée chimiquement.

Le Dr Muller (1898) rapporte le cas mortel d'un enfant de 2 ans qui avala par accident 6 grammes de bromoforme d'un seul trait. Quelques minutes après, l'enfant présentait des phénomènes d'ivresse, puis un sommeil profond entrecoupé de crises, convulsions généralisées s'accompagnant d'arrêts de la respiration et de cyanose de la face. On fit vomir le petit malade ; 2 heures et demie plus tard il respirait à peine ; il avait les yeux fermés, les mains froides, les pupilles étroites, les muscles en résolution. Quand on le sortit du lit, l'enfant fut pris d'un accès convulsif. On lava à grand peine l'estomac. L'ablation de la sonde fut suivie d'une nouvelle crise avec arrêt du cœur et de la respiration.

Les tentatives de respiration artificielle furent inutiles.

A l'autopsie on trouva l'estomac et le duodénum très congestionnés, et contenant encore $CHBr^3$; il y en avait plus d'un gramme dans le tube digestif. Le sang était rouge sombre ; il existait une congestion marquée des viscères, et particulièrement de l'encéphale et de ses enveloppes. La mort paraît être survenue par le mécanisme de l'asphyxie.

Contre l'empoisonnement par le bromoforme, il faut employer les moyens destinés à remédier aux troubles de l'activité cardiaque et de l'activité pulmonaire.

En général les symptômes typiques de l'empoisonnement par le bromoforme sont : perte subite de connaissance, refroidissement et pâleur de la peau, cyanose des lèvres, fixité des pupilles rétrécies, relâchement des muscles, sauf des masseters qui sont au contraire contractés, disparition des réflexes, irrégularité et faiblesse du pouls, troubles respiratoires et râle trachéal.

Le bromoforme provoque d'abord une paralysie sensorielle, puis une paralysie respiratoire et enfin cardiaque.

La recherche toxicologique du bromoforme serait calquée sur celle du $CHCl^3$. Cependant on devrait employer de la potasse concassée ou mieux en poudre, en utilisant la réaction déjà citée :

$$CHBr^3 + 3KHO = 3KBr + CO + 2H^2O.$$

Si l'on opère en solution alcoolique, l'alcool est partiellement attaqué et fournit de l'éthylène.

Si l'on emploie pour sa recherche la méthode de Vitali, on devra se rappeler que la flamme dans laquelle est immergé le laiton se colorera *en bleu*, s'il y a du bromoforme ; dans la combustion HBr formé pourra être absorbé par NH^3 qui fournira des cristaux reconnaissables au microscope.

S'il y avait du *bromal* mélangé au bromoforme, après la recherche de ce dernier au moyen de la vapeur d'eau (comme pour $CHCl^3$), on traiterait par KHO et on distillerait à nouveau le $CHBr^3$ formé dans cette réaction.

IODOFORME CHI^3

Syn. : triodure de formyle, méthane triiodé.

L'iodoforme cristallise en lamelles hexagonales de forme variée que l'on peut observer au microscope. De couleur jaune citron, odeur forte persistante, désagréable, *sui generis*. Presque insoluble dans l'eau (1 p. 14.000 à + 15°), soluble dans 50 p. 100 d'alcool à 90°, froid, dans 10 p. 100 d'alcool bouillant, dans 25 p. 100 d'alcool anhydre, dans 5,2 p. 100 d'éther, dans 75 p. 100 d'acide acétique. Très soluble dans $CHCl^3$ et CS^2, dans l'éther de pétrole, les huiles grasses et essentielles. A 115° il fond en un liquide brun ; à plus haute température, il se décompose en fournissant des vapeurs d'iode, HI, et autres produits, et en laissant un résidu charbonneux. A température plus élevée, il ne doit pas laisser de résidu. Densité : 2,05.

Il est entraîné par la vapeur d'eau.

La lumière à laquelle l'iodoforme est plus sensible que $CHCl^3$ libère de l'iode.

La solution alcoolique bouillante de KOH ou NaOH le transforme, en formiate alcalin.

$$CHI^3 + 4KHO = 3KI + H.COOK + 2H^2O.$$

Le Cl le transforme en perchlorure de carbone, en HCl et ICl.

$$CHI^3 + 4Cl^2 = CCl^4 + HCl + 3ICl.$$

Le Br le transforme en $CHBr^3$ et IBr.

$$CHI^3 + 3Br^2 = CHBr^3 + 3IBr.$$

Réactions de l'iodoforme. — 1° En chauffant légèrement quelques gouttes d'une solution alcoolique de CHI^3 avec quelques gouttes de phénol et un peu de KHO, il se développe une couleur rouge due à l'acide rosolique (Lustgarten) ;

2° En substituant le thymol au phénol, la couleur est violette (Vitali) ;

3° En chauffant un peu d'une solution alcoolique de résorcine avec de la potasse, et un peu de CHI^3, on obtient une belle couleur rouge jaune ;

4° En chauffant un mélange intime de CHI^3 et HgO, il se développe des vapeurs violettes d'iode et il se forme un sublimé constitué par HgI^2 (Vitali) ;

5° CHI^3 réduit la liqueur Barreswill ;

6° Fondre avec NaOH, reprendre par l'eau, traiter par acide acétique et eau amidonnée : couleur bleue par addition ménagée d'eau de chlore.

Essai. — L'eau avec laquelle on agite CHI^3, filtrée, ne doit pas avoir de réaction alcaline, ni faire effervescence avec les acides, ni donner de précipité avec l'eau de chaux (absence d'alcalis caustiques et carbonatés), ne doit se colorer ni en jaune ni en bleu par addition d'eau amidonnée et d'un acide (exclusion d'iodure et d'iodate), ni se troubler par $AgNO^3$ (exclusion d'iodure) ; la même eau devra être incolore, non jaune, et ne pas se colorer en rouge avec le cyanure de potassium (absence d'acide picrique). L'iodoforme doit se dissoudre tout entier dans l'alcool (absence de PbI^2). Chauffé sur une lame de platine, ne doit pas laisser de résidu, ni développer d'odeur de SO^2 (absence de soufre). Il renferme souvent de l'eau dont il est difficile de le débarrasser ; elle ne doit pas dépasser 1 p. 100.

On doit le conserver dans du verre jaune et ne pas l'exposer à la lumière. Les solutions, qui sont très altérables, seront préparées au moment du besoin.

Usages. — Usité en poudre comme antiseptique ; employé sous forme de gaze et de coton iodoformés. Les antiseptiques à odeur spécifique masquent son odeur : créoline, essence de menthe, amandes amères, baume du Pérou, menthol, phénol, coumarine.

Dosage de l'iodoforme dans les tissus médicamenteux. — On chauffe 5-10 grammes du tissu iodoformé avec de l'éther dans un appareil Soxhlet, on évapore la solution éthérée, et le résidu est mis à digérer avec un excès d'une solution d'azotate d'argent à 20 p. 100 ; on lave AgI formé, on pèse. Du poids on déduit la quantité de CHI^3.

Pour doser CHI^3, Richmond a utilisé l'équation :

$$CHI^3 + 4NaOH = 3NaI + COOHNa + 2H^2O.$$

On prend $0^{gr},10$ à $0^{gr},15$ de ce corps : on le dissout dans l'alcool, on ajoute un excès de NaOH alcoolique ; on chauffe 10 minutes près de l'ébullition, on évapore l'alcool. On dissout le résidu dans l'eau ; on acidule par NO^3H étendu ; on neutralise par $CaCO^3$, et on titre avec la solution N/10 de $AgNO^3$ avec le chromate de potassium comme indicateur.

1^{cc} de $AgNO^3$ N/10 .... $0^{gr},01313$ de CHI^3.

Enfin le dosage par la méthode cyano-argentimétrique de Denigès est aussi très exact.

Action physiologique. — On a cru remarquer que les variétés d'iodoforme qui, après agitation avec l'eau distillée, donnaient des solutions capables de réduire une solution alcoolique de NO^3Ag au bout de 24 heures, étaient surtout susceptibles de produire des accidents.

Sa toxicité est variable. On a constaté des intoxications internes et externes se traduisant par des troubles digestifs, nerveux et circulatoires, et par des éruptions : le goût de l'iodoforme se trouve dans la bouche, il y a de la céphalée et quelquefois du délire. Ces accidents cessent avec la suppression de l'iodoforme.

L'absorption se fait sous l'influence de l'alcalinité des sucs intestinaux. Il s'élimine dans l'urine à l'état d'iodure et d'iodate. Dans ces dernières années on a cité plusieurs cas de morts après application de CHI^3 sur des plaies.

Recherche toxicologique. — On utilisera les viscères coupés en menus fragments : l'estomac, l'intestin et leur contenu, le cerveau, le sang, l'urine ; ils seront introduits dans un matras à deux ouvertures : par l'une arrive un courant de vapeur d'eau qui pénètre jusqu'au fond du récipient ; par un autre tube s'échappe la vapeur qui a traversé les matériaux suspects. Ce dernier tube traverse un réfrigérant de Liebig terminé par un ballon collecteur qu'on maintient refroidi. On devra aciduler les viscères avec de l'acide sulfurique dilué. La vapeur d'eau entraîne avec elle CHI^3 qui se condense dans le récipient en paillettes de couleur jaunâtre, quand il y a une quantité suffisante de CHI^3. Il peut arriver qu'il en reste dans le récipient : on le nettoiera alors avec de l'éther qui abandonnera par évaporation des lamelles ou des paillettes jaunes.

W. Stortenbeker (1905) conseille d'épuiser à l'éther le distillatum et d'évaporer. Si le résidu obtenu contient des matières grasses, ce qui arrive le plus souvent, matières gênantes pour l'examen microscopique de CHI^3, on peut les éliminer en reprenant le résidu par l'acide acétique qui ne dissout guère que l'iodoforme.

L'iodoformine $(CH^2)^6 N^4 CHI^3$ qui a été vantée sous le nom d'iodoforme inodore et qui résulte de la copulation de l'hexaméthylènetétramine (1 molécule) avec 1 molécule de CHI^3, et qui en contient 75 p. 100, se présente sous forme d'une poudre blanche, fine, presque inodore, fusible à 178°, insoluble dans l'eau, presque insoluble dans l'alcool, l'éther, le chloroforme ; elle est altérable à la lumière en prenant une teinte jaune. Les acides, les alcalis, et même l'eau avec laquelle on l'agite, la décomposent avec séparation de CHI^3.

Sa recherche toxicologique serait donc effectuée comme celle de CHI^3.

Tétrachlorure de carbone (Syn. : méthane tétrachloré), CCl^4. — Ce composé découvert par Regnauld est un liquide incolore, très mobile, d'odeur éthérée et camphrée, bouillant à 77°-78°, de densité : 1,599, se prenant en masse cristalline à — 25°, presque insoluble dans l'eau, soluble dans l'alcool et l'éther.

La KHO alcoolique le transforme en chlorure et carbonate alcalin :

$$CCl^4 + 6KHO = 4KCl + K^2CO^3 + 3H^2O.$$

Il n'a pas été essayé sur l'homme. Cependant Ch. Morel considère (1877) le tétrachlorure de carbone comme étant supérieur à tous les anesthésiques connus : tel n'est pas l'avis de Regnauld et Villejean. Procure lentement l'anesthésie chez les animaux. Mais c'est un anesthésique très dangereux (G. Pouchet), car il provoque une période d'excitation très vive (Dastre).

Il est employé depuis quelque temps par les coiffeurs en lotions parce qu'il ne risque pas de s'enflammer. Le Dr Levassor a signalé (1913) le cas d'une jeune femme qui, pour nettoyer sa chevelure, se servit de tétrachlorure de carbone (renfermant 5 p. 100 de CS^2) acheté chez son coiffeur. En plongeant sa tête dans la cuvette renfermant le liquide, elle tomba inanimée. Pendant plusieurs jours, elle eut un véritable état d'intoxication, avec céphalée intense, maux de cœur, nausées, malaise profond avec asthénie cardiaque, phénomènes qui ne disparurent complètement qu'au bout de 3 semaines. Ce liquide aurait produit de nombreux cas semblables chez les coiffeurs (Dr Duguet).

On a signalé un cas mortel en Belgique.

Ce liquide a été employé sur les navires pour la dératisation.

Le Conseil d'Hygiène de la Seine a émis le vœu de voir interdire la vente du tétrachlorure de carbone pour les lotions dites antiseptiques. Waler (1910) a établi que le tétrachlorure de carbone est bien plus toxique que le chloroforme.

Enfin le Dr Wilson (1914) a signalé le cas d'un homme ayant succombé à une intoxication profonde produite par cette substance qu'il maniait dans son travail ; l'autopsie révéla une atrophie du foie et de la vésicule biliaire. A la suite d'une enquête on constata que des ouvriers de la même usine, où l'on employait le tétrachlorure comme solvant des vernis, présentaient divers symptômes, tels que somnolence, apyrexie, nausées, vomissements, céphalalgie, jaunisse, décoloration des matières fécales, coloration brune des urines, etc. Dans les cas graves on a observé de l'hématurie, des convulsions, la mort se produisant dans le coma.

L'opinion de la plupart des auteurs qui ont étudié les accidents déterminés par le tétrachlorure de carbone est que ce composé doit être considéré comme un toxique des plus redoutables.

Si les sels dérivés du formène : CH^3Cl, CH^2Cl^2, sont des anesthésiques considérés comme dangereux, les dérivés chlorés de l'éthane, d'après G. Pouchet, le sont moins.

Quand dans l'*éthane* et dans le *méthane* il y a substitution symétrique, on a affaire à une substance toxique ; s'il y a au contraire substitution dissymétrique le produit obtenu est plutôt anesthésique. Exemple : $ClH^2C — CH^3$ ou chlorure d'éthyle est un anesthésique faible, employé comme anesthésique local ; mais il est moins anesthésique que CH^3Cl.

$Cl^2HC — CH^3$ est un anesthésique comparable au chloroforme.

$ClH^2C — CH^2Cl$ est un composé très toxique.

$Cl^3.C.CH^3$ ou méthylchloroforme pourrait remplacer $CHCl^3$.

Le chlorure d'éthylidène monochloré : $Cl^2HC = CH^2Cl$ qui présente une dissymétrie moins prononcée est un anesthésique convulsivant.

M. G. Pouchet fait remarquer que le groupement C^2H^5 est un groupement hynoptique dans toutes les molécules où on le combine. Les combinaisons de ce groupement avec Cl, Br, O, S, ou S^2O^4 (sulfone) exaltent cette propriété hypnotique. Ainsi C^2H^5Cl est un hypnotique assez faible, mais assez employé pour les anesthésies de petite durée (chirurgie dentaire), et C^2H^5Br est un hypno-anesthésique très usité dans les anesthésies infantiles et comparables à $CHCl^3$. C^2H^5-O-C^2H^5 est encore plus anesthésique.

La propriété anesthésique du groupement halogéné ne se retrouve pas avec la même intensité indistinctement chez tous les homologues ; maximum pour les termes en C^1 et C^2, elle diminue rapidement au fur et à mesure de l'augmentation du nombre des atomes de carbone.

Les dérivés chlorés de l'éthane qui ont été essayés pour l'anesthésie sont ceux dont le point d'ébullition n'est pas trop élevé. Ceux qui bouillent au delà de 120° ne sont pas assez volatils pour pénétrer en quantité suffisante dans les poumons et exercer une action anesthésiante.

Monochloréthane, C^2H^5Cl ou CH^3CH^2Cl (chloroéthyle, éther chlorhydrique).

Liquide incolore, d'odeur éthérée agréable, de saveur douceâtre, qui brûle avec une flamme verte sur les bords. Densité : 0,9176. Point d'ébullition : 12°,5. A 15°, c'est un gaz incolore. Peu soluble dans l'eau (1/50 environ), assez soluble dans l'alcool et dans l'éther. Se solidifie à — 290°. On le met dans de petits tubes terminés par une pointe effilée ; la chaleur de la main suffit à le transformer en vapeurs que l'on applique sur les différentes parties du corps que l'on veut anesthésier, de même que le chlorure de méthyle. Il est employé comme anesthésique général et comme anesthésique local.

On l'utilise seul ou mélangé au chlorure de méthyle (liquide de Richardson, anesthyle). A été essayé d'abord par Flourens. Il détermine une anesthésie rapide, accompagnée de convulsions et d'arrêts de la respiration.

D'après M. A. Lebet (de Genève, 1901), cet anesthésique est d'un emploi très difficile à cause de sa volatilité ; il est difficile d'obtenir avec lui une évaporation constante. Il produit l'anesthésie après une phase d'excitation.

M. Leriche en 1912 a signalé 2 cas de mort, arrivés à 2 jours de distance, à la suite d'anesthésies pratiquées avec le même tube de chloréthyle. Il s'agissait de 2 petites opérations simples à la suite desquelles les malades succombèrent quelques minutes après le réveil en présentant des phénomènes très nets d'asphyxie, cyanose, etc. M. Morel a constaté que le produit était pur et que les organes, surtout le cerveau, avaient fixé du chlorure d'éthyle. Il faut surtout accuser la sensibilité des sujets.

M. A. Berthelot (1913) recommande l'emploi du chlorure d'éthyle pour les stérilisations des cultures microbiennes et la préparation des vaccins bactériens. Pour F. Legueux, C^2H^5Cl est un anesthésique général présentant des inconvénients parce qu'il peut provoquer des acidoses dangereuses.

Monobromoéthane : C^2H^5Br ou CH^3CH^2Br (Syn. : bromure d'éthyle, éther bromhydrique). Liquide mobile, incolore, d'une odeur éthérée, agréable. Densité à 15° : 1,4735. Point d'ébullition : 38°,8. Presque insoluble dans l'eau qui ne se trouble pas, assez soluble dans l'alcool et dans l'éther. S'altère à l'air et à la lumière, décomposable par les alcalis.

$$C^2H^5Br + KHO = KBr + C^2H^5OH.$$

Non inflammable. Il est employé comme anesthésique et narcotique. Sa vapeur produit l'anesthésie comme l'éther. L'anesthésie arrive plus vite qu'avec le chloroforme, mais elle est plus passagère : elle se produit avec 5-20 grammes.

S'il possède une odeur désagréable, c'est qu'il n'a pas été bien rectifié et qu'il contient des dérivés bromés nuisibles à l'organisme. Le produit commercial est le plus souvent impur.

Rabuteau lui attribue des propriétés anesthésiques comparables à celles de $CHCl^3$, et supérieures à celles de l'éther. Son action se produit avec rapidité et sans laisser de traces. On n'observe pas avec lui d'agitation violente comme celle que produit l'éther ou le chloroforme. Il provoque une excitation glandulaire très vive, une sudation abondante, un ptyalisme très marqué et aussi du larmoiement.

Éthane monoiodé. — C^2H^5I ou CH^3CH^2I (iodure d'éthyle, éther éthyliodhydrique).

Liquide incolore, d'odeur éthérée agréable, qui bout à 72°,3. Densité à 15° : 1,944. S'altère avec le temps à l'air et à la lumière, en prenant une couleur jaune, puis brune, due à l'iode libéré. Presque insoluble dans l'eau, soluble dans l'alcool et l'éther.

Possède une action anesthésique. A été proposé comme curatif dans les empoisonnements par la strychnine, la morphine, les métaux, etc. A été recommandé dans le traitement du rhumatisme chronique, à la dose de 0gr,5 à 1gr,0, dans la scrofulose et dans la syphilis constitutionnelle.

Très employé surtout dans beaucoup de synthèses organiques.

Éthane bichloré. — $CH^2Cl\text{-}CH^2Cl$ (Syn. : chlorure d'éthylène, liqueur des Hollandais) se présente sous deux variétés isomériques : l'α-dichloroéthane ou chlorure d'éthylidène de formule $CH^3 = CHCl^2$ et le β-dichloroéthane $CH^2Cl\text{-}CH^2Cl$ ou liqueur des Hollandais. Ces deux variétés, la dernière surtout, sont anesthésiques. Elles auraient sur le $CHCl^3$ et sur l'éther, d'après Simpson, le grand avantage de ne pas produire de phénomènes d'excitation, ni aussi facilement le collapsus. Le *chlorure d'éthylidène*, densité : 1,182, bout à 59°, s'acidifie à l'air. Un médecin anglais qui se prêta à des expériences avec du chlorure d'éthylidène n'éprouva pas d'accidents.

Le *chlorure d'éthylène* ou huile des Hollandais, densité : 1,27, bout à 85,5 est un liquide incolore, à odeur de chloroforme, insoluble dans l'eau, soluble dans l'alcool et dans l'éther. A été étudié en 1885 par Rabuteau : l'anesthésie est longue à se produire et de même à se dissiper. Il n'a pu obtenir avec lui l'anesthésie complète. Il a l'inconvénient de rendre la cornée opaque, soit qu'on l'emploie en inhalation, soit qu'on s'en serve par la voie hypodermique.

Méthylchloroforme CH^3CCl^3.

Densité : 1,372. Analogue au chloroforme. Mais ses vapeurs sont plus agréables et ne sont pas irritantes. Moins volatil que $CHCl^3$. Bout à 75°.

Résiste à l'action des alcalis.

L'anesthésie est plus lente à se produire qu'avec $CHCl^3$. Il aurait l'avantage de supprimer ou d'atténuer la période d'excitation : il n'exercerait pas d'action irritante sur les muqueuses : d'où suppression de la salivation. Un inconvénient, c'est qu'il produit un abaissement thermique considérable de 3 à 4°.

Di-iodoforme ou tétraiodoéthylène. C^2I^4 ou $I^2C = CI^2$.

A été proposé comme succédané de l'iodoforme. Il cristallise en prismes jaunâtres, inodores, insolubles dans l'eau, un peu solubles dans l'alcool et l'éther, plus solubles dans CS^2, le benzène et le toluène chaud. Fond à 192°. S'altère à la lumière.

C'est un antiseptique qui contient 95,48 p. 100 d'iode.

ALCOOLS MONOVALENTS

Alcool méthylique. CH^3OH ou HCH^2OH.

Liquide mobile, sans couleur, d'odeur particulière, de saveur brûlante. Bout à 65°-66°. Densité à 15° : 0,7997, soluble dans l'eau avec dégagement de chaleur et contraction de volume, soluble en toutes proportions dans l'alcool, l'éther, les huiles fixes et volatiles.

La statistique des empoisonnements aigus par l'alcool éthylique est connue de tous, celle de l'alcool méthylique l'est moins. L'action toxique de cet alcool a été envisagée de diverses façons par les auteurs : cela tient probablement à ce que les uns ont fait des expériences avec l'alcool méthylique pur, d'autres avec l'alcool méthylique commercial, appelé esprit de bois.

Rabuteau range ainsi les alcools d'après leur toxicité :

1° Alcool méthylique	peu actif.
2° — éthylique	peu actif.
3° — butylique	actif.
4° — amylique	très actif.

Cras, Ritter ne croient pas à la toxicité de l'alcool méthylique. Lewin le suppose plus toxique que l'alcool éthylique : d'après lui, les intoxications survenues en Amérique par le « ginger » ou essence de gingembre paraissent dues à l'alcool méthylique y contenu. Falletar's rapporte (1908) qu'en Russie, dans un banquet de noces, environ 35 personnes furent empoisonnées par l'alcool méthylique, et qu'en Hongrie, au printemps de 1909, il y eut plus de 70 cas de mort après l'usage de l'alcool méthylique falsifié : le nombre des malades était supérieur à celui des morts.

Récemment, à Berlin (1912), dans un dortoir public municipal, plus de 100 personnes tombèrent malades avec des symptômes d'empoisonnement et 60 périrent : ces morts furent soudaines et inexplicables ; l'autorité judiciaire fit la preuve qu'elles avaient pour origine des libations faites par les intoxiqués dans une taverne voisine. Franenkel qui assista aux autopsies rapporte que tous les empoisonnés étaient sains de corps, mais présentaient la physionomie des ivrognes et une forte rougeur à la peau et aux yeux. Dans le tube digestif il y avait une inflammation aiguë qui se propageait le plus souvent à l'intestin.

A Bologne et à Castiglione on releva de semblables intoxications; avec les viscères de l'une des victimes, G. Franceschi put caractériser la présence de l'alcool méthylique. Ces empoisonnements se produisent, d'après Fallestar's, avec l'*alcool méthylique impur*.

Stadelman prétend (1912) que l'empoisonnement par l'alcool méthylique est plus lent que l'empoisonnement par l'alcool éthylique.

En Amérique, on a signalé des cas d'empoisonnement dans des ateliers où l'on préparait des vernis avec de l'alcool méthylique. L'amblyopie a été un des accidents signalés à cette occasion.

Stromberg rapporte (1904) des cas d'empoisonnements à la suite d'usage de Baume de Kuntzer préparé avec de l'éther et de l'alcool méthylique.

Blumenthal prétend que l'alcool méthylique est plus vénéneux que l'alcool éthylique.

Il serait important, pour solutionner la question de toxicité, de faire la part, dans l'alcool méthylique impur, de ces impuretés elles-mêmes (aldéhyde, acétone, alcool allylique) qui accompagnent l'alcool méthylique dans l'alcool de bois brut.

Si, pour l'homme, l'alcool méthylique était plus toxique que l'alcool éthylique, ce serait une déviation de la loi de Richardson et Rabuteau, d'après laquelle la toxicité des alcools croît avec le nombre des atomes de carbone.

Partant de là, on peut dire que l'alcool méthylique n'est pas probablement nuisible par lui-même, mais plutôt par les substances qui y sont contenues comme impuretés ; mais il est évident qu'il peut le devenir par abus, produisant ainsi l'empoisonnement alcoolique aigu habituel.

D'après Kroeber (1912), l'alcool méthylique ne serait pas toxique, mais il le deviendrait par suite de la présence du sulfate de diméthyle, corps des plus toxiques qui peut se produire au cours de la purification de l'alcool, quand on emploie un excès d'acide sulfurique.

Cet auteur montre que les produits d'oxydation des deux alcools, méthylique et éthylique, ne peuvent pas être la cause de leur toxicité ; d'autre part, on ne peut pas établir avec certitude si ces alcools absorbés se détruisent ou s'éliminent entièrement ou partiellement.

Il annonce que l'alcool méthylique est plus toxique que l'éthylique par voie intraveineuse, par son action sur le système nerveux, par son ivresse plus prolongée, par sa toxicité plus puissante à doses répétées, par la plus forte stabilité de son groupe OCH^3 et enfin par son action sur l'organe de la vue. Les altérations anatomiques de l'amblyopie méthylée sur les animaux se manifestent dans les cellules nerveuses de la rétine avant d'apparaître dans le nerf optique.

M. J.-B. Franceschi de Bologne (1912) a fait des recherches toxicologiques à propos des décès qui eurent lieu à Berlin, dans un asile public, par l'usage et l'abus de l'alcool méthylique et a étudié l'action toxique de ce produit, plus puissante que celle de l'alcool éthylique. Jusque-là les opinions étaient contradictoires : l'auteur a expérimenté sur des lapins, puis sur lui-même et sur d'autres personnes l'usage prolongé d'anisette à base d'alcool méthylique pur. Il conclut ainsi :

I. — Les alcools méthylique et éthylique et leurs produits d'oxydation, même après un long contact avec des viscères, ne se modifient pas.

II. — Il est facile de reconnaître l'alcool méthylique dans l'estomac et le contenu intestinal des lapins tués au moyen de cet alcool ou au moyen d'un mélange avec l'alcool méthylique.

III. — Dans les viscères des lapins on reconnaîtra très facilement l'alcool éthylique, mais moins facilement l'alcool méthylique.

IV. — Les éthers composés ne peuvent pas se former dans les viscères des lapins.

V. — Dans les urines des personnes saines ayant bu même pendant longtemps ces alcools, on n'en rencontre aucun, pas même sous forme de combinaison chimique.

VI. — L'alcool méthylique ne s'accumulerait pas dans l'organisme ; et, par conséquent, ou bien il s'élimine bientôt par la voie des poumons, ou bien il se détruit.

VII. — L'alcool méthylique serait toxique à peu près comme l'alcool éthylique.

M. Van Duyk (1912) a également étudié la toxicité de l'alcool méthylique.

Assez récemment (1916) une discussion s'est élevée au sein de la

Société de Pharmacie de Paris sur la différence de toxicité qui existe entre les dérivés méthyliques et les dérivés éthyliques. D'après M. Meillère les produits méthyliques seraient moins toxiques que les composés éthyliques. Mais comme l'a fait remarquer M. Nicloux, si la toxicité de l'alcool méthylique est moindre que celle de l'alcool éthylique, en revanche l'alcool méthylique, s'éliminant moins rapidement, est en réalité plus toxique. M. Moureu a conclu qu'il n'y avait pas de loi définie au sujet de la toxicité de ces deux séries de corps.

ALCOOL ORDINAIRE — ALCOOL ÉTHYLIQUE

$C^2H^5OH = 46$ ou CH^3CH^2OH

Liquide limpide, incolore, mobile, d'une odeur plutôt agréable, de saveur brûlante, qui produit sur la peau et sur les muqueuses une sensation de chaleur. Densité à 15° : 0,7937. Bout à 78°,3.

La question de l'alcool comme toxique et par suite l'alcoolisme a été traitée à plusieurs reprises par des auteurs très compétents. Nous renverrons par exemple le lecteur au travail de Riche « Alcool et alcoolisme » (*Journ. de Pharm. et de Chim.*, 1888 et 1889), au chapitre des Boissons alcooliques du *Traité des poisons* de M. L. Hugounenq (1891) ; on y trouvera nombre de renseignements sur la toxicité, la physiologie, etc. Quels que soient les effets louables dépensés par des énergies individuelles, par des sociétés particulières, par l'Administration elle-même, par la thérapeutique (sérum anti-alcoolique), la consommation de l'alcool n'a fait qu'augmenter d'année en année dans notre pays. En 1885, M. Hugounenq a relevé que la consommation annuelle de l'alcool par tête en France était de près de 4 litres ; en 1898, elle est de plus de 17 litres par habitant dans la ville du Havre où on consomme, il est vrai, le plus d'alcool.

D'après le Dr E. de Lavarenne (1901) les départements de

La Seine
Rhône
Loire-Inférieure } Ont consommé 31 et 21 litres d'alcool par tête et par habitant chaque année.

Doubs : 18l,1 /2.

Haute-Vienne : 22l,65.

Si l'alcool, même bien rectifié, si les eaux-de-vie ont leurs inconvénients, les boissons alcooliques contiennent le plus d'impuretés. On y trouve des alcools supérieurs, des éthers, des « bouquets » artificiels fabriqués avec des substances toxiques, des essences, ces dernières substances ajoutées pour masquer les alcools mauvais goût choisis avec dessein à bas prix. L'absorption des « apéritifs », vins de quinquina, vermouth, bitters, absinthes, fabriqués avec des matières premières de qualité inférieure et additionnés de substances nocives conduit à l'alcoolisme.

Notre pays occupe une des premières places pour la consommation de l'alcool éthylique. Les efforts des hygiénistes et des moralistes demeurent impuissants, car ces efforts se heurtent à la politique. De nombreux intérêts favorisent l'alcoolisme. Il y a chez nous, d'après L. Jacquet (1912), près de 4 millions et demi à 5 millions d'habitants qui vivent et s'enrichissent du commerce de l'alcool, c'est-à-dire que près de la moitié des travailleurs est intéressée à la prospérité de cette industrie. L'État d'autre part y trouve près de 490 millions d'impôts et les communes 80 millions, soit 12 p. 100 des ressources de l'État. Si du jour au lendemain, on cessait de boire de l'alcool avant d'avoir trouvé des débouchés pour notre production, il en résulterait des désastres économiques.

Pour la recherche toxicologique de l'alcool, on pourra se servir d'un appareil à distillation pourvu d'un réfrigérant. La recherche doit se faire dans le contenu du tube digestif, le sang, le foie, le cerveau, l'urine. La cornue renfermant une partie de ces organes mélangés ou séparément sera chauffée au bain-marie ; les produits condensés dans le ballon sont mis à macérer sur CO^3K^2 et redistillés. On obtient ainsi quelques gouttes de liquide qu'on soumet aux réactifs indiqués plus loin.

Si l'on a à rechercher l'alcool dans du sang, on peut d'abord l'additionner d'eau et le coaguler rapidement au bain-marie à 70°. Le liquide décanté du caillot, lequel ne retient pas d'alcool, est ensuite soumis à la distillation (Ritter). On pourrait faciliter la distillation en distillant dans le vide.

Caractères de l'alcool éthylique.

1° Le liquide en distillant a pu, s'il contient de l'alcool, émettre sur les parois de l'appareil condenseur des stries huileuses (A. Gautier) ;

2° Le liquide distillé a une odeur alcoolique plus ou moins franche ;

3° On essayera d'enflammer une partie du distillat ;

4° On peut essayer de faire de l'iodoforme en traitant par de la potasse et une quantité suffisante d'iode pour colorer le liquide en jaune (Lieben). L'iodoforme se présentera au microscope sous forme de tables hexagonales. Cette réaction n'est pas caractéristique ;

5° Le liquide, additionné d'un peu de SO^4H^2 et d'une goutte d'acide butyrique, donne, même à froid et plus rapidement à chaud et après addition d'eau, une odeur de fraise (formation d'éther butyrique) ;

6° Vitali a indiqué une réaction qui serait caractéristique, mais qui ne se produit qu'avec 3 à 4 p. 100 d'alcool : à quelques gouttes de la liqueur suspecte, on ajoute un fragment de KOH, puis II à III gouttes de CS^2 ; on agite et on laisse au repos, jusqu'à évaporation de CS^2. On ajoute au résidu une goutte de molybdate d'ammonium à 1/10, et SO^2H^4 à 1/8 jusqu'à réaction fortement acide : on observe, s'il y a de l'alcool, une coloration rouge.

HOMOLOGUES SUPÉRIEURS de L'ALCOOL ÉTHYLIQUE

Alcools amyliques ou pentanols. — Parmi les alcools amyliques que prévoit la théorie, deux sont susceptibles de nous intéresser au point de vue toxicologique :

a) ALCOOL ISOAMYLIQUE PRIMAIRE.

$$C^5H^{11}, OH = \genfrac{}{}{0pt}{}{CH^3}{CH^3}\!\!>CH\text{-}CH^2\text{-}CH^2OH.$$

Syn.: méthyl-2-butanol-4, alcool amylique de fermentation, fuselol. — Il est incolore, il ne doit pas laisser de résidu à l'évaporation. Densité à 15° : 0,815. Bout à 129°-131°. Si, en l'essayant, on trouve que ces constantes sont abaissées, c'est une indication de la présence d'alcool éthylique.

Il a été employé contre l'alcoolisme et le délirium tremens, pour éloigner de l'alcool les alcooliques.

b) ALCOOL AMYLIQUE TERTIAIRE. $C^5H^{11}OH = \genfrac{}{}{0pt}{}{CH^3}{CH^3}\!\!>C(OH)CH^2CH^3$.

Syn. : diméthyl-éthylcarbinol, hydrate d'amylène, méthyl-2-butanol-3. Liquide huileux à odeur aromatique, rappelant celle du camphre. Densité à 15° : 0,814. Bout à 102°, 5. Il est hygroscopique.

Il a été recommandé par Mehring comme hypnotique. Son action le rapproche de l'hydrate de chloral et de la paraldéhyde. Il ne trouble pas les fonctions cardiaques et respiratoires.

On l'a administré en solution aqueuse dans un liquide mucilagineux et en lavements.

Sulfonals. — Composés qui résultent de la substitution aux hydrogènes du méthane de groupes de disulfones et dont les composés éthyliques ont été employés en médecine comme hypnotiques. Ils sont d'autant plus actifs que le nombre de molécules éthyliques est plus grand.

Le *sulfonal* (diméthyl-diéthylsulfoneméthane) de formule :

$$\begin{matrix} CH^3 \\ CH^3 \end{matrix} \!\!> C < \!\! \begin{matrix} SO^2C^2H^5 \\ SO^2C^2H^5 \end{matrix} = C^7H^{16}S^2O^4$$

obtenu en 1885 par E. Baumann et recommandé en 1888 par A. Kast comme hypnotique.

Se présente en cristaux incolores prismatiques, légèrement amers, fusibles à 125°-126°, bouillant à 300° environ en se décomposant en SO^2 et en vapeurs, brûlant avec une flamme lumineuse.

Soluble dans 500 p. d'eau à 15°.
— 15 p. — à 100°.
— 65 p. d'alcool à + 15°.
— 2 p. — bouillant.
— 135 p. d'éther.

Composé stable en présence des acides, des alcalis ou autres oxydants. On peut le dissoudre à froid dans l'acide sulfurique et le précipiter par l'eau sans l'altérer.

Caractères. — 1° En chauffant 0gr,1 de sulfonal avec 0gr,2 de KCy, il se dégage une odeur nauséeuse de mercaptan éthylique, qui se produit encore quand on chauffe avec de l'acide gallique ;

2° En chauffant le sulfonal avec KCy et acidifiant le produit de la réaction avec des traces de Fe^2Cl^6, il se manifeste une couleur rouge sang (sulfocyanure de fer) ;

3° En chauffant une petite quantité de sulfonal avec un peu de limaille de fer ou de zinc, privée de sulfure, il se développe une odeur alliacée, et le résidu, traité par HCl dilué, dégage l'odeur de H^2S.

On l'utilise comme hypnotique à la dose de 1-2 grammes. Il serait bien toléré par le tube digestif, et sans danger pour le cœur et la circulation. Toutefois en masse il agirait sur le sang en formant une substance spéciale, l'hématoporphyrine, qui s'élimine par l'urine, laquelle prend une réaction fortement acide ou une teinte rouge groseille. Chez les chiens, aux doses moyennes — 0gr,30 par kilogramme d'animal — le sulfonal est complètement détruit (E. Lambling, 1890).

L'homme est beaucoup plus sensible que les animaux à l'action du sulfonal.

Il y a eu de fréquents empoisonnements par le sulfonal, à la suite de doses élevées et continues données à des aliénés. Knaggs a cité un cas de mort qui arriva 3 jours après l'ingestion de 30 grammes de sulfonal par un individu.

Par contre, on a signalé (Kast, 1894) que 20, 30, et même 100 grammes de sulfonal n'auraient provoqué qu'un état d'intoxication grave et prolongé sans amener la mort. Dietricht (1900) a signalé plusieurs cas mortels.

Hallopeau a rapporté (1900) que deux malades, après plusieurs jours de friction avec une pommade au sulfonal, avaient présenté de l'hébétude avec torpeur, de l'asthénie et un profond abattement. Ces phénomènes ont disparu dès la cessation du traitement.

Dioscoride Vitali a rapporté le cas d'un de ses élèves qui éprouva de sérieux accidents après l'absorption de 1 gramme de cette substance pendant 2 mois consécutifs.

Symptômes. — Les symptômes sont : stupeur, insensibilité, abolition des réflexes, paralysie des extrémités et des sphincters, impossibilité d'avaler. L'air expiré peut sentir le mercaptan ; albuminurie et coloration rouge vineuse de l'urine, parole incohérente, pupilles dilatées.

TRAITEMENT. — Diurétique, purgatif.

RECHERCHE. — Ce même auteur propose pour la recherche éventuelle du sulfonal mélangé à de la matière organique le procédé suivant : le mélange est évaporé à sec au bain-marie ; le résidu est épuisé à chaud par 2 volumes d'alcool à 90° ; celui-ci, filtré et distillé, donne un extrait liquide, qui, filtré à chaud, puis alcalinisé avec quelques gouttes de solution de potasse, est repris à trois reprises avec 3 fois son volume d'éther. Ce dernier, après évaporation, abandonne un résidu cristallisé, presque incolore. Pour purifier le produit, on le redissout dans l'eau alcalinisée, on épuise de nouveau par l'éther, et l'on obtient ainsi des cristaux parfaitement blancs.

Le sulfonal est aisément reconnaissable au microscope. En faisant dissoudre 1 milligramme de ce produit dans de l'éther, et évaporant une goutte de cette solution sur un porte-objet, on observe des cristaux dendritiques, à fines ramifications foliacées ou falciformes enchevêtrées, ressemblant au givre qui se forme sur les vitres pendant l'hiver.

Les principales réactions d'identité sont :

1° Chauffé avec du fer porphyrisé ou du zinc, le mélange dégage une odeur de chou pourri ; le résidu traité par HCl dégage H^2S (Wefers-Bettinck) ;

2° Chauffé avec du charbon pulvérisé, le sulfonal dégage une odeur infecte de mercaptan (Schwartz) ;

3° Chauffé en présence d'acide gallique ou de pyrogallol, il donne de l'alcool sulfuré (Bizert) ;

4° En fondant avec KCy, on obtient du mercaptan reconnaissable à son odeur et une masse ; celle-ci dissoute dans l'eau donne un liquide qui, après acidulation par HCl, devient rouge sang en présence d'un sel ferrique.

Aucune de ces réactions n'est absolument spéciale au sulfonal : aussi D. Vitali préfère-t-il celle-ci :

Mêlé à 3 fois son poids de potasse caustique, puis chauffé dans un tube à essai, le sulfonal dégage une odeur nauséabonde ; si l'on prolonge l'action de la chaleur, la masse jaunit, puis roussit ; en refroidissant, on a une teinte finalement écarlate ; en ajoutant de l'eau, on obtient un liquide trouble azuré qui reste tel après filtration.

Le filtratum étant additionné de HCl fournit une couleur violette fugace ; en même temps ce mélange devient laiteux par suite de la mise en liberté de soufre et il se dégage SO^2, ce qui démontre la présence d'un hyposulfite alcalin ; le mélange évaporé à sec, puis repris par l'eau, donne une solution qui, après filtration et addition de HCl et de $BaCl^2$, laisse précipiter $BaSO^4$.

L'auteur s'est assuré que la putréfaction ne détruit pas le sulfonal et ne rend pas sa recherche plus difficile.

Le **trional** et le **tétronal** se distinguent du sulfonal par leur point de fusion :

Sulfonal	125°,5.
Trional....................................	76°
Tétronal...................................	89°

Les cristaux, obtenus comme nous l'avons indiqué plus haut, sont d'aspect différent.

Le trional fournit des prismes tronqués ou en spicules.

Le sulfonal et le trional passent dans les urines en nature, mais en petite quantité. L'auteur pense qu'il en est de même du tétronal, bien qu'il ne l'ait pas expérimenté. La plus grande partie du médicament absorbé, d'après Smith et Baumann, se transformerait en acide éthylsulfurique et passerait à cet état dans l'urine : la chose est difficile à prouver.

D'après Lambling, le sulfonal se transformerait entièrement dans l'économie et son élimination serait lente.

Le *trional* ou méthyléthyldisulfone-éthyle méthane.

$$\begin{matrix} CH^3 \\ C^2H^5 \end{matrix} \!\!>\! C \!<\!\! \begin{matrix} SO^2C^2H^5 \\ SO^2C^2H^5 \end{matrix} = C^8H^{18}S^2O^4.$$

Découvert par Baumann.

Beaux cristaux, incolores, inodores, de saveur amère, fusibles à 76°-78°, solubles dans 320 p. d'eau à 15°, plus solubles dans l'alcool, dans l'éther et le chloroforme.

Il est rapidement absorbé.

Il possède une action hypnotique supérieure à celle du sulfonal.

La dose de 8 grammes de trional serait toxique : elle a produit une attaque épileptiforme, suivie de nausées et de sommeil.

Une dose toxique détermine de l'oligurie, des troubles nerveux, des paralysies. On ne doit pas prolonger l'emploi du trional plus de 3 à 4 jours consécutifs, car les effets s'accumulent. Doit être administré avec un liquide chaud.

R. Gaultier, Caillaud et Dominici ont rapporté (1910) une intoxication aiguë par le trional survenue chez un sujet de 20 ans qui s'était empoisonné en absorbant 100 grammes de trional dissous dans une infusion de thé : il eut des phénomènes nerveux, attaques, convulsions, rétention d'urine et des matières fécales, du collapsus avec dilatation des pupilles, dilatation aiguë du cœur, et du côté des urines de l'urobilinurie ; à l'autopsie : vaso-dilatation énorme du côté du centre encéphalique, et de tous les organes en général, dégénérescence graisseuse des cellules du foie.

Le *tétronal* ou diéthyldisulfone-diéthylméthane a une action hypnotique supérieure au trional.

Le **tétronal** se présente en cristaux inodores, incolores, fondant à 89°, solubles dans 450 p. d'eau, assez solubles dans l'eau bouillante, très solubles dans l'alcool et dans l'éther. La solution est neutre et insipide.

Dose : 1 à 2 grammes. D'un emploi moins fréquent que le trional et le sulfonal.

Véronal, diéthylmalonylurée

$$\begin{matrix} C^2H^5 \\ C^2H^5 \end{matrix} \!>\! C \!<\! \begin{matrix} CO\text{-}NH \\ CO\text{-}NH \end{matrix} \!>\! CO = C^8H^{12}N^2O^3.$$

Produit cristallisé, incolore, fondant à 188°-191° (d'après P. Lemaire), de saveur légèrement amère. Soluble dans 145 p. d'eau à 20° et dans 12 p. d'eau bouillante, dans l'alcool chaud, dans l'éther, le chloroforme. Les solutions aqueuse, alcoolique, éthérée, chloroformique ont une réaction légèrement acide au tournesol.

Dose : de $0^{gr},50$ à 1 gramme.

Hypnotique puissant qui laisse au réveil un peu d'hébétude. Il ne trouble ni l'appétit, ni la digestion, ni la respiration.

Il a été étudié par Sabrazès (1903). On a signalé plusieurs cas de mort à la suite de son ingestion, aux doses de 10 grammes (Harnach) et de 15 grammes (Bousquet, 1906).

S'administre le soir 2 heures après le repas.

Après une ingestion préalable de véronal, la narcose à l'éther donne un sommeil très tranquille, sans sécrétion trachéale, ni vomissements (Girard).

M. Ch. Julliard conseille dans ce cas de petites doses, ne dépassant pas 0gr,50, administrées le soir du jour précédant l'opération.

D'après P. Lemaire (1909), le véronal chauffé à sec dans un tube fond, noircit, et répand des vapeurs blanches à odeur empyreumatique qui rougissent le tournesol bleu et une baguette imprégnée de Nessler.

Les solutions de véronal sont acides au tournesol.

Précipité gris noirâtre avec l'azotate mercureux.

La solution agitée avec le calomel le noircit.

Précipité blanc abondant avec le réactif de Millon.

Précipité blanc avec le réactif au sulfate acide de mercure de Denigès.

MM. G. et H. Frerichs ont signalé (1906) un cas d'empoisonnement mortel par le véronal.

H. Kress (de Rostock) a signalé (1905) des phénomènes aigus d'intolérance dus à cet hypnotique par suite de son usage prolongé ; il a même rapporté un cas mortel, celui d'une hystérique de 28 ans à laquelle on avait prescrit du véronal pour combattre une insomnie d'origine nerveuse. Après plusieurs doses quotidiennes de 0gr,50 qui eurent raison de l'insomnie, on constata chez la malade une dénutrition progressive, une démarche vacillante, une écriture mal assurée, de l'anorexie, des nausées, de la constipation, des vertiges, de l'affaiblissement de la mémoire et un état de confusion mentale. Puis survinrent une série d'attaques d'épilepsie ; ces crises aboutirent à un état de mal qui se termina par la mort dans le coma. L'enquête démontra que, depuis 11 mois et demi, la malade n'avait pas cessé, malgré les recommandations de son médecin, de faire usage de véronal qu'elle prenait quotidiennement à des doses qu'elle avait portées de 0gr,50 à 1 gramme, puis à 2 grammes.

L'intoxication par le véronal (véronalisme) a été bien exposée par Ch. Vallon et Bessière (1913) qui, suivant les symptômes observés, font les distinctions suivantes :

Dans les cas légers il y a hébétude, somnolence, nausées et vomissements, marche incertaine, sorte d'ivresse.

Dans les cas moyens, il y a torpeur et léthargie, refroidissement et sueurs, diminution des réflexes tendineux, paresse des pupilles, oligurie ou anurie.

Les cas graves peuvent être rapprochés des intoxications mortelles par la morphine : coma, myosis, faiblesse du pouls, mort par paralysie respiratoire.

Dans les intoxications chroniques, il y a perte de mémoire, trouble de réflexes en général, et pupillaires en particulier, torpeur. Franz Ehrlich a signalé (1906) un cas mortel survenu après l'absorption de 15 grammes de véronal : la mort survint 20 heures après l'absorption du toxique. Le cadavre présentait une coloration jaune verte tout à fait spéciale.

L'élimination du véronal se fait par l'urine, qui fournit un précipité blanc par l'acide nitrique et le réactif de Millon. Après la mort, le véronal se retrouve non transformé en grande partie dans l'urine, les reins, le foie, la rate et le tube digestif. Molle et Kleist (1909) ont indiqué la façon de le doser dans l'urine.

On agite l'urine, avec de l'éther jusqu'à ce qu'une petite portion de cet éther, évaporée, ne donne plus de résidu. On réunit les liqueurs éthérées, on évapore à sec, et on reprend le résidu par une petite quantité d'eau bouillante. On a ainsi une solution brunâtre qu'on décolore par le noir animal purifié et qu'on concentre ensuite dans une petite capsule de verre. Par le refroidissement, il se dépose des cristaux incolores de véronal. Les auteurs ont pu obtenir dans une recherche toxicologique 0gr,195 de véronal avec 448 centimètres cubes de l'urine d'un individu qui en avait absorbé une forte proportion, sans dose précisée, mais qui avait amené la mort.

Traitement. — Débarrasser l'organisme du poison, vomissements, lavages de l'estomac ; les symptômes de l'empoisonnement seront combattus. Réchauffer le malade, faire respirer de l'oxygène (A. Grober, 1911).

M. W. Macadie (1913) a eu l'occasion de le rechercher dans le liquide stomacal et l'urine d'un malade qui avait été empoisonné par le véronal.

Le liquide stomacal, neutre au tournesol, a été acidifié par l'acide chlorhydrique, puis épuisé à l'éther. On a évaporé à sec la solution éthérée, et on a repris par l'alcool absolu froid qui ne dissout pas les graisses. Si la liqueur se maintient colorée, on évapore à nouveau à sec. On reprend par de l'eau alcaline ; on réacidule à nouveau et on recommence les traitements à l'alcool et à l'éther.

Dans une portion de la liqueur alcoolique, on introduit quelques gouttes de solution alcoolique de soude, et l'on chauffe. Dès que l'alcool est éliminé, il se dégage de l'ammoniac en abondance, puis, après sa disparition, on observe une odeur très caractéristique et persistante rappelant exactement l'odeur d'un rouleau de toile neuve. Le résidu obtenu par évaporation est fondu et additionné d'acide sulfurique : il laisse dégager de l'acide carbonique, et le liquide présente l'odeur d'un mélange d'acide acétique et butyrique.

La seconde portion de la liqueur alcoolique a été évaporée à sec ; puis le résidu a été repris par un peu d'eau : on a essayé la solution avec l'acide azotique et le réactif de Millon.

Quant à l'urine, qui était d'une belle couleur orange et de réaction alcaline, on a acidifié avec de l'acide acétique et on a additionné d'une solution au chlorure de calcium : il se produisit un précipité qui entraîna presque complètement la matière colorante. Après filtration, le liquide fut acidifié par l'acide chlorhydrique et épuisé à l'éther.

L'extrait éthéré était cristallisé ; on l'a dissous dans l'alcool absolu, et l'on a essayé à la soude comme il est indiqué plus haut.

Le véronal se trouvait dans l'urine en quantité plus considérable que dans l'estomac.

D'après l'auteur, le précipité à la soude est le plus caractéristique et permet de reconnaître facilement la présence du véronal.

Éther simple, *ou* **éther éthylique.** — $C^2H^5.O.C^2H^5$.

Liquide incolore très mobile, d'une odeur caractéristique, agréable, de saveur brûlante, qui bout à 34°,97 (Regnault). Densité à 15° : 0,720. Très volatil à la température ordinaire, en produisant du froid utilisé comme anesthésie locale. Il brûle avec une flamme fuligineuse. L'inhalation de ses vapeurs produit l'anesthésie générale. Sa densité de vapeur = 2,585. Il forme avec l'air des mélanges explosifs ; il doit être manipulé avec de grandes précautions et évaporé au bain-marie. Soluble dans 10 p. 100 H^2O froide, en toutes proportions dans l'alcool, le chloroforme, l'éther de pétrole, le sulfure de carbone, la benzine.

Forme dans l'eau un hydrate $(C^2H^5)^2O, 2H^2O$, qui s'obtient quand on jette de l'éther sur un filtre et sur les bords supérieurs du filtre.

Dissout facilement Br, I, S, Ph.

Avec Br, solution jaune brunâtre.

Avec I, solution violacée.

Il dissout les composés minéraux suivants : $HgCl^2$, $FeCl^3$, $AuCl^3$, $PtCl^4$, etc., et beaucoup de substances organiques : graisses, résidus, huiles grasses et essentielles, cires, paraffine, matières colorantes, alcaloïdes.

Il est aujourd'hui très employé pour l'anesthésie chirurgicale, et aussi comme antispasmodique et excitant local.

Il entre dans plusieurs formules thérapeutiques.

En anesthésie, l'éther a certainement produit moins de cas mortels que le chloroforme : c'est cependant un agent moins énergique.

En Angleterre et surtout en Irlande, on en fait une grande consommation : les catholiques d'Irlande s'adonneraient à l'éther, et les protestants au gin ou au wisky. D'après G. Pouchet (1901), dans l'absorption de l'éther par inhalation, l'intelligence reste intacte et la mémoire normale ; on observe un léger tremblement musculaire, et toujours de l'hypertrophie du foie, il y a augmentation de l'acuité de l'ouïe ; quand l'inhalation amène le sommeil, celui-ci est annoncé par un bruit comparable à celui d'un chemin de fer. Le sommeil se produit en général après 10 à 20 minutes, et diffère peu du sommeil normal. Il est précédé d'une période *médullaire* (disparition des réflexes, excitation génésique) qui est la vraie phase chirurgicale qu'on ne devrait pas dépasser, et ensuite une période *bulbaire*, toxique, caractérisée par la paralysie des centres respiratoire, vaso-moteur et cardiaque : il y a stertor très accentué, avec régularité de la respiration cependant.

M. Beluze (1886) a décrit sous le nom d'*éréthisme* l'état d'un individu qui est sous l'influence de l'éther. Pour répondre au mot *dipsomanie* qui est l'habitude des ivrognes, il y a l'*éthéromanie :* c'est l'impulsion morbide, irrésistible qui pousse par accès à s'éthériser, c'est l'abus de l'éther ; avant la morphinomanie en France, les éthéromanes étaient plus fréquents qu'aujourd'hui. De même que l'ivresse alcoolique, l'ivresse des éthéromanes présente une phase d'excitation suivie d'une phase de dépression, d'anesthésie et de coma. Les phénomènes observés varient avec les individus. On a vu la mort survenir à la suite d'inhalations trop prolongées.

D'après M. Ernest Hart (1890), en Irlande, l'éther se boit pur à la dose ordinaire de 8 à 15 grammes répétés souvent plusieurs fois de suite. Les débutants avalent de l'eau avant et après l'éther, mais les endurcis négligent cette précaution qui a pour but de diminuer la sensation de brûlure dans l'estomac. Certains hommes absorbent jusqu'à 150 grammes d'éther à la fois, et jusqu'à un demi-litre en plusieurs doses. L'ivresse survient rapidement et passe de même. Le premier symptôme est une excitation violente avec salivation profuse et éructation ; parfois on observe des convulsions épileptiformes ; ensuite, quand la dose a été forte, survient une période de stupeur ; jamais cependant on n'a noté rien de semblable au délirium tremens, sauf dans les cas, assez nombreux d'ailleurs, où le wisky est absorbé avec l'éther. Le buveur d'éther est querelleur, menteur, et son état d'esprit ressemble à celui de certains hystériques : il souffre de troubles gastriques et de prostration nerveuse. Les guérisons sont exceptionnelles, car le buveur d'éther, comme le fumeur d'opium, est esclave de sa passion. La passion de l'éther fait de nombreuses victimes en dehors de l'Irlande, et en particulier à Londres.

L'éthéromanie s'est malheureusement répandue sur nos côtes de Bretagne principalement, et le mal commence à être grand. Enfin nombre de femmes de la bourgeoisie et de l'aristocratie, plus nombreuses qu'on ne le croit, recherchent l'excitation qui résulte de l'inhalation ou de l'ingestion de petites doses d'éther, inhalé sur un mouchoir ou absorbé sur des morceaux de sucre.

L'éther peut être trouvé dans l'urine et dans le lait des personnes soumises à l'anesthésie par cet agent. Inhalé en grande quantité il peut produire la mort par asphyxie et spécialement par syncope.

Sa recherche dans les viscères se fait comme celle de l'alcool : on utilisera le tube digestif et son contenu, le sang, la cervelle, le foie et les poumons. La distillation s'opérera aux environs de 40°, et le récipient collecteur sera refroidi par un mélange réfrigérant. On reconnaîtra l'éther distillé à son odeur, à sa combustibilité, à sa flamme de couleur azurée ; par agitation avec une solution diluée de bichromate de potassium, avec de SO^4H^2 et un peu de H^2O, il fournit en chauffant légèrement une couleur d'un vert intense.

NITROGLYCÉRINE, TRINITRINE $C^3H^5 (NO^3)^3$

Liquide huileux, jaunâtre, d'une odeur faible, très peu soluble dans l'eau et dans l'alcool froid, très soluble dans l'alcool méthylique et dans l'éther. Densité : 1,60. De saveur brûlante, faiblement aromatique et sucrée, puis amère. Refroidie à — 2°, elle cristallise en prismes transparents. Elle détone violemment, sous l'influence du choc ou d'une élévation de température.

Elle a été introduite dans la thérapeutique moderne pour le traitement de l'asthme cardiaque. On utilise dans ce but la solution alcoolique à 1 p. 100.

On a utilisé dans l'industrie ses propriétés explosives. Mélangée avec du tripoli ou des substances siliceuses, elle constitue la dynamite.

La nitroglycérine est très toxique pour l'homme, elle l'est moins pour les animaux. Elle a occasionné bon nombre d'empoisonnements. Un ouvrier anglais ayant absorbé par mégarde 30 grammes de nitroglycérine succomba au bout de 4 heures au milieu de violentes coliques ; son corps était couvert de taches ecchymotiques.

Dix gouttes de la solution alcoolique au 1 /100 suffisent à produire des accidents. La nitroglycérine provoque des effets semblables à ceux du nitrite d'amyle.

Hoffmann, contre l'asphyxie par le gaz de l'éclairage, a employé (1894) la nitroglycérine à la dose de 1 /2 à 1 milligramme en injections hypodermiques, à intervalles de 20 minutes suivant les cas : il a obtenu des résultats satisfaisants. A la dose de quelques gouttes, elle détermine une sensation de constriction à la région précordiale, suivie de chaleur; la face se congestionne, la tension sanguine diminue, l'impulsion cardiaque augmente. Elle agit pendant 2 à 3 heures.

Dans les cas légers, l'intoxication se borne à des maux de tête violents, des vertiges, des lipothimies. Dans les cas graves, il y a de la cyanose, de l'excitation ; à ces phénomènes succèdent des paralysies, de l'affaiblissement du cœur, puis le coma. Quand le poison a été absorbé par la bouche, il y a vomissement et diarrhée.

Les vapeurs provenant de l'explosion de la dynamite peuvent déterminer des intoxications dues à CO^2, N^2O. Les poissons intoxiqués par la dynamite qui a servi à les tuer se conservent mal, et peuvent quand ils sont ingérés déterminer du botulisme.

Comme traitement : vomitifs, lavage de l'estomac, injections de morphine, compresses froides.

A l'autopsie, on a noté de la congestion et des ecchymoses sur la muqueuse stomacale, l'épanchement de sérosité rougeâtre dans les ventricules cérébraux.

Recherche de la nitroglycérine. — On traiterait les organes à analyser à une douce chaleur avec de l'alcool absolu, après les avoir acidulés avec de l'acide sulfurique. On laisse digérer pendant 24 heures à 40°-45°. On filtre et on distille au bain-marie jusqu'à obtenir 5/6 du liquide alcoolique. On agite le résidu aqueux, préalablement filtré, avec de l'éther. Le liquide éthéré abandonné à l'évaporation spontanée laisse comme résidu la nitroglycérine sous forme d'huile plus ou moins colorée en jaune.

La nitroglycérine mise à bouillir avec une solution alcoolique de potasse se décompose en glycérine, nitrate et nitrite de potassium.

Chauffée doucement elle s'enflamme bientôt, et brûle en dégageant des vapeurs nitreuses.

Une élévation subite de température la fait exploser de même que les vibrations produisant des ondes harmoniques.

Frappée fortement avec un marteau sur une enclume, ou chauffée sur une lame de platine, elle explose avec une extrême violence.

ALDÉHYDES

Les aldéhydes, corps non saturés, ayant un groupement fonctionnel divalent : CH = O se rencontrent à l'état libre dans la nature et surtout dans les essences végétales qui sont des substances bactéricides : essence d'amandes amères (aldéhyde benzoïque), essence de cannelle (aldéhyde cinnamique).

De plus, les aldéhydes se combinent directement et à froid à la plupart des substances albuminoïdes pour donner naissance à des produits insolubles dans l'eau et complètement inassimilables. Les aldéhydes sont des poisons pour le protoplasma cellulaire et pour la matière vivante.

FORMOL

Le formol a été découvert par Hoffmann en 1868. Trillat a réalisé le premier sa préparation industrielle.

Le formol commercial a une densité de 1,07 et renferme des traces d'acide formique, de l'alcool méthylique, de l'acétal. Le formol existe dans la proportion de 40 grammes p. 100 grammes de liquide.

Dans le formol commercial, l'aldéhyde gazeux ne serait pas seulement dissous, mais s'y trouverait en partie à l'état d'aldéhyde simple CH^2O, d'hydrates $CH^2O, 2H^2O$, $CH^2O, 3H^2O$ et de polymères solubles ou paraformaldéhyde $(CH^2O)^n$: cette polymérisation du formol s'effectue facilement sous les influences les plus diverses. Quoiqu'il en soit, la solution formolique agit toujours comme si elle contenait la molécule simple CH^2O.

En concentrant la solution de formol, on obtient le trioxyméthylène $(H.COH)^3$ qui fond à 67°.

Pour la désinfection des locaux, on préconise les vapeurs de formol que l'on produit : 1° par l'évaporation spontanée dans un espace clos de solution de formol à 40 p. 100 ; 2° par le passage d'un courant de vapeur d'eau dans le formol à 40 p. 100, ou en chauffant la solution dans un autoclave à 4 ou 5 atmosphères ; 3° par des lampes formogènes contenant de l'alcool méthylique dont la combustion s'opère en présence d'un intermédiaire oxydant, formé par des corps poreux comme le charbon, la mousse de platine, l'amiante platinée, la toile de platine ; 4° par la destruction à haute température dans un grand excès d'air des polymères de l'aldéhyde, comme le trioxyméthylène.

Liquide incolore, d'odeur piquante et de saveur caustique, de réaction à peine acide ou neutre. Évaporée, la solution aqueuse de formol laisse un résidu blanc composé de paraformaldéhyde, produit polymère hydraté soluble dans l'eau, et de polyoxyméthylène, polymère anhydre insoluble dans l'eau.

Réactions du formol : il colore la rosaniline bisulfitée (Schiff).

Réduit très rapidement (surtout à chaud) la liqueur de Barreswill et l'azotate d'argent ammoniacal sodique.

La solution aqueuse d'aniline (3 ou 4 grammes par litre) donne un trouble d'abord, puis un précipité blanc de triphényl triméthylène-triamine, même dans les solutions très diluées de formol, $(C^6H^5Az = CH^2)^3$.

Si, à 3 ou 4 centimètres cubes de sulfate acide de mercure (R. de Denigès), portés à l'ébullition, on ajoute quelques gouttes de formol, on obtient très rapidement un précipité cristallin de sulfate mercureux devenant noir par AzH^3 (Denigès).

Précipité cristallin avec l'acide picrique.

Le formol réduit énergiquement le réactif de Nessler.

Il donne un précipité cristallin en cristaux hexagonaux de couleur jaune clair avec le réactif de Meyer additionné d'HCl dilué. Une solution ammoniacale de formaldéhyde saturée d'acide acétique donne par addition d'eau de brome un précipité jaune d'hexaméthylène tétramine bromée.

Avec l'iodure de potassium ioduré, on obtient un précipité cristallin (cristaux rhombiques).

La méthylphénylhydrazine asymétrique donne en solution chlorhydrique avec le formol un précipité blanc devenant vert foncé au bout d'une demi-heure (Goldschmidt).

Si quelques gouttes d'une solution même très étendue de formol sont ajoutées à environ 1 centimètre cube de lait ou d'une solution de peptone, et si l'on fait couler avec précaution dans le tube volume égal d'une solution faite avec 19 centimètres cubes de SO^4H^2 et 1 centimètre cube de Fe^2Cl^6 officinal à 1/10, il se manifeste à la surface de séparation des deux liquides une magnifique coloration bleue (Hehner).

Une solution formolée donne avec la résorcine et KOH à l'ébullition une coloration jaune, puis rouge.

En additionnant un liquide formolé de phloroglucine (1 p. 1.000) et de soude, il se développe à froid une belle teinte rouge (Jorissen).

Une addition successive de solution de chlorhydrate de phénylhydrazine, de soude et de nitroprussiate donne avec le formol une couleur bleue. Si on met à la place de nitroprussiate du ferricyanure de K, on a une couleur rouge écarlate intense (Arnold et Mentzel).

En milieu sulfurique, le formol et les dérivés de ce corps qui le régénèrent par l'action de SO^4H^2 fournissent des colorations variées avec les phénols, les alcaloïdes de l'opium et divers hydrocarbures cycliques (Denigès).

Les vapeurs de formol constituent un antiseptique de surface ; elles se diffusent rapidement dans les tissus animaux et végétaux en coagulant la plupart des albuminoïdes qu'ils contiennent, les rendant imputrescibles et rebelles à toute assimilation. Elles stérilisent les substances imprégnées de bacilles pathogènes même sporulées telles que le bacille du charbon ; elles ont un pouvoir désodorisant considérable. La solution aqueuse à 40 p. 100 jouit de ces propriétés; elle permet de conserver les cadavres par immersion totale de 8 jours, même si elle est diluée (20 centilitres de formol pour 80 centilitres d'eau), c'est-à-dire au 1 /4, ou par injection intra-artérielle de formol dilué.

L'ingestion de solution de formol a provoqué des méprises mortelles. Les vapeurs de formol peuvent produire des ophtalmies et des inflammations cutanées, de l'urticaire ; les doigts deviennent durs, desquament et sont douloureux.

M. Potron a rapporté (1914) un cas d'empoisonnement à la suite d'absorption de solution de formol à 40 p. 100 du commerce. Un homme de 25 ans absorba vers 19 heures 40 grammes de formaline. Immédiatement se produisirent de vives douleurs et de violents efforts pour vomir. Cyanose marquée de la bouche et des lèvres, dyspnée terrible avec suffocations violentes. Convulsions cloniques généralisées ; le malade ne peut se tenir debout, il se roule sur le parquet. Il lui est impossible de déglutir du lait ; les nausées sont continuelles. Pouls petit, filiforme. L'haleine du malade paraît dégager une très faible odeur qu'on peut identifier avec celle du formol. La langue est violette. Le lavage de l'estomac est impossible avec le tube Faucher. On fait avaler au malade par gorgées 500 grammes d'eau additionnée de 2 centimètres cubes d'ammoniaque: cette absorption détermine des vomissements teintés de sang. Le pouls est relevé par une injection d'éther. Le lendemain, il reste de la céphalée, une sensation de brûlure à l'épigastre et le long de l'œsophage. Le malade n'a pas uriné depuis l'accident. Il urine dans la soirée 200 grammes d'urine claire, jaune rougeâtre, chargée en urates. L'amélioration se produisit assez rapidement les jours suivants.

Dans un cas d'empoisonnement, qui amena la mort au bout de 29 heures, après de la gastralgie et des vomissements violents, la muqueuse gastrique présentait à l'autopsie l'aspect du vieux cuir.

Les vapeurs de formol sont peu toxiques, au moins pour des cobayes (Trillat).

Les seules précautions à prendre quand on pénètre dans une chambre remplie de vapeurs formolées, c'est de protéger les yeux avec des lunettes spéciales, de boucher le nez avec un masque doublé de coton et d'enduire les mains de vaseline. L'urine des hommes qui ont respiré une certaine quantité de vapeurs formolées se conserverait longtemps sans putréfaction.

L'aldéhyde se combinant à l'ammoniaque, on pourrait injecter celle-ci dans la chambre avant d'y pénétrer ; de fait AzH^3 enlève dans une petite pièce l'odeur désagréable laissée par le formol.

Sur la peau, l'application directe de la solution de formol à 40 p. 100 est très caustique, elle blanchit rapidement l'épiderme en produisant une véritable brûlure. Laver immédiatement celle-ci à l'eau ammoniacale.

Pour les pansements, on s'est servi longtemps de solution à 1 centimètre cube de formol à 40 p. 100 pour 100 centimètres cubes et 200 centimètres cubes d'eau : cette solution est douloureuse surtout pour les injections vaginales : elle produit souvent aussi une inflammation et une nécrose rapide et étendue.

A l'intérieur, l'homme et le chien peuvent ingérer impunément 2 à 3 grammes de formol à 40 p. 100 : il y a seulement une action légèrement purgative. Rosenberg a fait ingérer par des malades atteints de tuberculose et d'érysipèle jusqu'à 6 grammes par jour de formol en dissolution dans du lactose (stérisol), sans inconvénient. Aunet, en nourrissant de jeunes chats avec du lait formolisé à 1 /50.000, en vit succomber 3 sur 5 après 5 semaines.

L'innocuité du formol n'est donc pas démontrée; aussi, sur le rapport de M. A. Gautier, le Conseil d'hygiène et de salubrité de la Seine a interdit le formol pour les conserves alimentaires, M. Trillat ayant montré (1904) que, dans ce cas, la caséine est rendue inassimilable en proportions plus ou moins grandes.

Injecté dans les veines, il est très toxique à dose relativement faible ; il détruit la couleur du pigment sanguin.

Le meilleur antidote est un sel ammoniacal à acide faible, comme l'acétate d'ammonium, conformément à la réaction générale suivante : si, à une température ne dépassant pas 50°, on ajoute AzH^3 à une solution aqueuse de formol, ce dernier corps est transformé presque immédiatement et entièrement en un alcali monacide, l'hexaméthylène-tétramine, corps inoffensif réagissant seulement au méthylorange.

$$6CH^2O + 4NH^3 = (CH^2)^6N^4 + 6H^2O \text{ (Butlerow).}$$

Avec un sel ammoniacal à acide quelconque, le formol porte entièrement son action sur l'ammoniaque combinée et la liqueur devient fortement acide au tournesol. Dans le cas de l'acétate d'ammonium, on a :

$$6CH^2O + 4(C^2H^3O^2NH^4) = (CH^2)^6N^4C^2H^4O^2 + 3C^2H^4O^2 + 6H^2O,$$

équation qui montre qu'il faut environ un poids triple d'esprit de Mindérerus pour saturer une quantité donnée de formol, en donnant, outre de l'hexaméthylène-tétramine, de l'acide acétique libre.

Partant de ces faits, dans un cas d'empoisonnement par le formol, on se hâtera de le neutraliser pour éviter son action caustique et irritante ; on fera boire au malade 20 à 30 grammes d'acétate d'ammoniaque dilué dans un grand verre d'eau ; on attendra un quart d'heure environ et ensuite on donnera un vomitif pour débarrasser l'estomac de l'excès d'antidote, de l'hexaméthylène-tétramine et de l'acide acétique formés, puis on fera boire de l'eau de Vichy.

La préparation du formol en vapeurs par la distillation du formol commercial à 40 p. 100 dans un courant de vapeur d'eau à 100°, ou sous pression de 4 ou 5 atmosphères, ainsi que la volatilisation du trioxyméthylène, ne donne pas de produits secondaires toxiques ; il n'en est pas de même des lampes formogènes ; elles donnent avec l'aldéhyde formique du CO en proportions faibles, ce que l'on peut démontrer en examinant le sang d'animaux ayant respiré dans une enceinte où brûle une de ces lampes alimentées par de l'alcool méthylique. Toutefois CO est toujours produit en petite quantité et n'offre pas grand danger pour l'homme.

Pour rechercher le formol dans les produits alimentaires, à la condition qu'il n'y soit pas combiné, ce qui arrive à la longue, on place dans un ballon le produit alimentaire divisé et additionné d'eau pour avoir une bouillie. On porte au bain-marie. Un bouchon de caoutchouc à 2 trous ferme le ballon ; un courant de vapeur d'eau entraîne formol et polymères ; le second tube aboutit à un réfrigérant descendant qui condense les vapeurs qu'on reçoit dans un réactif du formol.

Pour la recherche du formol dans le lait, qui, pour sa conservation, est quelquefois additionné de $0^{gr},30$ à $0^{gr},50$ de formol par litre, Denigès conseille de procéder comme suit :

1° A 10 centimètres cubes de lait, on ajoute 1 centimètre cube de fuschine bisulfitée. Après 1 ou 2 minutes, s'il se produit une teinte carmin, il y a lieu de suspecter la présence du formol ;

2° Le tube précédent est laissé 5 minutes au repos ; on ajoute alors 2 centimètres cubes de HCl pur et on agite ; s'il n'y a pas de formol, le lait reste blanc jaunâtre ; s'il y a du formol, teinte bleue violacée plus ou moins intense. Réaction très sensible ($0^{gr},02$-$0^{gr},03$ de CH^2O par litre). On peut opérer sur le lait privé de caséine et faire alors un dosage colorimétrique.

La réaction est rendue plus sensible ($0^{gr},01$ de CH^2O par litre) en traitant 10 centimètres cubes de lait avec 10 centimètres cubes d'eau additionnée de III ou IV gouttes d'acide acétique cristallisable, agitant et versant 5 centimètres cubes de réactif iodo-mercurique préparé selon la formule de Tanret ; on filtre et on ajoute au filtrat 1 centimètre cube de réactif fuschiné ; on agite à nouveau et au bout de 10 minutes on verse 2 centimètres cubes de HCl.

On pourrait encore rechercher le formol dans le lait, à l'état de traces, en distillant 100 centimètres cubes dans un courant de CO^2; recueillir 20 centimètres cubes de distillat et traiter par le réactif fuschiné. On peut ainsi déceler 1 milligramme de formol par litre de lait.

Pour l'essai quantitatif du formol, on a proposé un grand nombre de méthodes :

1° En ajoutant de l'aniline, on le précipite à l'état de triphényltriméthylène triamine que l'on pèse (Trillat) :

$$\underbrace{3C^6H^5NH^2}_{279} + \underbrace{3CH^2O}_{90} = \underbrace{3H^2O}_{54} + \underbrace{(C^6H^5N = CH^2)^3}_{315}$$

Le précipité est recueilli sur filtre taré, séché à 40°. Le poids obtenu $\times$ 0,2857 donne le poids de CH^2O.

2° Par l'acide cyanhydrique :

$$\underbrace{CH^2O}_{30} + \underbrace{CNH}_{27} = \underbrace{CH^2OHCN}_{57}$$

A froid, et rapidement à chaud (40 ou 50°), se produit le nitrile glycolique, qui est assez stable. Mettre un excès titré d'acide cyanhydrique dilué à 1/50, examiner la quantité qui reste après combinaison. Les résultats sont toujours un peu forts.

3° Six molécules de formol s'unissent par l'élimination d'eau avec 4 molécules d'NH^3 pour donner de l'hexaméthylène tétramine neutre vis-à-vis de certains indicateurs : si l'on a employé un excès titré d'NH^3, on sait après un nouveau titrage la quantité d'HN^3 combinée au formol et par suite le formol lui-même.

On peut encore évaporer à sec le mélange de formol et d'AzH^3 et peser le produit obtenu dont le poids $\times$ 1,286 donne le poids de formol:

$$6\,(CH^2O) + 4NH^3 = (CH^2)^6\,N^4 + 6H^2O.$$

MM. Vanino et E. Seitter utilisent l'oxydation à froid en milieu sulfurique, au moyen de $KMnO^4$; l'excès de ce réactif est dosé au moyen de H^2O^2.

M. E. Riegler met à profit le dégagement d'azote produit par un mélange de sulfate d'hydrazine et d'acide iodique suivant l'équation :

$$5(N^2H^4SO^4H^2) + 4HIO^3 = 5N^2 + 12H^2O + 5SO^4H^2 + 4I.$$

L'*hexaméthylène tétramine* a été employée sous le nom d'*urotro-*

pine dans les cystites et la phosphaturie, comme antiseptique des voies urinaires à assez fortes doses, sans qu'on ait relevé d'accidents.

Le *glucol* est un dérivé du formol et de la gélatine.

Le *tanoforme* est un composé de tanin de la noix de galle et de formol.

Aldéhyde acétique, CH^3CHO

(Syn. : aldéhyde éthylique, éthanal, aldéhyde ordinaire).

C'est un liquide incolore, très limpide, soluble dans l'eau, l'alcool et l'éther en toutes proportions.

Densité à 16° : 0,788 ; bout à 21°. A la température ordinaire, il émet des vapeurs *sui generis* irrespirables.

S'altère en solution aqueuse et à l'air en s'oxydant. Cette facile oxydation en fait un réducteur énergique des sels d'or, d'argent, du tartrate cupro-potassique, etc.

L'addition seulement de quelques gouttes d'acide sulfureux, d'acide sulfurique, d'acide chlorhydrique, de chlorure de calcium ou de chlorure de zinc fournit deux polymères distincts isomériques :

Le **paraldéhyde** qui se produit à la température ordinaire $(CH^3CHO)^3$ et le **métaldéhyde** $(CH^3CHO)^6$ qui se forme au-dessous de 0°.

Caractères :

L'éthanal réduit : l'azotate d'argent ammoniacal en fournissant un précipité blanc.

— la solution d'aniline en fournissant un précipité blanc.

— le réactif de Nessler en fournissant un précipité blanc jaunâtre.

Il jaunit le sulfate de mercure acide (Denigès).

Il rougit la solution de fuschine décolorée par SO^2.

Il rougit la solution récente de nitroprussiate de sodium, additionnée de soude, puis d'acide acétique.

On ne l'utilise pas en pharmacie, car il est toxique ; il est absorbé par la muqueuse pulmonaire, et agit comme anesthésique chez l'homme avec sensation d'oppression thoracique en provoquant la toux. C'est un antiseptique.

Le **paraldéhyde** $(CH^3CHO)^3$: liquide neutre, possédant l'odeur un peu atténuée de l'éthanal, de saveur brûlante, désagréable. Densité à 15° : 0,999. Se solidifie par refroidissement à — 12°, fond à 10°,5. Bout à 124°. Soluble dans 8 parties d'eau froide en donnant une solution qui se trouble par la chaleur (Codex). Liquide inflammable.

Il est employé en potions à la dose de 1 à 4 grammes; 15 à 20 grammes constitueraient une dose mortelle qui est précédée de perte de connaissance, de troubles cardiaques et respiratoires. Peau froide, cyanosée, couverte de sueurs, paralysie des centres nerveux. Dans un cas de suicide, on a trouvé l'estomac corrodé.

S'emploie chez les alcooliques comme sédatif en le mélangeant en potion avec de la teinture de vanille.

Le **métaldéhyde** $(CH^3CHO)^6$ solide, cristallisé, insoluble dans l'eau, peu soluble dans l'alcool et l'éther, possède des propriétés analogues au précédent, mais il est à peine usité.

Chloral hydraté $CCl^3CH\langle{}^{OH}_{OH}$

Obtenu en faisant agir dans des conditions particulières l'eau sur le chloral anhydre. Il se présente en cristaux incolores, d'une odeur piquante, d'un goût amer, un peu caustique, fondant à 58°. Il bout à 96° en se dissociant en eau et en chloral. Très soluble dans l'eau, l'alcool et l'éther; la solution très récente a une réaction neutre; mais, peu à peu, elle acquiert une réaction acide par mise en liberté de HCl; cette décomposition est instantanée à 100°.

Sa solution dissout beaucoup de substances : alcaloïdes, résines, gommes-résines, graisses, matières colorantes, hydrates de carbone, albumine, kératine, gélatine, etc.

Réactions : 1° Les alcalis caustiques ou les terres alcalines le décomposent en chloroforme et formiate alcalin ;

2° Il ne colore pas en rouge la solution de fuschine décolorée par SO^2 (Schmidt) ;

3° La solution de sulfure jaune d'ammonium non trop diluée donne à froid une teinte jaune orangé, puis rouge brun ; la réaction est instantanée en opérant à chaud en solution diluée. D'après Hirschfeld, avec le sulfure de calcium, on obtient en très peu de temps une couleur rouge qui passe au rouge pourpre ;

4° En ajoutant à une solution de 0gr,1 de chloral, 0gr,10 de phloroglucine et faisant bouillir, puis versant XVI gouttes d'une solution normale de potasse, on produit une couleur rouge brune intense ;

5° La solution ammonio-sodique d'azotate d'argent chauffée avec de l'hydrate de chloral laisse précipiter de l'argent ;

6° La solution de chloral chauffée avec un peu de résorcine et de la lessive de soude fournit une couleur rouge intense à fluorescence verte, qui disparaît par acidification pour reparaître par alcalinisation. Cette même couleur rouge disparaît aussi par une grande dilution, alors que la fluorescence est encore très marquée ;

7° La solution de chloral réduit la liqueur de Barreswill.

8° Avec une solution concentrée potassique de β-naphtol, le chloral fournit une couleur bleue.

Le chloral provoque le sommeil à la dose de 1 à 2 grammes ; on doit l'employer en solution diluée, préparée à froid, au moment du besoin. Il présente une action antiseptique; solide ou en solution concentrée, il exerce sur les muscles et sur les plaies une action irritante. On admet aujourd'hui qu'il ne se transforme pas en chloroforme dans l'organisme, car l'alcalinité du sang n'est jamais assez prononcée pour opérer cette transformation à la température du corps ; il fournirait de l'acide urochloralique $C^8H^{11}Cl^3O^7$ (Musculus, Mehring, Vals, Vitali et Tornani) formé par l'addition de l'acide glucuronique avec l'alcool éthylique trichloré. Cet acide a une action hypnotique ; il est éliminé par l'urine.

Ingéré à dose assez forte, il provoque un sommeil profond ; il y a abolition de la sensibilité et des réflexes ; la mort peut survenir par arrêt de la respiration.

Dans le chloralisme chronique, on a signalé des éruptions, des troubles de la nutrition (œdème, hémorragies) et des troubles nerveux.

Dans un empoisonnement on évacuera le poison et on stimulera le malade ; employer la respiration artificielle et combattre l'hypothermie.

Recherche toxicologique du chloral. — Sa transformation en acide urochloralique dans l'organisme fait qu'on ne peut le retrouver quelque temps après la mort.

Si l'on a à rechercher du chloral dans un milieu où l'on soupçonne en même temps la présence du chloroforme, on devra se souvenir que le chloral ne fournit pas de chloroforme dans la distillation quand le milieu est acide. On commencera donc par s'assurer que la distillation de la substance acidifiée ne donne pas de chloroforme ; ensuite on alcalinisera faiblement avec du carbonate de calcium précipité et on distillera à nouveau.

Dans une expertise, on choisira surtout l'estomac, l'intestin et son contenu.

Après ingestion de chloral, on constate que l'urine réduit le réactif cuproalcalin, qu'elle dévie à gauche le plan de polarisation de la lumière, et que cette réduction et cette déviation n'ont plus lieu après défécation par le sous-acétate de plomb ; de plus on observe que 100 centimètres cubes d'urine bouillis pendant quelques minutes avec $0^{cc},5$ d'acide sulfurique, puis neutralisés, de lévogyres qu'ils étaient sont devenus dextrogyres (réaction due à l'acide urochloralique) (*F. H. M.*, 2, 1915, p. 187).

Le **chloral formamide** ou chloralamide $CCl^3CH\diagup^{OHNHCHO}$ est un bon hypnotique qui s'administre en potion ; il est imparfaitement étudié. Cristaux brillants, inodores, solubles dans l'alcool et dans l'eau. Dose : 3 à 4 grammes en 24 heures. Mêmes usages que le chloral.

Le **chloralose** $C^8H^{11}O^6Cl^3$ étudié par Henriot et Richet. Dose : de 0gr,30 à 1 gramme au maximum.

Fond à 187°. Soluble dans l'eau, l'alcool et l'éther. Ne réduit pas la liqueur de Barreswil, ni l'azotate d'argent. Très usité comme hypnotique et dans les insomnies rebelles ; pouvoir toxique assez élevé. Après son introduction dans l'organisme du chien, le chloralose s'élimine par l'urine en partie non transformé qu'on peut isoler directement par épuisement à l'éther acétique, en partie sous forme d'un nouveau conjugué glucuronique précipitable par le sous-acétate de plomb, l'acide chloralose glucuronique (M. Frédoux, 1914).

Chloral antipyrine ou hypnal. Hypnotique et analgésique. Dose : de 1 à 2 grammes.

Gros cristaux rhombiques de saveur salée ; excellent calmant de l'insomnie d'origine cérébrale, de l'insomnie douloureuse, ne congestionne pas le cerveau, ne crée pas l'assuétude. Les inconvénients sont ceux du chloral : abaissement de pression artérielle, diminution du nombre et de l'énergie des contractions cardiaques.

Butylchloral anhydre ou croton chloral, $C^4H^5Cl^3O^2H^2O$, découvert par Liebreich. Liquide huileux, incolore, qui, en se combinant à l'eau, fournit un hydrate solide, blanc, cristallisé, peu soluble dans l'eau et l'alcool. Bout à 163-165°.

Anesthésique et hypnotique comparable au chloral : il a sur ce dernier l'avantage de ne pas produire le ralentissement du pouls et de la respiration ; mais son action est peu durable ; il a été employé contre la névralgie des nerfs craniens et le tic douloureux de la face.

Dose : de 5 à 8 grammes en 24 heures.

ACIDES ORGANIQUES

Acide formique CH^2O^2.

Liquide incolore, volatil, d'une odeur piquante, très soluble dans l'eau. Antiseptique très puissant. W. Lutz a signalé (1913) un cas curieux d'empoisonnement par l'acide formique, qui tend à montrer que ce composé est très dangereux. Il s'agit d'un ouvrier de 35 ans qui reçut de l'acide formique en pleine figure par suite de la rupture d'un tube de verre sous forte pression. Il se produisit une rougeur intense de la face, un arrêt de la respiration et une impossibilité de la déglutition. La mort survint 6 heures après l'accident. A l'autopsie, on trouva une corrosion étendue de la cavité buccale, du pharynx, de l'œsophage, de l'estomac, de l'intestin grêle, du larynx, de la trachée et des bronches ; hyperémie des reins et hémoglobine, hémorragies sous-muqueuses dans le gros intestin ; l'acide formique fut trouvé dans le contenu stomacal.

Acide oxalique, $C^2H^2O^4,2H^2O$.

Ses sels de potassium se trouvent dans les plantes du genre Oxalis et Rumex, et aussi dans l'Atropa belladona et le Rheum palmatum ; ses sels de sodium se trouvent dans les plantes marines et spécialement dans les genres Salsola et Salcornia. L'oxalate de calcium se rencontre aussi dans le règne animal.

L'acide oxalique cristallise en prismes rhomboïdaux obliques, incolores, inodores, de saveur acide. A 100°, il fond dans son eau de cristallisation qu'il perd en continuant à chauffer. Au delà de 100°, une petite portion sublime à l'état anhydre, la majeure partie étant décomposée en acide formique, CO^2 et eau.

De 150° à 160°, il sublime sans décomposition en aiguilles blanches. Soluble dans 10 parties d'eau et 2,5 d'alcool, peu soluble dans l'éther.

On le reconnaît aux réactions suivantes :

Avec le sulfate ferreux, on obtient un précipité jaunâtre d'oxalate ferreux.

Il décolore immédiatement la solution de $KMnO^4$ acidifiée avec l'acide sulfurique.

Il réduit la solution de chlorure d'or en mettant en liberté le métal sous la forme d'une poudre brune ou de paillettes de couleur jaune.

Il fournit avec l'eau de chaux un précipité blanc d'oxalate de calcium insoluble dans l'acide acétique, soluble dans HCl.

En le chauffant avec SO^4H^2, CO^2 se dégage ainsi que CO.

Il se volatilise complètement avec la chaleur.

Il précipite par l'acétate de plomb.

Il précipite par l'azotate d'argent ; le précipité desséché et chauffé explose avec violence.

Les sels alcalins de l'acide oxalique et en particulier le sel d'oseille, mélange d'oxalate acide et de quadroxalate, est très usité dans l'industrie et a donné lieu à de fréquents empoisonnements qui ont l'allure de ceux occasionnés par l'acide oxalique.

Les solutions concentrées d'acide oxalique produisent sur les épithéliums une coloration brunâtre ou une teinte blanchâtre. Il y a, à la suite de l'ingestion, sensation de brûlure dans la gorge, la bouche, l'estomac, en même temps qu'une saveur acide très intense ; d'autres fois, il n'y a pas de phénomènes bien accusés. Dans tous les cas, il n'y a jamais de lésions profondes, car le toxique est presque immédiatement rejeté par les vomissements si la solution est concentrée, et la petite quantité qui est absorbée suffit assez souvent à amener une mort rapide qui se produit en général par arrêt du cœur. Dans le cas d'intoxication grave, on note de la cyanose, du collapsus cardiaque, du tremblement, des secousses, des convulsions, une respiration difficile, des sueurs abondantes.

Pour M. V. Corbey (1902), l'acide oxalique et les oxalates sont des poisons musculaires ; pour V. Vinogradov (1907), qui a observé 7 cas d'empoisonnement, il y a après l'ingestion un état plus ou moins syncopal qui peut aller jusqu'à la perte de connaissance, puis vomissements rebelles persistants, sensation vive de cuisson le long de l'œsophage et au creux de l'estomac. Goût aigre, salé et persistant dans la bouche. Brûlures accusées au niveau du pharynx. Les douleurs intestinales arrivent au bout du deuxième jour. Diarrhée douloureuse, sanguinolente, anurie pendant les premières heures, bouffissure de la face, pouls petit, puis polyurie avec albumine, cylindres, oxalates ; cystite aiguë. La coagulation du sang est retardée.

L'acide oxalique est un combustible difficilement brûlé. Quand on donne à un sujet $0^{gr},30$ à $0^{gr},40$ d'acide oxalique, on constate tout de suite pendant 2 ou 3 jours que l'urine élimine un surplus d'acide oxalique ; une fraction importante de l'acide ingéré n'est pas absorbée, mais seulement détruite par les putréfactions intestinales : il s'ensuit qu'une faible dose d'acide oxalique suffit pour déborder l'organisme (E. Lambling).

Empoisonnement par le sel d'oseille.

Observation. — G. L..., 30 ans, maçon, entre le 4 juillet 1902 à l'hôpital Saint-André, à 20 heures, dans le service du professeur Arnozan. Il vient d'absorber volontairement à jeun 100 grammes environ de sel d'oseille 1 heure et demie auparavant. Cet oxalate de potassium fut dissous dans environ 2 verres d'eau et la solution fut ingurgitée en entier ; à peine restait-il au fond du verre 20 à 25 grammes de sel non dissous. La déglutition fut très pénible et fut suivie aussitôt d'une sensation de brûlure intense dans la gorge, derrière le sternum et au creux épigastrique. Au bout de quelques minutes, il perdait connaissance.

1/4 d'heure après survenaient des vomissements et il rejetait une grande quantité de ce qu'il avait ingéré.

On le conduisit à l'hôpital. Il a durant le trajet des vomissements qui sont constitués cette fois par du sang noirâtre et des caillots. Collapsus assez prononcé, respiration difficile, sueurs abondantes. On fait un abondant lavage de l'estomac, d'où l'on retire un liquide mélangé à de nombreux caillots ; on fait prendre au malade du chlorure de calcium.

Vers 22 heures, nouveaux vomissements, sang rouge, liquide mêlé à du mucus et contenant des débris de muqueuse œsophagienne. L'ingestion de chlorure de calcium soulage le malade, mais ne supprime pas une sensation insupportable de brûlure depuis la gorge jusqu'au creux épigastrique. Insomnie, sueurs. Vue trouble. Émission d'urine dans la nuit.

5 juillet, matin. — Fatigue extrême. Pas de troubles cérébraux. Soif très vive. La sensation de brûlure persiste toujours, s'exaspérant par le passage des liquides. Nausées, mais plus de vomissements depuis minuit. Sueurs. Pouls 76. R = 28. T = 37°,3. Le malade marche difficilement. Pas de troubles de la vue. Langue rose humide, pas d'ulcérations dans la bouche, pharynx rouge.

Vers 10 heures 1/2, violentes coliques, selle pâteuse, abondante et verte. Urine jaune claire renfermant quelques filaments, des globules de pus, des cristaux d'oxalate de calcium, des traces d'albumine ; l'acidité est normale ; très faible réduction de la liqueur de Barreswill.

6 juillet. — Pas de diarrhée, douleur toujours vive au creux épigastrique, la souffrance est moindre pour avaler. Somnolence continuelle.

7 juillet. — Pas de diarrhée. Céphalée et somnolence. Analyse des urines.

V. = 1.700 centimètres cubes. Albumine : traces.

D. = 1.010. Glucose : néant.

Pigments biliaires : néant.

Urée = 10,5. Cristaux d'oxalate et de sulfate de calcium.

P^2O^5 = 0,92 id. de PO^4NH^4Mg.

Le 12 juillet, les troubles digestifs ont entièrement disparu.

Le 18, le malade est en pleine convalescence.

MM. Flandin, Brodin et Pasteur Valéry-Radot ont signalé (1914) un cas d'empoisonnement par le sel d'oseille chez une femme de 21 ans qui avait tenté de se suicider en absorbant une centaine de grammes de sel d'oseille dissous dans un verre d'eau. Malgré l'ingestion de cette forte dose et la gravité des accidents initiaux, la guérison fut rapide.

Antidotes. — La chaux sous toutes ses formes solubles (chlorure, sucrate), magnésie calcinée en bouillie. Éviter les alcalins. Si le collapsus est déjà prononcé, on donnera des injections de caféine, d'éther ou d'huile camphrée.

A l'autopsie, on trouve le sang diffluent et vermeil comme dans l'intoxication par CO, bien que la décomposition de l'acide oxalique en CO^2 et CO n'ait pas lieu, contrairement à l'affirmation de Lépine et Boulud.

Dans les urines, après absorption d'acide oxalique et d'oxalates alcalins, on trouverait de notables proportions d'indoxyle (Harnack et von der Leyen, 1900). Il est acquis d'ailleurs que les sédiments d'urines dans lesquels on retrouve l'oxalate de calcium renferment en général un excès d'indoxyle (L. Barthe).

MM. Sarvonat et Roubier (1910) ont montré, à la suite d'expériences sur les animaux, que l'acide oxalique (dosé par le procédé de Salkowski) se localisait surtout dans les reins, le cerveau, les poumons, le foie.

M.-J. Albahary (1912), en pratiquant sur des chiens des expériences par injections dans la veine saphène d'oxalate alcalin, a vu que cet acide s'éliminait en totalité par la voie urinaire, et qu'il ne subissait aucune décomposition dans l'économie. D'autre part, la quantité d'acide oxalique retrouvé dans les sédiments urinaires ne correspond à aucun moment à la quantité totale de cet acide charrié par le courant sanguin et éliminé avec les urines.

Pour rechercher et doser l'acide oxalique dans l'urine, M. E. Salkowski utilise (1899) la propriété que possède cet acide de se dissoudre facilement dans l'éther alcoolisé avec lequel on agite l'urine, préalablement acidifiée par l'acide chlorhydrique.

Recherche et dosage de l'acide oxalique dans l'urine. — Additionner 1 litre d'urine d'une solution de $CaCl^2$ en excès, puis ajouter NH^3 jusqu'à réaction fortement alcaline ; agiter et laisser reposer 18 à 20 heures. Filtrer le mélange sur double filtre et laver le précipité avec 10 centimètres cubes d'eau froide.

Le précipité de $(COO)^2Ca$ est placé dans une fiole et dissous dans 20 centimètres cubes d'une solution de HCl à 15 p. 100.

La solution placée dans un flacon est agitée avec 150 centimètres cubes d'éther contenant 5 centimètres cubes d'alcool absolu. On décante et on épuise 4 fois à l'éther. On réunit les solutions éthérées. On distille l'éther après avoir ajouté 5 centimètres cubes d'eau.

La solution aqueuse restante est filtrée ; le ballon est lavé à l'eau distillée ; les liqueurs aqueuses renfermant l'acide oxalique libre sont concentrées au bain-marie. On ajoute une solution de $CaCl^2$ et de l'ammoniaque jusqu'à réaction fortement alcaline ; après quelque temps, on acidifie faiblement par l'acide acétique étendu. 24 heures après, on sépare le précipité qu'on lave sur filtre avec un peu d'eau tiède. On le met ensuite dans une capsule de porcelaine, on sèche, on calcine avec précaution et on pèse rapidement l'oxalate de calcium pour éviter CO^2 de l'air.

Le poids de CaO $\times$ 1,6075 donne la quantité d'acide oxalique.

Recherche toxicologique de l'acide oxalique. — On doit le retrouver en nature dans les organes pour conclure à un empoisonnement.

On fait digérer les viscères dans l'eau ; on évapore à siccité la solution aqueuse filtrée; on reprend le résidu avec de l'alcool anhydre, on filtre et au filtratum on ajoute de l'acétate de plomb jusqu'à précipitation totale. On lave le précipité avec un peu d'eau; on le délaye dans de l'eau dans laquelle on fait passer un courant d'hydrogène sulfuré; on filtre à nouveau et on évapore de façon à faire cristalliser l'acide oxalique, s'il existe. Dans le soluté, on pourrait essayer les réactions de l'acide oxalique.

Quand on ne trouve pas l'acide libre, on traite le résidu, épuré déjà par l'alcool anhydre qui ne dissout pas les oxalates, par de l'acide chlorhydrique étendu, on filtre et on évapore à siccité le filtratum; on traite le résidu comme plus haut par l'alcool absolu ; on achève la recherche comme ci-dessus.

Roussin prescrivait de saturer l'acide oxalique par de l'hydrate de quinine ; l'oxalate de quinine était isolé par épuisement avec de l'alcool ; il conseillait ensuite de traiter par de l'ammoniaque pour faire de l'oxalate d'ammoniaque qui était caractérisé.

Acide tartrique $C^4H^6O^6$.

Cristaux transparents, très durs, de saveur très acide, très solubles dans l'eau et l'alcool, fondant à 170°.

Ne doit pas être employé à l'intérieur à une dose supérieure à 10 grammes.

Deux cas de mort ont été signalés : l'un par Taylor, l'autre par Devergie ; un homme ingéra par mégarde 30 grammes de cet acide, le second cas concernait une femme qui fut victime d'une absorption de cet acide.

En solution concentrée, il produit une action corrosive ; l'absorption est rapide ; il se transforme en carbonates alcalins éliminés par l'urine. Dans un cas de mort, le sang a été trouvé rouge vermeil.

Pour la recherche de l'acide tartrique dans un empoisonnement, on traiterait les matières suspectes par l'eau ; on évaporerait le liquide filtré au bain-marie à siccité et on traiterait le résidu par l'alcool fort qui dissoudrait l'acide tartrique. Après évaporation de la liqueur alcoolique, on essayerait d'obtenir l'acide à l'état cristallin.

Cette recherche s'appliquerait également à l'acide citrique.

Éthers composés :

Nitrite d'éthyle ou éther nitreux $C^2H^5NO^2$.

Liquide d'une odeur agréable de miel, d'une saveur âcre et brûlante. Densité à 15°: 0,947, bouillant à 16°. Combustible et brûlant avec une flamme blanche. Se saponifie avec le temps en présence de l'eau en donnant de l'acide nitreux qui communique au produit une réaction acide.

L'inhalation de très petites quantités de cet éther détermine de la céphalalgie et de l'asphyxie. Les vapeurs provenant de X gouttes suffisent à provoquer chez des animaux des convulsions suivies de paralysie et de mort.

Éther amylnitreux.

Nitrite d'isoamyle $\begin{matrix}CH^3\\CH^3\end{matrix}\!\!>CH.CH^2.CH^2.ONO$. Découvert par Balard. Liquide limpide, d'une odeur agréable fruitée, neutre, jaune pâle. Densité à 15° : 0,902. Bout à 94-95° ; presque insoluble dans l'eau, miscible en toutes proportions dans l'alcool et l'éther. Brûle avec une flamme jaunâtre et fuligineuse.

Inhalé, il passe dans le sang en produisant de la méthémoglobine. Son inhalation est suivie d'une élévation de température, d'une action particulière sur la vue, de phénomènes de dyspnée, de dilatation des vaisseaux de la tête en accélérant les battements du cœur. Dose de IV à X gouttes dans l'angine de poitrine, l'asthme. Une dose de quelques grammes peut causer des accidents mortels.

Cyanogène C^2N^2.

Groupement isolé par Gay-Lussac en 1815. C'est un gaz d'une odeur vive, rappelant l'amande amère, à la fois piquante, irritante, provoquant le larmoiement, vénéneux. Les chimistes seuls ont à en faire usage et on ne connaît pas d'ailleurs d'empoisonnement par ce gaz.

D'après MM. Lœw et Tsukamoto, C^2N^2 est moins toxique pour les mammifères que la dose correspondante de HCN.

Acide cyanhydrique CHN.

Ce gaz se forme dans la combustion lente du gaz de l'éclairage (Figuier), dans l'action de NH^3 sur le chloroforme, dans le traitement des matières grasses par l'acide azotique, dans la distillation des matières azotées, la décomposition des cyanures, le dédoublement de l'amygdaline qui existe dans les Pomacées, les noyaux de cerises, d'abricots et de pêches. Il existe dans beaucoup de plantes, ainsi que l'ont montré Guignard, Bourquelot, G. Bertrand, Treub, Hérissey, Greshoff et leurs élèves ; de Puymaly a réuni dans une excellente thèse (Bordeaux, 1912) de nombreuses observations sur les plantes à acide cyanhydrique et le rôle des glucosides cyanogénétiques. Il prend naissance dans la combustion du celluloïde, ce qui a causé plusieurs cas d'intoxication mortelle à Leipzig en 1900.

On rencontre CHN dans l'eau distillée d'amandes amères ($0^{gr},14$ p. 100), l'essence d'amandes amères (8 à 10 p. 100), dans l'eau de laurier-cerise ($0^{gr},1$ p. 100 d'eau), dans le kirsch ($0^{gr},067$ p. 100), le quetsch, le marasquin, l'eau-de-vie de noyaux, les amandes amères, le phaseolus lunatus (L. Guignard), le sureau, plusieurs rosacées (L. Guignard).

Il s'obtient en solution en recevant dans l'eau les vapeurs produites par un mélange chauffé de ferrocyanure de potassium et d'acide sulfurique. Pur et anhydre, il constitue un liquide incolore qui bout à 26°, possédant une forte odeur d'amandes amères.

Il est difficile de l'avoir pur dans les laboratoires ; au contact d'une impureté, d'une trace d'alcali, il se fait $(CHN)^3$ ou protazulmine de A. Gautier. Dans le commerce on ne le rencontre pas anhydre.

La dose mortelle est de $0^{gr},05$ environ.

Les empoisonnements par CHN ou par le plus usité de ses sels, le cyanure de potassium, sont assez fréquents ; ce sont des suicides le plus souvent. Il est d'ailleurs très facile de se procurer KCy qui est un des poisons les plus redoutables. On se rappelle que Scheele mourut accidentellement en préparant HCN.

D'après MM. O. Lœw et M. Tsukamoto, de Tokio (1895), le cyanogène et l'acide cyanhydrique au 1/5.000 empêchent tout développement de microbes. Ses dissolutions à 1/1.000 tuent les algues au bout de quelques jours. La même dose est mortelle pour les vers et les petits crustacés. Le cyanogène agit plus rapidement chez les plantes que l'acide cyanhydrique. C'est le contraire pour les mammifères. Ces auteurs ont pu faire ingérer à un rat une certaine dose de cyanogène sans amener de trouble dans l'organisme, tandis que la dose équivalente de HCN amena la mort au bout de quelques heures.

La dissolution de cyanogène gazeux se transforme dans l'organisme en oxalate d'ammonium : elle produit avec le sang de la méthémoglobine en déformant les hématies. Le sang renfermant HCN absorbe difficilement l'oxygène.

HCN est un poison violent en même temps qu'un antiseptique puissant. Il détermine une chute immédiate du corps, des convulsions énergiques, mais très courtes, auxquelles succède rapidement l'asphyxie ; sensation de constriction dans le cou, angoisse, oppression, vertiges, nausées avec vomissements. L'haleine a l'odeur d'acide cyanhydrique. Selon les doses de toxique absorbées, la mort est plus ou moins rapide.

A l'autopsie, on trouve une congestion des méninges, du foie, des reins et de la rate. Les yeux sont brillants, la peau est cyanosée, la muqueuse stomacale est infiltrée de sang, surtout après l'ingestion de cyanure de potassium. Le sang est diffluent et d'un beau rouge vif par suite d'une combinaison stable de HCN avec l'hémoglobine. Une partie de HCN absorbé est décomposé et l'urine contient de l'acide thiocyanique ; une autre partie s'élimine par les poumons. HCN est éliminé aussi par la peau. La cause essentielle de l'empoisonnement par HCN est encore inconnue.

Quand l'autopsie est faite peu de temps après la mort, on perçoit l'odeur caractéristique de HCN, à l'ouverture de l'estomac et de la cavité abdominale et du cerveau surtout. Mais ce caractère est sujet à caution, car on rencontrerait des cadavres qui dégageraient normalement une odeur rappelant un peu celle de HCN. On peut encore décéler HCN 3 ou 4 jours après la mort et quelquefois plus longtemps (Lhôte et Vibert).

On se rappellera que cette odeur appartient aussi à la nitrobenzine, aux feuilles de laurier-cerise froissées. Sur le cadavre, il y a des taches d'un rouge clair.

Quand l'analyse n'a lieu que tardivement après la mort, la recherche du toxique devient bien difficile, surtout si la victime n'a pas été observée dans ses derniers moments. Elle paraît impossible quand le cadavre a subi un commencement de putréfaction, sauf quand la mort a été produite par des cyanures qui sont plus stables que HCN en présence des matières organiques comme $Hg(CN)^2$, AgCN. Ainsi, dans le cadavre d'un nègre empoisonné avec KCN, on a retrouvé 6 mois après la mort la réaction de HCN (W.-H. Jollyman, 1905).

Quand la mort est due à l'inhalation de vapeurs prussiques, ou à l'application externe de l'une de ses préparations, il faut toujours rechercher HCN dans le sang.

Doses toxiques. — Elles sont variables pour HCN suivant l'impressionnabilité des sujets. Quelques vapeurs de HCN inhalées suffiront à foudroyer un individu, tandis qu'un autre ne tombera avec la même dose qu'au bout de 8 à 10 minutes. Une goutte de solution prussique concentrée introduite sur la langue ou sur l'œil d'un chien le fait tomber presque aussitôt dans une attaque tétanique, rapidement mortelle, les membres étendus, la tête en arrière. On peut admettre que $0^{gr},05$

à 0gr,07 de HCN anhydre suffisent à produire une mort foudroyante.

Dans la forme apoplectique de cet empoisonnement, le sujet intoxiqué tombe souvent aussitôt en poussant un cri perçant et la respiration est saccadée, trismus, tétanos, salive spumo-sanguinolente, mort en 2 minutes. Dans l'empoisonnement plus lent, on observe :

1° Un stade dyspnéique avec constriction de la gorge, angoisses, nausées, vertiges ;

2° Un stade convulsif : le malade tombe, peau froide, sueurs, pupilles dilatées, globes oculaires ressortis, pouls accéléré, convulsions, ophisthotonos ;

3° Un stade asphyxique : respiration suspendue de temps en temps, pouls lent, irrégulier, face cyanosée, hypothermie, coma.

Le cyanure de potassium serait toxique à la dose de 0gr,15 à 0gr,20.

Hofmann cite le cas d'un enfant de 3 ans qui succomba après avoir mangé 7 à 10 amandes amères ; 60 de ces amandes suffiraient à tuer un adulte. Les amandes des fruits à noyaux se comporteraient comme les amandes amères.

Les personnes qui manipulent dans les laboratoires des composés organiques cyanés éprouvent au bout de quelque temps des maux de tête avec retentissement dans le cervelet, des crampes dans les mollets et une fatigue générale qui cesse assez rapidement si l'on s'abstient de retourner au laboratoire pendant quelques jours. Par l'usage industriel des cyanures, il se produit aussi une intoxication chimique se traduisant par de la céphalée, des vertiges, des nausées et de l'anorexie.

Antidotes. — On ne connaît aucun composé chimique susceptible d'être opposé à l'action violente de HCN. On se bornera à exciter l'individu de façon à lui faire éliminer le poison. On emploiera dans ce but les courants faradiques, des projections d'eau froide le long de la colonne vertébrale, la cautérisation profonde des régions lombaires.

On a tour à tour recommandé les inhalations d'oxygène, l'ingestion d'une solution de permanganate de potassium, de solutions de 3 à 4 grammes de sulfate ferreux et d'autant de bicarbonate de sodium. L'hyposulfite de sodium rendrait 3 à 4 fois moins toxique chez les animaux une dose de HCN. Les injections d'éther sulfurique qui atténuent les convulsions sont impuissantes à enrayer les phénomènes mortels.

L'eau oxygénée donnée en ingestion et en injections transformerait HCN en oxamide inoffensive et serait employée avec succès au Transval dans les districts miniers anglais. On se sert d'une solution à 30 p. 100 pour l'usage interne et à 3 p. 100 pour injection sous-cutanée. D'après le rapport d'une Commission de la Chemical Metallurgical and

Mining Society of South Africa, l'eau oxygénée donnerait dans tous les cas des résultats négatifs (1905).

Cette même Commission recommande le sulfate de fer et la lessive de soude. Elle indique d'avoir dans toutes les usines à cyanure 3 flacons bien bouchés renfermant chacun 30 centimètres cubes d'une solution de sulfate ferreux à 23 p. 100, 3 flacons de lessive de soude concentrée et 3 paquets de 2 grammes de magnésie calcinée.

Le nitrite d'amyle a donné de bons résultats et passe actuellement pour un des meilleurs antidotes.

D'après MM. Heymans et Meurice (1899), des expériences faites sur des animaux leur ont montré que les effets toxiques de tous les composés du cyanogène, sauf le benzonitrile, sont annihilés par l'injection d'une dose non mortelle de certains sels métalliques (nitrate de cobalt, nitrate de nickel, sulfate de cuivre, et enfin le sulfate ferreux). Ils ne peuvent donner de cette action dûment constatée aucune explication scientifique.

Avant d'étudier la recherche particulière de HCN, il nous semble convenable de passer en revue les composés cyanogénés dérivant de cet acide, la recherche de HCN dans ces composés se faisant avec quelques modifications.

Les eaux distillées d'amandes amères et de laurier-cerise s'obtiennent par la distillation de l'eau ayant macéré sur du tourteau d'amandes amères et des feuilles de laurier-cerise incisées.

L'eau d'amandes amères est limpide et un peu opalescente. Densité : 0,996; elle présente une forte odeur de HCN dont elle possède toutes les réactions avec une intensité moindre. Avec HCN, elle renferme de l'aldéhyde benzoïque ; ces deux substances se combinent à la longue en formant de la cyanhydrine benzoïque qui ne réagit pas sur le nitrate d'argent.

$$C^6H^5CHO + HCN = C^6H^5CH\begin{cases} OH \\ CN \end{cases}$$

L'addition d'un alcali libère HCN qui forme du cyanure alcalin.

On l'amène au titre de 1 p. 1.000 de HCN.

L'eau de laurier-cerise renferme également 0,1 p. 100 d'acide cyanhydrique. La dose mortelle, comme pour l'eau d'amandes amères, est d'environ 50 grammes. On constate dans ces liquides la présence de HCN qualitativement par l'odeur et le goût, et quantitativement par la méthode de Schonbein : on mélange 10 centimètres cubes du liquide avec III gouttes de sulfate de cuivre à 0,5 p. 100 et $1^{cc},5$ d'une solution fraîchement préparée de résine de gaïac. On fait surnager avec précaution la couche résineuse et on mélange brusquement en agitant. On compare la coloration obtenue avec celle fournie dans les mêmes conditions avec des solutions de HCN de teneur connue. Si on doit opérer sur l'acide cyanhydrique combiné au benzaldéhyde, on mélange le liquide à une lessive alcaline, on acidule faiblement par l'acide acétique au bout de 5 minutes et on opère comme précédemment.

L'huile d'amandes amères naturelle contient 5 à 12 p. 100 de cyanogène ; sa dose mortelle est de 1gr,50. Des empoisonnements par les amandes amères se produisent surtout chez les enfants qui peuvent éprouver des effets nuisibles par l'absorption de 10 de ces amandes. Le cadavre exhale l'odeur de la benzaldéhyde qu'on retrouverait d'ailleurs dans le distillat dans la recherche de HCN.

L'acide cyanhydrique est un acide monobasique faible, qui se comporte avec les bases comme les autres halogènes en formant des sels analogues. Les cyanures alcalins, le cyanure de mercure sont solubles dans l'eau, les autres sont insolubles ou à peu près. Les cyanures alcalins se dissolvent aussi dans l'alcool. Il y a en outre des cyanures doubles qui se divisent en deux groupes : les cyanures doubles proprement dits formés par l'addition de deux molécules de cyanures simples ; traités par les acides, ils laissent précipiter l'un des cyanures, l'autre se décomposant pour donner HCN. Ce sont les cyanures doubles de potassium et d'argent, de potassium et de nickel, de potassium et de cuivre :

$$AgCN + KCN + HNO^3 = AgCN + HCN + KNO^3.$$

Ce sont des composés vénéneux dans la molécule desquels on peut démontrer la présence du métal au moyen de ses réactifs caractéristiques.

L'autre groupe de cyanures doubles ne laisse pas précipiter l'un des cyanures par l'addition d'un acide, mais donne un acide complexe cyanogéné et de l'acide cyanhydrique :

$$(Fe(CN)^2 + 4KCN) + 4HCl = [Fe(CN)^2 + 4HCN] + 4KCl.$$

Les cyanures doubles de ce dernier groupe ne sont pas vénéneux.

Cyanures simples intéressant la toxicologie.

Cyanure de potassium KCN. — Sel fortement alcalin, subissant en solution aqueuse une dissociation qui rend le liquide très alcalin ; l'acide cyanhydrique, acide faible non dissocié, donne son odeur à la dissolution.

Cristallise en cubes ou en octaèdres ; de saveur amère et alcaline, peu soluble dans l'alcool fort. La solution aqueuse lentement à froid et plus rapidement à l'ébullition se décompose par hydrolyse en NH^3 et en formiate de potassium :

$$KCN + 2H^2O = NH^3 + HCOOK.$$

Il se décompose à la longue, même en flacon bouché.

Le sel du commerce est souvent impur et renferme du carbonate de potassium, ce qui diminue sa toxicité, et du cyanate de potassium. Le cyanure de potassium du commerce ne renferme que 60 à 95 p. 100 de cyanure pur ; 0gr,2 à 0gr,3 produisent un effet mortel.

Les acides les plus faibles étant susceptibles de dégager avec lui HCN, on comprend que l'acide chlorhydrique de l'estomac ait la même action ; on s'explique ainsi que son action soit foudroyante.

Dans la forme apoplectique, le sujet pousse un cri perçant, sa respiration devient convulsive, il survient du trismus, parfois même du tétanos (Lewin et Pouchet) ; une salive spumo-sanguinolente s'écoule de la bouche et la mort survient dans l'espace de 2 à 5 minutes. Dans la forme plus lente, il y a dyspnée avec sensation de constriction à la gorge, angoisse, étouffement, nausées, céphalée, vertige, convulsions et asphyxie.

Il peut y avoir une intoxication professionnelle : céphalée, vertige, pâleur de la face. On peut trouver des gonflements et des ulcérations de la muqueuse.

On l'aurait retrouvé 6 mois après la mort dans un cas de suicide ; des expériences effectuées sur des animaux ont montré qu'on a pu le trouver 14 jours après la mort dans le poumon, et après 15 jours dans l'intestin.

Cyanure de zinc, $Zn(CN)^2$. Poudre blanche, amorphe, sans saveur et sans odeur, insoluble dans l'eau, l'alcool et l'acide acétique dilué. Soluble dans HCl et H^2SO^4 dilués avec dégagement de HCN et NH^3. C'est un toxique violent.

Cyanure de mercure : $Hg(CN)^2$. Cristaux incolores, sans odeur, de saveur amère, inaltérables à l'air, solubles dans 6 parties d'eau froide et dans 3 parties d'eau bouillante, solubles dans 10 parties d'alcool froid et dans 6 parties d'alcool bouillant ; peu solubles dans l'éther et dans l'alcool anhydre. Solubles dans la glycérine.

Chauffé à siccité, il fournit du dicyanogène reconnaissable à son odeur d'essence d'amandes amères et à la coloration purpurine de sa flamme ; mais dans la partie froide du tube dans lequel on le chauffe, il se condense de petites gouttelettes de mercure ; au fond du tube, il reste une substance brunâtre qui est un polymère du cyanogène et qui par la chaleur se transforme en dicyanogène. Le cyanure de mercure est très stable ; les oxyacides dilués ne le décomposent pas ; il est au contraire décomposé par les hydracides.

Il n'est pas influencé (car ce n'est pas un électrolyte) par les alcalins caustiques, l'azotate d'argent, l'oxalate, le bichromate, le ferro et le ferricyanure de potassium qui forment avec lui des sels doubles, de la même façon que les cyanures alcalins avec beaucoup de chlorures, bromures et iodures métalliques. Toutes les réactions des cyanures échouent, sauf celle du sulfocyanate.

Il dissout l'oxyde de mercure en donnant de l'oxycyanure de mercure $O\langle {HgCN \atop HgCN}$ peu soluble.

On reconnaît l'oxycyanure de mercure à ce que sa solution traitée par H^2S ou un sulfure alcalin fournit HgS et HCN.

$$Hg^2O\ (CN)^2 + 2H^2S = 2HgS + (CNH)^2 + H^2O.$$

Comme antiseptique, l'oxycyanure de mercure a été à peu près partout remplacé par le bichlorure de mercure ou mieux par le cyanure de mercure ; il n'est pas plus toxique que ce dernier.

Le meilleur antidote du cyanure de mercure ingéré serait une solution très étendue de polysulfure de potassium (5 grammes pour un verre d'eau), car ce composé mercuriel est sans action sur l'albumine qui est le contrepoison habituel des autres sels de mercure.

Parmi *les cyanures doubles :* le *ferrocyanure de potassium*, le *ferricyanure de potassium*, les *bleus de Prusse* et de *Turnbull*, le *cyanure de zinc* et *de fer* qui n'ont pas tous les propriétés toxiques de HCN, et aussi les *sulfocyanures* sont tous décomposés avec dégagement de HCN quand on les distille à 100°, même avec un acide étendu. Les cyanures *auro-potassique* et *argento-potassique*, qui peuvent être décomposés par les liquides stomacaux, sont toxiques.

Les ferro et ferricyanure de potassium ne sont pas toxiques même en présence d'acides minéraux et organiques (Ganassini, 1905).

Les *sulfocyanates* le sont peu, sauf le sulfocyanure de mercure (serpent de Pharaon) qui est vénéneux en ingestion ou par les gaz vénéneux qu'il dégage dans sa combustion (Brouardel, Schlagdenhauffen et L. Barthe).

Les *nitroprussiates*, qui dérivent probablement d'un acide bibasique, l'acide nitroprussique, $H^2Fe\ (NO)(CN)^5$, paraissent devoir leur action nuisible au groupement NO. D'après Venturoli, les nitroprussiates alcalins seraient très vénéneux.

Recherche toxicologique de l'acide cyanhydrique et des cyanures vénéneux. — D'après les expériences de Dominicis (1905), dans le cas de doses toxiques élevées, ce poison se trouverait dans tous les organes y compris le cerveau, même dans les os. Il ne subirait pas, comme le prétend M. Ganassini (1905), une transformation complète dans l'organisme. De nouvelles expériences à ce sujet seraient intéressantes.

Un essai préliminaire très sensible consiste à suspendre dans l'atmosphère du bocal contenant les viscères un papier imprégné du réactif de Schonbein (solution de teinture fraîche de résine de gaïac à 3 p. 100 et de sulfate de cuivre à 1 /2.000) qui bleuira en présence des moindres traces de HCN ; mais d'autres gaz ont la même action (chlore, iode, brome, acide hypochloreux, ozone, etc.). A côté de ce papier, on pourrait en mettre un autre imprégné d'une solution d'iodure de potassium additionnée d'empois d'amidon qui ne bleuira pas par HCN, mais bien par les autres substances désignées ci-dessus. Par conséquent, si le premier papier seul bleuit et si le second ne change pas, c'est qu'il y a des probabilités pour supposer la présence de HCN.

D'autres papiers réactifs pourraient être substitués au papier de Schonbein : celui de Guignard (1907) qui s'obtient en ajoutant à une solution aqueuse d'acide picrique à 1 p. 100 faite à chaud et avant son complet refroidissement 10 grammes de carbonate de sodium cristallisé. Le sel de sodium se dissout très rapidement en donnant un liquide limpide (à froid, il y aurait formation d'un précipité). Il suffit ensuite d'y tremper des bandelettes de papier à filtrer. Le papier ainsi préparé présente son maximum de sensibilité. Il se colore en rouge en présence de vapeurs d'acide cyanhydrique.

M. Thiéry (1907) prépare un autre papier en imbibant des feuilles de papier Berzélius d'une solution de sulfate de cuivre à 1 p. 2.000, puis d'une solution alcaline de phtalophénone. Ce papier, sous l'influence de l'acide cyanhydrique, se colore toujours en rose vif.

M. Volcy-Boucher (1908) avait mis les chimistes en garde contre les résultats fournis par le papier Thiéry qui n'est pas spécifique de l'acide cyanhydrique, car il se colore sous d'autres influences. A propos d'une expertise toxicologique en 1908, nous avons pu faire la même observation et alors que le papier Guignard ne fournissait pas d'indications sur la présence de HCN, qui d'ailleurs n'existait pas dans les viscères, le papier Thiéry accusait un résultat positif et se trouvait en défaut.

Après ces essais préliminaires, les matières, le contenu stomacal, sont broyés rapidement, on leur ajoute le sang et de l'eau distillée de façon à obtenir une bouillie assez fluide. On additionne le mélange d'un peu d'acide tartrique ou d'acide phosphorique, destiné à mettre HCN en liberté s'il y avait un cyanure (on n'emploiera pas d'acide minéral qui pourrait transformer HCN en formiate). On distille le mélange placé dans un ballon dont le bouchon est traversé par un tube abducteur, coudé à 45° et qui se relie à un réfrigérant descendant ; on chauffe la masse à l'ébullition au-dessus d'un bec de gaz ou au bain de sable. Les produits de la distillation sont condensés dans de l'eau distillée qui affleure l'extrémité inférieure de ce tube abducteur. On caractérise alors HCN dans le distillat. On pourrait le doser en ajoutant un excès de $AgNO^3$; il se ferait AgCN qu'on pourrait peser. Incinéré, AgCN donnerait Ag.

Les prussiates jaune et rouge, les bleus de Prusse et de Turnbull, le cyanure de zinc et de fer, les sulfocyanates qui n'ont pas les propriétés toxiques de HCN, sont tous décomposés avec dégagement de HCN, quand on les distille à 100°, même avec un acide étendu. C'est pourquoi, si l'on trouve HCN dans l'opération précédente, il est bon de s'assurer de son origine.

Otto propose d'aciduler les matières avec un très petit excès d'acide tartrique et d'ajouter ensuite du carbonate de chaux précipité qui a pour but de fixer les acides ferro et ferricyanhydrique, et l'acide sulfocyanique, d'abord mis en liberté par la distillation. Celle-ci ne doit pas être opérée à une température de plus de 40°. Dans ce cas, l'acide cyanhydrique provenant des cyanures alcalins passerait seul, car il n'agit pas sur le carbonate de calcium.

Jacquemin a trouvé que les ferrocyanures et les ferricyanures ne sont pas attaqués par l'acide carbonique à 40° quand ils sont en présence d'un bicarbonate alcalin ; aussi propose-t-il de broyer les matières avec de l'eau additionnée de soude caustique pure en léger excès ; dans le ballon renfermant les matières suspectes et chauffé audessous de 60°, on fait passer un courant de CO^2 qui fait du bicarbonate alcalin et qui déplace HCN des cyanures alcalins en l'entraînant dans la distillation. Dans ces conditions, les ferrocyanures demeurent non décomposés, grâce à la présence du bicarbonate alcalin fourni dès le début de l'expérience. Le ballon renfermant les matières est muni d'un bouchon percé de deux trous : par l'un d'eux passe un tube qui amène le courant de CO^2 qui a traversé une éprouvette remplie de $NaHCO^3$ et une dissolution de ce sel. Par l'autre, le gaz sort du ballon, entraînant avec lui HCN qui est condensé dans un tube à boules rempli d'eau distillée, auquel fait suite un second tube à boules renfermant une solution de nitrate d'argent ammoniacal. Ce réactif décèlera les moindres traces de HCN ayant échappé à la condensation dans le premier tube à boules.

Dans le cas où l'on aurait trouvé HCN provenant d'un cyanure alcalin, qui est le toxique le plus employé, l'expert devra savoir que dans ces conditions il peut se dégager une forte odeur ammoniacale du tube digestif (Lacassagne, Hugounenq et Coutagne).

Si l'expert ne trouve pas d'HCN par la méthode Jacquemin, il devra songer à la présence possible du cyanure de mercure qui n'aurait pas été décomposé. Aussi, introduira-t-il dans le même ballon du monosulfure de sodium de façon à décomposer $Hg(CN)^2$, s'il y en avait dans les matières suspectes :

$$Na^2S + Hg(CN)^2 = HgS + 2NaCN.$$

On distillerait à nouveau dans les mêmes conditions. A propos du cyanure de mercure, rappelons, en passant, qu'il est soluble dans l'éther, ce qui pourrait permettre à l'occasion de l'isoler.

Dans les essais préliminaires, on peut rechercher les ferro, ferri et sulfocyanures.

Il faudra penser que HCN peut provenir des eaux distillées d'amandes amères ou de laurier-cerise; dans ces cas, on obtiendra par distillation des matières suspectes, d'abord HCN dans les premières portions, puis l'essence qui passera à une température plus élevée. On peut aussi isoler facilement HCN de l'essence d'amandes amères, dans l'eau distillée d'amandes amères, en agitant celle-ci avec de l'oxyde jaune de mercure précipité: il se fait $Hg(CN)^2$, et le liquide reste inodore s'il ne contient pas d'huile essentielle. De plus, l'éther éthylique ou l'éther de pétrole enlèvent l'essence à la solution aqueuse.

Pour la recherche particulière des nitroprussiates sur la toxicité desquels on n'est pas fixé (Chapuis), on admet que dans l'organisme ces composés sont transformés en un mélange de sulfocyanure et d'azotite. En présence des acides faibles, une solution de nitroprussiate précipite l'albumine.

Les nitroprussiates, si le décès est récent surtout, peuvent être retrouvés d'après G. Venturoli (1897) en traitant par un excès de $(NH^2)^2S$ afin de transformer le nitroprussiate qui serait resté inaltéré; on chaufferait à l'ébullition et on filtrerait. Le filtratum serait évaporé doucement à sec après addition de potasse pure. Le résidu est repris par de l'alcool absolu qui dissout l'azotite et le sulfocyanure de potassium. La solution est décolorée au noir animal. Après décoloration, on concentre et dans le liquide on rechercherait par les réactifs habituels l'azotite et le sulfocyanure.

Ils donnent avec les sulfures solubles une très belle couleur violette, réaction qui ne se produit pas avec l'hydrogène sulfuré.

Avec le nitrate d'argent, ils fournissent un précipité rouge chair soluble dans l'ammoniaque, insoluble dans l'acide nitrique.

Avec un peu d'acétone, de la soude, puis de l'acide acétique en léger excès, on obtient une belle couleur carmin.

D'après M. J. Carquet, les nitroprussiates seraient des poisons tétaniques. A l'ouverture du corps de l'animal intoxiqué, on sent l'odeur d'essence d'amandes amères. Dans l'estomac, en présence de ferments, il se fait HCN, CNNa et du ferrocyanure ferreux. 15 à 20 grammes de nitroprussiate alcalin seraient une dose toxique pour un homme de 70 kilogrammes, par comparaison avec celle qui est nécessaire pour tuer le cobaye. L'auteur a observé chez cet animal des phénomènes physiologiques différents de ceux qui caractérisent les empoisonnements par l'acide cyanhydrique.

Les *sulfocyanures alcalins* sont doués d'un grand pouvoir antiseptique. Les caractères analytiques sont les suivants :

L'azotate d'argent fournit un précipité blanc soluble dans un excès d'ammoniaque, insoluble dans NO^3H.

Le perchlorure de fer donne une coloration rouge sang : la matière colorante est soluble dans l'éther ; cette couleur disparaît sous l'influence des réducteurs.

Chauffés avec HCl, ils fournissent HCN et de l'acide persulfocyanique : $3CNSH = C^2N^3S^3H^2 + HCN$.

Ils n'ont jusqu'à présent, sauf le sulfocyanate de mercure, causé aucun empoisonnement. Se retrouvent dans l'organisme (sang, salive, urine) à l'état de traces.

F. Cuvier (1901) a montré, à la suite d'expériences faites dans mon laboratoire sur des lapins, que les sulfocyanates alcalins ne doivent pas être considérés comme toxiques ; ils produisent des effets diurétiques et purgatifs. Pour ces animaux, le sulfocyanate de zinc n'est pas toxique. Quant à l'acide sulfocyanique, il est toxique chez le lapin à la dose de 1gr,20 par kilogramme d'animal ; c'est aussi un antiseptique.

On ne saurait donc considérer comme « poison » le sulfocyanure de potassium, car O. Ader a rapporté (1910) qu'un jeune ingénieur n'avait pu s'empoisonner par l'absorption de 30 grammes de ce sel. J. Vintilesco et Alin Popesco ont décrit le suicide d'un magistrat qui avait dû pour mourir en ingérer une très forte dose. La distillation des organes après addition d'acide tartrique ne donna lieu à aucun dégagement d'acide cyanhydrique ou d'acide sulfocyanique : en opérant sur 100 grammes de matières divisées additionnées de 200 centimètres cubes d'eau et de 25 centimètres cubes d'acide sulfurique dilué au 1/3, il parvint par la distillation à libérer de l'acide sulfocyanique.

Ces auteurs retrouvèrent encore cet acide dans le sang et les liquides extractifs, après les avoir additionnés de 2 p. 100 d'eau et après avoir chauffé pour coaguler les matières albuminoïdes. Après refroidissement dans les liquides filtrés, ils ajoutèrent une quantité suffisante de solution aqueuse à 20 p. 100 d'acide trichloracétique. Après filtration au papier, les liquides obtenus étaient incolores et pouvaient être traités directement par les réactifs de l'acide sulfocyanique.

L'acide cyanique, isocyanique ou carbimide OC = NH est un liquide incolore, d'une odeur vive, rappelant celle de l'acide formique. Il irrite les yeux ; il produit une vésication sur la peau. Les sels sont stables.

Quelle que soit l'origine de l'acide cyanhydrique obtenu dans les méthodes de recherches dont nous avons parlé, le liquide distillé devra fournir les caractères analytiques suivants :

1° Essai de Schonbein, comme il a été indiqué plus haut ;

2° Réaction du bleu de Prusse. On additionne le distillat d'une certaine quantité de potasse ou de soude (privée de HCN), on chauffe doucement avec une goutte d'une solution de sulfate ferreux et de chlorure ferrique et on acidule avec précaution par HCl. S'il y a HCN, il se fait un précipité de bleu de Prusse, ou avec de très faibles quantités, une solution verte, de laquelle se séparent plus tard des flocons bleus ;

3° En chauffant le distillat faiblement alcalinisé par la potasse avec quelques gouttes d'acide picrique, il se produit avec les ions cyanés une coloration rouge d'isopurpurate de potassium ;

4° Réaction de Liebig au sulfocyanate ferrique. Elle a été réglementée (1915) par MM. P. Lavialle et L. Varenne qui recommandent d'opérer de la façon suivante : la solution contenant l'acide cyanhydrique ou les cyanures alcalins est additionnée à froid de sulfure d'ammonium, chauffée à l'ébullition pendant 5 minutes dans une capsule de porcelaine, puis évaporée au bain-marie à un volume de 1 centimètre cube environ. La quantité de sulfure d'ammonium ajoutée doit colorer la liqueur finale en jaune. Le résidu est additionné de 9 centimètres cubes d'eau environ, de X gouttes d'acide chlorhydrique concentré ; la solution après agitation est additionnée de 20 centimètres cubes d'éther. On agite à nouveau dans une ampoule à décantation. L'éther est décanté dans une capsule de porcelaine et on renouvelle l'agitation avec 10 centimètres cubes d'éther. On décante de nouveau et on renouvelle une troisième fois l'agitation avec 10 centimètres cubes d'éther. On réunit les liqueurs éthérées qui sont évaporées à la température ordinaire aussi rapidement que possible, et le faible résidu aqueux restant est traité aussitôt après la disparition de l'odeur d'éther par quelques gouttes de solution de perchlorure de fer au 1/10, portées dans la capsule à l'aide d'un agitateur.

La présence d'acide sulfocyanique est accusée par une vive coloration rouge sang. Si, à ce moment, on ajoute 1 ou 2 centimètres cubes d'éther et si on agite le mélange dans un tube à essais, l'éther se sépare de la solution aqueuse, coloré en rouge plus ou moins intense.

Seul l'acide méconique est susceptible, comme l'acide sulfocyanique libre, de décomposer le perchlorure de fer en milieu très faiblement acide et de donner du méconate ferrique rouge foncé ; mais le méconate de fer est insoluble dans l'éther. De plus, la solution de chlorure d'or au 1/10 décolore complètement, rapidement et à faible dose le sulfocyanate de fer, demeurant sans action sur le méconate ferrique.

Cette réaction ainsi modifiée serait plus sensible que la réaction du bleu de Prusse ;

5° Si l'on ajoute à la solution cyanhydrique quelques gouttes de solution alcaline de phtaline et ensuite quelques gouttes d'une solution de sulfate de cuivre (1/2.000), le liquide devient rouge par oxydation de la phtaline en phtaléine ;

6° On peut précipiter HCN à l'état de cyanure d'argent en milieu nitrique, chauffer le cyanure d'argent qui fournit du cyanogène, de l'argent métallique et du paracyanogène ;

7° Dans l'atmosphère cyanhydrique, on plonge une baguette de verre imprégnée de lessive de soude, puis on la porte dans un petit verre contenant 1 ou 2 centimètres cubes d'un réactif fait en mélangeant 2 centimètres cubes environ d'ammoniaque, I goutte de solution de KI à 5 p. 100, 20 centimètres cubes d'eau et I goutte d'une solution d'azotate d'argent à 2 p. 100. La liqueur opalescente ainsi obtenue redevient immédiatement limpide et incolore par dissolution de l'iodure d'argent qui la troublait, si CyH existait réellement dans l'atmosphère essayée (G. Denigès).

Amides des Acides polybasiques.

Uréthane, carbamate d'éthyle, éthyluréthane,

$$CO\begin{cases}NH^2\\OC^2H^5\end{cases}$$

Introduit dans la thérapeutique par Kobert ; cristaux incolores, lamelleux, de saveur fraîche, très solubles dans l'eau, l'alcool, l'éther, le chloroforme, la glycérine et même dans l'huile d'olive. Fond à 51°-52°. Bout à 170°-180°.

Dose : 1 à 2 grammes.

Étudié en France par Huchard. Employé contre l'insomnie, chez les phtisiques, les alcooliques et les maniaques. Son action toutefois est peu intense et de peu de durée. Il ne serait toxique qu'à la dose de 10 grammes.

Il passe dans l'urine d'où on peut l'extraire au moyen de l'éther : il ne reste plus qu'à évaporer l'éther. Dans le résidu on caractérise l'uréthane, en dissolvant le résidu dans 10 grammes d'eau, à laquelle on ajoute 2 grammes de carbonate de sodium sec et quelques fragments d'iode, on chauffe ; par refroidissement il se fait des cristaux d'iodoforme, faciles à reconnaître.

Chloral Uréthane, uraline, ural, $CCl^3.C(OH)(H)—NH.CO.OC^2H^5$.

Lamelles cristallines, incolores, de saveur amère, insolubles dans l'eau, solubles dans l'alcool et l'éther, fusibles à 103°, se décomposant à 100° en chloral et uréthane.

Hypnotique essayé par Parisot et Schmidt, bien supporté par les cardiaques, provoquant parfois des vomissements.

Dose : 2 à 3 grammes en cachets à cause de son amertume.

Hédonal, méthylpropylcarbinol uréthane, $CO(NH^2)—OCH(CH^3)—C^3H^7$.

Poudre cristalline, blanche, happant à la langue, de saveur un peu menthée et poussiéreuse, fusible à 76°, bouillant à 215° environ. Soluble dans l'eau : 1 p. 100 dans l'alcool, et les dissolvants organiques. Douée de propriétés hypnotiques supérieures à celles du chloral.

Dose : de 1gr,50 à 2 grammes dans un cachet, le soir, avant de se coucher.

A chaud, en présence des alcalins, il fournit des carbonates, de l'alcool amylique secondaire et NH^3.

Les essais tentés avec lui par voie intra-veineuse pour l'anesthésie générale n'ont pas été heureux.

COMPOSÉS AROMATIQUES

BENZINE

La benzine ou benzène ne doit pas être confondue avec la benzine de pétrole, qui se distingue par sa plus grande solubilité dans l'alcool et par la façon dont elle se comporte avec un mélange formé de 2 p. de NO^3H et de 1 p. de SO^2H^4 concentré; le benzène avec le mélange ci-dessus dégage des vapeurs rougeâtres et il se sépare un composé nitré qui possède l'odeur d'essence d'amande amère : ce même mélange acide n'a pas d'action sur la benzine de pétrole.

En outre la benzine commerciale contient 0,5 p. 100 de C^4H^4S (thiophène) qui manque dans la benzine du pétrole.

Le benzène est surtout employé dans la fabrication des couleurs d'aniline et autres composés aromatiques. Il sert encore à dissoudre nombre de substances organiques. Dans les recherches toxicologiques, on l'emploie à la dissolution de quelques alcaloïdes en les isolant des milieux aqueux.

Propriétés. — Liquide très mobile, incolore, à odeur caractéristique, brûlant avec une flamme fuligineuse et éclairante. Bout à 80°,5, se solidifie à 0°. Densité à 15° : 0,8841. Insoluble dans l'eau, soluble dans l'alcool anhydre, dans l'alcool méthylique, l'éther et l'acétone ; dissout S, Ph, I, les matières grasses, les résines, les essences et les alcaloïdes.

A été employé en thérapeutique contre la trichinose et la gale. A la dose de 8 grammes par jour d'après Mosler, il n'aurait aucun inconvénient. Il serait toxique en inhalation.

La benzine est très employée dans les teintureries ; certains jours de la semaine, les ouvriers sont occupés exclusivement au dégraissage par la benzine ; et pendant ce temps ils vivent dans une atmosphère chargée de vapeurs de benzine. Dans son rapport général de 1913, sur les établissements classés, M. P. Adam signale un cas de mort survenu à Aubervilliers, par suite du déversement subit de benzine dans une salle de distribution de ce liquide. L'ouvrier préposé à la manœuvre fut pris de syncope et ne put être ranimé. A la même époque, à Montrouge, 3 ouvriers descendus dans une citerne où reposaient les réservoirs de benzine furent incommodés par les vapeurs de benzine, mais leur indisposition n'eut pas de conséquence grave.

Dans l'industrie de la benzine, beaucoup d'ouvriers en sont incommodés. L'intoxication chronique par cette substance pourrait amener des accidents graves et même produire la mort. Un malade observé par MM. Le Noir et Claude (1897) a succombé avec des phénomènes de purpura hémorragique, après avoir présenté pendant plusieurs semaines du saignement des gencives et des poussées de pétéchies.

On a observé des accidents chez des femmes manipulant dans une usine du caoutchouc dissous dans de la benzine : elles éprouvèrent de la céphalalgie, des nausées et des vomissements.

Au Congrès de Moscou, on a présenté 9 cas d'empoisonnement par la benzine, dont 4 suivis de mort.

Dujardin-Beaumetz, Gilbert et Yvon, la considéraient comme toxique.

M. Simonin a rapporté (1903) un cas d'absorption de 15 grammes de benzine ; il nota : nausées, céphalée, courbature, agitation, fièvre, catarrhe des muqueuses, éruption prurigineuse polymorphe, composée de macules, de papules, de placards érythémateux, de sugillations hémorragiques ; en même temps subictère des conjonctives, oligurie avec urobilinurie, diminution de l'urée et des chlorures, présence d'albumine dans l'urine. L'équilibre leucocytaire fut momentanément troublé comme dans les infections, par une leucocytose modérée avec prédominance de polynucléaires et proportion considérable des cellules éosinophiles (25 p. 100). La convalescence fut marquée par de la desquamation cutanée et une véritable décharge d'urée et de chlorures. L'absence de troubles du système nerveux central et périphérique qui s'observent dans les intoxications professionnelles tient probablement à ce fait que la benzine étant fort peu soluble, son absorption stomacale en est ralentie ou fractionnée, et les symptômes se localisent au niveau des organes antitoxiques ou éliminateurs.

Dans le cas d'intoxication par la benzine, l'urine est plus riche en acides sulfoconjugués ; les corpuscules sanguins se dissolvent, le sang devient rouge brique. Chassevant qui a rapporté deux cas mortels d'intoxication chez l'homme dit, avec Bénech, qu'après son ingestion elle s'élimine surtout par le poumon (9 /10) et 1 /10 par l'urine.

M. R. Guyot a rapporté (1904) le cas d'une employée de magasin qui s'était empoisonnée par mégarde en avalant, après son dîner, 20 grammes environ de benzine. Bourdonnements d'oreilles, douleur sourde à l'épigastre, envies de vomir, ni narcose, ni convulsion, haleine et odeur de benzine prononcées. Un vomitif produisit un heureux effet. Douze heures après l'ingestion, l'haleine sentait la benzine.

J. Pajaud, dans une excellente thèse (1907) sur l'action des benzines ou benzols (provenant de la distillation des goudrons de houille), sur les rapports réciproques des éléments du sang et sur divers organes, à la suite de nombreuses expériences effectuées sur des animaux dans le laboratoire du professeur Sabrazès, a observé la toxicité des benzines provenant de la houille ou du pétrole, soit en inhalation, soit en injections sous-cutanées. Leur action sur le système nerveux se traduit par des phénomènes d'excitation : tremblement, convulsions cloniques et toniques, tachycardie, dyspepsie, émissions urinaire et spermatique pendant la crise. Il existe une sorte d'hypéresthésie des organes des sens : un bruit subit, l'action de frapper sur la caisse, par exemple, détermine immédiatement une crise de convulsion... L'intoxication se prolonge-t-elle, un état comateux termine la scène. Les animaux morts exhalent une forte odeur de benzine. Malgré les ectasies vasculaires, l'état du sang périphérique témoigne de l'existence d'une anémie progressive, qu'on opère avec de la benzine du commerce plus ou moins souillée ou avec la benzine pure ou contenant du thiophène.

A l'encontre de l'opinion formulée par MM. Langlois et Desbouis, les expériences de Pajaud montrent que la benzine pure avec ou sans thiophène n'entraîne pas la polyglobulie. M. A. Chassevant a relaté

(1910) 2 cas d'intoxication aiguë mortelle. Il a caractérisé la benzine de la façon suivante : 1.230 grammes de matières provenant de différents organes ont été additionnés de 1 litre d'eau distillée et de 50 grammes d'acide tartrique. On a distillé au bain de sable : le distillatum a été recueilli, après réfrigération, dans un récipient renfermant 1 partie de SO^2H^4 + 2 parties de NO^3H. Il se fait de la nitrobenzine, décelable à son odeur. Celle-ci, dissoute dans l'éther, a été transformée ensuite par le zinc et l'acide acétique en aniline.

D'après cet auteur, la benzine pure provenant de la distillation sèche du benzoate de chaux est moins toxique que la benzine cristallisable du commerce, beaucoup moins toxique à son tour que la benzine commerciale ou benzol.

En 1914, MM. Julien et Bonn ont communiqué l'observation d'un cas d'intoxication subaiguë par la benzine qui s'est terminé par la mort. Les recherches toxicologiques ont abouti à un résultat négatif.

A l'autopsie, on a trouvé de la dégénérescence graisseuse du foie et des hémorragies multiples dans la muqueuse du tube digestif.

Il y aurait lieu de réglementer l'usage que font les teinturiers de la benzine et de classer le benzinage parmi les opérations insalubres et dangereuses.

Recherche. — L'extraction de la benzine dans les viscères se ferait sans difficulté par la distillation : la benzine surnagera le liquide aqueux condensé ; puis on transformerait la benzine en nitrobenzine pour la caractériser.

Nitrobenzine, essence de mirbane $C^6H^5 . NO^2$.

Liquide huileux, jaunâtre, d'une forte odeur d'amandes amères, fortement réfringent, insoluble dans l'eau, soluble dans l'alcool et l'éther. Bout à 205° ; se solidifie à + 3°. Densité à 15° : 2,006.

Elle a des usages industriels importants : fabrication de l'aniline, parfumerie, confiserie. Sterne (1905) a rapporté le cas d'une fillette de 9 ans, qui faillit être empoisonnée après l'emploi d'une lotion capillaire renfermant surtout de la nitrobenzine et un peu d'aniline : les symptômes de l'empoisonnement furent ceux de l'aniline.

La statistique enregistre de nombreux empoisonnements par la nitrobenzine, car elle est très toxique. Il y a eu aussi plusieurs suicides et des avortements. On connaît le cas, cité par Bahrdt, d'un jeune homme de 19 ans, qui mourut après avoir absorbé XX gouttes de nitrobenzine. D'après Neumann et Pabst, l'action du poison est assez lente : l'ingestion n'amène aucun trouble immédiat ; il n'en est pas de même quand elle est inhalée ou en applications. Comme premiers symptômes, on note : céphalalgie, coloration livide assez généralisée, en particulier de la peau et des extrémités. Cette cyanose s'étend aux muqueuses, à la bouche, aux gencives. Le malade exhale une odeur d'amandes amères. Bientôt succèdent la dyspnée, l'accélération, puis le ralentissement du cœur, des convulsions générales ou des contractions isolées de certains muscles, pupilles dilatées, intelligence saine. La mort survient dans le coma, après un assez long temps. M. Chassevant a fait remarquer que l'on employait autrefois la nitrobenzine ou essence de mirbane pour parfumer à l'amande amère les savons, le kirsch, les massepains. Il y a eu des cas d'intoxication. Aujourd'hui on l'a remplacée par l'essence d'amande amère artificielle qui n'est pas toxique.

M. Chassevant a fait remarquer que quelquefois aussi les vomissements, la diarrhée, les vertiges, la céphalalgie, sont les premiers symptômes.

La dose toxique est inconnue : de 5 à 15 grammes probablement. A l'autopsie les organes dégagent l'odeur d'amandes amères. Sang liquide, d'un brun très foncé et même noirâtre, fluide ; taches ecchymotiques sur les muqueuses de l'estomac, du duodénum, de l'œsophage, congestion veineuse généralisée.

Le sang donne le spectre de la méthémoglobine, après réduction par $(NH^4)^2S$; il fournit le spectre de l'hématine réduite. Les urines sont noirâtres.

Comme traitement : purgatifs, injections d'eau salée, saignées, favoriser les vomissements.

Recherches.—Les matières vomies, le tube digestif, l'urine et le sang sont acidulés avec de l'acide tartrique et soumis à la distillation à la vapeur en employant un bain de chlorure de calcium. Si le toxique est en quantité suffisante, on observe au fond du liquide distillé des gouttelettes huileuses, possédant l'odeur d'amandes amères. On agite le distillatum avec de l'éther et on abandonne la solution à l'évaporation spontanée. La nitrobenzine obtenue est transformée en aniline (par l'acide sulfurique et le zinc) que l'on caractérise.

Il est bon de savoir que le *métadinitrobenzol*, $C^6H^4(NO^2)^2$, mélangé à l'azotate d'ammonium constitue la roburite ; ce mélange agit sur le sang comme le nitrobenzol. Il a déterminé des empoisonnements aigus chez des ouvriers qui l'ont préparé.

Aniline $C^6H^5.NH^2$.

Syn. Phénylamine, aminophène.

Les vapeurs d'aniline se dégagent dans certaines industries : fabrication de l'aniline par réduction de la nitrobenzine, du chlorhydrate d'aniline, des indulines, des colorants à base d'aniline.

Liquide incolore, qui ne brunit pas à l'air quand il est pur, à odeur aromatique, de saveur âcre et brûlante, bouillant à 189°. Densité à 16° : 1.024. Cristallisable à — 8°.

C'est une substance assez toxique qui incommode souvent les ouvriers employés à la fabriquer. Elle commence par déterminer chez eux des douleurs de tête. Dès 1879, M. Leloir avait rapporté l'observation de malades atteints de psoriasis à qui on avait appliqué des compresses imbibées de chlorhydrate d'aniline. Ces applications déterminèrent des nausées avec refroidissement, cyanose, crampes, dyspnée et somnolence. Le professeur Karl Dohio observa en 1888 une jeune femme qui avala 10 grammes d'huile d'aniline; quelques heures après, elle éprouva un état comateux ; il y avait absence de réflexes cutanés et des mouvements volontaires, accélération du pouls, sueurs profuses et teinte gris bleu de la peau. L'urine renfermait des traces sensibles de matières colorantes, et le troisième jour il se déclara un ictère. Il y avait aussi de l'hémoglobinurie.

MM. Spillmann et Étienne ont signalé en 1896 un cas de paralysie générale consécutive à l'intoxication aiguë par les vapeurs d'aniline. Ingérée ou inhalée, ou appliquée à l'état liquide sur les téguments externes, elle est absorbée. On constate alors la dilatation des pupilles qui ne réagissent plus à la lumière, abolition des réflexes oculaires, pouls très petit, filiforme, mâchoires serrées, température axillaire de 35°,4, bruits du cœur faibles, urines involontaires, insensibilité de la peau, la froideur des extrémités, la coloration bleue des lèvres, des gencives, des ongles et de la conjonctive et une coloration rouge de la sueur. Les globules sanguins sont plus ou moins altérés.

L'aniline est plus vite absorbée que la nitrobenzine. Elle s'accumule dans le foie et s'élimine en grande partie par les voies respiratoires ; on en retrouverait fort peu dans l'urine.

L'aniline en s'oxydant produit la gamme complète des couleurs : elle provoque dans l'organisme une substance colorante bleue qui donnerait aux malades la coloration cyanotique (Dragendorff) et qui peut s'éliminer par l'urine.

Le 17 juillet 1900, MM. Landouzy et Brouardel ont communiqué à l'Académie de Médecine l'observation *d'empoisonnements non professionnels causés par l'aniline*. Les accidents furent observés chez 10 enfants chaussés de bottines de cuir jaune, noirci avec une teinture à base d'aniline. Le premier enfant, âgé de 17 mois, était d'excellente santé et très gai. Sa nourrice l'ayant porté à la promenade, sur les bras, à deux cents pas de la maison, vit qu'il était comme engourdi, sans plaintes et sans cris. Elle ramena l'enfant inanimé, insensible, en résolution, plongé en apparence dans un sommeil profond, le visage très pâle, gris de plomb ; les lèvres, le bord libre des paupières bleuâtre, respiration ralentie, pouls petit, régulier à 80.

Les injections hypodermiques d'éther, la sinapisation, l'ingestion de café chaud n'améliorent pas la situation. Dans la soirée, l'aspect asphyxique se modifie légèrement. Le lendemain l'enfant est encore engourdi ; les jours suivants, l'enfant retrouve sa gaieté ; le teint cireux du visage seul persiste. Après toute supposition, on arriva à penser que le bébé avait pu être empoisonné par des bottines qu'on lui avait remises, la première fois, depuis qu'un teinturier les avait renvoyées la veille de l'accident, après, de jaunes qu'elles étaient, les avoir passées au noir, toute la famille prenant le deuil. Cependant l'enfant n'avait pas joué ; aucun de ses organes n'avait été sali par ces chaussures qui avaient une odeur pénétrante, perceptible à distance, désagréable, rappelant fort celle de l'encre de Chine.

Quelques jours plus tard le frère, âgé de 6 ans, chaussant pour la première fois pareilles bottines qui avaient aussi été noircies, s'en fut à la promenade par une belle après-midi chaude de mai ; trois heures après l'enfant revenait avec les mêmes accidents, un peu atténués : ils disparurent au bout de 48 heures ; le surlendemain, le même enfant, remettant les mêmes bottines, éprouvait de nouveau de semblables accidents.

Une enquête minutieuse permit aux auteurs de rassembler 8 cas analogues d'intoxication, et de rapporter les accidents à la teinture qui avait été appliquée sur les chaussures.

Les accidents furent d'autant plus intenses que les enfants étaient plus jeunes.

La teinture que les auteurs parvinrent à se procurer fut analysée : elle distillait à 182° ; la partie volatile était entièrement formée d'aniline (90 p. 100) servant de véhicule à la couleur, et de couleurs d'aniline fixes. Il n'y avait pas d'arsenic.

Une série d'expériences fut faite avec la teinture noire incriminée, sur des cobayes et des lapins : soit en injections, en inhalations ou en applications locales, on renouvela une partie des accidents produits chez les enfants ; le nombre des hématies diminua, et il se fit de la méthémoglobine dans le sang.

Avec une dilution d'aniline, on répéta ces mêmes accidents sur des animaux.

Tous ces faits démontrent que la surface cutanée se prête à l'absorption de l'aniline, quand celle-ci est dans une atmosphère humide et chaude à + 30° ; l'aniline possède une tension de vapeurs très notable. C'est elle qui se dégageait des bottines dans les cas d'intoxication ci-dessus décrits.

Dans la même séance, M. Blache fit remarquer qu'il avait observé des accidents toxiques identiques, 20 ans auparavant, chez une jeune femme de sa famille qui avait porté des bas teints avec de l'aniline.

M. Landouzy, le 30 juillet 1901, communiqua à l'Académie de Médecine l'observation d'un jeune garçon qui, après avoir porté pendant 8 heures des chaussures jaunes, teintes le matin même en noir, éprouva des accidents semblables à ceux qu'il avait rapportés récemment.

Le Dr G. Chevalier a signalé (1901) un cas d'empoisonnement causé par des chaussures passées au noir d'aniline.

En présence des nombreux cas d'intoxication de cette nature, le Comité d'Hygiène publique de France a émis en 1902 l'avis que les chaussures ne soient pas teintes avec les couleurs d'aniline.

Creyx (de Bordeaux) a encore signalé (1913) des accidents survenus chez un jeune homme de 19 ans, qui avait fait usage de chaussures teintes avec un cirage à base d'aniline : les urines étaient noires 10 heures après la constatation des premiers accidents ; 30 heures après elles étaient revenues à leur couleur normale, mais la recherche de l'aniline dans l'urine ne nous a donné qu'un résultat négatif (L. Barthe).

Les toluidines, xylidines, nitranilines, sont encore plus toxiques.

Recherche de l'aniline. — On acidule les organes avec de l'acide sulfurique dilué, et on distille à la vapeur, ou à l'aide d'un bain de chlorure de calcium. Le résidu du ballon ou de la cornue est repris par de l'alcool concentré : on filtre. La liqueur alcoolique est additionnée d'acétate de plomb en excès, puis filtrée. On enlève l'acétate de plomb restant par l'addition d'un petit excès d'une solution aqueuse de sulfate de soude. On filtre à nouveau. On distille au bain d'huile la solution rendue alcaline par addition d'un peu de potasse. On acidule le produit distillé avec un peu d'acide sulfurique étendu, et en évaporant on obtient du sulfate d'aniline. Le produit distillé qui est l'aniline (de même pour la toluidine) surnage le liquide distillé sous forme de gouttelettes huileuses, quand il y a des quantités un peu fortes ; elles ne se séparent pas quand le liquide ne renferme que des traces. Le traitement par l'éther de pétrole isolera toujours l'aniline du distillatum.

Pour fixer les vapeurs d'aniline dans une atmosphère qui en contient, F. Heim conseille de faire passer l'air à analyser dans un tube absorbant garni simplement de 10 centimètres cubes d'eau distillée, ou mieux d'eau légèrement sulfurique. Le liquide est ensuite distillé, après avoir été rendu alcalin si on s'est servi d'acide sulfurique, et l'on recueille environ 1 centimètre cube de liquide qui est soumis aux réactifs spéciaux.

On pourrait doser l'aniline ainsi distillée en l'additionnant d'eau de brome qui la précipiterait à l'état de tribromaniline dont 1 p. correspond à 0,28 d'aniline en poids.

Réactions de l'aniline. — Pure elle ne modifie pas le papier de tournesol.

Avec le formaldéhyde, l'aniline fournit un produit de condensation difficilement soluble, l'anhydroformaldéhyde-aniline $(C^6H^5N = CH^2)^3$. Point de fusion : 40°.

Une solution aqueuse d'aniline libre est colorée en violet intense par une solution de chlorure de chaux, ou d'un hypochlorite soluble. Il faut éviter un excès de réactif : la couleur passe peu à peu au rouge sale. Les acides la font virer au rouge rose. La réaction ne s'effectue pas en présence d'ammoniaque ou d'un sel ammoniacal. Dans ce cas il faut employer un grand excès de chlorure de chaux (Tollens et Fiehmann).

Un mélange d'acide chlorhydrique et de chlorate de potassium pourrait remplacer les hypochlorites.

Dans une solution d'hypochlorite de sodium, additionnée d'acide phénique, si l'on fait tomber une goutte d'aniline, il se fait une belle couleur bleue qui vire au rouge en présence des acides, et qui redevient bleue sous l'influence des alcalis.

Une goutte d'aniline mise sur une soucoupe de porcelaine au contact d'un cristal de bichromate de potassium, ou d'un peu de peroxyde de manganèse, donne, quand on touche le mélange avec un peu d'acide sulfurique, une couleur bleue intense. Elle est plus apparente que celle de la strychnine dans les mêmes conditions : elle ne passe pas au violet, et n'est pas aussi fugace. D'ailleurs, si on remplace SO^4H^2 par NO^3H, l'aniline fournira une coloration bleue, tandis que la strychnine ne sera pas influencée par ce réactif.

On dissout l'aniline dans quelques gouttes d'acide sulfurique, et on place le soluté sur une lame de platine qui communique avec le pôle positif d'une pile de Grove ; on ferme le courant en introduisant le pôle négatif dans le liquide au moyen d'un fil de platine. La lame de platine se recouvre d'un enduit bronzé, bleu ou rose selon la quantité du toxique (Letheloy). Ce serait la plus sensible des réactions de l'aniline (elle le serait au 1/400 de centigramme).

Amines secondaires phénoliques.

Diphénylamine $NH(C^6H^5)^2$.

Corps cristallisé, d'odeur agréable, fondant à 54°. Peu soluble dans l'eau, soluble dans l'alcool et dans l'éther. Base faible, qui sert à préparer beaucoup de matières colorantes et des poudres de guerre. Les ouvriers qui la manipulent lui attribuent des propriétés toxiques qui leur causent des malaises particuliers.

MM. Courtot et Dopter l'ont expérimentée (1911) au point de vue physiologique sur des animaux. Elle apparaît très rapidement dans l'urine, sous forme de dérivé sulfoconjugué : ce liquide se colore en vert foncé par le perchlorure de fer. Il cède à l'alcool amylique un dérivé diphénylaminé qui, après disparition de l'alcool par évaporation, se colore en bleu, puis en vert par NO^3H concentré. Pour ces auteurs, la diphénylamine, sans être inoffensive, n'est pas toxique. Employée à faibles doses, pendant quelques jours, la diphénylamine stimulerait l'appétit et favoriserait l'assimilation.

Alcalamides.

Acétanilide, antifébrine.

Petits cristaux blancs, inodores, à saveur légèrement caustique, fondant à 114°. Elle bout sans décomposition à 295°. Soluble dans 160 p. d'eau froide et 50 p. d'eau chaude, très soluble dans les dissolvants neutres. Les solutés sont neutres au tournesol.

Quand elle est impure, et qu'elle contient des traces d'aniline, elle est très toxique. Pour reconnaître celle-ci, on triture dans l'eau un excès d'acétanilide avec un peu d'hypobromite de sodium ; s'il y a de l'aniline, il se forme un précipité rouge orangé abondant. Cette réaction est encore sensible avec de l'eau contenant une demi-goutte d'aniline par litre (Yvon).

C'est un antipyrétique qui a l'inconvénient de provoquer de la cyanose : c'est un bon nervin, très utile dans les douleurs en général, dans les douleurs fulgurantes du tabes dorsal.

Dose : de $0^{gr},20$ à $0^{gr},50$ sans dépasser 2 grammes.

En 1897, à San-Francisco, on a signalé un cas d'intoxication chez un cordonnier de 37 ans qui avait pris $3^{gr},90$ environ d'acétanilide pour combattre des maux de tête. Lèvres et ongles cyanosés, urine alcaline, de couleur rouge foncé, presque noire. Vomissements opiniâtres, délire, hyperesthésie de l'abdomen, leucocytose abondante. Néphrite diffuse aiguë, hémorragie intestinale. Le malade mourut au bout de 6 jours.

On a également rapporté deux cas d'intoxication non suivis de mort, chez 2 jeunes enfants dont les fesses gercées avaient été saupoudrées de dermatol mélangé d'acétanilide. On nota également de la cyanose.

Caractères de l'acétanilide. — Ne doit laisser aucun résidu par l'incinération. SO^2H^4, HCl, KOH la dédoublent à chaud en acide acétique et aniline.

SO^4H^2 la dissout sans coloration.

Le soluté aqueux saturé fournit un abondant dépôt cristallin, blanc, avec l'eau bromée. Il ne se colore pas par addition de perchlorure de fer, à moins que la dissolution ne soit chaude et très concentrée.

Quelques centigrammes d'acétanilide chauffés avec HCl concentré fournissent du chlorhydrate d'aniline : la liqueur neutralisée et additionnée de quelques gouttes d'un soluté récent d'hypochlorite de calcium donne une coloration violette, puis rouge, passant au bleu.

Chauffée avec une solution concentrée de KOH, l'acétanilide dégage, par l'addition de quelques gouttes de chloroforme, une odeur pénétrante de phénylcarbylamine.

0gr,01 d'acétanilide additionné de 5 à 6 centimètres cubes d'acide chlorhydrique concentré et froid, et de 1 centimètre cube d'acide chromique à 3 p. 100, donne une coloration jaune passant au vert après quelque temps de contact (différence avec l'exalgine).

0gr,01 mis à bouillir avec 1 centimètre cube de KOH et additionné après refroidissement de quelques gouttes de solution de $KMnO^4$, prend une couleur vert sombre en dégageant l'odeur de carbylamine (différence avec l'exalgine).

Soumise à l'ébullition avec une solution alcaline d'hypobromite de sodium, elle fournit un précipité rougeâtre accompagné d'une odeur de cyanure de méthyle (Denigès).

Quand on dissout à chaud quelques centigrammes d'acétanilide dans du nitrate acide de mercure, et qu'on ajoute ensuite quelques gouttes de SO^2H^4, on obtient une couleur rouge intense.

En chauffant dans une capsule de l'acétanilide, et en y projetant un peu de protonitrate de mercure, il se produit une coloration verte intense, soluble dans l'alcool. Cette réaction permet de la rechercher dans l'urine. Dans ce but, on agite l'urine avec du chloroforme qui est décanté et évaporé. La réaction s'effectue avec le résidu.

On peut encore faire bouillir l'urine avec le quart de son volume d'acide sulfurique ; on y ajoute après refroidissement une goutte d'acide phénique et quelques gouttes d'une solution d'hypochlorite de calcium. Le mélange se colore en rouge s'il y a de l'acétanilide et la coloration passe au bleu par l'addition d'ammoniaque.

L'acétanilide chauffée avec l'acide borique jusqu'à fusion de ce dernier fournit un résidu jaune d'odeur agréable (odeur d'arbutus) (G.-N. Watson, 1911).

L'antifébrine passe dans l'urine à l'état de sulfate de paramidophénol que l'on peut caractériser dans l'extrait éthéré de l'urine acidifiée par l'acide phosphorique. Cet extrait est évaporé en présence d'un peu d'eau, et l'on ajoute au résidu un quart de son volume d'acide chlorhydrique. On fait bouillir quelque temps ; après refroidissement, on ajoute 1 centimètre cube d'eau saturée de phénol et quelques gouttes d'une solution saturée de chlorure de chaux ; on agite après l'addition de chaque goutte ; en présence de paramidophénol, il se produit une coloration rouge virant au bleu sous l'influence de l'ammoniaque. La sensibilité de la réaction atteint 1/100.000 (C. Kippenberger et von Jakubowski, 1903).

Méthylacétanilide, exalgine $C^6H^5.N = CH^3.C^2H^3O$.

Cristaux prismatiques, incolores, fondant à 102°. Point d'ébullition : 245°.

Solubles dans	60 p. d'eau froide.
	2 p. d'eau chaude.
	10 c. c. d'alcool à 95°.
	100 c. c. de benzine.
	52 c. c. éther anhydre.

Supprime la sensibilité à la douleur, en conservant la sensibilité tactile. Si la dose est trop forte, il y a convulsion avec abaissement de température, et paralysie des muscles respiratoires. Elle est de plus antiseptique.

Elle fait diminuer, comme tous les antithermiques, les quantités de sucre et d'urine dans le diabète.

On a signalé que l'emploi de l'exalgine est contre-indiqué chez les fébricitants : il doit être limité au traitement des névralgies. Linossier a signalé en 1898 une éruption consécutive à l'absorption de 0gr,25 d'exalgine ; Weber a rapporté un cas d'intoxication accidentelle chez une jeune femme qui avait absorbé volontairement 16 grammes d'exalgine ; elle éprouva des symptômes inquiétants, tels que coma, tendance à la cyanose, convulsions cloniques, amnésie... Les urines étaient très foncées, avec reflets verdâtres sur les bords, et elles renfermaient de l'albumine, du sucre, des pigments biliaires, des hématies altérées. Le sang était couleur sépia. Le traitement consista en un vomitif, une saignée, suivis d'injections répétées d'éther et de caféine, inhalation d'oxygène. La malade ne succomba pas.

Dose : de 0gr,4 à 0gr,8 dans les 24 heures.

0gr,1 additionné de 1 centimètre cube de KOH sont chauffés. Au mélange refroidi, on ajoute V à VIII gouttes de solution de $KMnO^4$

qui produisent une couleur vert foncé, sans odeur de carbylamine (différence avec antifébrine).

Si l'on additionne une solution chloroformique d'exalgine de 10 fois son volume d'éther de pétrole, la solution reste claire, pendant que les mêmes solutions d'antifébrine et de phénacétine donnent des précipités cristallins.

La dissolution dans l'acide chlorhydrique à l'ébullition, diluée et additionnée de III gouttes d'acide chromique à 3 p. 100, fournit une coloration jaune passant au vert (différence avec l'antifébrine).

Phénacétine, acétparaphénétidine, phénédine

$$C^{10}H^{13}NO^{2} = C^{6}H^{4}\left\langle\begin{matrix} OC^{2}H^{5}. \\ NH - CH^{3} - CO \end{matrix}\right.$$

Découverte par Bayer.

Cristaux incolores, inodores, un peu amers. Fusibles à 135°.

Insolubles dans HCl froid, mais la solution portée à l'ébullition, puis refroidie, prend une couleur rouge sang quand on ajoute III gouttes d'acide chromique à 3 p. 100 (Codex).

Une solution aqueuse saturée à froid ne se trouble pas par addition d'eau de brome, ni ne fournit de coloration par $Fe^{2}Cl^{6}$ (Codex).

Soluble sans coloration dans $SO^{4}H^{2}$ concentré (Codex).

Se colore en jaune citron par $NO^{3}H$ (Codex).

0gr,1 de phénacétine additionné de 5 à 6 centimètres cubes de KOH est chauffé : au mélange refroidi on ajoute V à VIII gouttes de $KMnO^{4}$, il se produit une couleur vert foncé.

1 p. de phénacétine est soluble dans
- 20 p. de chloroforme.
- 25 p. d'alcool à 95°.
- 1 500 p. d'eau froide.
- 80 p. d'eau bouillante.

Ces solutions sont neutres au tournesol.

Elle est très soluble dans les acides, et en particulier dans l'acide lactique, ce qui expliquerait sa rapide absorption par l'estomac.

C'est un antithermique puissant et aussi un analgésique. Sédatif dans l'insomnie par surmenage. Elle produit moins de sueurs que l'antipyrine, ce qui la fait préférer à celle-ci chez les phtisiques. Parmi les accidents produits par la phénacétine, on a cité des pétéchies punctiformes, confluentes en certains endroits, notamment au niveau du tibia et des malléoles.

Dose : de 0gr,5 à 1 gramme en 24 heures.

M. Fulmer a indiqué (1905) le moyen de rechercher l'acétanilide dans la phénacétine. On fait bouillir pendant une minute 0gr,1 de substance avec 1 centimètre cube de HCl concentré. On dilue ensuite avec 10 centimètres cubes d'eau et l'on filtre. Le filtratum est additionné de III gouttes d'une solution d'acide chromique à 3 p. 100. Si la phénacétine est pure, on a une solution rouge rubis, et cette coloration est stable; au contraire, si elle contient de l'acétanilide, la solution prend une teinte vert foncé et finalement on observe un dépôt.

M. Th. Panzer (1906) a institué une méthode qui a beaucoup de ressemblance avec la méthode de Stas-Otto, pour la recherche des alcaloïdes, dans le but d'isoler les différentes combinaisons organiques introduites depuis quelques années dans la thérapeutique, quand elles ont été ingérées et absorbées par l'organisme.

Avec une portion des matériaux suspects bien divisés, on prépare un extrait alcoolique après addition d'une petite quantité d'acide tartrique jusqu'à réaction acide. La liqueur alcoolique obtenue après macération et évaporation fournit un résidu qui est repris par de l'eau distillée: il s'en dissout une partie (solution S) et il reste un nouveau résidu (R).

La liqueur aqueuse acide est agitée avec de l'éther éthylique qui, évaporé, abandonne un résidu (I) ; la solution aqueuse rendue alcaline par la soude est à nouveau épuisée par de l'éther qui laisse un second résidu (II). On sature ensuite par l'acide chlorhydrique, on rend alcalin avec de l'ammoniaque et on agite avec de l'éther d'abord (III), et finalement avec de l'alcool amylique (IV). On a ainsi quatre résidus, qui renfermeraient des alcaloïdes s'ils existaient, et aussi certains médicaments nouveaux qui sont solubles dans l'alcool, soit seuls, soit à l'état de sels ; il peut y avoir parmi ces médicaments quelques combinaisons, seulement solubles dans l'eau et qui seront restées dans le résidu R.

D'après les essais de Th. Panzer, se rencontreront :

Dans le résidu I : sulfonal, trional, véronal, hédonal, aspirine, salipyrine, acétopyrine.

Dans le résidu II : pyramidon, antifébrine (également en I).

Dans le résidu IV : antipyrine, phénacétine.

Il demeure évident que la presque totalité des produits ci-dessus se trouvent dans les résidus indiqués, mais ils pourront aussi exister à l'état de traces dans un ou deux autres résidus.

L'auteur a recherché la proportion minima des médicaments dont nous venons de parler susceptibles d'être retrouvés dans le cadavre, ou leur résistance à la putréfaction.

D'après lui, à la dose de 0gr,05 pour 500 grammes de cadavre on peut encore déceler l'antipyrine, le pyramidon, la phénacétine et l'antifébrine. Cette dernière disparaîtrait au bout de quelques jours de putréfaction, mais les trois autres ont pu être retrouvées après une période beaucoup plus longue.

Les médicaments contenus dans les extraits peuvent être purifiés par des cristallisations répétées dans l'eau ou d'autres dissolvants, et pour les caractériser on utilisera le point de fusion, le dosage d'azote, leurs réactions colorées, etc.

On n'oubliera pas d'examiner le résidu R, s'il y a lieu.

Réactions différentielles de l'Antifébrine, de l'Exalgine, de la Phénacétine.

	Points de fusion	0 gr. 1 de substance traitée par 1 cc. de HCl.	On ajoute AzO^3H	1 gr. de substance plus 5 à 6 cc. de HCl et 1 cc. d'acide chromique à 3 0/0.	0 gr. 1 de substance, plus 1 cc. de KOH, chauffer, laisser refroidir et ajouter $KMnO^4$.
Antifébrine .	115°	Soluble mais précipite aussitôt.	Pas de coloration.	Jaune devient vert après quelques heures.	Dégagement de carbylamine.
Exalgine....	100°	Soluble.	Pas de coloration.	Jaune.	Pas de carbylamine.
Phénacétine.	135°	Insoluble	Liquide devient jaunâtre.	Jaune, puis vert.	Vert foncé.

Phénol, Acide phénique, $C^6H^5.OH$.

Provient de la distillation des huiles moyennes du goudron de houille (de 150° à 220°).

Aiguilles prismatiques, incolores, fusibles à 41°.

$$D^0 = 1.085^0, \text{Peb} = 183^0.$$

Il a des applications multiples dans l'industrie. Saveur âcre et brûlante, coagule les albumines, sans action sur le tournesol, brûle avec une flamme fuligineuse.

Des traces d'eau suffisent à le liquéfier. Toutefois, avec 20 p. 100 d'eau, il cristallise encore; 100 p. d'eau à 20° en dissolvent de 3 à 5 p. 100 suivant sa pureté. A chaud, à partir de 84°, l'eau et le phénol se mélangent en toutes proportions, et le phénol se sépare à froid.

Soluble en toutes proportions dans l'alcool, l'éther et la glycérine.

L'acide phénique, qui est caustique, produit une tache blanche sur la peau qu'il dessèche. Si on le dilue dans l'alcool ou dans la glycérine, il n'est presque plus caustique, mais sa causticité réapparaît aussitôt si l'on ajoute au mélange une très faible quantité d'eau.

Bien que l'odeur et la saveur du phénol soient très désagréables, on a cependant observé plusieurs fois des empoisonnements accidentels et des suicides. Rares seraient les cas d'empoisonnement criminel.

Le phénol peut produire des accidents, soit qu'il ait été ingéré directement, soit qu'il ait été introduit par voie hypodermique à la suite de pansements de plaies. Laugier (1894) a relaté trois cas de gangrène survenue aux doigts à la suite de l'enveloppement prolongé dans un pansement phéniqué, l'eau phéniquée employée étant à 1 p. 100 et à 1,50 p. 100. Des cas semblables sont fréquents. M. G. Cotte a insisté en 1905 sur la gangrène phéniquée. Nombreux sont les auteurs qui ont rapporté des cas d'empoisonnements par l'acide phénique. Beunat (1896) en a fait une étude spéciale. Thoinot et Balthazard (1907) en ont décrit un cas avec beaucoup de détails.

C'est un poison qui peut être foudroyant quand il est ingéré directement : dans ce cas le malade est frappé de prostration et de stupeur; il tombe pour ne recouvrer sa connaissance qu'une demi-heure ou plusieurs heures après (absence de réflexe oculaire, etc.). Les vomissements peuvent manquer tout d'abord et les vomitifs n'agissent pas. Lèvres blanches, douleurs brûlantes au creux épigastrique, pupilles contractées, sueurs froides, température hyponormale, pouls petit, fréquent, résolution presque absolue. Respiration lente et embarrassée, bruyante, stertoreuse, trismus et spasme œsophagien. La mort qui peut arriver rapidement est le résultat d'un choc nerveux.

Dans la forme subaiguë, la mort est plutôt la conséquence de lésions pulmonaires et rénales, et aussi d'altération du sang (Zimmermann, 1894) et Beunat (1896).

15 grammes de cet acide doivent suffire à produire la mort.

Nous citerons l'observation d'un empoisonnement phéniqué assez bénin survenu chez une jeune fille qui absorba, le 22 avril 1903, 45 grammes environ d'une solution assez concentrée d'acide phénique, colorée par de la cochenille et aromatisée avec des essences de cannelle et d'anis et qui devait servir à des usages dentifrices.

Observation. — La malade fut amenée à l'hôpital Saint-André dans un état comateux, 11 heures après l'absorption du mélange : elle n'avait pas encore vomi. Les vomissements furent provoqués par attouchements de la luette ; ils avaient l'odeur, à la fois d'essence de cannelle et d'essence d'anis.

Il nous a été facile de caractériser l'acide phénique dans les matières vomies qui furent soumises à la distillation dans une cornue au bain de sable, après avoir été additionnée d'acide phosphorique. Le distillatum renfermait de l'acide phénique qui a été caractérisé par les différents réactifs.

Cette jeune fille n'éprouva guère que des phénomènes gastriques qui cessèrent assez rapidement sous l'influence d'une médication appropriée.

Nous donnons ci-après les résultats des analyses de son urine, exécutées pendant les quatre premiers jours :

	23 avril 1901	24 avril	25 avril	26 avril
Volume	400 c. c.	900	1.500	1000
Densité	1028	1010	1015	1016
Réaction	Très acide	Acide	Acide	Acide
Couleur	Noire	légèrem. brune	Jaune	Jaune
Urée	27 gr. 80	12 gr. 50	14 gr. 60	16 gr. 10
P^2O^5	2,40	3,80	1,10	1,60
NaCl	8,20	4,10	5,40	2,40
SO^3 à l'état de sulfate	1,70	1,82	1,98	0
SO^3 (phénylsulfate)	0,78	0,22	Traces	Traces
Albumine	Traces légères	trac. très légères	Traces	Traces
Glucose	0	0	0	0
Pigments biliaires	0	0	0	0
Urobiline	0	0	0	0
L'éther agité aves les urines acidifiées a dissous	substance noirâtre à odeur scatolique et phénilique.	Id.	0	0

On n'a jamais rencontré de cylindres dans l'urine, non plus que de cellules du rein, mais seulement des cellules épithéliales pavimenteuses.

Élimination. — Le phénol s'élimine à peu près entièrement au bout de quelques heures. L'urine présente alors une coloration foncée, malgré l'affirmation contraire de M. Buelens (1912) qui a observé une coloration jaune normale, dans un empoisonnement où on a retrouvé des quantités importantes d'acide phénique dans l'estomac et dans l'urine. Pour cet auteur, la couleur noire signalée ne se produirait que sous l'action de la chaleur. Nous avons observé le contraire. L'urine renferme du sulfophénate de potassium ou de sodium : $C^6H^5SO^4Na$.

En la chauffant, l'odeur de phénol se dégage : ce qui peut avoir lieu même avec une urine normale. D'après Baumann, 30 à 60 p. 100 de la quantité ingérée d'acide phénique sont transformés en acide sulfophénique : une autre partie s'élimine à l'état libre, et une autre se décompose en donnant de la pyrocatéchine et de l'hydroquinone qui seraient la cause de la couleur brune que prend l'urine. Cette couleur ne paraît pas être en rapport avec la quantité de phénol ingérée : elle semble être plus prononcée quand l'absorption s'est faite par la peau ou par une plaie. On évalue à 0gr,30 la quantité de phénylsulfate contenu dans l'urine de 24 heures, dans le cas d'alimentation mixte ; il y en a davantage quand l'alimentation est animalisée.

L'acide phénique s'élimine aussi par les yeux (de là des ophtalmies purulentes).

Lésions. — Si les solutions phéniquées ingérées étaient très étendues, on ne trouve pas d'altération notable dans le tube digestif; au contraire, si elles étaient concentrées, le poison aurait déterminé des extravasions sanguines, des taches ecchymotiques de couleur blanche, de la desquamation des muqueuses, etc. Quelquefois la muqueuse de l'estomac est durcie. En général, pas de lésions dans les organes importants comme le poumon, le rein, le foie et le cerveau. Le sang est toujours profondément altéré : il est noir, fluide, presque huileux, long à se coaguler. Les hématies, mêlées à d'abondantes granulations graisseuses, sont plus ou moins détruites : c'est que l'acide phénique agirait encore comme méthémoglobinisant (Pouchet). Les urines, outre leur couleur particulière, sont albumineuses et troubles ; quand la dose ingérée est assez considérable, les organes se conservent plus longtemps.

Contrepoisons. — On facilitera les vomissements en cas de coma, par une ou deux injections de 0gr,01 de chlorhydrate d'apomorphine. On donnera des injections de caféine ; on luttera contre les symptômes déterminés par l'empoisonnement. Pour combattre les cautérisations accidentelles résultant du contact de l'acide phénique concentré sur la peau et les muqueuses, on recommande des lotions et des applications alcalines, de bicarbonate de sodium en particulier. B. Weiss, en 1899, prétendait qu'il était rationnel contre ce genre de brûlures de recourir à des lavages avec une solution de sulfate de sodium à 8 p. 100, de façon à favoriser la formation du sulfophénate de sodium : il en aurait obtenu d'excellents résultats. E. Carleton (1895) avait préconisé le vinaigre comme étant un excellent antidote. Appliqué sur une surface cutanée ou une muqueuse qui vient d'être brûlée par de l'acide phénique concentré, il ferait aussitôt disparaître la tache blanche caractéristique, ainsi que l'anesthésie produite par le toxique, et empêcherait la formation de l'eschare consécutive à la brûlure. Il neutraliserait également l'acide phénique introduit dans l'estomac.

On devra porter au grand air les personnes intoxiquées, chercher à activer la respiration par des inhalations d'oxygène, donner de l'eau albumineuse, de l'huile de ricin. On ne cherchera pas à saturer l'acide phénique dans l'estomac, car les phénates alcalins sont aussi dangereux que le phénol lui-même. Husemann a préconisé le saccharate de calcium (16 grammes de sucre dissous dans 40 p. d'eau; 5 grammes de chaux éteinte ; macération de 8 jours et filtration). Calvert a recommandé l'ingestion d'huile d'olive ou d'huile d'amandes douces additionnée d'huile de ricin.

On a préconisé la teinture d'iode à l'intérieur. Enfin, comme l'absorption de l'acide phénique ingéré se fait lentement, on pourra recourir avec chance de succès aux lavages de l'estomac.

Recherche de l'acide phénique. — L'expertise médico-légale est facilitée par les antécédents. Mais l'autopsie, pour donner des résultats positifs, doit être faite dans les quinze jours qui suivent la mort.

L'intestin et l'estomac des intoxiqués, et en particulier le sang, peuvent répandre l'odeur du phénol. Mais si les organes et les liquides ne sont pas additionnés d'acide, et même un peu chauffés, l'odeur peut ne pas être perçue, même dans les vomissements, et surtout si l'estomac était rempli d'aliments.

Les vomissements ou les matières convenablement divisés et délayés dans une quantité suffisante d'eau distillée sont additionnés d'un petit excès d'acide tartrique ou sulfurique et distillés à feu nu et doucement pour éviter les soubresauts. On s'arrête quand il est passé le tiers du volume primitif. Si le liquide passait un peu coloré, on le soumettrait à une seconde distillation. Sous l'influence de la chaleur, l'odeur de l'acide phénique serait encore perçue dans une solution aqueuse à 1 /28.000 (Chapuis).

Pour isoler le phénol, on introduirait le distillatum dans un entonnoir à brome avec son volume d'éther, et on agiterait. Le liquide éthéré, isolé, serait évaporé à basse température. Dans les quelques gouttes qui restent, on remarquerait des stries huileuses, lourdes, d'une opalescence notable, à odeur de phénol.

Pour rechercher le phénol dans l'urine, il est mieux de distiller celle-ci après avoir acidulé avec de l'acide tartrique, car l'agitation directe de l'urine phéniquée avec de l'éther ne donne qu'un liquide éthéré peu fluide, brunâtre, dont l'odeur phéniquée est masquée par une odeur scatolique et urineuse (L. Barthe).

Caractères de l'acide phénique. — Brûle avec une flamme fuligineuse. Les persels de fer (Fe^2Cl^6, alun de fer) donnent une coloration bleue ou bleue violette. Cette réaction est empêchée par la présence de l'alcool.

Une solution d'acide phénique, traitée par un excès d'ammoniaque, puis par quelques gouttes d'une solution de chlorure de chaux au 1 /20, le tout étant chauffé doucement, fournit une coloration bleue (phénocyanine).

Si l'on remplace NH^3 par l'aniline, il se fait une autre matière bleue qui passe au rouge par les acides (Jacquemin). Fluckiger a modifié le premier procédé en étalant sur les parois d'une capsule de porcelaine le liquide chauffé avec NH^3, et en faisant agir sur lui les vapeurs de Br.

L'acide phénique précipite les solutions d'albumine et de gélatine.

L'eau de brome précipite en blanc jaunâtre les solutions diluées d'acide phénique. Le précipité qui ne se forme que très lentement a une structure cristalline ; il se fait du tribromophénol (Landolt), $C^6H^2(OH)_1Br_2Br_4Br_6$..., antiseptique, soluble dans les alcalis et appelé *bromol.*

Cette réaction constitue un procédé de dosage d'ailleurs inexact.

Le réactif de Frohde donne avec le phénol une coloration bleue verte.

Le réactif de Millon fournit à chaud une couleur rose ou rouge. Le mélange de quelques cristaux d'acide phénique pur, additionnés de 1 centimètre cube d'alcool, de quelques gouttes de NH^3, et d'iode en solution alcoolique, fournit une liqueur *vert d'eau*, soit à froid, soit à chaud, ou en présence de HCl (Manseau).

La solution aqueuse de phénol, bouillie pendant au moins une minute avec un égal volume de réactif mercurique Denigès, donne après refroidissement un précipité blanc.

Les *crésols* ou *crésylols* (méthylphénols) sont évidemment des liquides toxiques ; ils sont rarement employés à l'état isolé ; le *lysol*, le *solutol*, le *solvéol*, le *sapocarbol*, sont le plus souvent des dissolutions alcalines de divers phénols, émulsionnés au moyen de savons oléo-résineux.

Les *créolines* sont des produits analogues, préparés au moyen des huiles lourdes de goudron.

Le *lysol* est un des poisons le plus employés en Allemagne par les candidats au suicide, parce qu'il n'occasionnerait que peu de douleurs et qu'il est facile de se le procurer. L'individu qui l'a ingéré tombe sans connaissance ; il se produit une légère action caustique sur les voies digestives ; il peut survenir de la bronchite, de la pneumonie, une infection généralisée et de la néphrite aiguë.

PARAPHÉNYLÈNE-DIAMINE

$C^6H^4(NH^2)^2$

On emploie surtout le chlorhydrate. La paraphénylène-diamine fond à 147° et bout à 267°. Les coiffeurs l'appellent le « para ». Ce corps se condense sous l'influence des oxydants pour donner une matière colorante noire dite « base de Bandrowsky » qui l'a étudiée le premier. En imprégnant les cheveux d'un mélange d'un sel de paraphénylène-diamine et d'eau oxygénée, il se fait rapidement une couleur noire. Dans les produits intermédiaires d'oxydation qui se forment, se trouve la *quinone-diimide* qui émet des vapeurs très irritantes à la température ordinaire. Le plus souvent la plupart des accidents sont légers et demeurent ignorés ; ils sont en général caractérisés par des éruptions cutanées, des démangeaisons intolérables, des maux de tête violents. Parfois ils occasionnent le gonflement des membres et le boursouflement de la figure et des paupières. Tous ces accidents seraient probablement évités si, après l'application, l'excès des liquides employés était enlevé par un lavage soigneux. Car il est à peu près prouvé que la substance qui se dépose sur les cheveux et qui est un polymère de la quinone-diimide est dépourvue de toxicité au contraire de celle-ci.

En 1898, Cathelineau communiqua 18 cas de malades observés dans le service de M. A. Fournier, chez lesquels l'application d'une teinture pour cheveux, à base de chlorhydrate de paraphénylène-diamine, avait produit des accidents éruptifs divers. Chez tous il constata des démangeaisons insupportables, de l'œdème des paupières, du picotement des yeux, et des lésions éruptives généralisées. Sur ces 18 malades, 11 ont été atteints dès la première application de la teinture, 6 au bout de quelques semaines, 1 seulement au bout de 8 mois.

M. Laborde, en 1901, signale le cas d'une jeune femme qui se teignait avec la substance précédente additionnée de résorcine ; elle éprouva de l'anorexie, des vomissements et des troubles dyspeptiques assez graves, au point qu'elle perdit 10 kilogrammes en 3 mois.

A. Sartory et E. Rousseau ont rappelé les accidents (1912) pouvant survenir chez certains sujets, véritables idiosyncrasiques, du fait de l'emploi en teinture de la paraphénylène-diamine. Il y a troubles superficiels, picotements répétés des paupières supérieures, 20 minutes après l'application de la teinture ; au bout de quelques heures, œdème passager pouvant fermer complètement les yeux ; chez d'autres sujets, éternuements répétés, écoulement nasal d'un liquide clair ; petites pustules sur le cuir chevelu. Ces accidents sont d'ailleurs très rares. Dans certains cas, enflure de la tête et des oreilles, sensation de brûlures sur toute la face, récidive d'eczéma chez les eczémateux. Ce sont là des troubles plus profonds. Ces auteurs n'attribuent pas ces accidents à la *quinone-diimide*, ainsi que l'ont montré des expériences faites sur les animaux, mais ils accusent la base diaminée elle-même.

Sous le nom « d'ursol », la paraphénylène-diamine ou « para » est employée comme substance tinctoriale dans l'industrie des fourrures.

Pour déterminer si des cheveux ou des pelleteries sont teintes à « l'ursol », l'auteur recommande le procédé suivant : on traite l'échantillon à chaud par l'acide chlorhydrique au 1/4, ce qui enlève la couleur brune ; la liqueur portée à l'ébullition prend au bout de quelques minutes une teinte rouge cerise plus ou moins nette. La solution filtrée et refroidie est diazotée par le nitrite de soude, ce qui transforme la teinte rouge en brun jaune. Le diazoïque formé se combine avec l'acide B-naphtol-disulfonique en donnant un corps de couleur violet intense, et qui colore en bleu une bande de papier à filtrer. Le laboratoire cantonal de Chimie de Bâle recommande les réactions suivantes :

1° La solution chlorhydrique de l'amine traitée à l'ébullition par un excès d'hypochlorite de sodium donne un précipité blanc, floconneux, cristallisant dans l'alcool dilué, en longues aiguilles fusibles à 124° ;

2° La solution chlorhydrique chauffée doucement avec de l'hydrogène sulfuré et du perchlorure de fer prend une coloration violette intense (violet de Lauth) ;

3° Une solution faiblement acide et diluée, additionnée d'aniline et de perchlorure de fer, donne une coloration bleue intense (réaction de l'indamine).

Les solutions de paraphénylène-diamine teignent le bois en rouge brique, et l'acide acétique rend la couleur plus claire.

On vend sous le nom de « henné concentré » de la paraphénylène-diamine, et aussi du diamido-phénol ou même des préparations de henné additionnées d'acide pyrogallique ou gallique.

Réactions différentielles de la paraphénylène-diamine, du diamido-phénol de l'acide pyrogallique, de l'acide gallique et du henné, d'après M. R. Cerbelaud (1909) :

Si le liquide suspect est très coloré, on le dilue avec quelques gouttes d'eau distillée et on filtre au besoin. On agit sur 5 centimètres cubes du liquide filtré.

RÉACTIFS	Avec la paraphénylène diamine	Avec le diamidophénol	Avec l'acide pyrogallique	Avec l'acide gallique	Avec le henné (décoction extrait aqueux)
1° 5 c. c. de liquide suspect filtré et dilué, traité par V gouttes d'eau de Javel et une seule goutte de HCl dilué à 1/10 donnent:	Une superbe teinte vert émeraude très fugace	Une belle teinte rouge framboise très stable	Une teinte jaune brun couleur vésuvine	Une teinte noir rouge puis noir foncé	La teinte ne se modifie pas, ou s'accentue très légèrement
2° Si l'on verse un excès de HCl pur non dilué dans le mélange ci-dessus :	La teinte disparaît immédiatement	La teinte s'accentue et passe au rouge vineux	La teinte s'atténue et passe au jaune citron foncé	La teinte disparaît ; le liquide devient jaune ambré clair	La teinte disparaît ; le liquide devient incolore
3° Une nouvelle prise de 5 c. c. de liquide suspect, additionnée de 0 gr. 20 environ de nitrite de sodium, puis de HCl donne :	Une teinte jaune vif s'atténuant par addition d'un excès de HCl	Une teinte brun jaune analogue aux solutions de vésuvine, persistant par addition d'un excès de HCl	Une teinte jaune orange : couleur des solutions de bichromate	Une teinte jaune paille très clair	Une teinte qui ne change pas ou qui s'atténue

L'empoisonnement par la *toluylène-diamine* imprime au sang des changements comparables à ceux que lui fait éprouver l'anémie pernicieuse. Cette maladie, dit Hugounenq, « est caractérisée par la destruction des éléments figurés du sang, une énorme diminution de l'hémoglobine, et d'autres lésions encore qui ressemblent beaucoup à celles qui accompagnent l'empoisonnement par la toluylène-diamine ».

ACIDE PICRIQUE, $C^6H^3O^7N^3$

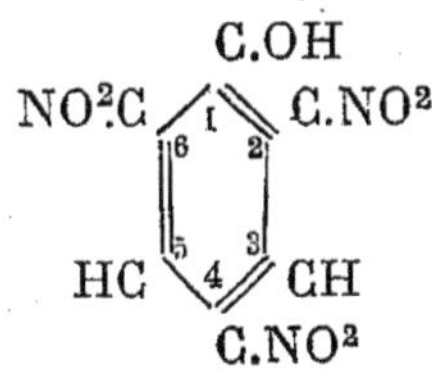

Syn. Trinitrophénol, jaune amer de Welter.

Cristaux fins, aiguillés, fondant à 122°,5. Densité: 1.813, de saveur très amère, rougissant le tournesol bleu, et jouissant de propriétés acides comme les acides minéraux.

1 p. se dissout dans { 80 p. d'eau à 20° ; 25 p. d'eau à 80°.

L'acide picrique se dissout dans l'alcool, la benzine, et l'alcool amylique. Il se dissout dans 6 p. 100 d'éther anhydre en donnant une solution incolore, mais il est 4 fois plus soluble dans l'éther aqueux qu'il colore en jaune ; ses solutions chloroformiques sont à peine colorées ; additionnées d'une goutte d'ammoniaque, elles se troublent en se colorant en jaune serin par suite de la formation d'un sel ammoniacal. Cet acide colore facilement les substances organiques azotées.

Chauffé en petite quantité et avec précaution, il peut être sublimé sans altération. Chauffé brusquement, il détone avec violence en fournissant CO, CO^2, HCN et C. Son pouvoir colorant est tel que 0gr,001 teint sensiblement 1 litre d'eau. Antiseptique plus puissant que l'acide phénique et l'acide salicylique.

Il est employé en teinturerie, en confiserie, dans le pansement des brûlures (Thiéry), comme anesthésique local, et dans la fièvre intermittente. C'est un explosif puissant (mélinite).

Il coagule l'albumine en solution acide.

L'acide picrique, d'après Kunkel, n'est pas une substance très toxique, mais il est dangereux ; c'est aussi l'avis de Chapuis : toute dose supérieure à 1 gramme doit être considérée comme nocive. Après ingestion, se montrent des nausées, des vomissements, de la diarrhée ; les parties touchées par l'acide picrique deviennent jaunes ; li se fait dans le sang de la méthémoglobine ; on note des douleurs de reins, de l'hématurie, de l'oligurie et même de l'anurie ; les urines peuvent être de couleur rougeâtre ; la sclérotique est jaune ; il y a des démangeaisons de la peau, et il existe une saveur amère persistante. L'acide picrique diffuse très rapidement dans l'économie ; il y a une teinte jaune des surfaces cutanées.

L'intoxication picrique provenant de l'inhalation des poussières, des manipulations, se traduit par des éternuements, des rhumes, de la stomatite, de l'irritation du pharynx, des troubles de la vue, des crampes, de l'ardeur épigastrique.

On n'a cependant jamais signalé d'accident mortel à la suite d'ingestion d'acide picrique, grâce probablement à son élimination rapide. Cependant *Lyon Médical* (1913) reproduit l'observation d'un enfant auquel, à la suite d'une brûlure du pied, on avait fait un pansement avec une poudre composée de 82 p. d'acide borique et 18 p. d'acide picrique. L'enfant succomba le 22e jour.

L'administration prolongée d'acide picrique augmente le nombre des globules blancs en diminuant celui des hématies. Celles-ci ne sont modifiées que par l'ingestion de doses élevées : ces modifications cessent aussitôt après l'ingestion du médicament.

L'acide picrique se transforme dans l'économie en acide picramique, ou dinitroaminophénol, $C^2H^6 (NH^2) (NO^2)^2$, et c'est sous cet état qu'il passe en partie dans l'urine. A faibles doses, il produit de la diurèse, alors que des doses élevées et toxiques provoquent l'oligurie, et même l'anurie. L'urine a une réaction très acide.

On retrouve l'acide dans tous les milieux de l'organisme.

D'après le Dr Mercier (*Thèse Bordeaux*. Laboratoire du professeur Sigalas 1903), le pouvoir osmotique des membranes n'est pas détruit par le contact de l'acide picrique et l'absorption est donc normale. L'action coagulante de l'acide picrique n'est pas un obstacle à l'absorption. Aussi, d'après ce praticien, il n'y a pas danger d'intoxication tant que l'urine est abondante, mais si elle devient rare et foncée, on devra surveiller la médication. Cet auteur a retrouvé de l'acide picrique dans l'urine 17 jours après la cessation d'ingestion de ce composé.

ANTIDOTES. — La thérapeutique se borne à des lavages d'estomac, à l'évacuation de l'intestin au moyen d'ingestion d'huile de ricin, et à la médication des symptômes.

RECHERCHE TOXICOLOGIQUE. — On divise finement les matières organiques, et on les fait bouillir avec de l'alcool aiguisé de HCl pour rendre le mélange franchement acide. On filtre bouillant, et le filtratum est évaporé au bain-marie à consistance sirupeuse. On reprend le résidu avec un peu d'eau distillée, et on soumet la solution aqueuse aux réactions de l'acide picrique.

Dans la bière ou dans un liquide supposé coloré avec de l'acide picrique, on pourra évaporer le liquide à consistance sirupeuse ; le résidu sera repris par 5 fois son volume d'alcool à 95°, et acidulé franchement par de l'acide sulfurique. On agite et on abandonne 24 heures ; après quoi on jette sur le filtre. La liqueur obtenue, plus ou moins colorée, servira à rechercher l'acide picrique.

RÉACTIONS. — De la laine et de la soie sont teintes, sans mordant, par l'acide picrique : il n'en est pas de même du coton. Les lavages à l'eau n'enlèvent pas la couleur, surtout si la macération a été faite à 60°-80° ; l'ammoniaque décolore la laine et la soie ainsi teintes.

Une solution ammoniacale de sulfate de cuivre, versée dans une liqueur picrique, fournit de suite un précipité vert cristallin de fines aiguilles de picrate de cuivre ammoniacal (réaction sensible avec 0gr,001 dans 5 centimètres cubes d'eau).

L'acide picrique précipite les albuminoïdes (réactif acéto-picrique d'Esbach), les alcaloïdes, l'antipyrine, etc.

En faisant agir sur une solution picrique au 1 /1.000 une solution de chlorhydrate de guanidine (à 1 /50), on obtient un picrate de guanidine, cristallin, soluble à chaud, se formant par le refroidissement.

En ajoutant à une solution picrique à 1 /2.000, alcalinisée par la soude, quelques gouttes d'une solution de créatinine à 1 /200, on obtient une coloration rouge intense.

L'addition de bleu de méthylène en excès fournit un picrate abondant, fort peu soluble, cristallisant en arborisations violacées. La couleur apparaît très nette, si l'on décolore la solution par le bisulfite de sodium (sensibilité 1 /50.000). Cette réaction se produit aussi avec l'acide picramique.

En ajoutant à une solution étendue d'acide picrique, alcalinisée par la soude, quelques gouttes d'une solution de cyanure de potassium au 1 /5, on obtient à chaud une coloration rouge assez intense, due à la formation d'acide isopurpurique. Cette réaction peut être fixée sur de la soie ou de la laine.

En réduisant à chaud une solution d'acide picrique à l'aide d'une liqueur de glucose à 5 p. 100, en présence d'un excès de soude étendue (lessive de soude à 30 p. 100), on obtient, après quelques minutes, une coloration rouge intense, due à la formation d'acide picramique.

Ces deux dernières réactions se produisent également, soit avec des urines normales, additionnées d'acide picrique, soit avec des urines de malades ictériques, soignés pour des affections hépatiques.

La recherche de l'acide picrique dans l'urine a donné lieu dans ces dernières années à des recherches très intéressantes qu'il importe de signaler.

Pour rechercher l'acide picrique dans les urines, qui dans les cas d'ingestion de cet acide présentent souvent une teinte jaune rougeâtre et une acidité très élevée (2 à 3 grammes par litre, exprimée en acide oxalique), M. E. Isnard indique (1914) de prendre 5 centimètres cubes d'urine que l'on chauffe à l'ébullition dans un tube à essai avec un égal volume de solution aqueuse saturée de soude. Aussitôt après on verse à la surface du liquide, en évitant le mélange, 1 centimètre cube environ de sulfure d'ammonium ; on voit apparaître, à la surface de séparation des deux liquides, un anneau rouge d'acide picramique, d'autant plus intense que la proportion d'acide picrique dans l'urine est plus considérable. En regardant le tube à essai sur un fond blanc, l'anneau rouge apparaît mieux.

S'il y a très peu d'acide picrique, on agitera 100 centimètres cubes d'urine acidifiée avec 20 centimètres cubes d'éther sulfurique : après évaporation du dissolvant, on caractériserait l'acide picrique, demeuré en résidu, comme il est dit ci-dessus.

M. Guillaumin (1915) recommande de toujours opérer sur un extrait éthéré de l'urine, et non directement sur celle-ci. Cet extrait s'obtient en épuisant 250 centimètres cubes d'urine, fortement acidifiée par HCl, à deux ou trois reprises par 50 centimètres cubes d'éther. Les liqueurs éthérées sont évaporées à sec. On reprend le résidu par 3 à 4 centimètres cubes d'eau et on filtre. On doit ainsi obtenir une solution jaune avec laquelle on peut faire la teinture sur laine ou sur soie, former l'isopurpurate, et déceler la saveur amère.

D'après Gaillard (1915), l'addition de perborate de sodium ajouté par petites portions à l'urine acidulée par HCl et maintenue bouillante facilite la recherche de l'acide picrique, en détruisant partiellement les pigments urinaires qui peuvent fausser les réactions propres de l'acide picrique.

M. G. Rodillon a signalé récemment (1915) une réaction spécifique de l'acide picrique consistant en une coloration très accusée produite par les aminophénols résultant de la réduction de l'acide picrique en triaminophénol. A quelques centimètres cubes du liquide renfermant l'acide picrique, on ajoute un quart en volume d'acide chlorhydrique pur officinal et quelques lamelles de zinc. Après la réduction assez rapide qui fait disparaître la coloration jaune, on décante le liquide qu'on additionne de X gouttes d'eau oxygénée officinale ; on agite. On verse avec précaution, sans mélanger, et à la surface du liquide, une couche d'environ 2 centimètres de hauteur d'ammoniaque pure. Si le liquide primitif renfermait de l'acide picrique, on constate la formation, à la zone du contact des deux liquides, de deux anneaux adjacents colorés : l'un bleu violacé dans la couche opaline supérieure, l'autre rose violacé dans la couche acide sous-jacente. Si l'on agite alors, pour mélanger les deux couches, le liquide restant acide, on obtient une coloration totale de la masse en bleu violet, rappelant la couleur fournie par la dissolution aqueuse du bleu de méthylène.

L'anneau bleu violet de la couche ammoniacale est spécifique de la présence de l'acide picrique.

Si l'on veut appliquer cette réaction à la recherche de l'acide picrique dans les aliments, on épuise ceux-ci avec 250 centimètres cubes d'eau tiède, environ, que l'on traite comme ci-dessus.

Dans le cas de l'urine et de la bière, on additionnerait 250 centimètres cubes de ces liquides, acidulés par l'acide chlorhydrique, de 50 centimètres cubes de benzine ou d'éther ; après agitation et épuisements successifs dans un entonnoir à boule, le dissolvant serait évaporé ; le résidu sec serait traité par quelques centimètres cubes d'eau, sur lesquels on effectuerait la réaction indiquée.

M. P. Grélot (1915) a appelé l'attention sur ce fait que certaines réactions de l'acide picrique ne sont pas applicables directement à l'urine : ainsi la coloration rouge que prend quelquefois à chaud l'urine en présence de la soude semble due à l'uroérythrine ; de même lorsqu'on agite l'urine acidifiée avec de l'éther, l'uroérythrine passe dans l'éther en le colorant en jaune orange ; le résidu de l'évaporation de l'éther cède l'uroérythrine à l'alcool amylique qui se colore en rose. D'après cet auteur, les urines ictériques vraies, riches en pigments biliaires, présentent des reflets verdâtres sur les bords des vases, et ne tardent pas à virer au vert sale, par exposition à l'air sur une large surface. L'addition de soude, même à chaud, ne les fait pas virer au rouge, si elles ne contiennent pas en même temps d'uroérythrine. Les urines colorées en rouge acajou qui ne renferment pas traces de pigments biliaires, mais qui contiennent de l'acide picrique et de l'acide picramique, conservent leur teinte primitive par exposition à l'air. De plus elles résistent beaucoup mieux que les premières à la fermentation. Enfin, lorsque l'urine renferme à la fois de l'uroérythrine, de l'acide picrique et de l'acide picramique, la coloration rouge obtenue avec la soude ne s'atténue pas par exposition à l'air.

M. P. Grélot rappelle que, d'après Garnier, Vannier et Roussille (1914), la présence de pigments biliaires en même temps que d'acide picrique et d'acide picramique, s'observe lorsque le simulateur a ingéré des doses considérables d'acide picrique.

L'acide picramique, d'après M. P. Grélot, donne avec l'éther une solution jaune, mais cette solution jaune colore la laine en rouge orangé : il n'a jamais observé nettement la coloration rouge que la laine doit prendre en présence du sulfure d'ammonium, soit parce que l'acide picramique donne déjà une coloration orangée plus ou moins accentuée, soit parce que ce virage est pratiquement inappréciable sur une mèche de teinte orangée. La mèche de laine, en présence d'uroérythrine, peut prendre une teinte jaune safran, mais cette teinte ne résiste pas à l'eau savonneuse.

M. P. Grélot termine ses observations en indiquant des modifications aux méthodes de recherche précédentes, donnant toute satisfaction ; elles permettent, après avoir éliminé toutes les substances colorées de l'urine, soit de transformer l'acide picramique en acide picrique, soit de transformer l'acide picrique et l'acide picramique en triaminophénol. On défèque 100 centimètres cubes d'urine avec 1/10 de son volume d'acétate neutre de plomb qui élimine les matières colorantes et les pigments biliaires ; quant aux acides picrique et picramique, ils ne sont pas précipités. On filtre, on précipite l'excès d'acétate de plomb avec quantité suffisante d'acide sulfurique, et on filtre à nouveau ; le liquide passe légèrement coloré en jaune. On agite ce liquide acide avec 1/5 de son volume d'éther ; l'éther colorera la laine en jaune plus ou moins orangé, suivant la proportion plus ou moins grande d'acide picramique ; quant au résidu de l'évaporation de l'éther, il est jaune orangé, et entièrement soluble dans l'eau distillée.

Le résidu d'acide picramique peut être transformé en acide picrique par oxydation ; après neutralisation partielle par la soude, le liquide étant maintenu légèrement acide, on peut obtenir les réactions de l'acide picrique avec netteté.

Le même résidu éthéré pouvant renfermer de l'acide picrique et de l'acide picramique peut être transformé en triaminophénol : il est dissous dans 2 à 3 centimètres cubes d'acide chlorhydrique ; on ajoute un peu d'étain en chauffant légèrement pour amorcer la réaction. En quelques minutes on obtient une combinaison, qui constitue un sel incolore, soluble dans l'eau, l'alcool et l'éther. Cette liqueur chlorhydrique, diluée à 20 fois son volume avec de l'eau, prend une teinte bleue, qui vire lentement au lilas et qui disparaît. On hâte l'apparition de la teinte bleue par addition de I à II gouttes d'un oxydant tel que l'eau iodée, ou mieux le perchlorure de fer à 1/10. La réaction serait très nette avec $0^{gr},001$ d'acide picrique. La solution éthérée de ce sel se colore également en bleu au contact de l'air.

M. H. Pecker (décembre 1915) élimine et caractérise l'acide picrique dans l'urine de la façon suivante qui n'aurait jamais été en défaut : à 50 centimètres cubes d'urine, on ajoute 5 centimètres cubes d'acide sulfurique au 1/2, et 2 à 3 centimètres cubes de solution de permanganate de potassium concentrée jusqu'à décoloration de l'urine. Elle peut être obtenue, le cas échéant, à l'ébullition, avec quelques cristaux de permanganate. On obtient ainsi une liqueur jaune paille, qu'on épuise par 15 à 20 centimètres cubes d'éther éthylique. Celui-ci est soutiré, privé d'eau par agitation dans un verre à pied avec du sulfate de sodium anhydre, et évaporé au bain-marie.

On obtient un résidu jaune soufre que l'on redissout dans quelques centimètres cubes d'eau. Si l'oxydation n'a pas été suffisante, et que le résidu soit rougeâtre, on reprend par II gouttes d'acide azotique à chaud, et on évapore ; on reprend avec quelques gouttes d'eau, et l'on obtient une solution jaune, qui sert à produire les trois réactions suivantes, caractéristiques de l'acide picrique :

1° Teinture immédiate de la laine qui vire au rouge par une goutte de sulfhydrate d'ammoniaque ;

2° Une goutte de solution jaune donne avec un fragment de cyanure de potassium une coloration rouge cerise, puis pourpre ;

3° Une bandelette de papier filtre, imprégnée de solution, séchée, additionnée d'une goutte de carbonate de sodium au 1/10, séchée à nouveau, est placée dans une atmosphère de gaz cyanhydrique (fiole d'eau de laurier-cerise) à douce température : elle vire au rose saumon.

Plus récemment encore (1915), MM. Pognan et B. Sauton ont également fait des recherches sur la caractérisation de l'acide picrique dans le sang et dans les urines. On doit opérer d'abord l'extraction de ce composé en déféquant l'urine avec 1/50 d'acétate neutre de plomb ; la liqueur surnageante est toujours colorée en jaune ; on acidule ensuite celle-ci avec 1/10 de HCl et on épuise à l'éther. L'extrait éthéré est repris par l'acide sulfurique étendu qui élimine les dernières traces de plomb. La solution traitée par l'alcool amylique abandonne l'acide picrique à un état de pureté suffisante, permettant d'exécuter les principales réactions susceptibles de la caractériser.

Pour la recherche de l'acide picrique dans le sang, 20 centimètres cubes de ce liquide, acidulé par 2^{cc},5 d'acide sulfurique au 1/2, sont évaporés à sec au bain-marie. Le résidu broyé avec son volume de sable est épuisé par l'éther. L'extrait fourni par l'évaporation de l'éther est repris par l'eau ; la solution aqueuse est soumise aux réactifs. Les auteurs ont toujours reconnu la présence simultanée de l'acide picrique dans le sang et dans l'urine dans les cas d'ictère picrique.

MM. M. Murat et J. Durand ont enfin étudié également (1916) l'élimination de l'acide picrique par les urines. Ils ont reconnu que l'acide picrique est peu toxique, que les doses de 1 gramme et au-dessous sont bien supportées. La couleur des urines dans les pseudo-ictères provoqués par l'acide picrique est toujours acajou plus ou moins foncé. L'élimination commencera vers la 6e heure et se poursuit régulièrement pendant les jours suivants. Avec 1 gramme elle dure environ jusqu'au 12e jour.

La dose minima pour produire un faux ictère paraît être de 0^{gr},20. Dans les cas d'ictères vrais, la laine se teinte, plus ou moins, en vert sale ou marron, et ne donne jamais la réaction de l'isopurpurate.

Enfin M. L. Grimbert, dans une revue très consciencieuse (1916) « sur la recherche des dérivés picriques dans l'urine », a mis au point les différents procédés préconisés jusque-là, et indiqué avec précision ceux que l'on devait adopter. D'après cet auteur, la couleur des urines des sujets ayant absorbé de l'acide picrique rappelle souvent celle des urines ictériques ; il peut aussi arriver que la couleur soit normale ; chez un même individu il peut même y avoir des émissions d'urine pigmentée alternant avec des urines de couleur normale. La défécation de l'urine par l'acétate neutre de plomb d'une urine picriquée débarrasse le liquide de la plupart de ses pigments, et en particulier de ses pigments biliaires et de son urobiline, tout en laissant en solution l'acide picrique et l'acide picramique.

Pour la recherche de l'acide picrique dans l'urine, on caractérisera soit l'acide picrique, soit l'acide picramique.

La réaction la plus sensible, d'après L. Grimbert, pour rechercher l'acide picrique, serait la solution tartrique de sulfate ferreux, réaction qui appartient à Rupeau qui l'a décrite en 1897 (*Bull. de la Société de Pharmacie de Bordeaux*, 1897, p. 48) :

Il emploie :	Sulfate ferreux	5 gr.	à mélanger avec P. E. d'eau saturée de NaCl, de manière à obtenir un réactif de densité plus grande que celle des liquides d'essais qui peuvent ainsi rester à la surface du réactif.
	Acide tartrique	5 gr.	
	Eau...............	200 gr.	

Pour l'essai, verser 1 à 2 centimètres cubes du réactif dans un tube à essai ; avec une pipette verser 1 ou 2 centimètres cubes du liquide suspect. Ajouter II gouttes d'ammoniaque, et agiter légèrement. Si le liquide ne renferme pas d'acide picrique, la couche supérieure est un peu verdâtre. Si au contraire sa teinte est briquetée, rougeâtre, c'est que cet acide existe. Dans l'urine on peut ainsi retrouver des doses d'acide picrique variant de 0gr,005 à 0gr,01 par litre. La sensibilité, d'après Grimbert, serait encore plus grande ; et cette réaction pourrait caractériser 0gr,002 d'acide picrique dissous dans 1 litre.

Elle se produit aussi bien avec des solutions d'acide picramique. La réaction de Guillaumin au sulfate de cuivre ammoniacal qui aboutit à la formation de longues aiguilles jaunâtres ne se produit qu'avec l'acide picrique.

Pour caractériser l'acide picramique, la préférence est accordée à la diazoréaction, encore nette dans les solutions à 0gr,05 par litre.

Nous donnons d'ailleurs *in extenso* le mode opératoire de L. Grimbert :

« A 100 centimètres cubes d'urine on ajoute 10 centimètres cubes « d'une solution d'acétate neutre de plomb au tiers (solution de Cour- « tonne) et on filtre. Dans le liquide filtré on verse 20 centimètres « cubes d'acide sulfurique au quart en volume. On filtre de nouveau

« et on agite fortement le filtrat dans une ampoule à robinet avec « 5 centimètres cubes de chloroforme. Il n'y a pas à craindre d'émul- « sion et le chloroforme se sépare rapidement. On le soutire en le fil- « trant sur un petit tampon de coton et on en prélève 1 centimètre « cube qu'on introduit dans un petit tube à essai de faible diamètre. « On ajoute II gouttes d'ammoniaque et on agite.

« Le chloroforme à peine teinté se colore en jaune rougeâtre (pré- « sence probable d'acide picramique). On verse encore quelques « gouttes d'ammoniaque et autant d'eau distillée de manière à avoir, « après agitation et repos, une couche surnageante de 1 centimètre de « hauteur. A l'aide d'un tube très effilé on fait arriver au fond du tube « à essai un demi-centimètre cube de la solution tartrique de sulfate « ferreux (réactif de Rupeau). Celle-ci, traversant le chloroforme, « vient former au contact de la couche ammoniacale un anneau rouge « sang caractéristique de la présence de l'acide picramique ou de « l'acide picrique.

« Si cette première épreuve est négative, il est inutile d'aller plus « loin : l'urine ne renferme pas de dérivés picriques en quantité appré- « ciable (moins de 1 milligramme par litre).

« Si elle est positive, on épuise de nouveau et à deux reprises le fil- « trat resté dans l'ampoule avec 10 centimètres cubes de chloroforme. « Toutes les liqueurs chloroformiques sont réunies, agitées avec un « peu de sulfate de soude anhydre, filtrées et évaporées au bain-marie « dans une capsule de porcelaine. Le résidu est traité à froid par 3 cen- « timètres cubes d'eau distillée.

« La solution aqueuse que l'on obtient ainsi est en général colorée « en jaune. On en prélève 2 centimètres cubes pour effectuer la diazo- « réaction de Derrien.

« Les 2 centimètres cubes en question sont introduits dans un petit « tube à essai et additionnés de I goutte d'acide sulfurique au quart « et de II gouttes d'une solution d'azotite de sodium à 1/10.000. On « porte le tout dans un bain-marie bouillant pendant une minute exac- « tement et on refroidit aussitôt après dans un courant d'eau. On « verse alors dans le tube III gouttes d'ammoniaque saturée de β-naph- « tol, puis on agite le contenu du tube avec un peu d'éther. Celui-ci se « sépare coloré en violet pourpre ou en rouge violacé si le liquide ren- « ferme de l'acide picramique, même à l'état de traces.

« Cette réaction est d'une exquise sensibilité et ne se produit qu'avec « l'acide picramique. Lorsqu'elle est positive, la preuve est faite. Peu « importe ensuite qu'on trouve ou qu'on ne trouve pas d'acide pi- « crique libre.

« Cependant on peut s'amuser à rechercher ce dernier sur le centi-

« mètre cube de la solution aqueuse mis de côté. On l'introduit dans « un tube à essai de faible diamètre et on y ajoute V gouttes de la so- « lution de sulfate de cuivre ammoniacal. Une heure après, et au be- « soin après 12 ou 24 heures, on recherche au microscope la présence « des cristaux caractéristiques de picrate de cuivre, rappelant ceux de « la glucosazone.

« Si l'on craint que la quantité d'acide picrique libre que l'on sup- « pose exister dans l'urine soit trop faible pour être décelée dans 1 cen- « timètre cube, on recommence le traitement sur 100 ou 200 centi- « mètres cubes d'urine comme précédemment, et le résidu chlorofor- « mique étant repris par de l'eau, celle-ci est réduite par évaporation « au volume de 1/2 centimètre cube dans lequel on ajoute III gouttes « de sulfate de cuivre ammoniacal.

« Pour ma part, cette réaction effectuée à plusieurs reprises sur « l'urine d'un sujet ayant absorbé 1gr,50 d'acide picrique est toujours « restée négative, tandis qu'elle s'est montrée des plus nette avec une « urine *additionnée* de 0gr,005 d'acide picrique par litre.

« Au contraire, la réaction de Rupeau et la diazoréaction ont tou- « jours marché de pair, et leur sensibilité est telle qu'elle permet de « constater encore aujourd'hui la présence d'acide picramique dans « l'urine du sujet qui avait absorbé seulement 0gr,25 d'acide picrique « il y a 20 jours.

« En résumé, si l'on applique très exactement la technique que je « viens d'exposer, on peut sans hésitation retrouver des traces d'acide « picramique dans une urine et conclure, en toute tranquillité d'es- « prit, à l'absorption certaine d'acide picrique.

« L'acide picramique ne peut, en effet, provenir que de la transfor- « mation dans l'économie de l'acide picrique absorbé ; il est le témoin « irréfutable de l'*ingestion* de cette dernière substance et sa présence « dans une urine suffit à faire la preuve de cette ingestion. »

Il est juste de rappeler les récents travaux de M. Kohn-Abrest (1916) sur le même sujet. Il défèque les urines (20 centimètres cubes) par 10 centimètres cubes du réactif mercurique Denigès. Après agitation, suivie d'un repos de 5 minutes, le mélange est filtré, puis agité avec 5 centimètres cubes de chloroforme dans une boule à décanter. On sépare le chloroforme ; le liquide est repris de nouveau avec 4 centimètres cubes de chloroforme : les solutions chloroformiques réunies, additionnées de 1/2 centimètre cube d'eau, placées dans un tube à essai, sont portées au bain-marie. S'il y a de l'acide picrique dans l'urine, le liquide obtenu finalement est jaune d'or. On peut teinter avec lui des brins de laine ou des floches de soie blanche, et former avec celles-ci l'isopurpurate.

La solution aqueuse pourra servir à effectuer d'autres réactions de l'acide picrique.

Le même auteur a fait des observations très intéressantes au point de vue de la recherche de l'acide picrique dans les viscères.

Les solutions d'acide picrique, faiblement acidulées par l'acide tartrique, se comportent vis-à-vis des dissolvants neutres d'une toute autre façon que les solutions de ce même acide, additionnées d'un acide fort, comme l'acide sulfurique.

Ainsi : l'acide picrique en solution tartrique (1 p. 100).

Dissolvant :	Solubilité :	Couleur du dissolvant après l'agitation :
Éther de pétrole	nulle	nulle
Benzine	très faible	incolore
Éther	extrêmement faible	incolore
Chloroforme	extrêmement faible	incolore
Alcool amylique	très soluble	jaune

L'acide picrique en solution sulfurique (2 p. 100).

Dissolvant :	Solubilité :	Couleur du dissolvant après l'agitation :
Éther de pétrole	très faible	incolore
Benzine	très soluble	incolore
Éther	très soluble	jaune clair
Chloroforme	soluble	incolore
Alcool amylique	très soluble	jaune

Ces remarques serviront aux experts appelés à rechercher de l'acide picrique dans les viscères, soit que cet acide s'y trouve seul, soit qu'il se trouve mélangé à d'autres principes immédiats.

Enfin, il y a intérêt pour le classement de cette question à faire connaître tous les résultats obtenus par les différents auteurs qui se sont occupés de ce sujet. C'est ainsi qu'avec M. Frédoux, nous avons eu l'occasion (1916) de diagnostiquer des urines picriquées émises par des soldats simulateurs. Il va sans dire que, pour asseoir nos conclusions, nous avons mis en œuvre tous les procédés de recherche qui ont été publiés.

De nos essais découlent les observations suivantes :

Les procédés qui nous ont donné les meilleurs résultats sont ceux de Rupeau (procédé au tartrate ferreux) rappelé par Le Mithouard, et de Grimbert dont nous avons suivi exactement les techniques. La réaction de Guillaumin (formation de picrate de cuivre), quoique spécifique de l'acide picrique, se produit très bien dans les solutions diluées d'acide picrique, mais elle n'est pas constante avec l'urine picriquée. Le procédé de Kohn-Abrest ne fournit pas de réactions suffisamment nettes et caractéristiques de l'acide picrique ; car la formation d'isopurpurate, aussi bien que la teinture de la laine et de la soie, ne sont pas des réactions susceptibles d'affirmer la présence de cet acide.

Les urines picriquées sont rouge acajou très foncé : elles ne présentent cette teinte que vers le 3e jour qui suit l'ingestion ; leur réaction est très acide ; elles renferment le plus souvent, si la dose est un peu exagérée, de l'albumine et des cellules du rein, quelques hématies et une forte desquamation du parenchyme vésical. Quant à l'élimination des autres éléments, ces urines se comportent comme dans les auto-intoxications : diminution des chlorures, augmentation de l'urée, etc. On y rencontre aussi un excès d'urobiline ; il y a absence de pigments biliaires. L'oligurie existe dans les 5 premiers jours qui suivent l'ingestion d'acide picrique ; ensuite l'urine augmente et la teinte acajou foncé devient moins intense pour arriver vers le 15e jour à la teinte orangé foncé, le volume de l'urine redevenant normal à ce moment. Cette couleur de l'urine subsiste longtemps sans s'atténuer.

Il y a hyperacidité manifeste au début surtout : elle est de 2gr,50 à 3 grammes par litre, évaluée en anhydride phosphorique (dosage par la soude N /10 et la phtaléine du phénol comme indicateur) pour diminuer ensuite à mesure de l'élimination et de l'augmentation du volume de l'urine.

L'urine picriquée se conserve pendant plusieurs jours sans subir de fermentation.

Pour la recherche de l'*acide picrique dans le sang*, nous avons suivi exactement la technique indiquée par MM. Jean Baur et A. Le Mithouard en utilisant le réactif de Rupeau. On prélève 1 centimètre cube de sérum et on l'additionne de 0cc,5 de NH^3, en agitant. On ajoute alors 0cc,5 de réactif ferreux, un anneau rose cerise indiquera la présence de l'acide picrique.

Nous avons voulu recourir à la méthode de Grimbert, mais le chloroforme utilisé comme dissolvant pour la recherche de l'acide picrique dans l'urine ne peut être employé avec le sang, car il forme avec lui une émulsion tellement visqueuse qu'il est impossible d'opérer la séparation du solvant. L'éther éthylique paraît être le solvant le plus pratique. D'ailleurs, après l'évaporation des liqueurs éthérées, nous avons fait sur la solution aqueuse les réactions préconisées par L. Grimbert.

Les prises de sang ont été faites par ponctions veineuses au pli du coude. Malgré toutes les précautions prises, nous n'avons jamais pu obtenir un sérum ambré pur, nous avons toujours recueilli un sérum laqué ; ce phénomène paraîtrait se rapprocher de celui observé dans le sang au cours de certaines intoxications ou infections graves. De plus, au point de vue chimique, l'emploi de l'acide sulfurique au 1/4 pour fluidifier le caillot et homogéniser le sang nous a paru préférable à l'acide chlorhydrique préconisé par Le Mithouard ; on obtient un éther moins chargé en principes colorants (méthémoglobine, hémoglobine).

L'acide picrique disparaît en même temps du sang et de l'urine.

Nous avons enfin recherché l'*acide picrique dans les fèces*. Dans l'intoxication picrique, on n'observe jamais les selles typiques des vrais ictères, selles de coloration grisâtre ayant l'aspect de mastic, en même temps que l'on remarque chez ces vrais ictériques une constipation opiniâtre. Dans les affections à ictères picriques, les selles sont toujours très noirâtres, surtout pendant les 5 ou 6 jours qui suivent l'ingestion de l'acide picrique et le malade a une diarrhée assez prononcée pendant un certain temps.

Pour caractériser l'acide picrique dans les fèces, on délaye 40 grammes environ de matières fécales avec 30 centimètres cubes d'acide sulfurique au 1/4 jusqu'à dissociation complète. On passe à travers une gaze pour séparer les grumeaux restants ; on introduit dans une ampoule à décantation le liquide ainsi séparé et on agite avec de l'éther éthylique de préférence au chloroforme. On évapore au bain-marie la liqueur éthérée et on reprend le résidu par 1 ou 2 centimètres cubes d'eau distillée chaude ; on décante. Le résidu est traité par 5 centimètres cubes d'alcool amylique qui dissout le reste de l'acide picrique et des produits scatoliques et indicanuriques solubilisés par l'éther. On lave cet alcool amylique avec 2 centimètres cubes d'eau distillée. On réunit les liqueurs aqueuses, et avec ces liqueurs on caractérise l'acide picrique au moyen de ses différentes réactions : réactif au tartrate ferreux, diazoréaction de Derrien ; il nous a été possible de caractériser pendant 18 jours consécutifs l'acide picrique dans les matières fécales de nos malades.

On ne trouve plus d'acide picrique dans les fèces, alors qu'il est encore possible de le caractériser dans l'urine et dans le sang.

La chimie suffit à caractériser l'ictère d'origine picrique. Les signes cliniques du faux ictère picrique, dont les symptômes varient d'intensité avec les doses absorbées, sont : le brunissement de l'urine à partir de la 30e heure en moyenne qui suit l'ingestion d'acide picrique ; 12 heures après, l'urine prend une teinte acajou foncé, presque noire ; 3 jours après l'ingestion, apparaît la coloration jaune des conjonctives et de la peau.

Ce sont là les deux signes principaux et les seuls dans les cas légers. Si le sujet n'a pas commis l'imprudence d'absorber des doses trop élevées, il promènera sa jaunisse sans être autrement incommodé. Il ne souffre pas, n'a pas de fièvre; son appétit est bon et son sommeil parfait.

Avec l'absorption de fortes doses, le tableau clinique s'accentue. La température monte à 39°, 39°,5 ; la tête est lourde, le sommeil agité. A ces signes d'insuffisance rénale viennent s'ajouter des accidents d'hémolyse qui se traduisent par un purpura généralisé. Dans cet ictère picriqué ou faux ictère, il n'y a pas de changement dans le volume du foie, et les fèces ne sont pas décolorées; les urines ne renferment pas de pigments biliaires, mais bien de l'acide picrique et de l'acide picramique.

Tout récemment, M. Ph. Malméjac a insisté (1917) sur la différence très nette qui existe entre la jaunisse type provoquée par l'ingestion d'acide picrique et la jaunisse vraie provenant de l'intoxication de la cellule hépatique. Ses conclusions sont les mêmes que celles données par nous plus haut.

Les besoins de la guerre ont nécessité la fabrication d'explosifs qui a déterminé chez les ouvriers des accidents toxiques sur lesquels nous devons insister.

Le **dinitrophénol** $C^6H^3OH_1(NO^2)^2_{2\text{-}4}$, explosif utilisé a provoqué des accidents et des intoxications chez les ouvriers appelés à le manipuler, soit que ceux-ci soient occupés à l'essorage, au conditionnement ou à la fusion du composé. On observe d'abord, d'après le professeur Étienne Martin qui s'est occupé spécialement de cette question, des malaises en général bénins, qui précèdent quelquefois l'éclosion d'accidents plus graves ; ils consistent principalement en troubles gastro-intestinaux, en anorexie et subictère : l'urine est foncée et renferme parfois un peu d'albumine. S'il y a des maux de tête et des vertiges, ils sont passagers : on note des sueurs anormales, en particulier nocturnes, de l'amaigrissement.

Les accidents plus graves sont marqués au début par la pâleur de la face avec légère cyanose des lèvres, dyspnée peu marquée, avec sensation d'étau à la base de la poitrine; à l'auscultation, on ne relève souvent que quelques râles disséminés aux bases des deux poumons.

Les intoxications par le dinitrophénol ne prennent une gravité exceptionnelle et ne deviennent mortelles que dans des conditions qui ont été précisées par M. Étienne Martin. Pendant l'hiver et les saisons intermédiaires, les accidents graves ou mortels sont l'exception. En été, au contraire, ils sont fréquents, ce qui peut tenir à la diminution de la sécrétion rénale.

C'est surtout par les voies pulmonaire et digestive que se fait l'absorption du poison. Aux essoreuses, c'est la pulvérisation d'eau chargée de toxique qui est introduite dans les poumons; aux mélanges fondus, ce sont les vapeurs chargées de dinitrophénol; aux ateliers de pesage, ce sont les poussières répandues dans l'atmosphère. Enfin on doit envisager pour les ouvriers l'absorption du produit par la peau des mains et des avant-bras, et son ingestion au moment des repas, par son adhérence aux ongles et aux doigts.

Quand un ouvrier doit présenter une intoxication grave par le dinitrophénol, les régions de la peau protégées par les vêtements et qui ne sont pas normalement teintées par le dinitrophénol (poitrine, épaules, dos et partie supérieure des bras) prennent une coloration jaune par plaques : il ne s'agit pas d'un subictère, mais de l'exsudation d'une sueur de dinitrophénol; car, lorsqu'on touche les malades dans ces régions de la peau, la main devient jaune (Rey). Les sueurs débutent donc quand l'organisme est imprégné de dinitrophénol ; c'est une indication pour éloigner les ouvriers du travail. La face est légèrement cyanosée ; il y a quelques râles diffus dans les poumons ; l'agitation nerveuse est constante.

Les sueurs sont accompagnées d'une soif intense ; il y a hyperthermie. Les urines sont normales et diminuées ; elles prennent rapidement une teinte noire avec reflet verdâtre (Dr Neveu). Toutefois M. Étienne Martin a constaté qu'elles présentaient le plus fréquemment une couleur jaune clair orangé. De nombreux intoxiqués ont guéri assez rapidement grâce à des décharges urinaires, ne conservant pendant plusieurs jours que des courbatures et de la faiblesse générale. Si la mort survient, la température s'élève rapidement au-dessus de 40° : il y a de l'orthopnée, les pupilles se contractent ; les convulsions partielles ou généralisées apparaissent, la vue s'obscurcit, la perte de connaissance survient, la stase sanguine détermine au niveau des poumons l'œdème aigu terminal. La rigidité cadavérique est précoce, les pieds étant en flexion forcée de même que les membres supérieurs : symptômes qui indiquent une grande déshydratation de l'organisme (Ét. Martin).

Cet auteur a appelé l'attention sur ce fait que les lésions cadavériques n'ont aucun caractère spécial permettant d'affirmer l'intoxication par le dinitrophénol. Pas de coloration spéciale des organes.

Pour rechercher le toxique dans les organes, MM. E. Martin et Barral ont adopté le procédé suivant pour déterminer l'aminonitrophénol $OHC^6H^3(NO^2)NH^2$ provenant de la réduction du dinitrophénol : les viscères sont divisés et mis deux ou trois fois à macérer dans un volume d'alcool à 95°. Après plusieurs jours, on a filtré le liquide et exprimé les organes ; l'alcool a été distillé ; les dérivés nitrés sont recherchés dans le liquide privé d'alcool.

Les réactions sont les mêmes que celles de l'acide picramique. A l'aide du réactif tartrate ferreux, on obtient une réaction de couleur rouge orangé au lieu d'être rouge groseille ; lorsqu'on obtient au-dessous de l'anneau rouge un anneau bleu, c'est que le dinitrophénol s'est transformé partiellement en diaminophénol. Dans une expertise toxicologique, ces auteurs ont trouvé du dinitrophénol dans le sang et le liquide spumeux des poumons ; le foie contenait seulement de l'aminonitrophénol et dans les reins on en a observé des traces. Il n'y avait pas de traces de dérivés nitrés dans le cerveau et l'estomac.

D'après Barral, le dinitrophénol s'élimine par les urines à l'état de diaminophénol $OH.C^6H^3(NH^2)^2_{2\text{-}4}$. Dans plusieurs cas, et principalement chez les ouvriers alcooliques, il a trouvé de l'aminonitrophénol, $OH.C^6H^3(NO^2)NH^2$ et du diaminophénol dans l'urine; la capacité de réduction paraît donc diminuée dans les cas pathologiques et les intoxications ; alors surviennent les accidents graves et même mortels : la durée de l'élimination peut être de 5 à 8 jours.

L'aminonitrophénol colore les urines en rouge orangé ; par les alcalins, la couleur devient plus rouge suivant la proportion d'aminonitrophénol : elle peut passer du rouge orangé paille au rouge grenadine foncé.

En mettant dans un tube à essais 1 centimètre cube d'urine + 1/2 centimètre cube de NH^3, puis en faisant couler au fond du tube, au moyen d'un tube effilé, du réactif tartrate ferreux, à la surface de séparation on obtient un anneau rouge orangé d'autant plus intense que l'urine contient plus d'aminonitrophénol. Lorsque la réduction a transformé le dinitrophénol partiellement en diaminophénol, au-dessous de l'anneau rouge on observe un anneau bleu. Enfin, s'il n'y a que du diaminophénol, on voit seulement un anneau bleu. Pour augmenter la sensibilité du procédé, l'urine est acidulée et agitée avec de l'éther. Le liquide est séparé et évaporé : on ajoute de l'eau sur le résidu de l'évaporation, et on fait les réactions avec ce liquide qui peut aussi teindre la laine. Les réactions sont les mêmes que celles de l'acide picramique, mais l'anneau est rouge orangé au lieu d'être rouge groseille ; de plus elles sont un peu moins sensibles.

En résumé, d'après Barral, le dinitrophénol s'accumule dans le foie d'où il est éliminé par les urines chez les ouvriers sains sous la forme de diaminophénol ; quand l'intoxication ou la période d'intolérance commencent, la capacité de réduction diminue et les urines contiennent avec du diaminophénol de l'aminonitrophénol. Des recherches expérimentales ont montré à ce savant que l'aminonitrophénol n'apparaît dans les urines des animaux que lorsqu'on arrive aux doses de toxique importantes. La cure de désintoxication d'un ouvrier qui a travaillé dans un atelier de fabrication du dinitrophénol doit être poursuivie pendant au moins 8 jours.

M. Meyer a indiqué (1917) une réaction très sensible susceptible de mettre en évidence l'acide picrique et le dinitrophénol 1-2-4. On réduit la solution d'acide picrique ou de dinitrophénol par le zinc en poudre et l'acide sulfurique dilué. Quand la décoloration est complète, on filtre. La liqueur filtrée est additionnée de quelques gouttes de solution de bichromate de potassium : avec l'acide picrique il se développe une belle coloration bleu foncé ; un excès de bichromate produit la destruction de la coloration, et le passage à l'orangé ; avec le dinitrophénol il se produit une magnifique coloration rouge sang : un excès de réactif ne détruit pas la coloration (réaction très sensible).

Pour rechercher dans les urines l'acide picrique et le dinitrophénol, on peut employer les réactions ci-dessus après défécation à l'acétate de plomb neutre ou au sulfate mercurique de G. Denigès.

Ainsi que le conseillent (1917) MM. Ducung, Frédoux et Laporte, on peut aussi bien transformer le dinitrophénol ou ses dérivés en acide picrique de la façon suivante : après avoir isolé le dinitrophénol ou ses dérivés par un dissolvant approprié, on évapore au bain-marie, à siccité, cette solution, et sur le résidu on fait agir à froid quelques gouttes du mélange nitrosulfurique suivant :

Acide sulfurique pur......................	3 vol.
Acide nitrique............................	1 vol.

Après une minute de contact, la nitration est complète ; on ajoute quelques centimètres cubes d'eau distillée, et après alcalinisation par NH^3, on obtient une solution sur laquelle on peut directement effectuer la réaction de Rupeau-Le Mithouard.

D'après le Dr Mayer, le dinitrophénol pur est un corps toxique à la dose de $0^{gr},105$ par kilogramme d'animal (chien ou lapin) ; la mort survient quel que soit le mode d'introduction dans l'organisme. L'intoxication spéciale causée par le dinitrophénol est caractérisée par une élévation de température brusque, considérable et progressive, qui montre que ce composé est un oxydant énergique qui augmente rapidement les réactions cellulaires, d'où l'amaigrissement des individus qui en absorbent quotidiennement de faibles doses.

Pour protéger d'une façon efficace les ouvriers employés à la fabrication du dinitrophénol, il faudrait employer des appareils qui limitent au minimum l'usage de la main-d'œuvre et suppriment l'inhalation des vapeurs toxiques et les poussières des ateliers.

L'usage des masques et des gants n'a pas été reconnu pratique. On ne doit employer à cette fabrication que des hommes ou des femmes ayant bonne santé : l'intégrité de fonctionnement du foie devra être particulièrement vérifiée.

Les urines des ouvriers seront fréquemment analysées et, dès qu'on découvrira chez l'un d'eux une modification dans l'élimination du toxique, on le mettra en observation, et on entreprendra une cure de désintoxication (bains fréquents, régime lacté, boissons alcalines). On se rappellera que l'apparition sur la peau protégée par les vêtements de taches jaunes est un indice sérieux de l'accumulation du toxique. Les ouvriers travaillant à la manipulation du dinitrophénol seront organisés en équipes de roulement, successivement employées à la fabrication et à des travaux extérieurs en plein air. Des affiches spéciales apposées dans les ateliers rappelleront aux ouvriers qu'ils devront prendre leurs repas hors des ateliers, après s'être nettoyé les mains et le visage. Des vêtements de travail leur seront distribués.

On favorisera l'élimination rapide du toxique par une large saignée (400 à 500 gr.) suivie d'une injection de sérum artificiel de même volume ou mieux de sérum glucosé ou de sérum au sucre interverti. M. Guerbet a proposé avec le Dr Mayer l'emploi du sérum au sucre interverti — particulièrement recommandable en ce moment où le glucose est souvent impur (arsenic).

Voici la formule proposée par M. Guerbet :

Sucre blanc........................	46 gr.
Eau................................	200 c. c.
Acide phosphorique officinal.......	0 gr. 50

faire bouillir 15 minutes ; l'hydrolyse est totale et la solution reste *incolore*. Ajouter une pincée de *carbonate de chaux*, filtrer, laver ce précipité et faire *un litre de sérum*. Stériliser ensuite comme d'usage.

Au point de vue physiologique et thérapeutique, le sérum au sucre interverti est identique avec le *sérum glucosé* (Dr A. Mayer).

CRÉSOLS

Les **crésols** ou crésylols, $C^6H^4\begin{cases}OH\\CH^3\end{cases}$, obtenus dans la distillation des goudrons de bois et de houille, et dissous à la faveur de solutions alcalines, ou émulsionnés à l'état de savons résineux, prennent le nom de *lysol, solvéol, sapocarbol, créoline*. Ces préparations renferment environ la moitié de leur poids de crésol. Elles sont employées comme antiseptiques d'un usage courant. Ce sont des liquides bruns, huileux, à odeur de goudron, solubles dans l'eau, alcalins, légèrement caustiques.

Observation. — En 1898, le Dr Cramer a signalé un cas de mort survenu chez une jeune primipare de 22 ans à laquelle, à la suite d'un accouchement prématuré suivi d'infection, on avait fait un lavage intra-utérin avec 1 litre et demi de solution de lysol à 1 p. 100, porté à la température de 45°. Immédiatement après, les globes oculaires se convulsèrent, la respiration devint pénible, la malade perdit connaissance ; pouls faible et accéléré. Le lendemain, apyrexie, ictère, douleur à la pression du ventre. Urines d'un brun noirâtre, avec cylindres, hématies altérées, albumine, pigment biliaire. La malade succomba au sixième jour, après avoir présenté des symptômes d'urémie.

Le Dr Georg Burgl a signalé (1901) deux cas d'empoisonnements mortels à la suite de l'emploi du *lysol* à l'intérieur. On doit éviter des applications externes quelque peu prolongées de ce médicament surtout chez les enfants. En solution concentrée, il agit sur la peau saine à la façon d'un caustique et d'un toxique. Ingéré, il peut causer la mort à la dose d'une cuillerée à café.

M. L.-J.-A. Mégevand (de Genève) a signalé (1911) 4 cas de suicides par le lysol. Les lésions sur le cadavre sont à très peu près celles provoquées par l'acide phénique. La mort arrive dans un temps très court.

Quand on peut pratiquer à temps le lavage de l'estomac à la suite de l'ingestion du lysol, les cas d'empoisonnements se sont presque toujours terminés d'une façon favorable. Dans le cas contraire, la mort a souvent été la règle.

Acide salicylique, $C^6H^4 \begin{cases} OH_1 \\ COOH_2 \end{cases}$

Aiguilles fusibles à 155°, solubles dans l'eau bouillante (1 p. 20), peu solubles dans l'eau froide (1 p. 1.000), très solubles dans l'alcool, le chloroforme, l'éther, la glycérine.

Chauffé avec ménagement ou dans la vapeur d'eau, il sublime. C'est un antiseptique très employé, utilisé dans la conservation des produits alimentaires.

En ingestion, même à doses relativement faibles, il a produit des empoisonnements. Il est rapidement absorbé et il apparaît dans les urines, soit sous forme de sel sodique, soit sous forme d'acide salicylurique, $C^9H^9NO^4$.

Les urines peuvent renfermer de l'acétone. A hautes doses il produit l'albuminurie, et même la rétention d'urine. Il peut déterminer des bourdonnements d'oreilles, de la surdité et de l'hébétude. Il peut y avoir des hallucinations visuelles et auditives.

Charteris et Mac Lennam ont observé que l'acide de synthèse était plus toxique que le naturel.

Huchard a signalé (1893) des accidents causés par le salicylate de sodium à des doses de 3 à 6 grammes. Les enfants sont particulièrement sensibles à ce médicament.

Le salicylate de sodium a une action physiologique, thérapeutique et antiseptique 3 fois plus faible que l'acide. D'après les recherches de Linossier (1901), l'acide salicylique ne serait pas un antiseptique des voies biliaires.

Dans cette intoxication, tout doit dépendre vraisemblablement de la perméabilité rénale plus ou moins grande.

Son élimination est très rapide ; on le constate dans l'urine (Rabuteau) après quelques minutes d'ingestion de 1 gramme de salicylate de sodium. Dans les cas d'intoxications observés chez des animaux, l'acide se trouve répandu dans tous les organes, moins abondant dans le cerveau, la moelle épinière, etc. On le trouve surtout dans les organes digestifs et sécrétoires (Gaetano Vinci, 1906). A forte dose c'est un poison du système nerveux.

Réactions de l'acide salicylique. — Avec les persels de fer on a une coloration violette très intense (1 /100.000) : cette réaction n'a pas lieu en solution éthérée. Elle ne se produit pas avec les acides méta ou para-oxybenzoïque.

Belle coloration rouge avec les sels d'uranium.

En chauffant avec le ferrocyanure de potassium, il y a dégagement de HCN.

En ajoutant à une solution aqueuse salicylée quelques gouttes d'acide acétique, puis quelques gouttes d'une solution de nitrite de potassium au 1 /10, et après, une goutte de sulfate de cuivre au 1 /10, on obtient une coloration rouge (Jorissen).

L'eau de brome provoque un précipité blanc dans les solutions aqueuses d'acide salicylique.

Camphre $C^{10}H^{16}O$.

Le camphre droit est fourni par le L. camphora de Formose. Sublime à 205°.

Doué de mouvement gyratoire à la surface de l'eau, qui cesse avec la présence de corps gras. Soluble dans l'alcool et la plupart des véhicules neutres.

Antispasmodique, stimulant, dont l'action peut devenir toxique à haute dose : antiseptique, même à faible dose ; propriétés sédatives sur les organes génito-urinaires. Il est diurétique.

Berkholz a rapporté en 1898 le cas d'une jeune femme qui après un dîner copieux avait pris 15 grammes de camphre en suspension dans l'eau, dans le but d'avortement. Au bout de 2 heures seulement : violente céphalée, vomissements, convulsions, coma, pouls petit, plein et fort, respiration rapide. État d'excitation violente avec conscience. Après plusieurs lavages de l'estomac, et grâce au chloral et au bromure, la guérison survint en quelques jours.

M. K. Happieh (1905) a observé quelques cas d'accidents mortels à la suite d'injections camphrées chez des éclamptiques. Cet auteur a démontré que dans l'organisme le camphre se combine en partie à l'acide glycuronique. Le reste est éliminé en nature par les poumons. Comme l'acide glycuronique dérive du glucose, toute condition qui amène une diminution de ce dernier favorisera l'intoxication, par exemple, une oxygénation insuffisante de l'organisme, une insuffisance des substances hydrocarbonées (cachectiques, faméliques, diabétiques graves).

Le camphre artificiel n'est pas différent du produit naturel. Il serait cependant plus actif que le camphre naturel (Kaufmann, 1915).

La dose toxique de camphre varie entre 2gr,5 à 7 grammes. Dans l'intestin, il se fait probablement après son ingestion de l'acide glycocamphorique.

Le contrepoison du camphre serait une forte dose de sucre.

Cantharidine, camphre de cantharide $C^{10}H^{12}O^{4}$.

Principe actif de la poudre de cantharide (mouche d'Espagne, Lytha vesicatoria), dans laquelle elle est contenue à la dose de 0,3 à 0,4 p. 100. On la trouve aussi dans Lytta vittata, mylabris cichorii, mylabris bifasciata, meloë majalis, etc.

Cristaux ou lamelles incolores et brillantes, difficilement solubles dans l'eau, assez solubles dans l'alcool et dans l'éther et aussi dans le chloroforme (1 /65), très solubles dans l'acétone (1 /38) ; neutres aux papiers réactifs. Fond à 218° en se sublimant en fines aiguilles blanches déjà au-dessus de 120°.

Soluble dans les alcalis. Elle est complètement insoluble dans l'éther de pétrole qui sera utilisé pour enlever les matières grasses qui pourraient y être mélangées (Debuchy).

Dissoute dans la glycérine, elle cesse d'être vésicante.

Sa volatilité rend son maniement dangereux.

C'est le plus actif de tous les vésicants connus.

La cantharidine s'évaporerait à l'air à la longue; dans tous les cas, les insectes anciens sont inactifs.

Le cantharidate de potassium est cristallisé ; il précipite en vert le sulfate de cuivre, en blanc le chlorure mercurique. Le chlorure de palladium donne immédiatement naissance à un précipité cristallisé, très soyeux.

On s'est souvent servi de poudre et de teinture comme aphrodisiaques et comme abortifs ; aussi y a-t-il eu beaucoup d'accidents et d'empoisonnements.

Ses solutions, de même que celles des cantharidates alcalins, sont vésicantes et toxiques.

Après son ingestion, cuisson insupportable aux lèvres, à la langue, à la bouche, à l'estomac, nausées, vomissements, selles, douleurs lombaires, envies fréquentes d'uriner, miction souvent impossible malgré les efforts, brûlure intense de l'urèthre. Urine trouble, alcaline et albumineuse. L'absorption est rapide ; elle reste inaltérée dans le sang, sous forme de cantharidate de sodium.

Contrepoisons. — Vomitif, lavage de l'estomac, eau albumineuse, thé, cataplasmes sur le ventre, opium, bains généraux.

Recherche. — Peut se retrouver au bout de 3 mois et plus dans le cadavre. On peut rencontrer dans l'estomac ou l'intestin des débris d'élythres vertes.

Lhote et Vibert ont rapporté (1892) un cas d'empoisonnement par la cantharidine. Ils ont recherché le toxique dans l'estomac, l'intestin, et leur contenu, ainsi que dans le foie.

La masse organique a été divisée avec un hache-viande pour être traitée par la méthode de Dragendorff, de la façon suivante. On opère dans une capsule de porcelaine à laquelle on ajoute une solution de potasse aqueuse (1/15). On porte à l'ébullition jusqu'à obtention d'une masse fluide et homogène. Au mélange refroidi, on ajoute assez d'eau pour qu'il ne soit pas trop sirupeux. On l'agite avec du chloroforme qui enlève les matières étrangères ; on lui ajoute 4 ou 5 fois son volume d'alcool à 90°-95°, et on sursature par l'acide sulfurique. Le liquide porté à l'ébullition est d'abord filtré à chaud, puis de nouveau après refroidissement. On sépare l'alcool par distillation, et l'on soumet à deux ou trois reprises le résidu aqueux à l'action du chloroforme. Les extraits chloroformiques sont évaporés, dissous dans un peu d'huile d'amandes douces chaude, et examinés au point de vue de leur réaction physiologique qui est la réaction caractéristique de la cantharidine.

Quand l'empoisonnement est dû à une préparation faite avec des débris de cantharide, on peut retrouver les élythres chatoyantes des cantharides dans le contenu et sur les parois du tube digestif.

Adrénaline, $C^{10}H^{15}NO^{3}$ ou $C^{5}H^{13}NO^{3}$ (Furth).

Découverte à peu près en même temps par Aldrich et Takamine (1901).

Provient des capsules surrénales.

Poudre microcristalline, blanche, de saveur amère, peu soluble dans l'eau froide, soluble en faibles proportions dans l'eau chaude, complètement insoluble dans l'alcool et dans l'éther, la benzine et le sulfure de carbone, très soluble dans les alcalis caustiques et les acides dilués. La solution aqueuse se colore en rouge à la lumière ; elle possède une faible réaction alcaline. Fond à 215° en s'altérant, vers 263° (G. Bertrand).

La suprarénine synthétique, inactive, fond à 207°-208°.

Avec l'eau de chlore ou l'eau iodée, sa solution aqueuse se colore en rouge carmin.

La solution d'adrénaline, qui doit être exempte d'albumine, est additionnée de son volume d'une solution au 1/100 d'iodate de potassium, et de quelques gouttes d'acide phosphorique : on chauffe à l'ébullition ; il se produit une coloration rouge prononcée (Frankel et Allers).

A III ou IV gouttes de la solution aqueuse d'adrénaline au 1/1.000, on ajoute 6 à 8 centimètres cubes d'eau et quelques gouttes d'une solution à 1-2 p. 100 de bichlorure de mercure, et on agite de temps en temps : au bout de quelques minutes le mélange se colore en rose, et reste coloré plusieurs jours. En chauffant à l'ébullition, on obtient de suite une coloration rouge (Kurt Boas).

Elle fournit avec le perchlorure de fer une coloration verte passant au violet par addition de $NH^{4}OH$.

Avec un petit cristal de chlorure ferreux, exempt de sel ferrique, et addition de I goutte de brome, on a une coloration verte persistante. La solution ne doit pas être trop acide (F. Andrieu).

L'adrénaline est lévogyre ; ses sels sont dextrogyres.

Elle réduit les sels d'or.

Dans le commerce, on la trouve aussi sous forme de solution de chlorhydrate d'adrénaline, à 1/1.000, qui doit être limpide, incolore, ou à peine teintée en rose.

Elle peut se stériliser à l'autoclave ; cette opération la teinte en rose, mais les solutions ainsi colorées sont tout aussi actives.

On l'a présentée en thérapeutique sous divers noms : épinéphrine, suprarénine, suprarénidine, rénoforme, etc.

Elle exerce une action élective sur la fibre musculaire lisse ; dès qu'il y a contact entre ces deux éléments, il se produit une véritable contraction spasmodique. Elle n'exerce pas cette action sur le tissu musculaire strié ; mais sur la fibre musculaire cardiaque, intermédiaire entre les deux fibres musculaires lisse et striée, elle agit d'une façon intermédiaire ; elle en renforce l'excitabilité et la contraction.

Localement elle resserre et diminue le calibre des petits vaisseaux, elle rétrécit au maximum de façon que sur une muqueuse on dirait une surface anémiée. La circulation est momentanément suspendue dans les régions qu'elle touche, et sans que celles-ci soient altérées. Elle blanchit la muqueuse nasale ; elle provoque l'ischémie du globe oculaire en lui donnant un éclat porcelanique remarquable. C'est donc un agent hémostatique de premier ordre.

Elle fait apparaître le sucre dans l'urine. La répétition des injections d'adrénaline amènerait une immunisation telle de l'organisme que la glycosurie ne se produirait plus.

Elle est très toxique, mais elle n'a pas d'effets cumulatifs, ce qui tiendrait à sa prompte oxydation dans l'organisme.

Les applications répétées d'adrénaline sur la même surface peuvent amener la gangrène.

D'après Reichert (de New-York), elle serait un bon contrepoison dans l'intoxication par l'opium. D'après les expériences de W. Falta et L. Jvcovic (1909), l'adrénaline paraît réellement constituer un antidote puissant à l'égard de la strychnine. La dose maxima est de $0^{gr},001$.

L'adrénaline prise à dose trop élevée provoque un état de gêne indéfinissable d'abord, puis des vertiges, nausées, dyspnée, et prostration plus ou moins accentuée ; diminution de la sensibilité, affaiblissement des réflexes et des mouvements volontaires, enfin une paralysie du train postérieur. La mort serait due, d'après Batelli, tantôt et le plus souvent à l'œdème aigu du poumon, tantôt aux trémulations fibrillaires du cœur. Dans le premier cas, la vie cesse moins rapidement, au bout d'un quart d'heure environ; dans le second cas, la mort a lieu au bout de 5 à 6 minutes.

Jusqu'ici il n'y a eu que de très rares accidents mortels. Ils ont été observés chez des cardiaques et des addisoniens (Boinet). Elle augmenterait le nombre des globules rouges (Sabrazès). Les injections intra-veineuses déterminent de la glycosurie, une hypertrophie du cœur, des foyers de calcification dans la tunique moyenne de l'aorte, avec formation consécutive de poches anévrysmales, et quelquefois enfin de la cirrhose du foie et de l'hypérémie des reins.

Santonine, $C^{15}H^{18}O^{3}$.

Provient des *artemisia : galla, cinna,* exportées surtout du Turkestan. Les capitules floraux non épanouis de ces artemisia constituent le *semen contra.*

Prismes incolores, inodores, de saveur légèrement amère, d'aspect nacré. Fond vers 170°.

Soluble dans 5.000 parties d'eau froide, dans 250 parties d'eau bouillante, dans 4,5 parties de chloroforme. Lévogyre.

La lumière la colore en jaune. Sa solution alcoolique, neutre aux réactifs colorés, prend, par addition de potasse, une couleur rouge carmin.

Si l'on vient à chauffer au bain-marie 2 centimètres cubes de SO^4H^2 (Densité : 1,56) avec 0gr,005 de santonine, on obtient tout d'abord une solution incolore, qui prend bientôt une teinte jaunâtre. Si l'on touche le liquide avec une baguette de verre imprégnée d'un peu de perchlorure de fer, la solution devient couleur améthyste et se laisse diluer sans se décolorer avec l'alcool ou l'eau. La couleur violette ne passe ni dans l'éther, ni dans le chloroforme, quand on agite avec ces dissolvants la solution de santonine.

La santonine se dissout dans les alcalis.

D'après Schermer (1893), en introduisant dans une capsule de porcelaine quelques cristaux de santonine et 0gr,020 à 0gr,030 de cyanure de potassium pulvérisé, et en chauffant doucement jusqu'à dissolution de la masse, on obtient une belle coloration rouge qui passe très rapidement au brun jaune. La masse fondue, reprise par l'eau, donne une solution fluorescente, brune par transparence, verte par réflexion ; cette fluorescence persiste longtemps.

La santonine est un vermifuge très employé dans la médecine infantile ; la dose de 0gr,05 ne doit pas être dépassée. La santonine incolore serait plus active que la santonine jaunie à l'air.

A. Chassevant a rappelé l'opinion de Manquat qui conseille de ne pas prescrire ce vermifuge chez les enfants au-dessous de 2 ans : il est aussi d'avis de rejeter l'emploi du biscuit vermifuge.

La santonine a provoqué des accidents chez les enfants. Le Dr E. von Sury-Bionz a signalé (1908) l'empoisonnement mortel d'un enfant de 3 ans et demi auquel la mère avait fait prendre en 40 heures 0gr,09 de santonine.

La santonine étant très soluble dans le suc gastrique est complètement absorbée dans l'estomac.

L'éther et le chloral sont ses meilleurs antidotes.

L'urine des gens ayant pris de la santonine est safranée, si elle est acide, et rouge pourpre, si elle est alcaline ; les alcalis ajoutés à cette urine lui communiquent une teinte rouge qui persiste à l'ébullition.

M. E. Crouzet a observé (1902) que l'addition d'une solution d'hydrate de chaux concentrée à l'urine d'un individu ayant ingéré de la santonine provoque une couleur rouge carmin, plus intense qu'en employant toute autre base alcalino-terreuse. Cette réaction serait sensible au point qu'après l'ingestion de 0gr,10 de santonine, elle a été positive avec l'urine émise pendant 60 heures. La manifestation de cette réaction colorée a duré 1/2 heure environ. L'urine a recouvré ensuite sa couleur jaune normale. Cette réaction, d'après l'auteur, ne se reproduit pas par l'action de l'hydrate de chaux sur la santonine ajoutée directement dans l'eau ou dans l'urine. La santonine est donc modifiée au sein de l'organisme, ce qui présente un intérêt réel au point de vue urologique et toxicologique. Elle peut enfin permettre d'étudier la perméabilité fonctionnelle du rein.

Pour la recherche de la santonine dans l'urine, M. Daclin (1897) a recommandé l'un des procédés suivants qui seraient d'une sensibilité remarquable :

1° Le premier procédé est basé sur la coloration rose que prend l'alcool amylique agité avec de l'urine contenant de la santonine et préalablement alcalinisée ;

2° L'urine (30 centimètres cubes) est agitée avec du sous-acétate de plomb. Le liquide filtré est évaporé dans deux capsules à une douce chaleur. Une goutte de SO^4H^2, versée sur l'un des deux résidus, produit avec la santonine une coloration violette ; l'autre résidu est traité par une goutte de potasse alcoolique, qui développe une belle coloration rose ;

3° 10 centimètres cubes d'urine sont agités avec 5 centimètres cubes de chloroforme ; après décantation, celui-ci est évaporé dans deux capsules, et les résidus sont traités comme précédemment.

L'urine des personnes ayant ingéré de la rhubarbe ne donne, dans ces essais, aucune coloration.

Résorcine, $OH_1—C^6H^4—OH_3$.

Cristallisée parfois en gros cristaux rhombiques ou en fines aiguilles, incolores, devenant à l'air légèrement rougeâtres, fondant à 118°, de saveur sucrée, désagréable. Bout à 276° ; elle est entraînée par la vapeur d'eau.

Soluble dans 0 p.66 d'eau, dans l'alcool et l'éther, la benzine et la glycérine.

Insoluble dans le chloroforme et le sulfure de carbone. Les solutions sont neutres aux réactifs colorés.

La résorcine se colore en rouge sous l'action de l'air et de la lumière.

C'est un antiseptique aussi puissant que le phénol dont elle n'a pas la causticité. C'est aussi un antipyrétique. Rarement employée à l'intérieur ; 4 grammes peuvent déterminer des symptômes toxiques : vertiges, sensation de pesanteur, somnolence. A la dose de 8 grammes, il y a perte de connaissance et anesthésie, lèvres blanches, langue sale, peau froide et couverte de sueurs, hypothermie, respiration et énergie cardiaque très affaiblies. Le tableau symptomatique rappelle assez celui du phénol.

Observation. — M. Dalché a rapporté en 1904 le cas d'empoisonnement survenu chez un enfant auquel il prescrivit de la résorcine en collutoire : la garde-malade fit avaler le mélange et l'enfant absorba ainsi 2 grammes de résorcine. Très rapidement il pâlit, eut des coliques et du collapsus ; urines noires et foncées ; ictère léger et éruption roséoliforme. L'enfant ne mourut pas ; M. Dalché fit de la médication des symptômes.

Observation. — On cite (1915) encore le cas d'une personne de 16 ans qui mourut avec tous les symptômes d'intoxication par la résorcine après application sur la plus grande partie du mollet d'une pâte renfermant 25 p. 100 de résorcine.

On ne peut déceler la résorcine dans l'urine.

La résorcine coagule l'albumine.

La résorcine donne avec l'eau une solution limpide, ne se troublant pas par addition d'acétate de plomb, qui précipite la pyrocatéchine.

Réduit à la longue la solution ammoniacale d'azotate d'argent et la liqueur cupro-potassique ; la réduction est immédiate à chaud.

Le brome provoque dans la solution aqueuse de résorcine un précipité de tribromorésorcine.

Coloration violette intense par le perchlorure de fer ajouté dans la solution aqueuse au 1/20.

En chauffant une petite quantité de résorcine avec un excès d'anhydride phtalique pendant quelques minutes à une température voisine de l'ébullition et en dissolvant dans une solution diluée de soude, on obtient une fluorescence verte due à la fluorescéine.

Volcy Boucher et Girard (J.) (1910) caractérisent également la résorcine par la fluorescence verte très intense présentée par ses solutions aqueuses quand on les soumet à l'action successive du sulfate de cuivre et du cyanure de potassium.

Elle permet de reconnaître : 1° l'acide tartrique en effectuant la réaction de Mohler (2 à 3 centimètres cubes de SO^4H^2 ; III à IV gouttes de solution aqueuse de résorcine plus I goutte de solution tartrique) ; on chauffe à 130°-140° et on obtient une coloration rose violacée ; 2° les chlorates (Denigès) : solution de chlorate à 2 p. 100, I à II gouttes ; 2 centimètres cubes de SO^4H^3, puis après refroidissement V gouttes de solution résorcinique : coloration verte.

En chauffant une solution ammoniacale de résorcine avec très peu de H^2O^2, il se développe une coloration verte qui, après quelques minutes d'ébullition, passe au bleu azuré intense.

En ajoutant des traces de $CHCl^3$ ou de chloral, de bromal ou d'iodoforme à une solution de $0^{gr},1$ de résorcine dans 1 ou 2 centimètres cubes d'eau et quelques gouttes d'une solution de soude à 15 p. 100, et en faisant bouillir vivement, le liquide devient rouge jaunâtre : en le diluant ensuite fortement, il présente une belle fluorescence.

Dans le cas d'absorption de résorcine, évacuation et lavage de l'estomac, excitants.

Recherche toxicologique. — On s'adresse de préférence aux viscères et aux liquides qui les accompagnent. On les fait bouillir avec HCl ou SO^4H^2 dilué, afin d'hydroliser la résorcine sulfonate alcalin, qui est l'état sous lequel la résorcine est absorbée dans l'organisme :

$$C^6H^3\begin{cases}OH\\OH\\SO^3K\end{cases} + H^2O = C^6H^4\begin{cases}OH\\OH\end{cases} + SO^4KH.$$

Le mélange est ensuite évaporé au bain-marie jusqu'à siccité ; et le résidu est repris par de l'alcool anhydre qui dissout la résorcine. On filtre et on distille le filtratum : le nouveau résidu est repris par un peu d'eau, et la solution aqueuse filtrée est agitée avec de l'éther lequel est évaporé, et laisse comme résidu la résorcine qui est caractérisée par ses réactions (D. Vitali).

Phénols trivalents.

Pyrogallol, acide pyrogallique $C^6H^3\,(OH)^3_{1,2,3} = C^6H^6O^3$.

Cristallise en aiguilles blanches, nacrées, de réaction neutre, de saveur amère, solubles dans $1^{gr},7$ d'eau, moins solubles dans l'alcool, l'éther, peu solubles dans $CHCl^3$, CS^2, et C^6H^6.

Les solutions récemment préparées ont une réaction neutre ; à l'air elles prennent une réaction acide, en jaunissant et en brunissant.

Il fond à 132°,5-133°,5, se sublimant sans se décomposer en chauffant avec précaution.

En présence des alcalis caustiques, il absorbe promptement l'oxygène de l'air en se décomposant en CO^2, acide acétique et en une substance brune, propriété utilisée pour rechercher l'oxygène dans l'air et le doser dans un milieu gazeux.

S'emploie seulement à l'extérieur, contre certaines affections de la peau ; 2 à 4 grammes déterminent l'empoisonnement d'un chien avec des symptômes comparables à ceux de l'empoisonnement phosphoré. Il paraît provoquer la mort en désoxygénant le sang (Personne).

Ce composé a été surtout employé par les photographes chez qui il a déterminé des empoisonnements et des suicides. Il n'y a jamais eu d'empoisonnements criminels.

Observation. — M. Dalché (1896) a signalé l'empoisonnement volontaire d'un jeune homme qui avait absorbé 15 grammes de pyrogallol mêlé à un verre d'eau additionnée d'absinthe. Rapidement survinrent : sensation de brûlure, nausées, vomissements noirs, urines noirâtres, qui renfermaient de la méthémoglobine, de l'oxyhémoglobine et 3 grammes d'albumine par litre. 3 jours après le malade succomba dans le coma. A l'autopsie, le foie avait une apparence jaunâtre, mais le rein présentait les lésions les plus sérieuses. Des sphères réfringentes, sans noyau, ayant à peu près le diamètre des leucocytes, furent rencontrées dans les tubes de la substance corticale, dans les cavités glomérulaires, entre les anses et les capsules de Bowmann, mais non dans les vaisseaux.

Le pyrogallol est un corps très vénéneux ; à la dose de quelques décigrammes, il provoque des accidents un peu analogues à ceux du Ph : il semble agir en enlevant l'oxygène du sang. Il a donné lieu à des vomissements, de l'abattement, de l'insensibilité, et la mort arrive par asphyxie. Le foie subit la dégénérescence graisseuse (Personne). Appliqué sur la peau, il provoque des taches brunes ; en topiques, il a produit des accidents mortels. Son pouvoir antiseptique est considérable : il tue les bactéries et enlève toute odeur aux substances putrides.

Il s'élimine surtout par les urines, sans se décomposer ou en se transformant en sel éthéro-sulfurique. Ne décompose pas les carbonates (ce n'est pas un véritable acide, mais plutôt un phénol).

Réactions. — 1° Avec sels ferreux, coloration bleue violacée ;

2° Avec sels ferriques, coloration rouge foncée ;

3° Les solutions bleuissent, puis brunissent au contact de l'eau de chaux ;

4° Elles réduisent la liqueur cupro-potassique et les sels des métaux précieux (Au, Ag) ;

5° Précipitent les solutions d'albumine ; le précipité est soluble dans les carbonates alcalins.

Composés aromatiques homocycliques.

Naphtaline. Syn. Naphtalène.

Elle provient des huiles lourdes de goudron de houille, après élimination des phénols qui y sont contenus. La naphtaline brute ainsi obtenue est sublimée et on l'obtient cristallisée : on la purifie par cristallisation dans l'alcool ; volatile à la température ordinaire. Elle fond à 79° et bout à 220° environ.

Cristaux lamelleux, insolubles dans l'eau, à odeur forte et tenace ;

elle a été utilisée en médecine comme antiseptique à l'intérieur, et à l'extérieur, et contre la gale. Saveur aromatique brûlante. Brûle avec une flamme lumineuse et fuligineuse. Soluble dans les matières grasses et les essences, surtout à chaud, dans l'éther et l'alcool, $CHCl^3$ et CS^2. L'addition d'acide acétique la colore en rose (Bouchard).

On peut l'absorber à la dose de 0gr,5 à 5 grammes sans risque d'accidents. Chez les chiens, de 1 à 5 grammes, elle provoque de la diarrhée.

Elle s'élimine par les reins qu'elle congestionne, et par les fèces ; elle colore les urines en brun noirâtre. Elle paraît disposer à la cataracte (Bouchard).

Il est probable que les vapeurs de naphtaline dans une atmosphère limitée ne seraient pas sans danger.

La naphtaline est d'un usage courant chez les marchands de fourrures, dans les magasins où l'on conserve des étoffes de laine et des draps. En 1896, la question de savoir « si la naphtaline pulvérisée, répandue sur les lainages déposés au Mont-de-Piété de Bordeaux, était de nature à mettre en danger la santé des personnes passagèrement exposées à ces émanations » a été portée au Conseil d'Hygiène de la Gironde : une Commission dont nous faisions partie a sérieusement étudié la question après enquête approfondie ; le personnel de l'établissement n'a jamais formulé aucune plainte ; plusieurs femmes occupées à la confection des paquets, et vivant constamment au milieu de cette atmosphère de naphtaline, ont déclaré avoir assez fréquemment des maux de tête et quelques migraines, sans affection autrement sérieuse ; d'autres n'ont jamais rien éprouvé. Il y a probablement une accoutumance aux vapeurs de naphtaline.

Observation. — Prochownik (de Posen) rapporte (1912) un cas de mort qu'il a observé chez un enfant de 6 ans, qu'il traitait avec de la naphtaline pour des oxyures. Il avait prescrit de prendre pendant 2 jours quatre paquets de poudre de naphtaline à 0,25 et de donner ensuite de l'huile de ricin.

Le 15 mars, l'enfant prend quatre paquets, et le 16, trois paquets.

Le 17, l'auteur fut appelé ; l'enfant avait vomi la nuit, était agité, le pouls rapide, la rate était augmentée de volume, il existait un léger subictère, la respiration était accélérée.

Des lavages de l'intestin furent prescrits. L'urine était rare, de couleur rouge cerise ; elle contenait de l'albumine, de l'oxyhémoglobine et de la méthémoglobine. Malgré des injections de sérum, les excitants habituels, l'enfant mourut le lendemain de paralysie du cœur.

A l'autopsie, on trouva un thymus persistant assez gros, une tuméfaction du foie, de la rate et des ganglions mésentériques. La vessie contenait encore un liquide riche en hémoglobine.

Il est possible que l'huile de ricin ait agi en dissolvant une plus grande quantité de naphtaline qui a été absorbée. En tout cas, il est préférable, dans le traitement des oxyures, d'employer un médicament moins dangereux.

NAPHTOLS

C'est le naphtol-β (isonaphtol), $C^{10}H^8O$, qui est usité en médecine. Il se présente en prismes rhomboïdaux obliques, incolores, brillants, d'odeur aromatique faible, de saveur brûlante, désagréable.

F = 122°-123°, $P_{éb}$ = 286°

Soluble dans 4.000 parties d'eau froide, dans 75 parties d'eau bouillante, très soluble dans l'alcool et les solvants neutres en général.

Antiseptique, désinfectant, parasiticide. Employé contre la gale, la pelade, l'acné, le psoriasis, l'hyperhydrose (solution 5 p. 100, pommade 5-10 p. 100). Peu usité à l'intérieur, à la dose de 0gr,50 à 2 grammes, dans les 24 heures, en cachets en raison de son action irritante sur l'estomac.

Il s'éliminerait par l'urine en grande partie à l'état d'acide glycuronique, et en petite proportion en combinaison sulfurique. Pour l'y retrouver, on ferait passer un courant de vapeur d'eau dans l'urine additionnée d'acide sulfurique, et le distillatum serait agité avec de l'éther qui retiendrait le naphtol qui pourrait être purifié par des cristallisations successives dans l'alcool et dans l'éther.

Naphtols. — Le β est le naphtol officinal ; il passe cependant pour doué d'une toxicité plus grande que l'α.

Nous reproduisons les caractères particuliers des naphtols α et β.

Naphtol β	*Naphtol α*
Lamelles cristallines, monoclines, brillantes, incolores, sans odeur, saveur brûlante, inaltérables à l'air. Solubles dans environ 4.000 p. d'eau froide et 75 p. d'eau bouillante, assez solubles dans l'éther, moins dans l'alcool, davantage dans C^6H^6 et $CHCl^3$.	
Point de fusion 123°.	94°.
$P_{éb.}$ = 290°	279°
Densité 1,217.	1.224.
Dans la solution aqueuse, l'eau de chlore produit un précipité blanc, qui par addition de NH^3 donne un mélange de couleur verte.	Précipité blanc avec couleur bleue.
Dans la solution aqueuse, le perchlorure de fer produit une coloration verte ; il se sépare des flocons blanchâtres, et la solution séparée est colorée en vert.	Précipité blanc de dinaphtol, qui prend bientôt une teinte violette.

En chauffant avec NaOH ou KHO en présence de chloroforme, il se développe une couleur azurée qui passe au rouge par addition d'acide (Lustgarten).	Précipité blanc de dinaphtol, qui prend bientôt une teinte violette.
En chauffant à 80°-100° 1 p. de β-naphtol avec 4 p. de SO^4H^2 conc. : en ajoutant au produit de la réaction 10 fois son volume d'eau, et neutralisant le liquide avec Na^2CO^3 et ajoutant au liquide filtré $FeCl^3$ on obtient une belle couleur violette.	Dans les mêmes conditions, l'α-naphtol donne à la longue une couleur verte.
Traité avec quelques gouttes d'une solution d'iodure de potassium ioduré, et en ajoutant un excès de NaOH ou de KOH, le β-naphtol détermine un précipité, et une couleur violette (Jorissen).	Dans le cas de naphtol-α le liquide reste incolore (Jorissen).
Une solution alcoolique à 10 p. 100 avec une solution ammoniacale de ferrocyanure de potassium, couleur rouge rancio (Jorissen).	Avec l'α-naphtol couleur azurée violette (Jorissen).
La réaction ci-contre Dané-Denigès ne réussit pas avec le naphtol-β.	Quelques parcelles de naphtol-α sont projetées dans 10 centimètres cubes d'eau alcalinisée avec II à III gouttes de NaOH : on agite ; on ajoute III à IV gouttes de formol, on agite et on porte à l'ébullition. On obtient une coloration jaune verdâtre. Si on laisse refroidir sans agiter, il se produit un anneau bleu à la surface, puis la coloration envahira toute la masse. Si on ajoute quelques gouttes d'eau oxygénée, on obtient une coloration bleue intense. (Dané-Denigès).
SO^4H^2 + sucre. 1 centimètre cube d'eau sucrée avec II gouttes du soluté alcoolique à 20 p. 100 : trouble du liquide par précipitation du naphtol : en additionnant le mélange de I à II gouttes de SO^4H^2, et en agitant, on obtient : *aucune coloration.*	Coloration violette. Par addition d'eau à la liqueur précipité violet (Codex).
Vanilline + SO^4H^2. Dissoudre $0^{gr},1$ de vanilline dans 2 centimètres cubes de SO^4H^2, ajouter $0^{gr},1$ de naphtol, agiter, on obtient : *coloration verte émeraude, qui passe plus tard au jaune rouge.*	Au bout de 1 à 2 minutes, coloration bleue rouge très stable.
Dissous dans l'eau alcoolisée avec chlorure de chaux : *couleur jaune.*	Couleur bleue violacée.

Avec hypobromite de sodium : *couleur jaune disparaissant avec excès de réactif.*	Coloration et même précipité violet sale.
Avec perchlorure de fer en solution aqueuse : *coloration vert émeraude.*	Coloration jaune fugace avec précipité d'abord blanc devenant rouge violet.
Avec réactif de Millon dans solution aqueuse : *coloration rouge passant au violet.*	Coloration vert sale.
Dissoudre 0,05 d'acide sulfanilique dans un peu d'eau renfermant 5 centimètres cubes de solution N de soude, ajouter 5 centimètres cubes sol. N de SO^4H^2 et 0,04 de nitrite de sodium dissous dans quelques gouttes d'eau. On dissout ensuite 0gr,04 du naphtol dans 5 centimètres cubes de NaOHN, que l'on ajoute à la solution ci-dessus (Richardson) : *couleur jaune orangé* (orangé n° 2) qui ne change pas avec SO^4H^2 étendu.	Couleur rouge foncé (orangé n° 1) qui avec SO^4H^2 étendu devient brun foncé.

La vapeur d'eau entraîne l'α-naphtol, mais non le β-naphtol. L'un et l'autre naphtol sont des antiseptiques puissants, préconisés en dermatologie, et comme désinfectants intestinaux, dans les diarrhées putrides et la fièvre typhoïde.

A l'intérieur on peut les ingérer à la dose de 2 à 3 grammes. Avec le naphtol α, la dose peut être portée à 6 grammes par jour.

Le naphtol β est souvent mal toléré par l'estomac.

L'*asaprol*, la *microcidine*, le *bétol*, sont des dérivés des naphtols.

Le **naphtol β camphré,** combinaison très instable dont la formule a été donnée par Desesquelle (1888) : naphtol-β, 1 gramme, camphre 2, est un liquide sirupeux, à odeur de camphre, se colorant en brun à la lumière. Il a été appliqué dans le pansement des plaies septiques (Périer, Labbé, Courtin) ; il s'élimine, après absorption, à l'état d'acide naphtol-glycuronique (A. Gautier), et de naphtylsulfate (Wurtz). P. Lemaire, qui a étudié consciencieusement (1911) l'action de cet antiseptique au point de vue chimique et toxicologique, n'a jamais retrouvé l'acide glycuronique, ni le naphtylsulfate. Il utilise le chloroforme pour le retrouver dans l'urine, quelques heures après le pansement.

Il a montré que l'absorption de ce produit par la peau saine et intacte, est nulle.

Les enfants seraient plus susceptibles à l'action du naphtol camphré que les adultes. Après absorption, il y a de la lassitude et de la prostration intellectuelle ; souvent aussi il y a une période d'exaltation psychique avec désir immodéré de mouvements, celui de danser, et des convulsions auxquelles succèdent la paralysie de la sensibilité, la paralysie de la vessie et du rectum, et si la dose est suffisante le coma et la mort.

Le naphtol β camphré peut déterminer sur la peau de l'érythème rubéiforme.

En injections dans les abcès intra-ganglionnaires, ou d'origine tuberculeuse, dans la plèvre, dans le péritoine, il a causé des accidents épileptiformes. Un cas de mort a été signalé par le Dr Ménard, de Berck, chez un garçon de 12 ans, après une injection de 15 à 20 grammes dans un abcès fessier.

Netter a observé un cas mortel à la suite d'injection de 4 centimètres cubes de naphtol camphré dans le péritoine.

Le professeur Lanelongue (1903), à la suite d'une injection dans la plèvre chez un homme de 24 ans, observa, après 1 heure et demie, de la torpeur. Le malade fut en danger pendant 48 heures ; on se hâta de laver la plèvre.

On a observé à peu près 8 cas de mort avec cet antiseptique.

P. Lemaire n'a jamais observé d'intolérance à la suite de nombreuses injections huileuses pratiquées dans le service de Piéchaud, à l'hôpital des Enfants.

Au contact de l'air et lentement, le naphtol-β camphré brunit, indice d'une altération qui est d'ailleurs accentuée par la chaleur et la lumière. Adrian et Trillat avaient isolé de ce composé altéré un corps cristallisé, l'oxyde de dinaphtylène, $\begin{matrix} C^{10}H^{6} \\ C^{10}H^{6} \end{matrix} \rangle O$, qui serait la cause des changements de couleur et de la toxicité. P. Lemaire, qui a vu employer le naphtol-β camphré de préparation ancienne et récente dans les différents services de l'hôpital des Enfants, à Bordeaux, n'a pas remarqué de différence de toxicité dans l'emploi de ces produits.

L'éosine ou *tétrabromofluorescéine* donne de jolies nuances rouge fauve ; elle se dissout très facilement dans l'eau.

Appliquée sur la peau, elle est capable de déterminer une éruption scarlatiniforme, s'accompagnant de cuisson et de démangeaisons intolérables.

Phénolphtaléine. Cette substance synthétique, utilisée depuis 1903 comme purgative, à la dose de $0^{gr},25$, a déterminé de nombreuses intoxications. Le Dr Roux, de Vichy, a même signalé, en 1913, un cas d'intoxication aiguë, suivie de mort, par ce médicament : une jeune fille de 19 ans, se trouvant au 4e jour de la période d'éruption d'une rougeole qui avait évolué normalement, prit, contre la constipation, deux pastilles de phénolphtaléine (en tout $0^{gr},20$ à $0^{gr},30$), à 21 heures. Quelques minutes après elle fut prise de symptômes cérébraux intenses et de délire, et ensuite de phénomènes d'oppression. Puis survint le coma absolu : lèvres et ongles violacés, yeux vitreux, réflexes abolis. Tous les soins furent inutiles : la malade succomba à 21 h. 40, sans avoir repris connaissance.

Les accidents observés pourraient être attribués à des impuretés, car C. Fleig, en 1909, a pu faire absorber à des chiens des doses de 10 à 25 grammes de phénolphtaléine en suspension dans de l'eau, par la voie gastrique, sans accidents toxiques. De même des lapins n'ont éprouvé aucun symptôme d'intoxication à la suite de l'administration de 2 à 8 grammes par os. L'opinion de Fleig est partagée par beaucoup de médecins, et la dose toxique de phénolphtaléine est à déterminer.

Il est rare de pouvoir déceler la phénolphtaléine dans l'urine à la suite de sa résorption par la voie gastrique.

La phénolphtaléine ne se dédoublerait pas dans l'organisme. Elle n'est presque pas absorbée, car on en retrouve jusqu'à 87 p. 100 dans les selles. Elle exerce une action laxative ou purgative quel que soit on mode d'introduction dans l'organisme (Abel et Rowhtree).

QUATRIÈME PARTIE

ALCALOÏDES

On désigne « sous le nom d'alcaloïdes, des corps azotés à fonction « basique qui possèdent jusqu'à un certain point les propriétés de « l'ammoniaque ou des amines, fournissant des sels, des chloroplati- « nates et des chloro-aurates bien définis » (Béhal).

Dans ce traité, nous étudierons seulement ceux de ces composés employés en thérapeutique, qui peuvent donner lieu à des accidents, ou qui doivent être considérés comme dangereux.

Les empoisonnements par les alcaloïdes ne sont pas fréquents : sans doute parce que ces poisons sont peu connus du public, et qu'on se les procure difficilement, circonstances très heureuses, parce que leur découverte dans le cadavre est très difficile et nécessite des manipulations très compliquées, le plus souvent sans résultat positif. La présence de « ptomaïnes » dans les organes putréfiés rend leur recherche encore plus délicate. Il en résulte que les alcaloïdes sont des armes très dangereuses entre les mains des criminels, et ils le deviennent encore plus quand le goût ne trahit pas leur présence. Il en est de même de certains autres composés aussi actifs et qui rentrent dans des classes de composés voisins des alcaloïdes : comme la picrotoxine, la digitaline, la cantharidine, et pour la recherche desquels il n'existe pas de méthode générale.

La littérature criminelle renferme quelques cas d'empoisonnement par les alcaloïdes ou principes voisins survenus dans un monde élevé, rarement dans la classe populaire. Ainsi, un médecin anglais, Palmer, mit à contribution la strychnine ; un médecin français, de La Pommerais, la digitaline ; un médecin allemand, Jahn, la conicine, pour commettre des crimes.

Isolés, à l'état pur, la plupart des alcaloïdes vénéneux possèdent des réactions chimiques très caractéristiques ; mais quand il s'agit de les enlever aux aliments, aux substances en putréfaction avec lesquelles ils sont mélangés, il est besoin d'un manipulateur expert et savant. La présence de certains autres principes chimiques rend cette purification très difficile ; et cependant isoler les alcaloïdes à l'état de pureté presque parfaite est absolument nécessaire ; autrement leur recherche et leur caractérisation sont illusoires. Alors qu'en chimie minérale, nous avons vu que les réactions chimiques étaient amplement suffisantes à caractériser les poisons minéraux, en chimie organique, il n'en est plus de même ; les caractères des toxiques organiques sont souvent confondus ; aussi est-il besoin de recourir à des méthodes empruntées à la physiologie et à la thérapeutique, exemple : pour l'atropine, on s'aidera de l'action sur la pupille; pour la cantharidine, de l'action vésicante. Les commemorata ont souvent ici une très grande importance : dans l'affaire Bocarmé (Belgique), on savait que l'assassin du comte Bocarmé s'était occupé de préparer de la nicotine ; on trouva, en effet, ce poison dans un vase. Dans l'affaire Jahn, on trouva également un reste de conicine dans un récipient.

Enfin, des méprises ont pu donner lieu à des cas d'empoisonnements : on a confondu la ciguë (Conium maculatum) avec le persil, des semences de jusquiame avec des semences de persil, des racines de ciguë aquatique (Cicuta virosa) avec des racines de céleri, des baies de belladone avec d'autres baies inoffensives.

Les difficultés de recherche des alcaloïdes sont, nous l'avons dit, surtout augmentées, quand, par la putréfaction des cadavres, il se forme vraisemblablement par la décomposition des albuminoïdes des combinaisons basiques ou alcaloïdes animaux appelés « ptomaïnes ». Celles-ci, par l'ensemble de leurs propriétés chimiques et physiologiques, ressemblent aux alcaloïdes végétaux. On peut d'ailleurs dire que toutes les fois que l'on recherche par les méthodes classiques un alcaloïde dans des viscères en putréfaction, on trouve le plus souvent, en fin d'opération, une ptomaïne dont la présence vient compliquer la recherche toxicologique du poison.

Il convient donc d'opérer rapidement après la mort et de faire les recherches en choisissant de préférence l'estomac. Plus tard, la putréfaction intervenant, on recherchera le poison dans l'intestin, le sang, le foie, les reins, la rate et l'urine. La plupart des alcaloïdes résistent d'ailleurs à la putréfaction. La strychnine, en particulier, offre plus de résistance à la putréfaction que les ptomaïnes elles-mêmes.

On devra donc toujours se proposer d'isoler le poison à l'état de plus grande pureté possible.

Les commemorata sont d'un grand secours dans une recherche toxicologique.

Les alcaloïdes proprement dits se comportent comme de véritables alcalis et leur solution alcoolique ou aqueuse fait, par exemple, virer au bleu le papier rouge de tournesol. Exemple : quinine, strychnine. Ils n'ont cependant pas d'action, en général, sur la phtaléine du phénol ; toutefois, l'atropine la colore en rose.

Pour purifier les résidus souvent colorés, on ne devra pas employer le noir animal, qui présente beaucoup d'inconvénients.

L'absorption des alcaloïdes par le noir animal a été signalée par Graham et W. Hoffmann qui ont utilisé le noir animal pour extraire la strychnine de la bière. M. H. Laval a étudié cette question d'une façon toute particulière, et voici ses conclusions :

1° Les alcaloïdes en solutions salines dans l'eau ou l'alcool sont absorbés par le noir animal ;

2° L'absorption est instantanée ;

3° L'absorption augmente avec la quantité de noir employé, sans être proportionnelle à ces quantités ;

4° Les solutions alcooliques cèdent moins d'alcaloïde que les solutions aqueuses ;

5° Pour un même poids de noir animal, l'absorption augmente rapidement avec la concentration des liqueurs, sans être proportionnelle à cette concentration ;

6° La température ne paraît pas influer sur l'absorption ;

7° L'influence de l'acide combiné à l'alcaloïde est négligeable.

Enfin on a montré récemment que les toxines (en particulier celles du tétanos et de la dysenterie) étaient totalement absorbées par le noir animal.

Il n'est pas possible de faire une classification toxicologique des principes immédiats contenus dans les plantes. Nous les étudierons par familles végétales.

Recherche des principes immédiats dans les végétaux.

L'expert pourra se trouver dans la nécessité d'examiner des plantes ou des débris végétaux ayant occasionné des accidents ; la recherche des principes immédiats dans les plantes de conservation défectueuse difficiles à déterminer par leurs caractères extérieurs, pourra permettre de les caractériser. Aussi, convient-il de parler de l'extraction des principes immédiats des plantes au point de vue général.

Toutes les méthodes imaginées dans ce but sont basées sur quelques lois générales de la chimie qui sont les suivantes :

1° Les alcaloïdes végétaux sont solubles dans l'alcool, l'éther, le chloroforme, l'éther de pétrole, la benzine ;

2° Ils sont peu ou pas solubles dans l'eau, alors que leurs sels s'y dissolvent bien ;

3° Ils sont précipités de leurs solutions salines par les alcalis.

En général, on traitera par l'eau acidulée la plante qui renferme l'alcaloïde : dans la solution, l'alcaloïde sera précipité par la soude, la potasse ou l'ammoniaque ; l'alcaloïde ainsi libéré sera dissous dans un véhicule neutre. Ce dernier sera évaporé, et le résidu sera purifié par sa transformation en sel ; de ce dernier, on précipitera à nouveau l'alcaloïde.

Plusieurs méthodes conduisent au même résultat.

Quand on n'a aucune indication sur la nature ou la constitution des principes actifs à isoler, voici des méthodes générales.

On pourra essayer la méthode suivante, si on a à extraire le principe actif de racines par exemple :

1° Épuiser les racines sèches dilacérées par l'éther de pétrole bouillant dans un appareil à reflux ; on pourra constater la présence de matières cireuses, de matières colorantes (spectroscope) ;

2° Les racines sont ensuite épuisées par l'alcool qui enlèvera le principe alcaloïdique, pouvant être mélangé à de la cire. On purifie l'alcaloïde en transformant en sulfate, décomposant ce dernier par l'ammoniaque et épuisant l'alcaloïde par le chloroforme dans un entonnoir à robinet ;

3° Les racines sont enfin traitées par l'eau qui enlèvera les matières albuminoïdes et gommeuses ;

4° L'incinération fournit le résidu fixe ;

5° La différence entre la somme des premiers extraits et les cendres indique le poids du ligneux et de la cellulose.

Les tiges et feuilles pourraient être traitées de la même façon. Il en est de même des semences.

Puis, après avoir fait des essais physico-chimiques (solubilité, fusion, ébullition, recherche de l'azote, salification), on passe aux essais physiologiques.

Ou bien encore :

Réduire en poudre la substance, l'épuiser par lixiviation dans un appareil à déplacement en versant par petites quantités de l'alcool à 95° (ou mieux de l'alcool à 75°), de telle façon que les dernières portions s'écoulent incolores (sans donner de précipité blanc par réactif de Mayer).

Les liqueurs alcooliques, réunies et filtrées, sont distillées dans le vide, à basse température, de façon à retirer la totalité du dissolvant, sans soumettre l'alcaloïde à une chaleur trop élevée (la plus petite trace du dissolvant pouvant nuire aux autres opérations et surtout à la cristallisation).

Le résidu de couleur variable pourra être formé de deux parties distinctes : l'une inférieure, aqueuse, l'autre supérieure, huileuse, probablement plus considérable.

Le résidu sera agité dans un entonnoir à robinet avec une solution d'acide tartrique au 1/20. On sépare ainsi les matières grasses et huileuses de l'alcaloïde qui passera dans la liqueur acide. Pour enlever les dernières traces d'huile et de matières colorantes, tirer au clair, filtrer, et agiter avec de l'éther de pétrole (le conserver), puis avec du chloroforme (le conserver). On traitera la liqueur acide comme plus haut.

A. Gautier préconise de faire un extrait de la substance avec de l'eau acidulée par acide tartrique, de précipiter cette liqueur par le sous-acétate de plomb ; le filtratum privé de plomb par l'hydrogène sulfuré sera soumis à l'ébullition, filtré à nouveau et concentré. Cette liqueur sera traitée successivement par l'ammoniaque, puis par la potasse qui peuvent donner des précipités floconneux.

Recueillir le précipité, le dissoudre dans l'acide chlorhydrique ou l'acide sulfurique faibles, faire cristalliser le sel qui s'est formé et caractériser l'alcaloïde.

On pourra aussi mélanger la substance avec de la chaux et lixivier à l'aide d'un solvant neutre.

MM. Pelletier et Caventou ont conseillé d'opérer ainsi :

Réduire les matières en poudre et épuiser avec de l'eau acidulée à 1 p. 100 d'acide sulfurique ; filtrer. A la liqueur on ajoute du lait de chaux ou de la magnésie en léger excès. Les matières colorantes, les sels de chaux insolubles et les alcaloïdes se précipitent. On jette le tout sur une toile, on laisse égoutter et on comprime le précipité. Le tourteau desséché au-dessous de 100° et pulvérisé est épuisé par de l'alcool bouillant. On distille l'alcool. Les alcaloïdes cristallisent.

Enfin pulvériser et traiter les substances par la moitié de leur poids de chaux éteinte. Le mélange bien humecté d'eau est séché au bain-marie dans le vide. La poudre sèche introduite dans un appareil à déplacement est épuisée à l'éther. On ajoute au dissolvant de l'eau acidulée.

Quand le chimiste doit enlever un alcaloïde à de la matière organique ou à des tissus organiques, quand il s'agit après un empoisonnement de rechercher l'alcaloïde qui l'a provoqué, il existe des méthodes générales d'extraction plus ou moins compliquées. Tous ces procédés sont en général basés sur les principes précédemment décrits. Ces méthodes, qui sont ponctuellement suivies quand on n'a aucune indication sur la nature de l'alcaloïde ingéré, peuvent subir d'importantes modifications et être abrégées quand on a des renseignements sur le toxique.

Tout d'abord les matières à examiner doivent être finement divisées, et même hachées ou pulpées. Elles seront analysées aussitôt que possible.

Pour leur conservation, M. G.-A. Le Roy a proposé (1916) l'emploi d'une congélation préalable des matières à expertiser. Dans ces conditions, celles-ci peuvent être facilement découpées, sciées, râpées, etc., avec disparition presque complète des exhalaisons nauséabondes. On obtient, selon l'appareil ou la méthode employée, une pulpe neigeuse ou une poudre gelée plus ou moins sèche qu'on peut amener au maximum de division en réitérant le broyage. Cette poudre peut se conserver ainsi longtemps à basse température pour des analyses ultérieures. Pour obtenir la congélation, il suffit d'exposer les matières pendant une dizaine d'heures en moyenne à l'action d'un refroidissement de quelques degrés au-dessous de 0°. On peut utiliser le froid atmosphérique, ou même le froid artificiel produit par un mélange réfrigérant (une machine frigorifique de 500 frigories-heure environ produisant 5 kilogrammes de glace à l'heure), ou par une chambre froide d'une station frigorifique.

I. *Procédé de Stas* (1852). — Les matières sont mélangées avec deux fois leur poids d'alcool à 95°. On acidule la masse par de l'acide tartrique et on chauffe le ballon renfermant les matières vers 60-75°. Après refroidissement, on filtre sur un papier Berzelius ; on évapore l'alcool à basse température ou de préférence dans le vide. Vers la fin de cette évaporation, on filtre pour séparer la graisse et autres matières insolubles et on finit d'évaporer dans le vide ou au-dessus de l'acide sulfurique sous une cloche. Le résidu est repris par de l'alcool absolu à froid ; on évapore à la température ordinaire au-dessus de l'acide sulfurique ou dans le vide.

Le résidu acide est dissous dans la plus petite quantité d'eau possible, puis on ajoute un léger excès de bicarbonate de sodium ou de potassium ; on agite alors le liquide avec 4 à 5 fois son volume d'éther pur ; on décante l'éther, on en évapore une petite partie et on observe si le résidu est liquide et volatil ou bien s'il est solide ou fixe.

1° Si le résidu est liquide, on remarquera l'odeur qui s'exhale de la capsule chauffée à la main; on ajoutera au reste de la solution éthérée un peu de solution de soude ou de potasse et l'on agite. Après repos, on décante l'éther, et on répète 3 ou 4 fois le même traitement à l'éther. Dans les diverses solutions éthérées réunies, on verse quelques centimètres cubes d'acide sulfurique dilué au 1/5 et on agite quelques instants. Les sulfates formés sont insolubles dans l'éther ; l'eau acidulée renferme l'alcaloïde à l'état de sulfate. Seul le sulfate de conicine est un peu soluble dans l'éther, la majeure partie restant toutefois en solution dans l'eau acidulée. La solution acide est enfin alcalinisée par la potasse ou la soude et l'alcaloïde libre est repris par un épuisement à l'éther qui est évaporé à basse température ;

2° Si le résidu est solide et fixe, on ajoute à la solution éthérée une solution de potasse ou de soude, et on épuise à l'éther qui dissout l'alcaloïde libre. Le résidu brunâtre obtenu, d'odeur le plus souvent désagréable, est transformé en sulfate que l'on essaye de faire cristalliser. Du sulfate l'alcaloïde pourrait être mis en liberté par du carbonate de potassium, et on le redissoudrait sur filtre dans de l'alcool absolu qui l'abandonnerait cristallisé. Il est peut-être mieux d'essayer d'obtenir le chlorhydrate que le sulfate.

Critiques. — L'acide tartrique ou l'acide oxalique recommandé par Stas fournissent des sels qui ne sont pas tous solubles dans l'alcool. Exemple : oxalate de brucine. Des alcaloïdes nettement basiques (morphine, conicine, pelletiérine) ne se séparent pas sous l'action des bicarbonates alcalins, et il faut employer les carbonates ou les alcalis caustiques.

Enfin, la morphine, si elle n'est pas agitée immédiatement avec l'éther, au moment où elle se trouve à l'état amorphe, ne s'y dissoudra pas ; d'autre part, la strychnine y est fort peu soluble. Le produit obtenu est toujours souillé d'un grand nombre d'impuretés.

Les acides minéraux étant susceptibles de réagir sur les alcaloïdes, et les acides organiques (tartrique, citrique, oxalique) étant fixes, et ne pouvant être éliminés par simple évaporation, on a proposé de leur substituer l'acide acétique.

A l'éther sulfurique, Pollnitz a proposé de substituer l'éther acétique pour la dissolution de la morphine, Erdmann et Uslar l'alcool amylique ; mais ce dernier liquide est particulièrement désagréable à manipuler ; il ne s'évapore qu'à 132° ; de plus, il dissout facilement les ptomaïnes et abandonne des extraits brunâtres. On a proposé, sans succès d'ailleurs, d'autres dissolvants.

Modification de Otto à la méthode de Stas. — Les liquides aqueux, privés d'alcool, et acides, sont épuisés par l'éther sulfurique à plusieurs reprises. On se rappellera toutefois que l'éther dans ces conditions dissoudrait certains glucosides (digitaline), un peu de colchicine, et des acides organiques. Mais, dans les traitements ultérieurs par les alcalis et par l'éther, on obtient des résidus beaucoup plus purs et on peut arriver ainsi à obtenir les alcaloïdes cristallisés. Cette modification est donc recommandable. C'est cette méthode perfectionnée dans ses détails que Ogier a employée.

2° *Méthode de Dragendorff.* — Cet auteur a cherché à obtenir la séparation des alcaloïdes en divers groupes selon leur solubilité dans les véhicules neutres, de façon à faciliter leur caractérisation. Les matières finement divisées et délayées avec de l'eau distillée forment une masse fluide. On ajoute pour 100 centimètres cubes du mélange 10 centimètres cubes d'acide sulfurique dilué au 1/5 et on laisse digérer le liquide acide pendant quelques heures à 50° ; on exprime et on recommence de nouveau le même traitement avec 100 centimètres cubes d'eau. Les deux liquides sont réunis, filtrés, évaporés à consistance légèrement sirupeuse, jamais à siccité, et introduits dans un flacon ; on leur ajoute un volume triple ou quadruple d'alcool à 95°, et on laisse digérer le tout pendant 24 heures. On sépare par le filtre les matières étrangères précipitées par l'alcool, et le résidu est lavé sur le filtre avec de l'alcool à 70°. On évapore l'alcool dans une cornue. Le liquide acide restant est étendu à 50 centimètres cubes, puis épuisé un certain nombre de fois successivement par les dissolvants suivants : éther de pétrole, benzine, chloroforme. Le liquide qui reste, toujours acide, débarrassé par agitation avec l'éther de pétrole des petites quantités des autres dissolvants neutres qu'il a pu retenir, et de façon aussi à empêcher des émulsions par agitations ultérieures est alcalinisé et épuisé encore une fois par les mêmes réactifs, et finalement par l'alcool amylique ; on obtient ainsi 7 liquides qu'on évapore séparément et dont les résidus peuvent être les suivants :

La solution *acidulée* cède à :

I. ÉTHER DE PÉTROLE

Résidu cristallisé :	**Résidu amorphe :**	**Résidu liquide :**
Pipérine	Principes de la racine d'ellébore, de l'aconit, la capsicine	Huiles essentielles
Acide picrique		Acide phénique
Acide salicylique		
Camphre et produits analogues		

II. BENZINE

Résidu cristallisé :	**Résidu amorphe :**
Caféine	Élatérine
Cantharidine	Populine
Santonine	Colocynthine
Caryophylline	Geissospermine
Cubébine	Anémonol
Pipérine	Renonculol
Colchicine	Méconine
Digitaline	

III. CHLOROFORME

Théobromine
Narcéine
Papavérine
Cinchonine
Jervine
Picrotoxine
Syringine
Digitaléine
Elléborine
Convallamarine
Saponine
Sénégine
Smilacine

La solution *ammoniacale* cède à :

Essence de pétrole	Benzine	Chloroforme	Alcool amylique
Strychnine	Strychnine	Cinchonine	Morphine
Quinine	Méthylstrychnine	Papavérine	Solanine
Sabadilline	Brucine	Narcéine	Salicine
Conhydrine	Émétine	Morphine	Convallamarine
Brucine	Quinine	Alcaloïde de la chélidoine	Saponine
Vératrine	Quinidine		Sénégine
Émétine	Cinchonine		Narcéine
Conicine	Atropine		
Capsicine	Hyoscyamine		
Sarracénine	Ésérine		
Lobéline	Aconitine		
Nicotine	Népaline		
Spartéine	Aconelline		
Triméthylamine	Napelline		
Aniline	Delphinine		
Alcaloïde du piment	Vératrine		
	Sabatrine		
	Sabadilline		
	Codéine		
	Thébaine		
	Narcotine		

Dragendorff prétend qu'on peut obtenir certains de ces composés cristallisés, d'autres amorphes. Dans tous les cas, on arrive à ce résultat rarement d'emblée, mais bien après plusieurs essais de purification.

3° *Méthode d'Ogier.* — On isole les alcaloïdes en bloc au moyen de l'éther en présence du bicarbonate de soude (procédé de Stas) et on applique la méthode de séparation de Dragendorff sur le résidu aqueux laissé par l'évaporation de l'éther.

Les matières hachées sont additionnées d'environ leur poids d'alcool à 90°, et acidulées par l'acide tartrique. Le mélange est mis à digérer 24 heures à 50-60°. Au bout de ce temps, on filtre, après avoir pressé la masse pâteuse. On filtre de nouveau pour séparer les matières grasses en suspension. On élimine ensuite une partie de l'alcool par distillation au bain-marie, et sous pression réduite, en faisant passer dans le liquide un courant d'acide carbonique. On arrête la distillation quand on a recueilli environ la moitié de l'alcool employé.

On continue l'évaporation dans le vide sec jusqu'à ce que le liquide ait pris une consistance de masse pâteuse. Cette masse est reprise par de l'eau alcoolisée : on filtre et on ajoute au filtratum de l'alcool, jusqu'à ce qu'une nouvelle addition ne détermine plus de précipité. On est quelquefois obligé de répéter plusieurs fois le traitement par l'alcool pour débarrasser le liquide des matières extractives et colorées en dissolution. Ces opérations successives, par les filtrations qu'elles entraînent, ne sont peut-être pas sans faire perdre de l'alcaloïde que l'on se propose d'isoler.

M. Kohn-Abrest (1912) a eu l'heureuse idée d'employer l'aluminium activé à cette purification de la dissolution alcaloïdique. Le métal activé s'oxyde rapidement dans l'eau, en dégageant de l'hydrogène et formant de l'alumine hydratée. Cette alumine laque très bien les matières colorantes des solutions d'alcaloïdes extraits des viscères.

On ajoute 10 à 12 grammes d'aluminium activé par litre de liquide. On laisse le contact durer 12 heures, en ayant soin que le liquide reste acide. Cette méthode, ainsi que nous l'avons expérimentée, réussit très bien ; mais on peut se demander si, par entraînement, l'alcaloïde n'est pas en partie précipité sur l'aluminium ainsi activé, et si le dégagement d'hydrogène naissant n'est pas de nature à décomposer l'alcaloïde lui-même. De nouvelles expériences devraient compléter cette intéressante communication si pleine de promesses.

C'est ce qu'ont bien compris MM. Kohn-Abrest, Rochas, Rivera-Maltes (1913) qui ont institué différentes séries d'expériences. Dans les unes ils ont mis en présence d'alcaloïdes purs en solution dans l'alcool acidulé par l'acide tartrique, de l'aluminium activé. Dans les autres, les alcaloïdes ont été mélangés à des viscères frais ou putréfiés. Les auteurs ont retrouvé dans les premiers cas la presque totalité des alcaloïdes introduits, tels que morphine, codéine, brucine, narcotine, narcéine. Toutefois il y a des déficits pour la vératrine, la cocaïne, la strychnine, la quinone. La nicotine se trouve entièrement fixée par les hydrates d'aluminium. Dans les seconds cas, les pertes sont plus considérables. Il convient donc d'attendre de nouvelles expériences pour la mise au point de cette séduisante méthode.

On évapore l'excès d'alcool au bain-marie dans un courant d'acide carbonique. Le liquide aqueux et acide (qui a généralement un volume de 500 à 800 centimètres cubes) est alors épuisé à 2 ou 3 reprises par l'éther de pétrole employé en volume à peu près égal au volume du liquide. S'il se produit une émulsion dans cette agitation, on la résout soit par une légère addition d'alcool, ou en attendant plusieurs heures, le filtre ayant été placé sous cloche. Le traitement au pétrole élimine la plus grande partie des matières grasses. Les alcaloïdes qu'il pourrait enlever (pipérine, capsicine) sont sans intérêt pour le toxicologiste. Le liquide aqueux et acide est alors additionné d'un excès de bicarbonate de sodium et épuisé complètement et à plusieurs reprises par l'éther. Tous les alcaloïdes, sauf la morphine, s'y dissoudraient : aussi fera-t-on suivre d'un traitement à l'alcool amylique. C'est sur ce liquide éthéré que l'on applique la méthode de Dragendorff. A cet effet, on distille l'éther au bain-marie ; il reste une solution aqueuse d'un volume de 100 à 150 centimètres cubes (s'il est nécessaire, on ajoute de l'eau) ; on la rend acide et on l'épuise successivement par le pétrole, la benzine, le chloroforme ; on la rend ensuite alcaline par un peu d'ammoniaque et on l'épuise de nouveau par le pétrole, la benzine, le chloroforme, l'alcool amylique.

Souvent l'expert, selon l'alcaloïde à isoler, devra modifier la méthode à employer ; de même pour purifier les résidus alcaloïdiques, il devra, tantôt mettre en liberté l'alcaloïde salifié, tantôt au contraire le transformer en sel. C'est dans ces opérations secondaires et délicates que se révèlent la sagacité et l'habileté du chimiste.

Il est bien entendu que les acides et les dissolvants neutres employés dans ces recherches devront être absolument purs comme réactifs.

L'essence de pétrole provient en général de la rectification des pétroles d'Amérique. C'est la portion qui bout de 30 à 60°. Elle doit être volatile à cette température sans laisser de résidu.

La benzine ne saurait être rectifiée par simple distillation : la rectification sur l'acide sulfurique concentré est également insuffisante. Le procédé de Haller au chlorure d'aluminium débarrasse les benzines commerciales de toutes leurs impuretés.

Denigès (1895) a indiqué un excellent réactif pour la recherche et le dosage du thiophène dans la benzine.

On se sert de benzine distillant à 80-85°.

Le chloroforme devra distiller à 60°,8 sans laisser de résidu.

L'éther sulfurique sera de densité 0,73 à 0° ; il bout à 34°,5.

L'alcool amylique commercial est un mélange d'alcool primaire et secondaire, il contient souvent des huiles empyreumatiques dont il importe essentiellement de le débarrasser. M. Haitinger a trouvé dans l'alcool amylique commercial de petites quantités de bases de 0,04 à 0,1 p. 100. La nature de ces bases est variable. Dans un échantillon de

2 litres, il a pu caractériser nettement la pyridine. Il doit distiller à 132°. Il n'est pas miscible à l'eau. Sa densité est de 0,8184 à 15°. Par évaporation il ne doit pas abandonner de résidu. Ce dissolvant dissout à peu près tous les alcaloïdes, de même que l'alcool éthylique : la dissolution est favorisée par la chaleur.

L'alcool amylique et aussi l'éther ne dissolvent pas en général les sels d'alcaloïdes. Ces deux liquides enlèvent la colchicine à sa solution acide. Il en est de même pour la digitaline, la picrotoxine, la cantharidine. L'alcool amylique dissout très bien les ptomaïnes et aussi l'urée. Son emploi présente encore des inconvénients quand on veut produire les phénomènes de coloration par l'acide sulfurique.

Kippenberger a indiqué (*Zeitschr. für analyt. Chem.* XXXIV, 1895, p. 294-346) une méthode qui repose d'abord sur l'emploi d'un mélange glycéro-tannique dans le but d'isoler tous les alcaloïdes. Mais cette méthode, qui offre l'avantage d'éliminer les albuminoïdes, a aussi l'inconvénient de donner un extrait visqueux qu'on ne peut filtrer qu'après dilution par l'eau ou l'alcool.

Dosage des alcaloïdes par les liqueurs titrées.

Le premier dosage volumétrique d'un alcaloïde a été fait par M. Th. Schlœsing (1847) pour la nicotine ; le tournesol était pris pour indicateur ; la nicotine était neutralisée par une solution d'acide sulfurique. Cette méthode est encore employée aujourd'hui avec quelques modifications. Kieffer (1857), Glénard et Guillermond pour l'analyse des alcaloïdes du quinquina (1860), R. Wagner (1861) ont donné tour à tour des méthodes. Mayer, en 1862, se servait d'une solution d'iodure de mercure et de potassium déjà employée en 1830 par Winckler pour la recherche qualitative des alcaloïdes : malheureusement beaucoup de substances sont précipitées avec les alcaloïdes (matières protéiques, pigments). H. Beckurts, E. Dieterich, Schweinsinger, etc., à dater de 1880, ont publié des méthodes qui avaient toutes des inconvénients dans la pratique. A. Christensen (1890) appliqua la méthode de Kjeldahl au dosage de l'azote dans le but de déterminer la proportion de l'alcaloïde lui-même. Dans ces dernières années, deux modifications au procédé volumétrique primitif de Kieffer et Wagner ont été indiquées par C. Kippenberger (1896) et Gordins et Prescott (1898). Ces deux méthodes donnent des résultats problématiques. L'acide phosphomolybdique (Sonnenschein, Zinoffsky) précipite les mucilages, les pigments, l'ammoniaque et les composés amidés. D'après Guareschi, l'aconitine, l'émétine, la nicotine, la pilocarpine se laissent titrer avec la solution d'acide phosphomolybdique. La solution de bichlorure de mercure, qui a été essayée par Kippenberger (1895), ne peut être employée en présence de l'alcool et de l'acide acétique. Beaucoup de combinaisons formées par le bichlorure de mercure avec les alcaloïdes sont solubles ou insolubles dans l'eau : sont insolubles les précipités avec la brucine, codéine, strychnine ; la combinaison avec l'atropine s'y dissout très bien. Cette méthode est donc infidèle.

MM. Grandval et Lajoux ont préconisé (1893), comme Mayer, l'iodure double de mercure et de potassium : ce procédé, de l'avis des auteurs, ne peut pas s'appliquer aux alcaloïdes liquides qui sont mal précipités par le réactif (Valser). Le réactif de Mayer peut aussi précipiter outre l'alcaloïde d'autres matières organiques qui accompagnent le résidu alcaloïdique, et les résultats obtenus sont ainsi toujours trop élevés.

La détermination quantitative de l'alcaloïde est souvent rendue difficile, disons même, impossible par la petite quantité de matière obtenue.

L'alcaloïde purifié pourrait être pesé à l'état de chlorhydrate.

La précipitation par le réactif de Mayer (iodure de mercure et de potassium) peut donner de bons résultats, à la condition que la quantité d'alcaloïde ne soit pas trop faible.

On a proposé à la méthode de F. Mayer des modifications qui ne la rendent pas plus exacte, ni plus sensible (Gunnar Heikel, 1908).

Beaucoup d'alcaloïdes peuvent être dosés très exactement par la méthode alcalimétrique avec l'iodéosine comme indicateur (alcaloïdes de la noix vomique, Codex, 1908). Le résidu fourni par la méthode d'extraction est dissous dans une quantité en excès, mais connue, d'acide chlorhydrique ou sulfurique N/10 ou N/100, et l'excès est mesuré avec de la potasse N/10 ou N/100. Dans ce but, on introduit dans un flacon bouché de 250 centimètres cubes, en verre non alcalin, 50 centimètres cubes d'eau et de l'éther sulfurique neutre en quantité suffisante pour que la couche d'éther soit après agitation de 1 centimètre cube à 1 centimètre cube et demi ; on ajoute V gouttes de solution éthérée d'iodéosine ; on agite encore. Quand les liquides étant au repos, la solution aqueuse prend une teinte rose, c'est que le milieu est alcalin. A ce moment, on ajoute, par centimètre cube, de l'acide sulfurique N/100, jusqu'à ce que par agitation la solution aqueuse devienne incolore. Le mélange bien agité doit rester incolore (verre neutre). On ajoute dans la solution de la potasse N/100 jusqu'à ce qu'après agitation vigoureuse, la couche aqueuse soit de nouveau nettement rosée, ce qui indique qu'on a versé un excès d'alcali, jusqu'à 1 centimètre cube. On ajoute alors de l'acide N/100 jusqu'à obtention d'une légère teinte rose. On comprend qu'il y aura une correction à faire au premier volume d'alcali N /100 versé (il faudra en retrancher le volume reconnu nécessaire pour produire la teinte rose).

Exemple : Supposons que nous ayons isolé 0gr,04 d'atropine. D'après l'équation :

$$C^{17}H^{23}NO^{3} + HCL = C^{17}H^{23}NO^{3}HCL$$

289 grammes d'atropine correspondent à 36cc,5 de HCl ou 2gr,89 d'atropine correspondent à 1 litre d'acide N /100 ; par conséquent :

$$1^{cc} = 0^{gr},00289 \text{ d'atropine.}$$

Si, correction faite, on a obtenu 13cc,5 d'alcali, on aura pour la quantité d'atropine :

$$13,5 \times 0,00289 = 0^{gr},039.$$

L'alcaloïde, avant le titrage, doit être à l'état libre et non salifié.

Cette méthode ne s'applique pas à tous les alcaloïdes et en particulier à la narcéine, la narcotine, la papavérine, etc., ni avec les bases du groupe de la quinine (J. Gadamer, 1909).

Le dosage volumétrique des alcaloïdes en présence des indicateurs phtaléine et tournesol employés successivement peut donner d'excellents résultats avec une solution suffisamment limpide d'alcaloïde salifié.

MM. Léger en 1885, puis Plugge ont indiqué l'indifférence de la phtaléine du phénol vis-à-vis des bases de quinquina et des alcaloïdes en général. D'autre part, les bases bleuissant pour la plupart le tournesol rouge, on conçoit qu'il soit possible en combinant ces deux indicateurs de doser volumétriquement les acides combinés aux alcaloïdes et les alcaloïdes eux-mêmes.

Nous avons observé que la narcotine, la pilocarpine et l'atropine ne peuvent pas être titrés par cette méthode. Au contraire, elle s'applique très bien aux dosages des alcaloïdes du quinquina, à la codéine et aux salicylates de strychnine et d'ésérine.

Les observations précédentes n'ont pas lieu d'étonner, et on trouve les explications de ces anomalies dans la constitution même des alcaloïdes ; ainsi MM. Pictet et Fluckiger ont trouvé que la narcotine s'éloigne des bases véritables et qu'elle est sans action sur le tournesol et la phtaléine. L'atropine de son côté se comporte comme un acide faible vis-à-vis de ces indicateurs.

Quand on verse goutte à goutte la dissolution alcaline titrée dans le liquide neutre, additionnée de phtaléine et renfermant l'alcaloïde ou le sel d'alcaloïde à analyser, on n'obtient pas une coloration rose éclatante. En particulier, dans une solution neutre de sulfate de quinine basique, la phtaléine semble être entraînée par le précipité de quinine en formant avec lui une sorte de laque. La sensibilité de la phtaléine servant d'indicateur semble à première vue très affaiblie. Mais en ajoutant vers la fin de la neutralisation quelques nouvelles gouttes de phtaléine, on voit au moment précis de la saturation apparaître le virage rose.

Il faut amener l'alcaloïde ou le sel d'alcaloïde à doser, au moyen d'un acide minéral titré, à l'état de sel soluble dans l'eau. Un excès d'acide ne gêne pas l'opération. Nous donnons ci-après un exemple de ce dosage volumétrique tel que nous l'avons modifié (1893).

Exemple : Dosage de l'acide et de la quinine dans du sulfate basique de quinine.

1° *Dosage de l'acide total.* — Dans un vase de Bohême, introduire 1 /1.000 d'équivalent, soit 0gr,436 de sulfate basique de quinine cristallisé. On ajoute 10 centimètres cubes d'acide sulfurique N /10, 20 à 25 centimètres cubes d'eau distillée et phtaléine.

Soient *n* centimètres cubes de potasse N /10 employés :

$(n - 10) \times 0{,}0049$ exprime l'acide sulfurique libre et combiné à la liqueur. Si le sulfate était pur, on devrait avoir :

$$n = 20 \begin{cases} 10 \text{ c. c. pour l'acide du sulfate} \\ 10 \text{ c. c. pour l'acide ajouté.} \end{cases}$$

2° *Dosage de l'acide libre.* — Dans un second vase de Bohême, on introduit une nouvelle prise de 0gr,436 du même sulfate basique de quinine dissous dans 10 centimètres cubes d'acide sulfurique N /10, 20 à 25 centimètres cubes d'eau distillée et quelques gouttes de teinture de tournesol. On ajoute de la potasse N /10 ; soit n'.

Si $n' > 10$, c'est que le sel analysé renferme de l'acide libre en quantité $(n' - n)$.

Si $n' = 10$, c'est qu'il n'y a pas d'acide libre.

Dans tous les cas, $n - n'$ correspond à l'acide combiné et par suite : $(n - n')$ 0,0324 représente la quinine anhydre ou les alcaloïdes voisins évalués en quinine et renfermés dans 1 /1.000 d'équivalent du sulfate basique de quinine examiné.

La détermination de l'acide total d'une part et de l'alcaloïde de l'autre permet de reconnaître facilement par différence la proportion d'eau contenue dans le sel.

M. E. Falières s'est adressé dans le même but à la solution d'oxyde de cuivre ammoniacal, déjà utilisée pour doser l'acidité libre dans certaines solutions salines (méthode de Kieffer). Avec cette liqueur, on obtient, au terme de la réaction, non plus un phénomène de coloration, mais un précipité d'oxyde de cuivre qui trouble, de la façon la plus apparente, le liquide en expérience. La formation de ce précipité n'est pas modifiée par la présence d'un sel d'alcaloïde.

La solution d'oxyde de cuivre ammoniacal se prépare en dissolvant 10 grammes de sulfate de cuivre dans un demi-litre d'eau environ ; on ajoute de l'ammoniaque, en agitant jusqu'à ce que le précipité qui se forme d'abord soit presque complètement dissous ; on complète avec de l'eau le volume de 1.000 centimètres cubes ; on filtre et l'on titre par rapport à de l'acide sulfurique décinormal.

Dans un vase cylindrique étroit, on introduit 1/1000 d'équivalent d'alcaloïde avec 20 centimètres cubes d'acide sulfurique N/10 dont une partie s'unit à l'alcaloïde ; on dispose le vase sur fond noir et, après dissolution, on verse la liqueur d'épreuve jusqu'à formation d'un louche persistant. Le volume de solution d'oxyde de cuivre ammoniacal qui est consommé représente seulement l'acide libre. Ce nombre soustrait de 20 centimètres cubes exprime l'acide combiné à l'alcaloïde et, par suite, le poids même de l'alcaloïde.

Une solution de spartéine, préparée comme il vient d'être dit, a consommé $8^{cc},3$ de solution d'oxyde de cuivre ammoniacal correspondant à $15^{cc},63$ d'acide sulfurique N/10 libre, soit à $4^{cc},37$ d'acide combiné $(20 - 15,63 = 4,37)$. Poids moléculaire spartéine = 234.

Donc : $0,0234 \times 4.37 = 0^{gr},102$ de spartéine (théorie = $0^{gr},100$).

Des dosages faits dans les mêmes conditions avec les alcaloïdes suivants : morphine, codéine, cinchonine, quinidine, strychnine, cicutine, atropine, vératrine, brucine, ont fourni des résultats aussi satisfaisants.

Avec les alcaloïdes peu solubles, il faut augmenter la quantité d'eau que l'on ajoute en plus de l'acide titré.

Des essais variés ont montré à M. E. Falières que le procédé peut être appliqué au titrage rapide de tous les produits végétaux alcaloïdiques.

Ptomaïnes.

Les ptomaïnes qui se produisent dans la putréfaction des cadavres compliquent singulièrement la recherche des alcaloïdes toxiques dans les tissus organisés et les viscères qui les renferment. Elles exigent de l'expert une grande prudence dans les conclusions en même temps qu'une grande connaissance des caractères et des propriétés des alcaloïdes ; elles rendent sa tâche périlleuse.

Jusque vers 1879, on admettait que la présence dans un cadavre, en fin d'expertise, d'une substance à réaction alcaline, présentant les réactions générales des alcaloïdes et de propriété toxique, dénotait un empoisonnement. La découverte des ptomaïnes, ainsi appelées par Selmi et Nencki, entrevues par Panum (1856),Bergmann (1868) (sepsine de la levure de bière), Dupré et Bence Jones (1870) vint apporter la plus grande perturbation dans la question des alcaloïdes. Millon avait autrefois montré les analogies lointaines des albuminoïdes solubles avec les alcaloïdes végétaux. A.A. Gautier et Selmi, en 1872, revint l'honneur de caractériser et d'isoler ces bases nouvelles provenant de la putréfaction des matières animales et même végétales. Selmi envisagea surtout la question au point de vue toxicologique : c'est lui qui leur donna le nom de ptomaïnes (πτωμα, cadavre). Pendant les années qui suivirent, un grand nombre d'auteurs parmi lesquels Otto, Étard, Sonnenschein, Meyer, Brieger, Schmiedberg, G. Pouchet, Villiers, trouvèrent des ptomaïnes dans différents milieux; elles offraient plus ou moins toutes les propriétés chimiques et physiologiques de la nicotine, de la conicine, de la strychnine, de la curarine, etc. Alors les experts les plus autorisés, Brouardel et Boutmy, Ogier, Pouchet, Schutzenberger, Vulpian, etc., en France, mis en garde contre les confusions possibles, apportèrent la plus grande réserve dans les conclusions de leurs expertises, ce qui n'empêcha pas des experts chimistes moins autorisés, mais plus prétentieux, de continuer à prendre pour des alcaloïdes végétaux des ptomaïnes isolées dans leurs recherches. La littérature contient une quantité de faits criminels dans lesquels l'expert a pris manifestement une ptomaïne pour un alcaloïde végétal : on peut ainsi citer une accusation criminelle imaginaire ayant abouti à un assassinat juridique par la faute des experts. A Rome, un domestique fut accusé d'avoir empoisonné son maître, le général Gibbone, avec de la delphinine, que les experts croyaient avoir isolée de l'intestin : il paya de sa vie cette erreur que Selmi releva en faisant connaître que l'alcaloïde isolé était très probablement une ptomaïne. Dans un autre cas, à propos d'un prétendu empoisonnement, à Crémone, d'une veuve Songogno, les experts prétendaient avoir retiré de la morphine du cadavre ; mais de nouveau Selmi donnait les preuves incontestables que ce qu'on avait pris pour de la morphine n'était qu'une ptomaïne. Une troisième erreur judiciaire de même ordre se produisit encore en Italie, à Vérone, vers la même époque; aussi, en 1880, le ministre de la Justice d'Italie, ému de semblables erreurs, désigna une commission de chimistes et de pharmacologistes pour s'occuper de la genèse et de la recherche des alcaloïdes cadavériques. De pareils faits s'étaient passés en Allemagne ; dans le Brunswick, par exemple, on attribua à de la conicine un empoisonnement à la suite duquel les experts isolèrent une ptomaïne.

Quelques ptomaïnes sont fortement vénéneuses, d'autres le sont à un degré moindre ou pas du tout ; quelques-unes sont liquides et volatiles ou stables, quelques-unes enfin sont solides et cristallisées. Leur saveur est fréquemment âcre, rarement amère.

Brouardel et Boutmy ont isolé une ptomaïne ayant une grande ressemblance avec la vératrine : elle se colorait en violet en la chauffant avec de l'acide sulfurique concentré ; elle donnait une coloration rouge brique sous l'influence à froid d'un mélange d'acide sulfurique et de bioxyde de baryum ; cette coloration devenait violette à chaud et rouge sous l'influence de l'acide chlorhydrique à l'ébullition. Elle se distinguait toutefois de la vératrine, en ce qu'elle réduisait aussitôt le ferricyanure de potassium. De plus, en l'injectant sous la peau d'une grenouille, elle ne produisait pas de crampes et de contractions musculaires caractéristiques.

Sonnenschein et Zülzer ont isolé (1869) une ptomaïne dont les propriétés physiologiques la rapprochaient du groupe des mydriatiques, de l'atropine et de l'hyoscyamine : elle s'en distinguait par quelques réactions de coloration obtenues avec des acides.

Beaucoup de ptomaïnes isolées par le procédé de Stas-Otto se rapprochent par leurs propriétés chimiques de la morphine et de la narcéine.

Les solutions aqueuses de ces substances, comme celles des alcaloïdes végétaux, pour la majeure partie, fournissent des précipités avec les réactifs généraux des alcaloïdes et même des colorations avec les réactifs spécifiques des alcaloïdes, colorations se rapprochant de celles obtenues dans les mêmes conditions avec la morphine, la vératrine, la delphinine, l'aconitine.

Assez souvent on rencontre des ptomaïnes qui paraissent appartenir à la catégorie des bases azotées connues sous le nom « d'arsines ». Elles se formeraient dans les cadavres des personnes intoxiquées par l'ingestion de préparations arsenicales : Selmi en aurait isolé de semblables.

La formation des ptomaïnes et leur constitution, ou ce que l'on sait de leur constitution, méritent de retenir notre attention.

Sitôt que la vie s'éteint chez l'homme et chez les animaux, commence la destruction de leurs tissus. Les produits qui vont se former (ptomaïnes ou alcaloïdes de la putréfaction) peuvent être différents suivant les circonstances qui ont précédé la mort et celles qui suivent. Les organismes inférieurs, les moisissures, les champignons entrent en jeu en provoquant les phénomènes de la putréfaction.

Au commencement de la putréfaction, MM. A. Gautier et Étard ont montré qu'il se développe une réaction acide due à différents acides et il se dégage de l'hydrogène ; au stade suivant, la réaction devient alcaline. Les corps protéiques ou albuminoïdes, sous l'influence des acides et des ferments, se transforment en albumose d'abord et ensuite en peptones qui pourront donc se rencontrer dans les cadavres ; puis celles-ci fournissent des acides amidés (leucine, tyrosine, acide asparaginique) et ensuite des corps basiques (lysine, lysatonine), enfin une grande quantité de substances qui appartiennent partie à la série grasse, partie à la série aromatique. Parmi les substances de la série grasse, on peut citer des sels ammoniacaux, des acides gras volatils (acide caprique, valérianique, butyrique) ; il se fait encore de l'acide carbonique, du méthane, de l'hydrogène sulfuré, du méthylmercaptan, etc. Comme représentants de la série aromatique, on peut citer les oxyacides aromatiques, le phénol, crésol, indol, scatol, etc.

La nucléine se détruisant fournit des combinaisons ferrées, phosphatées et arséniées (A. Gautier) qui, par décomposition ultérieure, donnent, d'après Kossel, principalement de la xantine, de l'hypoxantine, de la guanine.

La lécithine donnera naissance à de l'acide glycérophosphorique, des acides gras, de la choline, de la bétaïne, enfin par hydratation de la neurine.

La cholestérine se dédoublera ultérieurement en acide gras. Les corps gras se saponifient en fournissant de la glycérine et des acides gras. Les matériaux organiques, capables de donner naissance aux bases organiques, véritables produits de la putréfaction, sont les corps protéiques comme l'albumine, l'albumose, les peptones. C'est ce qui a fait dire que la ptomaïne est « le noyau cyclique d'une molécule protéique détruite par la putréfaction ».

Dans le chimisme de la putréfaction, la production des bases organiques ou ptomaïnes est encore accompagnée de phénomènes plus complexes, mal connus, qui aboutissent à la formation de l'adipocire ou gras de cadavre. D'après les observations des médecins légistes, les transformations de la matière animale ne s'effectuent pas avec la même régularité dans la nature ; elles varient avec certaines conditions : température, humidité, terrain, profondeur. Les cadavres offrent des aspects différents suivant les sols où ils sont inhumés. Jusque-là on avait en général admis que l'adipocire était constituée par des savons. J. Vintilesco (1913) a opéré des recherches sur des cadavres inhumés depuis 5 ans : il a reconnu qu'il se formait des acides gras et principalement de l'acide stéarique. La matière organique adhérente au squelette, ainsi que le reste de la matière cérébrale ne contiennent aucune matière albuminoïde soluble ou des acides amidés, ni des substances grasses non hydrolysées. L'acide stéarique, ainsi que la cholestérine du cerveau semblent être très résistants à la putréfaction.

Classification des Ptomaïnes d'après A. Gautier.

PTOMAÏNES *non oxygénées* Liquides, volatiles solubles dans l'alcool éthéré, l'alcool amylique, le chloroforme.	ACYCLIQUES	*Monoamines* grasses (méthylamine). *Cadavérine* $C^5H^{14}N^2$ (Brieger, 1885), non toxique. La cadavérine a aussi été trouvée par Œschner de Coninck (1886), chez les poulpes marins putréfiés ; liquide ayant un peu l'odeur de la conicine. *Putrescéine* (Brieger, 1885), ou tétraméthylène-diamine de Baumann (1888) et Udranski non toxique. *Neuridine* $C^5H^{14}N^2$ (Brieger, 1884), dans la putréfaction de l'albumine, non toxique.
	CYCLIQUES	*Pyridine* et dérivés. *Collidine* (Nencki), $C^8H^{11}N$ (1879) *Parvoline* (Gautier et Étard, 1881), dans la viande de cheval putréfiée, $C^9H^{13}N$. *Hydrocollidine*, $C^8H^{13}N$ (Gautier et Étard, 1881). Synthèse par Œschner de Coninck, très vénéneuse. *Une base*, $C^{10}H^{15}N$ (Guareschi et Mosso).
PTOMAÏNES *oxygénées* Fixes, solides, et souvent cristallisées. Insolubles dans l'alcool la benzine et le chloroforme. Servant de transition entre les ptomaïnes et les leucomaïnes car, à l'exception de la gadinine, on les retrouve dans les tissus normaux comme dans les matières animales putréfiées.	ACYCLIQUES	*Choline*, $C^{15}H^{15}NO^2$ (Brieger, 1885), peu vénéneuse. Strecker l'a isolée de la bile. Sirupeuse. *Névrine* $C^5H^{13}NO$ (Brieger, 1883), dans cadavre putréfié, toxique, sirupeuse. *Muscarine*, $C^5H^{15}NO^3$ (Koppe, dans fausse oronge). Synthèse par Hartnacker, vénéneuse, de constitution aldéhydique (Gautier). *Mydalotoxine*, $C^6H^{13}NO^2$ (Brieger, 1886), vénéneuse. *Gadinine*, $C^7H^{17}NO^2$ (Brieger, 1885), vénéneuse. *Mytilotoxine*, $C^6H^{15}NO^2$ (Brieger, 1885), vénéneuse.
	CYCLIQUES	*Bétaïne*, $C^5H^{11}NOH^2O$ (Brieger, 1885, Liebreich), non vénéneuse. *Tyrosamine*.

TOXINES

A côté des ptomaïnes se trouvent, possédant à peu près les mêmes propriétés alcaloïdiques, les *toxines* produites dans l'organisme vivant ou dans des milieux de culture appropriés par des microbes pathogènes ou même par des cellules végétales. On les obtient difficilement à l'état de pureté chimique. On distingue deux groupes de toxines : 1° les *toxalbumines* détruites par une température de 60 à 70°, n'agissant sur l'organisme malade qu'après une certaine période d'incubation : par exemple les toxines diphtérique et tétanique ; 2° les *toxoprotéines* détruites par une température de 70° à 100°, mais actives sans incubation antérieure : ce sont les toxines des venins de serpents (naja tripudians, crotalus horridus, pelias berus, vipera aspis, etc.) et les toxines de la peste et du choléra.

Au sujet des toxines, nous ne saurions passer sous silence la description faite récemment par le Professeur Régis des folies produites par la résorption dans l'économie des toxines de l'organisme non éliminées : c'est ainsi qu'il y a des intoxications puerpérale, gravidique, hépatique. Ces intoxications sont justiciables de la thérapeutique médicale.

Les toxines possèdent le plus grand pouvoir toxique connu ; ainsi pour la tétanotoxine, $C^{15}H^{11}N$ (Brieger), on sait que II gouttes de culture stérilisée de tétanos (pesant environ 0gr,10 et renfermant environ 0gr,001 de toxine) peuvent tuer un cheval vigoureux (Vaillard) de 600 kilogrammes, soit plus de 600 millions de fois leur poids de matière vivante.

Il y a des toxalbumines végétales, comme l'abrine des semences de Jequirity, la ricine des semences de ricin qui présentent des propriétés très toxiques.

Nous ne saurions omettre l'existence des *leucomaïnes* ou alcaloïdes physiologiques (λευκωμα = blanc d'œuf), surtout étudiées et classées par A. Gautier : ce sont des produits élaborés par les cellules animales en activité, pouvant être rapprochées des uréides et des alcaloïdes végétaux. On les rencontre dans les organismes des animaux surmenés. Pouchet les a retirés de l'urine, de l'intestin et des fèces de cholériques (1880). Bouchard a étudié les leucomaïnes urinaires.

La pyocyanine, $C^{14}H^{14}NO^2$, substance colorante du pus bleu isolée et étudiée par C. Gessard, est une ptomaïne cristallisée produite par le bacille pyocyanique. M. Charrin en a étudié avec soin les propriétés physiologiques.

A. Gautier a extrait du venin du najah deux leucomaïnes.

Brieger a retiré des moules la mytilotoxine; enfin, en 1888, A. Gautier et Mourgue ont isolé de l'huile de foie de morue des bases volatiles et des bases fixes.

De tout ce que nous venons de dire, on comprend que les termes ptomaïnes, toxines, leucomaïnes ne sont pas très distincts ; ils s'adressent à des substances qui ont probablement la même origine : elles proviennent du dédoublement de la matière protéique sous l'influence des bactéries ou des ferments.

INTOXICATIONS ALIMENTAIRES

Les phénomènes désignés sous le nom « d'intoxications alimentaires » et qui produisent le « botulisme » peuvent être rattachés à des maladies nettement infectieuses ; car on remarque toujours une période d'incubation avant l'éclosion des accidents. Dans les viandes infectieuses existent au moins deux microorganismes vivants sécrétant des poisons chimiques organiques : le Bacillus proteus vulgaris (Lévy) sécrète la sepsine et le Bacillus botulinus la ptomatropine, d'une virulence plus ou moins grande. Le poison chimique agit immédiatement pour faire naître les phénomènes morbides : il est lui-même le résultat des processus vitaux du microbe. Des bactéries différentes peuvent produire chez l'homme ou chez les animaux des phénomènes pathologiques si ressemblants entre eux qu'on ne saurait aujourd'hui les distinguer.

Étant donné la bactérie et un milieu favorable à son développement, celle-ci se multiplie et fabrique son produit chimique, sorte de toxine ; mais si la température du corps n'est pas favorable, le microbe ne se développe pas et on n'observe que l'influence du poison chimique introduit dans l'organisme avec les ingesta.

La bactérie produit donc un poison chimique et ce dernier peut cesser d'être actif, soit que le microbe soit tué par son propre poison, soit que ce dernier éprouve des altérations qui modifient sa virulence. On conçoit ainsi que le même produit alimentaire puisse être toxique à un moment pour cesser de l'être ensuite.

Dans un grand nombre d'intoxications alimentaires la période d'incubation a été très variable : tantôt elle a été de plusieurs heures, tantôt elle n'a pu être observée. Ces différences s'expliquent par le rôle de deux facteurs : si la nourriture infectée ne renferme que des microbes et peu de poison soluble, il faudra un certain temps pour que ces microbes se multiplient dans l'individu empoisonné et sécrètent leurs produits toxiques: d'où une incubation d'une certaine durée. S'il existe au contraire une quantité suffisante du poison dans la nourriture au moment de l'ingestion, les symptômes apparaîtront immédiatement. La viande de porc donne le plus souvent lieu à des empoisonnements, et il est à supposer que le microorganisme ne pénètre dans celle-ci qu'après la préparation culinaire, ou bien que la température de cuisson de la viande a été insuffisante à détruire ce microorganisme : il est vrai de dire que les accidents se produisent surtout quand la viande est consommée quelque temps après la cuisson ; c'est que probablement aussi les gélatines qui accompagnent en forte proportion la viande de porc sont un excellent milieu de culture des microbes.

Les lésions organiques provoquées par le botulisme n'ont en général rien de spécial ; toutefois les manifestations nerveuses dominent.

Pour résumer ce trop court aperçu des intoxications alimentaires, on pourra distinguer : 1° le botulisme occasionné par des viandes infectées de microbes produisant des ptomaïnes ; 2° les intoxications déterminées par des viandes fraîches et chargées de leucomaïnes d'origine physiologique (conserves de bœuf).

Mais les accidents déterminés par l'ingestion d'aliments quelconques sont le fait de germes pathogènes, et il n'y a peut-être plus lieu de faire une classification dans les empoisonnements alimentaires.

Sacquepée a étudié (1909) le rôle de l'entérocoque dans les intoxications alimentaires bénignes. M. Cayrel a assisté en juin 1914 à une petite épidémie mixte à entérocoque et bacille de Gaertner. Le premier seul fut retrouvé dans le sang ; dans les fèces il isola un bacille qui avait tous les caractères du Bacillus enteridis de Gaertner. Ces germes provenaient de l'ingestion de viande de mouton.

Les intoxications alimentaires causées par les micrococques sont rares. Lachtchenkow (1901), dans des gâteaux à la crème, a incriminé des staphylocoques dorés, très virulents pour le cobaye. Roger (1898) et Baudoin (1901) ont trouvé sur des artichauts cuits et des sardines à l'huile des micrococques qui ont paru virulents, à côté d'un colibacille typique. Sacquepée a rapporté (1905) une petite épidémie d'intoxications, caractérisée par une fièvre continue avec accidents graves qui relevaient d'une infection mixte, sanguine et digestive par le bacille paratyphique B et l'entérocoque. Le même auteur retrouva l'entérocoque dans une véritable épidémie d'intoxications alimentaires à la suite d'ingestion de lard salé. Sacquepée fait ressortir que les germes peuvent demeurer vivants au centre des morceaux, même après cuisson.

A propos d'une épidémie alimentaire provoquée par l'ingestion d'un pâté de tête de porc, B. Auché a rencontré le bacille paratyphique B.

Empoisonnements alimentaires par les aliments dont la viande est exclue.

Les empoisonnements carnés ont une origine infectieuse, il en est de même très probablement de certains empoisonnements alimentaires occasionnés, par exemple, par les gâteaux à la crème. Tous les chimistes-experts de carrière ont dû essayer de solutionner cette question. De temps en temps les cas d'empoisonnements par les gâteaux à la crème reviennent dans les faits divers des journaux et la presse se livre à toutes les fantaisies, relativement à la cause des accidents. Tout le monde s'accorde à innocenter le cuivre. Nous ne relaterons pas les cas très nombreux survenus en France et dans les pays étrangers. Que l'on incrimine les altérations des œufs de poule ou de cane (Carles) ou la vanilline, celles-ci sont vraisemblablement d'origine microbienne. « Aussi devrait-on renoncer à la préparation des crèmes ne « permettant pas la cuisson des diverses parties de l'œuf, du blanc « surtout, et une cuisson suffisamment prolongée pour en assurer la « stérilisation parfaite (André Le Coq, 1906). » Cette précaution ne serait pas suffisante, car la cuisson prolongée pourrait ne pas détruire les toxines préalablement formées.

Metchnikoff (1904) a invoqué « la pollution microbienne de la crème par le blanc d'œuf, lequel est pollué lui-même dans l'oviducte ou dans le cloaque de la poule et qui n'est pas stérilisé, pas plus lors de la préparation de la crème chauffée à 80° environ, qu'il ne l'est *a fortiori* dans le saint-honoré (40° à 50°) ». Par lui-même le blanc d'œuf a déterminé de nombreux accidents, mais le plus grand nombre d'intoxications a été produit par la crème, à cause de l'énorme développement des microbes.

A l'appui de ses dires, Metchnikoff rappelle des expériences de laboratoire d'après lesquelles les microbes poussent mal dans le blanc d'œuf cru et pullulent dès qu'on ajoute un milieu nutritif contenant par exemple de la gélatine ou de la crème. Pour stériliser ce mélange, il faut au moins 5 minutes d'ébullition à 100° ; encore n'est-on pas sûr de détruire les toxines provenant de la décomposition. Dans tous les cas le blanc d'œuf peut contaminer le jaune quand on casse les œufs, et le jaune n'étant pas chauffé à 100°, les microbes y pullulent.

A. Netter voit dans la symptomatologie et les lésions de ces intoxications une grande analogie avec celles produites par les infections carnées. Le sang des sujets victimes d'accidents à la suite de l'ingestion des gâteaux à la crème agglutinait d'une façon marquée les bacilles dont le rôle est aujourd'hui établi dans les infections carnées. Ces bacilles étaient le bacille de Gaertner et le bacille de Tempelhof ; ces derniers sont classés parmi les bacilles du type Paratyphus B, type auquel appartiennent le plus grand nombre des bacilles trouvés dans les affections carnées. Le pouvoir agglutinant peut persister plus de 5 mois. Ces bacilles participent tout à la fois des caractères du colibacille et du bacille typhique ; leur intervention est actuellement bien établie dans le plus grand nombre des intoxications d'origine carnée.

Le Dr Saquet (de Nantes) a appelé l'attention sur l'addition de gélatine dans la fabrication des éclairs et des saint-honorés afin de donner aux crèmes une fermeté durable. Ce produit renferme souvent des bactéries pathogènes qui supportent facilement des températures élevées : elles résistent en effet à 60°-70° et leurs toxines ne sont pas détruites par l'ébullition (Van Ermengen).

La cause des accidents dus aux gâteaux à la crème reste donc indéterminée.

D'autre part, Klein a rapporté en 1905 les résultats obtenus par lui sur 39 échantillons de laits recueillis à diverses sources ; en inoculant sous la peau et dans le péritoine de cobayes le sédiment obtenu par centrifugation, il a pu démontrer l'existence dans 10 de ces échantillons du « bacille enteritidis » ayant tous les caractères des bacilles des infections carnées. Ces expériences suffiraient à montrer que le lait lui-même peut être le véhicule d'agents pathogènes.

Des intoxications alimentaires causées par les poissons. — Elles peuvent survenir à la suite d'ingestion de poissons frais ou conservés. Il y a des poissons venimeux dont la substance toxique réside dans certains organes, ichthyotoxine dans le sang (Blanchard), ou dans leurs muscles comme la meleletta venenosa des mers de Cuba, ou dans leurs glandes, comme dans le diodon cetrodin des mers de Chine (Rémy). La substance chimique est alors le produit de l'action physiologique des tissus vivants, et l'empoisonnement est dû à l'ingestion de leucomaïnes. Les accidents éprouvés par l'ingestion de moules sont du même ordre : ils proviennent de l'ingestion d'une toxine élaborée dans le foie des moules, la mytilotoxine, sous l'influence d'une maladie épidémique dont sont assez fréquemment atteints ces mollusques. La mytilotoxine, très toxique, puisqu'il suffit de moins de 6 foies de moules malades pour empoisonner un homme, devient rapidement inoffensive à chaud en présence d'un alcali ou d'un acide. Pour prévenir toute intoxication alimentaire par les moules, il suffit donc d'ajouter à l'eau dans laquelle on les a fait cuire soit 3 ou 4 grammes de carbonate de sodium, soit 3 à 4 cuillerées à bouche de fort vinaigre, par litre d'eau.

Les principes toxiques de ces poissons varient avec les saisons et les régions. Chevalier et Duchesne citent le cas de certains poissons dangereux de mai à septembre seulement. Au Japon, les tétrodons possèdent des viscères toxiques au printemps ; en général, la toxicité des poissons coïncide avec l'époque du frai, ce qui laisse supposer que le poison siège dans les œufs.

L'ichthyotoxine est probablement une toxalbumine ayant la même action physiologique que le poison des vipéridés, mais environ 3 fois plus faible. L'ichthyotoxine est détruite à 100°, de même qu'au contact du suc gastrique. Les symptômes caractéristiques de l'empoisonnement sont le besoin de sommeil et la perte de sensibilité. Chez les animaux à sang chaud, on constate aussi fréquemment des convulsions.

Certains poissons peuvent renfermer des parasites, des ténias, des grégarines, et leur ingestion a pu donner lieu à de véritables épidémies. Les poissons empoisonnés par des appâts toxiques (coque du Levant, veratrine) peuvent occasionner des accidents. Quelquefois le mode de conservation des poissons laisse à désirer : ainsi l'insuffisance de la dessiccation peut déterminer les accidents produits par la morue verte ; quant aux éléments du rouge qu'on a incriminé un moment, les travaux de Heckel, Béranger-Féraud et Le Dantec ont montré que leur action favorisait les phénomènes de putréfaction, le rouge n'ayant par lui-même aucune propriété toxique.

Les conserves de poissons en boîtes, lorsqu'elles sont altérées, peuvent occasionner les mêmes accidents que les conserves de viandes.

MM. A. Desgrez et F. Caius (1911) ont fait des recherches sur 18 boîtes de conserves (thon, sardines, maquereaux à l'huile, harengs et maquereaux au vin blanc, homard et saumon) provenant de 5 maisons différentes. Au moment de l'ouverture de ces boîtes, toutes ces conserves renfermaient des ptomaïnes suivant une proportion comprise entre 0gr,20 et 0gr,60 par kilogramme. Ces auteurs ont fait beaucoup de constatations intéressantes : la quantité de ptomaïnes est plus grande au centre de la boîte qu'à la périphérie. Les ptomaïnes ne commencent à augmenter de façon appréciable que 2 jours après l'ouverture des boîtes. Dans les boîtes ouvertes, l'huile n'entrave pas la formation des ptomaïnes, mais semble au contraire favoriser leur développement. Les ptomaïnes avaient dû se former avant la mise en boîtes des conserves. Ces bases ainsi isolées sont relativement peu toxiques ; elles paraissent même exercer une action favorable sur l'appétit et la nutrition générale.

La présence de ptomaïnes dans les conserves de viandes, de poissons, etc., n'est donc pas suffisante pour faire conclure à leur altération, ainsi que l'avait déjà annoncé G. Blanc (1909). Cet auteur est d'avis (1911) que toute conserve stérile, d'origine animale, contient des quantités appréciables de ptomaïnes. C'est ainsi qu'il a isolé une ptomaïne d'une conserve de viande de bœuf fabriquée avec des précautions inusitées : ce fait s'explique parce que « les ptomaïnes que l'on observe « dans les cultures ne sont pas autre chose que des produits de l'hydro- « lyse de la matière albuminoïde ; cette hydrolyse se produit à peu de « chose près de la même façon au cours de la maturation des viandes. « La maturation n'est pas autre chose qu'une sorte d'auto-digestion « amicrobienne produite sous l'influence des diastases renfermées « dans les éléments histologiques. Qu'y a-t-il dès lors d'extraordinaire « à voir figurer dans les produits de cette digestion des substances pré- « cipitant les réactifs des alcaloïdes ? » Pour M. G. Blanc, « une con- « serve avariée est celle dans laquelle on trouve des microbes, et qui « présente les caractères d'une véritable culture microbienne ».

Les intoxications provoquées par les poissons peuvent affecter trois types principaux : le type gastro-intestinal, le type nerveux ou paralytique, le type exanthématique (von Sobbe et Hermann). La description de chacun de ces types est faite minutieusement par M. Georges Vignon (*Thèse de Paris*, 1907). Quant à la pathogénie des accidents qui constituent l'ichthyosisme, elle serait due à des ptomaïnes et il y aurait une ressemblance très étroite entre l'ichthyosisme et le botulisme ; ces deux affections paraissent déterminées par la présence du bacillus botulinus (Von Ermangen) dont les toxines injectées dans l'animal reproduisent les symptômes observés dans les deux cas.

Le traitement symptomatique de l'ichthyosisme consiste : 1° à évacuer l'estomac sans employer de vomitifs ; 2° à vider l'intestin de son contenu par des lavements abondants et des purgatifs appropriés ; 3° à antiseptiser l'intestin ; 4° à faciliter le fonctionnement des organes éliminateurs.

Il convient de faire remarquer que le poisson pêché « à la dynamite », procédé utilisé par les braconniers des rivières pour les pêches fructueuses, est souvent dangereux à consommer. Le Dr Nicolas a attiré l'attention sur les accidents provoqués par l'ingestion de ce poisson qui subit, du fait du choc violent, un ébranlement dans les tissus, qui déchire les enveloppes des faisceaux musculaires, rompt les cellules de la chair ; dès lors celle-ci subit avec une extrême rapidité les altérations de la putréfaction.

Les légumes toxiques.

Il existe des légumes naturellement toxiques : telles sont les pommes de terre germées par suite du développement de la solanine, glucoside jouissant de propriétés toxiques pour les animaux. Beaucoup d'organes végétaux sont susceptibles de fournir de l'acide cyanhydrique par la présence de glucosides dédoublés par l'eau sous l'influence de ferments : tels sont le manioc, les haricots exotiques appartenant à l'espèce Phaseolus lunatus, les amandes d'abricots, de pêches, etc.

Le manioc qui sert à la préparation du tapioca doit être lavé dans les pays de production avec de l'eau froide qui entraîne facilement les principes toxiques.

Les haricots à acide cyanhydrique ou Phaseolus lunatus existent dans la plupart des régions du globe : Lima, Antilles, Réunion, Java, Birmanie, Indes, etc. Ce n'est que tout récemment, à la suite d'importations énormes de ces grains en Europe, que la question du haricot à acide cyanhydrique a été nettement élucidée (Guignard et Kohn-Abrest, 1906). Beaucoup de variétés de graines de Phaseolus lunatus peuvent fournir de $0^{gr},04$ à $0^{gr},30$ d'acide cyanhydrique par kilogramme. La cuisson des graines est insuffisante pour supprimer leur toxicité : et les haricots renfermant de l'acide cyanhydrique doivent être prohibés de l'alimentation.

En 1898, Roger a eu l'occasion d'observer dans une salle de son service une petite épidémie, d'ailleurs fort bénigne, d'intoxication alimentaire survenue après ingestion d'artichauts cuits. En juin 1900, nous avons observé nous-même deux cas d'une semblable intoxication qui s'est traduite surtout par des vomissements. Les artichauts incriminés ont été mis à notre disposition : ils paraissaient normaux au moment où ils étaient ingérés. Dès le lendemain, ils étaient verdâtres par places et dans toutes leurs parties externes ; avec le temps, la couleur gagnait les parties profondes et aussi les parties superficielles ; elle augmentait peu à peu d'intensité jusqu'à atteindre la teinte du bleu de Prusse. Des feuilles d'artichaut bleues peuvent contaminer par simple contact un artichaut cuit normal et commencent à le colorer au bout de 6 à 7 heures. Nous avons étudié ce pigment bleu au point de vue chimique.

Pour être complet, nous devons dire qu'on a parlé de poisons existant dans les graisses végétales. Il est d'observation que les graisses végétales causent beaucoup plus d'accidents que les graisses animales. C'est que les premières, dit-on, sont souvent aromatisées par des éthers d'acide gras, dont quelques-uns sont toxiques et qu'ils contiennent parfois des substances nocives, des glucosides vénéneux, des produits ptomaïniques. Il est plutôt permis de penser que la chaleur qui intervient dans la préparation des graisses animales est susceptible de détruire les leucomaïnes qui pourraient exister dans les tissus graisseux.

Alcaloïdes et ptomaïnes.

Nencki et Brieger ont cherché à différencier les alcaloïdes des ptomaïnes, sans arriver à un résultat bien positif.

On peut dire de plus général : 1° que les ptomaïnes ont des propriétés réductrices sur le ferricyanure de potassium, qui additionné de perchlorure de fer fournit du bleu de Prusse. Mais cette réaction se produit aussi en présence d'un sel de chrome (Brouardel et Boutmy). Il est aussi prouvé que toutes les ptomaïnes ne présentent pas de propriétés réductrices et que beaucoup d'alcaloïdes les possèdent ; exemple : morphine, apomorphine, brucine, codéine, narcéine, papavérine, vératrine, strychnine, pyridine, aniline, picrotoxine, paratoluidine, diphénylamine et même la digitaline, picrotoxine, cicutine, muscarine. On devra donc constater la réduction immédiate du ferricyanure et l'absence des corps ci-dessus désignés.

D'après Grœbner (1885), la méthode de Dragendorff appliquée à la recherche des poisons alcaloïdiques fournirait moins de ptomaïnes que la méthode de Stas, opinion qui n'est pas partagée par Ogier. Dans tous les cas, l'emploi de l'alcool amylique n'est pas à recommander. D'après Dragendorff, la benzine dissoudrait de préférence les alcaloïdes, et à peine les ptomaïnes ; mais celles-ci, en présence de corps solubles dans la benzine, y passent aussi par entraînement.

Ogier et Minovici estiment que le foie et les reins sont les organes d'élection pour les alcaloïdes végétaux, et que l'iodure de potassium ioduré est le réactif le plus sensible des ptomaïnes.

L'acide phosphomolybdique agirait sur toutes les ptomaïnes. Parmi les réactions ordinaires des ptomaïnes, on peut signaler l'action de l'acide nitrique suivie d'évaporation à sec, et l'addition au résidu d'un peu de potasse alcoolique ; on obtient ainsi une coloration orangée ; ce caractère ne manquerait presque jamais: toutefois, dans ces conditions, l'atropine fournit une coloration violette.

D'après Ogier, le perchlorure de fer n'a jamais donné de coloration avec les ptomaïnes ; ce fait ne serait pas général.

Il est admis que l'éther de pétrole ne dissout guère les ptomaïnes.

Quoi qu'il en soit, il sera toujours bon de purifier les résidus des alcaloïdes de la putréfaction. On lavera à l'eau distillée les dissolvants neutres, benzine, chloroforme, alcool amylique, etc., venant d'être agités avec les extraits cadavériques. On filtre les dissolvants ainsi lavés à l'eau sur un filtre mouillé par le même dissolvant pur.

Il est aussi bon de se rappeler que quelques ptomaïnes se détruisent en se résinifiant quand on les traite par l'acide chlorhydrique, alors que l'alcaloïde qui leur serait mélangé formerait un chlorhydrate stable. C'est ce qui fait qu'on a tout intérêt à obtenir sous forme de chlorhydrates les alcaloïdes à identifier.

En traitant en général les diverses parties des cadavres au moyen de l'alcool, le mélange étant rendu acide, on obtient une solution qui additionnée de lessive de potasse et agitée avec de l'éther laisse un résidu après l'évaporation de celui-ci. Ce résidu fournit des réactions à peu près semblables à celles des alcaloïdes, ce qui n'est pas étonnant ; car vient-on à prendre une solution de corps protéique quelconque, de peptone par exemple, et à lui appliquer le même traitement que ci-dessus, on obtient un résidu fournissant les mêmes réactions avec les réactifs généraux des alcaloïdes. C'est là la caractéristique des corps albuminoïdes qui avec certains réactifs se comportent comme les alcaloïdes. Aussi un grand nombre d'observateurs, sans entrer dans la constitution chimique de ces principes, les assimilent-ils aux albuminoïdes.

Glucosides.

« Un grand nombre de végétaux renferment des substances qui ont « la propriété de fournir à l'hydrolyse des produits divers (alcools, « phénols, aldéhydes, etc.) et un sucre (généralement le glucose ordi- « naire) : ces substances sont appelées *glucosides*. Leur constitution « chimique est le plus souvent mal connue, et un très petit nombre « seulement ont été reproduits par synthèse » (Moureu).

Le plus grand nombre des glucosides renferment comme éléments C, H, O ; quelques-uns renferment aussi N : amygdaline, solanine, et un petit nombre, S : acide myronique, sinalbine.

Ils sont solides ou liquides, susceptibles de former des combinaisons cristallisées solubles dans l'eau et l'alcool, en donnant des solutions neutres. La décomposition en glucose s'accomplit en général avec facilité, sauf pour la saponine.

Ils réduisent à chaud la liqueur de Barreswill et la solution ammoniacale de nitrate d'argent.

Les principaux représentants de ce groupe considérés comme toxiques sont : la picrotoxine, l'elléborine, la jalapine, la digitaline, la colocynthine, la convallamarine, la bryonine, la convolvuline, la saponine, la solanine, la vincetoxine, etc.

Principes amers.

Sous le nom de principes amers, on entend un grand nombre de principes chimiques, privés d'azote, renfermant les éléments C, H, O, de saveur amère, incolores ou peu colorés qui se forment dans le règne végétal. La plus grande partie de tous ces corps n'est encore que très sommairement connue ; il est plus que probable que par une étude attentive et complète de cette classe de composés, on arrivera à trouver leurs constitutions et à les faire rentrer dans des groupements organiques déjà connus.

On retrouve ces principes à peu près dans toutes les familles des plantes ; mais ils sont plus abondants surtout dans les Composées, les Labiées et les Gentianées; on en retrouve des représentants isolés dans les Graminées, les Légumineuses, Papavéracées, Solanées et les Cryptogames.

La façon de préparer les principes amers est différente ; on se base surtout sur leur solubilité dans tel ou tel dissolvant. On doit éviter autant que possible l'emploi d'une température trop élevée, d'acides minéraux forts, d'alcalis caustiques, aussi bien que des agents oxydants. Quelques principes amers s'obtiennent déjà à peu près purs par simple traitement des plantes qui les contiennent par un dissolvant approprié, par évaporation ménagée de leurs solutions aqueuses ou alcooliques, traitées préalablement par du charbon animal, ce sont par exemple : l'aloïne, la picrotoxine, l'amygdaline.

Beaucoup de principes amers peuvent être précipités par le tanin, d'autres par l'acétate de plomb neutre ou basique de leurs solutions aqueuses.

Propriétés. — Les principes amers sont solides et cristallisés pour la plupart ; quelques-uns sont amorphes, leur réaction est neutre, rarement acide. Leur saveur est très amère, leur action physiologique est quelquefois très vénéneuse. En partie solubles dans l'eau, ou peu solubles, mais solubles dans l'alcool, l'éther et le chloroforme, fournissant très rarement avec les acides ou les bases des composés cristallisés. La majorité de ces principes est convertie en masse résineuse sans formation de sucre, quand on les traite par ces mêmes agents à chaud ; dans les mêmes conditions, quelques-uns se transforment en composés plus simples. L'acide nitrique fort en convertit quelques-uns tout d'abord en combinaisons nitrées et ensuite par une action prolongée on obtient une quantité considérable d'acide oxalique. Ce dernier acide se forme assez souvent par la fusion des principes amers avec les hydrates de potasse ou de soude.

Parmi les principaux principes amers, il convient de citer : la quassine, l'éricoline, l'absinthine, la ményantine, la daphnine.

Caractérisation des Alcaloïdes.

Le résidu obtenu par l'une des méthodes précédemment décrites est solide ou liquide ; et dans ce dernier cas il est souvent odorant. Il peut contenir de l'azote que l'on pourra rechercher si l'on a suffisamment de matière, tout en tenant compte de la présence possible des sels ammoniacaux. Le résidu sera peu soluble ou insoluble dans l'eau ; il possédera une saveur particulière. Comme il n'y a pas de réaction unique pour identifier un alcaloïde, on aura recours :

1° Aux propriétés physiques (point de fusion, action sur la lumière polarisée, difficile en expertise à cause de la faible quantité de produit dont on dispose), microscope polarisant, fluorescence (quinine, chlorogénine), forme cristallisée du précipité, sublimation, etc.;

2° Aux propriétés chimiques, dont les unes sont communes à tous les alcaloïdes (réactifs généraux), et les autres spéciales à chacun d'entre eux (réactifs spéciaux) ;

3° A l'expérimentation physiologique. On prendra trois grenouilles :

Dans le sac lymphatique de l'une, on injectera une solution du corps à essayer.

Dans le sac lymphatique de la deuxième, on injectera une quantité égale du toxique que l'on suppose exister.

Dans le sac lymphatique de la troisième, on injectera un volume d'eau distillée.

On examinera et on comparera les tracés myographiques du cœur.

On se souviendra que les ptomaïnes sont peu ou pas toxiques pour les grenouilles.

Les réactions sont effectuées avec quelques gouttes de la solution alcaloïdique placées dans de petites capsules de porcelaine (pour les réactions colorées) ou dans des verres de montre placés sur un fond noir (pour les précipités).

Les alcaloïdes fournissent tous des précipités avec les réactifs que l'on est convenu d'appeler « réactifs généraux ».

I. **Réactifs généraux des alcaloïdes** (réactions de précipitation).

1° Iodure de potassium iodé (réactifs de Bouchardat, de Wagner) ;

2° Iodure de mercure et de potassium (réactif de Mayer, de Valzer);

3° Iodure de bismuth et de potassium (réactif de Dragendorff) ;

4° Iodure de cadmium et de potassium (réactif de Marmé) ;

5° Acide phosphomolybdique, phosphomolybdate de sodium (réactif de Vrij, de Sonnenschein) ;

6° Acide phosphotungstique, phosphotungstate de sodium (réactif de Schleibler) ;

7° Acide silico-tungstique, silico-tungstate de sodium (réactif de Bertrand) ;

8° Chlorure platinique ;

9° Tanin ;

10° Acide picrique ;

11° Bichlorure de mercure ;

12° Chlorure d'or ;

13° Chlorure de palladium, chlorure d'iridium ;

14° Bichromate de potassium ;

15° Ferrocyanure de potassium.

On observera que si les réactions réussissent nettement au laboratoire avec des produits purs, il n'en est plus de même quelquefois avec les résidus le plus souvent amorphes et colorés, par suite impurs, que l'on obtient dans les recherches des alcaloïdes.

Étude particulière des réactifs généraux.

1° IODURE DE POTASSIUM IODÉ. — Le réactif se prépare ainsi :

Iode	1 gr.
Iodure de potassium	3 gr.
Eau	100 gr.

Ce réactif, dit de Bouchardat ou de Wagner, fournit des précipités de couleur brune kermès avec la plupart des alcaloïdes, solubles dans l'iodure de potassium et dans l'alcool. Le précipité ne se forme qu'en milieu acide (colchicine). On pourra donc acidifier légèrement le réactif par quelques gouttes d'acide chlorhydrique ou acétique. Sensibilité : 1 /20.000 et plus.

Ce réactif colore en rouge le plasma, l'aleurone, les matières albuminoïdes, ce qui peut donner lieu à des causes d'erreur. De même, les peptones précipitent par ce réactif : on peut empêcher cette dernière réaction en ajoutant un peu de carbonate d'ammonium à la solution (Clautriau).

Les principaux albuminoïdes peuvent être, par ce réactif, distingués des alcaloïdes, des glucosides et aussi les uns des autres.

Le réactif Bouchardat précipite les alcaloïdes à l'état d'alcaloïdes superiodés.

La picrotoxine et la cantharidine ne réagissent pas avec ce réactif. M. Émilio di Mattei (1902) accorde la préférence à ce réactif pour la précipitation des alcaloïdes végétaux. La réaction s'effectue même en présence de la plupart des matières organiques.

2° Iodure de mercure et de potassium, iodomercurate de potassium (Réactif de Mayer, de Valzer, de Winckler).

Au lieu d'employer la formule de Mayer qui contient un excès d'iodure de potassium, ce qui a pour effet de dissoudre la plus grande partie des iodhydrates d'alcaloïdes, il est mieux d'employer la formule de Valzer, ainsi modifiée :

Iodure de potassium	10
Biiodure de mercure	15
Eau distillée	100

ce qui revient à saturer l'iodure de mercure par une solution d'iodure de potassium à 10 p. 100. Le réactif ainsi obtenu est plus sensible que le précédent.

Les précipités obtenus sont blancs, blancs jaunâtres, ou jaune clair. Les différences de coloration ne permettent pas d'obtenir des distinctions utiles.

Les iodhydrates d'alcaloïdes ($Hg^2I^3Alc.$) sont tous très solubles dans l'alcool et l'acide acétique. Ils le sont moins dans l'acide acétique étendu ; aussi les liqueurs où l'on aura à rechercher des alcaloïdes devront être privées d'alcool et contenir très peu de cet acide. On devra verser le réactif goutte à goutte dans la solution alcaloïdique et non faire l'inverse.

En solution neutre, ou additionnée d'acide acétique, aucun glucoside ne précipite par l'iodomercurate de potassium ; quelques-uns cependant précipitent en présence de l'acide sulfurique étendu. On opère en versant dans la solution quelques gouttes du réactif, puis 1 à 4 volumes d'acide sulfurique au 1 /3 : cette combinaison de glucoside et de biiodure de mercure est soluble dans l'alcool ; avec la digitaline le précipité est soluble dans l'éther. Mais, en général, avec les autres glucosides, l'éther s'empare de l'iodure mercurique, en mettant le glucoside en liberté (vincetoxine, convallamarine, aurantiamarine, digitaline et digitaline amorphe).

Limite de sensibilité : 1 /3.000 pour la digitaline (soluble dans l'eau, insoluble dans le chloroforme) ; 1 /10.000 pour la digitaline chloroformique (presque insoluble dans l'eau, soluble dans le chloroforme).

Les précipités sont tantôt amorphes, tantôt cristallisés ; les précipités amorphes deviennent quelquefois cristallins avec le temps.

Le réactif (formule Valzer) précipite avec la même sensibilité la plupart des alcaloïdes non volatils, en liqueur acide, neutre, ou légèrement alcaline. La réaction est même plus sensible avec les sels d'alcaloïdes volatils. En ajoutant quelques gouttes de soude à 1/10 au mélange, on élève de beaucoup la sensibilité du réactif.

Beaucoup de corps voisins des alcaloïdes peuvent être précipités par ce réactif en liqueur acide. Aussi est-il préférable de se servir du réactif en liqueur neutre.

Certaines bases, caféine, théobromine, colchicine précipitent dans des conditions spéciales. Le réactif ne précipite pas la caféine en présence des acides organiques, tandis qu'avec l'acide sulfurique au 1/10 ou au 1/3, on a un précipité qui devient cristallin en moins de 10 minutes. Le précipité séparé du liquide et délayé dans l'eau distillée se décompose immédiatement en donnant HgI^2 (Tanret). Le réactif de Valzer ne décèle la caféine que dans une solution d'une concentration de 1/600 au moins.

La sensibilité de ce réactif est très grande (surtout pour la strychnine (1/150.000), brucine et narcotine (1/50.000), quinine (1/125.000).

Mayer a proposé l'emploi de ce réactif pour le dosage volumétrique des alcaloïdes. Mais ce dosage ne devient pratique que si la solution d'alcaloïde est privée d'impuretés. Dans tous les cas, quelles que soient les modifications apportées par les différents auteurs à cette méthode, elle ne donne que des résultats analytiques approchés.

On devra se rappeler que ce réactif, dit aussi de Mayer, dont il a conservé le nom, précipite les matières albuminoïdes et les peptones en liqueur acide et aussi certaines matières extractives (Valzer). Dans une recherche d'alcaloïdes par les méthodes générales, les matières albuminoïdes auraient été éliminées par les traitements à l'éther.

Le réactif de Mayer a été étudié d'une façon particulière par Tanret (1893) au point de vue de la précipitation des matières albuminoïdes : il en a modifié la formule de la façon suivante, parce que l'albumine n'est précipitée qu'en solution acide :

Réactif de Tanret	Iodure de potassium	3gr 32
	Bichlorure de mercure	1gr 35
	Acide acétique cristallisable.	20 c. c.
	Eau .... Q. s. p.	60 c. c.

Cette même solution privée d'acide acétique et additionnée de 300 centimètres cubes de soude par litre constitue le réactif de Nestler pour la recherche de l'ammoniac, ou celui de Crismer pour les aldéhydes.

Le réactif de Tanret, récemment préparé, est légèrement vert jaunâtre; il devient à la longue jaune orangé (car un peu d'iode est mis en liberté), mais il demeure tout aussi sensible pour la recherche de l'albumine. Le précipité qui se forme d'abord en versant goutte à goutte le réactif se dissout par l'agitation, et ne devient stable qu'après de nouvelles additions de réactif. Il est soluble dans un excès d'albumine, même en liqueur acide; mais il est insoluble, à chaud ou à froid, dans un excès de réactif et aussi dans l'acide acétique, l'iodure de potassium, l'alcool et l'éther. Sa composition répond à la formule : HgI^2 — albumine (pour l'albumine du blanc d'œuf). Par cet ensemble de propriétés, il se distingue de tous les précipités que l'iodomercurate de potassium donne en solution acide avec les autres albuminoïdes, les alcaloïdes et certains glucosides ; mais il ne permet pas de distinguer entre elles les diverses albumines. Pour l'employer on en verse en excès dans l'urine, s'il se forme de suite un précipité qui ne disparaît ni par addition d'eau (qui redissoudrait l'acide urique précipité par l'acide du réactif dans les urines chargées d'urates) ni par addition d'alcool, ni par agitation avec de l'éther (les sels biliaires seraient précipités à chaud), c'est qu'on se trouve bien en présence d'albumine.

L'iodomercurate de potassium ne précipite les peptones qu'en solution acide ; mais, peptoniques ou alcaloïdiques, ces précipités se redissolvent quand on chauffe les liqueurs ou qu'on y verse de l'alcool : ils sont solubles à froid dans l'iodure de potassium et l'acide acétique (sauf celui de quinine qui est insoluble dans l'iodure de potassium). On distingue cependant les peptones des alcaloïdes au moyen de l'éther sulfurique. La plupart des iodhydrargyrates d'alcaloïdes sont solubles dans l'éther (sauf celui de strychnine). Le précipité peptonique agité avec de l'éther ne cède réellement à ce dernier, quand l'acide est minéral, que l'iodure de potassium provenant de l'iodomercurate. Pour caractériser alcaloïdes, albumine et peptones, on pourra effectuer les réactions ci-dessous.

La solution à caractériser, préalablement acidulée avec de l'acide sulfurique étendu, sera additionnée de réactif de Tanret, puis portée à l'ébullition :

S'il y a précipité.......... présence d'albumine

Filtrer la solution chaude, puis laisser refroidir :

Précipité	Alcaloïdes / Peptones	+ éther sulfurique	solution ....alcaloïdes
			insoluble ....peptones

Les peptones en solution neutre dissolvent les iodhydrargyrates.

d'alcaloïdes et par suite masquent les réactions des alcaloïdes ; c'est ce qui explique l'utilité de l'addition d'acide sulfurique. L'éther sulfurique dissout surtout du biiodure de mercure et très peu d'iodhydrargyrate d'alcaloïde. En effet, au résidu obtenu par évaporation de l'éther, si l'on ajoute un peu d'une solution d'iodure de potassium au 1 /10, le biiodure de mercure sera dissous et l'iodhydrargyrate apparaîtra avec sa couleur blanche ou jaunâtre. Quant à la peptone qui se trouve en dissolution dans le liquide aqueux qui a été agité avec l'éther, on y versera du réactif Tanret en excès qui précipitera à nouveau la peptone.

On décèle de la sorte 1 /4.000 de peptone.

La gélatine en solution acide est aussi précipitée par l'iodomercurate de potassium (sensibilité : 1 /180.000) ; le précipité mercuriel est soluble à chaud dans l'eau acidulée, et à froid dans l'alcool, insoluble dans l'éther : le précipité se colle aux parois du verre, alors que les précipités des autres albuminoïdes sont au contraire caillebottés ou pulvérulents.

3° Iodure double de bismuth et de potassium. — Réactif de Dragendorff :

Pour l'obtenir on dissout à chaud de l'iodure de bismuth dans une solution aqueuse et concentrée d'iodure de potassium. On ajoute ensuite autant d'iodure de potassium qu'il en a fallu pour dissoudre l'iodure de bismuth.

M. E. Johns (1897), pour préparer ce réactif, propose de dissoudre 80 grammes de sous-nitrate de bismuth dans 200 grammes d'acide azotique à 1,18 : on verse ce liquide dans une solution concentrée de 272 grammes d'iodure de potassium dans l'eau. Après séparation de KNO^3 par cristallisation, on étend à 1.000 centimètres cubes. Cette solution doit être employée en présence d'acide sulfurique libre. Ce réactif est plus sensible que ceux décrits précédemment. Il est d'un emploi très général ; il précipite nombre de corps à noyau cyclique : pyridine, dérivés pyridiques, quinoléiques, dans lesquels l'azote fait partie de la chaîne (L. Prunier, 1899).

Ce réactif fournit des précipités rouge orangé, le plus souvent amorphes et peu stables. L'alcaloïde doit être dissous dans l'eau aiguisée d'acide sulfurique (IV gouttes par 10 centimètres cubes d'eau) ; une petite quantité d'alcool n'entrave pas la réaction non plus qu'une trace d'alcool amylique.

Ce réactif est sensible avec la strychnine, la brucine, l'atropine, la morphine et la quinine.

A l'ébullition, les précipités peuvent se dissoudre pour reprécipiter par le refroidissement (sulfate de strychnine). Ils sont stables dans l'alcool et dans l'iodure de potassium.

L'ammoniaque, les alcalis et carbonates alcalins décomposent ces précipités en donnant de l'hydrate ou du carbonate de bismuth.

4° Iodure double de cadmium et de potassium. — Réactif de Marmé :

On le prépare de la même manière que le précédent en substituant à de l'iodure de bismuth de l'iodure de cadmium.

Le précipité, incolore au début, prend peu à peu une teinte jaune clair et passe souvent à l'état cristallisé. Les propriétés de ce réactif sont analogues à celles du réactif de Dragendorff.

Ce réactif ne précipite pas les glucosides et les sels ammoniacaux.

Les précipités qu'il fournit se dissolvent dans l'alcool et dans un grand excès du précipitant.

5° Acide phosphomolybdique. Phosphomolybdate de sodium. — Réactif de Sonnenschein et de Vrij.

Pour l'obtenir, on précipite la solution nitrique de molybdate d'ammonium par du phosphate de sodium. Le précipité est recueilli et lavé après 24 heures, puis redissous dans une solution de soude caustique. On évapore à siccité, et on chauffe le résidu au bain de sable jusqu'à ce qu'il ne se dégage plus d'ammoniac. Le résidu refroidi est dissous dans l'eau (10 fois son poids), et on ajoute peu à peu de l'acide nitrique pour redissoudre le précipité qui s'est formé en premier lieu.

Ce réactif précipite également les sels ammoniacaux et les ammoniaques composées, l'aniline... Il précipite aussi les sels de potassium, mais non ceux de sodium. C'est un réactif sensible.

Pour se servir de ce réactif, on dissout l'alcaloïde à caractériser dans un acide minéral étendu et l'on ajoute quelques gouttes du réactif. Les précipités obtenus sont amorphes et blancs ou jaunâtres. Quelques-uns sont solubles dans l'ammoniaque et donnent une solution bleue (conicine, aconitine) ou verte (brucine, codéine). Ils sont solubles à froid dans l'alcool et les acides minéraux étendus (acide phosphorique excepté). Ils sont dissous par l'acide chlorhydrique concentré, et à l'ébullition par les acides azotique, acétique, oxalique, tartrique et aussi par les alcalis, leurs carbonates, les borates et les phosphates. Les solutions ammoniacales colorées se décolorent généralement par la chaleur (la solution de brucine devient brune et la solution de codéine orangée).

Les précipités se colorent d'eux-mêmes en bleu ou en vert quand on les laisse longtemps en contact avec le réactif. Les oxydes métalliques (chaux, baryte, oxyde de plomb, oxyde d'argent) les décomposent et mettent l'alcaloïde en liberté.

On a proposé d'utiliser ce réactif pour isoler les alcaloïdes par précipitation, séparer l'alcaloïde par de la baryte, et dissoudre le précipité par de l'alcool ; mais ce procédé n'a pas donné d'excellents résultats.

6° Phosphotungstate de sodium. Acide phosphotungstique. — Réactif de Scheibler.

C'est un réactif qui se rapproche beaucoup du précédent sur lequel il ne présente aucun avantage : il ne lui est pas supérieur en sensibilité. On l'obtient au moyen du tungstate de sodium. $WO^4Na^2 + 2HO^2$, soluble dans l'eau. Sa solution est mélangée avec une solution de phosphate de sodium et on acidifie avec de l'acide azotique.

Il fournit des précipités blanchâtres ou jaunâtres.

Avec la strychnine et la morphine par exemple, on obtient des précipités blancs.

On peut encore, d'après Otto, préparer ce réactif en prenant une dissolution de tungstate de sodium qu'on additionne d'un peu d'acide phosphorique officinal.

7° Acide silico-tungstique. Silico-tungstate de sodium. — Réactif de G. Bertrand.

M. G. Bertrand a signalé (1895) l'acide silico-tungstique comme un excellent réactif des alcaloïdes. Il donne des sels bien définis et stables qu'il est facile d'analyser. On peut l'employer à l'état libre ou à l'état de sel alcalin. La formule de cet acide est $12TuO^3SiO^22H^2O$. Dans les solutions des sels d'alcaloïdes, l'acide silico-tungstique donne des précipités qui sont en général floconneux, quelquefois caillebottés, pulvérulents ou cristallins, faciles à recueillir sur filtre, de couleur blanche ou jaune, ou chamois, ou saumon. Ils sont presque insolubles dans l'eau froide, résistent à l'action des liqueurs acides et laissent, par calcination, un résidu fixe d'acide tungstique et silicique.

Le réactif sera préparé en faisant une solution de silico-tungstate de sodium à 5 p. 100. On opère sur 5 centimètres cubes de solution d'alcaloïde et I à II gouttes du réactif, en ayant soin d'ajouter I à II gouttes d'acide chlorhydrique au 1/10.

Ce réactif est recommandé pour précipiter :

Quinine Quinidine Cinchonine Cinchonidine	sensible à 1/500.000
Strychnine Narcotine	sensible à 1/200.000
Brucine	sensible à 1/150.000
Vératrine	sensible à 1/130.000

Le précipité obtenu avec les alcaloïdes par ce réactif étant traité par les alcalis étendus peut régénérer l'alcaloïde. Le silicium et le tungstène passent en solution et l'alcaloïde est mis en liberté. Si celui-ci est insoluble, on le sépare par filtration ; s'il est soluble, on le dissout dans un véhicule neutre convenablement choisi.

8° Chlorure platinique.

On peut employer la solution ordinaire des laboratoires, à la condition qu'elle soit aussi peu acide que possible.

Il précipite les alcaloïdes ou leurs sels en jaune ou en blanc jaunâtre. Les précipités sont souvent cristallins. La couleur grise du précipité est l'indice d'une réduction du sel avec mise en liberté de platine.

Par la calcination, ces précipités laissent un poids déterminé de platine, ce qui peut permettre de déterminer la molécule de l'alcaloïde. On peut précipiter le platine par H^2S et dissoudre l'alcaloïde dans un dissolvant approprié. Ces précipités ont pour formule générale : $PtCl^4 2Alcal.Cl$.

9° Tanin.

On se sert d'une solution aqueuse de tanin au 1/20, préparée au moment du besoin. On n'emploiera pas la teinture de noix de galle. Les précipités sont blancs, ou blancs jaunâtres, nullement caractéristiques. Les tanates d'alcaloïdes sont décomposés par l'oxyde de plomb humide qui met en liberté l'alcaloïde ; celui-ci peut être redissous dans l'alcool. Cette réaction a été utilisée pour purifier des résidus alcaloïdiques mélangés à des substances non précipitables par le tanin.

C'est un réactif trop général. Dans les solutions des sels de morphine, il ne produit pas de précipité sensible.

10° Acide picrique ou trinitrophénol, $C^6H^2(NO^2)^3OH$.

On emploie une solution saturée, soit 1 gramme pour 90 centimètres cubes d'eau. Il précipite les solutions concentrées des alcaloïdes de leurs sulfates et de leurs chlorures en fournissant des précipités jaunes cristallins.

M. Popoff, puis MM. Chastaing et Barillot, ont fait une étude détaillée de ces précipités ; ils ont cherché à caractériser les alcaloïdes par la cristallisation particulière de leurs picrates ; mais les ptomaïnes fournissant également des picrates cristallisés dont les formes peuvent se confondre avec celles des picrates d'alcaloïdes, on voit qu'il ne faut pas ajouter une confiance absolue à la forme des picrates obtenus cristallisés dans les recherches toxicologiques. M. Pozzi-Escot, qui a repris ce travail (1901), a vu que la strychnine seule pouvait être caractérisée par son picrate.

Certains alcaloïdes solubles ne sont pas précipités par ce réactif (atropine, morphine, codéine, conicine).

Les cristaux sont examinés au microscope armé du polariseur et de l'analyseur gradué en 360°. Le n° 0 du cadran est placé dans une position telle que la lumière ne soit pas influencée par le système optique. En tournant de gauche à droite l'analyseur, on observe une action des cristaux sur la lumière ; ils prennent diverses colorations fort belles ; ce sont les alcaloïdes chromogènes ; d'autres sont indifférents et blancs d'argent à l'extinction (Barillot).

11° Bichlorure de mercure. — On dissout 1 gramme de bichlorure de mercure dans 19 centimètres cubes d'eau (Fluckiger).

Ce réactif fournit des précipités blancs, ou jaunâtres, primitivement amorphes, cristallisant ensuite peu à peu à la longue.

L'hydrogène sulfuré décompose ces précipités : l'alcaloïde mis en liberté peut être dissous dans un véhicule approprié.

C'est un réactif peu sensible.

12° Le chlorure d'or. — On devra employer ce réactif aussi neutre que possible avec les solutions aqueuses des sels d'alcaloïdes.

Il fournit des précipités jaunes ou blancs jaunâtres. Ces précipités se réduisent facilement à la lumière en mettant de l'or en liberté. La plupart des chloro-aurates sont cristallisés et ont une composition bien définie; ils peuvent servir à déterminer le poids moléculaire d'un alcaloïde.

Le chlorure de palladium, le chlorure d'iridium fournissent semblables précipités.

13° Le bichromate de potassium. — D'après Fluckiger, on prépare ainsi ce réactif :

Bichromate de potassium	1	gr.
Eau	19	c.c.

On obtient des précipités jaunes qui cristallisent bien. Ces précipités sont colorés diversement par l'acide sulfurique.

14° Le ferrocyanure de potassium. — On le prépare ainsi :

Ferrocyanure de potassium....................	1	gr.
Eau	19	c.c.

Ce réactif agit sur la plupart des alcaloïdes en solution chlorhydrique et donne des sels neutres ou acides qui se décomposent plus ou moins facilement à l'air humide en se colorant en bleu.

Avec la quinine, on obtient	une poudre	verte.
— la cinchonine,	—	légèrement orangée.
— la morphine,	—	blanche bleuissant à l'air.
— la strychnine,	—	blanche légèrement bleuâtre.
— la cocaïne,	—	blanche.

15° Réactif de Lloyd. — Il est constitué essentiellement par un silicate d'alumine hydraté existant dans la terre à foulon. Ce réactif précipiterait totalement, d'après S. Waldbott (1913), les alcaloïdes de leurs solutions neutres ou acides ; les alcaloïdes ainsi précipités peuvent être récupérés par extraction au moyen d'un solvant convenable, en présence d'alcali. Séché à 130°, le réactif conserve ses propriétés, de même après traitement par les acides, les alcalis, etc.

II. **Réactifs spéciaux dits colorants.**

Ils servent à caractériser un alcaloïde ou un groupe d'alcaloïdes, alors que les réactifs généraux font connaître seulement la nature alcaloïdique d'une substance.

Beaucoup de ces réactifs sont formés d'acide sulfurique dans lequel on dissout du bichromate de potassium, du permanganate de potassium, de l'acide molybdique, de l'acide vanadique, etc.

1° *Acide sulfurique.* — On emploiera l'acide de densité 1,840, renfermant 97 p. 100 d'acide sulfurique anhydre. L'acide doit être exempt de composés oxygénés de l'azote ; dans ce dernier cas, il ne donne pas de coloration quand on le mélange à la brucine, codéine, morphine ou papavérine.

Ce réactif doit être employé avec des résidus bien purifiés, car, avec les impuretés organiques qui accompagnent ces derniers, il produit des carbonisations et une teinte brune qui peut masquer la coloration donnée par les alcaloïdes.

C'est le réactif de la vératrine et de la delphinine (rouge). Il faut remarquer que la coloration qui ne se produit pas à froid peut se montrer souvent à chaud (morphine).

2° *Acide azotique concentré.* — De densité 1,390, renfermant 30 p. 100 d'acide azotique vrai. Peut être remplacé par un petit cristal de nitrate de potassium ajouté à la solution de l'alcaloïde dans l'acide sulfurique concentré.

C'est un réactif caractéristique de la codéine, de la narcotine, de la brucine, de la morphine, de la colchicine, etc.

3° *Acide chlorhydrique.* — De densité 1,124, renfermant 25 p. 100 d'acide chlorhydrique.

4° *Ammoniaque.* — De densité 0,960, renfermant 10 p. 100 de NH^3.

5° *Eau de chaux saturée.* — On emploie aussi l'eau chlorée, l'eau bromée, l'eau iodée.

6° *Réactif d'Erdmann.* — A 20 grammes d'acide sulfurique on ajoute X gouttes d'une solution aqueuse renfermant VI gouttes p. 100 d'acide nitrique.

Il fournit avec la brucine une coloration rouge orangé.

Il fournit avec la colchicine une coloration jaune gomme-gutte.

7° *Réactif de Fröhde.* — On dissout par centimètre cube d'acide sulfurique 0gr,001 de molybdate de sodium.

Il fournit avec la morphine une coloration violette.

C'est un très bon réactif colorant. Il faut se rappeler que les glucosides et les albuminoïdes donnent également des réactions colorées avec le réactif de Fröhde.

8° *Sulfo-vanadate d'ammonium.* Réactif de Mandelin. — On obtient ce réactif en dissolvant 1 gramme de vanadate d'ammonium dans 100 grammes d'acide sulfurique pur.

Fournit avec la strychnine une coloration violette intense, qui devient rose par addition d'eau en conservant longtemps cette coloration.

Il fournit :

Avec	l'atropine une	coloration	rouge.
—	la pilocarpine	—	orangé clair.
—	la morphine	—	brune.
—	la vératrine	—	rouge brune.
—	la brucine	—	rouge sang.
—	la colchicine	—	vert.
—	la strychnine	—	bleu violet.

9° *Acide sélénique*, sulfosélénite d'ammonium, ou réactif de Mecke, de Lafon.

On prend 0gr,5 d'acide sélénique qu'on dissout dans 100 centimètres cubes d'acide sulfurique concentré.

Quand les alcaloïdes sont impurs, les réactions à chaud n'ont pas beaucoup de valeur, car l'action de l'acide sulfurique sur ces impuretés se traduit toujours par une coloration plus ou moins brunâtre qui masque la réaction spécifique. Toutefois ce réactif donne des indications suffisantes pour les alcaloïdes de l'opium, même dans ces derniers cas : I goutte de teinture d'opium avec 1 gramme de ce réactif donne au mélange une coloration verte très manifeste. (Il ne réussit pas avec le laudanum probablement à cause de la crocine, L. Barthe.)

	A froid	A chaud
Aconitine pure et cristallisée	Incolore	Brun violet
Apomorphine	Bleu violet	Peu à peu brun foncé
Atropine	Incolore	Presque incolore
Brucine	Rouge jaunâtre	Jaune citron
Quinine	Incolore	Brun clair
Cocaïne	Incolore	Jaune rose
Codéine	Bleu passant au vert	Brun
Colchicine	Jaune citron	Brun jaunâtre
Conicine	Incolore	Incolore

	A froid	A chaud
Delphinine	Rouge brun	Brun
Digitaline	Jaune passant au rouge	Bleu violet passant au brun
Morphine	Bleu passant au bleu verdatre	Brun
Narcéine	Vert jaunâtre passant au violet	Violet foncé
Narcotine	Vert passant au rouge cerise	Rouge cerise
Nicotine	Jaune	Jaune
Papavérine	Vert, puis violet	Violet
Physostigmine	Jaune brun	Rouge brun
Picrotoxine	Presque incolore	Brun jaunâtre
Solanine	Jaune rougeâtre	Gris brun
Strychnine	Incolore	Incolore
Thébaïne	Orangé	Brun foncé
Vératrine	Jaune citron puis vert olive	Violet brunâtre

10° *Réactif de Wenzel.* — Il s'obtient en dissolvant 1 gramme de permanganate de potassium dans 2.000 grammes d'acide sulfurique concentré.

Pour que les colorations que produit ce réactif soient caractéristiques, il faut que l'alcaloïde à identifier soit privé de certains composés organiques (Guérin, 1904) ; en effet, les acides tartrique et citrique, leurs sels, les sulfocyanures donnent également en sa présence une coloration bleue violette.

La vératrine fournit une belle coloration rouge clair, et si la concentration est suffisante, un précipité orangé.

G. Denigès, puis J. Peret et R. Buendia (1916) se sont servis d'acide sulfurique additionné d'*acide titanique.*

G. Denigès indique de préparer le réactif en maintenant pendant plusieurs heures de l'anhydride titanique naturel (rutile) en contact avec de l'acide sulfurique concentré à une température très voisine de celle de son point d'ébullition. Le liquide froid et séparé par décantation de l'excès de rutile constitue le réactif cherché qui est inaltérable. Pour la réaction on ajoute dans 2 à 3 centimètres cubes de réactif quelques parcelles de l'alcaloïde libre ou salifié. On obtient ainsi :

Avec la morphine......... une coloration rouge sang
— l'apomorphine....... une coloration rouge violet
— l'adrénaline......... une coloration rouge brun

Beaucoup d'autres alcaloïdes donnent également avec ce réactif des réactions diversement colorées, et en général peu stables.

Expérimentation physiologique.

Le plus souvent l'expert-chimiste, dans un empoisonnement par un alcaloïde, devra, pour caractériser ce dernier, recourir également à l'expérimentation physiologique. Dans un cas semblable, le chimiste fera bien, pour sauvegarder sa responsabilité et éviter des critiques qui ne manqueraient pas de se produire, de prier le juge d'Instruction de lui adjoindre un physiologiste.

RENONCULACÉES

La *delphinine*, $C^{22}H^{35}NO^{6}$, est un alcaloïde du Delphinium staphysagria L., qui en renferme encore trois autres : la delphinoïdine, la delphisine et la staphysagrine.

La delphinine est de beaucoup l'alcaloïde le plus important. D'après Erdmann, il est contenu dans les semences dans la proportion de 0gr,10 p. 100. La delphinine du commerce n'est pas une espèce chimique définie ; c'est un mélange des alcaloïdes ci-dessus. On ne connaît pas d'empoisonnement par la delphinine pure.

Elle exerce une action locale sur la bouche, la langue et le pharynx en produisant une sensation de brûlure ; il y a de la salivation, des nausées, des vomissements, de la diarrhée ; la respiration est ralentie, la température abaissée. Il y a dépression du système nerveux, paralysie des mouvements volontaires et abolition des réflexes. On ne connaît pas la dose mortelle pour l'homme.

M. Bernou a signalé (1880) un empoisonnement mortel par la plante chez un indigène, à Aumale (Algérie).

C'est un alcaloïde peu soluble dans l'eau (1/50.000), soluble dans l'alcool (1/20) fort, dans l'éther (1/4), dans le chloroforme (1/16) et dans la benzine. La solution alcoolique a une saveur d'abord amère ; mise sur la langue elle provoque, au bout de quelque temps, une sensation de fraîcheur en diminuant la sensibilité de la langue, phénomène qui persiste longtemps.

Elle précipite par les réactifs généraux des alcaloïdes.

Elle se dissout dans l'acide sulfurique concentré en donnant une couleur brun foncé qui devient ensuite rouge sang. Si à la solution sulfurique on ajoute un peu d'eau de brome, il se produit une belle coloration violette rouge passant au rouge cerise et au rouge sang. Cette réaction est partagée par la digitaline.

Quand on la broie avec un petit volume d'acide malique et qu'on ajoute alors un peu d'acide sulfurique, la masse devient orangée, puis rouge foncé et enfin bleu cobalt (Tattersall).

D'après Ogier, l'expérimentation physiologique ne fournit pas de résultats précis et la recherche toxicologique de la delphinine est fort difficile.

D'autre part, Dragendorff fait remarquer que les alcaloïdes de la staphysagrine sont facilement altérables par les acides et par les bases. L'alcalinisation des solutions doit se faire avec le bicarbonate de soude et non avec l'ammoniaque. Dans les solutions acides, l'éther de pétrole et la benzine enlèvent la delphinoïdine et la staphysagrine ; dans ces mêmes solutions, la delphinine n'est pas enlevée par l'éther de pétrole, la benzine et le chloroforme.

L'*anémone des bois*, sylvie, Anemone nemorosa L., plante vivace, très commune le long des haies et dans les bois, est extrêmement âcre, surtout quand la plante est fraîche : elle constitue un poison irritant. Dans les expériences, on observe les symptômes suivants : hoquet, hébétude, tremblement des membres, diarrhée sanguinolente ; bientôt les fonctions des sens se pervertissent ; il se produit des spasmes, des convulsions et la mort survient par paralysie. Appliquées à nu sur la peau, les feuilles et les racines sont vésicantes : elles seraient en outre douées de puissantes propriétés emménagogues.

ACONITS, ACONITINE

Les divers aconits (*A. napellus*, *A. ferox*, *A. lycoclonum*, *A. variegatum*) sont des plantes vénéneuses. Leur action toxique est connue de toute antiquité : ils servaient à empoisonner les flèches et les javelots.

L'Aconitum napellus, officinal, est le plus actif des aconits d'Europe. Des empoisonnements se sont produits à la suite de confusions avec des racines de raifort ou de jalap ou même de céleri ; des enfants ont mangé des fleurs et des feuilles. L'action vénéneuse des aconits est due à la présence de différents alcaloïdes dont la quantité et la nocivité dépendent du sol, de l'état de la végétation, de la préparation, etc. La connaissance des bases contenues dans les aconits laisse encore beaucoup à désirer.

D'autre part, Martins prétend que les montagnards qui habitent le glacier du Mont-Blanc se nourriraient de la racine de l'A. napellus. On comprend donc combien doivent être variables dans leurs effets les préparations pharmaceutiques d'aconit.

On admet que 90 à 100 grammes de suc de feuilles d'A. napellus et 8 à 12 grammes de sa racine sont capables d'amener la mort chez un adulte. De même, les doses de 0gr,325 à 0gr,65 d'extrait de feuilles et 0gr,097 à 0gr,195 d'extrait de racines.

D'après Taylor, 4 grammes d'A. ferox ont amené la mort chez un adulte. La racine est plus active que la feuille.

Les aconitines du commerce sont très différentes au point de vue de leur action. D'après Duquesnel, l'aconitine est très facilement décomposable par les bases et les acides : il conseille pour son extraction, d'après la méthode générale, l'acide tartrique dilué et le bicarbonate de sodium. Le principe actif de l'A. napellus a été étudié par Graves, Duquesnel, Geiger et Hesse. Le produit du commerce est le plus souvent amorphe et constitue un mélange de deux bases distinctes : l'une est cristallisée, l'aconitine ; l'autre amorphe, la picroaconitine. On a également isolé de l'A. napellus de l'aconelline, de la napelline, de l'acolyctine et de l'isoaconitine.

Dans le commerce, on rencontre diverses aconitines :

1° L'*aconitine française*, cristallisée, de Duquesnel, ou aconitine de Hottot et Liégeois, qui est obtenue par le procédé de Duquesnel avec l'Aconitum napellus. Elle ne possède pas de goût amer ou il est peu prononcé, mais plutôt un goût âcre.

Elle fond à 197°-198° en paraissant se décomposer : elle est peu soluble dans l'eau froide (1/4400), soluble dans 24 parties d'alcool et 45 parties d'éther, très soluble dans le chloroforme et la benzine. Elle est dextrogyre, mais ses sels sont lévogyres.

D'après Laborde et Duquesnel, elle produit sur le cœur de la grenouille une accélération considérable des battements, résultant des contractions tétaniformes du muscle cardiaque et suivie bientôt d'une phase ataxique. D'après Liégeois et Gréhant, c'est un poison du système nerveux qu'elle exalte d'abord pour l'affaiblir ensuite. Elle paralyse les terminaisons nerveuses. A petites doses, elle produit les effets du curare. L'aconitine française cristallisée est bien plus active que l'aconitine allemande.

Elle fournit des sels très bien cristallisés comme l'azotate.

2° La *pseudo-aconitine* ou napelline, ou népaline de Fluckiger, provient de l'Aconitum ferox.

Elle s'obtient cristallisée de ses solutions éthérées ou de ses solutions dans un mélange d'éther sulfurique et d'éther de pétrole ; elle fond à 105°. Elle serait un peu plus soluble dans l'eau et les solvants neutres organiques que l'aconitine de Duquesnel. Elle fournit des sels cristallisant difficilement, sauf le nitrate.

3° L'*aconitine allemande*, de couleur blanche, ou blanc jaunâtre, de goût amer, âcre, peu soluble dans l'eau froide, se changeant dans l'eau bouillante en une masse brunâtre, résineuse. Elle provient de l'A. napellus.

D'après Dragendorff, l'acide sulfurique la dissout avec une couleur jaunâtre ; au bout de 2 à 3 heures elle devient jaune rougeâtre, et ensuite rouge brun, puis d'un beau rouge violet (rouge de la digitaline) qui subsiste longtemps.

4° *Aconitine anglaise* ou de Moorson vient de l'A. ferox.

Ce serait pour certains un mélange de :

Pseudoaconitine 65-70 0/0 (ou népaline de Fluckiger)
Aconitine 0.6-1,2 0/0
Pseudoaconine (provenant de la décomposition de la pseudoaconitine par les alcalis).

Saveur brûlante, non amère. Se comporte vis-à-vis des réactifs comme l'aconitine allemande, en diffère par ses propriétés physiologiques, et en ce qu'elle ne fournit pas les réactions par l'acide sulfurique et l'acide phosphorique. Cristaux fondant à 104°-105°, à peine solubles dans l'eau, solubles dans l'alcool et l'éther.

Tableau différentiel des diverses aconitines.

	Fondue avec de la potasse dans un creuset d'argent.	Le produit de la fusion avec la potasse est repris par l'acide chlorhydrique et traité par Fe^2Cl^6.	A la solution précédente traitée par Fe^2Cl^6, on ajoute une solution de soude.	On évapore à 100° avec de l'acide azotique et on ajoute une solution bouillante de potasse au 1/10	L'acide sulfurique chaud et acide vanadique.
Pseudo-aconitine.....	Acide protocatéchique.	Vert azuré	Bleu d'azur		rouge violacé
Aconitine anglaise...	Acide protocatéchique.	Vert azuré	Bleu d'azur		
Aconitine pure française......	Acide benzoïque....			rouge pourpre	
Aconitine allemande...	Acide benzoïque....			rouge pourpre	

L'aconitine, de même que la digitaline, revêt dans le commerce les types les plus différents au point de vue chimique et physiologique. C'est ce qui explique d'ailleurs que les toxicologistes ne soient pas d'accord sur les propriétés de cet alcaloïde et n'aient pas adopté encore le type officinal.

L'aconitine présente les réactions générales des alcaloïdes (en particulier avec le chlorure d'or, le réactif de Mayer, le réactif de Bouchardat).

Le phosphomolybdate de sodium fournit un précipité jaunâtre avec une faible teinte bleuâtre que l'addition de l'ammoniaque rend nettement bleue (réaction de Trapp).

L'acide sulfurique concentré fournit à chaud une coloration jaune sale qui s'accentue peu à peu et qui devient rose violacé au bout d'un quart d'heure, quand on ajoute un petit cristal de résorcine (Monti).

Un peu d'aconitine mélangé à 1 centimètre cube d'acide phosphorique officinal dans un verre de montre ne donne rien à froid ; en chauffant avec ménagement sur une plaque de métal, en agitant et en soufflant à la surface du liquide, on obtient une coloration noire brunâtre avec une très légère teinte violacée, mais non rougeâtre comme l'indique Dragendorff. Au bout d'un quart d'heure, la couleur est sépia. Barillot donne avec un semblant de vérité cette couleur et par suite cette réaction comme peu sensible.

Tout récemment, M. Eug. Pinuera Alvarez a préconisé la réaction suivante : si l'on soumet des quantités variables ($0^{gr},0005$ à $0^{gr},002$) de l'alcaloïde dans un petit creuset de porcelaine à l'action de V à X gouttes de brome pur, en chauffant légèrement le mélange dans un bain-marie pour favoriser la réaction, si l'on ajoute immédiatement 1 à 2 centimètres cubes d'acide azotique et si l'on évapore à siccité toujours au bain-marie en ajoutant un peu plus de brome quand l'acide se décolore, on obtient un produit d'oxydation de couleur jaune. On ajoute de 0,5 à 1 centimètre cube de solution alcoolique saturée de potasse préparée avec de l'alcool éthylique pur et on évapore à siccité. On obtient ainsi une masse de couleur rouge ou brune plus ou moins intense, suivant la quantité d'aconitine, et on laisse refroidir le creuset. On verse alors dans l'intérieur V à VI gouttes d'une solution aqueuse de sulfate de cuivre au 1/10 et on voit bientôt, après avoir bien baigné la surface interne du creuset avec la solution cuprique, celle-ci prendre une couleur d'un vert très intense, quelquefois bleuâtre en certains endroits.

Quand on ajoute à une solution d'aconitine un léger excès de solution de permanganate de potassium, on obtient un précipité cristallin, violacé, difficilement soluble. Une solution contenant $0^{gr},05$ p. 100 d'aconitine précipite directement par le permanganate de potassium ; une goutte de cette solution produit avec une solution N/10 de permanganate de potassium un précipité parfaitement appréciable. On décèle donc ainsi la présence de $0^{gr},000025$ d'aconitine. Les solutions de cocaïne, d'hydrastinine traitées de la même manière produisent également des précipités, mais qui se distinguent par leur couleur de celui que produit l'aconitine.

Il faut se rappeler que Bouchardat et Boutmy ont retiré du jambon un alcaloïde qui leur a donné les réactions de l'aconitine.

En résumé, les indications relatives aux réactions de l'aconitine qui ont été publiées jusqu'à ce jour offrent entre elles de nombreuses divergences ; cela tient précisément aux différentes aconitines que fournit la droguerie.

L'expérimentation physiologique ne donne pas non plus de résultats bien probants.

Thérapeutique de l'aconitine.—Pour Gubler, qui a contribué à vulgariser l'aconitine, « l'aconitine constitue l'agent le plus capricieux et le plus infidèle de toute la matière médicale ». Tous les travaux pharmacologiques et chimiques ont confirmé ce jugement. Les préparations galéniques les mieux préparées présentent, suivant le *modus faciendi*, le lieu d'origine de la plante, l'époque de la récolte, une teneur en aconitine variant jusqu'à 80 p. 100. Or ces dites préparations se conservent mal et leur teneur en aconitine subit avec le temps des variations considérables.

La tolérance est extrêmement différente d'un individu à l'autre.

On a signalé de très graves accidents à la suite d'ingestion en une seule fois de 1/4 de milligramme d'aconitine cristallisée Duquesnel. Un cas d'intoxication mortelle après absorption en 3 fois de 1^{mgr},5 de nitrate d'aconitine a donné lieu, il y a quelques années, à un procès assez retentissant. Dans un autre cas, une dose de 3/4 de milligramme prise en une seule fois amena la mort d'un adulte ; en revanche, une dose de 12 milligrammes d'aconitine pure a cependant permis le rétablissement du malade. Un médecin de Paris se suicida en 1891 avec de l'alcoolature d'aconit qu'il mélangea à du vermouth. En 1892, Vibert a rapporté un sextuple empoisonnement par de la teinture d'aconit substituée par erreur à de la teinture de quinquina dans la préparation d'un vin de quinquina : 3 personnes en moururent. Le 12 juin 1892, à Saint-Étienne, une dame mourut à la suite de l'absorption de 0^{gr},0015 de nitrate d'aconitine prise en vue de combattre une névralgie faciale ; elle mourut au bout de 4 heures.

Pour l'aconit, la zone maniable est très étroite. Il est impossible d'assigner la dose maxima, d'après Pouchet. C'est peut-être la drogue la plus dangereuse de la matière médicale. Et cependant c'est un analgésique des plus puissants, qui dans les névralgies rebelles donne des résultats remarquables, là où tout échoue, et surtout dans les névralgies du trijumeau.

Il est bon de commencer par une dose de 0^{gr},0001 d'aconitine cristallisée et d'observer la tolérance du sujet, les phénomènes précurseurs de l'intoxication qui commandent la cessation immédiate de la dite drogue. Ces premiers phénomènes surviennent une demi-heure environ après l'ingestion.

Les symptômes de l'empoisonnement par l'aconitine sont les suivants : vomissements fréquents, brûlure au creux épigastrique, pas de diarrhée, excitation du cœur dont les battements sont très rapides, picotements très désagréables au nez (du fait seul de transvaser un flacon dans un autre), à la langue, qui fait éprouver une sensation particulière désagréable de fourmillement aux lèvres et au nez, aux extrémités qui sont refroidies ; salivation, vertiges, syncopes, troubles de la vue, démangeaisons de la face, pouls irrégulier, pupilles dilatées, mains froides, prostration extrême. Voix éteinte, respiration stertoreuse, engourdissement des jambes, sensation de froid et refroidissement réel des membres, puis paralysies, anurie. La température s'abaisse et la mort survient.

En cas de guérison, ces symptômes disparaissent peu à peu, laissant pendant plusieurs jours une sensation de faiblesse, de prostration et d'anéantissement.

D'après Laborde et Duquesnel, l'aconitine produit sur le cœur de la grenouille une accélération des battements résultant des contractions tétaniformes du muscle cardiaque et suivie bientôt d'une phase ataxique. Elle paralyse les terminaisons nerveuses. D'après Liégeois et Gréhant, c'est un poison du système nerveux qu'elle exalte d'abord pour l'affaiblir ensuite. A petite dose elle produit les effets du curare.

Élimination. — L'aconitine s'élimine par les urines et elle paraît se localiser dans les organes parenchymateux les plus vasculaires, comme le foie, la rate, les reins.

Antidotes. — Les antidotes doivent être administrés très rapidement. La digitaline a été proposée, et aussi le tanin, les vomitifs, la respiration artificielle ; on combattra les syncopes par du café noir à hautes doses, du cognac, du vin de Champagne, des flagellations, des injections d'éther.

Recherche de l'aconitine. — Elle est fort difficile. MM. Vibert et Lhote ne purent arriver à caractériser directement l'aconitine dans des extraits résultant de traitements chimiques d'organes de personnes ayant succombé à cette intoxication. Dans la recherche de l'aconitine, on n'emploiera pas les acides minéraux même dilués qui la transformeraient en apoaconitine, ni les alcalis également dilués qui la transformeraient en aconine. La benzine est son dissolvant de choix.

On lira avec fruit dans *Annales d'Hygiène et de Médecine légale*, février 1916, page 97, la relation d'une tentative d'empoisonnement par l'aconitine (L. Garnier).

Magnoliacées.

M. Ét. Barral a attiré l'attention (1902) sur les empoisonnements aigus survenus dans ces dernières années à la suite d'ingestion d'infusions d'anis étoilé provenant d'Illicium anisatum du commerce. Déjà en 1889, MM. Cazeneuve et Florence ont signalé des falsifications de ce produit avec de l'Illicium religiosum ou de l'Illicium parviflorum. Barral a isolé de ce dernier un glucoside très toxique.

Il n'est donc pas étonnant que de nombreux empoisonnements se soient produits et aient été signalés dans différents pays, en particulier au Japon. En 1884, Dreyer signalait la présence chez un herboriste de Paris d'une sorte d'anis étoilé dont l'usage causa des accidents graves chez deux personnes. M. G. Planchon constata que cet anis étoilé contenait de l'Illicium religiosum mélangé à de véritables anis étoilés et à quelques autres espèces d'Illicium.

D'après les expériences de Barral, une décoction de 8 grammes de poudre de fruit d'Illicium parviflorum a occasionné la mort d'un chien du poids de $8^{kg},500$, qui entre autres symptômes éprouva des crises d'épilepsie franche. Pour le chien, la dose mortelle est comprise entre $0^{gr},60$ et $0^{gr},80$ d'Illicium parviflorum par kilogramme d'animal.

Chez l'homme et l'enfant, la dose mortelle paraît être moitié moindre, d'après les relations des divers cas d'empoisonnements accidentels observés.

Toutes les méthodes d'extraction des alcaloïdes ont été impuissantes à extraire un alcaloïde de la plante. La substance toxique, insoluble dans l'éther de pétrole et dans l'éther ordinaire, se trouve dans l'extrait alcoolique et dans l'extrait aqueux. Barral l'a appelée *parvillicine.*

Menispermacées.

La *picrotoxine*, cocculine, menispermine, est le principe actif de la coque du Levant, fruit d'une liane du genre des Ménispermacées et aussi des semences de l'Anamirtha menisperma. Elle agit comme poison stupéfiant employé dans les pêches; elle a servi à donner de l'amertume aux bières et à stupéfier les chevaux méchants. Elle renferme un principe, la picrotoxine, dans la proportion de 5 p. 100.

La coque du Levant est très toxique: $2^{gr},50$ environ peuvent amener la mort ; quant à la picrotoxine, 0gr,01 suffit à tuer des poissons du poids de 250 grammes.

Ce toxique provoque de la diarrhée et des vomissements, des tremblements et des convulsions cloniques, des hallucinations et du délire ; la sécrétion salivaire est augmentée.

Guinard et Dumont ont entrepris (1901) des recherches expérimentales sur les antagonistes physiologiques de la coque du Levant et de la picrotoxine. Le chloral s'est révélé à ces auteurs comme le meilleur agent à opposer aux effets de la coque du Levant et de la picrotoxine, à la condition d'intervenir hâtivement et énergiquement.

La picrotoxine, $C^{30}H^{34}O^{13}$, se présente en prismes incolores fusibles à 199°-201°, de réaction neutre, de saveur amère, solubles dans 150 parties d'eau froide et 25 parties d'eau bouillante, dans l'eau acidulée, les alcalis, l'alcool, l'alcool amylique et le chloroforme, peu solubles dans l'éther. La picrotoxine se décompose facilement en *picrotoxinine*, $C^{15}H^{16}O^{6}$, vénéneuse, et *picrotine*, $C^{15}H^{18}O^{7}$, non vénéneuse.

Elle ne fournit pas de sels.

Ses dissolutions ne sont pas précipitées par les réactifs généraux ; elle ne précipite pas non plus de sa dissolution aqueuse par l'acétate basique de plomb. Elle paraît plutôt se comporter comme un acide faible.

Les solutions aqueuses neutres ou acides agitées avec de l'éther ou de l'alcool amylique, ou du chloroforme abandonnent l'alcaloïde à ces dissolvants. On peut de cette façon la séparer de la colchicine.

La benzine et l'éther de pétrole ne l'enlèvent ni aux solutions neutres ni aux solutions acides. L'éther n'en enlève que de très minimes quantités à la solution alcaline (Pöllnitz).

L'acide sulfurique froid et concentré, et le réactif de Froëhde dissolvent la picrotoxine en lui communiquant une couleur qui varie du jaune d'or au jaune safran; cette solution, quand on la chauffe, noircit en passant par le brun rouge. La solution sulfurique, additionnée de quelques parcelles de bichromate de potassium; devient violette, puis brune.

La picrotoxine mélangée avec une même quantité de sucre et d'un peu d'acide sulfurique fournit un produit rougeâtre.

En chauffant au bain-marie de la picrotoxine additionnée d'acide phosphorique (densité 1,154), on obtient une solution brunâtre, qui après addition d'eau laisse précipiter quelques flocons brunâtres ; le filtratum est jaunâtre.

La picrotoxine réduit la liqueur de Barreswill, bien qu'elle ne fournisse pas de glucose par décomposition.

II à III gouttes de solution de picrotoxine sont additionnées dans une capsule de II gouttes d'acide sulfurique concentré et une minute après de 1 goutte d'une solution d'aldéhyde anisique au 1/5 ; en chauffant vers 80°, on voit apparaître une coloration violet indigo intense, qui ne tarde pas à passer au bleu fixe (Minovici). Cette réaction est sensible avec une solution renfermant 1/2.000 de picrotoxine : elle permet de la déceler dans la coque du Levant. Dans les mêmes conditions, la convolvuline donne une coloration rouge qui passe au rouge cerise, la saponine une coloration rouge brun qui passe au noir, laissant voir par transparence une faible coloration violette, l'aconitine une couleur rose pâle, la vératrine une couleur rouge sang qui passe à l'indigo.

Papavéracées.

L'opium produit par le *Papaver somniferum* renferme, outre deux combinaisons neutres et indifférentes, la *méconoisine* et la *méconine*, plusieurs alcaloïdes unis pour la plupart à l'acide méconique et aussi à l'acide sulfurique. Il renferme les alcaloïdes suivants qui préexistent dans l'opium ou qui se forment au cours des traitements extractifs :

		Pourcentage
L'hydrocotarnine	$C^{12}H^{15}O^{3}N$	—
La morphine	$C^{17}H^{19}O^{3}N$	9 à 10
La pseudomorphine (oxydimorphine)	$C^{17}H^{18}O^{3}N^{2}$	0,02
La codéine	$C^{18}H^{21}O^{3}N$	0,30 à 0,40
La thébaïne	$C^{19}H^{21}O^{3}N$	0,40
La laudanine	$C^{20}H^{25}O^{4}N$	0,01
La codamine	$C^{20}H^{25}O^{4}N$	0,002
La protopine	$C^{20}H^{19}O^{5}N$	0,003
La papavérine	$C^{20}H^{21}O^{4}N$	0,80
La cryptopine	$C^{21}H^{23}O^{5}N$	0,08
La méconidine	$C^{21}H^{23}O^{4}N$	—
La laudanosine	$C^{21}H^{27}O^{4}N$	0,0008
La rhéadine	$C^{21}H^{21}O^{6}N$	—
La narcotine	$C^{22}H^{23}O^{7}N$	5
La narcéine	$C^{23}H^{27}O^{8}N$	0,20
La lanthopine	$C^{23}H^{25}O^{4}N$	0,006
La gnoscopine	$C^{22}H^{23}O^{7}N$	—

sont les principaux de ces alcaloïdes.

Le latex frais du pavot (P. somniferum) renferme bien de la morphine (A. Goris et Ch. Vischniac, 1915).

Les têtes de pavots qui contiennent 0,03 p. 100 de morphine ont souvent amené la mort chez des enfants. On cite le cas d'un enfant qui mourut après l'absorption d'une infusion de 23 grammes de capsules de pavots et celui d'un adulte qui succomba à l'infusion de 2 têtes de pavots.

Beaucoup de mères de famille et de nourrices du nord de la France ont la déplorable coutume d'administrer aux jeunes bébés une décoction de pavot pour les faire dormir et les empêcher de crier. Le mal était si invétéré et si menaçant pour l'avenir de ces enfants que le Gouvernement a dû rendre un décret pour empêcher ces abus : il a ajouté les têtes de pavots au tableau des substances vénéneuses dressé par le décret du 8 juillet 1850. Puisse ce décret recevoir son application et être entouré de plus de garanties en vue de son efficacité que les décrets qui régissent la profession pharmaceutique !

La plus vénéneuse et la plus active des bases de l'opium est la *thébaïne.* L'action de l'opium est différente chez l'homme et chez les animaux : il est très bien supporté dans certaines maladies comme le tétanos, le délire alcoolique, l'hydrophobie, l'aliénation mentale. L'organisme humain s'habitue à l'opium. Aussi doit-on distinguer l'empoisonnement aigu de l'empoisonnement chronique : ce dernier se rencontre chez les masticateurs et les fumeurs d'opium. Le premier seul relève de la chimie toxicologique. L'opium agit comme la morphine. Beaucoup d'auteurs ont relaté les ravages de l'opium ; une revue critique des plus intéressante est celle que le Dr J. Abadie a fait paraître en 1913 dans les *Archives d'Anthropologie criminelle* sous le titre « Les fumeurs d'opium ». A un autre point de vue, le Dr Marcel Labbé, en 1912, a donné des détails intéressants sur la récolte et le traitement du suc qui s'écoule des têtes de pavots, les fumeries d'opium et les dangers de l'opium pour la société.

Les différentes préparations officinales d'opium peuvent provoquer des accidents mortels.

A la suite d'absorption de teinture d'opium, il importera, s'il existe encore du liquide non ingéré et en dehors de la recherche générale de la morphine dans les viscères de la victime, d'identifier la morphine.

Dans ce but, Fluckiger conseille de faire évaporer 5 centimètres cubes environ de la teinture avec 1 gramme de magnésie jusqu'à dessiccation. On fait ensuite bouillir le résidu avec de l'acétone. Le filtratum est additionné d'un peu d'eau et de quelques gouttes d'acide acétique. On filtre à nouveau et on dessèche au bain-marie ; le résidu donne les réactions de la morphine.

Le laudanum ou vin d'opium composé est une préparation pharmaceutique souvent employée dans les tentatives de suicide par les femmes en particulier ; fort heureusement les accidents consécutifs à l'ingestion du laudanum sont rarement suivis de mort.

Recherche de la morphine dans un empoisonnement par le laudanum : La méthode suivante nous a permis (1889) de caractériser la morphine et la matière colorante du safran dans un empoisonnement de cette nature.

On ajoute aux substances divisées et au contenu stomacal en particulier quelques gouttes d'acide sulfurique pour rendre le mélange acide ; on évapore le tout au bain-marie jusqu'à consistance sirupeuse. Le résidu est mélangé avec 4 fois son volume d'alcool et filtré après 24 heures de digestion pour séparer les matières non dissoutes. On a lavé le filtre à plusieurs reprises avec de l'alcool à 70°. Le liquide filtré est distillé dans une cornue jusqu'à ce que tout l'alcool se soit évaporé. Le résidu aqueux refroidi et dilué avec un peu d'eau distillée a été filtré. On y a versé de l'éther de pétrole rectifié et l'on a agité le mélange à plusieurs reprises dans un entonnoir à robinet. Le pétrole séparé par décantation a dissous des matières colorantes étrangères mélangées au liquide acide.

La solution acide précédente privée de pétrole a été soumise ensuite à l'action dissolvante de la benzine pour éliminer des matières étrangères que n'aurait pas enlevées le pétrole : le traitement a été répété plusieurs fois. Enfin la liqueur acidulée aqueuse a été encore agitée avec du chloroforme.

On enlève au liquide toute trace de benzine et de chloroforme en l'agitant une dernière fois avec du pétrole.

Le pétrole ayant été décanté, on neutralise ensuite le liquide acide avec de l'ammoniaque : la solution ammoniacale a été soumise aux mêmes traitements que ci-dessus avec le pétrole, la benzine et le chloroforme. La solution chloroformique contient des traces de morphine ; en effet, nous avons pu faire les réactions caractéristiques de la morphine avec le résidu provenant de l'évaporation du chloroforme.

Finalement la liqueur ammoniacale privée de chloroforme a été agitée avec de l'alcool amylique dans un entonnoir à robinet ; cette opération a été répétée plusieurs fois.

L'évaporation de l'alcool amylique provenant des divers traitements précédents donne un résidu brunâtre. Ce dernier a été redissous dans un peu d'eau distillée additionnée de quelques gouttes d'acide sulfurique. Cette dernière liqueur a été filtrée, puis additionnée d'ammoniaque qui a produit un précipité qui doit être le toxique cherché.

Le précipité est recueilli sur un petit filtre, lavé, puis redissous dans un peu d'eau aiguisée d'acide chlorhydrique. Cette dernière solution évaporée au bain-marie jaunit légèrement. On a évaporé à siccité dans

5 verres de montre : avec les résidus cristallins ou amorphes on procède aux 5 essais suivants :

1° Avec le phosphomolybdate de sodium (réactif Frohde) : coloration violette ;

2° Avec l'acide sulfurique + acide sélénieux : coloration bleu verdâtre ;

3° Avec l'acide sulfurique + acide iodique : mise en liberté d'iode ;

4° Avec le chlorure ferrique + ferricyanure : bleu de Prusse ;

5° Avec le chlorure ferrique seul : couleur bleue.

Ces réactions réunies suffisent à caractériser la morphine.

On cherche à caractériser la *crocine*, matière colorante du safran. Des floches de soie blanche trempées dans le liquide suspect doivent se colorer en jaune. On colore de même des floches de soie avec une teinture étendue de safran. L'acide sulfurique fait virer au bleu. Au bout de quelques instants, les floches teintées avec le liquide suspect doivent prendre la même couleur.

La présence dans l'estomac de la teinture de safran et de la morphine suffit à conclure à un empoisonnement par le laudanum.

Morphine $C^{17}H^{19}NO^{3},H^{2}O$.

La morphine, isolée de l'opium par Derosne, devient anhydre à 100° ; elle commence à brunir à 200°, et elle fond à 230° en se décomposant.

Très peu soluble dans l'eau (1/5.000), un peu plus dans l'eau bouillante (1/500), elle est presque insoluble dans l'éther sulfurique et la benzine surtout à l'état cristallin ; elle se dissout bien dans l'alcool étendu, dans l'alcool méthylique, l'éther acétique, un peu moins dans l'alcool amylique et le chloroforme. Elle est peu soluble dans l'ammoniaque. L'anisol la dissout facilement en laissant par évaporation de magnifiques cristaux.

Elle est monoacide, en même temps que base tertiaire possédant deux groupes oxhydriles, dont l'un a le caractère phénolique et l'autre le caractère alcoolique.

Elle fournit des sels bien cristallins, solubles dans les lessives de potasse et de soude.

Elle réduit les oxydes métalliques, les sels d'or et d'argent à la température ordinaire, et beaucoup de réactions qui servent à la caractériser dérivent de cette propriété.

Les solutions aqueuses de morphine et de ses sels dévient à gauche la lumière polarisée.

Le noir animal l'enlève en partie à ses solutions.

Réactions de la morphine. — En dehors des précipités fournis par les réactifs généraux, la morphine peut être caractérisée par de nombreuses réactions :

Les solutions salines précipitent par la lessive de potasse, et le précipité se dissout dans un excès.

L'acide sulfurique froid et concentré dissout la morphine sans coloration. Après avoir chauffé le mélange à 100°, la solution refroidie et additionnée d'une goutte d'acide azotique se colore en violet, puis elle prend une teinte rouge sang (Husemann).

A la dissolution de la morphine ou de ses sels dans l'acide sulfurique, l'addition d'une goutte de formol développe une coloration violette intense (Marquis).

Le perchlorure de fer très étendu produit une couleur bleue ; si on en met en excès, la couleur est verte (Pelletier). Aucun autre alcaloïde ne produit cette réaction. Celle-ci est rendue plus sensible par l'addition d'une goutte de cyanure rouge qui serait réduit en cyanure jaune. Le gentisin posséderait cette réaction, ainsi que la plupart des ptomaïnes.

Le réactif de Frohde dissout la morphine et ses sels en prenant une teinte violet pourpre. Cette couleur vire peu à peu au vert et au jaune ; elle vire aussitôt au jaune si l'on ajoute une goutte d'eau. Cette réaction est commune à beaucoup d'alcaloïdes ; elle a été étudiée par Bruylants (1895).

La morphine réduit l'acide iodique ou les iodates alcalins en libérant de l'iode que l'on peut dissoudre par agitation dans du chloroforme (Serullas).

Si l'on chauffe la morphine à 150° avec un mélange de 2 parties d'acide sulfurique et de 1 partie d'eau (sulfomorphide) et si l'on ajoute ensuite un petit cristal de sulfate ferreux, on obtient en chauffant à nouveau et en versant sur le mélange de l'ammoniaque une coloration rouge ou violette, en même temps que l'ammoniaque se colore en bleu (Jorissen). Sensibilité : $0^{gr},0006$. La codéine ne donnerait pas cette réaction.

De l'acide sulfurique ajouté à un mélange de sucre de canne et de morphine, le tout additionné d'une trace d'eau de brome, fournit une coloration rouge (Schneider). Cette réaction très sensible se produit encore avec 1 /100 de milligramme de morphine.

L'acide sélénieux et de l'acide sulfurique ajoutés à de la morphine fournissent une coloration bleu de Prusse qui vire ensuite au vert. Avec le chlorhydrate de morphine la teinte est jaune, puis vert sale.

L'eau de chlore colore la morphine en jaune; en ajoutant de l'ammoniaque, la couleur passe au rouge et plus tard au brun.

Si à de la morphine on ajoute de l'eau oxygénée, de l'ammoniaque et une trace de sulfate de cuivre, la couleur va du rose au rouge intense (Denigès).

M. Gabutti, en 1904, a donné une nouvelle réaction de la morphine et de ses dérivés. En chauffant doucement de la morphine avec de l'acide sulfurique jusqu'à coloration rouge faible, il se développe par addition de chloral une coloration violette. Dans ces conditions :

La dionine fournit une couleur grise azurée;

La péronine fournit une couleur rouge brun;

La codéine fournit une couleur grise azurée.

Les autres alcaloïdes de l'opium fournissent une réaction négative.

Reichard a indiqué les réactions suivantes :

Le nitrate d'uranium additionné de ferricyanure de potassium et de morphine cristallisée ou de ses solutions produit une coloration rouge brun. Le sulfate de cuivre substitué au nitrate d'uranium donne la même coloration et souvent un précipité.

Le sulfate de cuivre ammoniacal, en présence de l'acide sulfurique et du chlorhydrate de morphine, produit une coloration violette.

Si, à une solution très concentrée dans de l'acide sulfurique pur d'anhydride titanique, on ajoute quelques petits fragments de morphine ou de l'un de ses sels, il se produit une coloration noire.

MM. J. Aloy et F. Laprade (1909) utilisent également le nitrate d'uranyle qui prend une coloration rouge en présence de la morphine ou de beaucoup de phénols : la codéine et les alcaloïdes ne possédant pas de groupe oxydryle phénolique ne donnent pas la réaction. Le réactif se prépare en prenant 10 grammes de nitrate d'uranyle qu'on dissout dans environ 60 centimètres cubes d'eau, et l'on ajoute une solution diluée d'ammoniaque jusqu'à commencement de précipitation, on filtre et l'on complète à 100 centimètres cubes. Les acides minéraux ainsi que les alcalis font disparaître la coloration, car ils précipitent l'uranium.

Si à 2 centimètres cubes d'acide sulfurique pur on ajoute une pincée de chlorhydrate de morphine renfermant $0^{gr},4$ à $0^{gr},5$ p. 100 de narcotine, et si l'on porte le mélange au bain-marie d'eau bouillante, il se développe peu à peu une teinte violette ou mieux lilas extrêmement nette (A. Labat, 1912).

Réaction de MM. Chastaing et Barillot (1887). — Le résidu qui est supposé contenir la morphine est additionné de $0^{gr},5$ d'acide oxalique et de 1 centimètre cube d'acide sulfurique concentré ; il se fait un dérivé de formule $C^{28}H^{34}N^{2}O^{8}$, blanc. On broie le mélange à l'aide d'un agitateur, et on maintient au bain d'huile à 120-125° pendant une heure environ. Après refroidissement, on ajoute 3 à 4 centimètres cubes d'eau ; le mélange est rouge ; on ajoute ensuite un excès de soude alcoolique (4 à 5 centimètres cubes) à 36°, de façon à avoir une liqueur nettement alcaline ; on laisse environ 12 heures le mélange exposé à l'air, ou mieux dans une atmosphère d'oxygène. Au bout de ce temps la liqueur a rougi davantage ; la matière dissoute se modifie rapidement par oxydation. En saturant cette solution par de l'acide chlorhydrique au 1/5, le mélange vire au bleu ou au bleu vert d'eau. On le divise en deux portions :

Une partie est agitée avec de l'éther anhydre qui se colore en rouge pourpre s'il y a de la morphine. La solution éthérée lavée à l'eau fournit à l'examen spectroscopique un spectre dans lequel les rayons jaunes et verts sont éteints.

Une goutte de cette solution éthérée évaporée sur un porte-objet laisse déposer des cristaux de bleu de morphine qui, séché à 100°, a pour formule $C^{26}H^{22}N^{2}O^{4} + H^{2}O$. Ces cristaux, quand ils sont un peu volumineux, paraissent bleu noir ; touchés par une goutte de soude, ils disparaissent en donnant une solution bleue peu altérable à l'air.

La solution éthérée, agitée avec une solution alcaline même très étendue, lui cède son bleu de morphine, en la colorant en bleu pur ; cette solution alcaline neutralisée par un acide ajouté en faible excès précipite des flocons légers bleus, toujours solubles dans l'éther en rouge violacé.

La seconde portion est agitée avec du chloroforme qui se colore en bleu pur ; cette solution présente les mêmes réactions que la solution éthérée, c'est-à-dire qu'elle laisse déposer du bleu de morphine par évaporation ; elle cède ce bleu aux alcalis.

Cette réaction se produit d'après les auteurs avec 0gr,0001 de morphine. Elle se produit encore en présence des impuretés que l'on retrouve dans les résidus cadavériques et même de ptomaïnes isolées dans le cours d'expertises.

Les réactifs généraux donnent aussi des réactions avec la morphine. Cependant le tanin ne fournit aucun précipité, ou, au plus, un léger trouble, mais au bout de quelque temps le précipité devient abondant.

La morphine réduit en vert émeraude la solution ammoniacale de sulfate de cuivre, le chlorure d'or, etc.

Rappelons que le sirop de morphine additionné de réactif de Tanret ne fournit pas de précipité, alors que le sirop de codéine avec le même réactif en donne un.

La toxicité de la morphine chez l'homme est une des graves questions de la pratique toxicologique. On distingue l'empoisonnement aigu et l'empoisonnement chronique qui doivent être examinés séparément. On a rarement assisté à un empoisonnement aigu de la morphine se terminant par la mort : ces cas sont très rares. On rapporte beaucoup de méprises ou de confusions à la suite d'absorption de morphine à la place d'autres alcaloïdes.

La toxicité de la morphine varie avec la susceptibilité des individus, ce qui doit déterminer le médecin à être prudent dans ses prescriptions opiacées. En général, après absorption de cet alcaloïde, à une période d'excitation succèdent l'abattement, un sommeil comateux avec respiration stertoreuse : la mort survient par asphyxie.

La morphinomanie a été magistralement décrite par M. le professeur Debove, en 1899, au travail duquel nous empruntons les renseignements suivants :

Il n'est pas besoin de distinguer l'opiomanie de la morphinomanie. Les voies d'introduction n'ont pas une grande influence sur les effets généraux de l'intoxication. Les opiophages n'existent généralement pas dans nos pays, ou s'il en existe ce sont des morphinomanes auxquels la morphine ne suffit pas.

Les douleurs psychiques, les peines morales conduisent à la morphinomanie aujourd'hui bien répandue dans la société et principalement chez les médecins, pharmaciens, étudiants, sages-femmes, infirmiers, les dégénérés supérieurs et aussi dans l'entourage de ces derniers. Après eux ce sont les hommes de lettres, les militaires, les femmes galantes qui fournissent le plus grand nombre de morphinomanes. La morphinomanie devient une passion. Le sexe fort et le sexe faible sont également morphinomanes. Les effets du morphinisme mettent environ 8 à 9 mois à se produire.

La première période est une véritable lune de miel avec sensations délicieuses ; après, la jouissance disparaît et les accidents se montrent ; les injections se succèdent ; chaque nouvelle injection dissipant les effets fâcheux de celle qui l'a précédée et ne produisant qu'une cessation de souffrance. De plus, les seringues employées sont loin d'être aseptiques ; on assiste à des phlegmons, des abcès, des érysipèles, etc. On a commencé par une injection de $0^{gr},01$, on arrive fréquemment à $0^{gr},50$. Certains sujets vont jusqu'à 4 et 5 grammes et même, dit Chambard, 9 grammes en 24 heures.

La première période ou période d'initiation est quelquefois très pénible et rebute heureusement un assez grand nombre de sujets. Les premières injections sont suivies de nausées et de vomissements. Ces premières difficultés surmontées, les malades entrent dans une période délicieuse d'euphorie et de volupté. Tous se disent heureux : les chagrins sont dissipés ; elle provoque des illusions, des anéantissements qui font couler rapidement les heures et les jours. Puis les morphinomanes arrivent à la période d'état, où tous les mauvais effets se font sentir.

I. TROUBLES PHYSIQUES. — *a) Motilité.* — Faiblesse musculaire, tremblement particulier.

b) Sensibilité. — On observe souvent des névralgies ; l'ouïe et l'odorat sont plus ou moins émoussés ; l'acuité visuelle diminue ; les pupilles sont habituellement contractées.

c) Troubles digestifs. — Appétit diminué, bouche sèche, soif vive, digestions difficiles. Pas d'acide chlorhydrique dans le suc gastrique, sécrétions et contractions de l'intestin diminuées. Bile moins abondante, selles peu colorées. L'amaigrissement survient et il paraît un léger œdème aux malléoles.

d) Troubles cutanés. — Éruptions variées dues aux piqûres septiques ; peau tantôt sèche, tantôt couverte de sueur. La sécrétion sudorale est seule augmentée, celle des glandes sébacées diminuée. Peau terreuse, blafarde, rugueuse.

e) Troubles urinaires. — Les urines semblent peu modifiées dans leur composition ; elles ne contiennent que peu de morphine, ce qui montre que celle-ci s'élimine aussi par d'autres voies.

f) Troubles sexuels. — Les désirs s'éteignent, l'impuissance s'établit ; il peut y avoir de l'excitation passagère ; chez la femme, il y a de l'aménorrhée, cependant la fécondation est possible.

II. TROUBLES PSYCHIQUES. — Les morphinomanes sont moroses, silencieux, apathiques, indifférents ; la mémoire s'affaiblit ; la volonté diminue ; la sensibilité morale s'émousse ; toute affection disparaît ; l'obsession de la morphine conduit à tous les vices.

Il y a quelquefois des hallucinations, des convulsions hystériformes ou épileptiformes.

Les troubles divers sont toujours plus accentués dans la période qui précède la piqûre (état de besoin) que dans la période d'état (sous l'influence de la morphine).

Dans l'état de besoin, les phénomènes morbides ne manquent jamais : céphalée très vive, névralgie, douleurs dans les mollets, vomissements, coliques, diarrhée, collapsus grave, cyanose des extrémités ; le malade peut succomber à une syncope si on ne vient pas à son secours au moyen d'une injection de morphine.

On pourra essayer de remplacer la morphine par des injections de spartéine et de strychnine que l'on fera alterner d'un jour à l'autre. Une injection de quinine de temps en temps relèvera aussi les forces du malade.

Dans ce même état de besoin, les troubles psychiques sont plus accentués : le malade est agité, très anxieux ; il réclame de la morphine qui est son seul désir ; il commettrait un crime pour s'en procurer.

La morphinomanie aboutit à la cachexie : vieillesse précoce, amaigrissement du sujet ; la peau se ride, devient terne et sèche ; les cheveux grisonnent et tombent ; les ongles sont cassants, les dents cariées ; il y a de la diarrhée continuelle.

Déchéance intellectuelle et morale. La mort arrive par cachexie, soit à l'hôpital, dans une maison d'aliénés ou dans une prison, souvent même par suicide.

L'hystérie, la folie sont aussi des complications possibles. L'alcool, l'opium, la cocaïne, le chloral, l'éther sont souvent ingérés avec de la morphine et ne font qu'augmenter les dangers de cette funeste passion au moral comme au physique.

Traitement. — Quand les habitudes ne sont pas invétérées, chez les petits morphinomanes, on peut arriver à la cessation de la morphine, du plein gré des malades.

Pour les grands morphinomanes, on doit les enfermer dans une maison de santé. La démorphinisation brusque nécessite la présence constante d'un médecin pour éviter les attentats et les accidents de collapsus. Cette méthode doit être rejetée : elle procure des souffrances atroces en exposant le malade à de grands dangers.

La méthode rapide consiste à diminuer rapidement les doses de morphine que prend le malade qui doit être gardé à vue pendant ce temps.

On a employé avec succès aussi la psychothérapie et la suggestion combinées, bien entendu, avec la suppression lente de morphine.

Antidotes. — On devra recourir aux vomitifs dans le cas d'absorption de la morphine ou de préparations opiacées : en général cette absorption est suivie de vomissements spontanés. On donne des infusions répétées de café fort additionné de cognac. On pratiquera la flagellation, des frictions, du massage, de la respiration artificielle ; on luttera contre le sommeil, et on forcera la personne intoxiquée à marcher. Injections de caféine, d'huile camphrée.

La morphine est lentement absorbée à cause de son peu de solubilité : elle passe inaltérée dans l'intestin et elle est expulsée dans les fèces. Il n'en est pas de même de ses sels qui sont rapidement absorbés et qui s'éliminent principalement par l'urine.

B. Schwartz a préconisé (1899) l'injection hypodermique de 1 centimètre cube d'une solution de permanganate de potassium à 2 p. 100 dans l'empoisonnement par la morphine ou ses sels et même l'injection d'une solution de ce sel à 1 /10.000 : il en résulterait une oxydation de la morphine en oxydimorphine, peu nocive.

La morphine serait un antidote de la cocaïne (Vaillard, 1905).

A la suite d'un empoisonnement par la morphine, on rechercherait l'alcaloïde dans le contenu stomacal et intestinal, dans le sang, l'urine, le foie et les reins.

T. Panzer (1902) a fait des recherches sur la résistance des alcaloïdes végétaux à la putréfaction ; cet auteur aurait retiré la morphine d'un cadavre au bout de 6 mois de putréfaction. L'extraction serait plus difficile cependant. W. van Rijn (Rotterdam, 1913) l'aurait caractérisée 69 et même 107 jours après la mort. M. Dœpmann (1915) l'a caractérisée dans de la viande de cheval additionnée de chlorhydrate de morphine et abandonnée à la putréfaction pendant des temps variant de 1 à 11 mois.

La recherche toxicologique de la morphine est une question délicate. MM. Ern. Gérard, Déléarde et Ricquet (1905) ont rappelé que Marmé (1883) avait montré que la morphine se transformait dans les tissus en oxymorphine, que A. Laval (1883) était arrivé à des conclusions identiques. En 1904, MM. Ern. Gérard et Ricquet avaient démontré que les reins en particulier étaient susceptibles, par une action diastasique, d'oxyder cet alcaloïde.

Pour la recherche de la morphine dans les viscères, les trois auteurs cités plus haut recommandent d'ajouter aux organes pulpés une quantité d'eau égale à leur poids et d'acidifier par l'acide chlorhydrique. On fait digérer 2 heures au bain-marie ; au bout de ce temps, on sursature par l'ammoniaque et l'on agite le mélange à 2 ou 3 reprises avec de l'alcool amylique saturé d'ammoniac. La solution amylique est mise de côté. D'autre part, on évapore au bain-marie les liqueurs aqueuses et le résidu broyé avec du sable est encore épuisé par l'alcool amylique ammoniacal. Les solutions amyliques sont réunies et agitées avec de l'eau acidulée par l'acide chlorhydrique. La liqueur chlorhydrique alcalinisée par de l'ammoniaque est agitée à son tour avec de l'alcool amylique ammoniacal. On distille les solutions amyliques et sur le résidu de la distillation on effectue la recherche de la morphine et de l'oxymorphine par le réactif de Marquis formé par un mélange de 30 centimètres cubes d'acide sulfurique concentré et de XX gouttes de formol.

Un peu du résidu obtenu est étalé sur une capsule de porcelaine et on promène avec un agitateur II ou III gouttes du réactif. Avec de la morphine, il se produit une coloration rouge violacée très foncée et avec l'oxymorphine une teinte d'un beau vert franc. Quand les deux alcaloïdes existent, il y a des traînées violettes et vertes.

On peut, si les résidus sont en quantité suffisante, séparer la morphine de l'oxymorphine en transformant en sulfates : le sulfate d'oxymorphine est à peu près insoluble dans l'eau froide. Ces auteurs ont enfin montré qu'il fallait exclure le procédé de Stas-Otto pour la recherche de la morphine ou de ses dérivés dans l'organisme.

On pourra employer la méthode exposée plus haut, qui nous a servi à trouver la morphine à la suite d'un empoisonnement par le laudanum.

Dosage de la morphine en toxicologie. — MM. L. Georges et Gascard (1906) se sont appliqués à doser la morphine retirée des organes dans un empoisonnement. La méthode de Mayer leur a donné des résultats peu précis, ainsi que celle de Gérard qui repose sur la détermination du poids d'iode qu'absorbe la morphine dans certaines conditions. Le procédé préconisé par ces auteurs repose sur le principe suivant bien connu : quand dans une solution neutre, ou très légèrement acide de morphine, on introduit de l'acide iodique, il y a une coloration jaune ou jaune rougeâtre du liquide ; l'addition d'un léger excès d'ammoniaque change la teinte qui devient d'un jaune brun plus ou moins accentué. La coloration est proportionnelle à la quantité de morphine réagissante : on opère au colorimètre Duboscq par comparaison avec une solution titrée de morphine.

La méthode de Dragendorff permettrait, dans le cas d'un empoisonnement par l'opium, de retrouver, en même temps que la morphine et les autres alcaloïdes, la méconine et l'acide méconique. Elle est résumée dans le tableau suivant :

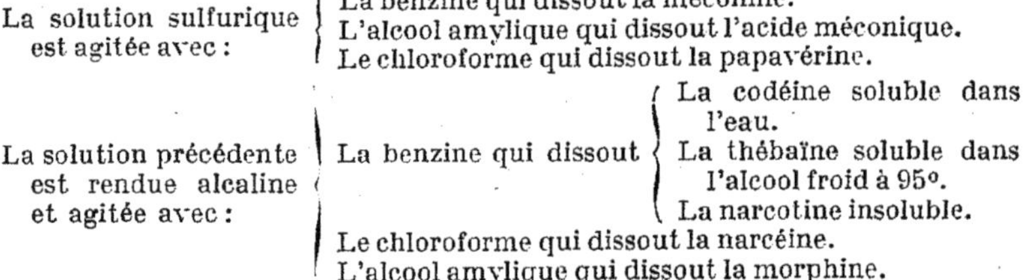

La solution sulfurique est agitée avec :	La benzine qui dissout la méconine.	
	L'alcool amylique qui dissout l'acide méconique.	
	Le chloroforme qui dissout la papavérine.	
La solution précédente est rendue alcaline et agitée avec :	La benzine qui dissout	La codéine soluble dans l'eau.
		La thébaïne soluble dans l'alcool froid à 95°.
		La narcotine insoluble.
	Le chloroforme qui dissout la narcéine.	
	L'alcool amylique qui dissout la morphine.	

Pour rechercher la morphine éliminée par l'urine, W.-R.-V. Kaufmann-Asser (1913), après avoir critiqué certains procédés allemands employés dans ce but, préconise la méthode suivante : l'urine acidulée par une solution d'acide tartrique à 10 p. 100 est évaporée à sec ; le résidu est épuisé à l'alcool chaud ; l'extrait alcoolique, sec, repris par l'eau, est additionné de NH^3. On épuise au chloroforme, on évapore et purifie le résidu. On peut même titrer acidimétriquement en présence d'iodéosine. A la suite d'injections répétées, pratiquées sur des animaux, on retrouve ainsi jusqu'à 39 p. 100 de l'alcaloïde injecté sous la peau. 72 heures après la dernière injection, on retrouve encore de la morphine dans le foie, les reins et l'estomac.

L'oxymorphine qui se forme après oxydation de la morphine et qui est identique à la pseudomorphine $(C^{17}H^{18}NO^{3})^{2}$, alcaloïde contenu dans l'opium (Hesse), peut par sa présence, troubler la recherche de la morphine. Grimbert et Leclère (1914) proposent de transformer ces bases en chlorhydrates et d'additionner leurs solutions aussi neutres que possible de quelques gouttes d'une solution de ferricyanure de potassium (1/100) et d'acétate de sodium (10/100) exactement neutralisée. L'absence de tout louche montre que ces solutions ne renferment pas trace d'oxydimorphine ou qu'elles en contiennent moins de 1 p. 20.000.

Apomorphine $C^{17}H^{17}NO^{2}$.

On ne saurait séparer de l'étude de la morphine celle de l'apomorphine, qui a été obtenue en 1869 par Mathiessen et Wright en chauffant de la morphine et aussi en traitant à 140° environ la codéine avec un excès d'acide chlorhydrique concentré.

Elle est amorphe, blanche, difficilement soluble dans l'eau, très soluble dans l'éther, l'alcool, le chloroforme et l'alcool amylique. Elle se colore en gris verdâtre quand on l'expose à l'air : quoique colorée, elle conserve ses propriétés émétiques.

Les effets émétiques de l'apomorphine et de ses sels se produisent aussi bien à la suite d'injections hypodermiques que d'absorption par l'estomac. Ses effets sont très atténués chez les morphinomanes, les chloraliques et les personnes soumises à l'influence du chloroforme.

L'apomorphine est absolument privée de vertus hypnotiques ou narcotiques quand on l'administre à dose normale. On ne connaît pas la dose susceptible de tuer un homme : administrée à toutes sortes de doses (celle de 0gr,01 étant la dose normale), elle produit chez l'homme et les animaux une action nauséeuse et vomitive plus énergique que celle exercée par les autres vomitifs. A doses très élevées, il y a, outre des vomissements répétés, une surexcitation nerveuse : les animaux tombent à terre en décrivant un mouvement de rotation ; ils accomplissent des mouvements de mastication ; il y a salivation, dilatation de la pupille, fréquence des mouvements respiratoires, incertitude de la marche, ataxie des membres postérieurs et enfin perte du mouvement.

Chez des chiens empoisonnés par l'apomorphine, Budin et Coyne ont constaté les lésions de l'entérite aiguë.

La recherche de l'apomorphine se fait dans les matières vomies, l'estomac, l'intestin et son contenu, le foie, les reins, le sang et l'urine.

Le liquide acide aqueux résultant de la distillation de l'alcool est agité avec de l'éther qui, dans le cas de présence de l'apomorphine, se sépare coloré en violet ou en rouge : cette coloration est donnée par la dissolution des produits de l'alcaloïde qui s'altère sous l'influence de la lumière. Le liquide aqueux, séparé de l'éther, est traité avec de l'ammoniaque jusqu'à réaction alcaline, puis agité avec une nouvelle quantité d'éther qui abandonne l'apomorphine par évaporation. Pour l'obtenir plus pure, on prépare le chlorhydrate dont on sépare ensuite à nouveau l'alcaloïde au moyen de la magnésie. Le mélange est agité avec de l'éther qui, mis à évaporer, abandonne un résidu cristallin de couleur verdâtre constitué par l'apomorphine.

Les solutions de chlorhydrate d'apomorphine se colorent rapidement en vert bleuâtre ; cette coloration est encore visible dans des solutions à 1 p. 10.000. Cette coloration se produit plus intense et constitue une réaction très sensible de l'apomorphine, en opérant de la façon suivante, comme le conseillent L. Grimbert et A. Leclère (1914) : dans un tube à essai, on mesure 5 centimètres cubes de solution d'apomorphine ; on y verse successivement V gouttes d'une solution saturée de bichlorure de mercure et V gouttes d'une solution d'acétate de sodium à 10 p. 100 et on porte à l'ébullition pendant quelques secondes ; on laisse refroidir et on ajoute 1 ou 2 centimètres cubes d'alcool amylique, qui dissout en bleu plus ou moins foncé la matière colorante. Cette réaction se produit avec des dilutions à 1/500.000, soit 0gr,002 par litre, alors que le réactif de Mayer ne donne plus de trouble.

L'apomorphine altérée fournit avec l'alcool une solution vert bleuâtre, avec l'éther et la benzine une solution rouge pourpre, et avec le chloroforme une solution violette.

La potasse la précipite, mais le précipité se dissout dans un excès d'alcali, en donnant un liquide bleu, qui vire bientôt au rouge pourpre sale et enfin au brun.

L'apomorphine présente les réactions de la morphine, lesquelles sont fondées sur la transformation de celle-ci en apomorphine.

En dissolvant une très petite quantité d'apomorphine ou d'un de ses sels dans l'acide sulfurique concentré et froid et en ajoutant des traces d'acide nitrique, on obtient une solution rouge sang.

Elle se dissout dans le réactif de Frohde en donnant une couleur verte qui passe facilement au violet ; si l'alcaloïde est un peu altéré, la couleur obtenue est de suite violette.

Dans un tube à essai on introduit un petit cristal de bichromate de potassium, 1 à 2 centimètres cubes de chloroforme, 1 centimètre cube environ de la solution d'apomorphine et 1 centimètre cube d'eau oxygénée officinale, et on agite. Au bout d'un temps variable, la solution aqueuse est rouge, de même que la solution chloroformique (Wangerin).

Elle est colorée en rouge acajou par le perchlorure de fer très dilué. Elle réduit, comme la morphine et à chaud, les solutions des métaux nobles comme aussi l'acide iodique.

Elle réduit également à froid le nitrate d'argent ammoniacal (L. Grimbert et A. Leclère).

En agitant 0gr,05 de chlorhydrate d'apomorphine mélangé d'une égale quantité de sulfate ferreux avec 10 centimètres cubes d'eau, le liquide au bout d'une heure prend une belle couleur azurée qui passe à l'azuré noir et finalement au vert sale.

Les solutions d'apomorphine sont précipitées par la plupart des réactifs généraux. Parmi eux, le chlorure d'or produit un précipité rouge pourpre et l'acide picrique un précipité jaune.

Distinction de la morphine et de l'apomorphine :

Une solution renfermant 0gr,30 d'acétate d'uranium et 0gr,30 d'acétate de sodium pour 100 centimètres cubes d'eau donne avec une solution de morphine une coloration variant du rouge jacinthe au jaune orangé ; avec une solution d'apomorphine, il se produit un précipité brun qui se redissout en se décolorant dans les acides étendus pour se reformer incolore par l'addition d'un alcali. Comme la grande majorité des alcaloïdes, elle ne réagit pas avec la solution d'urane et, comme la morphine et l'oxymorphine réagissent d'une façon différente, cette réaction due à Wangerin (1902) permet d'identifier l'apomorphine.

Nous donnons ci-après l'historique de quelques dérivés synthétiques de la morphine.

La diacétylmorphine (chlorhydrate d'héroïne).

$$C^{17}H^{17}NO\left\langle\begin{matrix} O(COCH^3) \\ O(COCH^3) \end{matrix}\right\rangle HCl$$

La diacétylmorphine est une poudre blanche, cristalline, un peu amère, fusible à 169°, lentement soluble dans l'eau, soluble dans l'alcool. Elle est très soluble dans le chloroforme et le benzol.

Réactions. — Elle ne colore pas le perchlorure de fer.

Chauffée avec de l'acide sulfurique, l'héroïne dégage l'odeur d'éther acétique.

L'acide azotique fournit une couleur jaune, devenant bleue verdâtre après quelques heures à froid et de suite à chaud, pour revenir au jaune (Zernich).

Une solution sulfurique d'urotropine lui communique une couleur jaune bouton d'or qui passe au jaune safran, puis au bleu foncé (Manseau).

Pour la distinguer de la morphine et de la codéine, on se base sur ce que, par ébullition avec de l'acide sulfurique étendu, l'acide acétique contenu dans la diacétylmorphine est mis en liberté ; si on a soin d'ajouter préalablement de l'alcool, il se développe une odeur facilement reconnaissable d'éther acétique.

L'héroïne serait plus maniable et moins toxique que la codéine : elle serait spécialement indiquée dans la toux, l'asthme et la bronchite.

Elle a été introduite dans la thérapeutique par H. Dreser. Elle ralentirait les mouvements respiratoires et accroîtrait la durée de l'inspiration (Manquat).

Elle ne provoque aucun trouble digestif.

Pour L. Guinard (1900), elle aurait l'avantage d'agir moins énergiquement sur le cerveau, mais plus fortement sur l'appareil bulbo-médullaire que la morphine ; il en résulte des effets hypnotiques inférieurs à ceux de cet alcaloïde, mais une action analgésique plus marquée. Elle ne provoque ni nausées, ni appétence, et son emploi prolongé ne paraît pas offrir les inconvénients du morphinisme. Les premières injections déterminent quelquefois des éblouissements, une sensation de brouillard devant les yeux, un peu de vertige, de la céphalée en cercle ; ces troubles disparaissent d'ordinaire aux injections suivantes. Des doses moitié moindres que pour la morphine sont suffisantes.

Elle n'influence ni le cœur, ni la circulation et ne donne pas de constipation.

M. Saint-Martin (1900) a étudié sur les chiens les conséquences de l'administration quotidienne de l'héroïne dans les conditions où habituellement l'on détermine le morphinisme chronique.

Peronine, Chlorhydrate de Benzoylmorphine

$C^{17}H^{17}NO(OC^{6}H^{5}CH^{2})[OH](HCl)$.

Poudre blanche, cristalline, légère, peu soluble dans l'alcool absolu, un peu plus soluble dans l'eau, insoluble dans l'éther et le chloroforme.

En présence des alcalis caustiques, elle donne un précipité de morphine qui se dissout dans un excès d'alcali.

Paraît, au point de vue de l'activité, tenir le milieu entre la morphine et la codéine : inférieure à cette dernière au point de vue hypnotique, elle lui est supérieure en ce qu'elle ne provoque pas de sueurs ni de fatigue de l'estomac ; le sommeil est plus calme et non précédé d'excitation.

Son action sur les phénomènes respiratoires est moins sensible que celle de l'héroïne et en général que celle des dérivés acétylés de la morphine. Elle est moins toxique que la morphine.

Inférieure comme anesthésique général à la dionine et à l'héroïne.

Ne jamais dépasser 0gr,20 par jour en pilules ou en potion légèrement alcoolisée.

Dionine, $C^{17}H^{17}NO\ (OH)\ (OC^2H^5)\ HCl + H^2O$.

Se rapproche de la morphine. C'est du chlorhydrate d'éthylmorphine.

Elle se comporte comme les alcaloïdes vis-à-vis des réactifs généraux.

Le réactif de Dragendorff	donne un trouble	dans les solutions à	1/100.000
Le réactif de Bouchardat	—	—	1/10.000
Le réactif de Mayer	—	—	1/5.000
Le réactif de Schleibler	—	—	1/1.000

Caractères chimiques. — Poudre cristalline, blanche, inodore, de saveur amère, très soluble dans l'eau (14 p. 100) et dans l'alcool (73 p. 100) ; insoluble dans l'éther et le chloroforme, soluble dans le sirop simple (1 p. 20). Fusible à 123°-125°.

Elle est précipitable de ses solutions aqueuses par les alcalis fixes et leurs carbonates ; elle est au contraire soluble dans un excès d'ammoniaque.

Comme la codéine, la dionine donne :

1° Une coloration bleue foncée quand on la chauffe avec de l'acide sulfurique et une goutte de perchlorure de fer ;

2° Une coloration rouge, puis pourpre, avec de l'acide sulfurique et quelques gouttes d'une solution concentrée de saccharose.

Pour différencier la dionine de la codéine, on a recours à l'ammoniaque dont un excès redissout le précipité qu'on obtient, lorsqu'on en ajoute dans une solution d'un sel de codéine. Avec la dionine, le précipité se redissout aussi dans un excès d'ammoniaque, mais cet excès doit être plus considérable et la dissolution n'est que momentanée.

Pour différencier la morphine de la dionine, on a recours au ferricyanure de potassium et au perchlorure de fer qui donnent immédiatement avec la morphine une couleur bleu foncé, tandis qu'avec la dionine la coloration est nulle ou à peine vert bleuâtre : elle devient bleue après quelque temps.

Elle serait aussi efficace que la morphine étant moins toxique et parfaitement tolérée par le tube digestif. Elle rendrait de grands services aux asthmatiques en donnant un sommeil calme et réparateur.

Elle s'administre aux mêmes doses que la codéine à laquelle elle est supérieure. On l'emploie pour calmer les douleurs oculaires causées par le glaucome, l'iritis, la kératite (Darier, 1900).

On l'a encore préconisée comme succédanée de la morphine chez les morphinomanes.

Sa grande solubilité et sa rapide élimination mettent à l'abri de l'accumulation. De plus sa parfaite neutralité permet d'obtenir des solutions indolores en injections sous-cutanées.

Codéine, Méthylmorphine $C^{18}H^{21}NO^{3}H^{2}O$.

On la retrouve en petites quantités (de 0gr,2 à 0gr,8 p. 100) dans toutes les sortes d'opium du commerce. La synthèse de cet alcaloïde a été réalisée par Grimaux. Cette codéine artificielle commence à se trouver dans le commerce (Prunier). C'est un alcali tertiaire qui bleuit le tournesol.

La codéine se présente en beaux cristaux souvent octaédriques, fondant à 153°, après avoir perdu leur eau et reprenant l'aspect cristallin par le refroidissement. A une température plus élevée, la codéine devient vert sombre, puis brune.

Elle est à peu près insoluble dans l'éther anhydre : on l'obtient en très petits cristaux rhombiques et brillants par évaporation de ses solutions dans l'éther anhydre ou dans le benzol.

1 partie de codéine se dissout dans 80 parties d'eau à 15°.
1 partie — — 15 — 100°.

Elle possède une saveur amère. Elle est sinistrogyre. La codéine renfermant de l'eau de cristallisation se dissout facilement dans l'alcool, l'éther sulfurique, l'alcool amylique, le chloroforme, le benzol et le sulfure de carbone ; très peu soluble dans l'éther de pétrole, presque insoluble dans la potasse ou la soude (différence d'avec la morphine), soluble au contraire dans l'ammoniaque.

D'après Schultz (1905), la codéine synthétique est soluble dans

118 parties d'eau à 15° ; elle perd 6,4 p. 100 d'eau à 120°, et elle se colore en rouge par l'action à chaud de l'acide sulfurique, puis de l'acide nitrique.

Les réactions fournies par la codéine sont nombreuses : Denigès (1909) en a fait un réactif général de coloration en chimie analytique pour la caractérisation des aldéhydes, des alcools cétoniques, etc.

A la température ordinaire, la codéine se dissout dans l'acide sulfurique concentré et pur sans coloration ; mais au bout de quelque temps, après une légère élévation de température, on observe une coloration lilas.

Si, dans une solution de codéine dans l'acide sulfurique pur à 150°, on ajoute après refroidissement une goutte d'acide nitrique fumant, il se produit une coloration rouge sang.

Le réactif de Fröhde fournit très rapidement une coloration vert intense et finalement bleu indigo. En chauffant un peu, le changement de teinte se produit rapidement.

Avec le sulfovanadate d'ammonium, la réaction est la même qu'avec le réactif de Fröhde ; elle est peut-être plus violacée finalement.

En chauffant de la codéine avec de l'acide sulfurique concentré renfermant une très petite quantité de perchlorure de fer (I goutte dans 100 grammes d'acide sulfurique), on obtient une coloration bleue violette passant au rouge sang quand, après refroidissement, on ajoute une trace d'acide nitrique. La réaction a lieu aussi à froid.

Le perchlorure de fer seul ne donne pas de coloration avec la codéine.

La codéine chauffée à 120°-125° avec de l'acide oxalique et de l'acide sulfurique se comporte comme la morphine et fournit le bleu de codéine identique dans ses propriétés au bleu de morphine (réaction de Chastaing et de Barillot).

Si à la solution sulfurique de codéine on ajoute II à III gouttes d'une solution concentrée de sucre de canne, on obtient en chauffant un peu une coloration rouge pourpre.

En triturant une petite quantité de codéine avec II gouttes d'une solution saturée d'hypochlorite de sodium et ajoutant IV gouttes d'acide sulfurique concentré, on produit une coloration bleue (Raby). Avec l'hypobromite de sodium, la coloration est orangée (L. Barthe).

Quelques gouttes d'une solution sulfurique de sélénite d'ammonium (1 partie de sélénite pour 36 parties d'acide) fournissent une magnifique coloration verte (Lafon). La teinte obtenue avec la morphine est moins intense.

L'acide nitrique dilué à 10 p. 100 ne se colore pas quand on y dissout de la codéine : l'acide nitrique concentré la dissout en prenant une teinte rouge brun.

Le réactif d'Erdmann fournit à chaud une coloration bleue céleste.

La codéine ne réduit pas l'acide iodique, ni les iodates (différence d'avec la morphine).

La codéine en excès, de réaction alcaline, précipite les solutions de sulfate de zinc, de sulfate de fer et de sulfate de manganèse. En chauffant une quantité suffisante de codéine au bain-marie avec une solution de perchlorure de fer, l'hydroxyde de fer se précipite et une partie du perchlorure est réduite à l'état de chlorure ferreux. Le filtratum trouble, jaunâtre, fournit avec le ferricyanure de potassium un précipité bleu.

Cette basicité de la codéine fait que l'on peut encore, d'après Bénézech, distinguer le sirop de codéine du sirop de morphine en employant une infusion de mauves qui verdit en présence seulement du sirop de codéine.

Les réactifs généraux se comportent différemment avec les solutions de codéine.

Ainsi l'iodure de cadmium et de potassium produit à peine un trouble dans les solutions au 1 /1.000.

L'acide picrique, d'après Brouardel, fournit dans les solutions de 0gr,5 de codéine dans 100 parties d'eau un précipité soluble à chaud, et qui devient cristallin. Au microscope, ces cristaux se montrent très menus, fins, réunis en faisceaux ou en éventails.

Le chlorure d'or et le chlorure mercurique ne produisent ni trouble ni précipité, le premier dans les solutions à 1 /100, le second dans celles à 1 /500.

Dans la recherche toxicologique de la codéine, il faut se souvenir que, par l'emploi de la méthode de Stas-Otto ou de Dragendorff, c'est dans la liqueur rendue alcaline que la benzine l'enlève au milieu avec la thébaïne et la narcotine, si l'empoisonnement avait eu lieu par absorption d'opium. En traitant le mélange des trois alcaloïdes par l'eau froide, celle-ci dissoudrait seulement la codéine.

Pour séparer la codéine de la morphine, Hugounenq a signalé la solubilité de la morphine dans l'anisol à froid. M. Fouquet a étudié (1897) l'action de ce dissolvant sur la codéine : il a constaté qu'il dissout facilement la codéine à froid et que la solubilité croît avec la température. A 16°, la solubilité est de 15,2 p. 100. Cette solubilité dans l'anisol rend possible la séparation de la morphine dans la codéine.

Tambach et F. Hencke (1897) préconisent, pour rechercher la morphine dans la codéine, le ferricyanure de potassium additionné de perchlorure de fer ; s'il y a de la morphine, il se produit une coloration bleue.

La codéine est moins dangereuse pour l'homme que la morphine. Administrée à dose thérapeutique ou à dose assez élevée, on n'observe aucun symptôme d'empoisonnement. Bouchut a pu faire prendre à une jeune personne 2 grammes de codéine en 2 jours sans observer d'accidents. Dans des cas particuliers à des doses moindres, on a relaté des accidents, par exemple chez un diabétique qui en absorba 0gr,24 et chez un enfant de 2 ans qui en ingéra 0gr,10 en 4 heures ; la vie de l'un et de l'autre fut mise en danger. Comme la morphine, elle produit le sommeil et quelquefois des convulsions, elle ne laisse pas après son action de maux de tête ou de malaise.

L'action sur les animaux est plus énergique que chez l'homme. D'après Van Mering, elle serait pour l'homme 15 fois moins toxique que la morphine, ce qui tient sans doute à la rapide et abondante élimination de ce médicament par les urines. Le sel de codéine le plus prescrit, à cause de sa solubilité, est le phosphate dont la dose maxima, en injection sous-cutanée, est de 0gr,10, ou de 0gr,30 en pilules.

Narcéine $C^{23}H^{29}NO^9,3H^2O$.

Cet alcaloïde cristallise en longues aiguilles blanches, brillantes, appartenant au prisme rhombique, fondant à 165° sans changement de couleur. A plus haute température, il fournit des vapeurs qui ont une odeur de saumure parce qu'elles doivent contenir de la triméthylamine.

Saveur faiblement amère d'abord, puis styptique.

La narcéine se dissout bien dans l'ammoniaque, la soude et la potasse, ainsi que dans l'eau de chaux et l'eau bouillante ; difficilement soluble dans l'eau froide : 1/1285, dans l'alcool fort, le chloroforme et l'alcool amylique qui l'enlèvent cependant aux solutions acides ; elle est insoluble dans l'éther sulfurique, l'éther de pétrole et le benzol.

Les solutions de narcéine sont optiquement inactives.

Le perchlorure de fer n'agit pas sur la narcéine, et non plus le mélange de perchlorure et de ferricyanure de potassium.

L'acide sulfurique concentré dissout la narcéine en prenant une teinte brune ; au bout de 24 heures, ou immédiatement en chauffant, on obtient une belle teinte rouge sang (réaction très sensible avec 0mgr,1). En faisant la réaction avec le chlorhydrate de narcéine, on est obligé de chauffer davantage (L. Barthe).

En dissolvant une trace d'alcaloïde dans l'acide sulfurique dilué et chauffant au bain-marie, il se produit, quand l'acide est suffisamment concentré, une coloration rouge qui passe au rouge cerise en continuant à chauffer. En ajoutant au mélange refroidi une trace de nitrite de potassium, il se forme des stries de couleur violacée.

Le réactif de Fröhde la dissout en donnant une couleur verte brunâtre qui passe lentement au vert et enfin au rouge sang ; la solution chauffée se colore aussitôt en rouge cerise. En opérant avec ce réactif plus concentré (0gr,01 de molybdate pour 1 centimètre cube d'acide sulfurique), et une proportion plus considérable de l'alcaloïde, on obtient en chauffant une légère couleur rouge. Après refroidissement, le liquide de la périphérie prend une couleur rouge intense.

En traitant la narcéine avec de l'eau de chlore et ajoutant quelques gouttes d'ammoniaque, on obtient, après mélange, une couleur rouge intense qui, par l'áddition d'excès d'alcali ou par la chaleur, ne disparaît pas. Le chlore ne saurait être remplacé dans cette réaction par l'hypochlorite de sodium (L. Barthe).

L'eau iodée colore la narcéine en bleu, comme il arrive pour l'amidon (sensible à 0mgr,01). La présence de la morphine gêne la réaction.

Une solution d'iodure de zinc et de potassium renfermant de l'iode libre produit dans les solutions de narcéine un précipité cristallin formé de longues et fines aiguilles colorées en bleu. Si l'iodure de zinc et de potassium ne contient pas d'iode libre, lê précipité obtenu est bleu et prend lentement la couleur azurée.

M. E. Leroy (1899) a observé que la narcéine est une base faible : de tous les alcaloïdes de l'opium, c'est celui dont la fonction basique a la moindre intensité. L'étude technique de la narcéine montre surtout nettement l'existence d'une fonction acide bien caractérisée, supérieure à celle des phénates, mais inférieure à celle des acides proprement dits. D'ailleurs, au point de vue de l'intensité de la fonction basique, cet auteur range les alcaloïdes de l'opium dans l'ordre décroissant suivant : codéine, morphine, thébaïne, papavérine, narcotine, narcéine. D'après Laborde (1896), la narcéine offre des avantages sur la morphine dont elle n'a ni les inconvénients ni les effets accidentels. Elle exercerait une action spéciale dans les affections bronchiques pour lesquelles la recommandait Brown-Séquard. Elle ne possède pas d'action convulsivante, mais seulement une action hypnotique. Son action est plus énergique chez le chien que chez l'homme. On ne connaît aucun empoisonnement par cette base.

Le *narcyl* est du chlorhydrate d'éthylnarcéine qui se distingue de la narcéine par la réaction suivante : sa solution aqueuse additionnée de soude étendue donne un précipité bleu cristallin, insoluble à froid dans un excès de réactif, tandis que le chlorhydrate de narcéine donne un précipité soluble à froid.

L'expert-chimiste qui aura à différencier les principaux alcaloïdes de l'opium se servira avec avantage du tableau de M. G. Denigès servant à la diagnose rapide des principaux alcaloïdes de l'opium (*Chimie analytique*, 1913, p. 358).

On met dans un tube à essai 2 ou 3 centimètres cubes d'acide sulfurique pur et on y projette une toute petite pincée (1 centigramme environ) de l'alcaloïde libre ou salifié à essayer et on agite en secouant le tube et observant dès le début l'aspect du mélange.

1° Le mélange prend une *coloration très nette.*

A. Jaune serin passant au violet par addition d'une goutte de formol commercial. Le mélange porté au bain d'eau bouillante devient rouge carmin en moins d'une minute. . *Narcotine.*

B. Jaune d'or puis rapidement orangé passant au rouge brun par addition d'une goutte de formol. . . . *Narcéine.*

C. Jaune orangé très stable obtenu presque instantanément et ne changeant pas sensiblement sous l'influence d'une goutte de formol. . . . . *Thébaïne.*

D. D'abord violet évêque, puis violet rouge. Une goutte de formol fait passer la teinte d'abord au rouge et peu de temps après au violet intense. *Papavérine.*

2° Le mélange *reste incolore* ou prend une *teinte jaune brunâtre* extrêmement faible. On l'abandonne 4 à 5 minutes à lui-même, puis on lui ajoute une goutte de formol et l'on agite. On observe une coloration :

A. Jaune d'abord très faible, fonçant lentement. On ajoute encore dans le tube quelques parcelles de l'alcaloïde, on agite, et on observe bien vite une teinte carmin. . . . . *Morphine.*

B. Jaune fonçant assez vite. L'addition au mélange de quelques parcelles de l'alcaloïde essayé donne rapidement une teinte violette, puis violet bleu. . . . . *Codéine.*

C. Rouge, puis quelques instants après rouge violacé, bleuâtre et sépia. Le tube étant porté au bain d'eau bouillante, la teinte devient rapidement verte. . . . . *Apomorphine.*

Rouge virant assez vite au rouge sang ou au carmin. Par immersion dans l'eau bouillante, une teinte carmin est très rapidement obtenue. . . . . . , ... *Pseudomorphine.*

Cet autre tableau du même auteur (*ibid.*, *loc. cit.*) sur « les réactions glyoxaliques des alcaloïdes morpholiques » rendra également service pour la diagnose des principaux alcaloïdes naturels et synthétiques de l'opium :

1° Mettre dans un tube à essai $0^{cc},1$ de solution aqueuse au centième de glyoxal et agiter.

Ajouter 5 à 10 milligrammes d'un alcaloïde morpholique libre ou salifié en poudre. Si l'on observe une coloration :

Verte puis jaune quand l'alcaloïde est en excès		Pseudomorphine
Violette		Codéine
Bleue		Dionine
Rouge	fixe................................	Apomorphine
	se dégradant peu à peu vers le jaune brun.	Morphine Héroïne ;

2° Mettre dans un tube à essai $0^{cc},1$ de réactif méthylglyoxalique, 5 à 10 milligrammes d'un alcaloïde morpholique libre ou salifié en poudre et 1 centimètre cube d'acide acétique cristallisable. Porter à l'ébullition pendant quelques secondes, puis ajouter aussitôt après 2 centimètres cubes d'acide sulfurique et agiter. Si on observe une coloration :

D'abord jaune, mais presque aussitôt vert intense...	*Pseudomorphine*
Bleu clair devenant bleu intense si l'on vient à chauffer	*Codéine* *Dionine*
Jaune clair brunissant rapidement et passant au violet par ébullition................................	*Morphine* *Héroïne* *Amorphine.*

G. Denigès prescrit pour la préparation du réactif méthylglyoxalique de mettre dans un flacon de 250 centimètres cubes bouchant à l'émeri 20 centimètres cubes d'eau glycérinée au 1/20 en poids, 100 centimètres cubes d'eau et $0^{gr},6$ de brome. Le flacon étant bouché, agiter vivement jusqu'à dissolution. Introduire la solution glycérinée bromée dans un ballon d'environ 400 centimètres cubes et la maintenir pendant 20 minutes au bain-marie bouillant. Retirer le ballon du bain et porter aussitôt son contenu à une franche ébullition pendant 5 à 6 minutes de façon à chasser toute trace de vapeur de brome et à réduire le volume du liquide à environ 100 centimètres cubes. Laisser refroidir, ajouter 20 centimètres cubes d'acide sulfurique pur, distiller et recueillir 50 centimètres cubes du distillat, ce qui constituera le réactif cherché. On en assurera la conservation en l'additionnant de quelques gouttes d'eau bromée, jusqu'à teinte jaune très faible, sinon il moisirait au bout de quelque temps (1909).

Erythroxylacées.

Dans les Érythroxylacées, 5 espèces d'érythroxylon fournissent des feuilles de coca renfermant de la cocaïne et aussi des isomères et des homologues.

La cocaïne, $C^{17}H^{21}NO^4$, éther acide, se dédouble très facilement au contact des hydratants en acide benzoïque, alcool méthylique et ecgonine (Wöhler). Cette ecgonine est aussi un produit de dédoublement constant des autres bases de la coca (cinnamylcocaïne, cocamine, isococamine, homococamine, tropacocaïne, homoisococaïne) par les agents d'hydratation. On comprend donc qu'il a paru plus pratique d'opérer la synthèse de la cocaïne (Merck, Libermann, Giesel) avec l'ecgonine comme point de départ.

La cocaïne cristallise de ses solutions en prismes clinorhombiques très solubles dans l'alcool, l'éther, le pétrole, la vaseline, assez solubles dans l'eau chaude et très peu solubles dans l'eau froide (1/1300). Quand on évapore la solution aqueuse, il y a saponification partielle et formation de benzoïlecgonine. La solution aqueuse de cocaïne possède une saveur amère très prononcée et une réaction alcaline. C'est une base lévogyre. Elle fond à 198°.

L'iodure de potassium ioduré fournit un précipité d'un beau rouge qui est encore sensible avec 1/10000 de cocaïne. (Cette réaction différencie la cocaïne de la caféine.)

La cocaïne, ou l'un de ses sels, soigneusement desséchée à 100° est additionnée de quelques gouttes d'acide nitrique fumant : le résidu desséché est repris par une petite quantité d'une solution alcoolique de potasse. Il se développe aussitôt une odeur de menthe poivrée (Ferreira da Silva) due à la formation de benzoate d'éthyle (Béhal). L'aconitine et l'acide hippurique peuvent fournir cette réaction.

On évapore à sec au bain-marie dans une petite capsule de porcelaine un peu de cocaïne avec environ 1 centimètre cube d'acide azotique de densité 1,4. On laisse refroidir et on ajoute au résidu une goutte de solution alcoolique de potasse caustique (de préférence utiliser l'alcool amylique) ; il ne se produit pas de coloration ; mais si l'on porte de nouveau la capsule au bain-marie bouillant, on voit aussitôt apparaître une coloration violette intense ; on observe la même réaction avec l'atropine ; mais avec cet alcaloïde elle se produit à froid, tandis qu'avec la cocaïne il est nécessaire de chauffer.

Une solution aqueuse de cocaïne additionnée d'une goutte de perchlorure de fer prend une coloration jaune ; par l'ébullition, elle devient rouge.

Deux centigrammes de chlorhydrate de cocaïne sont dissous dans une goutte d'eau et 1 centimètre cube d'acide sulfurique concentré : la solution est incolore. Par l'addition d'une goutte de solution de chromate ou de bichromate de potassium il se produit un précipité qui disparaît en chauffant : la coloration du soluté vire au vert en continuant à chauffer (Scharges). En chauffant fortement, il se produit des vapeurs d'acide benzoïque.

D'après Gœldner (1915), la dissolution de $0^{gr},01$ de résorcine dans VI à VII gouttes de SO^4H^2 concentré donne avec $0^{gr},02$ de chlorhydrate de cocaïne une coloration bleue, qui serait due en réalité aux produits nitreux ou nitriques que renferme SO^4H^2 ; car, lorsque cet acide est chimiquement pur, la coloration bleue ne se produit pas. L'addition de résorcine à SO^4H^2 renfermant une trace de nitrate ou de nitrite donne la même coloration bleue due à la formation de résorufine et de résazurine.

Silter et Enger (1911) ont indiqué pour la caractérisation de la cocaïne les précipités cristallins obtenus avec le permanganate de potassium (réaction déjà signalée par Mac Lagan), le chlorure d'or et l'acide chromique.

G. Denigès (1912) recommande la cristallisation spéciale du perchlorate de cocaïne qui se présente sous la forme d'aiguilles groupées légèrement brunâtres.

D'après F. Pisani (1914), la cocaïne ou le chlorhydrate de cocaïne chauffés avec quelques gouttes d'acide sulfurique concentré et contenant 2 p. 100 de formol ou d'hexaméthylènetétramine prennent une coloration rouge vineux qui devient d'autant plus intense que la température est plus élevée. La coloration disparaît bientôt et il se forme un sédiment brun grisâtre. Cette réaction s'observe encore avec $0^{gr},001$ de cocaïne ; seule la papavérine dans les mêmes conditions fournirait comme la cocaïne une solution rouge, mais la teinte passe au jaune, puis au brun rougeâtre et finalement à l'orangé.

On mélange II à III gouttes de la solution de cocaïne avec 2 à 3 centimètres cubes d'eau de chlore et II à III gouttes d'une solution à 5 p. 100 de chlorure de palladium : il se produit un précipité rouge que l'eau décompose lentement et qui est insoluble dans l'alcool et l'éther, mais soluble dans l'hyposulfite de sodium (Greitther).

G.-B. Schœfer (1899) a reconnu que le chromate de cocaïne est beaucoup plus soluble dans l'eau (1/500) que les chromates des autres alcaloïdes de la coca ; il a utilisé cette propriété pour se rendre compte de la pureté de la cocaïne : $0^{gr},05$ de chlorhydrate de cocaïne sont dissous dans 20 centimètres cubes d'eau et additionnés de 5 centimètres cubes d'une solution d'acide chromique à 3 p. 100 et de 5 centimètres cubes d'acide chlorhydrique à 10 p. 100. A 15°, s'il y a un louche, on peut supposer que la cocaïne est accompagnée de quantité appréciable d'autres alcaloïdes de la coca.

L'acide picrique précipite la cocaïne de ses sels en fournissant des cristaux de picrate de cocaïne de forme particulière.

On peut compléter les preuves de l'existence de la cocaïne par l'expérimentation physiologique : on injecte sous la peau d'une grenouille 0gr,002 à 0gr,003 de la matière suspecte. Si l'on observe une excitation inaccoutumée, une augmentation de la respiration et des battements du cœur, puis de l'immobilité, de la paralysie des nerfs moteurs, et enfin si la mort arrive par arrêt de la respiration, on a des chances de se trouver en présence de la cocaïne.

Bier, de Kiel, a le premier, en 1899, expérimenté l'anesthésie par l'injection lombaire intrarachidienne de cocaïne. En France, Reclus, Tuffier, Legueu, Villar ont repris cette méthode d'anesthésie locale et générale qui donne d'excellents résultats dans certains cas. Toutefois Legueu a cité 2 cas de mort par la rachicocaïnisation : aussi cette méthode anesthésique, à la suite d'assez nombreux accidents, n'a-t-elle pas donné toutes les espérances premières.

On rapporte le cas d'un médecin italien qui, en 1886, s'empoisonna avec 1gr,50 de cocaïne prise dans un verre de bière. Il y a eu en France d'assez nombreux accidents chez les dentistes au début de l'emploi de cet anesthésique pour l'avulsion des dents : aujourd'hui, ils sont extrêmement rares ; les doses toxiques sont très variables selon les sujets. Vitali a pu absorber 0gr,80 de cocaïne par la voie œsophagienne en 3 fois à des intervalles de 2 heures : il eut des sueurs froides, un peu de surexcitation nerveuse et quelques autres phénomènes passagers. E. Bour (1901) a rassemblé 69 cas d'intoxications dont 16 mortels. Dans plusieurs d'entre eux l'état syncopal dominait la situation. D'ailleurs l'empoisonnement se traduisant d'emblée par la pâleur des téguments et la tendance à la syncope est un pronostic grave en général. Beaucoup d'accidents seraient évités en maintenant le malade couché pendant l'intervention et pendant les 2 ou 3 heures suivantes. La dose toxique administrée en ingestion et en injection intraveineuse serait de 0gr,002 à 0gr,003 par kilogramme de poids chez l'homme : elle amènerait des convulsions. Il y a d'abord des phénomènes d'excitation psychique et motrice suivis de rémission brusque, d'insensibilité et quelquefois de coma et de mort. On observe dans tous les cas une vaso-constriction généralisée avec élévation de la pression artérielle. L'intensité des symptômes varie avec la dose employée et celle-ci agit différemment selon les sujets. Reclus ne dépassa jamais la dose de 0gr,15 dans ses plus grandes opérations. On a pu d'autre part injecter par l'urèthre jusqu'à 1gr,25 de cocaïne sans produire d'accident. L'usage de la cocaïne chez certains sujets les a conduits à la cocaïnomanie.

On s'est relativement beaucoup plus occupé des cocaïnomanes que des morphinomanes. Cela tient peut-être à ce que ceux-ci sont en général des gens calmes se livrant à leur vice favori dans des maisons bien closes ou dans leur intérieur, tandis que les premiers sont des excités qui se livrent à leur manie en public. De plus, les morphinomanes, pour se donner une injection, recherchent l'isolement : le cocaïnomane absorbe le poison soit en prises, soit en solution par la bouche et plus rarement en injection hypodermique. Il peut arriver que la cocaïne ne soit qu'un succédané de la morphine, de l'éther, de l'héroïne. C'est surtout en Amérique que sévit la cocaïnomanie et en particulier chez les alcooliques. Cette funeste passion se rencontre chez les gens dits « intellectuels » à tort, car ce sont de véritables déséquilibrés, au point que l'absorption de la cocaïne les conduirait jusqu'au crime. De même que les fumeurs d'opium et les morphinomanes, les cocaïnomanes cherchent à faire des adeptes. Souvent même la cocaïnomanie est associée à la morphinomanie, et le cas n'en est que plus grave. MM. Magnan et Saury ont observé (1889) trois cas d'intoxication chronique par la cocaïne : ils ont noté particulièrement des hallucinations de la sensibilité générale de la peau d'abord et ensuite de l'ouïe, de l'odorat et de la vue (dilatation de la pupille). Des attaques épileptiformes, qui ont disparu d'ailleurs avec la suppression de la cocaïne, se sont produites chez deux malades. D'après M. Chouppe (1889), les morphinomanes paraissent supporter des doses de cocaïne, qui chez des sujets non morphinisés, produiraient des accidents graves.

Antidotes. — Dans les accidents provoqués par la cocaïne, il est urgent de combattre la syncope, puis le collapsus respiratoire et cardiaque. Placer le malade dans la position horizontale, l'asperger d'eau froide sur le visage; contre les convulsions, pratiquer des enveloppements froids. S'il y a menace d'asphyxie : flagellations, massage, respiration artificielle. Contre la tétanisation des muscles respiratoires, employer les inhalations chloroformiques. Contre la pâleur, des inhalations de nitrite d'amyle afin de provoquer la vaso-dilatation, de modifier la pression artérielle et de diminuer l'encombrement de la circulation centrale au profit de la circulation périphérique. Si ces moyens sont insuffisants, administrer au malade du café et de la caféine ; si la déglutition est impossible, on aura recours aux injections hypodermiques d'éther et de caféine.

En associant la trinitrine à la cocaïne, on pourrait rendre inoffensives les injections de cette dernière (Gauthier de Charolles).

Recherche toxicologique. — La cocaïne ne se localise pas ; elle se détruirait dans l'organisme en subissant une sorte de saponification. Toutefois Vitali l'aurait retrouvée au bout de 2 mois chez un animal qu'il avait empoisonné.

La recherche de la cocaïne dans un cas toxicologique pourrait s'exécuter en faisant digérer les matières suspectes (estomac, intestins, et leur contenu, foie, rein, sang et urine) avec de l'alcool acidulé avec de l'acide tartrique. Après distillation des liquides de macération, le résidu aqueux filtré est agité avec de l'éther de pétrole, puis alcalinisé ensuite avec de l'hydrate de baryte et de nouveau agité avec de l'éther de pétrole qui dissoudrait l'alcaloïde.

Sonnié-Moret (1893), qui a relevé de nombreux cas d'intoxications par la cocaïne, conseille aussi, pour la caractérisation de la cocaïne, de la précipiter à l'état de chloraurate qui se présente sous une forme cristalline particulière.

Doping. — Les effets de la cocaïne, à diverses doses, sur les animaux et le cheval en particulier ont été étudiés par Kaufmann (1908), qui a montré que chez ce dernier animal la cocaïne pouvait produire une excitabilité particulière. Vers 1900, les entraîneurs américains ont introduit en France la coutume des chevaux « dopés », au moment de la course, et dans ce but ils ont employé des préparations pharmaceutiques et des drogues, afin d'accroître passagèrement la puissance musculaire du cheval mis en course ; ces préparations sont à base d'alcaloïdes, et surtout de cocaïne. La dose de cocaïne ne doit pas être trop forte, car dans ce cas la puissance musculaire est diminuée ; et suivant la manière dont la cocaïne est utilisée dans ce but, elle peut favoriser ou gêner les actions locomotrices. M. G. Barrier, au Congrès hippique de 1913, s'est élevé contre le « doping », parce qu'il porte « atteinte à la sincérité des épreuves, favorise les fraudes, compromet « la santé des chevaux, les intérêts de l'élevage, la valeur et l'avenir « de la production nationale ». D'après cet auteur, les seuls produits à peu près utilisés pour le « doping » sont la morphine, l'héroïne, la strychnine, la caféine et la cocaïne. Ces médicaments sont administrés aux chevaux en pilules, ou par la voie rectale, ou en injections, très peu de temps avant la course : la voie rectale et la voie buccale sont plutôt adoptées, les injections hypodermiques provoquant une abondante sudation au siège de la piqûre, ce qui peut donner lieu à des mécomptes.

Les doses employées ont été pour un cheval de 1 gramme de cocaïne ; aux doses de 4 à 5 grammes, l'animal éprouve d'abord une grande agitation à laquelle peut succéder de l'ataxie qui amène la chute du cheval.

La morphine provoque chez le cheval des phénomènes de vive excitation cérébrale.

L'héroïne a des effets encore plus puissants ; mais elle est d'un maniement difficile.

La strychnine exalte l'excitabilité réflexe, accélère les contractions cardiaques, et élève considérablement la tension artérielle et la température.

La caféine a des effets assez comparables à ceux de la strychnine. La kola, qui en renferme, agit de la même façon.

Les signes cliniques fournis par un animal « dopé » sont indécis : ils n'apparaissent pas les mêmes avec tous les alcaloïdes, ni sur tous les sujets ; aussi sont-ils le plus souvent insuffisants pour certifier qu'un cheval a été « dopé ». Le mieux, dans ce but, est d'identifier chimiquement l'alcaloïde absorbé dans les produits de sécrétion de l'animal qui l'a ingéré. On préfère s'adresser à la salive qu'il est facile de mettre à l'abri de toute manœuvre dolosive, et que l'on peut recueillir en quantité suffisante. En effet, la salive normale, d'après les recherches faites dans différents pays, ne renferme pas d'alcaloïde décelable par les réactifs chimiques habituellement employés. On emploiera la méthode de Dragendorff pour isoler l'alcaloïde.

Rutacées.

Les *divers alcaloïdes* contenus dans les plantes de la famille des Rutacées sont :

La *pilocarpine* $C^{11}H^{16}N^2O^2$ et son isomère l'*isopilocarpine*, la *jaborine* $C^{22}H^{32}N^4O^4$ (?), l'*harmaline* $C^{13}H^{14}N^2O$ et l'*harmine* $C^{13}H^{14}N^2O$.

La pilocarpine, alcaloïde trouvée en 1875 par Gerrard et Hardy dans le jaborandi, a été étudiée par eux ; la synthèse a été réalisée par Calmels et Hardy.

La pilocarpine a été obtenue par A. Petit sans mélange de jaborine. Elle se présente sous la forme d'une masse amorphe, sirupeuse, incolore, légèrement amère, peu soluble dans l'eau, de réaction alcaline, très soluble dans l'alcool, l'éther, le chloroforme, insoluble dans la benzine. Les solutions de pilocarpine et de ses sels dévient à droite la lumière polarisée. Pour la pilocarpine $(\alpha)_d = + 127^o$.

Elle présente peu de réactions colorées.

Des solutions concentrées seulement des sels, la potasse, la soude et l'ammoniaque précipitent l'alcaloïde sous forme de précipité blanc.

L'acide sulfurique la dissout sans coloration. Ce même acide, avec addition d'un peu de bichromate de potassium, fournit une coloration vert intense, à chaud surtout. Cette réaction est commune à beaucoup de substances organiques capables, comme cette base, de réduire l'acide chromique en solution sulfurique et en vert.

L'unique réaction chromogène susceptible de l'identifier est celle de Wangerin modifiée par H. Helch (1902). On met dans un tube à essai un cristal de bichromate de potassium, 1 à 2 centimètres cubes de chloroforme et une petite quantité de pilocarpine transformée en chlorhydrate ; on ajoute 1 centimètre cube d'eau oxygénée à 3 p. 100 et on agite pendant quelques minutes : le chloroforme prend une coloration qui varie du violet azuré au bleu. La coloration, qui est très stable, se produit encore avec 0^{mgr}, 5 d'alcaloïde. En l'absence d'alcaloïde, seule la couche aqueuse se colore.

Le chlorhydrate de pilocarpine $C^{11}H^{16}N^2O^2HCl$ se présente sous forme de lamelles cristallines, blanches, inodores, déliquescentes, de saveur amère, solubles dans l'eau, fusibles à 194°. $(\alpha)_d = + 90°\text{-}92°$ en solution aqueuse. Point de fusion : 200°-204°. Dose maxima : 0,02.

Sa solution aqueuse n'est précipitée ni par le bicarbonate de potassium, ni par le tanin.

Le nitrate de pilocarpine $C^{11}H^{16}N^2O^2NO^3H$ est plus usité. Il se présente en prismes droits, rectangulaires, solubles à + 15° dans 8 parties d'eau, solubles dans 7 parties d'alcool absolu bouillant, fusibles à 176°-178°. $(\alpha)_d = + 81°\text{-}83°$.

La jaborine du commerce serait un mélange d'alcaloïdes du jaborandi.

Action physiologique. — Le jaborandi absorbé en infusion a produit des accidents. M. Laval a signalé (1897) une intoxication chez une malade, à laquelle il avait prescrit pendant plusieurs jours et chaque jour de prendre une infusion de 2 à 3 grammes de jaborandi : ce médicament ne produisant aucune transpiration, la malade prit alors 6 grammes de jaborandi dans une autre pharmacie. Elle éprouva des nausées et un abattement très prononcé, une sensation fort désagréable de corps étranger dans l'arrière-gorge. La langue, la bouche, les amygdales étaient sèches et rougeâtres. Ces accidents disparurent peu à peu.

L'action de la pilocarpine ressemble à celle de la muscarine qui, elle, aussi, augmente les sécrétions, excite les terminaisons des nerfs sécréteurs, contracte la pupille. Elle produit en outre des contractions spasmodiques de l'estomac, de l'intestin et de la vessie. L'action de l'atropine, son antagoniste, fait promptement cesser ces phénomènes ; 0^{gr},04 de pilocarpine en injection hypodermique ont produit de graves symptômes d'empoisonnement, mais non la mort : elle a provoqué des diarrhées et des vomissements. On connaît peu d'empoisonnements criminels par cet alcaloïde.

La recherche toxicologique se ferait dans les poumons, le foie, l'intestin et son contenu, les reins, le sang et l'urine. Les organes solides broyés ou les liquides seraient acidulés avec de l'acide tartrique et mis à digérer à la température de 50° environ avec de l'alcool à 90°. Après filtration et distillation, la liqueur acide résiduelle serait alcalinisée avec du bicarbonate de sodium. Le mélange serait ensuite agité avec de l'éther de pétrole ou du chloroforme qui dissoudrait la pilocarpine. On doit se rappeler que, outre la muscarine, beaucoup de ptomaïnes présentent des propriétés sudorifiques et surtout sialagogues analogues à celles de la pilocarpine.

Le réactif de H. Helch servirait à la caractériser de même que, d'après Brouardel, la forme cristalline du picrate de pilocarpine : d'abord amorphe, le précipité de picrate de pilocarpine commence à devenir cristallin au bout de quelques minutes à la température ordinaire ; la cristallisation est d'autant plus rapide que la solution est plus concentrée.

La preuve physiologique permet d'observer la sécrétion de la sueur, de la salive, des larmes. Il existe du myosis pendant la première période, spécialement en appliquant la solution sur l'œil, puis, dans la deuxième période, on remarque de la dilatation de la pupille.

La rue (ruta graveolens) est cultivée dans les jardins : elle répand une odeur forte, aromatique et désagréable. Elle est sudorifique, anthelmintique et emménagogue. Elle renferme surtout une huile volatile jaune verdâtre, visqueuse, d'une odeur très désagréable et d'une saveur âcre et amère. Elle distille à 220°. C'est à cette huile essentielle qu'elle doit ses propriétés physiologiques.

La rue est souvent employée comme abortive ; dans ce but, on a absorbé soit le suc de la plante, soit une décoction de celle-ci, soit une décoction de racines fraîches. Il s'est produit plusieurs cas de mort.

Les accidents surviennent rapidement : fièvre, somnolence, vertiges, petitesse et lenteur du pouls, embarras de la parole, tuméfaction énorme de la langue, salivation abondante.

L'avortement ne se produit le plus souvent que quelques jours après.

L'opium et la belladone, étant narcotiques, sont probablement antagonistes de la rue.

Dans les **Anacardiacées,** le Sumac vénéneux (Rhus toxicodendron) ainsi que le Primula obconica (Primulacées) ont provoqué des inflammations cutanées étudiées par E. Rost (1914). Le poison (émulsion résineuse enfermée dans des canaux sécréteurs et sortant à la surface externe des poils glandulaires) est très actif ; même desséché, il conserve longtemps son activité. Les individus sont différemment sensibles à l'action de ces sucs. Le poison des Rhus et celui du Primula qui sont solubles dans l'alcool sont rendus complètement inactifs par une solution alcoolique saturée d'acétate de plomb. Ce remède combat la démangeaison douloureuse consécutive à la dermatite que produit le Rhus. C.-E. Bessey (1914) a éprouvé lui-même une intoxication du fait du voisinage d'échantillons fleuris de Rhus radicans L. Il éprouva une inflammation aux parties du visage qui n'étaient pas protégées par la barbe et les sourcils: ce qui lui fit supposer qu'il existe dans cette plante un principe toxique volatil ; cette propriété n'avait d'ailleurs pas échappé à Orfila.

Les **Coriariées** renferment d'après Marshall (1902) des espèces vénéneuses et en particulier *le redoul* (Coriaria myrtifolia L.) qui se rencontre sur les bords de la Méditerranée. D'autres espèces croissent surtout dans l'Himalaya, en Chine et au Japon. Ces plantes sont des poisons violents et leur action est due, sans doute, à la coriamyrtine, produit cristallisé, isolé par Riban ; c'est un glucoside non azoté, amer, peu soluble dans l'eau, très soluble dans l'alcool bouillant et dans l'éther.

Les effets produits par ce principe ou par les feuilles du coriaria surviennent environ une demi-heure après l'absorption et se traduisent surtout par des convulsions atroces et des vomissements. Les baies ont été la cause de nombreuses intoxications mortelles : il y a une analogie d'action toxique avec la strychnine. On n'a pas remarqué d'action irritante appréciable sur le tube digestif. La mort arrive par asphyxie et épuisement nerveux.

Un cas d'empoisonnement par Coriaria myrtifolia nous a été rapporté (1909) par un de nos anciens élèves, M. J. Duffau, pharmacien à Sos (Lot-et-Garonne).

Une fillette de 4 ans mangea des fruits mûrs de redoul ; une heure après elle fut prise de coliques, nausées et vomissements : elle rejeta 125 grammes à 180 grammes de baies. Elle présentait tous les symptômes d'un empoisonnement par la strychnine : visage pâle, circulation à peu près normal, de même que la température ; il y a des contractions assez faibles, mais non simultanées des bras et des jambes ; et d'autres très intenses pendant lesquelles la tête se rejette violemment en arrière ; les bras et les jambes se crispent, et le corps se soulève en arc ; ces dernières crises durent une minute et demie. Les yeux ont toujours été grandement ouverts, la pupille restant dilatée. Les premières crises se succèdent toutes les 3 minutes, et les autres toutes les 20 minutes : elles ont duré de 15 heures à 1 heure. La respiration était parfois oppressée : la fillette n'avait aucune connaissance de ce qui se passait autour d'elle. Elle fut sauvée par la mise en œuvre d'une médication de symptômes : lavements au chloral bromuré, injections hypodermiques de caféine, etc.

Dans un but de lucre, on a quelquefois mélangé les feuilles de redoul à celles du séné : Guibourt a donné les caractères distinctifs des différents sénés et ceux du redoul.

Dans les **Légumineuses,** la *Coronilla scorpioïdes,* légumineuse papilionacée, fournit la coronilline qui a été étudiée surtout par Schlagdenhauffen et Reeb (1896) ; c'est un glucoside à amertume très prononcée, soluble dans l'eau ; c'est un toxique du cœur, comme la digitaline ; mais elle serait moins active que celle-ci. Elle est susceptible de provoquer du vertige, de la diarrhée et des vomissements. Dose maxima : $0^{gr},20$ à $0^{gr},30$.

Le *Cytisus scoparius* fournit la spartéine, $C^{15}H^{26}N^2$, à laquelle Stenhouse, qui l'a découverte en 1851, a donné la formule ci-contre, qui a été confirmée par Moureu et Valeur (1903). On la rencontre en petite quantité dans les sommités fleuries du genêt à balais (Sarothanus scoparius).

C'est une base liquide, diamine ditertiaire (Moureu et Valeur) plus dense que l'eau, de saveur amère : elle a quelque ressemblance avec l'aniline dont elle possède un peu l'odeur. Elle bout à 287°-288°, $(\alpha)_d = -14°,6$ en solution alcoolique. Elle est soluble dans l'alcool, l'éther, le chloroforme et insoluble dans le benzol et la ligroïne.

C'est une base faiblement vénéneuse et narcotique ; $0^{gr},60$ tuent un chien de 7 à 8 kilogrammes, et la mort est précédée de phénomènes convulsifs et asphyxiques. M. Laborde, qui a étudié l'action physiologique de cet alcaloïde, a reconnu que la spartéine diminuait l'amplitude des battements du cœur ; aussi G. Sée l'a vantée dans les affections cardiaques. Administrée à dose toxique à des animaux, elle amène la mort en paralysant le centre respiratoire (Muto et Ishizaka).

Le sel le plus employé en thérapeutique est le sulfate, $C^{15}H^{26}N^2$, SO^4H^2, $5H^2O$. Prismes solubles dans l'eau et l'alcool dont la dose moyenne est de $0^{gr},20$ par jour chez un adulte.

La spartéine ne présente guère de réactions spéciales caractéristiques. Elle ne fournit pas de précipités avec le réactif de Fröhde, ou avec l'eau bromée.

Si l'on mélange une petite quantité de sulfate de spartéine à 1/3 environ de son poids d'acide chromique dans une capsule de porcelaine, on obtient, en chauffant légèrement, une masse qui ne tarde pas à verdir par suite de la réduction de l'acide chromique et il se dégage une odeur manifeste de cicutine (G. Marque).

Un petit cristal de sulfate de spartéine projeté dans une goutte de sulfure d'ammonium produit une coloration rouge orangé persistante (Grandval et Valser). D'après A. Jorissen (1911), cette réaction est rendue plus sensible en déposant sur une bandelette de papier à filtrer $0^{gr},01$ de sulfate de spartéine qu'on humecte au moyen d'une goutte de sulfure jaune ammonique. A mesure que l'évaporation s'effectue, apparaît sur le papier une tache brun kermès.

L'acide picrique précipite la spartéine de ses sels en fournissant un picrate qui fond à 208° (P. Lemaire).

Le *Phaseolus lunatus* L. a été l'objet de la part de M. L. Guignard (1906) d'une étude complète dont nous ne relèverons que la partie susceptible d'intéresser les toxicologistes. Ce haricot jouit de propriétés vénéneuses dues à l'acide cyanhydrique, surtout quand la plante croît à l'état sauvage ; la culture atténue ou même fait disparaître la toxicité des graines. On le connaît surtout sous le nom de « haricot du Cap » et il est cultivé à Madagascar. Il est taché et panaché de rouge sur fond blanc ou violacé ; il est aussi entièrement blanc ; il se présente enfin avec une teinte noire ou brune assez uniforme. On le consomme dans l'île d'où on l'exporte également. En 1884, A. Davidson et Th. Stevenson ont rapporté les observations de deux cas d'empoisonnements mortels chez un homme et une femme : la mort avait eu lieu environ 10 heures après l'ingestion de ces graines cuites. Les auteurs trouvèrent une proportion d'acide cyanhydrique variable suivant la coloration plus ou moins accentuée des semences. La moyenne de 7 analyses exécutées fournit une proportion de $0^{gr},25$ p. 100 d'acide cyanhydrique.

En 1905, MM. Robertson et Wijnne ont signalé un empoisonnement chez plusieurs personnes ayant consommé des haricots provenant d'un envoi d'Anvers et appartenant à l'espèce Phaseolus lunatus. Sur 7 personnes empoisonnées, 4 avaient succombé : un adulte au bout de 4 heures trois quarts, 3 enfants après 12 heures de souffrance, les 3 autres s'étaient rétablis.

Le sang ne présentait pas la coloration rouge vif caractéristique et n'a pas donné les réactions de l'acide cyanhydrique.

L'urine (il y avait eu rétention d'urine chez les 4 victimes) renfermait de l'albumine et de l'acide cyanhydrique qu'on a décelé après distillation. Le contenu stomacal a donné un résultat négatif, sauf pour un seul cas où l'on a obtenu la réaction de Schönbein. Les reins ont fourni la dernière réaction et aussi celle du bleu de Prusse. Le foie ne contenait pas d'acide cyanhydrique. Le contenu intestinal des enfants en renfermait respectivement $6^{mgr},7$, $4^{mgr},9$ et $3^{mgr},6$; il n'y en avait que des traces chez l'adulte.

On a retrouvé l'acide cyanhydrique, 13, 14 et même 17 jours après l'autopsie.

Les graines du Phaseolus lunatus incriminées ne contenaient pas d'acide cyanhydrique libre, mais elles renfermaient un principe susceptible de donner naissance à cet acide sous l'action du ferment des amandes douces, à la condition que la liqueur ne fût pas acide. Dans ces conditions, ces graines furent reconnues contenir 0gr,21 p. 100 d'acide cyanhydrique.

Enfin, on a démontré que ces graines, même cuites, ne pouvaient être consommées impunément ou servir de nourriture aux animaux et qu'elles donnaient dans certaines conditions une assez forte proportion d'acide cyanhydrique.

En 1906, MM. Dammann et Behrens publièrent des récits d'accidents survenus dans des étables de chevaux, de bêtes à cornes et de porcs auxquels on avait donné comme nourriture des haricots dits « fèves de Java » : les graines étaient de couleurs différentes. Des accidents graves ont aussi été signalés en Belgique (1906) par M. Mosselman, par M. Lemeland en France.

Les variétés du Phaséolus lunatus sont au nombre de 61 que M. Guignard a luxueusement représentées dans *Bulletin Sc. Pharm.* 1906, page 205 et complètement décrites. Les variétés qui fournissent les plus grandes quantités d'acide cyanhydrique sont aussi les plus riches en émulsine. Les proportions de cet acide trouvées dans de nombreux échantillons sont de 0gr,05 à 0gr,312 p. 100. Les variétés cultivées ne renferment pas plus de 0gr,02 p. 100.

La cuisson est impuissante à enlever complètement aux haricots de Java tout leur composé cyanogénétique. Les haricots de Birmanie, rouges ou blancs actuellement dans le commerce, ne paraissent pas avoir occasionné d'accidents. Dans ces deux sortes, le chiffre d'acide cyanhydrique ne paraît pas dépasser 0gr,02 p. 100. Ces haricots ne devront pas être confondus avec ceux de Java qui présentent des teintes analogues et que le Conseil supérieur d'Hygiène a proscrits sur le rapport de M. L. Guignard et par suite interdits à l'importation. Les haricots de Birmanie pourront être importés sous certaines conditions ; il en est de même pour les farines de haricots ou pois d'origine exotique.

MM. G. Quirin et A. Leroy ont eu l'occasion d'examiner des haricots de Birmanie (1917) renfermant 0gr,038 0/0 de HCN. Ils ont montré que l'addition de $NaHCO^3$ dans l'eau de cuisson ralentit légèrement la décomposition des glucosides pendant le temps d'action très court de la diastase. La présence de $NaHCO^3$ enlève la saveur amère perceptible chez les haricots renfermant une certaine dose de HCN.

Nous rappellerons que M. L. Guignard, contrairement à certains auteurs, n'admet pas la toxicité des haricots dits de Hongrie.

M. Rothea (1916), à propos d'une expertise, a trouvé dans les graines de *vesces* (Vicia sativa) une proportion de 0gr,180 à 0gr,204 de HCy par kilogramme, suffisante pour empoisonner des oiseaux qui se nourriraient de ces graines ; déjà Guignard et Bertrand (1906) en avaient trouvé des proportions plus considérables dans d'autres Vicia.

Le « *Physostigma venenosum* », de la famile des Papilionacées, est une plante grimpante, croissant au Gabon, qui fournit la fève de Calabar, laquelle renferme trois alcaloïdes :

La *physostigmine* ou *ésérine* $C^{15}H^{21}N^{3}O^{2}$, isolée par Hess et Jobs, obtenue pure et cristallisée par Petit et Polonovski (1893).

L'*éséridine* $C^{15}H^{23}N^{3}O^{3}$.

La *calabarine*, de composition inconnue.

La *générésine*, isolée en 1915 par Polonovski et Ch. Nitzberg.

Les accidents par la fève de Calabar, très rares chez nous, sont très communs dans les régions tropicales, où cette semence sert de poison d'épreuve. A Liverpool, en 1864, 60 enfants de 2 à 10 ans mangèrent des fèves de Calabar importées par un navire et qui se trouvèrent à leur portée. On ignore le nombre de fèves ingérées par chacun d'eux : on sait seulement que l'un des enfants guérit, bien qu'en ayant mangé 12 et qu'un autre mourut pour en avoir ingéré une seule. Soumis à une prompte et énergique médication, ils furent presque tous sauvés. On a signalé un autre cas d'empoisonnement survenu à la suite d'une erreur médicale.

On admet que la dose maxima de fève de Calabar pour un adulte est de 0gr,30.

Ses alcaloïdes sont très toxiques.

D'après Leven, la dose habituelle d'ésérine en injections hypodermiques est de 0gr,001 à 0gr,003 pour un adulte. Elle agit comme le curare : c'est un paralyso-moteur. Elle exerce une action générale et une action locale. Appliquée sur l'œil en solution aqueuse, elle combat la tension intra-oculaire et elle resserre la pupille qui devient punctiforme. Elle provoque la contraction des muscles lisses et striés, paralyse les extrémités des nerfs moteurs, elle détermine de violents accidents d'entérite et la mort arrive par arrêt de la respiration.

Antidotes. — Provoquer aussitôt les vomissements ; s'ils ne se produisent pas, recourir à la pompe gastrique. Fortes infusions de café alcoolisé, frictions, respiration artificielle, injections d'éther. L'atropine passe pour être l'antagoniste de l'ésérine.

L'ésérine cristallise en cristaux rhombiques, incolores, inodores, insipides, fondant à 106-107°, peu solubles dans l'eau, assez solubles dans l'alcool, l'éther, le chloroforme, la vaseline et les huiles grasses. Elle présente une réaction fortement alcaline. Le pouvoir lévogyre de l'ésérine varie avec le dissolvant, depuis $(\alpha)_d = -82°$ (chloroforme) jusqu'à — 120° (benzine ou toluène)(Prunier). Cet alcaloïde, dont la constitution est encore peu connue, chauffé à une température supérieure à 150°, se décompose en une nouvelle base l'*éséroline* $C^{13}H^{18}N^2O$ cristallisée (F. Straus, 1913).

La solution aqueuse se colore rapidement en rose à l'air et à la lumière jusqu'à devenir rouge foncé. Cette dernière solution fournit après l'évaporation un résidu amorphe de couleur rouge cerise insoluble dans l'éther. Les solutions des acides dilués d'abord incolores se colorent également en rouge. Ces solutions colorées perdent un peu de leur propriété mydriatique.

Par l'évaporation d'une solution d'ésérine dans l'acide nitrique fumant, on obtient un résidu qui, dissous dans l'alcool à 90°, fournit une belle couleur verte (Ferreira da Silva).

L'acide sulfurique et le molybdate d'ammonium en poudre donnent à froid une coloration bleuâtre terne; en chauffant peu à peu, elle peut disparaître, mais pour reparaître avec une belle nuance très intense et elle persiste. L'addition d'eau, loin de la développer comme dans le cas de l'atropine, la détruit en formant un précipité verdâtre (Raby).

Le bichromate de potassium dans les solutions à 1 /250 développe une couleur rouge, qui au bout de quelque temps devient rouge sang.

Les acides sulfurique et nitrique la dissolvent en prenant une teinte jaune.

La solution d'hypochlorite de chaux la colore d'abord en rouge intense, mais, si l'on continue d'ajouter du réactif, elle se décolore complètement.

En ajoutant à la solution sulfurique d'ésérine un peu d'eau de brome, on a une coloration rouge brun.

L'eau de brome seule produit dans les solutions aqueuses diluées à 1 /5000 un précipité jaune.

En ajoutant à un peu d'ésérine quelques gouttes d'eau de chlore fraîchement saturée, puis évaporant à l'air libre, on obtient un résidu soluble en rouge dans l'alcool.

En dissolvant un peu d'ésérine ou de ses sels et surtout du salicylate d'ésérine dans une capsule avec de l'ammoniaque en excès et en chauffant au bain-marie, on obtient une couleur rouge au bout d'un quart d'heure. Le résidu a une couleur bleue qui devient d'un rouge dichroïque magnifique quand on ajoute de l'acide sulfurique ou d'autres acides (Raby). En examinant la lumière par transparence, on observe une belle fluorescence de couleur cuivrée. La solution aqueuse ammoniacale cède incomplètement son principe bleu au chloroforme. Par addition d'hydrogène sulfuré en solution, la liqueur bleue devient rouge et au bout de quelques minutes elle se montre incolore ; par évaporation, elle donne de nouveau un résidu soluble également en bleu dans l'alcool.

Avec le perchlorure de fer, l'ésérine fournit un précipité de sesquioxyde de fer.

Un centigramme d'ésérine ou de salicylate d'ésérine mélangé à $0^{gr},05$ de chaux et 1 centimètre cube d'eau fournit une solution rouge. Dans cette solution, l'addition d'acide acétique produit une fluorescence d'un rouge ardent. En chauffant la solution rouge au bainmarie, on obtient un beau vert qui ne fournit cependant pas de résidu vert par l'évaporation, à moins que l'évaporation n'ait lieu avec l'ammoniaque.

Instillée dans l'œil, elle provoque la contraction pupillaire à la dose de 1/2 milligramme au moins (Vée et Leben). La muscarine présente cette réaction au même degré.

On emploie surtout le salicylate d'ésérine, le sulfate d'ésérine.

Dans une recherche toxicologique, il faut se rappeler que le chloroforme ou la benzine sont les dissolvants de choix de l'ésérine.

L'éséridine est encore peu connue. Elle est incolore, indécomposable à l'air, fusible à 132°, presque insoluble dans l'eau. Elle se dissout facilement dans le chloroforme, moins bien dans l'alcool, l'éther, le pétrole et la benzine.

Elle exerce une action myotique comme l'ésérine, mais bien plus faible.

La calabarine est aussi peu connue. C'est une masse amorphe très stable, insoluble dans l'éther, sans action sur la pupille.

La génésérine, $C^{15}H^{21}N^3O^3$, fondant à 128°-129°, faiblement alcaline, très soluble dans l'éther, et douée d'une très faible action myotique (M. Polonovski et C. Nitzberg, 1915).

Rosacées.

Les fruits du *sorbier des oiseaux*, Sorbus aucuparia L., ont déterminé d'après Otto un cas d'empoisonnement suivi de mort chez un enfant qui avait mangé des baies de sorbier. L'examen toxicologique a révélé la présence d'acide cyanhydrique et d'acide parasorbique, huile volatile à odeur piquante. Ce serait la graine seule qui fournirait l'acide cyanhydrique. Le fait que sa présence n'a pas encore été signalée, malgré l'emploi des sorbes comme médicament antiscorbutique, s'explique parce qu'au cours de la préparation des sirops, cet acide passerait dans le liquide, d'où il serait chassé par l'ébullition en même temps que l'huile volatile.

Myrtacées

Dans la racine du Punica granatum *grenadier* et certains fruits de la famille des Myrtacées se trouvent les alcaloïdes suivants :

La *pelletiérine* ou *punicine*, $C^8H^{15}NO$;

L'*isopelletiérine* ou *isopunicine*, $C^8H^{15}NO$;

La *méthylpelletiérine* ou *méthylpunicine*, $C^9H^{17}NO$;

La *pseudopelletiérine* ou *pseudopunicine*, $C^8H^{15}NO$.

Les trois premiers alcaloïdes sont liquides, le dernier est solide. M. Tanret, qui a découvert ces principes, attribue aux deux premiers l'action vermifuge. Un kilogramme d'écorces fournit 4 grammes de sulfate de pelletiérine.

La pelletiérine est un liquide incolore, soluble dans l'éther, l'alcool, le chloroforme et dans 20 fois son poids d'eau. Elle bout à 205°. C'est une base fortement alcaline répandant des fumées blanches quand on approche une baguette humectée d'acide chlorhydrique.

L'acide sulfurique et le bichromate de potassium fournissent une coloration verte à chaud ou à froid.

Le sulfate de pelletiérine a été obtenu par Tanret en magnifiques cristaux prismatiques de $0^{m},02$ de longueur.

C'est un puissant ténifuge.

Les doses de sulfate de pelletiérine et d'isopelletiérine réunies à absorber sont de $0^{gr},30$ à $0^{gr},40$ chez les adultes, de $0^{gr},10$ à $0^{gr},15$ chez les enfants, le tout additionné de $1^{gr},40$ à $1^{gr},50$ de tanin. L'écorce de racine s'administre en décoction à la dose de 50 à 60 grammes. On ne doit pas faire absorber ces préparations aux enfants.

L'ingestion de la pelletiérine peut être suivie de vertiges ; le malade doit se tenir couché, les yeux fermés.

Dans les **Cucurbitacées**, on trouve la *bryone* ou vigne blanche, Bryonia alba ou dioïca ; elle est utilisée dans sa racine jaune, charnue, de saveur âcre et amère, qui renferme deux glucosides : la *bryonine* amorphe, jaunâtre, de saveur amère, soluble dans l'eau et l'alcool, qui est inactive, et la *bryonidine*, insoluble dans l'eau, qui paralyse le système nerveux. Ce dernier glucoside a des propriétés purgatives. La racine de bryone est drastique et émétique : elle est beaucoup plus toxique fraîche que desséchée (D. Jansen, 1915).

On ne doit pas dépasser la dose de 4 grammes de poudre de racine en 24 heures (Huchard). A doses toxiques, elle provoque des étourdissements, du délire, des diarrhées cholériformes et des convulsions.

La bryonine ne saurait être administrée à plus de $0^{gr},02$.

La *coloquinte*, fruit décortiqué du Cucumis colocynthis L., dont les semences sont considérées comme inertes.

Elle contient des résines, des matières colorantes, de la gomme et un glucoside très amer, la *colocynthine*, soluble dans l'alcool, peu soluble dans l'eau, insoluble dans l'éther.

C'est un purgatif drastique violent, susceptible d'amener des douleurs aiguës à l'épigastre, des vomissements, la soif, des coliques, des déjections alvines, du délire, des vertiges, des crampes, du hoquet, le refroidissement des extrémités et la mort. Dans un cas mortel, on a trouvé la membrane interne de l'estomac ulcérée, ainsi que les intestins.

La dose toxique de colocynthine est de 0gr,1.

OMBELLIFÈRES

La famille des Ombellifères renferme plusieurs plantes vénéneuses, capables de donner lieu à des méprises, qui ont déterminé de nombreux empoisonnements. C'est ainsi que les feuilles de la *petite ciguë* ont été souvent prises pour du persil et la racine de l'*Œnanthe crocata* pour le panais. Le Dr Bloc a rapporté (1873) 48 cas d'empoisonnement dont plusieurs suivis de mort, causés par l'ingestion accidentelle de racine de panais sauvage ou œnanthe safranée.

La *ciguë*, quelle que soit l'espèce, cause des accidents très rapidement après l'ingestion : il survient des éblouissements, des vertiges, de la céphalalgie ; la personne empoisonnée titube comme une personne ivre ; les jambes se dérobent ; anxiété précordiale, violente cardialgie, gorge sèche, soif vive, déglutition souvent impossible, face pâle, physionomie altérée. L'intelligence demeure intacte. Les malades entendent, mais ne peuvent parler ; regard fixe, pupilles dilatées, vue trouble, contractions tétaniques, défaillances, yeux livides, le corps se refroidit ; la mort survient 4 à 6 heures après l'ingestion.

Signes de l'empoisonnement par la ciguë. — Putréfaction du cadavre hâtive, plaques livides, taches pétéchiales à la surface du corps ; ces dernières lésions se retrouvent à l'intérieur ; congestions passives dans les principaux organes ; sang noir fluide. Il peut rester des fragments de ciguë dans l'estomac ou l'intestin.

Il est bon de donner quelques caractères distinctifs des ciguës et des plantes qui leur ressemblent.

Tout d'abord, un caractère général des Ombellifères, c'est que leur principe aromatique persiste après l'ébullition, ce qui les différencie par exemple des Labiées.

En général, les Ombellifères aquatiques sont vénéneuses ; ce sont l'*œnanthe* et la *phellandrie*.

La *grande ciguë* (Conium maculatum) est une plante herbacée commune dans les décombres : la tige est droite, haute de 1 à 2 mètres et parsemée de taches inégales souvent arrondies, d'un pourpre vineux ; les fleurs sont blanches et disposées en ombelles composées ; les feuilles sont alternes, très découpées, molles et luisantes. L'odeur de la plante est nauséeuse et désagréable. Les propriétés de la grande ciguë varient suivant les climats. Dans le nord de l'Europe, on la mangerait sans inconvénient. Sa toxicité s'accroît à mesure qu'on s'avance vers les régions plus chaudes.

La *petite ciguë*, ciguë des jardins (Œthusa cynapium) est une herbe annuelle, glabre, d'une odeur fétide, à tige verte ou teintée uniformément en certains points de pourpre foncé ou verticalement striée de même couleur. Ses feuilles sont 3 fois divisées, tandis que le persil dont l'odeur est très différente a ses feuilles deux fois divisées et des fleurs jaunes ; les fleurs de la petite ciguë sont blanches.

La *ciguë vireuse* (Cicuta virosa) est une ombellifère aquatique de grande taille ($0^m,50$ à $1^m,50$), à rhizome tubéreux et tronqué s'enfonçant dans les vases des marais. Les rameaux aériens présentent des feuilles alternes, grandes, à segments lancéolés, étroits, aigus, dentés ; fleurs blanches ; à l'état frais, elle répand une odeur analogue à celle de l'ache, mais un peu plus piquante et plus nauséeuse. Sa saveur se rapproche de celle du persil. Elle contient un suc jaunâtre très amer. Elle est plus toxique que la grande ciguë. Elle est toxique pour les animaux qui boivent l'eau chargée du liquide huileux exhalé par sa tige.

L'*œnanthe safranée* (Œnanthe crocata) possède de grosses racines fasciculées, tubéreuses, des fleurs blanches et petites ; les racines sont odorantes, de saveur d'abord douceâtre, puis vireuse. Un suc lactescent, blanchâtre, jaunissant à l'air, s'écoule des différentes parties du végétal quand on le coupe. L'œnanthe est excessivement toxique.

La phellandrie (Œnanthe phellandrium) est aussi une ciguë aquatique commune dans les étangs, les marais et les fossés. Racines épaisses articulées, blanchâtres ; tiges épaisses fistuleuses, striées, hautes de $0^m,35$ à $0^m,70$, portant des feuilles glabres d'un beau vert à folioles petites, obtuses, un peu ovales ; les graines ont une odeur forte, aromatique, désagréable ; on en a retiré un liquide huileux, nauséabond, analogue à la conicine, la phellandrine.

La *phellandrie* n'est pas aussi vénéneuse que la grande ciguë.

Comme ombellifère dangereuse, il faut encore citer le *thapsia* (Thapsia garganica). On le récolte en Algérie où il croît dans les terrains sablonneux et stériles. La racine doit être âgée de 7 ans au moins pour fournir fraîche un suc laiteux qui brunit rapidement à l'air.

Le thapsia est un irritant violent qui à l'intérieur donne lieu à des troubles intestinaux graves ; il provoque sur la peau des rougeurs et même des éruptions.

La *conicine* ou *ciculine*, $C^8H^{17}N$, alcaloïde de la ciguë, existe surtout dans la grande ciguë et principalement à l'époque de la floraison. Les graines qui en sont très riches en contiennent jusqu'à 6 p. 100 ; à côté d'elle se trouve la *conhydrine*. La conicine est une huile incolore, densité : 0,886, distillant sans décomposition dans une atmosphère privée d'oxygène ; c'est un alcali secondaire. Elle possède une odeur spéciale de souris, qui serait due, d'après Zaleswky, à des impuretés, un goût âcre et persistant rappelant le tabac; et comme la nicotine elle est très vénéneuse à petite dose. Elle offre comme celle-ci beaucoup de ressemblance avec quelques ptomaïnes. Elle est dextrogyre : $(\alpha)_d = +13^o{,}79$; la présence de l'eau, de l'alcool, du chloroforme diminue le pouvoir rotatoire de la conicine.

L'alcali synthétique est dépourvu de pouvoir rotatoire, mais dédoublable en conicine gauche, auparavant inconnue, et en conicine droite, identique à l'alcali de la ciguë.

Les réactions qualitatives de la conicine et de ses sels se comportent absolument comme celles de la nicotine et de ses sels ; mais les précipités de la conicine sont en général plus solubles que les précipités de la nicotine.

Elle réduit les solutions aqueuses ou alcooliques de nitrate d'argent.

La solution alcoolique de conicine colore fortement en brun le papier de curcuma et en rouge pourpre la solution aqueuse de curcuma.

Elle renferme le plus souvent un peu d'ammoniac qui fait qu'elle noircit le calomel.

La conicine ordinaire bleuit le tournesol rouge, mais il n'en est pas de même quand elle est complètement privée d'ammoniac et d'eau.

Chauffée au contact de l'air, elle se laisse facilement enflammer.

En présence de l'acide chromique bien desséché, la conicine peut s'enflammer.

Cinq parties de conicine absorbent à 2° une partie d'eau. Le liquide limpide se trouble à une température plus élevée.

La conicine est soluble dans l'acétone, l'éther, l'alcool. Le benzol et le pétrole rectifié absorbent à froid une petite quantité de conicine, mais le mélange se trouble à chaud (distinction d'avec la nicotine). Il semble donc que l'alcaloïde soit plus soluble à froid qu'à chaud. La conicine est peu soluble dans le chloroforme, dans l'eau froide (plus que la nicotine), un peu dans l'eau chaude.

En évaporant à 20-30° avec de l'acide sulfurique une solution aqueuse de conicine, on obtient aussitôt d'abord des cristaux aiguillés et ensuite de grandes lamelles cristallines.

L'eau chlorée et l'eau bromée donnent des précipités blancs cristallins.

Si, à une solution de conicine dans la benzine, on ajoute des cristaux de tétrachloroquinone ou une solution de ce corps dans la benzine, on obtient une coloration bleue (Behrens).

Un courant de gaz chlore bien sec dirigé dans de la conicine lui communique une couleur pourpre qui passe lentement au bleu indigo : il se dégage beaucoup de fumées blanches, ce qui tient à la présence de l'ammoniac.

Avec l'acide chlorhydrique et la conicine on peut obtenir des cristaux qui agissent sur la lumière polarisée (réaction caractéristique). Ce chlorhydrate $NC^8H^{17}HCl$ incolore et déliquescent s'altère, rougit et bleuit par simple évaporation.

La conicine forme dans la solution de sulfate de cuivre un précipité peu soluble dans l'eau, soluble dans l'alcool et l'éther.

En solution alcoolique, mais non en solution aqueuse, les sels de conicine donnent avec le chlorure de platine un précipité peu soluble à froid dans l'eau et qui cristallise. Il a pour formule :

$$(C^8H^{17}NHCl)^2 PtCl^4.$$

Traitée par le bichromate de potassium et l'acide sulfurique, elle donne de l'acide butyrique, qui additionné d'un peu d'alcool et chauffé fournit une odeur de fraises (butyrate d'éthyle).

La conicine précipite les sels de fer.

Elle coagule l'albumine dans les solutions qui en renferment.

Dans la ciguë se trouvent, outre la conicine :

La méthylconicine = $C^8H^{16}(CH^3)N$
La conhydrine = $C^8H^{15}(OH)NH$

et encore une petite quantité d'une autre base.

Action physiologique. — La conicine est un poison très rapide et des plus violents prenant place à côté de la nicotine et de l'acide cyanhydrique. Une goutte dans l'œil d'un cobaye le tue en quelques instants. Pour l'homme, une dose de 0gr,2 est mortelle. Elle paralyse les nerfs périphériques (caractère de la conicine). C'est un caustique violent capable de détruire les tissus organisés : aussi a-t-elle été préconisée en pilules ou en solution dans les affections cancéreuses. La mort arrive par asphyxie après une courte période d'excitation. A dose thérapeutique, elle est sédative et stupéfiante.

Aussitôt après l'ingestion, douleurs à l'arrière-gorge et à l'estomac et aussi dans l'abdomen : le malade titube, tremble et tombe ; froid et insensibilité des extrémités.

Les contrepoisons doivent être donnés rapidement : charbon animal 15 à 30 grammes, alcoolé d'iode 1 gramme dans 120 grammes d'eau, inhalations d'oxygène, faradisation des muscles respiratoires.

Recherche. — On pourrait la confondre avec la nicotine. Mais la conicine ne développe pas au contact de l'acide chromique l'odeur si caractéristique du camphre du tabac.

La conicine versée dans l'eau surnage, la nicotine tombe au fond du vase.

Une solution de chlorhydrate de nicotine évaporée laisse un résidu amorphe qui se distingue nettement du résidu cristallisé de chlorhydrate de conicine.

Les sels de cicutine sont cristallins.

On pourrait confondre la conicine avec la triméthylamine (putréfaction des cadavres, du hareng) ; mais celle-ci est soluble dans l'éther de pétrole, possède une odeur de saumure de harengs, est moins toxique et sa solution aqueuse ne se trouble pas à l'ébullition.

La méthylconicine se confond avec la conicine qu'elle accompagne toujours.

La conhydrine, C^8H^{15} (OH) NH est soluble à la température ordinaire. Elle est moins toxique que la conicine. Base fixe.

On a employé en thérapeutique le bromhydrate de cicutine, $C^8H^{17}NHBr$, poudre blanche, cristalline, dextrogyre. Point de fusion : 100°. Soluble à froid dans 2 parties d'eau et d'alcool.

Sel antinévralgique et antispasmodique.

Apiol. — L'apiol se trouve dans les graines de persil ; c'est un liquide complexe introduit dans la thérapeutique en 1849 par Joret et Homolle. On en connaît deux sortes : l'apiol jaune et l'apiol vert, ce dernier devant sa coloration spéciale à de la chlorophylle. Les apiols du commerce ont été étudiés par G. Rebière (1898). L'apiol jaune est celui de l'officine : il provient de l'apiol vert traité par le noir animal et la litharge qui le débarrassent de la chlorophylle et des matières grasses.

De l'essence de persil on a retiré l'apiol cristallisé (camphre de persil), corps chimiquement défini : c'est l'éther méthylénique d'un phénol, le propiénylapional, $C^{12}H^{14}O^4$. Il cristallise en fines aiguilles fusibles à 30°, bouillant vers 294°, insolubles dans l'eau, solubles dans l'alcool et dans l'éther, l'acétone, la benzine et l'éther acétique. L'apiol cristallisé est entraîné par la vapeur d'eau. Chauffé légèrement avec de l'acide sulfurique, il se dissout en donnant un liquide rouge sang ; par addition d'eau il se sépare de ce liquide un corps brun floconneux.

Si, à une solution alcoolique d'apiol, on ajoute de l'eau chlorée jusqu'à trouble persistant, puis quelques gouttes d'ammoniaque, le mélange prend une coloration rouge brique fugace (A. Jorissen).

L'apiol officinal est très odorant, huileux, insoluble dans l'eau. Il prend aussi au contact de l'acide sulfurique concentré une couleur rouge sang intense. Le liquide obtenu est décomposé par l'eau, ne cède sa coloration ni à l'éther ni au chloroforme, mais se dissout sans altération dans l'acétone (G. Rebière).

C'est un puissant emménagogue à la dose de 0gr,30 à 0gr,60. A la dose de 1 gramme, il détermine une excitation cérébrale légère ; à la dose de 2 à 4 grammes, il produit une véritable ivresse et des étourdissements, titubations, vertiges, céphalalgie gravatique qu'on a comparée à l'ivresse quinique. En même temps l'arrière-gorge conserve une âcreté persistante, et la langue semble au malade comme tuméfiée et paralysée. L'apiol a été étudié par Laborde qui a prouvé qu'il déterminait la congestion des vaisseaux et une excitation de la fibre musculaire lisse.

Le Dr Brénot (de Dijon) a rapporté (1913) le cas mortel d'une femme de 25 ans, qui prit en une fois 14 capsules d'apiol. Elle succomba au bout de 12 jours après avoir éprouvé de l'urémie, de l'oligurie, de l'hématurie et des hémorragies nombreuses.

Les expériences physiologiques manquent sur l'apiol.

SYNANTHÉRÉES

Quelques plantes de cette famille sont intéressantes par elles-mêmes ou par les principes qu'elles renferment.

L'*absinthe*, Arthemisia absinthium L., grande absinthe. Elle exhale une odeur aromatique très forte, qu'elle doit à une huile essentielle. Elle renferme :

Absinthine, principe amer, $C^{16}H^{22}O^{5}$ (Luck)
Essence d'absinthe, de saveur âcre, vert foncé
Des résines, de l'acide succinique.....

On emploie en médecine les feuilles et surtout les sommités fleuries, soit en infusions aqueuses (10 à 20 grammes), soit en poudre comme vermifuge (de 2 à 4 grammes).

Elle sert à faire de l'absinthe, liqueur alcoolique verdâtre, à odeur particulière, où domine généralement l'anis. Elle renferme peu d'essence d'après Adrian, qui a étudié la composition des différentes liqueurs du commerce. D'après le Dr Moreau, de Tours, une absinthe dite fine se compose de :

Feuilles et sommités fleuries de grande absinthe	600
Mélisse citronnelle	125
Sommités fleuries d'hysope	225
Racine d'angélique....................	Quantité variable
Anis vert..	1.000
Badiane	225
Fenouil de Florence	850
Coriandre	225
Alcool à 85°	16l,300
Eau	4 litres

le tout pour 20 litres de spiritueux.

L'absinthe est pernicieuse par les essences et les alcools qu'elle renferme. Un chien du poids de 12 kilogrammes tombe en attaque d'épilepsie quand on lui fait une injection sous-cutanée de 0gr,50 d'essence d'hysope ; le même résultat est obtenu avec 0gr,09 à 0gr,1 d'essence d'absinthe. Aussi observe-t-on chez les buveurs d'absinthe des accidents convulsifs analogues, sans compter les troubles qui affectent l'intelligence.

De plus, cette liqueur est préparée avec des alcools bruts du commerce (mélangés d'alcool propylique, butylique, amylique, d'acides gras, d'aldéhydes, d'éther, etc.). Dans la fabrication de l'absinthe la distillation est très élevée, alors les flegmes renfermant les produits les plus pernicieux passent à la distillation.

MM. Magnan et Laborde ont étudié les propriétés convulsivantes de l'essence d'absinthe. MM. Meunier et Cadéac (1889) ont cherché à prouver que « l'absinthisme » n'était pas dû à l'essence de l'absinthe qui ne serait contenue qu'à la dose de 2 grammes par litre et dont l'absorption directe, sans mélange, n'a aucune action sur l'intelligence. Ces deux auteurs incriminent plutôt les autres essences et surtout l'essence d'anis. Mais Laborde a critiqué leurs expériences; il reprit ces essais et conclut que l'absinthe vraie par son essence peut produire l'attaque épileptique franche et que cette essence est un convulsivant : à dose égale, l'essence d'anis ne produirait, d'après Laborde, que de la somnolence sans phénomène convulsif.

Cliniquement l'absinthisme diffère de l'alcoolisme par l'association de phénomènes épileptiques qui caractérisent le premier (Motet, Bourneville).

Dans les **Éricacées,** le genre Rhododendrum renferme des espèces vénéneuses, en particulier le *rosage chrysanthe,* la rose. de Sibérie (Rhododendrum crysanthum), petit arbuste à fleurs jaune pâle cultivé dans nos jardins. Les feuilles renferment un principe stimulant et narcotique non déterminé par l'analyse. Orfila considère la décoction de cette espèce comme très vénéneuse. Beaucoup d'autres Rhododendrum comme R. ferrugineum (laurier-rose des Alpes), R. maximum, R. ponticum ont des propriétés vénéneuses.

Les *Asale* en général sécrètent un nectar vénéneux qui attire cependant les abeilles. Pendant la retraite des Dix-Mille des soldats furent malades pour avoir mangé du miel sécrété par des abeilles qui avaient butiné sur ces plantes.

Dans les **Apocynacées,** les feuilles du Nerium oleander (laurier-rose) passent pour toxiques ; Lukomski en a retiré deux principes : l'un toxique, *l'oléandrine,* vomitive et purgative, l'autre, la *pseudocurarine,* inoffensive. M. Barisien (1898) a rapporté deux cas d'intoxication à la suite de décoctions de feuilles de laurier-rose. Les malades étaient d'une pâleur extrême ; ils paraissaient ivres ; ils avaient des coliques et des vertiges, des nausées non suivies de vomissements et du refroidissement des extrémités ; les pupilles étaient très dilatées, l'iris était insensible à la lumière ; enfin, il observa un ralentissement de la circulation avec un pouls filiforme.

Le *Strophantus hispidus* officinal et le *S. Kombe* sont des plantes grimpantes, ligneuses qui viennent sur la côte occidentale de l'Afrique. Les semences de strophantus, de saveur d'abord douce et bientôt très amère, renferment un glucoside, la strophantine, $C^{31}H^{8}O^{12}$. Le S. Kombe renferme jusqu'à 17 et 26 p. 1.000 de strophantine amorphe, alors que le S. hispidus n'en contient que 6,5 p. 1.000.

M. Catillon a montré que la richesse des semences en strophantine était très variable ; d'où l'infidélité et le danger des teintures de strophantus.

La strophantine, $C^{40}H^{56}O^{15},5H^{2}O$, découverte par Arnaud cristallise en aiguilles aplaties, fasciculées, opaques, d'aspect micacé ; incolores, amères, fusibles à 185°, solubles dans 40 parties d'eau à 18°, dans 4 parties d'alcool absolu ; elle est soluble dans la glycérine. La solution aqueuse mousse par l'agitation. Elle est dextrogyre : $(\alpha)_D = +30°$ pour une solution aqueuse à 2,30 p. 100 centimètres cubes (Codex).

Son soluté aqueux ne réduit pas la liqueur de Barreswill ; il réduit à chaud le nitrate d'argent.

La strophantine est hydrolysée à chaud par les acides chlorhydrique (couleur verte) ou sulfurique en fournissant du glucose, de la strophantidine, $C^{27}H^{38}O^{7},H^{2}O$, de l'alcool méthylique et un disaccharide.

L'acide sulfurique concentré et froid colore la strophantine en rouge brun qui vire bientôt au vert.

Le soluté aqueux de strophantine additionné d'une trace de perchlorure de fer, puis d'acide sulfurique concentré, fournit un précipité rouge brun, qui dans l'espace de 2 heures devient vert foncé.

Le tanin précipite la strophantine.

D'après Planchon et V. Payrau, les grains de S. hispidus, S. Kombe, S. minor donnent une coloration verte par l'acide sulfurique, tandis que S. gratus, S. asper ne donnent pas cette coloration.

D'après Fraser, la teinture de semences posséderait des propriétés analogues à celles de la digitale.

La strophantine est d'un maniement thérapeutique difficile à cause de sa grande toxicité et on ne lui connaît pas de contrepoison.

Vulpian a reconnu que c'était un poison du cœur, augmentant toujours la pression sanguine. Les effets physiologiques du strophantus ont été étudiés par Gley et Lapicque et par A. Richaud.

C'est avec un extrait de strophanthus que les Somalis, les Pahouins et autres indigènes des côtes occidentales de l'Afrique empoisonnent leurs flèches.

L'*Acokanthera ouabaio* et le *Strophanthus glaber* renferment de l'ouabaïne découverte par Arnaud. Cette substance cristallise en lamelles rectangulaires fusibles vers 200°, sans amertume, peu solubles dans l'eau froide, plus solubles dans l'eau bouillante, solubles dans l'alcool, mais insolubles dans l'éther et dans le chloroforme. C'est un glucoside hydrolysable.

Elle est encore plus toxique que la strophantine, et elle est d'nu maniement thérapeutique très difficile.

La famille des Apocynacées fournit encore de nombreux alcaloïdes; parmi ceux-ci :

L'*inéine* qu'on retrouve avec la strophantine dans les différentes espèces de strophantus. Tous ces alcaloïdes agissent sur le cœur. Huchard, Beaumetz, Bucquoy ont expérimenté avec succès les préparations de strophantine.

La *pseudocurarine* et l'*oléandrine* qu'on retrouve dans le Nérium oléander.

La *chlorogénine*, $C^{21}H^{10}N^{2}O^{4} + 3\ 1/2\ H^{2}O$, qui est amorphe ainsi que ses sels.

A Madagascar, avant la conquête, on se servait comme poison

d'épreuve du tanghin fourni par les graines d'une Apocynacée, le Tanghinia venenifera.

Loganiacées. — Le genre Strychnos fournit des espèces vénéneuses et des espèces inoffensives. Les S. nux vomica, S. ignatii, S. icaja (Baillon), S. kipapa (Gilg) sont vénéneux. Dans l'est de l'Afrique, on a trouvé deux Strychnos à fruits comestibles : ce sont S. Urasifera et S. Volkensii. Dans l'Afrique occidentale, on trouve des strychnos comestibles et vénéneuses. Ce genre fournit beaucoup d'alcaloïdes dont les principaux sont :

La strychnine, $C^{21}H^{22}N^{2}O^{2}$
La brucine, $C^{23}H^{26}N^{2}O^{4}$
La curarine
L'akazgine

La strychnine est seule usitée en thérapeutique.

La strychnine, $C^{21}H^{21}N^{2}O^{2}$, découverte par Pelletier et Caventou en 1818 dans la fève de Saint-Ignace, graine du S. Ignatii, arbuste grimpant que l'on rencontre aux Philippines et qui a été transporté en Cochinchine. On la trouve encore associée à la brucine dans les semences du S. Colubrina, S. nux vomica, S. tieute.

La fève de Saint-Ignace renferme 1,5 p. 100 de strychnine et 0,5 de brucine p. 100. Les deux alcaloïdes sont combinés à l'acide malique.

La strychnine cristallise en octaèdres réguliers, rectangulaires, droits. Elle fond à 284° en se décomposant. Elle possède une saveur amère qui subsiste dans les solutions aqueuses à 1 /670000. Sa solution aqueuse a une réaction alcaline :

1 partie de strychnine	se dissout dans	6 300	parties	d'eau à 20°.
—	—	2 500	—	d'eau bouillante.
—	—	6	—	de chloroforme.
—	—	12	—	d'alcool bouillant.
—	—	160	—	d'alcool à 95°.

Elle se dissout aussi facilement dans l'essence de térébenthine bouillante.

A 17° 1 partie de strychnine	se dissout dans	170	parties	de benzine.
—	—	185	—	d'alcool amylique.
—	—	300	—	de glycérine (de d = 1,24)
—	—	485	—	de sulfure de carbone
—	—	1250	—	d'éther sulfurique.

La solution alcoolique de strychnine est lévogyre.

Les solutions acides possèdent un pouvoir rotatoire beaucoup moindre.

La strychnine se dissout dans l'acide azotique de densité 1,2 avec une coloration jaune clair manifeste quand on opère à chaud ; il n'y a aucune coloration à froid (distinction d'avec la brucine). Dans l'acide sulfurique à froid, il y a dissolution sans coloration ; à chaud, il se produit une couleur brune jaunâtre, peut-être moins intense que la précédente.

La solution aqueuse de strychnine précipite par :

L'iodure de potassium iodé, précipité brun dans les solutions à 1 /1.200.000 ;

Le tanin fournit un précipité blanc dans les solutions qui en renferment 0gr,00004 ;

La vapeur de brome, précipité blanc jaune ;

L'iodure mercurique ioduré, précipité blanc dans les solutions à 1 /600.000 = 0gr,000006 ;

L'acide picrique donne rapidement des cristaux dans les solutions à 0gr,00005.

Elle se trouble dans l'eau iodée.

D'après Otto, si l'on dissout l'alcaloïde dans I à II gouttes d'acide sulfurique concentré et pur (3 parties d'acide de densité 1,84 et 1 partie d'eau) et si à la solution froide on ajoute un fragment de bichromate de potassium cristallisé, on observe une teinte violette azurée qui passe au rouge clair et qui disparaît ensuite. On emploiera le sel solide si l'on a peu d'alcaloïde à sa disposition ; autrement on pourra se servir d'une solution aqueuse de bichromate de potassium. On a proposé de remplacer ce sel par d'autres oxydants comme l'acide iodique, le permanganate de potassium, le ferricyanure de potassium, le peroxyde de plomb, les sels de l'acide vanadique. Toutes ces substitutions ne présentent aucun avantage. On emploiera pour ces essais l'alcaloïde libre ou le sulfate, parce qu'un excès d'acide azotique ou d'acide chlorhydrique peut entraver la réaction. Dans celle-ci il se fait de l'acide strychnique, amorphe, dépourvu d'amertume, non vénéneux. Noter qu'un excès de bichromate de potassium détruit la coloration en l'empêchant de se produire.

Cette réaction peut se produire avec 1 /1.000 de milligramme de strychnine ; elle caractérise la strychnine en tenant compte également de ses effets physiologiques.

Dissoute dans l'acide sulfurique renfermant du bichromate de potassium, la brucine donnerait une coloration rouge. On peut d'ailleurs reconnaître un mélange de brucine et de strychnine de la façon suivante : on arrose le résidu alcaloïdique avec de l'acide sulfurique renfermant un peu d'acide azotique. La coloration rouge qui passe au jaune indique la présence de la brucine. En ajoutant alors du bichromate de potassium ou de l'oxyde de cérium, on obtient la coloration bleue caractéristique de la strychnine (Marchand, de Fécamp).

M. Tafel a fait remarquer en 1892 que la réaction obtenue avec l'acide sulfurique et le bichromate de potassium ou analogues avait lieu avec la phénylhydrazine et en présence de beaucoup d'anilides. Vitali a fait observer qu'on obtient avec la phénylhydrazine et l'acétanilide une couleur rouge violette.

Efisio Mameli (1914) a remarqué aussi que beaucoup de substances organiques synthétiques (phénacétine, gaïacol, héroïne, helmitol, etc.) masquaient la réaction chromatique d'Otto pour la strychnine.

Il faut remarquer que le *curare*, extrait végétal, pourrait donner avec la réaction au moyen d'acide sulfurique et de bichromate de potassium une coloration à peu près identique à celle produite par la strychnine. Cependant la coloration due à la curarine n'est pas aussi fugace ; le changement de couleur du violet au rouge cerise est plus lent et le violet plus manifeste : la couleur rouge finale persiste quelques heures, parfois même pendant quelques jours avec le curare.

Avec la curarine, l'acide sulfurique produit déjà un violet très pâle ; en concentrant le mélange au bain-marie, la teinte s'accuse de plus en plus et passe au rouge.

Toutefois la recherche par la méthode de Stass rend cette confusion impossible, la curarine étant insoluble dans l'éther et très peu soluble dans l'alcool amylique et le chloroforme. En outre, la curarine se comporte différemment avec l'acide sulfurique et l'acide nitrique.

G. Guérin, pour la caractérisation de traces de strychnine, a indiqué (1914) de dissoudre le résidu alcaloïdique dans II à III gouttes de SO^2H^4, d'ajouter 2 ou 3 milligrammes au plus de CO^3Mn, et d'agiter avec une baguette de verre. On observe une coloration bleue qui vire peu à peu au violet.

M. J. Tafel a indiqué (1898) une réaction de la strychnine. On fait une solution de $0^{gr},10$ de strychnine dans 10 c. c. d'eau, acidulée par HCl ; on mesure 1 centimètre cube de cette solution, on ajoute 2 centimètres d'eau, IV gouttes d'acide chlorhydrique officinal et de la poudre de zinc en excès. La strychnine fournit par réduction du tétrahydrostrychnine et de la strychnine. On chauffe pour activer la réaction et on filtre. Si au liquide filtré on ajoute I goutte de perchlorure de fer étendu, on obtient une belle coloration rouge safranée qui ne disparaît pas en chauffant. Cette coloration est due à l'oxydation des produits de réduction cités plus haut. Pour que la réaction se produise, il faut que le liquide renferme au moins 0gr,004 de strychnine.

En 1909, Malaquin a indiqué une réaction que G. Denigès (1911) a rendue plus sensible après avoir fait l'étude de la réaction. Dans un tube à essai, on introduit 4 centimètres cubes de solution de strychnine salifiée ou 4 centimètres cubes d'eau et une toute petite prise de strychnine ou de l'un de ses sels à l'état solide. On ajoute 4 centimètres cubes d'acide chlorhydrique pur et 2 à 3 grammes de petites lamelles de zinc amalgamé ou de zinc pur granulé. On porte à l'ébullition, on décante et on laisse refroidir. Ce liquide hydrostrychnique permet d'obtenir une teinte rouge avec addition d'une trace d'azotate de sodium et une belle couleur rouge pourpre par l'addition de quelques gouttes d'eau de brome. Ces liquides colorés présentent des bandes d'absorption caractéristiques.

En dissolvant à une douce chaleur de la strychnine dans quelques gouttes d'acide azotique, puis ajoutant un cristal de chlorate de potassium, on voit se produire une teinte rouge écarlate (Bloxam).

Le gaz chlore dans une solution de strychnine acidulée avec l'acide chlorhydrique donne de petites bulles qui gagnent le fond du vase et déterminent la production d'un précipité blanc de trichlorostrychnine.

Le chlorure platinique fournit un précipité jaunâtre soluble dans l'alcool bouillant d'où il cristallise en houppes qui ressemblent à de l'or mussif.

L'iodure de potassium et de bismuth fournit un précipité dans les solutions à 1/200.000.

L'acide phosphomolybdique précipite dans les solutions à 1/10.000.

Le sulfocyanure de potassium dans les solutions concentrées donne un précipité incolore cristallisé.

Le ferricyanure de potassium fournit un précipité jaunâtre cristallin.

Le chromate neutre de potassium précipite la strychnine mieux que la brucine.

Le charbon animal peut fixer la strychnine (analyse des bières).

Si l'on avait à rechercher de la strychnine mélangée à de la morphine (cas rapporté par Otto à propos du suicide d'un pharmacien par un mélange des deux alcaloïdes), il faut observer que la morphine n'empêche pas la réaction d'Otto de se produire, à moins que celle-ci ne soit en excès (Reese). On a pu retrouver par cette réaction 1 partie de strychnine dans 10 parties de morphine. D'ailleurs les deux alcaloïdes sont faciles à séparer et à caractériser isolément.

Il est arrivé assez fréquemment qu'on ait donné en pharmacie de la strychnine pour de la santonine. On reconnaît l'une de l'autre en ce que la solution aqueuse de santonine ne donne pas de précipité avec de l'acide picrique ; au contraire, la strychnine fournit un précipité. M. Colin-Tocquaine a indiqué (1881) la différenciation suivante : le traitement par le sucre et l'acide sulfurique donne la même réaction ; mais si l'on traite ce mélange par une goutte de teinture d'iode officinale, puis par un excès de nitrate de mercure, pour 0gr,05 de substance pulvérisée employée on obtient avec la strychnine une coloration d'un brun intense ressemblant à une solution alcoolique d'iode très concentrée ; avec la santonine il se forme un précipité blanc céruse qui devient jaunâtre orangé au bout d'un certain temps. Si alors on introduit dans le mélange un atome de strychnine, la coloration brune indiquée plus haut se manifeste aussitôt. C'est une excellente réaction.

Usages. — On a utilisé en médecine les préparations de noix vomique, de fève de Saint-Ignace, les teintures alcooliques de noix vomique et de la fausse angusture. On a employé quelquefois la noix vomique pour donner de l'amertume à la bière.

En pharmacie, on l'emploie en granules de 1/2 milligramme à 1 milligramme ou sous forme d'alcoolé de strychnine (1/1.000) ou d'injections hypodermiques.

En Angleterre, les épiciers vendent pour tuer les rats une poudre composée de fécule, de strychnine et d'une matière colorante ; de là dans ce pays des empoisonnements avec cet alcaloïde plus fréquents qu'en France.

La strychnine a donné entre les mains de Konigsdorter, en 1894, des résultats merveilleux en injections sous-cutanées (0gr,001) dans le traitement des personnes empoisonnées par les champignons. Le rétablissement était parfois instantané « comme par enchantement ». La dose de strychnine injectée était de 0gr,012.

Action physiologique. — Introduite par une voie quelconque dans l'économie, la strychnine est un poison très redoutable à doses très faibles. Introduite par la voie stomacale, les phénomènes d'intoxication n'apparaissent qu'au bout de 15 minutes. La présence des substances alimentaires et en particulier du café peut retarder les manifestations pendant 2 heures. Les sels de strychnine sont plus vite absorbés par le rectum que par l'estomac.

La strychnine est plus vénéneuse que la brucine.

Taylor rapporte des cas de mort survenus à la suite de l'ingestion de 0gr,02 à 0gr,04 de strychnine.

Rabuteau écrit qu'un enfant de 13 ans mourut après avoir ingurgité 0gr,03 de strychnine.

La fève de Saint-Ignace qui contient environ 3 fois plus de strychnine que la noix vomique est très dangereuse à la dose de 0gr,60.

La dose mortelle de teinture de noix vomique peut être de 8 grammes à 11 grammes. L'homme ne s'habitue pas à l'absorption de la strychnine non plus qu'aux autres préparations de strychnine.

Les sels solubles de strychnine aussi bien que ceux de la brucine sont absorbés promptement par les muqueuses et le tissu cellulaire.

Il y a eu de nombreux empoisonnements par la strychnine et beaucoup de suicides.

La strychnine provoque le tétanos strychnique, qui peut être renouvelé dans les moments de rémission par le moindre choc extérieur.

L'alcaloïde est éliminé par l'urine et la salive ; cette élimination est assez longue, car il peut se localiser quelque temps dans le foie ; on le retrouverait également dans le cerveau (Grandval et Lajoux). On a constaté que la strychnine introduite par la voie hypodermique ou par instillation dans l'œil était à peu près impossible à retrouver dans l'organisme.

Contrepoisons. — Chloral par voie gastrique et voie rectale, infusions concentrées et chaudes de café, tanin, excitation magnéto-faradique, savon (vomitif), pompe œsophagienne pour vider l'estomac, respiration artificielle, anesthésiques en général. La fève de Calabar a produit de bons résultats sur des animaux empoisonnés par la strychnine.

L'injection de curare a été appliquée dans des cas avec succès par Sadoréanu (1896).

La décoction de feuilles d'eucalyptus en lavage stomacal donnerait de bons résultats. Enfin l'adrénaline serait un antidote de la strychnine.

Recherche. — On observe une rigidité précoce et prolongée du cadavre.

La strychnine résiste très bien à la putréfaction : on a pu la retrouver 3 ans après la mort ; mais ce n'est pas le cas général.

On devra toujours recourir à l'expérimentation physiologique. On doit obtenir nettement le tétanisme de la grenouille injectée : employer comme témoin une grenouille à laquelle on injectera 1/2 centimètre cube de solution de strychnine au 1/500.

Si l'on rencontrait simultanément de la strychnine et de la brucine, on pourrait admettre que l'empoisonnement est dû à une préparation médicinale de noix vomique (alcoolé de noix vomique) ou de fausse angusture. S'il s'agissait d'ingestion de noix vomique elle-même, l'estomac contiendrait des fragments ramollis, d'aspect corné, reconnaissables au microscope à leurs poils.

La recherche de la strychnine se fera par la méthode de Dragendorff et dans la solution benzénique. On devra se rappeler que G. Bertrand (1907) a observé que la strychnine est extraite en totalité, à l'état de sulfate, par l'agitation avec du chloroforme du liquide rendu acide par l'acide sulfurique. L'extraction est si complète qu'on ne trouve plus trace d'alcaloïde dans le milieu alcalinisé.

Les sels de strychnine le plus fréquemment employés sont :

Le sulfate de strychnine, $SO^4H^2(C^{21}H^{22}N^2O^2)^2 + 5H^2O$, cristaux octaédriques, solubles à 15° dans 50 parties d'eau ; il renferme 78,04 p. 100 de strychnine. On connaît aussi le sulfate de formule $SO^4H^2(C^{21}H^{22}N^2O^2) + 2H^2O$ qui renferme 71,36 p. 100 de strychnine. Doses de 0gr,002 à 0gr,01 progressivement.

Le nitrate de strychnine de formule $NO^3H(C^{21}H^{22}N^2O^2)$, peu soluble dans l'alcool et qui sert à préparer (Codex) la strychnine après précipitation de sa solution aqueuse par l'ammoniaque.

La brucine, $C^{23}H^{26}N^2O, 4H^2O$, découverte par Pelletier et Caventou, en 1818, cristallise en prismes rhomboïdaux obliques, s'effleurissant facilement et perdant leur eau à 130°. Elle possède une saveur très amère accompagnée d'une âcreté persistante. Elle est surtout contenue dans la fausse angusture.

Elle est beaucoup plus soluble dans l'éther et la benzine que la strychnine.

A 15°, elle se dissout dans 850 parties d'eau
A 100°, — 500 —

Elle se dissout facilement dans l'alcool, moins bien dans l'alcool absolu, la benzine et le chloroforme ; elle est insoluble dans l'éther de pétrole.

La brucine est moins toxique que la strychnine : 24 fois moins (Magendie), 36 fois moins (Falck).

Les propriétés physiologiques de la brucine sont semblables à celles de la strychnine, à l'intensité près, avec cette différence que la brucine paralyse l'action des nerfs moteurs, tandis que la strychnine la respecte (Robert Robbino).

On la retrouve par la méthode de Dragendorff par agitation de la liqueur alcaline avec la benzine.

Réactions. — Une des meilleures est la coloration développée au contact de l'acide azotique. Pour la bien produire, on mélange à de l'acide sulfurique concentré et pur 35 p. 100 d'eau et au liquide froid on ajoute un peu de salpêtre. Au contact d'une trace d'alcaloïde, on obtient un rouge vif : c'est une réaction sensible à 0gr,02 dissous dans 1 litre d'eau. La matière rouge instable passe peu à peu au jaune orangé, puis au jaune pur (Reichardt).

L'acide azotique donne avec la brucine de l'acide oxalique, CO^2, et de la cacothéline, $C^{21}H^{22}N^4O^9$ (Hanssen).

Si l'on n'ajoute à la brucine que très peu d'acide azotique (densité 1,13), puis qu'on chauffe légèrement jusqu'à ce que la teinte rouge pâlisse, on obtient par addition de chlorure d'étain, ou de sulfure de sodium ou d'ammonium, une magnifique couleur violette qui passe au bleu puis au vert par addition de soude.

L'acide perchlorique, le nitrate mercureux mêlé d'acide azotique, d'acide sulfurique et de permanganate de potassium colorent également la brucine en rouge.

Une solution incolore de brucine étant mélangée à 1 volume d'acide sulfurique concentré et à 9 volumes d'eau, puis à une petite quantité d'une solution très étendue de bichromate de potassium fournit au bout de quelques secondes une couleur rose framboise ; successivement à la température ordinaire et plus promptement à chaud, la teinte devient rouge orangé pour se transformer en rouge brun. La solution à 1/1.000 donne très bien une couleur rouge sang. Dans les solutions à 1/10.000, la réaction est encore évidente, à la condition d'éviter l'emploi d'un excès de bichromate de potassium (Dragendorff).

L'eau de chlore colore les solutions saturées de brucine en rouge clair ; la réaction est encore plus belle par l'emploi du gaz chlore qui colore la solution en rouge jusqu'au rouge sang ; avec l'acide azotique la coloration devient jaune brun (Dragendorff).

Les réactifs généraux suivants donnent encore des troubles dans les solutions de brucine diluées, savoir :

L'acide phosphomolybdique dans les solutions à................	1/5000
L'iodure de potassium iodé dans les solutions à..................	1/50000
L'iodure double de potassium et de mercure dans les solutions à....	1/30000
Le chlorure d'or dans les solutions à........................	1/2000
Le chlorure de platine dans les solutions à..................	1/1000
Le tanin dans les solutions à...............................	1/2000
L'iodure double de bismuth et de potassium dans les solutions à....	1/5000

Pour reconnaître un mélange de strychnine et de brucine, on arrose le résidu de l'évaporation avec de l'acide sulfurique concentré qui contient un peu d'acide azotique ; la coloration rouge qui passe au jaune indique la présence de la brucine ; en ajoutant à cette solution sulfurique du bichromate de potassium ou de l'oxyde de cérium, on obtient la coloration bleue caractéristique de la strychnine.

Pour la séparation de la strychnine et de la brucine dans un empoisonnement par la noix vomique ou une préparation de ce genre, il faut se rappeler que l'alcool absolu froid dissout la brucine beaucoup plus facilement que la strychnine. Ou bien la solution aqueuse des deux alcaloïdes peut être additionnée d'ammoniaque : la strychnine se précipitera. On agitera la solution filtrée contenant la brucine avec de l'éther ou de la benzine qui dissoudront cet alcaloïde.

Pour la séparation de la strychnine de la brucine, dans la brucine commerciale, Beckurts a proposé de traiter par le ferrocyanure de potassium qui donne du ferrocyanure de strychnine insoluble, pendant que le ferrocyanure de brucine reste en solution. La fin de la réaction est indiquée par des touches successives sur un peu de papier imprégné de chlorure ferrique : il importe qu'il n'y ait pas un excès de ferrocyanure ; la précipitation est hâtée par le frottement des parois du verre à l'aide d'une tige de verre.

Gerock, pour les séparer, propose d'utiliser la facile oxydation de la brucine ou de son picrate par l'acide nitrique. On précipite le mélange des deux bases à l'état de picrates. On pèse le précipité complexe préalablement desséché, puis on le fait digérer au bain-marie avec de l'acide nitrique. Le picrate de brucine est détruit, tandis que le picrate de strychnine est dissous et peut être précipité de la liqueur par neutralisation et addition d'acide acétique. On n'a donc plus qu'à peser le picrate après lavage et dessiccation.

M. Sandor a aussi proposé le permanganate de potassium qui détruirait d'abord la brucine en solution sulfurique avant la strychnine.

G. Denigès propose enfin (1917) de différencier ces deux alcaloïdes par la cristallisation spéciale des perchlorates.

L'*akazgine* est un alcaloïde semblable à la strychnine qui se trouve dans l'écorce de l'Akazga qui croît dans l'Afrique orientale ; c'est une plante de la famille des Loganiacées. Cet alcaloïde est cristallisé, très amer, très vénéneux, difficilement soluble dans l'eau froide (1 partie pour 1.300), facilement dans l'alcool à 85° (1 partie pour 16), moins dans l'alcool absolu (1 partie pour 120). Avec l'acide sulfurique et le bichromate de potassium, il donne la même réaction que la strychnine; ses réactions physiologiques sont aussi les mêmes.

Le curare est un extrait végétal complexe fabriqué dans l'Amérique du Sud avec différentes lianes du genre Strychnos (S. toxifera, crevauxii) et qui sert à empoisonner les flèches des indigènes.

Les différents échantillons de curare importés n'ont pas tous les mêmes propriétés (Cl. Bernard) ; le curare conservé perd ses propriétés toxiques (Regnauld).

Le *curare* se dissout dans l'eau, mais incomplètement, il abandonne un dépôt insoluble qui ne constitue pas le principe toxique.

Boussingault, en 1830, a reconnu dans le curare une réaction basique. Preyer lui a donné pour formule : $C^{10}H^{15}N$.

La curarine est contenue dans le curare qui sert à empoisonner les flèches; celui-ci est une masse noirâtre qui est employée par les Indiens de la Guyane espagnole et du Brésil septentrional. La composition de l'alcaloïde de même que ses propriétés sont encore peu connues. A la lumière il se décompose rapidement et se transforme en une masse brunâtre visqueuse. La curarine forme des prismes quadrilatères incolores, très hygroscopiques, possédant une amertume considérable et se dissolvant en toute proportion dans l'eau et l'alcool, insolubles dans l'éther anhydre et la benzine, peu solubles dans l'alcool amylique et le chloroforme. Elle fournit des sels cristallisés avec l'acide nitrique, l'acide chlorhydrique, l'acide sulfurique et l'acide acétique. Le sel chromique est peu soluble. L'éther, l'éther de pétrole, la benzine, le chloroforme, l'alcool amylique n'enlèvent l'alcaloïde ni à ses dissolutions aqueuses alcalines, ni à celles-ci rendues acides, ce qui constitue un moyen de séparer cet alcaloïde de quelques autres, la narcéine exceptée. L'acide phénique enlève l'alcaloïde aussi bien des solutions neutres que des solutions acides (Salomon).

Les solutions de curarine par rapport aux réactifs généraux des alcaloïdes n'offrent rien de caractéristique : la plupart précipitent l'alcaloïde de ses solutions, à la condition qu'elles ne soient pas trop diluées.

L'acide sulfurique concentré dissout la curarine avec une couleur violet pâle ; la solution devient successivement rouge sale et après quelque temps rose rouge. La réaction se produit encore très bien avec $0^{gr},00006$. On dissout une petite quantité de l'alcaloïde dans 2 à 3 centimètres cubes d'acide très dilué (1 : 50) et on fait évaporer à la température de 40° environ, et la solution se colore également en beau rouge ; la coloration est encore visible pendant 1 à 2 heures.

L'acide sulfurique contenant de l'acide azotique la dissout d'abord en violet brunâtre, ensuite en beau violet. L'acide azotique concentré la colore en rouge pourpre (Dragendorff).

Si l'on ajoute à la solution de l'alcaloïde dans l'acide sulfurique concentré un peu de bichromate de potassium et si on agite, il se produit, de même que pour la strychnine, une belle coloration bleue ; mais pendant qu'avec la strychnine cette coloration est de peu de durée et bientôt se transforme en violet puis en rouge pour disparaître complètement, au contraire, avec la curarine, les changements sont plus espacés : au bout d'une heure on voit apparaître la coloration rouge qui peut subsister un jour (Dragendorff). Déjà cette dernière propriété permet de ne pas confondre les deux alcaloïdes. De plus, la strychnine se dissout dans l'acide sulfurique et aussi dans l'acide azotique sans se colorer.

Les propriétés physiologiques de la curarine sont d'ailleurs caractéristiques. Une très petite quantité introduite sous la peau d'une grenouille paralyse très rapidement le jeu des poumons ; le cœur continue à battre, les mouvements péristaltiques de l'intestin persistent, les muscles répondent toujours à l'excitation électrique. La pupille est dilatée dans tous les cas, que la curarine ait été injectée sous la peau ou ingérée par le tube digestif.

Cet alcaloïde paraît paralyser le système musculaire, la respiration, et l'animal meurt sans convulsions. Déposé sur la muqueuse gastrique, intestinale ou vésicale, ce poison pénètre difficilement dans l'organisme. Les effets du curare sont d'ailleurs variables.

Preyer rapporte un cas d'empoisonnement après absorption de curare. Il y eut de la congestion céphalique intense, de l'abattement, de la répugnance à faire aucun mouvement, de la sécrétion de la salive.

MM. Voisin et Liouville ont essayé l'action de petites quantités de curare sur l'homme malade : ils ont constaté, comme tous les auteurs, l'abattement et le pouls fréquent qui persistent pendant plusieurs jours. En congestionnant le foie, il produit de la glycosurie. A la dose de 0gr,09, il y a de la perturbation dans les mouvements : la démarche est chancelante, il y a des troubles de la vue. Bianchi aurait guéri un cas de tétanos au bout de 12 jours de traitement en injectant 1gr,215 de curare. Enfin Offenberg aurait guéri un cas de rage par des injections de curare de 0gr,02 à 0gr,03 chacune dans les périodes de convulsions.

Palmesi a aussi traité des cas de rage par le curare, mais sans aucun résultat.

On a remarqué que le curare à dose minime n'a aucune action sur le cœur.

Contrepoisons. — Vomitifs pour éliminer le poison. Strychnine.

SOLANÉES

Les Nicotianées renferment des plantes toxiques comme la *morelle* (Solanum nigrum) dont les propriétés vénéneuses ont été mises en évidence par Orfila et Alibert et plus tard par le Dr Magne. C'est une plante herbacée indigène, commune dans les champs. Ses feuilles sont d'un vert foncé, ovales ; leur odeur est stupéfiante et désagréable. Les fruits sont de petites baies noires renfermant de la solanine, qui existe également dans les feuilles et les tiges de douce amère. Dix à 12 baies de morelle ont suffi pour empoisonner des enfants. Elle constitue un narcotique assez énergique dans les pays chauds, possédant encore cette propriété dans les climats tempérés ; mais, dans les régions du Nord, elle perd complètement cette propriété physiologique, et on mange les jeunes pousses.

Sa décoction est calmante et s'emploie en lotions. Le suc de morelle en frictions autour des yeux produirait une légère dilatation pupillaire (Dunal).

Dans certaines Solanées on rencontre un principe immédiat assez peu toxique, mais que nous ne pouvons passer sous silence au point de vue toxicologique : c'est la *solanine.*

La solanine est un triglucoside découvert par Desfosses en 1820 dans les baies du Solanum nigrum (morelle). Ce principe existe aussi dans la douce-amère (S. dulcamara), dans S. lycopersicum, sodoneum, mammosum et dans le Scopolia orientalis. Les jeunes pousses, les fruits et les parties vertes de la pomme de terre (S. tuberosum), de même que les germes des vieilles pommes de terre renferment ce poison (Otto). Des accidents toxiques ont été observés à la suite d'ingestions de pommes de terre vertes.

On ne connaît pas d'empoisonnement par la solanine pure.

Elle est plus active chez l'homme que chez les animaux qui en absorbent de grandes quantités (1 et 2 grammes) sans inconvénient : le porc, par exemple ; injectée à la dose de $0^{gr},15$ à $0^{gr},20$ dans le tissu cellulaire du lapin, elle provoque des tremblements, de l'hypothermie. D'après Regnault et Vulpian, elle n'a pas d'action mydriatique ; pour d'autres auteurs, ce serait le contraire : c'est que probablement ce corps n'a pas de composition définie et les auteurs n'ont pas expérimenté avec le même produit.

Elle provoque des convulsions, de l'aphasie.

D'après Mayer (1896), dans l'empoisonnement par la solanine on a surtout affaire à des symptômes du côté de l'appareil digestif et du système nerveux ; ce sont de la céphalée, perte de connaissance, vomissements. D'après cet auteur, la formation exagérée de la solanine dans les pommes de terre détériorées et leur action toxique sont dues à des microorganismes spéciaux. Schmiedeberg a eu l'occasion d'observer dans une garnison une épidémie d'intoxication par la pomme de terre : les symptômes généraux consistaient en céphalée frontale, vomissements, diarrhée, faiblesse générale, dilatation des pupilles.

Pfuhl a signalé une épidémie survenue dans une caserne après l'ingestion de pommes de terre altérées ; aucun homme ne succomba ; on constata des accidents d'empoisonnement aigu : fièvre, céphalée, coliques, diarrhée, prostration, vertiges, vomissements, parfois convulsions et ictère. On trouva dans les pommes de terre fournies à la troupe 0,38 p. 100 de solanine dans le légume cru et 0,24 dans le légume cuit. (Normalement on en trouve $0^{gr},06$ p. 100). Chaque soldat avait reçu une ration de 500 grammes et avait pu ingérer 0gr,30 de solanine. Ces accidents se sont rencontrés dans l'armée française, à la fin des provisions des pommes de terre de l'année précédente, quand elles sont germées ou poussées, aux mois de juin et juillet.

D'après L. Desnos (1892), la solanine donnerait d'excellents résultats dans le traitement des maladies douloureuses de l'estomac (gastrite ulcéreuse, ulcère et cancer de l'estomac). Chez certains malades il peut y avoir avantage à remplacer la morphine par la solanine (hystériques, hypocondriaques, alcooliques, dégénérés). Desnos la prescrit sous la forme pilulaire, les injections hypodermiques étant trop douloureuses. La dose quotidienne est de 0gr,05 et 0gr,10 donnée 1/2 heure avant le repas. Lorsque les douleurs sont très vives, il y a avantage à la prescrire en potion gommeuse. La dose quotidienne ne doit jamais dépasser 0gr,15.

Elle se présente sous forme de cristaux soyeux fondant à 244°, incolores, insolubles dans l'eau, peu solubles dans l'éther, la benzine et dans l'alcool froid (1/500), très solubles dans l'alcool bouillant (1/125), possédant une faible réaction alcaline, de saveur âcre et nauséeuse.

D'après Bauer (1889), l'acide tellurique en solution dans l'acide sulfurique donne à chaud une coloration rouge framboise avec des traces de solanine. Cette réaction ne se produit pas avec l'atropine.

Le réactif de Mandelin récemment préparé avec de l'acide sulfurique trihydraté, $SO^4H^2 + 2H^2O$, donne une réaction très sensible : la solanine jaunit d'abord, devient rouge pourpre, rouge brunâtre, puis rouge framboise, violet bleu, bleu verdâtre et finalement la coloration disparaît (Wootzcaal).

Le réactif de Bach (mélange à parties égales d'acide sulfurique concentré et d'alcool) donne à chaud une coloration rouge, puis rose, et même rouge cerise si la proportion de solanine est assez forte.

Le réactif de Fröhde donne une coloration rouge qui passe au brun rougeâtre et enfin au jaune.

L'alcool amylique enlève complètement la solanine à ses solutions alcalines. L'éther de pétrole, la benzine, le chloroforme, ne l'enlèvent ni aux solutions acides ni aux solutions alcalines.

Elle forme des sels neutres et des sels acides solubles dans l'eau et l'alcool, à peine solubles dans l'éther. Quelques sels neutres ont une réaction acide.

Les solutions de solanine dans l'alcool éthylique et amylique saturées à chaud se prennent, par le refroidissement, en une masse gélatineuse transparente.

Les alcalis précipitent la solanine de ses solutions salines, mais non leurs carbonates. Le précipité amorphe est gélatineux. Desséché, il prend un aspect corné. Sous l'action des acides étendus à froid et encore plus rapidement à chaud, la solanine se dédouble en glucose et solanidine, $C^{43}H^{71}NO^{16} + 3H^2O = C^{25}H^{41}NO + 3C^6H^{12}O^6$.

Les solutions de solanine précipitent par les réactifs généraux.

Contrepoisons. — Café, vomitifs.

Pour bien établir la composition de la solanine en présence des contradictions émises sur cette substance, MM. P. Cazeneuve et P. Breteau ont fait (1899) une magistrale étude de la solanine qu'ils ont préparée eux-mêmes avec des germes de pommes de terre qui en renfermaient 0gr,5 environ par kilogramme de germes.

La solanine ainsi préparée se présente en aiguilles très soyeuses, incolores, insolubles dans l'eau et dans l'éther, très peu solubles dans l'alcool froid, plus solubles dans l'alcool chaud. Elle était à peine alcaline au tournesol sensible ; elle fondait à 250°.

Sa véritable formule serait : $C^{28}H^{47}NO^{10}, 2H^2O$.

Elle se dissout facilement dans l'eau acidulée.

Par hydrolyse, au moyen de l'acide chlorhydrique, elle se dédouble en un produit cristallisé, fondant à 190°, soluble dans l'éther, qui serait la solanidine, et en un principe sucré, non encore déterminé.

Elle se différencie des solanines décrites par les précédents auteurs par les phénomènes de coloration produits, soit au contact de l'acide sulfurique concentré, de l'acide azotique (densité = 1,5) ou de l'acide chlorhydrique (densité = 1,171).

	Par acide sulfurique	Par acide chlorhydrique	Par acide azotique	Une goutte d'un mélange chaud de { Alcool anhydre 9 parties / Acide sulfurique monohydraté 6 parties : Réactif de Bach
Cristaux de Solanine (préparée par Cazeneuve et Breteau)	Teinte à peine jaunâtre sur le moment	Incolore	Incolore sur le moment	Vert clair
Solanine de la droguerie (décrite antérieurement)	Teinte orangée sur le moment	Teinte jaune	Incolore sur le moment	Variable

Les taches grises que l'on observe au printemps sur les pommes de terre sont dues à des colonies microbiennes. La formation de solanine est une conséquence du développement de ces bactéries.

Le **tabac** (Nicotiana tabacum) est un poison redoutable ayant causé de nombreux cas d'empoisonnement. Les lavements de tabac sont particulièrement dangereux. Administré à la dose de 8 grammes chez un enfant de 14 ans, de 30 grammes et au delà chez un adulte, le tabac a déterminé des empoisonnements mortels. Appliqué à l'extérieur, le tabac a pu déterminer de graves accidents.

L'empoisonnement par le tabac est différent de celui produit par la nicotine. Après l'ingestion, soit par voie gastrique, soit par le rectum, il se produit au bout de quelques minutes, des vertiges, des coliques, des nausées et des vomissements. Il y a contraction de la pupille. Le malade est pâle, prostré, pris de temps en temps de convulsions. La respiration devient stertoreuse, et la mort arrive en 20 minutes par asphyxie. Ces symptômes sont, sauf le signe pupillaire, ceux de l'intoxication par la belladone.

Le cadavre présente une extrême pâleur. Le sang est noir et fluide. On ne rencontre pas de lésions appréciables.

Souvent les accidents ne sont pas aussi foudroyants ; il arrive même qu'ils se dissipent au bout de quelques heures ou même de quelques jours, si la dose n'a pas été excessive.

Le tabagisme ou intoxication chronique par le tabac n'a pas lieu de nous arrêter.

L'alcaloïde toxique contenu dans le tabac est la nicotine.

Les nicotianes sont les plantes les plus riches en alcaloïdes après l'opium. La teneur varie d'ailleurs suivant l'origine, la culture, etc.

Ainsi le tabac de la Havane renferme 2 p. 100 de nicotine.
— d'Alsace — 3 —
— du Lot — 8 —
Le tabac à fumer en contient 5 p. 100
— à priser — 2 p. 100

Le tabac renferme, outre la nicotine, des sels de potassium, des sels de calcium, de la silice, phosphates, acides citrique, malique, pectique, cellulose, amidon, un peu de sucre, résines, cires, huiles, graisses. L'addition d'eau salée dans la préparation du tabac a pour but d'éliminer beaucoup de nicotine qui est aussi diminuée par la fermentation.

La nicotine, $C^{10}H^{14}N^2$, a été isolée en 1828 par Posselt et Reiman, ayant été entrevue par Vauquelin en 1809. Elle paraît exister dans le tabac à l'état de malate ou de citrate dans la proportion de 0,7 à 8 p. 100. On la retrouve dans les Nicotiana tabacum, rustica, glutinosa et macrophylla.

La nicotine, extraite du tabac, doit être rectifiée sous faible pression dans un courant d'hydrogène afin de l'obtenir pure.

C'est un alcaloïde volatil, qui peut d'ailleurs être obtenu facilement par simple distillation de la feuille de tabac, avec une solution faible de potasse.

La nicotine est un liquide oléagineux, incolore quand elle est récemment préparée, mais qui s'oxyde rapidement en brunissant au contact de l'air ; elle a une odeur très forte de jus de tabac éventé. Elle est plus dense que l'eau : densité $= 1{,}014$ à $+ 15^{o}$. Elle est très alcaline, très caustique : elle offre un goût cuisant très prononcé.

Réactions physiologiques. — Injectée à un animal, elle provoque de violentes convulsions se terminant rapidement par la mort. A l'autopsie, on sent une odeur spéciale et caractéristique du contenu stomacal et du sang et on constate quelquefois des corrosions (procès Bocarmé).

Elle a servi à quelques suicides et, dans ces conditions, elle a été ingérée sous forme de jus de tabac.

Elle produit le nicotinisme chez certains fumeurs ; prise en faible quantité et pendant longtemps, elle déprime l'éréthisme du système nerveux chez les individus impressionnables et agit bien moins sur les sujets lymphatiques. La mastication du tabac paraît offrir le plus de danger : elle peut être accompagnée de stomatite, d'altération des dents ; l'usage du tabac à priser est certainement le plus inoffensif. La fumée du tabac offre de plus sérieux inconvénients, car elle est accompagnée avec de la vapeur d'eau, de nicotine (1/2 p. 100 du tabac fumé), de carbonate d'ammonium, d'ammoniac, de matières colorantes et résineuses, d'oxyde de carbone (8 litres par 100 grammes de tabac), de collidine, principe très toxique, d'odeur agréable, qui donne au tabac de luxe son arome (cigares de la Havane). L'absorption de ce mélange a une action nocive sur l'économie (III à IV gouttes de jus de pipe de porcelaine suffisent à tuer un lapin sur la langue duquel on les a placées).

J. Habermann (1901) a étudié la fumée de nombreuses variétés de cigares. Elle renferme en particulier de l'hydrogène sulfuré, de l'oxyde de carbone. Dans la fumée aspirée pendant la combustion par le fumeur lui-même, il se trouve toujours de la nicotine en proportion très minime.

On note chez les fumeurs des troubles cardiaques spéciaux : il est certain que la mémoire est toujours atteinte et diminuée.

Chez les ouvriers et ouvrières qui manipulent le tabac on remarque des céphalalgies, des nausées et des vertiges. Chez les ouvrières en état de grossesse, il y a un appauvrissement du sang en globules et en fibrine. Le lait de ces femmes nourrices exhale même l'odeur du tabac, et les nourrissons sont en général pâles, maigres, irritables : ils ont des coliques et des accidents nerveux.

Depuis l'introduction des machines dans la fabrication du tabac, on peut dire que les ouvriers n'éprouvent plus d'accident.

Dans cet empoisonnement voisin évidemment de celui du tabac et de l'acide cyanhydrique, la sécrétion salivaire est augmentée également ; il y a des tremblements et des contractions ; la mort arrive par arrêt du cœur.

Il est bon de noter qu'un animal tué par asphyxie avec de la fumée de tabac conserve un sang vermeil, probablement à cause de l'oxyde de carbone ; nous avons vu que s'il succombait à un empoisonnement par le tabac ou la nicotine, le sang demeurait noir.

La nicotine n'est pas usitée en médecine. Quelques-uns de ses sels plus ou moins impurs ont été utilisés comme parasiticides.

Contrepoisons. — Comme contrepoisons du tabac : opiacés et injections de morphine.

Comme contrepoisons de la nicotine : tanin, lait, quinquina. Boissons faiblement acidulées. Employer au besoin la pompe gastrique. Projeter de l'eau sur la nuque, strychnine.

Recherche. — Voir à la loupe s'il y a des fragments de tabac dans l'estomac ou l'intestin.

La nicotine se retrouverait assez longtemps après la mort. Elle s'altérerait difficilement par la putréfaction. On devra tenir grand compte de l'histoire chimique de l'empoisonnement et ne pas confondre la nicotine avec une ptomaïne, comme cela est arrivé.

On fera des expériences physiologiques : une goutte placée dans le bec d'un moineau détermine une mort instantanée. Trois fois sur quatre l'animal tombe sur le côté droit.

Propriétés de la nicotine. — La nicotine distille sans décomposition dans une atmosphère d'hydrogène à 240°-242°, à 247° (Fluckiger). Elle possède une odeur désagréable rappelant celle du tabac.

Mise à l'extrémité d'une baguette de verre, elle brûle avec une flamme éclairante en laissant du charbon.

Elle noircit le calomel. La nicotine est miscible à l'eau en toutes proportions. Elle est lévogyre : son pouvoir rotatoire est de — 161°,5. Sels dextrogyres.

L'acide sulfurique concentré et l'acide azotique dissolvent la nicotine à froid sans coloration.

A chaud, avec de l'acide chlorhydrique, elle devient brune ou rouge brunâtre ; en ajoutant de l'acide azotique au mélange, on a une couleur rouge violacée.

L'alloxane ne produit rien tout d'abord, puis à température élevée, elle fournit une coloration pourpre.

Les solutions de sels de nicotine peuvent être réduites par évaporation à un petit volume, sans perdre beaucoup de nicotine, si on opère à basse température et avec précaution.

La nicotine produit des taches blanchâtres sur la peau.

Elle fournit des sels cristallisés : l'oxalate est un des plus stables.

Elle tache le papier comme les huiles essentielles : la tache disparaît par évaporation.

Les solutions aqueuses ou alcooliques brunissent le papier de curcuma.

Elle précipite avec tous les réactifs généraux.

Avec le chlorure de platine, on obtient un précipité jaune rouge soluble dans un excès, mais qui est reprécipité à chaud sous forme de cristaux.

La nicotine ne colore pas la phtaléine, au contraire de la conicine. Cette propriété fait qu'on peut doser simultanément les deux alcaloïdes dans la même liqueur, la cicutine d'abord par la phtaléine, la nicotine ensuite par le tournesol (G. Heut).

Le chlore colore la nicotine en rouge ou en brun ; ce produit est soluble dans l'alcool, d'où par refroidissement on l'obtient cristallisé. Le cyanogène produit la même réaction ; mais le produit ne cristallise pas dans l'alcool.

NOTA. — Les réactions de coloration sont atténuées avec une nicotine colorée.

L'acide chlorhydrique donne des fumées blanches au contact d'une solution aqueuse de nicotine.

La solution aqueuse de nicotine précipite les sels d'aluminium, ferriques et cupriques.

RÉACTION DE ROUSSIN. — On ajoute à une solution éthérée de nicotine au 1/100 son volume d'une solution éthérée d'iode (2 à 3 p. 100), il se dépose d'abord une huile résineuse brun rougeâtre et ensuite, après 4 heures, on aperçoit de magnifiques cristaux rubis, transparents, qui ont pour formule $C^{10}H^{14}N^{2}I^{2}HI$. Ces cristaux réfléchissent la lumière en bleu foncé : ils ont assez souvent de $2^{cm},5$ à 5 centimètres de longueur (cristaux de Roussin). Cette précipitation n'a pas lieu en solution alcoolique. La nicotine partage cette propriété de précipiter en solution éthérée par l'iode avec l'hyoscyamine : avec celle-ci les cristaux obtenus sont bruns plus foncés que les cristaux obtenus avec la nicotine qui sont plus clairs (Vreven).

Il est à remarquer que le chlorhydrate de nicotine est soluble dans l'alcool et insoluble dans l'éther.

L'oxalate de nicotine est également soluble dans l'alcool. Si l'on cherche à obtenir, par évaporation, de l'oxalate de nicotine après avoir saturé la nicotine par de l'acide oxalique, on obtient en même temps de l'oxalate d'ammoniaque insoluble dans l'alcool. En somme, nous n'avons jamais pu obtenir un sel de nicotine exempt d'ammoniac, quelle que fût la méthode employée (L. Barthe).

Les sels de nicotine cristallisent difficilement.

Pour le dosage de la nicotine, G. Bertrand précipite la nicotine à l'état de silico-tungstate : il y a précipitation de 2 molécules de l'alcaloïde. M. Javillier propose (1911) de décomposer le silico-tungstate par la soude diluée, de dissoudre l'alcaloïde dans le chloroforme et d'examiner cette solution au polarimètre.

La **belladone** (Atropa belladona), le *Stramonium* (Datura stramonium) contiennent, disséminé dans les différentes parties de leurs organes, un principe actif, l'*atropine*. Celle-ci y est associée à un autre alcaloïde isomère que l'on retrouve principalement dans la *jusquiame* (Hyoscyamus niger) sous le nom de *hyoscyamine*.

Les alcaloïdes retirés des Solanées sont au nombre de sept :

L'atropine	mydriatiques
L'hyoscyamine	
L'hyoscine	
La pseudohyoscyamine....	non mydriatiques
L'atropamine	
La belladonine...........	
La scopolamine	

L'atropine, l'hyoscyamine et les plantes qui les contiennent sont extrêmement vénéneuses. Les empoisonnements criminels survenus par la belladone sont assez rares ; au contraire, on relate de nombreux accidents survenus à la suite de l'ingestion de baies, qui ayant la saveur sucrée et une apparence trompeuse ont attiré les enfants ; ils ont pu les confondre avec des baies d'airelle ou des cerises.

En Belgique, on signalait près de Liège (1898) 2 empoisonnements par la belladone. Van den Corput a rappelé (1898) un cas d'empoisonnement chez un enfant par l'usage du lait d'une chèvre qui broutait de la belladone, et un second survenu chez un malade qui mourut à la suite d'application sur le ventre de cataplasmes de belladone.

Le lapin, le cobaye, l'âne, le cheval, la chèvre, le pigeon, les ruminants, les rats se nourrissent de belladone sans trop éprouver d'inconvénients, et on retrouve de l'atropine dans leurs organes. Les carnivores sont très sensibles à l'action de la belladone ; les enfants la tolèrent relativement mieux que l'homme.

La dose mortelle de la belladone est extrêmement variable : elle dépend de l'état et de la constitution de la personne, de la plante elle-même, du terrain qui l'a produite, de l'époque de la récolte. Une infusion de 1gr,50 environ administrée en lavements produit des symptômes d'empoisonnement. Deux enfants moururent à la suite de l'ingestion de 3 à 10 baies.

La racine de belladone est 2 fois plus active que les autres organes de la plante : cette action est d'ailleurs variable. L'activité est à son maximum en juillet quand il y a des fruits. La plante cultivée est moins toxique ; à 2 ans elle est à son maximum d'activité.

Les feuilles de *Datura stramonium* L. ont également causé bien des accidents dont quelques-uns ont été mortels. Elles produisent à peu près les mêmes effets que celles de la belladone ; les particularités qui différencient leurs effets de ceux de la belladone sont les suivantes : plus grande intensité du délire, et production extraordinaire d'hallucinations et de visions fantastiques qui avaient valu à la stramoine le nom d'herbe aux sorciers et d'herbe au diable, plus grande persistance de la mydriase et de la cécité, qui peuvent durer plusieurs jours et même plusieurs semaines, suivant Gubler.

« Le datura est un stupéfiant, mais non un hypnotique. On considère son action comme très semblable, sinon identique à celle de la belladone ; mais, suivant Trousseau et Pidoux, le datura jouit de propriétés plus actives que la belladone » (Manquat).

Pour B.-J. Stokvis (1905), l'action mydriatique des feuilles de datura est plus faible que celle des feuilles de belladone, tandis que l'action sur le cerveau et sur la respiration est plus intense.

Dieulafoy (1891), Schaw (1898), E. Desesquelle (1908) ont signalé des cas mortels d'empoisonnement par les feuilles de Datura stramonium.

Il est loin d'être prouvé que les abeilles qui ont butiné sur des fleurs du Datura stramonium fournissent un miel toxique, comme on l'a écrit (Deane, 1913).

L'*atropine* est un toxique redoutable. A 0gr,01 par la voie œsophagienne, à 0gr,005 par la voie hypodermique, elle produit des symptômes graves d'empoisonnement. La littérature comprend une dizaine d'empoisonnements par collyres à l'atropine, dont l'un après instillation de II gouttes de la solution d'atropine à 2 p. 100 chez un homme de 73 ans atteint de lésions du cœur.

En général sont mortelles les doses de 0gr,12 à 0gr,20 par l'œsophage, et 0gr,006 à 0gr,01 par la voie hypodermique. Dans des conditions morbides spéciales (chorée, tétanos, idiotisme), on observe une tolérance toute spéciale pour cet alcaloïde. Les animaux sont beaucoup moins influencés par cet alcaloïde que l'homme. Vitali a pu injecter à un lapin 1gr,90 d'atropine sans voir survenir d'autres accidents qu'une énorme dilatation pupillaire.

D'après Ch. Richet (1894), un petit singe du poids de 4 kilogrammes a pu supporter une dose de 0gr,15 d'atropine sans dommage. Les animaux herbivores et même carnivores sont en général rebelles à un empoisonnement par l'atropine. Des doses élevées d'atropine pourraient produire de la glucosurie (F. Raphaël, 1899).

Le Dantec, de Bordeaux, a été témoin d'une tentative de suicide chez un médecin qui s'était injecté 0gr,50 d'atropine et qui n'en mourut pas, grâce à des soins énergiques.

L'atropine exerce une action locale et une action générale.

L. Garnier a signalé (1899) l'empoisonnement accidentel d'un enfant de 3 mois par du sirop d'atropine.

Pour mettre en relief les accidents qu'elle est susceptible de provoquer, nous ne pourrions mieux faire que de rappeler un empoisonnement par l'atropine relaté par Brouardel, Ogier et Ch. Vibert qui furent nommés experts, dans une affaire, en 1898, et qui rédigèrent un remarquable rapport, dans lequel ils indiquèrent (*Annales d'Hygiène publique*, janvier 1900, p. 9) les phénomènes de l'empoisonnement par l'atropine :

. . . .

« Les symptômes les plus apparents et les plus constants de cette intoxication sont la dilatation pupillaire, la sécheresse de la gorge, le délire ou le coma, la congestion de la face.

« Les pupilles restent continuellement dilatées ; elles ne se rétrécissent pas, même quand on approche une vive lumière des yeux ; c'est pourquoi on a dit qu'elles sont devenues insensibles à la lumière, ce qui ne se produit, en dehors de l'atropinisme, que chez les enfants atteints d'une grave lésion oculaire ou de certaines maladies nerveuses. La dilatation pupillaire persiste plusieurs jours.

« La sécheresse de la gorge est l'un des symptômes les plus pénibles pour le malade. Elle occasionne la soif, une sensation de brûlure ; elle gêne beaucoup la déglutition et le malade a même de la peine à avaler sa salive. Comme la dilatation pupillaire, la sécheresse de la gorge persiste plusieurs jours ; comme elle aussi, elle se produit avec de faibles doses de poison. Les autres symptômes ne se manifestent qu'après des doses plus fortes.

« Le délire est ordinairement bruyant, agité, loquace, accompagné d'hallucinations visuelles et auditives. Après une durée variable, tantôt il se dissipe complètement et le malade reprend la raison, tantôt il fait place au coma, c'est-à-dire à la perte complète de connaissance, avec immobilité et insensibilité de tout le corps ; parfois un nouvel accès de délire succède au coma et les deux symptômes peuvent alterner en se renouvelant plusieurs fois. Enfin il peut arriver que l'intoxication produise le coma seul, sans délire.

« La congestion de la face s'accompagne bientôt de cyanose, c'est-à-dire que le sang qui afflue au visage, tuméfiant les traits, faisant saillir les yeux, prend une coloration violacée et noirâtre. Cette congestion se produit souvent aussi, mais ordinairement à un moindre degré, sur la peau du reste du corps. Il survient fréquemment une éruption ayant la forme de taches ou de plaques rouges ou violacées. Cette éruption occupe souvent presque exclusivement la partie supérieure du corps ; elle ne se produit guère que lorsque le poison a été administré à doses assez élevées.

« D'autres symptômes non moins importants, mais qui n'attirent pas l'attention des observateurs non prévenus, sont : la sécheresse de la peau (l'atropine supprime la sécrétion de la sueur), l'accélération du pouls qui est ordinairement considérable ; on note souvent 120, 130 pulsations à la minute ; dans quelques cas, on en a même compté 160, 170. Dans les cas graves, la respiration est troublée ; d'abord ralentie, elle est interrompue par des pauses plus ou moins longues, puis elle est accélérée, laborieuse. Enfin, il existe très fréquemment aussi des troubles de la miction ; le sphincter vésical est contracté, de sorte que le malade n'urine que goutte à goutte ou pas du tout.

« La durée de l'intoxication produite par une seule administration d'atropine varie suivant la dose du poison. Le délire et le coma durent de quelques heures à plusieurs jours, ils se dissipent toujours avant la dilatation pupillaire et la sécheresse de la gorge qui sont les effets les plus persistants du poison. Une fois guéri, le malade ne conserve ordinairement pas le souvenir de ce qui s'est passé dans l'intoxication, du moins pendant la période où ses facultés intellectuelles étaient troublées. »

Le Dr Boyé a rapporté (1909) la relation d'un complot tramé par les indigènes de l'Indo-Chine dans le but de s'emparer d'Hanoï après avoir réduit la garnison à l'impuissance à l'aide de « Datura dassiflorum » ; la poudre de graines fut administrée en décoction dans la soupe et incorporée à tous les plats. Il n'y eut aucun accident mortel ; à une période d'excitation et de délire succéda un abattement complet des forces et un état de profonde torpeur intellectuelle.

Contrepoisons. — Dans les empoisonnements par l'atropine et les alcaloïdes que nous avons cités ou par les plantes qui les produisent, il faut de suite recourir aux vomitifs, ou au besoin à la pompe gastrique. Comme antidotes, on a proposé le tanin, l'iode et le charbon animal, mais leur efficacité n'a pas été démontrée expérimentalement.

On préconise encore les antidotes dynamiques, la physostigmine, la morphine. Pour combattre le symptôme « céphalée », l'agitation nerveuse et le délire, on a recours au chloral, au chloroforme et à l'opium.

A l'autopsie, rien de caractéristique après l'ingestion de l'atropine, mais après l'ingestion des baies de belladone, on trouve à la surface de l'estomac et de l'intestin des lésions inflammatoires (plaques rouges, érosions, hémorragies). Ces altérations paraissent dues à un principe corrosif qui accompagne l'alcaloïde dans la plante. On examinera les caractères botaniques des débris végétaux contenus dans l'estomac.

L'élimination de l'atropine est rapide et se fait par les reins. Dragendorff a observé la présence de l'atropine dans les urines d'un intoxiqué pendant 9 jours ; elle se localise dans le foie surtout. Elle résiste bien à la putréfaction ; on l'aurait retrouvée 80 jours après la mort.

L'atropine introduite dans l'économie disparaît rapidement par les diverses voies excrétrices : la durée de la disparition est chez l'homme, après un empoisonnement par 3 à 5 baies de belladone, de 4 à 5 jours. Chez les animaux, l'élimination serait plus longue (une quinzaine de jours).

Recherche. — Dans la recherche toxicologique de l'atropine et de l'hyoscyamine, on fera en sorte que les liquides ne soient pas trop acidifiés, surtout par les acides minéraux, ou rendus trop alcalins, parce que dans ces conditions ils donnent de l'acide tropique et une nouvelle base, la tropine, qui n'a pas les propriétés physiques et chimiques, non plus que le pouvoir mydriatique de l'atropine et de l'hyoscyamine.

La meilleure méthode pour isoler ces bases est la suivante : aux organes à analyser, on ajoute de l'acide tartrique jusqu'à réaction acide et on fait macérer avec de l'alcool pendant 12 à 24 heures. On filtre, on évapore au bain-marie à la plus basse température possible : ce liquide concentré est traité par du bicarbonate de sodium jusqu'à réaction légèrement alcaline et on agite avec de l'alcool amylique chaud. Cette dernière solution est agitée avec de l'eau acidulée par de l'acide chlorhydrique, puis alcalinisée et agitée enfin avec du chloroforme. La solution précédente évaporée dans le vide abandonne l'atropine ou l'hyoscyamine à un état de pureté satisfaisant.

L'atropine cristallise en aiguilles brillantes, aiguës, fondant à 115°, de saveur amère, persistant longtemps, à peine solubles dans l'eau froide, plus solubles dans l'eau chaude, très solubles dans l'alcool, le chloroforme, l'alcool amylique, peu dans l'éther et la benzine, à peine dans l'éther de pétrole.

L'atropine fond en un liquide transparent, quand on la chauffe. A

140°, elle se volatilise partiellement sans se décomposer : elle est entraînée par la vapeur d'eau.

Le chlorure de platine et l'acide picrique ne donnent aucun précipité dans les solutions salines à 1 /1.000. Dans les solutions au 1 /100, le chlorure de platine donne des cristaux monocliniques ; l'acide picrique en excès précipite des feuillets jaunâtres.

Le chlorure d'or, l'iodure de potassium et de mercure, l'acide phosphomolybdique fournissent des précipités dans les solutions au 1 /1.000.

L'acide sulfurique dissout l'atropine sans coloration.

Si l'on chauffe un milligramme d'atropine ou d'un de ses sels dans un tube à essai avec ménagement jusqu'à production de vapeur blanche, il se développe, d'après Reuss, une odeur très nette qui rappelle celle des orchidées en fleurs, ou encore mieux les fleurs du Spirœa ulmaria. On ajoute ensuite à peu près 1 centimètre cube d'acide sulfurique concentré, on chauffe jusqu'à ce que la solution devienne brune ; on étend ensuite de 2 centimètres cubes d'eau : il se produit de la mousse en même temps qu'une odeur qui rappelle la fleur du prunier sauvage, odeur non intense, douceâtre (et en même temps de miel frais, d'après Reuss). On ajoute enfin à la combinaison un peu de permanganate ou de bichromate de potassium, il se développe de nouvelles vapeurs à odeur agréable qui rappelle l'odeur de Spirœa ulmaria (Pfeiffer) et ensuite, si l'on vient à chauffer le liquide, une odeur manifeste d'essence d'amande amère (Vitali). Cette réaction est plus manifeste avec les échantillons de « daturine » du commerce (L. Barthe).

On a remarqué une odeur plus suave quand on ajoute à l'alcaloïde un petit cristal d'acide chromique et quand on chauffe très doucement aussi longtemps qu'il est nécessaire pour que l'acide chromique soit réduit en oxyde de chrome vert (Brunner).

En évaporant dans une capsule de porcelaine un peu d'atropine avec II à III gouttes d'acide nitrique fumant, on obtient une teinte jaunâtre fugace. Si, au résidu jaunâtre obtenu en continuant l'évaporation, on ajoute de la potasse alcoolique, il se produit une couleur d'un rouge violet magnifique (Vitali). Cette réaction serait partagée par la vératrine (qui se colore plutôt en rouge) et aussi par l'hyoscyamine. Cette réaction, qui réussit avec 0gr,000001 de sulfate d'atropine, est à peu près caractéristique de cet alcaloïde. Elle ne se produirait pas avec le chlorhydrate (Chapuis).

L'atropine et ses sels dilatent la pupille et provoquent la mydriase quand on les applique sur l'œil.

Dans les expertises toxicologiques, il est de la plus haute importance de constater cette propriété : c'est une propriété aussi caractéristique que les réactions chimiques. On essayera le produit obtenu sur la pupille d'un chat. D'après Donders, cette propriété se manifeste encore avec une goutte d'une solution à 1 /130000.

L'hyoscyamine dilate aussi la pupille, mais plus lentement. On devra faire attention qu'il existedes ptomaïnes à action mydriatique, comme la *mydaléine*, atropine animale découverte par Brieger dans le cadavre humain, la *ptomatropine* provenant de la saucisse altérée.

Un bon caractère qui permettra de différencier l'atropine de l'hyoscyamine est de former le chloraurate d'atropine qui fond à 131°, alors que le chloraurate d'hyoscyamine ne fond qu'à 159°. De même, le chloroplatinate d'hyoscyamine cristallise dans le système triclinique, tandis que le chloroplatinate d'atropine cristallise dans la forme monoclinique (Ladenburg).

Sels d'atropine.

Les sels d'atropine difficilement cristallisables sont solubles dans l'eau et l'alcool. Leurs solutions évaporées perdent une partie de l'alcaloïde. Quand leurs solutions sont suffisamment concentrées, elles précipitent par l'ammoniaque, la potasse et la soude et les carbonates de ces deux dernières bases : les précipités sont d'abord amorphes et ils cristallisent ensuite peu à peu ; ils sont solubles dans un excès de réactif. Le carbonate d'ammonium et le bicarbonate de sodium ne produisent pas de précipité. En faisant bouillir l'atropine ou un de ses sels avec un hydrate alcalin ou de l'hydrate de baryte, elle se transforme en tropine et acide tropique.

Le sel d'atropine le plus usité est le *sulfate d'atropine* $(C^{17}H^{23}NO^{3})^{2}\,SO^{2}H^{4}$.

Le sulfate d'atropine est d'une saveur amère et âcre, soluble dans l'alcool, insoluble dans l'éther et le chloroforme. Il est neutre au tournesol.

100 parties de ce sel contiennent 35^{gr},50 d'atropine.

La dose à l'intérieur est de 1 /2 milligramme à 1 milligramme, en collyre de 5 à 10 centigrammes dans 20 grammes d'eau distillée.

Le *valérianate d'atropine,* $C^{17}H^{23}NO^{3}C^{5}H^{10}O^{2}$ 1 /2$H^{2}O$, aiguilles blanches, très solubles dans l'eau, moins solubles dans l'alcool et l'éther.

Le *salicylate d'atropine,* $C^{17}H^{23}NO^{3}C^{7}H^{6}O^{3}$, qui s'obtient par neutralisation d'une solution alcoolique d'acide salicylique avec de l'atropine.

Après l'instillation des collyres à l'atropine ($0^{gr},02$ à $0^{gr},05$ pour 50 grammes d'eau), recommander aux malades de ne pas avaler leur salive et de la cracher pendant une dizaine de minutes pour éviter les accidents qui pourraient survenir par le passage du collyre dans le pharynx par le canal nasal.

L'*homatropine* est un dérivé de l'atropine obtenu en chauffant à 100° une quantité égale de molécules de tropine et d'acide oxytoluique en présence de l'acide chlorhydrique.

L'homatropine cristallise en prismes incolores, très hygrométriques, très peu solubles dans l'eau. Elle fournit des sels cristallisés : les principaux sont le bromhydrate, le chlorhydrate et le salicylate.

L'homatropine est moins toxique que l'atropine, mais ses propriétés physiologiques, qui rappellent dans leur ensemble celles de l'atropine, sont atténuées. Elles en diffèrent cependant par le ralentissement des battements du cœur. Son action sur les sécrétions et notamment sur les sueurs est bien moins accentuée.

Elle dilate la pupille plus rapidement, mais moins complètement et pour un temps moins long que l'atropine. Elle n'irrite pas la conjonctive et la cornée et ne provoque pas de larmoiement. Elle peut être utilisée en oculistique.

L'hyoscyamine a été découverte en 1833 par Geiger et Hesse ; plus tard, Reichard et Hohn, aussi bien que Ladenburg, ont établi qu'elle était isomère de l'atropine et identique avec l'atropine et la duboisine. On la retrouve avec son isomère l'hyoscine dans les tissus de jusquiames noire et blanche, dans le Datura stramonium. L'hyoscyamine se rencontre encore dans les racines du Scopolia atropoïdes et du Scopolia japonica et aussi dans les feuilles du Duboisia myoporoïdes (d'où le nom de duboisine donné au principe extrait de ce végétal), dans les racines du Scopolia Hardnackiana aussi bien que dans les feuilles de l'Anisodus luridus.

Elle est très voisine de l'atropine par ses propriétés chimiques et physiologiques. Mais au lieu de provoquer comme elle le délire furieux, elle détermine le sommeil. Après l'administration de la jusquiame ou de l'hyoscyamine, on observe des troubles de la vue : les objets paraissent agrandis (mégalopsie), l'inverse ayant lieu pour l'atropine (micropsie) (Hugounenq).

Les cristaux ou aiguilles soyeuses d'hyoscyamine qu'on retire des eaux-mères de l'atropine (en formant son sel d'or qu'on décompose par l'hydrogène sulfuré) sont fusibles à 108°,5. Sa solution est sinistrogyre : $\alpha = -20°,97$. Elle présente une réaction alcaline comme l'atropine, en présence de phénolphtaléine. Elle a moins de tendance à la cristallisation que l'atropine. Elle est plus soluble dans l'eau et l'alcool dilué que cette dernière ; très soluble dans l'éther et le chloroforme. Elle donne les réactions de l'atropine.

Chauffée avec de l'acide chlorhydrique, ou mise à bouillir avec de l'eau de baryte, elle se change en acide tropique (quelquefois appelé acide hyoscinique) et en tropine (jadis nommée hyoscine).

Elle se précipite quelquefois sous forme de gelée de ses dissolvants. Les sels simples d'hyoscyamine ne cristallisent pas. L'alcaloïde fourni par Merck au commerce est blanc, sous forme de cubes qui sous le microscope montrent un agrégat d'aiguilles très déliées fondant à 103-106°. Les sels d'hyoscyamine très vénéneux sont incristallisables.

M. T.-S. Dymond (1892) a trouvé de l'hyoscyamine dans l'extrait de laitue commune (Lactuca sativa). La laitue jeune à peine verte, telle qu'on la consomme communément, n'en contient qu'une très faible quantité. Mais d'autre part, on connaît des cas où l'ingestion d'une grande quantité de laitue a déterminé des accidents.

Les empoisonnements criminels par le Datura ne sont pas rares. La jusquiame est fréquemment employée en Algérie par les indigènes. La Mission Flatters aurait été empoisonnée avec de la jusquiame.

M. Syv. Vreven a contribué (1899) à identifier l'hyoscyamine. Il a utilisé la propriété que possèdent les solutions alcooliques des alcaloïdes de fournir par addition d'iode et par évaporation lente des résidus cristallins ou amorphes de periodures d'alcaloïdes.

Une trace d'hyoscyamine pure et cristallisée est dissoute dans 1 centimètre cube d'alcool fort et on ajoute III ou IV gouttes de teinture d'iode. Le mélange est laissé au repos pendant quelques heures pour permettre à la réaction de se développer. Si on dépose une goutte sur un porte-objet et qu'on abandonne à l'évaporation spontanée, on obtient un résidu formé d'un grand nombre de petits cristaux bruns, aux formes très nettes. Dans ces conditions et en expérimentant avec d'autres alcaloïdes, l'auteur a reconnu que, dans ces conditions, on obtenait des résidus amorphes avec :

Atropine	Belladonine	Cinchonidine
Tropine	Quinine	Vératrine
Scopolamine (hyoscine)	Quinidine	Taxine
Aconitine cristallisée	Pilocarpine	Codéine
Strychnine	Morphine	Cocaïne
Hydrastine	Narcotine	Nicotine
Aniline	Spartéine	Cicutine
Pipéridine	Picoline	Quinoléine
Lutidine	Cinchonine	Pyridine

Voici les caractères des sels d'hyoscyamine :

Point de fusion de l'hyoscyamine basique		108°,5-106°
—	du chloroplatinate	200°-206°
—	du chloroaurate	159°-160°-162°
—	du picrate	161°-163° (cristaux en tables carrées)
—	du précipité obtenu avec l'iodure potassique (cristaux en houppes étoilées).	

L'*hyoscine* ou tropine, $C^{17}H^{23}NO^3$, a été employée sous forme de chlorhydrate par Magnan et Lewolf en 1889 d'une part, et par Lemoine et Malfilâtre d'une autre, pour combattre l'agitation et l'insomnie chez les aliénés. Ce médicament a donné de bons résultats, mais son usage ne s'est pas répandu.

C'est un toxique violent agissant à des doses de 1/2 à 1 milligramme. Son action sur le système nerveux est manifeste, que l'alcaloïde soit instillé sur la conjonctive ou injecté sous la peau, ou absorbé par la muqueuse de l'estomac. La dilatation de la pupille se produit avec énergie et avec des doses moindres que l'atropine. On a utilisé l'hyoscine chez les morphinomanes.

On l'administre surtout par la voie hypodermique.

La *duboisine* ou pseudohyoscyamine de Merck, $C^{17}H^{23}NO^3$, est un alcaloïde retiré du Duboisia myoporoïdes (Solanées) ; elle a été préparée pour la première fois par Gerrard en Angleterre et par M. Petit en France. C'est un isomère de l'atropine et de l'hyoscyamine dont elle présente d'ailleurs toutes les propriétés physiologiques et thérapeutiques. Ladenburg, qui a étudié comparativement l'hyoscyamine et la duboisine, conclut même à l'identité absolue de ces deux alcaloïdes.

Quoi qu'il en soit, la duboisine jouit exactement des mêmes propriétés que l'atropine, mais à un degré plus élevé ; étant donné son action énergique, elle demande à être maniée avec prudence.

Pure elle cristallise en fines aiguilles incolores, peu solubles dans l'eau ; mais le produit généralement usité en médecine est la duboisine amorphe qui se présente en masse visqueuse, jaune brunâtre, entièrement soluble dans l'eau, l'alcool et l'éther.

Dose : 1/4 de milligramme à 1 milligramme au plus.

On emploie souvent de préférence le sulfate de duboisine qui est cristallisé et par conséquent plus facile à manier ; il exerce une action sédative chez les aliénés (Marandon de Montyel, 1899, et Lalanne, de Bordeaux, 1900). Il aurait cependant quelques inconvénients sur la nutrition générale. Ce sulfate ne doit pas être administré par la voie stomacale, mais par la voie hypodermique, 0gr,0015 par 24 heures. Son antidote serait le nitrate ou le chlorhydrate de pilocarpine.

L'*atropamine*, $C^{17}H^{21}NO^{3}$ ou apoatropine, diffère de l'atropine par une molécule d'eau en moins. Point de fusion : 62°.

Chauffée avec de l'eau de baryte ou de l'acide chlorhydrique dilué, elle se transforme en son isomère, la belladonine.

La chaleur à 120-130° effectue la même transformation.

La *belladonine*, $C^{17}H^{21}NO^{2}$, accompagne souvent l'atropine commerciale. Merling et Hesse ont donné sa formule.

La *scopolamine*, $C^{17}H^{21}NO^{4}$. Hesse admet l'identité de l'hyoscine et de la scopolamine.

Alcaloïde retiré du Scopolia japonica. Signalé par Langgard dans cette plante. En 1890, Schmidt l'a aussi retiré du S. atropoïdes. La scopoléine de Dupuis, la rotoïne ou scopoline de Bocquillon-Limousin sont le même alcaloïde.

C'est une substance amorphe, peu soluble dans l'eau. Elle produit un ralentissement du cœur, diminue les sécrétions salivaires et sudorales. Indiquée dans les cas de sialorrhée et de sudhorrée profuses. Elle ralentit le pouls et agit comme calmant et narcotique à l'inverse de l'atropine.

Elle produit de la mydriase et une paralysie de l'accommodation. Son action est 4 à 5 fois plus prononcée que celle de l'atropine. Dose : de 1 /4 de milligramme à 1 milligramme.

Elle s'élimine par les reins.

M. Valude a signalé (1886), à la suite de l'emploi d'un collyre à 1 /200 de bromhydrate de scopolamine, du vertige, du délire suivi de débâcle intestinale. Son introduction en ophtalmologie se justifie par le fait que cette substance n'expose pas comme l'atropine aux accidents glaucomateux.

Cl. Hawkes a signalé (1898) 2 cas d'intoxication par la scopolamine survenus dans la pratique ophtalmologique.

Pour prévenir les accidents chloroformiques, on injecte quelquefois avant l'anesthésie des fractions de milligramme de scopolamine associée à la morphine ; cette pratique a amené des accidents. Le Dr Landau a relevé (1905) 13 cas de mort à la suite d'injections semblables.

Nous reproduisons, d'après Merck, les principales caractéristiques des alcaloïdes tirés des Solanées :

	POINTS DE FUSION			
	Bases	Sels d'or	Sels de platine	Picrates
Atropine	115°	136°	197°-200°	175°-176°
Hyoscyamine	106°	160°-162°	206°	161°-163°
Pseudohyoscyamine	132°-134°	176°	?	220°
Apoatropine, apoatropamine	60°-62°	110°-111°	212°-214°	166°-168°
Hyoscine	liquide huileux	196°-198°	?	160°-162°

Scrophulariées.

La *Digitalis purpurea* L., plante de la famille des Scrophulariées, doit son action toni-cardiaque à la présence de divers glucosides dont la composition et le nombre ne sont pas encore bien définis. C'est une plante bisannuelle qui croît de préférence dans les terrains siliceux. Les feuilles seules utilisées en pharmacie doivent être recueillies la deuxième année, un peu avant la floraison ; on n'emploie que la digitale non cultivée ; on doit, pour les usages thérapeutiques, renouveler les feuilles de digitale, parce qu'elles ne conserveraient pas leurs propriétés longtemps après la dessiccation.

En infusion la digitale peut être considérée comme toxique à la dose de 2 grammes.

Au delà de 5 grammes de teinture de digitale, la mort peut survenir et aussi avec une dose supérieure à $0^{gr},50$ d'extrait.

D'autres espèces de digitales sont aussi actives ; ainsi Paschkis a montré que les feuilles de « Digitalis ambigua » ont même vertu que la Digitalis purpurea. Il en est de même, d'après Goldenberg, des *Digitalis parviflora, ferruginea, aurea, nervosa, gigantea, glandulosa*, etc.

Les symptômes produits par les doses toxiques de digitale sont ceux de la digitaline ; toutefois les troubles gastriques (nausées et vomissements) s'observent surtout quand l'empoisonnement a lieu par la digitaline.

Les principes actifs de la digitale ne sont pas encore tous bien connus aussi bien que leur composition, malgré les magnifiques travaux entrepris pour élucider cette question. Avec E. Collin (1905), on peut dire que la digitale renferme trois glucosides :

1° La *digitoxine*, qui est la digitaline cristallisée, chloroformique du Codex, la digitaline de Nativelle (1869), insoluble dans l'eau, l'éther et la benzine, soluble dans 12 parties d'alcool à 90°, à 15°, et le chloroforme ; fusion = + 243° ; elle fournit par hydrolyse la digitoxose et la digitoxigénine :

$$C^{34}H^{54}O^{11} + H^2O = \underbrace{C^{22}H^{32}O^4}_{\text{Digitoxigénine}} + \underbrace{2\,C^6H^{12}O^4}_{\text{Digitoxose}}$$

C'est une poudre cristalline, blanche, inodore et amère, qui fond à 238°-240°.

Si elle renferme de l'eau de cristallisation, elle fond aux environs de 245°.

G. Favrel a montré (1913) que les digitalines de la droguerie française sont loin de répondre uniformément aux indications du Codex.

2° La *digitaléine, Digitaline de Kiliani, digitalinum verum* des Allemands, qui forme la majeure partie de la digitaline amorphe d'Homolle et Quevenne (1845), en proportions variables dans les digitalines amorphes, qui varient ainsi d'activité. Elle fournit par hydrolyse : dextrose, digitalose et digitaligénine ; elle est assez soluble dans l'eau et l'alcool absolu, presque insoluble dans le chloroforme, insoluble dans l'éther. La solution aqueuse mousse par agitation.

3° La *digitonine* $C^{27}H^{46}O^{14} + 5H^2O$ (Kiliani), sans action thérapeutique ou toxique, soluble dans l'eau et analogue aux saponines.

Action de la digitale et de ses principes actifs. — La digitale diminue le nombre des contractions cardiaques, en rendant la diastole ventriculaire plus énergique et plus régulière : la pression artérielle et la diurèse sont augmentées de ce fait. La digitale est par suite un cardio-tonique précieux. Damman et Behrens (1905) ont insisté sur les propriétés toxiques de la digitale cultivée, considérée par beaucoup comme moins active et même inoffensive.

Antidotes. — Infusions concentrées de café, injections d'éther, sinapismes.

A l'autopsie, on constate souvent une vive irritation gastro-intestinale. La rigidité cadavérique survient très rapidement.

L'analyse devra porter de préférence sur l'estomac, l'intestin et leur contenu, et sur l'urine.

On ne devra effectuer de réactions physiologiques qu'avec un résidu nettement cristallisé.

La recherche toxicologique de la digitale est une opération très délicate ; on peut d'ailleurs en juger par les différentes opinions émises par les toxicologistes à ce sujet :

D'après Ritter, « la digitaline et la digitaléine sont très lentement absorbées par le sang et paraissent s'y décomposer ; leur élimination par les urines est le plus souvent impossible à constater. On doit soumettre de préférence à l'analyse : l'estomac, l'intestin et leur contenu qui le retiennent pendant longtemps ».

D'après J. Bouis (*in Manuel complet de médecine légale,* 1874) : « Si l'on réfléchit au manque de caractères tranchés de la digitaline et à sa facile altération par l'eau, les acides, les alcalis, on comprend les difficultés qui doivent se présenter dans la recherche de ce poison. »

D'après Lafon (1891) (Étude pharmacologique et toxicologique de la digitaline, *Annales d'Hygiène,* 3e série, t. XVI, p. 429 et 506) :

« 1° Dans les intoxications lentes, par voie stomacale, on ne retrouve jamais la digitaline ni dans l'urine, ni dans le sang, ni dans le foie, ni dans les reins, ni dans la rate, ni dans les poumons, ni dans le cerveau. On ne caractérise la présence de la digitaline dans le foie, les reins ou la rate que dans le cas où le poison a été administré à dose massive, 10 centigrammes par exemple, et lorsqu'il n'y a pas eu de déperdition du poison par les vomissements ;

« 2° Dans les intoxications par la voie stomacale, on caractérise assez facilement la digitaline dans les vomissements, dans le contenu de l'estomac et de l'intestin ;

« 3° Dans les intoxications lentes par la voie stomacale, il est impossible de caractériser la digitaline dans les organes d'animaux ayant subi une inhumation plus ou moins prolongée ;

« 4° Dans les intoxications par la voie hypodermique, on ne retrouve jamais la digitaline, sinon lorsqu'on opère cette recherche sur les muscles voisins de la région où a été pratiquée l'injection...

« ... Elle résiste aussi pendant fort longtemps aux influences destructives des microbes de la putréfaction. »

D'après Dioscoride Vitali (*in Manuale di Chimica toxicologica*, 1893, p. 281 : La digitaline semble se décomposer rapidement dans l'organisme. Homolle et Quévenne n'ont pu réussir à l'isoler des viscères, de même que Brandt et Dragendorff n'ont pu la trouver dans le sang et les viscères très vasculaires. La recherche de la digitaline est très difficile, soit parce que la digitaline peut se décomposer dans l'organisme... »

Pour L. Hugounnenq (*Traité des poisons*, 1891, p. 445) : « La recherche toxicologique de la digitaline est assez difficile... Avec un extrait amorphe, les réactions physiologiques perdent toute leur valeur et pour si grande que soit leur netteté, il ne faudrait même pas les mentionner dans un rapport médico-légal. Tardieu et Roussin se sont départis de cette réserve dans le célèbre procès de Lapommerais ; les conclusions de leur expertise ont été l'objet de vives attaques d'ailleurs très justifiées. »

Pour Dragendorff (*in Manuel de toxicologie*, 1886, p. 414) : « La digitale et la digitaléine sont lentement absorbées par le sang et paraissent s'y décomposer très rapidement, de sorte qu'après la mort le sang et les organes sanguins ne peuvent pas servir à la recherche. Mais on pourra encore généralement retrouver un reste du toxique dans l'estomac, mais non dans l'intestin.

« La résistance que ces corps offrent à la décomposition est plus grande qu'on ne l'admettait généralement : j'ai pu retirer après 4 mois de la digitaline du contenu stomacal d'un porc dans lequel se trouvaient des feuilles de digitale (2 grammes). »

On lit dans le *Précis de toxicologie* de A. Chapuis (1897, p. 752, 757), que : « Si les difficultés sont grandes pour retrouver dans les cas d'empoisonnement, elles ne sont pas moins grandes pour isoler et caractériser le principe actif de la digitale. Les moyens chimiques sont défectueux ; quant à l'expérimentation physiologique, peut-elle venir en aide et permettre à l'observation des symptômes de conclure à un empoisonnement par la digitale ou la digitaline ? »

Enfin, Ogier, dans son *Traité de chimie toxicologique* (1899, p. 686), dit que : « On la retrouve dans les reins, le foie, la rate, lorsque l'intoxication a été faite à dose massive, 0,10 par exemple, et lorsqu'il n'y a pas eu de déperdition du poison par les vomissements...

« La recherche de la digitaline dans les cas d'empoisonnement sera toujours difficile, à moins de circonstances très spéciales, ce n'est guère que dans les vomissements et dans le contenu du tube digestif que l'on aura quelque chance de retrouver le poison. »

RECHERCHE TOXICOLOGIQUE. — M. Ph. Lafon a donné (1886) dans ce but une méthode que l'on pourra appliquer. On fait macérer les viscères, découpés, avec de l'alcool à 80°, en maintenant le tout à une température de 40 à 50° pendant plusieurs heures. On jette sur toile et l'on filtre ; on ajoute à nouveau sur les viscères une dose nouvelle d'alcool à 80°, mais en plus petite quantité. On filtre, la masse restée sur filtre ou sur toile est lavée à plusieurs reprises avec de l'alcool à 60°. On réunit les filtrata, qu'on fait évaporer au bain-marie, à basse température. A la suite de cette opération, le liquide aqueux ayant pu donner naissance à un précipité est filtré à nouveau. On ajoute au filtratum du sous-acétate de plomb liquide, jusqu'à ce qu'une nouvelle addition ne donne plus de précipité. On filtre et on traite le liquide filtré par l'acide sulfurique jusqu'à précipitation complète du plomb.

On épuise ensuite la liqueur filtrée par du chloroforme à trois reprises différentes, on décante le chloroforme, et on l'évapore sur du sable chauffé à 50°-70° dans six capsules de porcelaine neuves et bien propres. On obtient des résidus sur lesquels on peut effectuer les réactions caractéristiques que l'on verra plus loin.

Par ce procédé, en appliquant la réaction colorée de l'auteur, ce dernier a pu caractériser 0gr,002 et même 0gr,001 de digitaline mêlée à 200 centimètres cubes d'urine ; il a pu mettre en évidence la présence de la digitaline dans 0gr,40 et même 0gr,30 de digitale dans une macération avec 200 centimètres cubes d'eau ou d'urine.

RÉACTIONS. — G. Denigès a rapporté (*Précis de Chimie quantitative*, p. 287) les réactions de colorations des digitalines d'après L. Garnier (1907), qui rechercha en vain la digitaline dans les organes d'un enfant de 7 ans qui succomba après avoir ingéré des granules de digitaline, type digitaline Nativelle.

1° *Réaction de Keller-Kiliani.*

a { Acide acétique glacial ... 100 c. c.
1 c. c. de $(SO^4)^3Fe^2$ en solution aqueuse à 5 p. 100.

b { SO^4H^2 pur............. 100 c. c.
1 c. c. de $(SO^4)^3Fe^2$ à 5 p. 100

Dissoudre une partie de glucoside dans 1 ou 2 centimètres cubes de *a*, introduire dans un tube à essai de 1 centimètre de diamètre, en portant à la partie inférieure avec une pipette fine 2 centimètres cubes de *b* et laisser au repos.

Résultats. — A. *Digitaline cristallisée.* — A la surface de séparation, développement lent d'une coloration bleue noirâtre avec un peu de brun au-dessous ; après 2 à 3 heures, le liquide acétique surnageant est entièrement coloré en bleu pur.

B. *Digitaline amorphe.* — Donne avec l'acide sulfurique, au-dessous et en contact immédiat de la zone de séparation, une belle teinte rouge cerise.

2° *Réaction de Brissemoret-Derrien.*

a { Acide acétique glacial.................. 30 c. c.
20 c. c. d'une solution aqueuse d'acide oxalique à 4 p. 100 réduite en acide glyoxylique par l'amalgame de sodium jusqu'à neutralisation.

b Acide sulfurique pur.

Dissoudre une parcelle de glucoside dans quelques gouttes d'acide acétique glacial ; introduire dans un tube à essai avec 2 centimètres cubes de *a* et verser en dessous avec une pipette fine 2 à 3 centimètres cubes de *b*, puis abandonner au repos.

Résultats. — A. *Digitaline cristallisée.* — A la surface de séparation, d'abord apparition d'une teinte grise à peine verdâtre ; après 2 heures, teinte vert bouteille sans brun ; après 5 heures, limite de séparation foncée, noirâtre avec liseré supérieur vert foncé.

B. *Digitaline amorphe.* — Comme dans la réaction de Keller.

3° *Réaction de Lafon.*

a { Mélange à parties égales d'alcool à 95° et d'acide sulfurique bien refroidi.

b { Solution aqueuse très diluée à peine teintée en jaune de perchlorure de fer.

Dans un verre de montre, humecter un cristal de glucoside avec une goutte de *a* qui développe rapidement une coloration jaunâtre, puis juxtaposer I goutte de *b*.

Résultats. — Seule la *digitaline cristallisée* donne à la zone de contact une belle couleur vert bleu intense.

Le réactif primitif de Kiliani (1896) ainsi composé :

Acide sulfurique concentré et pur.............		100 c. c.
Solution { Sulfate ferrique...........	5 gr.	1 c. c.
Eau.....................	100 gr.	

est utilisé en versant dans un tube à essai 4 à 5 centimètres cubes de cette liqueur dans laquelle on fait dissoudre une parcelle de la substance à essayer.

La *digitaline amorphe* se colore dès les premiers moments en jaune d'or, puis elle se dissout en fournissant une solution d'un beau rouge violet. Les autres digitalines sont peu caractérisées par ce réactif.

Chauffées en présence d'une petite quantité d'acide chlorhydrique, les diverses digitalines fournissent une coloration vert émeraude.

L'acide sulfurique et les vapeurs de brome (Grandeau) produisent une teinte rouge groseille.

La vraie digitaline peut être retirée en nature d'une solution aqueuse qui n'en contient que $0^{gr},01$ par litre, en agitant avec du chloroforme cette solution additionnée d'un peu d'acide acétique (Tanret, 1875).

Preuve physiologique. — Pour reconnaître et déterminer la valeur d'une digitale, on essaye son action sur le cœur des animaux à sang froid, comme « rana temporaria « et « rana esculenta », saine, capturée récemment et du poids de 25 à 40 grammes. La solution privée d'alcool et renfermant les principes de la digitale (environ 1 milligramme) dans 1 centimètre cube d'eau est injectée avec une seringue de Pravaz à la partie antérieure de la cuisse. On observe alors au bout de combien de temps survient l'arrêt systolique du cœur. Si cet arrêt ne se produit pas avant 30 minutes, on devra injecter à un nouvel animal un peu plus de la substance.

D'après Hedborn, l'action sera obtenue avec :

0,0015 de digitoxine
0,000013 de strophantine
0,000013 de ouabaïne

Euphorbiacées.

La plupart des plantes de cette famille sont pourvues d'un suc laiteux, très âcre et souvent vénéneux. Les semences sont huileuses, rarement comestibles et le plus souvent purgatives.

La *gomme résine d'euphorbe* produite par l'Euphorbia resinifera fournit un suc lactescent, très corrosif, qui s'arrête et se concrète à la base des épines de la tige. Dans le commerce, l'euphorbium est en petites lames arrondies, ordinairement percées de trous coniques donnant passage aux aiguilles de la plante. Elles sont de couleur jaune pâle, dépourvues d'odeur, d'une saveur d'abord peu sensible, devenant bientôt âcre et corrosive. Son ingestion a presque toujours été suivie d'accidents. L'euphorbe est vésicant à l'égal de la cantharide.

La *mercuriale annuelle*, « Mercurialis annua L. », possède une odeur fétide, une saveur amère et salée très désagréable. Elle renferme un liquide huileux, à odeur nauséabonde, à réaction alcaline, se transformant à l'air en une résine de consistance butyreuse. Cette plante fraîche, qui par la dessiccation perdrait ses propriétés, est considérée comme laxative. Elle sert à préparer le miel de mercuriale.

La *mercuriale vivace* ou bisannuelle, « Mercurialis perennis », est plus drastique que la précédente ; la plante elle-même est regardée comme vénéneuse.

Le *mancenillier*, « Hippomane mancenilla », est un arbre de l'Amérique intertropicale qui fournit un suc laiteux, très vénéneux, utilisé autrefois par les indigènes pour empoisonner leurs flèches et qui leur sert encore de poison.

Le *ricin*, Ricinus communis, fournit des semences très actives, grosses comme de petits haricots, ovales ; l'enveloppe brune, luisante et tiquetée de blanc, renferme une amande blanche, oléagineuse, dont l'huile est employée comme purgative à la dose de 15 à 30 grammes.

L'huile est soluble dans l'acide acétique cristallisable, dans l'alcool absolu surtout et dans l'éther. Elle est siccative. Densité : 0,950 à 0,970. Elle se trouble à 0° pour se solidifier en une masse butyreuse vers — 18°.

Le tégument des semences renferme une albumose très toxique : la *ricine*. Maquenne et Philippe ont pu retirer des semences un alcaloïde cristallisé : la *ricinine*. Quelques graines ont pu produire des accidents très graves, le principe actif et toxique étant surtout contenu dans le tourteau.

Le *Croton tiglium* produit des semences nommées « graines de Tilly », « petits pignons d'Inde », de forme presque quadrangulaire, revêtues d'un épisperme jaunâtre tiqueté de brun ; quelquefois elles sont noires et unies. Elles présentent, de l'ombilic au sommet, deux nervures latérales formant deux gibbosités à la partie inférieure, et elles renferment une huile jaune brunâtre, d'une odeur analogue à celle de la résine de jalap, d'une grande causticité et purgeant à la dose de I à II gouttes. Cette huile renferme un principe irritant, le crotonol, et elle laisse déposer à la longue une matière analogue à la stéarine. Les semences renferment 50 p. 100 d'huile (L. Barthe). Une à deux graines sont très purgatives.

L'huile de croton rougit le papier bleu de tournesol humide. Densité à 15° : 0,942. Se fige à — 16°. Elle est entièrement soluble dans l'éther et dans l'éther de pétrole, incomplètement soluble dans l'alcool ordinaire qui abandonne comme résidu un liquide aqueux et insipide. Elle ne fournit pas la réaction de l'élaïdine. D'après Péter, elle dévie fortement à droite le plan de polarisation (43° au saccharimètre).

L'acide sulfurique concentré fournit avec l'huile de croton un mélange tout d'abord limpide, un peu coloré en brun.

Action physiologique. — Cette huile appliquée sur la peau produit une éruption de vésicules qui ne tardent pas à devenir purulentes et qui sont accompagnées de vives démangeaisons. Ingérée, elle détermine une vive cuisson dans la bouche et dans le pharynx et une vive sensation de chaleur et de brûlure dans l'estomac. Au-dessus de II gouttes, elle produit des accidents toxiques, cholériformes, des vomissements violents, des selles abondantes et une dépression du système nerveux et parfois des convulsions qui peuvent se terminer par la mort.

Observation. — En 1869, le Dr Mauvezin a publié une observation d'un empoisonnement par l'huile de croton ingérée à la dose de 3 grammes par un enfant de 6 ans. L'enfant n'eut que des vomissements pendant la première journée, puis aux commissures des lèvres, à la paupière, à la fesse, se montrèrent des éruptions vésiculaires.

Observation. — En 1871, MM. Mayet et Hallé ont rapporté une tentative d'empoisonnement par l'huile de croton. Des fraises dans l'intérieur desquelles, après avoir enlevé les queues, on avait introduit de l'huile de croton furent servies à 3 personnes. L'une d'elles fut prise de nausées, de vives douleurs à l'épigastre, de déjections alvines très fréquentes, d'une sensation d'âcreté insupportable à la gorge et dans toute la longueur de l'œsophage ; une autre éprouva les mêmes symptômes accompagnés de vomissements, de nausées avec viscéralgie ; la troisième personne ressentit seulement de l'âcreté à la gorge. M. Blanquinque, pharmacien à Vervins, caractérisa l'huile de croton qui avait été ajoutée aux fraises. Les vomissements entraînant la plus grande partie de l'huile de croton ingérée, celle-ci n'avait pas occasionné la mort.

Cependant nous connaissons un cas mortel survenu en 1901 et qui a été la cause d'une expertise que nous croyons devoir relater, car celle-ci est de nature à intéresser les experts en toxicologie.

Observation. — Le crime, entouré de faits d'une immoralité révoltante, était commis en 1901, dans un petit village isolé d'un département de l'Ouest. Un paysan, sabotier, P..., homme sans scrupules, avait pour maîtresse une femme R..., mariée et mère de famille ; il avait ensuite violé et rendu enceinte la fille de cette dernière, âgée de 13 ans et demi. Surpris par le mari en flagrant délit d'adultère et redoutant la colère légitime du mari et du père, P... décida la mort de ce dernier et livra à sa maîtresse de l'huile de croton qu'elle devait verser dans les aliments de son mari à la dose quotidienne de II à III gouttes. P..., très bien documenté sur les propriétés de l'huile de croton, eut bien soin de dire à sa complice : « Ne révèle jamais rien, n'avoue jamais, l'homme le plus fort n'y connaîtra rien, car on ne trouve aucune trace », la femme R... exécuta ponctuellement l'ordre qu'elle avait reçu, avec quelques rares rémissions, du 15 mars au 1er août 1901, date de la mort du sieur R...

Pendant cette période, R... éprouvait des sensations d'âcreté, d'ardeur et de brûlures dans la gorge et l'estomac ; en son langage, il disait que « ça le grimpait, lui brûlait l'estomac » ; il avait des vomissements violents, presque quotidiens, après les repas, des selles abondantes quotidiennes et répétées. Il se roulait par terre pendant de longues heures, en proie à des coliques terribles. On avait remarqué que quand il allait aux foires et mangeait chez des amis ou dans des auberges, sa digestion était normale et aucun des troubles qu'il subissait d'ordinaire chez lui ne se produisait. Par contre, des tiers ayant absorbé par occasion quelques parties des aliments ou des boissons qui lui avaient été préparés, en sa maison, avaient éprouvé des malaises identiques à ceux qui le tourmentaient si fréquemment. La femme R... défendait d'ailleurs à ses enfants de manger des aliments préparés pour leur père ou de boire à son verre.

R... mourut dans un état de maigreur extraordinaire. L'opinion publique accusa immédiatement P... de l'avoir empoisonné. La femme R... fut arrêtée, tandis que son amant, quoique libre, était étroitement surveillé. Le juge d'instruction qui dirigea les recherches avec un tact et une logique qui lui font honneur, prescrivit l'autopsie du cadavre de R... Nous croyons être utile aux médecins qu'intéressent ces questions peu étudiées de toxicologie, en citant des extraits du remarquable rapport rédigé à cette occasion par le Dr Émery Desbrousses, de Jonzac, qui a probablement observé, le premier, les désordres produits par l'huile de croton sur les voies digestives.

« A l'examen extérieur, nous constatons d'abord l'état de maigreur véritablement squelettique de R... Le cœur est petit, contracté et contient dans ses cavités quelques caillots noirs. On n'y relève, non plus qu'au niveau des gros vaisseaux, aucune lésion.

L'estomac, lié à ses deux orifices et incisé sur une de ses faces, laisse écouler un liquide brun, sans odeur spéciale, mais mélangé de quelques filets de sang. La muqueuse gastrique ne présente pas de lésions profondes, d'ulcérations véritables, mais quelques érosions superficielles et çà et là un piqueté hémorragique, accusant la congestion de cette membrane. L'instestin grêle offre des lésions analogues en son segment supérieur, sur une longueur de $0^m,15$ à $0^m,20$. Il est également congestionné, ponctué de petites suffusions hémorragiques, et son contenu, d'aspect très analogue à celui de l'estomac, est mélangé d'une petite quantité de sang rouge, Le reste du tube digestif, intestin grêle et gros intestin est rempli de matières fécales semi-liquides mêlées de bile. On n'y remarque aucune lésion caractéristique. Même observation en ce qui concerne la bouche, la langue, le pharynx et l'œsophage. Le rein et le foie sont d'apparence normale ; il en est de même du cerveau. La vessie est remplie d'une urine limpide et non décomposée. » Le médecin légiste recueillit avec les précautions d'usage les divers organes pour les soumettre à l'analyse chimique, « l'analyse qui peut seule appuyer sur un fondement solide la présomption d'empoisonnement... »

C'est dans ces conditions que nous fûmes commis à la recherche générale des poisons pouvant exister dans les organes du nommé R... Nos investigations paraissaient devoir demeurer infructueuses et nous n'avions encore isolé dans la recherche des alcaloïdes qu'une ptomaïne à l'état de sulfate nettement cristallisé, quand la femme R... fit l'aveu de son crime, dénonça son complice et indiqua soit chez elle, soit chez son amant P..., les endroits où l'on trouverait les fioles ayant renfermé l'huile de croton et une petite bouteille qui en contenait encore un travers de doigt. L'instruction démontra la véracité des aveux de la femme R... Mis rapidement au courant de ce fait nouveau, nous avons recherché sur une portion d'intestin grêle, encore à notre disposition, la présence possible de l'huile de croton ; la méthode employée est celle qu'ont conseillé Tardieu et Roussin. L'intestin, coupé en menus fragments, fut mis à macérer, à la température ordinaire et pendant plusieurs heures, avec de l'éther sulfurique rectifié. On a agité à différentes reprises. La liqueur éthérée, filtrée, a été évaporée spontanément d'abord, et finalement dans le vide. On a obtenu un résidu jaune orange, fluide, à odeur scatolique repoussante. Ce résidu, traité par l'alcool à 85°, a fourni après filtration une solution qui a été évaporée avec ménagement. Le résidu d'un poids de 2 à 3 grammes, huileux, jaunâtre, possédait une odeur fécaloïde repoussante ; il était insoluble dans l'éther de pétrole (l'huile de croton s'y dissout) qu'il a troublé (caractère du scatol). Cet extrait, frotté sur la face interne de l'oreille d'un lapin, préalablement bien nettoyée, a provoqué une éruption vésiculeuse, sans rougeur, accompagnée d'une sorte d'eczéma ; l'épiderme, au bout de 3 jours, s'est exfolié en plaques minces. On doit noter que pendant la période éruptive l'animal agitait souvent la tête, comme s'il avait éprouvé des démangeaisons. Une faible portion de cet extrait additionné d'une goutte d'acide sulfurique n'a pas changé de couleur (l'huile de croton avec l'acide sulfurique prend une couleur rouge brunâtre intense). On pouvait enfin supposer que l'éruption vésiculeuse avait pu être produite par le résidu scatolique, par la ptomaïne que nous avions retirée antérieurement de l'intestin dans la recherche des alcaloïdes... En résumé, ces expériences ne nous ont pas permis de conclure à la présence d'huile de croton dans l'intestin grêle.

Mais nous avons dû identifier l'huile de croton renfermée dans le dernier flacon dont se servait la femme R... dans les derniers jours de la vie de son mari et qui fut retrouvé dans la maison de P... à l'endroit indiqué par la maîtresse de ce dernier. Or les traités spéciaux tant en France qu'à l'étranger sont loin d'être d'accord sur la composition chimique et les propriétés de l'huile de croton. Étant donnée la faible proportion du produit mis à notre disposition, 7 à 8 grammes environ, et notre préoccupation d'en conserver une portion en cas de contre-expertise, nous n'avons pas songé à rechercher la composition chimique du produit ; mais nous avons fait un choix parmi les propriétés caractéristiques de l'huile de croton exigeant pour leur production une faible quantité de ce produit.

Nous avions espéré trouver un excellent point de comparaison dans la température critique de dissolution de l'huile de croton dans l'alcool. Nos essais ont été négatifs parce que les différentes huiles de croton se comportent différemment avec un alcool de même concentration.

Enfin, nous avons comparé aux caractères de l'huile de croton normale, sur lesquels les auteurs spéciaux sont d'accord : 1° l'huile de croton en usage à l'hôpital Saint-André de Bordeaux, et éprouvée par de nombreux essais thé-
2° l'huile de croton préparée par nous-même, selon le Codex ; 3° l'huile ren-
rapeutiques ; fermée dans le flacon saisi.

Le tableau suivant rend compte de ces essais successifs :

L'huile de croton normale (1)	Huile de croton de l'hôpital Saint-André	Huile de croton préparée par nous, d'après le Codex (rendement 50 0/0)	Huile incriminée
1° Possède une odeur spéciale..	Odeur de gluten fraîchement préparé	id	id
2° Aspect ambré pouvant aller jusqu'au rouge brun.........	Jaune un peu brunâtre	Ambré	Ambré
3° Rougit le papier bleu de tournesol......................	id	id	id
4° Soluble dans l'éther sulfurique	id	id	id
5° Soluble dans l'éther de pétrole	id	id	id
6° Soluble dans l'alcool absolu.	dans un excès	dans un excès	dans un excès
7° Se solidifie à — 16°.........	— 14 — 16°	— 14° — 16°	— 14° — 16°
8° Se colore en rouge brun par SO^4H^2, le mélange demeurant limpide : 2 c. c. SO^4H^2 III gouttes huile de croton.	id	id	id
9° Éruption vésiculeuse spéciale avec rougeur de l'endroit où elle se produit et démengeaison.	Éprouvée à différentes reprises	Éprouvée sur le bras de l'expert.	Éprouvée sur le bras de l'expert

1. D'après le Codex de 1896. — *Formulaire des Hôpitaux militaires*, 1890. Ferdinand Jean (1892) *Anal. chem. de Beckurts* 1896. — *Anal. der Fette de Benedikt* (2e édit.) 1892.

Ces essais comparatifs nous ont paru suffisants pour nous permettre de conclure à la présence de l'huile de croton dans la fiole saisie.

Dans cette même affaire, nous avons eu à identifier les taches épaisses et poisseuses qui imprégnaient, par plaques, un mouchoir de couleur auquel la femme R... essuyait le goulot de la fiole d'huile de croton, après avoir versé, deux fois par jour, pendant de longs mois, II ou III gouttes avant chaque repas.

Les taches étaient situées sur les bords du mouchoir principalement; elles étaient noirâtres, le tissu en était imprégné dans toute son épaisseur et il était comme empesé et poisseux. Plongées dans l'eau froide et même dans l'eau bouillante, ces taches ne se dissolvaient pas. Humides et pressées entre deux feuilles de papier buvard, elles abandonnaient à ce dernier une odeur de gluten fraîchement préparé (odeur de l'huile de croton). Le chloroforme les dissolvait et par l'évaporation de ce dernier, on obtenait un extrait gluant, brunâtre, à odeur d'huile de croton exaltée par la chaleur et qui a produit sur notre bras l'éruption caractéristique de l'huile de croton ; dans les premières heures, il se produit *in situ* de la chaleur, puis des démangeaisons ; 12 heures après environ, on voit survenir une éruption très confluente de petites vésicules qui deviennent séro-purulentes, puis s'affaissent en produisant toujours de vives démangeaisons.

Les taches épaisses, gluantes qui se trouvaient sur le mouchoir sont de nature à laisser croire que l'huile de croton doit être siccative, propriété que nous n'avons trouvée signalée par aucun auteur. De fait, une portion du même mouchoir, non tachée antérieurement, a été imprégnée de l'huile de croton préparée par nous, et abandonnée à l'air pendant 4 semaines : les taches étaient devenues noirâtres et poisseuses. L'extrait obtenu avec le chloroforme était en tous points semblable au premier et possédait l'odeur de l'huile de croton ; il a produit sur notre bras l'éruption caractéristique. Cette expérience est encore de nature à montrer que la siccativité ne fait pas perdre les propriétés physiologiques de l'huile de croton, au moins celle qui est la cause de l'éruption. Enfin, nous avons recherché la siccativité de l'huile de croton avec l'huile préparée par nous et d'après le procédé Livache : 5 expériences conduites pendant 5 semaines nous ont permis de constater que durant cette période l'huile de croton avait augmenté de 4 à 5 p. 100 de son poids ; elle doit donc être considérée comme siccative.

Les faits que nous venons de signaler à propos de l'ingestion de l'huile de croton à faibles doses et à longue échéance fournissent :

1° Des données anatomo-pathologiques que les traités spéciaux n'ont pas encore signalées ;

2° Une nouvelle preuve de l'impossibilité dans laquelle se trouve l'expert, dans un pareil empoisonnement, de retrouver l'huile de croton dans les organes analysés et surtout de l'identifier ;

3° La possibilité d'identifier l'huile de croton par des réactions précises quand on ne peut disposer que d'une faible quantité de ce produit ;

4° Un nouvel apport aux propriétés physiques de l'huile de croton : la siccativité de cette huile.

Urticacées.

Dans la famille des Urticacées, le *chanvre commun* ou textile, Cannabis sativa, fournit dans nos contrées une graine féculente et oléagineuse dont se nourrissent les animaux de basse-cour ; c'est le chènevis. Ces graines semblent contenir dans leur péricarpe un principe toxique, car les oiseaux le rejettent constamment. En 1860, ces mêmes graines causèrent chez un enfant de 4 ans, qui en avait ingéré, une véritable intoxication.

Le *chanvre indien*, Cannabis indica, d'une origine différente, fournit à la thérapeutique ses sommités fleuries et sa résine. Les sommités fleuries (haschisch) se récoltent peu après la floraison ; elles sont de

$0^m,15$ à $0^m,20$ de longueur ; elles sont de couleur jaunâtre et renferment entre les bractées des inflorescences une grande quantité de résine qui se détache quand on les froisse entre les doigts. Les échantillons commerciaux sont verts et renferment peu de résine.

Le haschisch est un extrait préparé avec les sommités fleuries : il est de composition inconstante.

Le haschisch fumé constitue le *kif* des Arabes ; après quelques pipes, le fumeur tombe dans un sommeil accompagné d'une ivresse voluptueuse qui serait bien supérieure à celle de l'opium.

La *haschischine* est un extrait alcoolique fait avec de l'alcool à 90°; c'est une préparation énergique.

Le *madjoun* des Arabes est constitué par du haschisch torréfié incorporé avec du miel.

La résine qui est la partie active est bien difficile à rencontrer dans le commerce.

Le haschisch est un antispasmodique et un stimulant du système nerveux.

L'étude chimique a été faite pour la première fois par Personne, qui en a retiré trois principes :

1° Un hydrocarbure liquide, le *cannabène ;*

2° Un hydrocarbure solide, cristallisant dans l'alcool, qu'il a appelé *hydrure de cannabène ;*

3° Une résine verdâtre, soluble dans l'alcool, très active : la *cannabine.*

Depuis, Merck a préparé avec la cannabine du tanate de cannabine que G. Sée a vanté dans les maladies de l'estomac.

La *tétano-cannabine* ou *tétanine* a été retirée du chanvre par Matew Hay : elle aurait une propriété tétanique spéciale.

La thérapeutique n'emploie que la teinture de chanvre indien et l'extrait alcoolique.

M. Salomon a signalé en 1893 les accidents déterminés chez les ouvriers qui manipulent le chanvre (Cannabis sativa). Le Dr Ruelle (de Commentry) a observé (1898) des accidents d'intoxication chez une dame qui souffrait de dyspepsie et à laquelle il avait prescrit des pilules dont chacune contenait $0^{gr},02$ d'extrait gras de chanvre indien ; une heure après la première pilule ingérée, cette dame fut prise de vertiges, pouls ralenti, pupilles dilatées, extrémités et visage froids, sensations d'étouffement, station verticale impossible, surexcitation, loquacité ; les accidents durèrent 2 heures et cessèrent avec des calmants. On a souvent noté des hallucinations.

Les doses de 5 à 50 centigrammes indiquées par les formulaires (Dujardin-Beaumetz, Jeannel, Bouchardat, Fonssagrives) sont trop fortes et on ne peut dépasser $0^{gr},01$ pour une dose, et $0^{gr},04$ par jour, doses indiquées par Nothnagel et Rossbach dans leur traité de thérapeutique :

Doses :

Teinture	20 gouttes
Tanate de cannabine	$0^{gr},10$-$0^{gr},50$
Cannabine pure	0 05-$0^{gr},10$
Haschisch pur	0 03-$0^{gr},05$

En Amérique on emploie contre les affections cardiaques les extraits de chanvre canadien (Apocynum cannabinum) qui renferme la *cymarine.*

Dans les **Vératrées** se trouve le *Veratrum album* L. ou ellébore blanc, dont les racines et le rhizome renferment $0^{gr},5$ p. 100 de leur poids en alcaloïdes qui seraient pour Salzberger :

La jervine
La rubijervine
La pseudojervine
La vératralbine

La jervine, $C^{26}H^{37}NO^{3}, 2H^{2}O$, est un corps cristallisable fondant à 231°-237°, que l'acide sulfurique colore en jaune, la teinte passant ensuite au vert clair.

Elle ne donne pas de coloration rouge avec l'acide chlorhydrique (ce qui la distingue de la cévadine).

Rothéa a signalé (1911) un cas d'empoisonnement par l'ingestion de racines de Veratrum album.

O. Mattirolo a rapporté (1915) 12 cas d'empoisonnement par ingestion de Veratrum album confondu avec Gentiana lutea. Ces deux plantes se distinguent par les caractères suivants.

Les différences sont déjà accusées dans les feuilles de ces deux plantes ; elles le sont aussi dans leurs racines :

Le Veratrum possède une racine épaisse, fusiforme, un peu charnue, pourvue de radicelles blanches, allongées et réunies en touffes.

Le Gentiana lutea a une racine épaisse, grosse, charnue, rameuse et pivotante, spongieuse, ridée, rugueuse, jaunâtre en dedans ; elle possède une saveur très amère, alors que le rhizome du Veratrum a une saveur d'abord douce, ensuite un peu amère et subitement corrosive.

Le rhizome de Veratrum est riche en amidon ; la racine de Gentiana en est privée.

Le *Schœnocaulon officinal, A. Gray* fournit la *cévadille :* on utilise les petites graines noires qui renferment 0gr,6 à 0gr,7 p. 100 d'alcaloïdes appelés : *cévadine, vératridine*, ou *vératrine amorphe, sabadilline, sabadine* et *sabadinine :* les trois premiers alcaloïdes constitueraient la vératrine.

La cévadine cristallisée, $C^{32}H^{49}NO^{9}$ entrerait pour la moitié dans la vératrine. D'après Ahrens, elle cristallise de sa solution aqueuse en prismes rhombiques fondant à 205°. Inactive à la lumière polarisée, elle constitue un vomitif puissant et un poison tétanique très violent. Sternutatoire énergique, elle dilate la pupille. A dose un peu élevée, elle détermine une entérite grave, des fourmillements, du ralentissement du pouls et de la respiration. Dose maxima interne : 0gr,01.

L'acide chlorhydrique fort la dissout ainsi que la vératrine avec coloration violette qui à chaud passe au rouge. Cette coloration se maintient longtemps (Trapp).

Le réactif de Mandelin au vanadate d'ammonium est coloré par la vératrine en rouge brun, puis en violet rouge.

La vératrine touchée avec de l'acide sulfurique se colore d'abord en rouge orange, puis le liquide devient fluorescent et rouge violacé. Semblable coloration est donnée par la cubébine (Bourquelot) et par l'alcaloïde extrait de la poudre de fleurs de pyrèthre par la méthode de Stas-Otto (Gaillard).

Un mélange de trace de vératrine avec du sucre de canne humecté d'acide sulfurique concentré se colore d'abord en jaune, puis en vert foncé au bout de quelque temps, puis en bleu magnifique et en violet sale. Il faut éviter la carbonisation du sucre.

L'eau bromée colore la vératrine en rouge.

L'injection de chlorure de potassium (2gr,50 pour un adulte) dans les veines serait, d'après Ringer, le meilleur antidote des alcaloïdes constituant la vératrine.

Dans le genre *Colchicum*, le bulbe du C. *autumnale* L. renferme 0gr,2 p. 100 de *colchicine*. Mais les bulbes ayant une activité variable, on utilise plutôt les semences en thérapeutique.

La colchicine, $C^{22}H^{25}NO^{6}, H^{2}O$, forme une masse amorphe, jaunâtre, gommeuse, incristallisable, de saveur très amère.

La colchicine cristallisée de Houdé et de Zeissel ressemble à la *colchicéine* produit de transformation de la colchicine.

La colchicine est lévogyre et faiblement alcaline. Elle fond à 145° en une masse vitreuse, brune ; elle est très soluble dans l'eau, l'alcool et le chloroforme. Une très petite quantité de colchicine colore proportionnellement une grande quantité d'eau en beau jaune. Elle est peu soluble dans l'éther et la benzine et insoluble dans l'éther de pétrole.

Les sels de colchicine sont neutres et difficilement cristallisables.

La colchicine donne d'ailleurs avec les acides minéraux une coloration d'un jaune plus ou moins vif. Les solutions salines sont lévogyres et possèdent une faible réaction alcaline.

Réactions. — L'éther, le chloroforme, l'alcool amylique l'enlèvent à sa dissolution acide.

L'acide sulfurique concentré la dissout en la colorant en jaune ; cette couleur persiste.

L'acide azotique concentré (densité : 1,4) donne une coloration violette qui passe au rouge acajou pour s'effacer complètement ensuite. Si à ce moment on ajoute goutte à goutte de l'ammoniaque, on observe une belle couleur rouge sang qui persiste. Un excès d'acide nitrique la détruit et ramène la couleur au jaune citron. Si au début on emploie l'acide azotique non concentré, on n'a qu'une couleur jaune picrique.

L'acide chlorhydrique donne une coloration verte à peine sensible.

En dissolvant un cristal d'azotate de potassium dans 10 centimètres cubes d'acide sulfurique concentré, on obtient un réactif qui colore la colchicine en vert magnifique (Lafon), passant bien vite au violet clair, puis au violet brun.

On peut aussi bien à la solution sulfurique jaune de la colchicine ajouter immédiatement un peu de salpêtre pulvérisé. Si au bout d'un certain temps la coloration jaune pâle réapparaît, une addition de solution concentrée de potasse la fait passer au rouge sang qui persiste (Kubel).

Le réactif de Fröhde donne une coloration jaune, puis verdâtre, redevenant jaune franc après 24 heures.

Une solution au 1/20 de bichromate de potassium dans de l'acide sulfurique développe au contact de la colchicine une matière colorante rouge qui passe rapidement au jaune, puis au vert.

La solution de colchicine additionnée de quelques gouttes de perchlorure de fer et d'acide chlorhydrique donne à froid une couleur jaune de chrome et à chaud une teinte vert sale.

La solution alcoolique et neutre de colchicine est colorée en rouge grenat par un peu de perchlorure de fer, et en vert brunâtre par un excès de ce dernier.

L'eau de chlore précipite en jaune les solutions aqueuses de colchicine ; ce précipité se dissout dans un excès d'ammoniaque avec une couleur jaune orangée.

Les réactifs généraux capables de caractériser la colchicine sont :

L'iodure double de mercure et de potassium qui donne un précipité jaune, de même que l'iodure de potassium et de cadmium. Pour quelques auteurs, le premier réactif serait le plus sensible. D'après

Vitali, il ne précipiterait la colchicine qu'en solution concentrée, ce que nous pouvons confirmer.

La solution aqueuse de colchicine additionnée d'acide sulfurique et soumise à une ébullition prolongée fournit un glucoside, et elle réduit alors la liqueur de Barreswill.

La colchicine n'a pas d'effet sternutatoire (ce qui la différencie de la vératrine) ; elle est purgative chez l'homme à la dose de 0gr,005 (Mairet et Combemale). Son ingestion provoque des coliques très violentes, des vomissements fréquents, des diarrhées profuses accompagnées de ténesme ; il y a de l'abattement, de l'incapacité de se mouvoir, par suite abolition des mouvements spontanés, puis réflexes : collapsus profond ; la mort arrive généralement au bout de 24 heures. L'asphyxie est le dernier stade de l'agonie ; l'intelligence reste saine jusqu'à la mort.

On considère que la dose toxique pour un adulte est de 0gr,05. On connaît des cas de morts survenues après ingestion de 31, 37 et 60 grammes de teinture de colchique.

Les effets toxiques des préparations de colchique peuvent ne se manifester que longtemps après l'ingestion.

En 1902, Mabille relata un cas d'empoisonnement par des granules contenant chacun 1 milligramme de colchicine. Le malade en question, qui était atteint de goutte chronique, ingérait 4 à 5 de ces granules par jour. Après plusieurs mois de cette médication, il fut pris brusquement de symptômes aigus d'intoxication colchicique, d'aphonie, de diarrhée avec anurie, de secousses et même de véritables contractions musculaires douloureuses. Par un traitement approprié, ces troubles se dissipèrent au bout de 50 heures environ, mais quelques jours plus tard éclataient des accidents de goutte aiguë.

M. G. Pouchet a fait remarquer que l'usage de la colchicine doit être intermittent et qu'on doit suspendre la médication dès qu'il survient de la diarrhée, signe prémonitoire de l'intoxication.

En 50 ans la statistique française rapporte 7 cas seulement d'empoisonnements par la colchicine, parmi lesquels le plus célèbre advint en 1884 à Noisy-le-Sec. La recherche du toxique incomba à Brouardel, Pouchet et Ogier d'une part, à Schutzenberger et Vulpian, d'autre part. En 1890, un empoisonnement par la colchicine a eu lieu par méprise en Italie. La personne, après ingestion de 0gr,20 de colchicine, mourut en moins de 24 heures. Il y a eu des accidents chez des enfants qui avaient mangé par méprise des fleurs et des bulbes de colchique, chez des adultes qui avaient ingurgité de la teinture ou du vin de colchique à la place d'eau-de-vie ou de vin. Enfin, on a signalé des phénomènes graves chez des personnes à qui l'on avait administré dans un but thérapeutique des doses exagérées de préparations de colchique. Werner rapporte le cas d'un enfant qui mourut en 24 heures après avoir mangé plusieurs poignées de semences de colchique. On compte aussi quelques suicides par les préparations pharmaceutiques.

Contrepoisons. — Vomitifs, tanin ; quand l'asphyxie survient, frictions avec linge chaud, respiration artificielle, inspirations d'oxygène pour combattre l'asphyxie.

Recherche de la colchicine. — D'après Dannenberg et Ogier, cet alcaloïde résisterait à la putréfaction. Dans la recherche de cette substance, on évitera absolument l'emploi des acides minéraux qui transforment la colchicine en colchicéine. La méthode de Stas est préférable à celle de Dragendorff, d'après Dioscoride Vitali.

Dans une recherche toxicologique, MM. Laborde et Houdé (1895) ont fait macérer les organes coupés en fragments menus pendant 24 heures avec de l'alcool à 96°, après avoir acidifié le mélange avec l'acide tartrique. Après filtration, le magma a été de nouveau malaxé avec de l'alcool qui a été filtré et réuni à la première liqueur. On a distillé l'alcool et obtenu un résidu aqueux à peine coloré qui a été filtré. Le filtratum a été traité directement par le chloroforme qui est le dissolvant de choix.

Dans l'empoisonnement de Noisy-le-Sec (Brouardel, Ogier, Pouchet), les viscères et les liquides furent légèrement acidulés avec de l'acide tartrique et mis à digérer 1 heure environ avec de l'alcool concentré. La masse fut exprimée, filtrée, puis le filtratum évaporé à siccité dans le vide à la température ordinaire. Le résidu fut repris avec de l'alcool dilué, la solution fut agitée avec de l'éther de pétrole pour éliminer la plus grande partie des matières grasses. Le liquide séparé de l'éther fut repris par le chloroforme qui évaporé laissa la colchicine impure. Pour la purifier, on la traita par l'acide acétique dilué ; après filtration, on alcalinisa et on reprit par le chloroforme qui par évaporation abandonna la colchicine avec laquelle on put effectuer les réactions caractéristiques.

Il semble que la colchicine se décompose en partie dans l'organisme pendant qu'une autre partie s'élimine par l'urine et spécialement par l'intestin. On paraît avoir démontré qu'elle se localisait quelque temps dans le foie, les reins et le poumon.

Ogier, en 1886, empoisonna 3 chiens avec des préparations de colchicine et les enterra. Il les exhuma au bout de 5 mois : il parvint à isoler des viscères putréfiés une substance qui donna les réactions de la colchicine, mais non de façon à éviter toute incertitude. Elle doit vraisemblablement subir quelque transformation sous l'influence de la putréfaction.

La colchicine se localise dans l'estomac, le foie, l'intestin, le pancréas, les poumons et la rate (Laborde et Houdé). Le cœur et le sang n'en renferment pas.

Injectée sous la peau d'une grenouille, elle détermine la tétanisation musculaire du cœur.

On a signalé des ptomaïnes et autres produits de la putréfaction dont l'analogie avec la colchicine pourrait prêter à confusion (Liebermann et Dioscoride Vitali). On a retiré de la bière des produits qui donnent des réactions voisines de celles de la colchicine. Dannenberg a fait observer en effet que, dans l'essai de la bière par les procédés de Stas ou de Dragendorff, on pouvait obtenir une matière alcaloïdique de même que dans toute fermentation acide après 2 ou 3 mois.

Dans la famille des **Liliacées,** la *scille* (Scilla maritima) est une plante bulbeuse du littoral méditerranéen ; on en distingue deux variétés : l'une qui a les écailles rouges, scille mâle, scille d'Espagne ; l'autre qui a les squames blanches et est appelée scille femelle, scille d'Italie. Elles ont toutes deux mêmes propriétés. On utilise seulement les squames moyennes du bulbe, qui sont les plus riches en principes actifs. Elles renferment un glucoside, la *scillitine,* poudre blanche amorphe, de saveur âcre et amère, soluble dans l'eau et l'alcool.

La scillitine serait toxique chez l'homme à la dose de 0gr,05. A haute dose, la scille agit à la manière des poisons narcotico-âcres. Wolfring, en 1842, a signalé un cas de mort survenu à la suite de l'ingestion d'un breuvage préparé avec 7gr,50 de scille macérée dans du vin blanc.

La scille exagère toutes les sécrétions ; mais les doses modérées et prolongées provoquent quelquefois des nausées et des vomissements, on l'emploie comme diurétique et toni-cardiaque.

Doses quotidiennes pour adultes :

Poudre récente..................	de	0gr,20	à	0gr,60
Teinture.........................		1 00	à	5 00
Extrait alcoolique		0 02	à	0 20
Vin scillitique..................		10 00	à	50 00
Vinaigre scillitique		2 00	à	5 00
Vin de Trousseau.................		30 00	à	45 00
Vin diurétique de la Charité......		10 00		100 00

L'étude chimique de la scille est des plus incomplète malgré les nombreux travaux auxquels elle a donné lieu. Toutefois MM. Kopaczewski en a retiré (1914) trois substances différentes de elles signaléese jusqu'à présent, dont une substance amère extrêmement toxique, une substance âcre très faiblement toxique et douée de propriétés diurétiques et un polysaccharide. La substance toxique est une poudre jaunâtre, très légère, incristallisable. Elle ne réduit pas la liqueur de Barreswill, ni le nitrate d'argent ammoniacal. Toutefois, par hydrolyse, soit au moyen d'un acide ou d'un alcali, elle donne du glucose. Sa composition correspond à la formule $C^{17}H^{25}O^{6}$. On peut conserver à ce produit le nom de *scilliline ;* c'est donc un glucoside non azoté.

Dans les **Conifères,** le genre *Juniperus* fournit des plantes toxiques, en particulier le Juniperus sabina. La sabine doit ses propriétés à la présence d'une huile essentielle, très soluble dans l'alcool et l'éther, qui renferme un alcool : le sabinol. Cette essence très âcre et irritante, d'odeur désagréable, de saveur amère, est fournie surtout par les plus jeunes rameaux.

La poudre de sabine produit une irritation intense sur la peau et les muqueuses ; ingérée, elle donne lieu à des douleurs épigastriques, à des vomissements, des coliques et de la diarrhée.

On l'a employée comme abortive par suite de la congestion qu'elle produit dans les organes du petit bassin et aussi par les contractions utérines qu'elle est susceptible de provoquer.

L'huile essentielle est réellement diurétique et emménagogue. On doit l'administrer avec précaution.

Le *Taxus baccata* L., if commun, a de tous temps été reconnu dangereux pour l'homme et les animaux. Les baies, d'un rouge vif, ne seraient pas nuisibles. Les feuilles sont abortives comme celles de la sabine.

U. Roberto et A. Jelmoni (novembre 1915) ont eu l'occasion, à propos d'une expertise criminelle, d'examiner les feuilles et les fruits du Taxus baccata. Ils ont indiqué d'extraire la *taxine* en suivant la méthode de Vreven, modification de la méthode classique de Stas.

Dix grammes de feuilles, divisées, sont traitées par 100 centimètres cubes d'eau acidulée par de l'acide tartrique, et le liquide obtenu est évaporé au bain-marie jusqu'à obtenir 60 centimètres cubes environ de liqueur. On ajoute à celle-ci du sable lavé en quantité suffisante pour obtenir une pâte qui est ensuite lixiviée par un liquide composé d'un mélange à parties égales d'eau et d'alcool. Les liquides filtrés sont évaporés à un volume de 100 centimètres cubes, puis alcalinisés avec de l'ammoniaque ; le liquide est ensuite agité avec de la benzine. Ce liquide benzénique est réduit par la distillation à un volume de 100 centimètres cubes, et le résidu est agité avec de l'eau acidulée avec de l'acide chlorhydrique. Enfin la solution acide, alcalinisée avec de l'ammoniaque, fournit un précipité qui est repris par de l'éther sulfurique. Le résidu obtenu après évaporation de l'éther est constitué par une substance amorphe, jaunâtre, qui fournit les caractères suivants :

1° Une partie de ce résidu, salifié avec de l'acide acétique, donne un liquide qui précipite par les réactifs généraux des alcaloïdes ;

2° La solution éthérée qui a dissous la taxine est évaporée dans une capsule de porcelaine. Sur le résidu on laisse tomber quelques gouttes d'acide sulfurique concentré qui le colore à la longue en rouge pourpre très vif ;

3° Une troisième partie de la substance est utilisée pour l'expérimentation physiologique pratiquée sur une grenouille. Une petite portion de la solution éthérée est évaporée au bain-marie dans une capsule de porcelaine ; au résidu on ajoute quelques gouttes d'acide acétique. On évapore à nouveau, et l'extrait obtenu est repris par de l'eau distillée. On pratique avec ce liquide une injection sous-cutanée à une grosse grenouille. L'effet est mortel au bout de peu de temps.

Cette dernière expérience suffit à montrer que le principe toxique, la taxine, de nature alcaloïdique, se trouve dans les feuilles. C'était l'opinion de Tardieu. La pulpe du fruit, d'un rouge vif, l'arille, n'est pas toxique, car elle ne renferme pas de taxine. Les semences en contiennent, et sont nocives.

Dans les **Fougères,** on utilise le rhizome de la *fougère mâle*, Polypodium filix mas L., comme ténifuge. D'après Luck, elle renferme surtout une huile grasse volatile, une résine, un sucre amorphe et de l'acide filicique.

L'extrait du rhizome a pu provoquer des accidents mortels à doses élevées. On ne doit jamais dépasser celle de 4 grammes.

Le rhizome frais est plus actif que le rhizome desséché.

La décoction serait inerte (Bouchardat).

On prescrit le mieux l'extrait éthéré à la dose de 8 grammes en capsules. Bouteiller (1895), après Prévost et Binet, de Genève, a relevé des accidents du côté de l'appareil digestif, du système nerveux central (accidents tétaniformes), de l'organe de la vision (amaurose et cécité définitive), du foie et des reins. Il attribue ces accidents à l'acide filicique qui serait un poison des muscles et du système nerveux central.

Grawitz (1899) a signalé un cas d'intoxication non suivie de mort par l'extrait de fougère mâle ; et aussi K. Walko (1900), qui rapporte les accidents survenus chez un individu quelques minutes après l'absorption d'une macération de 50 grammes d'écorce de racine de grenadier avec 5 grammes d'extrait de fougère mâle : le patient fut atteint de salivation profuse, de larmoiement, de troubles de la vision et bientôt de cécité presque absolue qui disparut au bout d'un quart d'heure. Au bout d'une 1/2 heure survinrent des vomissements qui contenaient presque tout le médicament absorbé ; 2 heures plus tard, le malade présentait des douleurs généralisées, des crampes, des convulsions, du trismus, de la dyspnée, de la cyanose des extrémités. Les téguments étaient secs et chauds ; les pupilles ne présentaient plus de réflexes. Enfin, au bout de 3 heures, une amélioration se produisit dans l'état du malade.

Champignons.

Le **seigle vulgaire,** secale cereale, est souvent envahi par un champignon qui détermine chez lui une sorte de maladie. L'*ergot de seigle* est le mycelium du Claviceps purpurea, qui se développe surtout dans les années humides et qui atteint un développement de $0^m,02$ à $0^m,04$ de longueur ; l'ergot de seigle est fusiforme et recourbé, de couleur noire violacée extérieurement.

Il renfermerait les alcaloïdes suivants :

Ergotine (Wenzell, 1864).
Ecboline id.
Ergotinine (Tanret, 1876).
Cornutine (Keller, 1887).
Picrosclérotine (Dragendorff, 1877).

D'autres alcaloïdes et principes ont été signalés à différentes reprises par des chimistes, ce qui laisserait croire que la composition du seigle ergoté n'a pas encore été complètement élucidée. Il est probable que l'ergotine et l'ecboline sont deux bases qui doivent former le même corps à un état de pureté plus ou moins grand. L'une et l'autre sont amorphes, brunes, alcalines, très solubles dans l'eau et l'alcool, insolubles dans l'éther et le chloroforme. Les sels de ces bases se présentent aussi à l'état amorphe.

« L'ergotine, $C^{35}H^{40}N^4O^6$, se présente en aiguilles cristallisables, inodores, insipides et incolores, mais se colorant à la lumière. Fusibles à 205° en brunissant ; insolubles dans l'eau, solubles dans 200 parties d'alcool à 95° froid, moins solubles dans l'éther éthylique, très solubles dans le chloroforme ; dextrogyre $(\alpha)_D = + 335°$ pour une solution dans l'alcool à 95°, contenant $0^{gr},10$ d'ergotinine sous le volume total de 20 centimètres cubes. Base faible sans action sur le tournesol donnant des sels à réaction acide, décomposables par l'eau. F. H. M. »

Un kilogramme d'ergot de seigle fournit environ 1 gramme d'ergotinine.

Du perchlorure de fer ajouté à la dissolution de l'alcaloïde dans parties égales d'alcool et d'acide sulfurique donne une coloration rouge orangé persistant (Keller).

La picrosclérotine a été peu étudiée jusqu'ici.

La cornutine est une poudre jaunâtre de composition inconnue : elle est insoluble dans l'eau et dans l'éther anhydre, soluble dans l'alcool, l'éther acétique et le chloroforme.

Action physiologique de l'ergot de seigle et de l'ergotine. — Les farines de blé qui contiennent 3 à 4 p. 100 de farine de seigle ont pu provoquer de véritables épidémies d'ergotisme convulsif.

On a souvent administré le seigle ergoté dans le but d'avortement. G. Pouchet, en 1886, a recherché le principe toxique à la suite d'une absorption mortelle de seigle ergoté. Il divisa les parties solides (utérus, cerveau), acidula avec l'acide citrique et traita par l'alcool à 80° à l'abri de la lumière et à la température de 40°. L'alcool évaporé au-dessus de l'acide sulfurique fournit un résidu qui fut additionné d'alcool à 98° ; après une nouvelle évaporation, l'extrait fut repris encore par de l'eau alcoolisée au 1/3. Les liqueurs acides furent épuisées par l'éther de pétrole pour séparer les matières grasses. L'éther se colora en rose provenant de la matière spéciale colorante de l'ergot. Des liqueurs acides saturées par du bicarbonate de potassium pour mettre l'alcaloïde en liberté, M. G. Pouchet retira par agitation avec l'éther de pétrole l'ergotinine elle-même qu'il caractérisa.

MM. F. Marinozuco et C. Duccini (1914) ont pu extraire des viscères, à la suite d'une intoxication par le seigle ergoté, la matière colorante rouge et l'ergotinine assez pures pour permettre avec la première l'examen du spectre d'absorption, et avec la seconde la réaction de Keller.

L'acide sulfurique à 66°, dilué avec 1/7 d'eau, agissant sur une solution éthérée du résidu avec une goutte d'acide azotique, donne une coloration rouge passant au violet, puis peu à peu au bleu franc.

Mélangé à de la farine en proportion un peu notable, l'ergot de seigle a pu occasionner des accidents décrits sous le nom d'ergotinisme et qui ont souvent sévi à l'état épidémique ; ils sont aujourd'hui très rares.

L'ergot de seigle ou son extrait (appelé à tort ergotine) est employé en thérapeutique dans le but d'exciter la contraction des fibres lisses de l'utérus gravide et des vaisseaux : il peut donc aussi servir à combattre les hémorragies.

A dose thérapeutique de 1 à 2 grammes, il peut produire un état nauséeux, des vomissements opiniâtres et de la constipation. A fortes doses, on note des symptômes gastro-entériformes, de la sécheresse de la bouche. L'empoisonnement se termine par la perte de connaissance, des convulsions. etc.

L'ergotinine de Tanret, malgré l'opinion contraire de Kobert, possède à un haut degré toutes les propriétés physiologiques du seigle ergoté. On l'administre à la dose de 1/4 de milligramme à 1 milligramme en injection hypodermique ou sous forme de sirop.

Pour combattre l'intoxication du seigle ergoté ou de ses principes immédiats, on emploiera l'éther de préférence, le tanin, l'iodure ioduré, le café, le chloral.

L'expert qui aurait à rechercher de l'ergot de seigle dans de la farine pourrait utiliser le procédé décrit dans le *Formulaire des Hôpitaux militaires* (1915, t. II, p. 98) :

Faire macérer pendant 5 à 6 heures 10 grammes de farine dans un mélange de 20 grammes d'éther et de X gouttes d'acide sulfurique dilué au 1/4 ; filtrer, laver à l'éther jusqu'à ce qu'on ait obtenu 20 centimètres cubes de filtrat. Additionner le filtrat de X à XV gouttes d'une solution saturée à froid de bicarbonate de sodium, agiter vigoureusement le mélange. La présence de seigle ergoté se manifeste par une coloration violette.

Cette méthode permet de reconnaître 0gr,01 p. 100 d'ergot de seigle.

Les champignons sont surtout recherchés pour leur sapidité, leur valeur nutritive et pour la facilité avec laquelle on se les procure en pleine campagne où ils ne sont pas soumis à l'inspection. Ils ont occasionné de nombreux accidents et beaucoup de morts. En 1912, du 17 août au 17 septembre, on compte en France 86 victimes (Stephen Chauvet). Dans l'été de 1913, il y eut 93 victimes et 23 morts (Sartory). C'est que le public connaît mal les espèces de champignons comestibles, ou les confond facilement. On arriverait le plus sûrement à lutter contre l'ignorance du public par des planches simplifiées dans les écoles primaires. Ce judicieux conseil donné par Bourquelot a été entendu, car on connaît d'excellentes planches murales dues à Guéguen : « Les champignons mortels », à MM. Mazimann et Plassard : « Les champignons comestibles et vénéneux », ainsi qu'à M. Dufour et à MM. Radais et Dumée : « Les champignons qui tuent ». On doit d'ailleurs négliger les procédés recommandés pour s'assurer de l'innocuité des champignons, ou pour leur enlever leur nocivité. Le caractère de la pièce d'argent qui noircit ou ne noircit pas au contact des champignons que l'on fait cuire n'a pas grande signification : car les meilleurs champignons en voie de putréfaction fournissent du sulfure d'argent. Les limaces s'attaquent à toutes les espèces de champignons et ne s'attaquent précisément pas à la chanterelle ou girolle. La présence de la bague n'est pas non plus un caractère qui n'appartienne qu'aux bons champignons. Les amanites dangereuses ont toutes la bague, sauf les Volvaria. L'odeur n'a également aucune signification. Des espèces comestibles partagent la propriété de verdir à l'air après avoir été coupées, comme certaines espèces dangereuses.

Les champignons vénéneux appartiennent tous aux champignons volvacés, c'est-à-dire issus d'une volve ou enveloppe dont les débris persistent sous forme de renflement bulbeux à la base du pied, d'anneaux sur le pédoncule ou de squames sur le chapeau ; les unes à spores blanches, les Amanites, les autres à spores roses, les Volvaires. Dans tous les cas, il n'y a pas actuellement de procédé infaillible pour reconnaître les champignons vénéneux, « mais seule la volve reste le signal avertisseur du danger » (Guignard).

Au point de vue de l'action vénéneuse, V. Gillot a divisé les champignons en deux groupes très distincts :

1° Le groupe de l'*Amanite bulbeuse* (A. bulbosa) prise comme type. Le principe toxique serait une toxalbumine, la *phalline* de Kobert, poison hématique dissolvant les globules rouges, toxique pour les animaux à la dose de 1/2 milligramme par kilogramme du poids de l'animal.

Les autres champignons mortels de ce groupe sont : A. phalloïde, ou oronge ciguë verte (A. phalloïdes), A. printanière ou oronge ciguë blanche (A. vera), A. citrine (A. citrina), A. panthère, A. tue-mouches, Volvaires.

Guéguen a rapporté (1912) trois cas multiples d'empoisonnement par l'Amanite phalloïde : 33 victimes dont 12 décès.

Ces divers cryptogames doivent leur toxicité à la phalline.

2° Le groupe de l'*Amanite fausse oronge* (Amanita muscaria) dont le principe vénéneux est la *muscarine* découverte par Schmiedberg, qui agit surtout sur les centres nerveux.

Les Amanites à phalline et surtout A. phalloïdes causent le plus d'accidents.

Tous les procédés culinaires employés pour atténuer ou détruire les principes toxiques des champignons constituent des préjugés dangereux. Radais en a fait justice par ses recherches récentes. L'amateur de champignons doit pour sa sécurité acquérir quelques connaissances mycologiques indispensables. Il devra, tout d'abord, se pénétrer d'une notion capitale, à savoir qu'il doit rejeter tous les champignons à volve qui ont des lames blanches (A. phalloïdes, A. citrine, A. printanière, A. panthère, A. tue-mouches) et les champignons à volves à lames roses et sans anneau (Volvaires).

1° L'empoisonnement *phallinien* présente un début tardif et insidieux, incubation de 10 à 12 heures ; le malade est pris de vertiges, d'éblouissements, d'un malaise angoissant. Il éprouve une sensation de strangulation et de brûlure stomacale, une soif ardente et de violentes crampes dans les bras et les jambes. On voit apparaître des symptômes à allure cholériforme : douleurs épigastriques atroces, vomissements incessants, diarrhée profuse et fétide parfois sanguinolente avec épreintes et ténesme, oligurie. Visage anxieux, extrémités froides, ventre douloureux surtout dans la région hépatique ; généralement hypothermie (36°). Pouls petit. Souvent après quelques heures de crise, se produit une accalmie, le malade s'assoupit une heure ou deux. Puis survient une nouvelle phase aiguë plus violente que la précédente : la dyspnée devient de plus en plus marquée et cependant le malade garde sa lucidité d'esprit jusqu'à la fin. Il meurt dans le collapsus le jour même ou le lendemain de l'empoisonnement. La terminaison fatale s'observe dans 80 p. 100 des cas environ. Si l'individu résiste à l'intoxication, la convalescence est fort longue. En résumé, dans cet empoisonnement, à une première phase nettement gastro-intestinale succède une deuxième phase cardio-rénale (Charuel, 1913). La phalline agit sur les globules rouges du sang et produit l'hémolyse, accompagnée d'hémoglobinurie et d'ictère hémolytique. Elle est détruite par la chaleur entre 60° et 70°, ou par les sucs gastrique et pancréatique à 37°.

Dans cet empoisonnement, les vomitifs sont inutiles parce que l'ingestion remonte à plusieurs heures et que le plus souvent l'estomac est vide. Le lavage de l'estomac au tube Faucher sera pratiqué.

L'intestin sera débarrassé de son contenu et des toxines qui ne sont pas encore absorbées. On fera uriner le malade, en lui injectant du sérum artificiel. On soutiendra le cœur par des piqûres d'éther, d'huile camphrée, de spartéine, de digitaline, par du café.

On combattra l'hypothermie par des frictions sèches générales et du linge chaud, les douleurs par la morphine, la dyspnée par des inhalations d'oxygène (Stephen Chauvet). On pratiquera un abcès de fixation qui attire et élimine la phalline (Pic et Martin, 1913).

Dans tous les cas, la sérothérapie essayée par Calmette, de Lille, a abouti à la préparation d'un sérum préventif mais non curatif.

Dans l'empoisonnement phallinien on surveillera particulièrement le cœur, même lorsque le malade paraîtra revenu à la santé. Nous avons été témoin à l'hôpital Saint-André (1910) de la mort subite d'un individu, survenue au moment même où il sortait de l'hôpital, se croyant guéri (L. Barthe).

2° Dans l'empoisonnement *muscarinien* produit par l'Amanite panthère, A. tue-mouches, lépiote brunâtre, le début est brusque et précoce: 1 à 3 heures après l'ingestion. Presque en même temps surviennent un malaise indéfinissable, des troubles digestifs, des troubles délirants.

Le malade éprouve une violente brûlure épigastrique, des vomissements, une diarrhée séreuse abondante ; la température est normale, le pouls régulier ; il y a oligurie ; survient bientôt une agitation délirante spéciale, « la folie muscarinique » ; le malade, le visage illuminé, crie, gesticule, rit aux éclats et danse. Il titube comme un homme ivre ; il ne reconnaît plus son entourage, il est en proie à des hallucinations auditives et visuelles. Au bout de quelques heures le délire se calme, les symptômes s'amendent : le malade éprouve une sorte de torpeur et s'endort. Il se réveille quelque temps après, amélioré, mais ne se souvenant guère de tout ce qui s'est passé.

La guérison vient après 2 ou 3 jours de convalescence. La mort n'arrive que si l'intoxication a été massive, ou si le malade par suite d'une lésion organique se trouvait dans un état de moindre résistance. Cet empoisonnement muscarinien est rarement mortel grâce aux vomissements initiaux et à la moindre toxicité de la muscarine.

Dans cet empoisonnement on facilitera les vomissements du malade, on lavera l'estomac et on débarrassera l'intestin de son contenu par une purgation d'huile de ricin.

L'action de l'atropine a été contestée par M. Clerc, aussi celle du charbon animal et végétal (Guéguen). De même, l'action du tanin et de la liqueur iodo-iodurée est illusoire (Stephen Chauvet).

Rappelons que la muscarine, $C^5H^{15}NO^3$, découverte par Schmiedberg dans la fausse oronge (A. muscaria), a été rencontrée par A. Gautier et Brieger dans les produits de la putréfaction animale : elle fournit des sels bien cristallisés. Son action physiologique se rapproche de celle de l'ésérine et de la pilocarpine.

D'après Albert Aubry et P. Lavialle (1915), les macérations aqueuses de champignons possèdent les caractères généraux suivants :

1° Caractères organoleptiques particuliers à chaque espèce (couleur, odeur, saveur) ;

2° Augmentation très notable de la quantité de matières organiques dissoutes dans l'eau ;

3° Présence constante de spores dans le culot de centrifugation de l'eau ;

4° Réaction positive de l'eau sur la teinture de résine de gaïac fraîchement préparée ;

5° Pour les champignons vénéneux, présence des alcaloïdes, de principes hémolytiques faciles à constater.

Certains champignons renferment de l'urée, d'autres de la tréhalose ou mycose, des aéroxydases.

Les alcaloïdes des champignons sont cédés à l'eau ; ils sont insolubles ou très peu solubles dans la plupart des solvants non miscibles à l'eau, et il est impossible de les isoler par agitation avec ces liquides. Les auteurs, pour les déceler, ont utilisé la méthode suivante : 100 centimètres cubes de macéré filtré sont réduits à 20 centimètres cubes par évaporation au bain-marie bouillant, et le résidu est additionné de 5 volumes (100 centimètres cubes) d'alcool à 95°. Après 15 minutes de contact, le mélange est jeté sur filtre, et le filtrat est évaporé à 10 centimètres cubes environ. Le résidu filtré, si c'est nécessaire, est additionné d'une goutte d'acide chlorhydrique dilué à 1/10, et donne avec les réactifs généraux les réactions des alcaloïdes.

La macération aqueuse de champignons réduit le ferricyanure de potassium mais ne précipite pas par le réactif iodo-ioduré.

Dans un cas d'empoisonnement par les champignons, l'expert, dans l'état actuel de nos connaissances, tenterait en vain d'isoler des viscères les alcaloïdes phalline et muscarine [1].

Les experts qui désireraient avoir des renseignements complets sur les champignons vénéneux devront consulter la thèse très documentée de M. A. Sartory (1914).

1. Tout récemment (1915), à propos d'une expertise, nos recherches pour isoler des alcaloïdes dans les viscères de la victime ont été négatives.

INDEX ALPHABÉTIQUE

TABLE DES MATIÈRES

—

TROISIÈME PARTIE

COMPOSÉS ORGANIQUES

—

QUATRIÈME PARTIE

ALCALOIDES

TOURS. — IMPRIMERIE DESLIS FRÈRES ET Cie, 6, RUE GAMBETTA.

www.ingramcontent.com/pod-product-compliance
Ingram Content Group UK Ltd.
Pitfield, Milton Keynes, MK11 3LW, UK
UKHW020254230726
13925UKWH00001B/47